John-Wesley Löwen

Die dezentrale Stromwirtschaft

Jahrbuch für Wirtschaftsgeschichte

Im Auftrag der Herausgeber des Jahrbuchs
für Wirtschaftsgeschichte
herausgegeben von Reinhard Spree

Beiheft 19

John-Wesley Löwen

Die dezentrale Stromwirtschaft

Industrie, Kommunen und Staat in der westdeutschen Elektrizitätswirtschaft 1927–1957

DE GRUYTER
OLDENBOURG

Von der Fakultät für Geschichtswissenschaft der Ruhr-Universität Bochum als Dissertation angenommen im Jahr 2011.

ISBN 978-3-11-043852-9
e-ISBN (PDF) 978-3-11-042949-7
e-ISBN (EPUB) 978-3-11-042952-7

Library of Congress Cataloging-in-Publication Data
A CIP catalog record for this book has been applied for at the Library of Congress.

Bibliografische Information der Deutschen Nationalbibliothek
Die Deutsche Nationalbibliothek verzeichnet diese Publikation in der Deutschen Nationalbibliografie; detaillierte bibliografische Daten sind im Internet über http://dnb.dnb.de abrufbar.

Druck und Bindung: CPI books GmbH, Leck
♾ Gedruckt auf säurefreiem Papier
Printed in Germany

www.degruyter.com

Vorwort

Die Veröffentlichung der vorliegenden Untersuchung, die im Dezember 2011 als Dissertation der Ruhr-Universität Bochum angenommen wurde, gibt mir die Möglichkeit, mich bei den Personen und Institutionen zu bedanken, die diese Arbeit unterstützt und mit Interesse begleitet haben. Möglich wurde die Dissertation durch ein Stipendium der Stiftung Bibliothek des Ruhrgebiets. Prof. Dr. Klaus Tenfelde, der den Anstoß für diese Arbeit gab, gilt mein Dank für seine tatkräftige Betreuung. Es ist ein schönes Gefühl zu wissen, dass er das fertige Manuskript noch lesen und begutachten konnte, kurz vor seinem viel zu frühen Tod. Die Gespräche mit ihm, sein Engagement für Nachwuchshistoriker und, überhaupt, seine authentische Art behalte ich in guter Erinnerung.

Insbesondere möchte ich Prof. Dr. Werner Abelshauser danken, der mein Interesse an wirtschaftshistorischen Fragen bereits während meines Studiums an der Universität Bielefeld förderte und mein Verständnis der Wirtschaftsgeschichte stark geprägt hat. Die wiederholten Gespräche mit ihm während der Promotionszeit waren ausgesprochen bereichernd und halfen mir dabei, die Fragestellung für diese Arbeit zu entwickeln und bei all den Detailfragen, die beim Studium der Quellen allzu leicht aufkommen, nicht den Blick für die größeren Zusammenhänge und Kontinuitäten zu verlieren. Prof. Dr. Dieter Ziegler gilt mein Dank, dass er die Betreuung meiner Arbeit nach Tenfeldes Tod übernahm. Nach der erfolgreichen Disputation hat er die Veröffentlichung der Dissertation als Beiheft des Jahrbuchs für Wirtschaftsgeschichte angeregt und unterstützt.

Hendrik Ehrhardt, der zeitgleich über die deutsche Elektrizitätswirtschaft promovierte, und Peter Döring, der den Streit des RWKS mit den öffentlichen Stromversorgern um die Steinkohlenverstromung erforschte, gilt mein Dank für die anregenden Diskussionen im historischen Konzernarchiv RWE. Danken möchte ich nicht zuletzt Eva-Maria Roelevink und Thomas Jovovic, beide Doktoranten am Lehrstuhl für Wirtschafts- und Unternehmensgeschichte der Ruhr-Universität, für die unzähligen Gespräche über Steinkohle, Kartelle, Ruhrbarone und die alltäglichen Dinge des Wissenschaftsbetriebes im Café Konkret des Bochumer Bermuda Dreiecks.

Dr. David Gilgen gilt mein Dank für seine permanente Unterstützung sowohl während meines Studiums an der Universität Bielefeld als auch später nach meinem Wechsel zur Ruhr-Universität. Mein besonderer Dank richtet sich an Christian Damm für seine Hilfsbereitschaft, ständige Begleitung und unzähligen Ratschläge. Ihm ist vielleicht gar nicht bewusst, wie wichtig es ist, eine Vertrauensperson wie ihn zu haben, wenn man im Ausland studiert.

Asunción, April 2015
John-Wesley Löwen

Inhalt

1 Einleitung

1.1 Forschungsstand

Der Elektrizitätswirtschaft ist seit der Entstehungszeit von ihren Protagonisten und den außenstehenden Beobachtern gleichermaßen eine große Bedeutung für die Wirtschaft und Gesellschaft zugeschrieben worden. Die elektrotechnischen Erfindungen galten unter den Zeitgenossen nicht selten als bahnbrechende Innovationen, die Visionen und soziale Utopien auslösten, die sich gekonnt von den historischen Gegebenheiten abzusetzen verstanden.[1] Werner von Siemens, der die Entwicklung der aufkommenden Neuen Industrien zu ergründen versuchte und bereits 1886 das „naturwissenschaftliche Zeitalter" ausrief, zweifelte genauso wenig daran wie zwei Jahrzehnte später Walther Rathenau, dass die Elektrizität ungeahnte Möglichkeiten eröffnen und für alle gesellschaftlichen Bereiche Bedeutung erlangen würde.[2] Ihre vielfältige Einsetzbarkeit veränderte nicht nur den Arbeitsprozess in den Betrieben, sondern hatte darüber hinaus tiefgreifende Auswirkungen auf das alltägliche Leben der Bevölkerung. Diese Sichtweise ist später von der wirtschaftshistorischen Forschung aufgegriffen worden. Sie hält bis heute an dem Paradigma fest, dass eine steigende Wirtschaftsleistung mit einem zunehmenden Energiebedarf einhergeht. Joseph Schumpeter verglich die Elektrizität mit der Entwicklung der Eisenbahn. Er war davon überzeugt, dass die elektrotechnischen Innovationen und die Investitionen in die wirtschaftliche Umsetzung einen langfristigen Konjunkturzyklus ausgelöst hatten, dessen Wirkungen noch in den 1930er Jahren, als er seine historische Analyse des Kapitalismus verfasste, zu beobachten waren.[3] David Landes bezeichnete das symbiotische Wachstum von elektrischer Kraft und Elektromotoren kurzerhand als ein „neues Produktionssystem mit grenzenlosen Möglichkeiten".[4]

1 Vgl. Schott, D.: Das Zeitalter der Elektrizität. Visionen – Potentiale – Realitäten, in: Jahrbuch für Wirtschaftsgeschichte, 1999/2, S. 31–49; König, W.: Friedrich Engels und ‚Die elektrotechnische Revolution'. Technikutopie und Technikeuphorie im Sozialismus in den 1880er Jahren, in: Technikgeschichte 56 (1989), S. 9–37.

2 Vgl. Siemens, W.: Das naturwissenschaftliche Zeitalter. Vortrag gehalten in der 59. Versammlung deutscher Naturforscher und Ärzte, Berlin 1886; Rathenau, W.: Briefe, Bd. 1, Dresden 1926, S. 52–56.

3 Vgl. Schumpeter, J.: Konjunkturzyklen. Eine theoretische, historische und statistische Analyse des kapitalistischen Prozesses, Bd. 1, Göttingen 1961, S. 408–410.

4 Landes, D.: Der entfesselte Prometheus. Technologischer Wandel und industrielle Entwicklung in Westeuropa von 1750 bis zur Gegenwart, Köln 1973.

Neuere Untersuchungen sind etwas zurückhaltender in ihren Schlussfolgerungen. Sie weisen darauf hin, dass ein technologischer Wandel, der sich durch die Einführung von universell einsetzbaren Techniken in den gesellschaftlichen Produktionsprozess vollzieht, längere Zeiträume in Anspruch nimmt, bis aus ihm signifikante Wachstumsraten resultieren.[5] Das ist in den letzten Jahren vor allem am Beispiel der Dampfmaschine der klassischen Industriellen Revolution nachgewiesen worden, die sich selbst in England erst ab den 1850er Jahren auf breiter Front gegen die mit Wasserkraft betriebenen Maschinen durchzusetzen vermochte.[6] Die Wissensproduktion erfuhr im ausgehenden 19. Jahrhundert einen rasanten Aufwärtstrend. So entstand auch ein elastisches Angebot an Wissen hinsichtlich der Möglichkeiten, elektrische Energie in den Industriebetrieben, öffentlichen Einrichtungen und privaten Haushalten für unterschiedliche Zwecke einzusetzen, die Stromversorgung kostengünstiger zu gestalten und weitere, bis dahin nicht genutzte Ressourcen, zur Stromerzeugung heranzuziehen. Doch es bedurfte mehr als nur technischer Erfindungen, damit dieses Produktivitätspotenzial auch genutzt wurde. Eine wesentliche Voraussetzung war der institutionelle Rahmen, der Anreize für diese Investitionen schaffte.[7] Ein Merkmal der Institutionen ist, dass sie die Handlungsfreiheit der Marktakteure stets in einer bestimmten Weise einschränken, weshalb es nicht ausgeschlossen werden kann, dass sich die Wirkung einzelner Bestandteile des institutionellen Rahmens im Laufe der Zeit ändert und diese zu einem Hindernis für die Ausschöpfung neuer technischer Möglichkeiten werden können. Institutionen garantieren nicht a priori ein effizientes Resultat. Entscheidend ist daher die Fähigkeit der beteiligten Marktakteure, die tradierten Spielregeln an die Erfordernisse einer veränderten Marktsituation anzupassen oder sogar neue institutionelle Arrangements auszuhandeln.[8]

In historischen Darstellungen wird die Elektrizitätswirtschaft in der Regel als eine Entwicklung vom isolierten Stadtwerk zur überregionalen Stromversorgung

---

5 Vgl. David, P.: The Dynamo and the Computer. An Historical Perspective on the Modern Productivity Paradox, in: American Economic Review 80 (1992), S. 355–361.

6 Vgl. Crafts, N.: Steam as a General Purpose Technology. A Growth Accounting Perspective, in: The Economic Journal, 114 (2004) S. 338–351; Allen, R.C.: The British Industrial Revolution in Global Perspective, Cambridge 2009, S. 156–181.

7 Vgl. North, D.C.: Structure and Change in Economic History, New York 1981, S. 158–174; Abelshauser, W.: Von der Industriellen Revolution zur Neuen Wirtschaft. Der Paradigmenwechsel im wirtschaftlichen Weltbild der Gegenwart, in: Osterhammel, J. u.a. (Hrsg.): Wege der Gesellschaftsgeschichte, Göttingen 2006, S. 201–218; Mokyr, J.: The Gifts of Athena. Historical Origins of the Knowledge Economy, Oxford 2005, S. 254–297.

8 Vgl. Rosenberg, N.: Historical Relations between Energy and Economic Growth, in: Steven, P. (Hrsg.): The Economics of Energy, Bd. I, Cheltenham 2000, 135–150. Zu den theoretischen Grundannahmen der Neuen Institutionenökonomik vgl. North, D.C.: Institutions, Institutional Change and Economic Performance, Cambridge 2002.

geschildert, in der die Stromübertragung und -verteilung eine bedeutende Rolle einnehmen. Im Fokus stehen die öffentlichen Stromanbieter und Netzbetreiber, während die Eigenanlagen, die von der Industrie für die Erzeugung des eigenen Strombedarfs eingesetzt wurden, bisher keine, ihrer wirtschaftlichen Bedeutung angemessene, Berücksichtigung finden. Das Forschungsinteresse konzentriert sich bis heute fast ausschließlich auf die öffentliche Stromversorgung, wie die in diesem Zusammenhang oft zitierte Untersuchung des Technikhistorikers Thomas Hughes verdeutlicht.[9] Er rückt in seiner systemtheoretisch inspirierten Betrachtung das Stromnetz als zentralen Bestandteil der Elektrizitätswirtschaft in den Mittelpunkt, um die Expansion der öffentlichen Stromversorgung in den Vereinigten Staaten, Deutschland und Großbritannien von den Anfängen bis zum Ende der 1920er Jahre vergleichend darzustellen. Hughes zeichnet das Bild eines fortschreitenden räumlichen Integrationsprozesses, der in Metropolen wie New York, Berlin und London seinen Ausgangspunkt hatte, sich auf die Vororte der Städte ausweitete und sich schließlich im letzten Schritt auf die Landstriche mit geringer Bevölkerungsdichte ausdehnte. Die Dynamik dieser Entwicklung war zwar aufgrund der landesspezifischen Verhältnisse unterschiedlich, doch letztendlich führte sie in allen Fällen zu einer Konzentration durch Unternehmensfusionen oder – wie im britischen Fall – Verstaatlichung. Das war die organisatorische Voraussetzung für den netztechnischen Zusammenschluss der Kraftwerksanlagen.

Der technische Durchbruch, so die von Hughes und anderen Technikhistorikern vertretene These, erfolgte bereits 1891 mit der Demonstration der Drehstromübertragung auf der Internationalen Elektrotechnischen Ausstellung in Frankfurt.[10] Hier konnte erstmals der Nachweis erbracht werden, dass die Stromübertragung über weite Entfernungen möglich war, womit gleichzeitig der Systemstreit zwischen Gleich- und Wechselstrom entschieden wurde. Die öffentlichkeitswirksame Inszenierung in Frankfurt, bei der Wasserstrom vom 175 Kilometer entfernten Lauffen am Neckar übertragen wurde, gab der Zentralisierung zusätzlichen Schwung. Eine der treibenden Kräfte bei der Errichtung und Erweiterung der öffentlichen Infrastruktur waren die Elektrofirmen, die ein starkes Interesse daran hatten, den Absatzmarkt für die eigenen Produkte auszuweiten. Sie beteiligten sich an der Finanzierung neuer Stromanlagen mit eigens dafür eingerichteten Finanzierungsgesellschaften, in der Erwartung, den Verkauf der elektrotechnischen Erzeugnisse damit steigern zu

9 Vgl. Hughes, T.P.: Network of Power. Electrification in Western Society, 1880–1930, London 1993.

10 Vgl. König, W./Weber, W.: Netzwerke, Stahl und Strom (= Propyläen Technikgeschichte), Berlin 1990, S. 314–359; Fischer, W. (Hrsg.): Die Geschichte der Stromversorgung, Frankfurt am Main 1992; Radkau, J.: Entwicklungsprozesse und gesellschaftliche Entscheidungsspielräume in der Geschichte großtechnischer Systeme, in: Albrecht, H./Schönebeck, C. (Hrsg.): Technik und Gesellschaft, Düsseldorf 1993, S. 373–410.

können.[11] Auf diese Weise entstanden seit den 1880er Jahren neben dem städtischen Elektrizitätswerk in Berlin eine Reihe weiterer Stadtwerke. Die Gründung des Rheinisch-Westfälischen Elektrizitätswerkes (RWE) im April 1898 erfolgte nach dem gleichen Muster und sollte sich bald zum größten Stromanbieter Westdeutschlands entwickeln.[12]

Diese klassische Lesart der historischen Entwicklung der Elektrizitätswirtschaft und mit ihr der Elektroindustrie übersieht die industrielle Kraftwirtschaft, die insbesondere in Deutschland weit verbreitet war. Im Unterschied zu den bisherigen Forschungsbeiträgen wird die Industrie in dieser Arbeit methodisch konsequent in die Analyse einbezogen, um ihre Bedeutung für die dezentrale Struktur der westdeutschen Elektrizitätswirtschaft und ihre vielschichtige Beziehung zu den öffentlichen Stromanbietern aufzuzeigen. Nach Hans-Ulrich Wehler erwies sich die Vielzahl „dezentralisierter Stromerzeuger als Irrweg“, die weiträumige Stromlieferung – verdeutlicht am Fall RWE – dagegen als weit überlegen.[13] Doch übersieht wie die meisten auch Wehler die Investitionen der Industrie in eigene Stromerzeugungsanlagen. Ruhrindustrielle wie Hugo Stinnes, August Thyssen und später auch Albert Vögler, die im Aufsichtsrat des RWE saßen und die Expansionsstrategie des Essener Stromanbieters maßgeblich vorantrieben, ließen gleichzeitig für ihre eigenen Industriebetriebe dezentrale Stromerzeugungsanlagen errichten. In Essen hatte zum Beispiel die Firma Krupp bereits zehn Jahre vor der Gründung des RWE eine eigene Stromanlage errichtet – und das war in der Schwerindustrie sowie in anderen Wirtschaftszweigen kein Einzelfall. Im Gegenteil, in den ersten Jahrzehnten der Elektrizitätswirtschaft war dieses Investitionsverhalten in der deutschen Industrie weit verbreitet, so dass sich ein Jahr vor dem Ersten Weltkrieg drei Viertel der errichteten Kraftwerksanlagen im Besitz der Industrie befanden.[14] In Deutschland folgte die

11 Vgl. Hausman, W.J.: Global Electrification. Multinational Enterprise and International Finance in the History of Light and Power 1878–2007, Cambridge 2008, S. 35–67.

12 Die Gründungsgeschichte des RWE ist vergleichweise gut erforscht. Vgl. Feldman, G.D.: Hugo Stinnes. Biographie eines Industriellen 1870–1924, München 1998; Pohl, H.: Vom Stadtwerk zum Elektrizitätsgroßunternehmen. Gründung, Aufbau und Ausbau der Rheinisch-Westfälischen Elektrizitätswerk AG, 1898–1918, Stuttgart 1992; Todd, E.N.: Technology and Interest Group Politics. Electrification of the Ruhr, 1886–1930, Philadelphia 1984; Asriel, C.J.: Das Rheinisch-Westfälische Elektrizitätswerk AG. Ein Beitrag zur Erforschung der modernen Elektrizitätswirtschaft, Zürich 1930; Buderath, J.: Strom im Markt. Die Geschichte des Rheinisch-Westfälischen Elektrizitätswerkes AG Essen 1898–1978, Bd. 1, Essen o. J.

13 Wehler, H.-U.: Deutsche Gesellschaftsgeschichte, Bd. 3: Von der „Deutschen Revolution“ bis zum Beginn des Ersten Weltkrieges, Frankfurt am Main 1995, S. 524.

14 Vgl. Ott, H. (Hrsg.): Statistik der öffentlichen Elektrizitätsversorgung Deutschlands 1890–1913 (= Historische Energiestatistik, Bd. 1), St. Katharinen 1986, S. IX.

Entwicklung der Elektrizitätswirtschaft keiner Zwangsläufigkeit in Richtung der von Rathenau beschworenen Zentralisation.[15]

Die industriellen Kraftwerksbetreiber und die öffentlichen Versorgungsbetriebe entwickelten die Stromanlagen in der Frühphase der Elektrizitätswirtschaft unabhängig voneinander, weshalb ihre Interessen nur in Ausnahmefällen kollidierten. Die Industrieunternehmen, die Eigenanlagen errichteten, drängten nicht als Stromanbieter auf den Markt und sie führten deshalb, im Unterschied zu den städtischen Elektrizitätswerken, die von den erwähnten Finanzierungsgesellschaften der Elektroindustrie errichtet wurden, keine Verhandlungen mit der Kommunalverwaltung zwecks Tarifgestaltung und Benutzung der öffentlichen Wege.[16] Sie forderten anfänglich – wenn überhaupt – nur selten das Recht, den Strom über öffentliche Wege zu leiten, weil die Kraftwerksanlagen in der damaligen Zeit als isolierte Einrichtung gebaut wurden. Das könnte teilweise erklären, warum in der zeitgenössischen Wahrnehmung die Debatten und Auseinandersetzungen im Vordergrund standen, die im Zusammenhang mit der öffentlichen Stromversorgung geführt wurden. Der Umstand, dass sich die historische Forschung bis heute auf diesen Teilbereich der Elektrizitätsgeschichte konzentriert, ist daher nicht zuletzt ein Problem der quellenmäßigen Überlieferung. Für die öffentlich geführten Debatten in den verschiedenen Kommunen gibt es vergleichsweise leicht zugängliches Material. Damit bleiben allerdings bedeutende Entwicklungen unbeachtet.

Die Stadt- und Urbanisierungsgeschichte hat sich in den letzten Jahren zwar wieder verstärkt mit der Bedeutung der Elektrizitätsversorgung im Dienstleistungsangebot der Stadt beschäftigt.[17] In diesem Zusammenhang sind die Fallstudien von Dieter Schott über die „Vernetzung der Stadt" erwähnenswert, die aufschlussreiche Einblicke in die Entstehung der kommunalen Infrastruktur im Bereich der Energiewirtschaft und des Nahverkehrs bis zum Ersten Weltkrieg geben.[18] Doch die Eigenanlagen der Industrie werden in dieser Darstellung wieder außer Acht gelassen.

---

15 Vgl. Rathenau, W.: Über ein Reichselektrizitätsmonopol, in: Ders.: Nachgelassene Schriften, Bd. 1, Berlin 1928, S. 165–177.

16 Für ein anschauliches Beispiel siehe die Darstellung der Stromversorgung der BASF ab den 1880er Jahren. Hippel, W. v.: Auf dem Weg zum Weltunternehmen, in: Abelshauser, W. (Hrsg.): Die BASF. Eine Unternehmensgeschichte, München 2002, S. 80–81.

17 Vgl. den einleitenden Forschungsüberblick von Jürgen Reulecke in: Ders. (Hrsg.): Die Stadt als Dienstleistungszentrum, St. Katharinen 1995, S. 1–18.

18 Vgl. Schott, D.: Die Vernetzung der Stadt. Kommunale Energiepolitik, öffentlicher Nahverkehr und die „Produktion" der modernen Stadt; Darmstadt – Mannheim – Main 1880–1918, Darmstadt 1999. In den letzten Jahren wurden wieder vermehrt Studien zu einzelnen Elektrizitätswerken veröffentlicht. Vgl. u.a. Böhme, H./Schott, D. (Hrsg.): Wege regionaler Elektrifizierung in der Rhein-Main-Neckar-Region, Darmstadt 1993; Lindemann, C.: Chancen und Grenzen kommunaler Elektrizitätspolitik, Frankfurt am Main u.a. 1996; VEW AG (Hrsg): Mehr als Energie. Die Unternehmensgeschichte der VEW 1925–2000, Essen 2000.

Schotts Forschungsergebnisse bestätigen im Wesentlichen die bereits von Ulrich Wengenroth widerlegte zeitgenössische Behauptung, wonach mit den städtischen Elektrizitätswerken gleichzeitig der elektrische Antrieb in die mittelständischen Handwerksbetriebe Einzug hielt und die öffentlichen Stromanbieter somit zum Rettungsanker des Handwerks wurden.[19] Bei den Elektrizitätswerken handelte es sich bis nach der Jahrhundertwende häufig um reine Lichtzentralen, die Strom für die Beleuchtung von Theatergebäuden, Straßen und öffentlichen Plätzen sowie Gaststätten und Kaufhäusern lieferten. Für die breite Bevölkerung blieb elektrisches Licht dagegen eine im Vergleich zu Kerzen, Gasleuchten oder Petroleumlampen teure Beleuchtungsmethode. Die ersten Abnehmer von Kraftstrom waren die elektrisch betriebenen Straßenbahnen des öffentlichen Nahverkehrs, bis schließlich auch das Kleingewerbe allmählich Elektromotoren in ihren Betrieben aufstellte und Lieferverträge für Kraftstrom mit den Stromanbietern abschlossen. Schott orientiert sich in seiner detailreichen Untersuchung an den für die Stadtgeschichtsschreibung üblichen zeitlichen und räumlichen Einschränkungen, weshalb es ihm auch nur mit Einschränkungen gelingt, auf dem Gebiet der Elektrizitätsversorgung den Wandel der kommunalen Selbstverwaltung im „langen 20. Jahrhundert" überzeugend darzulegen.[20] Folgt man dem nicht nur von Schott angewandten Analyserahmen, der von einem stufentheoretischen Modell ausgeht, so gewinnt man den Eindruck, dass die kommunale Energiepolitik spätestens mit dem Übergang zu regionalen Versorgungsstrukturen endet. Damit wird jedoch allzu leicht übersehen, dass sich die Kommunalbetriebe vielfach nur aus der Stromerzeugung zurückzogen, die Verteilungsnetze im Niederspannungsbereich aber weiterhin in ihrem Besitz behielten, um auf die Tarifpolitik Einfluss nehmen zu können. Außerdem blieben die Städte und Gemeinden die Konzessionäre der Elektrizitätswerke und waren Miteigentümer der großen Stromkonzerne. Die Oberbürgermeister saßen als kommunale Aktionäre in den Aufsichtsräten dieser Kapitalgesellschaften, während dagegen die Stadtverordnetenversammlung als Ort der Entscheidung an Bedeutung einbüßte.[21]

19 Vgl. Wengenroth, U.: Motoren für den Kleinbetrieb, in: Ders. (Hrsg.): Prekäre Selbständigkeit. Zur Standortbestimmung von Handwerk, Hausindustrie und Kleingewerbe im Industrialisierungsprozess, Stuttgart 1989, S. 178–205.

20 Vgl. Krabbe, W.: Städtische Wirtschaftsbetriebe im Zeichen des „Munizipalsozialismus", in: Blotevogel , H.H. (Hrsg.): Kommunale Leistungsverwaltung und Stadtentwicklung vom Vormärz bis zur Weimarer Republik, Köln 1990, S. 117–134. Die ältere Historische Sozialwissenschaft vertritt eine ähnliche Lesart. Wehler, Deutsche Gesellschaftsgeschichte, Bd. 3, 523–524. Für eine Einordnung des Munizipalsozialismus aus gegenwartsgenetischer Perspektive siehe Abelshauser, W.: Markt und Staat. Deutsche Wirtschaftspolitik im 'langen 20. Jahrhundert', in: Spree, R. (Hrsg.): Geschichte der deutschen Wirtschaft im 20. Jahrhundert, München 2001, S. 117–140.

21 Vgl. die Ausführungen über die „Entscheidungsprozesse bei öffentlichen Unternehmen" von Ambrosius, G.: Die öffentliche Wirtschaft in der Weimarer Republik, Baden-Baden 1984, S. 45–83.

1.2 Fragestellung und Untersuchungsmethode

In dieser Untersuchung werden analytisch drei Dimensionen oder Ebenen unterschieden, die fortlaufend die Elektrizitätswirtschaft durchziehen und maßgeblich beeinflussen. Die Eigenanlagen der Industrie, die öffentlichen Elektrizitätswerke als Netzbetreiber und Stromanbieter sowie die staatliche Elektrizitätspolitik bilden diese Dimensionen, die in einer Wechselwirkung zueinander stehen und zwischen denen sich ein komplexer werdendes Beziehungsgeflecht herausgebildete.[22] In Bezug auf die Eigenanlagen gilt es zu klären, warum die Industrieunternehmen diese überhaupt für die Stromversorgung der eigenen Betriebe errichteten und in welchen Situationen sie zum Fremdstrombezug wechselten. Das ist die klassische Frage, die ursprünglich von Ronald Coase, dem Begründer der Transaktionskostenökonomie, gestellt worden ist, um die Existenz von Unternehmen in der Marktwirtschaft zu erklären.[23] Der Strombezug von einem Anbieter, so kann man mit Coase argumentieren, ist mit Transaktionskosten verbunden, die der Verbraucher durch die vertikale Integration der Stromanlagen zu reduzieren versucht. Es ist daher zu prüfen, welche Kosten der Stromlieferung die Industrieunternehmen dazu veranlassen, Eigenanlagen aufzustellen. Die Suchkosten dürften dabei weniger zu Buche schlagen, denn in der Elektrizitätswirtschaft haben die öffentlichen Netzbetreiber bis zum Ende des 20. Jahrhunderts ein rechtlich anerkanntes Liefermonopol ausgeübt. Die Kosten der Aushandlung und Überwachung der Lieferverträge für eine sichere und technisch störungsfreie Strombelieferung sowie die steuerliche Belastung des Strompreises kommen dagegen schon eher in Frage. Es ist zum Beispiel denkbar, dass die Konzessionsabgaben, welche die Elektrizitätswerke an die öffentlichen Haushalte abführen mussten, aus der Sicht der Stromabnehmer ein zusätzlicher Anreiz waren, in den Ausbau der Eigenanlagen zu investieren. Die „Steuerentlastungsstrategie", von der Richard Tilly mit Blick auf die kommunale Investitionstätigkeit im Deutschen Kaiserreich spricht, würde so gesehen also nicht darin bestehen, dass die Bürger und die örtliche Wirtschaft damals den Ausbau des städtischen Elektrizitätswerkes unterstützten, weil sie die Erwartung hegten, die Einnahmen der Kommunalbetriebe für eine Reduzierung der Steuerlast einsetzen zu können.[24]

---

22 Die Zulieferindustrie, der im Hinblick auf die technischen Innovationen in der Elektrizitätswirtschaft eine herausragende Stellung zuzurechnen ist, wird nur am Rande thematisiert. Ihre Erforschung bleibt weiterhin ein Desiderat, vor allem für die Zeit nach dem Ersten Weltkrieg.

23 Vgl. Coase, R.H.: The Nature of the Firm, in: Ders.: The Firm, the Market and the Law, Chicago 1988, S. 33–55. Der Ansatz ist weiterentwickelt worden von Williamson, O.E.: Die ökonomischen Institutionen des Kapitalismus. Unternehmen, Märkte, Kooperationen, Tübingen 1990.

24 Tilly, R.H.: Investitionen der Gemeinden im deutschen Kaiserreich, in: Kaufhold, K.H. (Hrsg.): Investitionen der Städte im 19. und 20. Jahrhundert, Köln 1997, S. 45–50. Tilly hat diese Behauptung als Hypothese formuliert und sie nach der empirischen Überprüfung deutlich relativiert. Kritisch

Neben den Transaktionskosten sind aber auch die Kosten für die Erzeugung und den Transporte der elektrischen Energie zu berücksichtigen, die durch technische Entwicklungen beeinflusst werden. Der Umstand, dass die Stromanbieter für die Errichtung der Leitungsnetze hohe Investitionskosten zu tragen hatten, ist sicherlich ein nicht zu unterschätzender Faktor, der dazu beitrug, dass die öffentlichen Elektrizitätswerke in der Frühzeit nur selten erfolgreich gegen Industriekraftwerke konkurrieren konnten. Die Stromnetze waren außerdem störungsanfällig, was leicht zu Unterbrechungen bei der Belieferung führte. Diese technischen Probleme bekamen die Elektrizitätswerke nur allmählich in den Griff. Hinzu kamen die Stromerzeugungskosten. Der elektrische Generator konnte auf unterschiedliche Weise betrieben werden, wobei die Turbine, die ab Anfang des 20. Jahrhunderts vermehrt Einzug in die Kraftwerksanlagen hielt, eine von mehreren Möglichkeiten war.[25] In der Industrie stand die Stromerzeugung häufig in einem Zusammenhang mit der Nutzung der diversen Abfallenergien, die während der Produktion anfielen und von den Unternehmen weiterverwertet wurden – hauptsächlich um den fossilen Rohstoffverbrauch effizienter zu gestalten. Nathan Rosenberg hat zu Recht darauf hingewiesen, dass diese Entwicklungen in ihrer wirtschaftlichen Bedeutung erst deutlich werden, wenn man das Unternehmen nicht mehr als geschlossene Blackbox sieht, sondern die betriebsinternen Abläufe und Produktionsprozesse in die Betrachtung miteinbezieht.[26]

Es kann anhand von Statistiken einfach nachvollzogen werden, dass die Industrie die betriebseigenen Kraftwerksanlagen langfristig allmählich aufgab und zum Strombezug von den öffentlichen Elektrizitätswerken wechselte. Es handelte sich um einen Trend zur Spezialisierung, der das gesamte lange 20. Jahrhundert durchzieht und nicht nur in Deutschland, sondern in der Elektrizitätswirtschaft sämtlicher Industrieländer, zu beobachten ist. Im Hinblick auf diesen Rückgang der industriellen Stromerzeugung lassen sich zwei Hypothesen formulieren, deren Aussagewert näher zu überprüfen sein wird. Es könnte sich erstens um bestimmte, näher zu definierende Wettbewerbsvorteile handeln, die es den Elektrizitätswerken mit der Zeit ermöglichten, den Strom preisgünstiger anzubieten, so dass die industriellen Kraftwerksbetreiber kein Interesse am weiteren Ausbau der eigenen Anlagen hatten. Sie schlossen stattdessen Stromlieferverträge ab, die zwar zusätzliche Transaktionskosten verursachten, die durch das Aushandeln, Durchführen und

dazu auch Ullman, P.-H.: Der deutsche Steuerstaat. Geschichte der öffentlichen Finanzen, München 2005, S. 70.

25 Vgl. Mokyr, J.: The Lever of Riches. Technological Creativity and Economic Progress, Oxford 1990, S. 133–134; Bohn, T./Marshall, H.-P.: Die technische Entwicklung der Stromversorgung, in: Fischer, W. (Hrsg.): Die Geschichte der Stromversorgung, Frankfurt am Main 1992, S. 54–57.

26 Vgl. Rosenberg, N.: Exploring the Black Box. Technology, Economics and History, Cambridge 1994, S. 161–189.

Überwachen der Lieferverträge entstanden, deren transaktionskostenspezifischer Aufwand im Vergleich zu den gesamten Investitionskosten, die für die Errichtung und den Betrieb einer konkurrenzfähigen Eigenanlage anfielen, immer noch günstiger waren, weshalb sich die Industriebetriebe letztendlich für die Fremdstrombelieferung entschieden.

Es ist zweitens aber auch denkbar, dass die öffentlichen Netzbetreiber ihre Monopolstellung im Bereich der Stromübertragung und -verteilung bis zum Endverbraucher zu nutzen wussten, um sich im Konkurrenzkampf durchzusetzen, denn die industriellen Kraftwerksbetreiber unterhielten allenfalls im Niederspannungsbereich eigene Netzleitungen. Sie waren auf die Kooperation der Elektrizitätswerke angewiesen, wenn sie den mit Eigenanlagen erzeugten Strom über weitere Strecken durchleiten, überschüssige Strommengen in das öffentliche Netz einspeisen oder aber einen Teil ihres Stromverbrauchs von anderen Anbietern beziehen wollten. Die Versorgungsunternehmen hatten als öffentliche Netzbetreiber von den Kommunalverwaltungen das ausschließliche Recht für die Stromlieferung erworben und den Industriebetrieben stand es daher nicht frei, Strom von einem dritten Anbieter zu beziehen oder an diesen überschüssige Strommengen abzugeben. Die Inhaber der Lieferrechte mussten ihre Zustimmung für die Stromdurchleitung geben. In der Elektrizitätswirtschaft herrschte also eine unvollständige Konkurrenz, die durch das Leitungsmonopol oder – um die geläufige Bezeichnung der Ökonomie zu verwenden – das natürliche Monopol der öffentlichen Netzbetreiber bedingt war.[27] Die Probleme und Marktbarrieren, die daraus resultieren konnten, waren vielfach Gegenstand von Konflikten, die in dieser Studie anhand von Fallbeispielen näher untersucht werden sollen. Dabei wird in jedem Einzelfall danach gefragt, ob es den beteiligten Akteuren gelang, die organisatorischen Voraussetzungen für eine wirtschaftliche Zusammenarbeit zu entwickeln oder ob das natürliche Monopol für die industriellen Kraftwerksbetreiber tatsächlich ein Investitionshindernis darstellte und sie deshalb auf den Ausbau der Eigenanlagen verzichteten.

Die industrielle Stromerzeugung war in den einzelnen Wirtschaftszweigen unterschiedlich stark ausgeprägt, was den Schluss zulässt, dass es auch branchenspezifische Einflussfaktoren gab, die sich auf das Investitionsverhalten der Unternehmen auswirkten. Die Eigenanlagen hatten für Unternehmen der Montanindustrie und der chemischen Industrie eine größere Bedeutung als etwa für Textilunterneh-

27 Vgl. Demsetz, H.: Why Regulate Utilities?, in: The Journal of Law and Economics XI (1968), S. 55–65. Demsetz geht davon aus, dass das Aushandeln von Konzessionsverträgen keine Transaktionskosten verursacht. Diese theoretische Annahme ist zu Recht scharf kritisiert worden u. a. von Williamson, O.E.: Franchise Bidding for Natural Monopolies – in General and with Respect to CATV, in: The Bell Journal of Economics 7 (1976), S. 73–104. Eine hilfreiche Einführung zum Problem der Entstehung von Verfügungsrechten geben Richter, R./Furubotn, E.G.: Neue Institutionenökonomik. Eine Einführung und kritische Würdigung, Tübingen 2003, S. 125–136.

men, auch wenn die Stromerzeugung in den Veredlungsbetrieben der deutschen Textilindustrie nicht unterschätzt werden sollte.[28] Die ausgewählten Fallbeispiele beziehen sich bewusst auf mehrere Industriezweige, damit eine vergleichende Perspektive in Bezug auf das Entscheidungsverhalten der diversen Akteure eingenommen werden kann. Mit dieser methodischen Vorgehensweise können vorschnelle Schlussfolgerungen hinsichtlich der Wettbewerbsfähigkeit einzelner Kraftwerksbetreiber vermieden werden. Außerdem wirft sie interessante Fragen auf. Das RWE, das sich in seiner ersten Expansionsphase bis zum so genannten Elektrofrieden von 1927 äußerst aggressiv verhielt und schon frühzeitig Widerstand bei den westfälischen Kommunalpolitikern hervorrief, erscheint dann als ein Stromanbieter, der mit aller Entschlossenheit hauptsächlich in die Fläche expandierte. Vielleicht wählten die Konzernlenker diese Strategie auch gerade deshalb, weil sie wussten, dass die rheinisch-westfälische Industrie den Ausbau der Eigenanlagen im Blick behielt und die räumliche Ausdehnung des Versorgungsgebietes für den Stromkonzern eine der wenigen aussichtsreichen Möglichkeiten war, den eigenen Stromabsatz zu steigern.

Gerald Feldman, der in seiner detailreichen Biografie über Hugo Stinnes diese Phase ausführlich beschreibt, erweckt nicht den Eindruck, dass Stinnes und August Thyssen Anteilsrechte am RWE erwarben und im Aufsichtsrat zu den einflussreichsten Persönlichkeiten aufstiegen, weil sie die Absicht hatten, ihre Zechenanlagen, Kokereien, Hütten- und Walzwerke mit Strom beliefern zu lassen.[29] Sie betrachteten das RWE als einen Netzbetreiber, der die Stromnetze für die Durchleitung zwischen ihren Industriebetrieben herstellen und Kraftwerke allenfalls für die Belieferung der öffentlichen Einrichtungen, privaten Haushalte und Abnehmer anderer Wirtschaftszweige errichten sollte. Feldmans Darstellung endet, wie alle Biografien, mit dem Tod des Hauptdarstellers, so dass er die Reorganisation und Konzernbildung auf dem deutschen Energiemarkt ab Mitte der 1920er Jahre und die Folgen für die Elektrizitätswirtschaft nicht mehr berücksichtigt. Für die historische Periodisierung sind diese Jahre von entscheidender Bedeutung, denn die Industriekonzerne schmiedeten ab diesem Zeitpunkt neue Investitionspläne für den Ausbau der Stromerzeugung. In diesem Zusammenhang rückte auch das Problem wieder in den Vordergrund, wie die Durchleitung und Einspeisung von Industriestrom organisiert werden sollte. Es war ein Aufeinandertreffen der Giganten und das RWE stand mit seinem mittlerweile weit ausgedehnten Stromnetz im Mittelpunkt der Diskussion. Die Vereinigten Stahlwerke überlegten ab 1926, ob sie die wirtschaftliche Zusammenarbeit mit den Elektrizitätswerken suchen oder unabhängig konzerneigene Verbundleitungen durch das Ruhrgebiet ziehen sollten. Beim IG-Farbenkonzern,

28 Vgl. Stiel, W.: Elektrobetrieb in der Textilindustrie, Leipzig 1930, S. 13–19, 77–83. Für eine Erhebung der Nennleistung der Kraftwerkkapazitäten nach einzelnen Industriezweige von 1928 bis 1942 vgl. Länderrat (Hrsg.): Statistisches Handbuch von Deutschland 1928–1944, München 1949, S. 338.
29 Vgl. die entsprechenden Kapitel über die Entwicklung des RWE bei Feldman: Hugo Stinnes.

der ein Jahr vorher gegründet worden war, gab es im Hinblick auf die westdeutschen Chemiewerke ähnliche Überlegungen. Das Rheinisch-Westfälische Kohlensyndikat wiederum blickte als Verkaufsorganisation des Ruhrbergbaus auf seine Besorgnis erregende Absatzentwicklung und suchte in der öffentlichen Elektrizitätsversorgung neue Märkte.[30]

Es kam in diesen Jahren gleichzeitig auch unter den Stromanbietern – auf der zweiten analytisch gezogenen Untersuchungsebene – zu Entscheidungen mit weitreichenden Konsequenzen für die Elektrizitätswirtschaft. Das RWE überließ ab 1927 das Geschäft der Ferngasversorgung der neu gegründeten Ruhrgas AG und vollzog damit den Wandel zum reinen Stromkonzern. Der preußische Staat gründete im selben Jahr die Preußenelektra als neues Unternehmen, um einen organisatorischen Rahmen für den netztechnischen Zusammenschluss der seit 1910 an verschiedenen Orten errichteten oder aufgekauften Kraftwerksanlagen zu schaffen. Gleichzeitig vereinbarten die großen Netzbetreiber den so genannten Elektrofrieden, das heißt, sie teilten den deutschen Strommarkt durch Gebietsabsprachen unter sich auf. Bernhard Stier hat die mehrjährigen Verhandlungen und die daraus hervorgehende „freiwillige Selbstbeschränkung", wie er diese Vereinbarungen zu Recht bezeichnet, ausführlich geschildert.[31] Doch wie sich die Gebietsabsprachen auf das Investitionsverhalten der unterschiedlichen Kraftwerksbetreiber auswirkten, beantwortet Stier nur teilweise mit Blick auf die am Elektrofrieden beteiligten Elektrizitätswerke. Die Stromerzeugung der Industrie ist nicht Gegenstand seiner Untersuchung und er stellt deshalb – methodisch durchaus konsequent – auch nicht die Frage, welche Folgen die Marktabsprachen auf deren Konkurrenzsituation hatten. Es bleibt daher zu überprüfen, ob diese Arrangements die Investitionstätigkeit der Industrie, die ihre Betriebe innerhalb der von den Netzbetreibern demarkierten Versorgungsgebiete angesiedelt hatte, hemmte und die Konzentrationstendenz zugunsten der großen Stromanbieter beschleunigte.[32]

Dazu muss die wirtschaftliche Aufschwungphase unter dem Nationalsozialismus in die Betrachtung einbezogen werden, denn während der Weltwirtschaftskrise wurden die Investitionen für neue Stromerzeugungsanlagen allgemein zurückgestellt, so dass ein Blick allein auf die Jahre des wirtschaftlichen Absturzes noch keine schlüssige Antwort auf die aufgeworfenen Fragen verspricht. An der Behaup-

---

30 Vgl. Döring, P.: Steinkohlenverstromung. Die Auseinandersetzung zwischen der Elektrizitätswirtschaft und dem Ruhrbergbau in den Jahren 1933 bis 1951, in: Rasch, M./Bleidick, D. (Hrsg.): Technikgeschichte im Ruhrgebiet, Essen 2004, S. 518–543.

31 Vgl. Stier, B.: Staat und Strom. Die politische Steuerung des Elektrizitätssystems in Deutschland 1890 – 1950, Mannheim 1999, S. 213–331, hier S. 320.

32 Für einen ersten, wenig überzeugenden Versuch siehe Faridi, A.: Eigenstromerzeugung oder Fremdstrombezug? Stromlieferungen und Stromlieferungsverträge zwischen deutscher Großindustrie und öffentlichen Energieversorgungsunternehmen in den 20er und 30er Jahren, in: Technikgeschichte 70 (2003), S. 3–21.

tung, dass die kleinen kommunalen und regionalen Stromversorger die „einzigen noch verbliebenen Wettbewerber" waren, sind nach der vorangegangen Darstellung des Forschungsstandes erhebliche Zweifel angebracht.[33] Es ist zwar durchaus denkbar, dass die kleineren Versorgungsbetriebe, die verstärkt unter Beschuss der am Elektrofrieden beteiligten Überlandwerke gerieten und um ihr wirtschaftliches Überleben kämpften, in der Wahrnehmung der zeitgenössischen Debatten als die letzten Konkurrenten gesehen wurden. Dieses Bild wird sogar noch erhärtet, wenn man ausschließlich die äußerst lückenhafte historische Forschung für die Zeit ab dem Elektrofrieden heranzieht, in der die öffentliche Stromversorgung vereinfacht als Synonym für die Elektrizitätswirtschaft gesehen wird.[34] Doch der so vermittelte Eindruck täuscht einmal mehr darüber hinweg, dass es neben den unterschiedlichen öffentlichen Stromanbietern eine Vielzahl von industriellen Kraftwerksbetreibern gab, die die Entscheidung zu treffen hatten, ob sie das Lieferangebot der Elektrizitätswerke annehmen oder die Strategie der vertikalen Integration wählen, das heißt, in den Ausbau der Eigenanlagen investieren sollten. Welche dieser beiden Alternativen die deutsche Industrie während der Rüstungskonjunktur, der Kriegswirtschaft und – nach dem Zusammenbruch des nationalsozialistischen Regimes – in den ersten Nachkriegsjahren wählte, welche Gründe zu diesen Entscheidungen führten und welche Bedeutung die industrielle Stromerzeugung im Vergleich zu den öffentlichen Elektrizitätswerken hatte, wird näher zu untersuchen sein.

Die staatliche Wirtschaftspolitik, die dritte zu unterscheidende Dimension, hat in der Elektrizitätswirtschaft immer eine bedeutende Rolle gespielt. Der Staat trat einerseits durch seine ordnungspolitische Funktion in Erscheinung, indem er Gesetze und Vorschriften erließ und Verfügungsrechte absicherte. Er gestaltete die institutionellen Rahmenbedingungen, die den äußeren Ordnungsrahmen für das Handeln der Wirtschaftssubjekte bildeten und die durch ihre Unsicherheit reduzierende Funktion die Transaktionen im Vergleich zu Tauschhandlungen, die ohne die ordnende Hand des Staates stattfanden, kalkulierbarer und kostengünstiger machten. Die staatliche Wirtschaftspolitik beschränkte sich in der Elektrizitätswirtschaft andererseits aber nicht ausschließlich auf die Ordnungspolitik.[35] Die einzelnen Länder und seit dem Ersten Weltkrieg auch der Zentralstaat beteiligten sich am Ausbau der Stromversorgung, an der Bereitstellung von Elektrizität als öffentliche Dienstleistung. Sie stellten nicht nur Investitionsmittel für einzelne Kraftwerksprojekte und Leitungsnetze bereit, sondern übernahmen darüber hinaus den Betrieb dieser Ein-

---

33 Tooze, A.: Ökonomie der Zerstörung. Die Geschichte der Wirtschaft des Nationalsozialismus, Bonn 2007, S. 141.

34 Für ein Beispiel dieser Sichtweise vgl. die Beiträge im Sammelband von Maier, H. (Hrsg.): Elektrizitätswirtschaft zwischen Umwelt, Technik und Politik, Freiberg 1999.

35 Vgl. Ambrosius, G.: Staat und Wirtschaftsordnung. Eine Einführung in Theorie und Geschichte, Stuttgart 2001, S. 56–62; Abelshauser, Markt und Staat, S. 117–121.

richtungen, womit sie in das Stromgeschäft einstiegen. Auf diese Weise entstanden das Badenwerk, das Bayernwerk, die Preußenelektra und die reichseigenen Elektrowerke, die sich in ihren jeweiligen Versorgungsgebieten neben den kommunalen Elektrizitätswerken zu den größten Stromanbietern entwickelten. In den westpreußischen Provinzen kontrollierten dagegen die Städte, Gemeinden und Kreise die öffentliche Stromversorgung, entweder in Form von kommunalen Regiebetrieben oder durch Beteiligungen an regionalen Großversorgern wie den Vereinigten Elektrizitätswerken Westfalen (VEW) oder dem RWE. Der Staat war kein „homogenes Handlungssubjekt", denn es gab mehrere Träger staatlicher Elektrizitätspolitik, die keineswegs immer die gleichen Interessen hatten und ein gemeinsames Ziel verfolgten.[36] Bernhard Stier schildert in seiner Untersuchung eine Fülle von Auseinandersetzungen, die auf ein konfliktreiches Verhältnis zwischen kommunalen Gebietskörperschaften, Ländern und Zentralstaat schließen lassen. In der Sozialisierungsdebatte nach dem Ersten Weltkrieg, die Stier ausführlich behandelt, kamen nicht nur die Interessen der Privatwirtschaft zum Tragen, sondern vor allem auch die der verschiedenen Gebietskörperschaften.[37] Gerold Ambrosius hat für die Zeit der Weimarer Republik nachgewiesen, dass fiskalpolitische Motive oftmals ein bedeutender Bestimmungsfaktor für wirtschaftspolitische Entscheidungen auf dem Gebiet der Elektrizitätsversorgung waren.[38] Ausgehend von den vorliegenden Forschungsergebnissen ist in dieser Untersuchung vor allem in Bezug auf das Versorgungsgebiet des RWE die Frage zu stellen, wie sich die Interessen der Gebietskörperschaften auf die Gestaltung der Tarife auswirkten und wie die unterschiedlichen Stromabnehmer auf das Lieferangebot des Konzerns reagierten.

Das Verhältnis von Wirtschaft und Staat rückte während der Weimarer Republik, verstärkt noch einmal durch die Erfahrungen der Weltwirtschaftskrise, in das Problembewusstsein der Zeitgenossen. Für die Elektrizitätswirtschaft war es eine Zeit, in der über Ordnungsansätze intensiv debattiert wurde. Gustav Siegel, der damals im Rahmen des vom Deutschen Reichstag eingesetzten Enquete-Ausschusses damit betraut wurde, einen Überblick über die Gesetzgebung im Ausland zu erstellen, betrachtete die Verschiedenartigkeit der gesetzgeberischen Maßnahmen, die international zu beobachten war, als eine Suche nach der zweckmäßigsten Gestaltung des institutionellen Rahmens. Es gab, so seine Feststellung, eine unverkennbare Tendenz zur Überführung der Elektrizitätswirtschaft in die Hand des Staates.[39] Auch für Deutschland lässt sich dieser Trend nachweisen, bevor unter

36 Grimm, D.: Recht und Staat der bürgerlichen Gesellschaft, Frankfurt am Main 1987, S. 78.
37 Vgl. Stier, Staat und Strom, S. 379–413.
38 Vgl. Ambrosius, Öffentliche Wirtschaft in der Weimarer Republik, S. 108–132.
39 Vgl. Siegel, G.: Elektrizitätspolitik, in: Elektrotechnik und Maschinenbau 45 (1927), S. 283–284. Die Ergebnisse seiner Untersuchung erschienen drei Jahre später. Siegel, G.: Elektrizitätsgesetzgebung der Kulturländer der Erde, 3 Bde., Berlin 1930.

dem Nationalsozialismus ein reichseinheitlicher Ordnungsansatz durchgesetzt wurde, der die Verstaatlichung als wirtschaftspolitisches Instrument in den Hintergrund drängte.

Das Energiewirtschaftsgesetz von 1935 hat in der Forschung im Unterschied zu anderen Themenfeldern viel Aufmerksamkeit erfahren und ist hinsichtlich seiner Auswirkungen sehr unterschiedlich beurteilt worden. Helmut Gröner kommt in seiner Studie über die Ordnung der Elektrizitätswirtschaft zu Schlussfolgerungen, die sich bei einer angemessenen historischen Kontextualisierung als kaum haltbar erweisen.[40] Aus dem Blickwinkel der Kommunalwirtschaft wird gerne die These vertreten, dass die Konzentrationstendenzen in der Elektrizitätsversorgung durch die Gesetzgebung zulasten der Städte und Gemeinden gefördert wurden. Horst Matzerath, dessen Forschungsergebnisse zu diesem Thema fast ausschließlich auf Überlieferungen des Deutschen Gemeindetages basieren, spricht an dieser Stelle von der „Aushöhlung der gemeindlichen Aufgaben“. Er betont damit vor allem den Tatbestand, dass traditionelle Kompetenzen der kommunalen Selbstverwaltung beschnitten und durch zentralstaatliche Maßnahmen abgelöst wurden.[41] Hans Dieter Hellige hat die Langzeitwirkungen des Energiewirtschaftsgesetzes aus einer technikhistorischen Perspektive zu erfassen versucht und ist zu dem Ergebnis gekommen, dass der Staat vor allem großtechnische Lösungen förderte und die Entwicklung örtlicher Versorgungskonzepte stark behinderte.[42] Die genannten Untersuchungen stimmen ungeachtet der zum Teil sehr unterschiedlichen Fokussierungen in einigen Punkten überein. Sie lehnen erstens die Annahme ab, dass der ordnungspolitische Ansatz spezifisch nationalsozialistische Elemente beinhaltete. Ein Blick auf den internationalen Kontext macht auch schnell deutlich, dass zentralstaatliche Gesetzgebungen in der Elektrizitätswirtschaft in den 1930er Jahren nichts Außergewöhnliches darstellten.[43] Zweitens beziehen sich die wenigen Versuche, die Auswirkungen der staatlichen Elektrizitätspolitik auf die Handlungsspielräume der Marktakteure und deren Investitionsentscheidungen zu ergründen, ausschließlich auf die öffentliche Elektrizitätsversorgung. Die industriellen Kraftwerksbetreiber, die durch ihre Investitionen die Absatzmöglichkeiten der Elektrizitätswerke unmittelbar beeinflussten, werden dagegen vollständig ausgeblendet. Diese einseitige Betrachtung verleitet gerade in Bezug auf die deutsche Elektrizi-

---

40 Vgl. Gröner, H.: Die Ordnung der deutschen Elektrizitätswirtschaft, Baden-Baden 1975.

41 Vgl. Matzerath, H: Nationalsozialismus und kommunale Selbstverwaltung, Berlin 1970, S. 392–418.

42 Vgl. Hellige, H.D.: Entstehungsbedingungen und energietechnische Langzeitwirkungen des Energiewirtschaftsgesetzes von 1935, in: Technikgeschichte 53 (1986), S. 123–155.

43 Vgl. Ambrosius, G.: Was war eigentlich „nationalsozialistisch“ an den Regulierungsansätzen der dreißiger Jahre? In: Abelshauser, W. u.a. (Hrsg): Wirtschaftsordnung, Staat und Unternehmen, Essen 2003, S. 41–60. Für den internationalen Vergleich vgl. Toninelli, P.A. (Ed.): The Rise and Fall of State-Owned Enterprise in the Western World, Cambridge 2000.

tätswirtschaft, in der die Großindustrie eine bedeutende Rolle einnahm, leicht zu Fehleinschätzungen. Bedeutende Entwicklungen, die unter dem Nationalsozialismus stattfanden, werden übersehen. Außerdem verschließt man sich damit einer aufschlussreichen Forschungsperspektive im Hinblick auf die Probleme der Elektrizitätswirtschaft in den 1950er Jahren.[44]

Die soweit aufgezeigten Dimensionen werden in dieser Studie in drei unterschiedlichen Zeitabschnitten betrachtet. Das erste Hauptkapitel behandelt aus dem Blickwinkel der Elektrizitätswirtschaft die Reorganisation des deutschen Energiemarktes in der zweiten Hälfte der 1920er Jahre und die daraus resultierenden Spielregeln des Wettbewerbs. Danach werden die Auswirkungen der wenig später einsetzenden Weltwirtschaftskrise und die Bedeutung der zeitgenössischen Krisenerfahrung für die Herausbildung der zentralstaatlichen Regulierung betrachtet. Im zweiten Hauptteil steht die Entwicklung der Elektrizitätswirtschaft in der Zeit des Nationalsozialismus im Mittelpunkt. Hier gilt es unter anderem zu prüfen, wie sich die konjunkturpolitischen Maßnahmen und die Rüstungspolitik des nationalsozialistischen Regimes auf die wirtschaftliche Beziehung der Stromanbieter zu den industriellen Kraftwerksbetreibern auswirkten. Untersucht werden also einerseits das Investitionsverhalten der Unternehmen auf dem Gebiet der Stromerzeugung und die Funktion der öffentlichen Elektrizitätswerke bei der Stromversorgung der Rüstungsbetriebe. Andererseits sind aber auch die konsumorientierten Maßnahmen des NS-Staats und die Konsequenzen, die daraus für die Stromanbieter und die Kommunalpolitik entstanden, im Blick zu behalten. Es gilt an dieser Stelle die Frage zu klären, wie sich die wirtschaftspolitischen Maßnahmen auf das Konsumverhalten der Kleinverbraucher auswirkten. Das dritte Hauptkapitel beschäftigt sich hauptsächlich mit dem Wiederaufbau der Elektrizitätswirtschaft in der Nachkriegszeit. In diesem Abschnitt wird es darum gehen, die konkreten Ursachen der Engpässe und Einschränkungsmaßnahmen zu bestimmen, die nicht zuletzt – das sei bereits vorweggenommen – in der wirtschaftlichen Beziehung zwischen den Industriekraftwerken und den öffentlichen Netzbetreibern zu verorten sind. Die Klärung der Gründe, die dazu führten, dass in der Stromwirtschaft bis Anfang der 1950er Jahre eine angespannte Versorgungslage vorherrschte, ist notwendig, um die Bedeutung der wirtschaftspolitischen Maßnahmen richtig einschätzen zu können, die damals von der amerikanischen Militärregierung und den deutschen Verwaltungsstellen unternommen wurden. In diesen Jahren stand gleichzeitig die Regulierung auf dem Prüfstand, die das NS-Regime nach der Weltwirtschaftskrise durchge-

44 Die Forderung nach einer Historisierung des Nationalsozialismus und der Untersuchung von Kontinuitätslinien ist nicht neu. Sie ist nochmals bekräftigt worden von Abelshauser, W.: Modernisierung oder institutionelle Revolution? Koordinaten einer Ortsbestimmung des „Dritten Reiches" in der deutschen Wirtschaftsgeschichte des 20. Jahrhunderts, in: Ders. (Hrsg.): Wirtschaftsordnung, Staat und Unternehmen, Essen 2003, S. 17–39.

setzt hatte. Die Kontinuitäten, die es vor allem mit Blick auf den Ordnungsrahmen der Elektrizitätswirtschaft gab, sind in der Forschung oft betont worden, ohne dass ernsthaft nach plausiblen Erklärungen gesucht wurde.[45] Es soll deshalb am Ende dieser Untersuchung der Versuch unternommen werden, die Gründe für die ordnungspolitischen Kontinuitäten aus dem historischen Kontext herzuleiten.

1.3 Quellenlage

Die Quellenmaterialien, die über vergangene Transaktionen oder wirtschaftliche Tauschhandlungen Auskunft geben, sind statistisch erfasste Preisbewegungen, Kapitalströme, Angaben über Stromlieferungen und dokumentierte Verträge. Im Unterschied zu Preisen und quantitativen Mengenangaben enthalten schriftlich überlieferte Vereinbarungen wesentlich reichhaltigere Informationen, die vor allem dann von Interesse sind, wenn die Akteure langfristige und wenig standardisierte Abkommen aushandelten. Das war in der Elektrizitätswirtschaft sehr häufig der Fall, nicht zuletzt weil die Investitionen mit einem hohen Kapitalaufwand verbunden waren, der nur in längeren Zeiträumen erwirtschaftet werden konnte.[46] Mit dem Verweis auf die Kapitalintensität soll keineswegs ausgeschlossen werden, dass es noch weitere Gründe gab, die eine derartige Vertragsstrategie vorteilhaft erscheinen ließen. Unternehmen versuchten sich möglichst lange auf einem bestimmten Markt zu halten und es konnten daher durchaus Vereinbarungen in das Vertragswerk Eingang finden, die hauptsächlich darauf ausgerichtet waren, potenziellen Konkurrenten Hürden in den Weg zu legen. In dieser Studie werden die Konzessionsverträge, die Stromanbieter mit den Kommunalverwaltungen abschlossen, als ein Quellendokument betrachtet, das erste Auskünfte über die Interessen der beteiligten Vertragsparteien gibt. Darin wurden nicht nur die Rechte für die Nutzung der öffentlichen Wege und die Belieferung eines abgesteckten Gebietes spezifiziert, sondern auch die Wegegebühren und die Preise für Kleinabnehmer, die Strom aus dem Niederspannungsnetz bezogen. Die Industrie verhandelte dagegen häufig ohne Beteiligung der kommunalen Verwaltung direkt mit den Elektrizitätswerken, um entweder aus dem öffentlichen Netz Strom zu beziehen oder aber eigene überschüssige Elektrizität an Dritte weiterleiten zu lassen. Beispiele hierfür bilden die Vertragsabschlüsse, die der IG-Farbenkonzern, die Vereinigten Stahlwerke und das Rheinisch-Westfälische Kohlensyndikat mit den öffentlichen Netzbetreibern abschlossen.

45 Das gilt auch für die neuste Studie zu diesem Thema, die Bernhard Stier vorgelegt hat. Die Zeit nach 1945 behandelt er sehr oberflächlich. Vgl. Stier, Staat und Strom, S. 492–496.

46 Für einen Vergleich der Kapitalintensität der Elektrizitätsversorgung mit der von anderen Wirtschaftszweigen von 1880 bis 1950 am Beispiel der USA vgl. Hausman, Global Electrification, S. 22.

Diese und andere Verträge waren das Produkt von Verhandlungen, bei denen die beteiligten Parteien auf Erfahrungen zurückgriffen und von Erwartungen hinsichtlich der Marktentwicklung ausgingen, über die das Vertragsdokument selbst nur wenige Rückschlüsse zulässt. Die von den Akteuren verfolgten Strategien und getroffenen Entscheidungen werden erst nachvollziehbar, wenn weitere Quellenmaterialien hinzugezogen werden. Die Protokolle über Vorstands- und Aufsichtsratssitzungen sowie unternehmensinterner Arbeitsausschüsse, die sich mit Fragen der Stromversorgung beschäftigten, sind an dieser Stelle unverzichtbar. Hinzu kommen Aktennotizen über Vertragsgespräche und Denkschriften an Behörden, die nach dem Erlass des Energiewirtschaftsgesetzes, das von den Unternehmen eine Offenlegung ihrer Investitionsvorhaben forderte, noch einmal deutlich zunahmen. Bei den Debatten, die im Zusammenhang mit der Gesetzgebung und den Verordnungen entstanden, spielten aber auch die Interessenverbände eine zentrale Rolle, die selbst während der Gleichschaltungspolitik des Nationalsozialismus Wege fanden, um ihre Interessen zu artikulieren.

Für die Quellenrecherche kamen ausgehend von der skizzierten Fragestellung sehr unterschiedliche Archive in Frage. Es bestand die Möglichkeit, die Bestände des Historischen Konzernarchivs der RWE AG heranzuziehen, was sich als nützlich für die Arbeit erwiesen hat. Heute lagern nämlich in dem Konzernarchiv neben der historischen Überlieferung des RWE auch die Akten über die Geschichte der VEW, die Sitzungsprotokolle der Deutschen Verbundgesellschaft – die 1929 als AG für Deutsche Elektrizitätswirtschaft gegründete Organisation der großen Netzbetreiber – und Materialen des Dachverbandes der deutschen Elektrizitätswirtschaft, der Vereinigung Deutscher Elektrizitätswerke. Da die Aktenbestände des Konzernarchivs zum Zeitpunkt der Recherche allerdings nicht vollständig erschlossen waren, war eine systematische Durchsicht der Quellen nach ausgewählten Themenfeldern nur teilweise möglich und aufschlussreiche Schriftstücke konnten erst nach zeitaufwendiger Suche entdeckt werden. Die komplizierte Stellung der kommunalen Gebietskörperschaften in der Elektrizitätsversorgung lässt sich nur zum Teil aus den Beständen des Konzernarchivs rekonstruieren. Für diesen Fragenkomplex wurden daher zusätzlich noch Überlieferungen der kommunalen Spitzenverbände gesichtet, die in diversen Landes- und Stadtarchiven zu finden sind. Der Deutsche Städtetag entwickelte eine rege Verbandstätigkeit im Bereich Energiewirtschaft, die während der NS-Zeit vom Deutschen Gemeindetag weitergeführt wurde und ab 1949 im Rahmen des Verbandes Kommunaler Unternehmen seine Fortsetzung fand. Ein Großteil dieser Materialien liegt heute im Landesarchiv Berlin und im Landesarchiv Düsseldorf, während im Stadtarchiv Essen ein wertvoller Bestand über die kommunalen Aktionäre des RWE ausfindig gemacht werden konnte.

Für die Aufschlüsselung der wirtschaftlichen Beziehungen, die zwischen den Elektrizitätswerken und den industriellen Kraftwerksbetreibern existierten, kamen neben dem Konzernarchiv des RWE aufgrund der ausgewählten Fallbeispiele die eher bekannten Wirtschaftsarchive in Betracht. In der Zeit des IG-Farbenkonzerns lag die Federführung in Sachen Stromverträge für die rheinischen Chemiewerke beim Bayerwerk in Leverkusen, wo heute die entsprechenden Akten lagern. Im Hinblick auf die Industriekraftwerke der Montanindustrie sind die Überlieferungen des ThyssenKrupp Konzernarchivs, des Westfälischen Wirtschaftsarchivs, des Bergbau-Archivs in Bochum und des Rheinisch-Westfälischen Wirtschaftsarchiv in Köln gesichtet worden. Die beiden letztgenannten Archive verfügen außerdem über die Bestände der Vereinigung Industrielle Kraftwirtschaft, die für die Erforschung der Energiekrise in der Nachkriegszeit sehr aufschlussreich sind. Darüber hinaus wurde eine Reihe von energiewirtschaftlichen Fachzeitschriften, die über die Bibliothek des Ruhrgebiets leicht zugänglich sind, nach für diese Untersuchung relevanten Beiträgen durchsucht. Unverzichtbar waren schließlich die Aktenbestände des Bundesarchivs in Berlin und Koblenz zum Thema Elektrizitätswirtschaft. Die Facetten der staatlichen Elektrizitätspolitik werden erst deutlich, wenn die Überlieferungen der unterschiedlichen Behörden miteinbezogen werden.

2 Vom Elektrofrieden zur gebundenen Konkurrenz

2.1 Die Industrie und die Spielregeln des Elektrofriedens

2.1.1 Die Gründung der Deutschen Verbundgesellschaft

Die Elektrizitätswirtschaft stand in den 1920er Jahren im Zeichen der Expansion und der strukturelle Wandel von der urbanen zur überregionalen Stromversorgung schien unaufhaltsam voranzuschreiten. Technische Entwicklungen im Bereich der Stromübertragung und -verteilung ermöglichten die energiewirtschaftliche Integration fernliegender und dünn besiedelter Gebiete. Während die Stromleitungen in den ersten Jahrzehnten der Elektrizitätswirtschaft noch völlig unabhängig voneinander errichtet worden waren, rückte nun der technische Zusammenschluss der verschiedenen Versorgungsgebiete verstärkt in den Vordergrund. Im Zuge dieser Entwicklung sahen sich die Netzbetreiber mit der Frage konfrontiert, wie sie den organisatorischen Rahmen gestalten sollten, um den flächendeckenden Ausbau der Netzinfrastruktur zu koordinieren. Dannie Heineman, Vorsitzender der belgischen Holdinggesellschaft Sofina, die im internationalen Finanzierungsgeschäft auf Investitionen im Bereich Elektrizitätswirtschaft spezialisiert war, kannte diese Probleme aus eigener Erfahrung ausreichend. Er unterstrich daher die Notwendigkeit, die Elektrizitätsversorgung in „gewissem Umfange planmäßig zu organisieren". Das war die Voraussetzung, um eine flächendeckende Infrastruktur nach rationellen Maßstäben zu entwickeln. Die größte Herausforderung, die dabei bewältigt werden mussten, ergab sich aus den politischen Gebietsgrenzen einzelner Kommunen, Bezirke und Länder.[1] Heineman sprach damit ein zentrales Problem der Elektrizitätsversorgung an, das auch in Deutschland im Mittelpunkt einer mit Leidenschaft geführten Debatte stand und für das es sehr unterschiedliche Lösungsvorschläge gab. Die Kommunalpolitiker und Leiter einzelner Stadtwerke betrachteten die Elektrizitätsversorgung als eine genuin kommunale Aufgabe. Die Manager der Überlandwerke empfanden die Forderungen der Städte und Gemeinden dagegen häufig als ein lästiges Hindernis, das die Entwicklung der Elektrizitätswirtschaft hemme.

---

1 Heineman, D.: Internationale Elektrizitätswirtschaft, in: Wirtschaftshefte der Frankfurter Zeitung 2 (1927), S. 26. Zur Person Heinemans und seiner Rolle im internationalen Finanzierungsgeschäft vgl. Hausman: Global Electrification, S. 151–156.

Im Reichswirtschaftsministerium wurden wiederum Überlegungen angestellt, wie der Ausbau der Elektrizitätsversorgung reichseinheitlich gestaltet werden könnte. Reichswirtschaftsminister Julius Curtius hatte bei Oskar von Miller, der zu den führenden Experten der deutschen Elektrizitätswirtschaft gehörte, ein Gutachten in Auftrag gegeben, das 1930 als neuer „Generalplan" präsentiert wurde und in Fachkreisen Aufsehen erregte. Es war ein ambitionierter Versuch, eine Prognose über die zu erwartende Entwicklung des Strombedarfs zu erstellen und auf dieser Grundlage den Umfang der erforderlichen Investitionen zu berechnen. Der Reichswirtschaftsminister bezeichnete das Gutachten als eine „Richtschnur" für die Stromanbieter, die „Fehlinvestitionen" vermeiden helfen könne, wenn sie ihre Investitionsentscheidungen nach dem vorgelegten Generalplan träfen. Die Vorschläge des Gutachtens seien kein „Regierungsplan", so Curtius vorausahnender Beschwichtigungsversuch, sondern eher „wertvolle Anregungen für die künftige Entwicklung".[2] Die großen Stromanbieter, allen voran das RWE und die Preußenelektra, reagierten erwartungsgemäß zurückweisend. Sie lehnten einen vom Reich vorgegebenen Generalplan grundsätzlich ab und blieben damit ihrem Standpunkt treu, den sie seit der Sozialisierungsdebatte Anfang der 1920er Jahre einnahmen. In der Frontstellung gegen die Vorschläge der Reichsregierung waren sich die rheinisch-westfälische Montanindustrie, die das RWE gemeinsam mit den rheinischen Kommunen kontrollierte, und der preußische Staat einig, auch wenn dabei unterschiedliche Motive zum Tragen kamen. Das RWE sah sich gerne als Hüter privatwirtschaftlicher Interessen und begegnete jeder Einmischung staatlicher Behörden in elektrizitätswirtschaftliche Angelegenheiten mit Argwohn. Der Generalplan sei überholt, so die abweisende Begründung aus Essen, weil sich die vorgeschlagenen Stromnetze schon längst im Bau befänden. Damit sei einmal mehr unter Beweis gestellt worden, was privatwirtschaftliche Initiative zu leisten vermochte.[3] Die Ablehnung der Preußenelektra hingegen war eher durch den Umstand bedingt, dass der preußische Staat, ähnlich wie die anderen Länder, die ein Elektrizitätswerk unterhielten, in den Planungsspielen des Reiches eine Bedrohung der eigenen landeshoheitlichen Interessen witterte.[4]

Die Netzbetreiber lehnten die vom Reichswirtschaftsministerium veröffentlichten Pläne auch deshalb ab, weil sie in der Zwischenzeit Vereinbarungen getroffen hatten, die das Konkurrenzverhältnis untereinander grundlegend veränderten und eine verstärkte Zusammenarbeit beim Ausbau der Stromnetze erwarten ließen. Im Sommer 1927 schlossen das RWE und die wenige Monate zuvor gegründete Preu-

---

2 Die Stellungnahme des Reichswirtschaftsministers wurde als Vorwort des Gutachtens veröffentlicht. Vgl. von Miller, Oskar: Gutachten über die Reichselektrizitätsversorgung, Berlin 1930, S. V.

3 Vgl. Koepchen, A.: Das RWE in der deutschen Elektrizitätswirtschaft, Essen 1930, S. 12.

4 Für eine detaillierte Darstellung der Interessen der Länder vgl. Stier: Staat und Strom, S. 405–434.

ßenelektra nach zähen Verhandlungen zwischen dem preußischen Handelsministerium und Albert Vögler, der beim RWE als Aufsichtsratsvorsitzender die Fäden zog, einen fünfzigjährigen Demarkationsvertrag ab. Anfang 1928 folgte ein vergleichbares Abkommen zwischen der Preußenelektra und den reichseigenen Elektrowerken, die Stromanlagen in Mitteldeutschland unterhielten. Bis zu diesem Zeitpunkt hatten sich die Stromanbieter mit allen Mitteln einen Konkurrenzkampf um die Erweiterung ihrer jeweiligen Versorgungsgebiete geliefert, der zuletzt an mehreren Fronten gleichzeitig ausgetragen worden war. Die wichtigsten Schauplätze des so genannten Elektrokrieges, in dem es die Protagonisten vor allem auf die zu vergebenen Stromlieferrechte abgesehen hatten, waren die Stadt Frankfurt am Main und das Saargebiet. Das preußische Handelsministerium hatte außerdem Ende 1925 Mehrheitsanteile an der Braunkohlenindustrie AG Zukunft erworben, die mehrere rheinische Kommunen entlang der Grenze zu Belgien mit Strom belieferte.

Damit war der preußische Staat erstmals in das rheinische Braunkohlengebiet vorgedrungen, was nicht nur beim RWE für Aufregung sorgte, sondern auch bei der von Paul Silverberg geleiteten Rheinbraun, die mit ihrem Rheinischen Elektrizitätswerk unter anderem an die Stadt Köln Strom lieferte.[5] Vögler und Silverberg standen seitdem in Verhandlungen mit dem preußischen Handelsministerium und versuchten, ein weiteres Eingreifen des Staates in die Elektrizitätsversorgung der westpreußischen Provinzen zu verhindern. Es dauerte zwei Jahre, bis sie eine Lösung fanden und den preußischen Elektrofrieden vereinbarten. Das Handelsministerium erklärte sich zum Rückzug aus dem rheinischen Braunkohlengebiet bereit, indem es seine Beteiligung an der Braunkohlenindustrie Zukunft an das RWE veräußerte und dafür einen Teil der Aktien erwarb, die der rheinisch-westfälische Stromanbieter an der Braunschweigischen Kohlenbergwerke AG hielt.[6] Außerdem beinhaltete das Abkommen eine freiwillige Selbstbeschränkung, das heißt, beide Unternehmen verpflichteten sich, auf einen „elektrowirtschaftlichen Wettbewerb" im „demarkierten Gebiet" des anderen zu verzichten.[7] Aus Sicht der Kontrahenten, die in Preußen zu den leistungsfähigsten und einflussreichsten Stromanbietern gehörten, leitete die Beilegung der Auseinandersetzung eine neue Phase der Kooperation ein.[8] Der Elekt-

5 Vgl. Gehlen, B.: Paul Silverberg (1876–1959). Ein Unternehmer, Stuttgart 2007, S. 304–307.

6 Vgl. Dehne, G.: Deutschlands Großkraftversorgung, Berlin 1928, S. 61; Buderath, J.: Strom im Markt. Bd. I: Vom Stadtwerk zur Großraumverbundwirtschaft. Aufbau und Bewährung 1898–1938, Essen o. J, S. 158–167.

7 § VII des Abkommens zwischen preußischen Fiskus und RWE vom 10.6.1927, in: BA N 1013/585.

8 Vgl. die Ausführungen des Vorstandsmitgliedes der Preußenelektra, Generaldirektor Robert Frank, auf der 34. Jahresversammlung des Verbandes Deutscher Elektrotechniker, in: Elektrotechnik und Maschinenbau 47 (1929), S. 965 und die Stellungnahme des RWE-Vorstandes Ernst Henke: Die Bedeutung der herrschenden Rechtsgrundlage für die Entwicklung der heutigen deutschen „öffentlichen" Elektrizitätswirtschaft, in: Ders. u.a. (Hrsg.) Rechtsgrundlagen der öffentlichen Elekt-

rofrieden schaltete die Konkurrenz in der preußischen Elektrizitätsversorgung nicht vollständig aus, denn es gab innerhalb der demarkierten Versorgungsgebiete unterschiedliche Kraftwerkbetreiber – städtische Elektrizitätswerke und Industriekraftwerke –, die weiterhin gegen die großen Stromanbieter konkurrierten. Das Demarkationsabkommen, in dem die Gebietsgrenzen bis ins letzte Detail festgelegt wurden, schränkte nur zwischen den beiden Kontrahenten den Wettbewerb um Lieferrechte ein.

Die Kooperation der Netzbetreiber zielte auch darauf ab, neue Verbindungsleitungen zwischen den Versorgungsgebieten zu errichten, um in Zukunft nach gegenseitiger Absprache eine Stromübertragung über die Gebietsgrenzen hinweg durchführen zu können. Bisher waren die Stromnetze häufig unkoordiniert ausgebaut und die Erzeugungsanlagen mit hohen Reserven ausgestattet worden. Die Betreiber hatten nur wenig darauf geachtet, dass isolierte Kraftwerke höhere Reservekapazitäten erforderten als vernetzte Stromerzeugungsanlagen, die sich bei technischen Ausfällen untereinander stützen konnten. Der preußische Staat widmete sich erst 1927 nach Gründung der Preußenelektra dieser Aufgabe. Die neue Organisation wurde nicht zuletzt dafür eingerichtet, die netztechnische Kopplung der Kraftwerkanlagen auszubauen und die einzelnen Fahrpläne besser aufeinander abzustimmen. Noch schwieriger gestaltete sich der Versuch, mehrere Anlagen, die in unterschiedlichen Händen lagen, über eine gemeinsame Sammelschiene arbeiten zu lassen. Die Betreiber hatten daher in den vergangenen Jahren häufig einfach darauf verzichtet. Die Ausnutzung der Kapazitäten war in der Folge auf einem konstant niedrigen Niveau geblieben. Die öffentlichen Stromanbieter bauten die Stromerzeugungskapazitäten von 1925 bis 1928 proportional zu der Stromnachfrage aus – mit dem Ergebnis, dass die jährliche Benutzungsdauer der Anlagen im selben Zeitraum gerade einmal um 40 Stunden anstieg.[9]

Die Elektrizitätswerke hielten 1928 noch 29 Prozent der gesamten Kapazität als Reserveleistung, womit sie aber immerhin einen höheren Ausnutzungsgrad vorweisen konnten als die industriellen Kraftwerkbetreiber, die insgesamt 50 Prozent der errichteten Stromerzeugungsanlagen als ungenutzte Reserve für eventuelle Ausfälle hielten.[10] Ob der Elektrofrieden tatsächlich das bewirken würde, was sich die Beteiligten von ihm erhofften – einen Strategiewechsel in Richtung einer verstärkten wirtschaftlichen Zusammenarbeit, um die Kapazitäten effizienter zu nutzen und die Reserven insgesamt zu reduzieren – war zu diesem Zeitpunkt noch eine offene Fra-

---

rizitätswirtschaft in Deutschland, Berlin 1930, S. 1–25, hier S. 24; Koepchen, A.: Das RWE in der deutschen Elektrizitätswirtschaft, Essen 1930, S. 12.

9 Im Jahr 1928 wurde eine Benutzungsdauer von 2.230 Stunden erreicht. Vgl. Wirtschaftsgruppe Elektrizitätsversorgung (Hrsg.): Die Elektrizitätswirtschaft im Deutschen Reich, Berlin 1937, S. 94.

10 Die Zahlen nach dem Komma wurden aufgerundet. Vgl. Enquete-Ausschuss: Die deutsche Elektrizitätswirtschaft, Berlin 1930, S. 21.

ge. Die großen Netzbetreiber wie das RWE und die Preußenelektra rechneten zumindest damit, dass die Kooperation Kostenvorteile mit sich bringen würde, denn schon allein der untereinander koordinierte Ausbau der Stromleitungen war kostengünstiger als die Errichtung mehrerer Leitungssysteme nebeneinander. Investitionen in „überflüssige“ Leitungsanlagen konnten auf diese Weise vermieden und ein „rationeller Energieaustausch“ vorgenommen werden.[11] Um die anvisierte Zusammenarbeit in die Wege zu leiten, verständigten sich die beiden Netzbetreiber auch darauf, die personelle Verflechtung durch den Austausch mehrerer Aufsichtsratsmandate zu fördern. Die personelle Vernetzung sollte den Informationsaustausch untereinander sicherstellen und die praktische Umsetzung der geplanten Projekte erleichtern. Das RWE erklärte sich bereit, gleich drei Aufsichtsratssitze für Vertreter der Preußenelektra einzurichten, während zwei Mitglieder des RWE-Vorstandes ein Aufsichtsratsmandat bei der Preußenelektra erhielten.[12]

Die ersten Schritte in die vorgegebene Richtung gestalteten sich allerdings schwierig, denn wie sich bald herausstellte, war die Bereitwilligkeit eigene Projekte in ein gemeinsames Gesamtkonzept zu integrieren, bei den beteiligten Netzbetreibern anfangs nur schwach ausgeprägt. Für erste Irritationen sorgte die Planung der Ost-West-Leitung, mit der eine Verbindung zwischen dem rheinischen Versorgungsgebiet des RWE und dem der Preußenelektra im niedersächsischen Raum hergestellt werden sollte. Die projektierte 220 KV-Leitung verlief durch die Provinz Westfalen bis zu den Kraftwerken der Preußenelektra in Hannover und Helmstedt an der Grenze zum Versorgungsgebiet der reichseigenen Elektrowerke. Wenige Wochen nach Vereinbarung der Gebietsabsprache beschwerte sich das RWE beim preußischen Handelsministerium darüber, dass es in der Provinz Westfalen zu Verzögerungen bei der Erteilung von Rechten für die Nutzung der öffentlichen Wege gekommen sei. Die Verantwortlichen beim RWE forderten die Unterstützung von der Landesregierung, denn unter den westfälischen Kommunen schien sich – wie in der Vergangenheit wiederholt geschehen – erneuter Widerstand zu formieren, wodurch die Errichtung der Leitungsnetze nicht nur hätte verzögert, sondern vielleicht sogar verhindert werden können. Wie sich herausstellte, waren die Verzögerungen allerdings nicht durch das schleppende Genehmigungsverfahren verursacht worden, sondern hauptsächlich durch die mangelnde Vorbereitung des RWE. Der Netzbetreiber hatte es versäumt, seine Leitungspläne mit den Elektrizitätswerken im Raum Westfalen abzustimmen. Nach den vorgelegten Plänen versuchte der Stromkonzern, in Westfalen eigene Leitungsnetze bis ins Gebiet der Preußenelektra zu errichten, um damit möglichst unabhängig von den Interessen der westfälischen Kommunen agieren zu können. Die Vereinigte Elektrizitätswerke Westfalen AG (VEW), die in

11 Vgl. Preußischer Minister für Handel und Gewerbe an Vögler, 9. 3. 1927, in: BA N 1013/585.

12 Vgl. Preußischer Minister für Handel und Gewerbe an Vögler, 3.10.1927, in: Ebd; RWE-Rundschreiben an die Mitglieder des Aufsichtsrates vom 3.6.1927, in: Ebd.

dieser Region zu den größten Stromanbietern gehörte, sah durch das Vorhaben des RWE die eigene Interessenssphäre berührt und meldete sofort Widerspruch an. Sie verwies dabei auch auf den Umstand, dass es im westfälischen Raum bereits ein gut ausgebautes Leitungssystem gäbe und die Errichtung weiterer Stromleitungen durch das RWE daher überflüssig sei. Das Handelsministerium machte sich diese Argumentation zu eigen und sah sich veranlasst, die aus Essen vorgebrachte Behauptung hinsichtlich einer mangelnden Unterstützung mit dem Hinweis zurückzuweisen, dass die Anträge gegen die Interessen der westfälischen Netzbetreiber gerichtet seien und verständlicherweise Protest ausgelöst hätten. Die Vorwürfe des RWE seien ungerechtfertigt, denn es seien „sachlich wenig begründete Anträge" gestellt worden, deren wirtschaftliche Notwendigkeit tatsächlich angezweifelt werden könnten.[13] Der preußische Handelsminister lud die Kontrahenten daraufhin zu einer Besprechung vor, um eine Verständigung zwischen den Netzbetreibern herbeizuführen.[14] Das Ergebnis dieser Verhandlungen war, dass das RWE auf sein Vorhaben verzichtete und sich bereit erklärte, stattdessen mit der VEW „eine gemeinsame Leitungsanlage" zu errichten.[15] Das Einlenken hatte auch Symbolcharakter. Es sollte vor allem in Richtung der westfälischen Kommunen signalisieren, dass die in diesen Jahren oft beschworene Zusammenarbeit bei der Planung und Errichtung neuer Hochspannungsleitungen durchaus ernst gemeint war. Selbst Albert Vögler, der federführend an den Verhandlungen beteiligt war und stets darauf achtete, dass der Handlungsspielraum des RWE nicht zu weit eingeschränkt wurde, betonte ausdrücklich die wirtschaftlichen Vorteile, die durch die Kooperation erzielt werden könnten.[16]

Der Elektrofrieden, der durch die Verständigung zwischen den preußischen Netzbetreibern allmählich konkrete Formen annahm, wurde aufgrund der energiepolitischen Tragweite in der zeitgenössischen Presse breit kommentiert.[17] Es handelte sich hierbei allerdings keineswegs um die ersten Kooperationsabkommen innerhalb der Elektrizitätswirtschaft. Das RWE hatte bereits 1926 mit dem Badenwerk eine ähnliche Absprache getroffen und nur zwei Jahre später folgte ein Vertrag mit dem

13 Vgl. Preußischer Minister für Handel und Gewerbe an Generaldirektor Vögler, 7.8.1928, in: BA N 1013/582. Dazu auch die Denkschrift der VEW: Steinkohlenstrom oder Braunkohlenstrom? Eine Darstellung der VEW für die Provinz Westfalen aus Anlass der Widerstände gegen ihre 100.000 Volt-Kupplungsleitung von Hamm zum Großkraftwerk Hannover, 15.2.1927, in: WWA K1/648.

14 Vgl. Niederschrift über Besprechung im Handelsministeriums, 17.8.1928, in: BA N 1013/582.

15 Abkommen zwischen RWE und VEW unter Mitwirkung der Preußenelektra, 17.8.1928, in: Ebd.

16 Vgl. Vögler an preußischen Minister für Handel und Gewerbe, 11.9.1928, in: BA N 1013/852.

17 Vgl. Der Deutsche Volkswirt, 29.4.1927; Handelszeitung des Berliner Tageblatts, 28.4.1927; Berliner Börsen-Zeitung, Handelsbeilage, 16.7.1927.

Bayernwerk.[18] Die wirtschaftliche Verflechtung schritt damit weiter voran und gipfelte schließlich in der Gründung der AG für deutsche Elektrizitätswirtschaft, an der sich alle großen Netzbetreiber beteiligten. Die Bildung dieser neuen Organisation war ein wesentlich weitergehender Versuch, den Ausbau der Stromnetze zu koordinieren und Verbindungsleitungen zwischen den Versorgungsgebieten zu errichten. Die neue Kapitalgesellschaft war 1928 von den Elektrowerken, der Preußenelektra und dem Bayernwerk ins Leben gerufen worden, bevor sich wenige Monate später auch das RWE, die VEW und das Badenwerk beteiligten, nachdem sie zwischenzeitlich gemeinsam mit anderen Elektrizitätswerken die Westdeutsche Elektrizitätswirtschaft AG gegründet hatten.[19] Durch den freiwilligen Beitritt der Netzbetreiber, die in ihren Gebieten weiterhin als selbständige Stromanbieter agierten, entstand die Deutsche Verbundgesellschaft. Die Beteiligten selbst betrachteten die Verbundgesellschaft als einen vielversprechenden Ansatz, um die nach der Sozialisierungsdebatte Anfang der 1920er Jahre ungelöst gebliebenen Probleme anzugehen, die sich vor allem bei der Errichtung der Hochspannungsleitungen bemerkbar machten.

Die AG für deutsche Elektrizitätswirtschaft war als „Studiengesellschaft" konzipiert und sollte die Planung und Abstimmung der Stromleitungen über weite Strecken erleichtern. [20] Das RWE hatte seine 220 KV-Leitung von Brauweiler bei Köln bis ins österreichische Vorarlberg bereits vorher in Angriff genommen und brachte dementsprechend wertvolles Erfahrungswissen in die Deutsche Verbundgesellschaft ein. Das Vorhaben der Netzbetreiber wurde auch von Seiten der Industrie aufmerksam verfolgt und einzelne Unternehmen, die Stromerzeugungsanlagen für den eigenen Strombedarf unterhielten, äußerten sofort den Wunsch, sich an dem Projekt zu beteiligen. Der IG-Farbenkonzern, der seine Chemiewerke über ganz Deutschland verteilt hatte und Überlegungen anstellte, wie er die mit Eigenanlagen erzeugte Elektrizität zwischen den konzerneigenen Betrieben transportieren konnte, erkundigte sich über die Möglichkeit einer Beteiligung. Die ersten Gespräche, die im April 1929 in diesem Zusammenhang stattfanden, führten allerdings zu keinem

18 Boll, G.: Geschichte des Verbundbetriebes. Entstehung und Entwicklung des Verbundbetriebes in der deutschen Elektrizitätswirtschaft bis zum europäischen Verbund, Frankfurt am Main 1969, S. 53–54.

19 Die Mitglieder der Westdeutschen Elektrizitätswirtschaft AG waren RWE, VEW, Badenwerk, Elektrizitätswerk Mark, Mainkraftwerke, Braunkohlen-Industrie AG Zukunft und Elektrizitätswerk Rheinhessen. Das RWE, die VEW und das Badenwerk beteiligten sich in Vertretung der Westdeutschen Elektrizitätswirtschaft AG an der AG für deutsche Elektrizitätswirtschaft. Vgl. Koepchen, Das RWE in der deutschen Elektrizitätswirtschaft, S. 10–11; Staudinger, H.: Zusammenarbeit in der deutschen Elektrizitätswirtschaft, in: Wirtschaftsdienst 23 (1928), S. 973–975; Schreiber, W.: Reichselektrizitätswirtschaft, in: Der Deutsche Volkswirt 2 (1928), S. 1118–1120.

20 Vgl. Niederschrift über die Besprechung zwischen Vertretern der AG für deutsche Elektrizitätswirtschaft und der IG-Farben, 2. Mai 1930, in: BAL 329/7; Staudinger: Zusammenarbeit in der deutschen Elektrizitätswirtschaft, S. 973–975; Schreiber: Reichselektrizitätswirtschaft,, S. 1118–1120.

Ergebnis. Die Netzbetreiber wiesen das Ersuchen des IG-Farbenkonzerns mit dem Argument ab, dass die Verbundgesellschaft eine Organisation der öffentlichen Stromversorger bleiben sollte.[21] Die Verhandlungen wurden danach nicht weiter geführt, was vor allem auch daran lag, dass die Investitionsvorhaben mit dem Ausbruch der Weltwirtschaftskrise vorerst zurückstellt wurden. Durch den wirtschaftlichen Abschwung, der bis 1932 anhielt, fiel auch die Stromnachfrage in ungeahnte Tiefen, wodurch Investitionen in neue Großprojekte in den Hintergrund rückten.[22]

Die Reaktion auf die Anfrage des IG-Farbenkonzerns, der in Deutschland zu den größten industriellen Kraftwerkbetreibern gehörte, verdeutlicht, dass die Verbundgesellschaft für die beteiligten Stromanbieter mehr als nur eine Studiengesellschaft war. Sie sollte als Organisation gleichzeitig auch die gemeinsamen Interessen gegen außenstehende Konkurrenten und die staatlichen Behörden vertreten. Es war sicherlich kein Zufall, dass gerade die Manager der großen Elektrizitätswerke zu den schärfsten Kritikern der Empfehlungen gehörten, die Oskar von Miller im Auftrag des Reichswirtschaftsministeriums vorlegte. Sie befürchteten, dass das Gutachten erneut eine Debatte über die Notwendigkeit gesetzlicher Maßnahmen auslösen könnte, und versuchten dem entgegen zu wirken, indem sie die Deutsche Verbundgesellschaft als die Lösung aller Probleme anpriesen. Die neue Organisation war auf Eigeninitiative der Netzbetreiber entstanden und in ihren Augen ein veritabler Ersatz für gesetzliche Vorgaben seitens der Reichsregierung. Die Elektrizitätswerke befänden sich mehrheitlich in der Hand der öffentlichen Gebietskörperschaften, so die Feststellung von Wilhelm Lenzmann, der zum Vorstand der Preußenelektra gehörte und im RWE-Aufsichtsrat saß. Daher sei eine „selbsttätige von innen heraus wirkende Kontrolle" möglich und man könne auf eine „von außen kommende, schwierige und leicht unwirksame Aufsicht" verzichten.[23] Lenzmann lehnte – ähnlich wie die anderen Vorstände – weitergehende gesetzliche Einschränkungen grundsätzlich ab. Die Elektrizitätsunternehmen versuchten, die Öffentlichkeit von den Versprechungen des Elektrofriedens zu überzeugen. Die Weltkraftkonferenz, die im Frühsommer 1930 in Berlin tagte, bot eine willkommene Gelegenheit, um die Entwicklung der deutschen Elektrizitätsversorgung als Erfolgsgeschichte zu präsentieren. Eine Gegenüberstellung mit anderen Ländern blieb in diesem Kontext nicht aus, wobei gerne der Vergleich mit der britischen Stromwirtschaft bemüht wurde.[24]

---

21 Vgl. Niederschrift über die Besprechung in Berlin am 27.04.1929, in: BAL 329/7. Vgl. auch den Vortrag von J. Heß auf der Hauptversammlung des Vereins zur Wahrung der Interessen der chemischen Industrie Deutschlands am 8. 12. 1928; Heß, J.: Energieprobleme und chemische Industrie, in: Die Chemische Industrie 52 (1929), S. 5.

22 Vgl. Boll: Geschichte des Verbundbetriebes, S. 65.

23 Lenzmann, W.: Elektrizitätswirtschaft und Gesetzgebung, in: Die Weltkraftkonferenz. Sonderbeilage des Deutschen Volkswirtes, 13. Juni 1930, S. 27–28.

24 Vgl. Henke: Die Bedeutung der herrschenden Rechtsgrundlage, S. 25; Lenzmann: Elektrizitätswirtschaft und Gesetzgebung, S. 26–27; Fischer R.: Einige Hauptfragen der deutschen Elektrizitäts-

In England hatten es die Stromanbieter nicht vermocht, ihre Leitungsnetze durch freiwillige Kooperationsabkommen weiter auszubauen, so dass sich die Stromversorgung bis in die 1920er Jahre durch einen Zustand extremer Zersplitterung auszeichnete. Allein im Großraum London gab es 70 verschiedene Netzbetreiber. Die Wende zur großräumigen Stromversorgung wurde erst 1926 mit Hilfe des Electricity Supply Acts eingeleitet, der die Stromnetze von den Kraftwerkbetreibern trennte und in die Hand der neu eingerichteten Behörde, des Central Electricity Board, überführte. Dieses übernahm die Aufgabe, die Stromleitungen weiter auszubauen und kaufte den Strom von den Kraftwerkbetreibern auf, um ihn dann an die Verbraucher weiterzuverkaufen. Die Behörde verfügte auch über die Kompetenz, unrentable Werke gegen eine Entschädigung stillzulegen.[25] Im Unterschied dazu schien der Elektrofrieden zu zeigen, dass die Bereitschaft zur Kooperation unter den deutschen Netzbetreibern stärker ausgeprägt war und die Herausforderungen der großräumigen Stromversorgung ohne staatliche Eingriffe bewältigen werden konnten. In dieser Lesart wurde die „selbstverwaltende Organisation“ der Wirtschaft hervorgehoben.[26] Informierte Besucher der Weltkraftkonferenz dürften derartige Versuche, die Unterschiede zwischen der deutschen und britischen Elektrizitätsversorgung zu unterstreichen, allerdings nur teilweise überzeugt haben, denn auch in Deutschland war die Entwicklung nicht ohne staatliche Eingriffe verlaufen.

2.1.2 Die Industrie und das Problem des natürlichen Leitungsmonopols

Bei der Inszenierung des Elektrofriedens wurden eine Reihe ungeklärter Fragen nicht angeschnitten, die sich vor allem mit Blick auf die nicht beteiligten Kraftwerkbetreiber stellten. Diese waren die große Mehrheit, wenn man neben den Eigenanlagen der Industrie auch die städtischen Elektrizitätswerke mitberücksichtigt. Der IG-Farbenkonzern war nicht der einzige industrielle Kraftwerkbetreiber, der Überlegungen darüber anstellte, wie er zwischen seinen Eigenanlagen Stromleitungen

---

wirtschaft, in: Technik und Wirtschaft 22 (1929), S. 10–11. Für kurze Darstellung über die Weltkraftkonferenz vgl. Braun, H.-J.: Die Weltenergiekonferenzen als Beispiel internationaler Kooperation, in: ICHTC (Hrsg.): Energie in der Geschichte, Düsseldorf 1984, S. 10–16.

25 Vgl. Hannah, L.: Electricity before Nationalisation, London 1979, S. 105–149; Hughes: Networks of Power, S. 321–323 u. 350–362.

26 Vgl. Henke: Die Bedeutung der herrschenden Rechtsgrundlage, S. 24. Diese Sichtweise ist später von der Wirtschaftsgeschichtsschreibung aufgegriffen worden. Das RWE wird dabei als Beweis für die Fähigkeit zur Kooperation angeführt, allerdings ohne das Verhalten der westfälischen Kommunen und der Eigenanlagen der Industrie zu berücksichtigen. Vgl. Hannah, L.: Public Policy and the Advent of Large-Scale Technology: The Case of Electricity Supply in the USA, Germany and Britain, in: Horn, N./Kocka, J. (Hrsg.): Recht und Entwicklung der Großunternehmen im 19. und frühen 20. Jahrhundert, Göttingen 1979, S. 577–589.

aufbauen sollte. In Deutschland besaß die Industrie im Jahr vor der Weltwirtschaftskrise immer noch über 40 Prozent aller Stromerzeugungsanlagen (Schaubild 1).[27] Die Deutsche Verbundgesellschaft bildete zwar einen viel versprechenden Rahmen, um die Hochspannungsleitungen weiter auszubauen, doch sie repräsentierte keineswegs die gesamte Elektrizitätswirtschaft. Außerdem deutete die abweisende Haltung gegenüber dem Ersuchen des Chemiekonzerns an, dass die Netzbetreiber die Organisation nicht in der Absicht gegründet hatten, die Stromnetze zu erweitern, damit außen stehende Kraftwerkbetreiber diese gegen Zahlung einer angemessenen Gebühr benutzen konnten. Es gab in den zeitgenössischen Fachkreisen daher weiterhin Stimmen, die im Hinblick auf die Spielregeln des Elektrofriedens eher skeptisch blieben. Sie bezweifelten, dass von diesem Arrangement zwangsläufig ein stärkerer Anreiz für ein kooperatives Verhalten ausging und die Netzbetreiber sich nun in jedem Fall bereit erklären würden, die Stromnetze für die Durchleitung von Elektrizität über die Gebietsgrenzen hinweg bereitzustellen. Es konnte nicht ausgeschlossen werden, dass sie die neuen Demarkationsabkommen als zusätzliche „Isolierschicht" einsetzen würden, um sich als Stromanbieter gegen unbeliebte Konkurrenten durchzusetzen. Der Elektrofrieden, wie er von den Vorständen der Elektrizitätswerke propagiert wurde, fand zumindest unter den Kommentatoren, die diese Vereinbarungen aus einer kritischen Distanz beobachteten, keine Zustimmung. Die Kritik wandte sich vor allem gegen den Versuch, die Deutsche Verbundgesellschaft als selbstverwaltende Organisation der Elektrizitätswirtschaft hinzustellen, die neben der Koordination der Transaktionen, die die Marktakteure untereinander vollzogen, auch die Kontroll- und Aufsichtsfunktion des Staates übernehmen sollte. Sie lehnten diese von den Vorständen vertretene Sichtweise als eine „Überspitzung des Selbstverwaltungsgedankens" ab und forderten eine zusätzliche staatliche Aufsicht.[28]

27 Der Abschlussbericht des Enquete-Ausschusses zur Untersuchung der deutschen Elektrizitätswirtschaft, der 1930 veröffentlicht wurde, erwähnte die industrielle Kraftwirtschaft nur am Rande. Elektrizitätswirtschaft bedeutete auch für den Enquete-Ausschuss hauptsächlich öffentliche Elektrizitätsversorgung.

28 Wolff A.: Aufgaben und Organisationsformen der öffentlichen Unternehmung im Gebiete der Elektrizitätswirtschaft, in: Landmann, J. (Hrsg.): Moderne Organisationsformen der öffentlichen Unternehmung, II. Teil, Leipzig 1931, S. 75–139, hier S. 128–129.

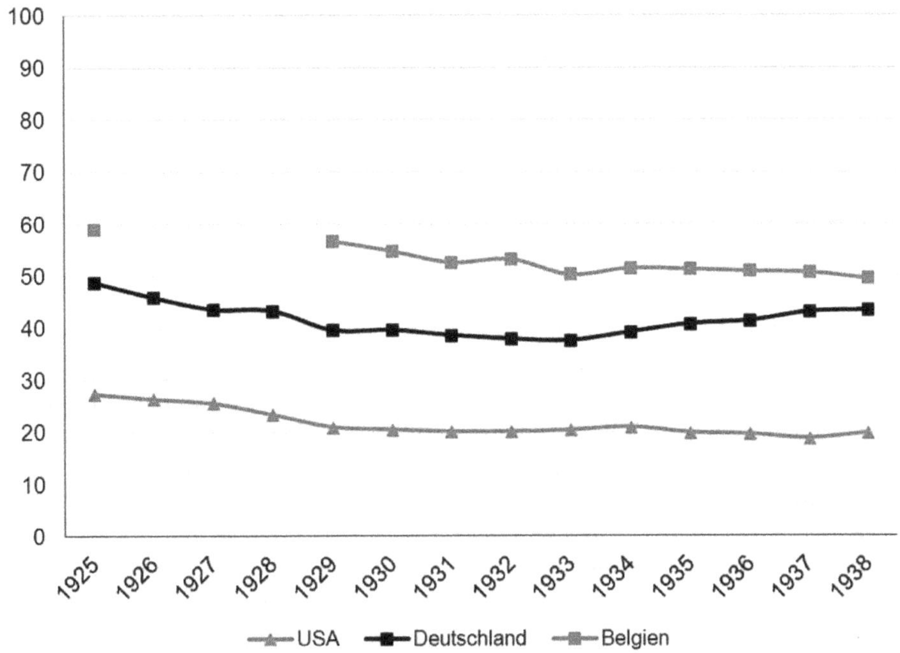

Abb. 1: Anteil der industriellen Stromerzeugung im internationalen Vergleich 1925–1938

Quelle: Historical Statistics of the United States, Colonial Times to 1957, Washington 1960, S.506; Stat. Jahrbuch für das Dt. Reich, Jg. 47ff.; F.P.E: La Production et la Consommation d'Électricité de Belgique. Statistiques, Bruxelles 1957, S. 41; Kurgan-Van Hentenryk, G.: Structure and Strategy of Belgian Business Groups, in: Shiba, T. (Ed.): Beyond the Firm, Oxford 1997, S. 101.

Aus Sicht der Elektrizitätswerke war der Strombedarf der Industrie ein Absatzmarkt, auf dem eine starke Konkurrenz durch die industriellen Kraftwerkbetreiber herrsche und gegen die sie sich mit ihrem Lieferangebot nur mit Mühe erfolgreich durchsetzen konnten. Das Konkurrenzverhältnis zwischen Industrie und öffentlichen Stromanbietern war in Deutschland stärker ausgeprägt als in anderen Industrieländern. Belgien war eines der wenigen Länder, in dem diese spezifische Form der Konkurrenz noch deutlicher zum Tragen kam, während in den USA die Industrie überwiegend auf den Strombezug von den öffentlichen Elektrizitätswerken setzte. Die Unternehmen in den Ländern mit einer solchen besonderen Konkurrenzsituation hatten unterschiedliche Methoden für die Erzeugung von Elektrizität entwickelt, die es ihnen ermöglichten, ihren Strombedarf vollständig oder teilweise selbst zu decken. Die ungleiche Knappheit an verfügbaren Energieressourcen führte dazu, dass die Unternehmen unterschiedliche Investitionsstrategien bei der Stromversorgung ihrer Betriebe verfolgten, wodurch im Ergebnis verschiedene Wissensbestände und Technologien hinsichtlich der Möglichkeiten der Stromerzeugung entstanden.[29] In der deutschen Industrie nahm die Weiterverwertung der Abfallenergien, die während des Produktionsprozesses anfielen, stets einen hohen Stellenwert ein.

Es gab allerdings auch branchenspezifische Unterschiede, die zu berücksichtigen sind, denn nicht in jedem Wirtschaftszweig fanden die Betriebe die gleichen Voraussetzungen für eine Kopplung der Stromerzeugung an den Produktionsprozess. Investitionen in die Errichtung von Eigenanlagen waren daher nicht in jedem Fall günstiger als der Kostenaufwand, der bei der Belieferung durch den örtlichen Stromanbieter anfiel. Die Zechen des Steinkohlenbergbaus, die Kokereien und die Brikettfabriken des Braunkohlenbergbaus deckten ihren Strombedarf fast vollständig mit Eigenanlagen. Die Betriebe dieser Industriezweige bezogen 1930 zusammen gerade einmal elf Prozent ihres benötigten Stroms von den Elektrizitätswerken.[30] Im Steinkohlenbergbau musste sich die elektrische Energie außerdem erst noch gegen die traditionellen Energieformen wie Druckluft und Dampf durchsetzen. Die Elektrifizierung der Kohlenförderung war ein schleichender Prozess, der sich bis in die zweite Hälfte des 20. Jahrhunderts hinzog.[31] Die Unternehmen der Eisen- und Stahlindustrie verstärkten – bedingt auch durch den Kohlenmangel aufgrund der Bestimmungen des Versailler Vertrages – in den 1920er Jahren ihre Bemühungen um eine rationelle Energienutzung. Sie versuchten die in den Hochöfen anfallenden Gichtgase sowie Abhitze und Abdämpfe, die während der Produktion anfielen, für die eigene Stromerzeugung einzusetzen.[32] Es wurden betriebsinterne Wärmestellen eingerichtet, in denen Wärmeingenieure die Energieanwendung überwachten und nach weiteren Möglichkeiten suchten, um den Energieeinsatz noch effizienter zu gestalten. Die Strategie der rationellen Energienutzung und der weitere Ausbau der eigenen Stromerzeugungsanlagen führten dazu, dass die deutsche Eisen- und Stahlindustrie 1930 immer noch 76 Prozent des eigenen Strombedarfs selbst erzeugte. Das zweite Standbein der Energieversorgung bildete die Gaswirtschaft, die in der Stahl- und Eisenindustrie eine größere Bedeutung hatte als die Elektrizität, da damit ein Großteil des Wärmebedarfs abgedeckt wurde. Die elektrische Energie wurde auf den Hütten und in den Walzwerken hauptsächlich für Beleuchtungszwecke und den

29 Vgl. Rosenberg: Historical Relations between Energy and Economic Growth, S. 58–62.

30 Vgl. Stat. Jahrbuch für das Deutsche Reich 54 (1935), S.148. In den offiziellen Statistiken findet man branchenspezifische Angaben nur für das Jahr 1930. Die Erstellung einer statistischen Zeitreihe nach einzelnen Branchen für den gesamten Untersuchungszeitraum war daher nicht möglich.

31 Im Jahr 1948 wurden 80 Prozent aller Fördermaschinen des Ruhrbergbaus mit Dampf betrieben. Vgl. Burghardt U.: Die Mechanisierung des Ruhrbergbaus 1890–1930, München 1995, S. 159.

32 Vgl. Kleinschmidt, C.: „Amerikanischer Plan" und Deutscher Weg", in: Dascher, O./Kleinschmidt, C. (Hrsg.): Die Eisen- und Stahlindustrie im Dortmunder Raum, Dortmund 1992, S. 355–374; Radkau, J.: Technik in Deutschland vom 18. Jahrhundert bis zur Gegenwart, Frankfurt am Main 1989, S. 285–299.

Antrieb von Maschinen mit Elektromotor genutzt.[33] In der chemisch-metallurgischen Industrie lag die Eigenstromerzeugung bei 49 Prozent.[34] Der vergleichsweise niedrige Prozentsatz ergibt sich allerdings nur unter Berücksichtigung der Leichtmetallindustrie, bei der es, wie etwa in der Aluminiumherstellung, keine Möglichkeiten der Kraftwärme-Kopplung gab, so dass die Aluminiumproduzenten die erforderliche Elektrizität häufig von anderen Stromanbietern bezogen. Chemiewerke wie die BASF, Hoechst oder die Bayerwerke in Leverkusen unterhielten dagegen eigene Stromerzeugungsanlagen. Die Verwertung von Abfallprodukten war schon immer ein charakteristisches Wesensmerkmal der Chemieindustrie gewesen, so dass es kaum überraschend ist, dass sie auch auf dem Gebiet der Stromerzeugung jede sich bietende Möglichkeit zu nutzen versuchte. Sofern das technische Verfahren für die Herstellung bestimmter Produkte einen hohen Dampfeinsatz erforderte, versuchten sie diesen gleichzeitig für die Stromgewinnung zu verwerten.[35] Die entlang des Rheins angesiedelten Chemiewerke des IG-Farbenkonzerns erzeugten 1930 insgesamt 85 Prozent ihres Strombedarfs in Eigenanlagen.[36] Schon diese wenigen Angaben lassen erkennen, dass die industrielle Stromerzeugung nicht nur branchenspezifische Ausprägungen fand, sondern regional unterschiedlich stark vertreten war. In Rheinland und Westfalen wurde die Elektrizität 1930 noch zu 56 Prozent von den Industriebetrieben bereitgestellt, während die Industrie im Reichsgebiet durchschnittlich 45 Prozent der gesamten Stromerzeugung in ihren Händen hielt.[37]

In Deutschland waren aufgrund der ausgeprägten Stromselbstversorgung der Industrie die wichtigsten Absatzmärkte der Elektrizitätswerke nach wie vor die öffentliche Straßenbeleuchtung, die Stadtbahnen und unzählige private Kleinkonsumenten wie Handwerksbetriebe, Kaufhäuser, Gaststätten, Banken und natürlich Privathaushalte. Daraus lässt sich auch der historische Werdegang der öffentlichen Elektrizitätswerke ablesen, dessen Ursprung das isolierte Stadtwerk in dicht besiedelten, urbanen Regionen war. Die Elektrizitätswerke hatten 1933 insgesamt 44 Prozent der Netzanschlüsse bei städtischen Kleinverbrauchern installiert, während

33 Für eine detaillierte Darstellung der Rationalisierungsmaßnahmen der Eisen- und Stahlindustrie auf dem Gebiet der Wärme- und Kraftwirtschaft vgl. Kleinschmidt, C.: Rationalisierungsstrategie als Unternehmensstrategie, Essen 1993, S. 41–58, 142–158, 252–268; Baum, D.F./Lent, H.: Die Koksofengasversorgung von den Zechen des rheinisch-westfälischen Bergbaues unter besonderer Berücksichtigung der Energieversorgung der Großindustrie, in: Gesamtbericht Weltkraftkonferenz Teiltagung, Bd. 3, Stockholm 1933, S. 82–98.

34 Vgl. Stat. Jahrbuch für das Deutsche Reich 54 (1935), S.148.

35 Vgl. Die Entwicklung der Energieerzeugungsanlagen in der BASF von 1920–1970, in: VGB (Hrsg.): 50 Jahre VGB 1920–1970, Essen 1970, S. 4–7.

36 Vgl. Entwicklung der Kraftanlagen der IG-Werke am Rhein im letzten Jahrzehnt (1926–1936) vom 6.7.1936, in: BAL 053–003.

37 Vgl. Wirtschaft und Statistik 12 (1932), S. 326. Vgl. auch Dorth: Die Selbstversorgung mit elektrischem Strom, in: Ruhr und Rhein 15 (1934), S. 115.

auf die Industrie gerade einmal 29,3 Prozent des Anschlusswertes entfielen.[38] Der Strombedarf der Industriebetriebe war allerdings konstanter als etwa der Stromverbrauch handwerklicher Betriebe, die den Elektromotor nur wenige Stunden am Tag einsetzten.[39] Daraus ergab sich eine unterschiedliche Benutzungsdauer des Anschlusses, was wiederum den Umstand erklärt, dass an die industriellen Großabnehmer trotz des vergleichsweise niedrigen Anschlusswertes 66,4 Prozent der Elektrizität flossen, die unmittelbar – also ohne Wiederverkauf – von den Stromanbietern abgegeben wurde. [40] Die Benutzungsdauer spielte bei der Bildung der Strompreise eine bedeutende Rolle. Die Stromabnehmer mit einer höheren Benutzungsdauer zahlten in der Regel einen niedrigeren Preis. Doch für die Berechnung der Gewinnspanne, die bei jeder verkauften Einheit erwirtschaftet wurde, war nicht die Benutzungsdauer der entscheidende Faktor, sondern die Elastizität der Stromnachfrage. Die Elektrizitätswerke erzielten bei der Belieferung der Stromabnehmer, die sensibel auf Preisänderungen reagierten und bei steigenden Strompreisen lieber in Eigenanlagen investierten, die geringsten Gewinne. Als Stromanbieter, die ihren Absatz auszuweiten versuchten, mussten sie die Konkurrenz der industriellen Stromerzeugung bei der Preiskalkulation im Blick behalten. Sie entwickelten vor diesem Hintergrund eine Strategie der Preisdifferenzierung, die selbst die Behörden, die für die Aufsicht der Elektrizitätswerke zuständig waren, kaum noch nachvollziehen konnten. Die Erlöse aus der Belieferung der Kleinabnehmer waren zumindest deutlich höher, als die vergleichsweise geringen Strommengen, die diese Abnehmergruppe bezogen, es auf den ersten Blick vermuten lassen. Die äußerst lückenhaften Statistiken erschweren zwar die präzise Ermittlung der genauen Relationen über eine längere Zeitspanne, doch die wenigen verfügbaren Angaben legen diesen Schluss nahe. Das Statistische Reichsamt bezifferte den Erlös, den die Elektrizitätswerke 1930 durch Stromverkauf an industrielle Großabnehmer erwirtschaften auf 31,5 Prozent des Gesamterlöses, während sie 49,6 Prozent durch die Belieferung der Kleinverbraucher erzielten und 18,9 Prozent durch die Belieferung der so genannten Wiederverkäufer. Die Angaben verdeutlichen noch einmal, welche finanzielle Bedeutung der Absatzmarkt, der durch den Kleinkonsum gebildet wurde, für die Elektrizitätswerke tatsächlich hatte.[41]

---

38 Der Prozentsatz ist errechnet nach Leistung (KW) des Anschlusses. Vgl. Körfer, C.: Taschenbuch für Energiewirtschaft, Berlin 1939, S.87.

39 Vgl. Enquete-Ausschuss: Das deutsche Handwerk, Bd. 1, Berlin 1930, S. 196–198.

40 Vgl. Körfer: Taschenbuch für Energiewirtschaft, S. 86.

41 Vgl. Stat. Reichsamt (Hrsg.): Die Versorgungswirtschaft im Deutschen Reich nach den Erhebungen zur Steuerpflicht der öffentlichen Betriebe, Berlin 1935, S. 74. Für die Zeit ab 1949 sind die Gewinne regelmäßig erfasst worden. Die Erlöse aus der Belieferung der Tarifabnehmer oder Kleinverbraucher bewegten sich in den 1950er Jahren zwischen 50 und 60 Prozent. Vgl. Statistische Jahresberichte des Referats Elektrizitätswirtschaft im Bundesministerium für Wirtschaft, in: EW(1949ff).

Im rheinisch-westfälischen Industriegebiet investierten die Unternehmen der Schwerindustrie bevorzugt in den Ausbau der eigenen Stromerzeugungsanlagen. Elektrizitätswerke wie das RWE und die VEW verwiesen daher gerne auf diesen Tatbestand, wenn sie mit Monopolvorwürfen konfrontiert wurden. Die Spielregeln des Elektrofriedens änderten wenig an dieser Konkurrenzsituation, weshalb die Gefahr überhöhter Preise nach Ansicht der Stromanbieter faktisch nicht gegeben war, denn die Verbraucher hatten Wahlmöglichkeiten und konnten – etwa durch ihre Investitionsentscheidungen für die Errichtung von Eigenanlagen – das Preisangebot beeinflussen. Diese Argumentation schien auf den ersten Blick derart überzeugend, dass sie von Vertretern der öffentlichen Elektrizitätsversorgung gerne in den Stellungnahmen zu dem wiederholt aufgeworfenen Monopolproblem genutzt wurde. Die Behauptung sei „lediglich ein politisches Schlagwort", das einer sachlichen Überprüfung nicht standhalten könne.[42] Doch sie lenkten die Aufmerksamkeit damit auf einen Sachverhalt, der gar nicht zur Debatte stand. Die Probleme ergaben sich im Zusammenhang mit den öffentlichen Stromnetzen, die konkurrierende Kraftwerkbetreiber nutzen wollten, um Strom entweder an die eigenen, räumlich getrennt liegenden Betriebe durchzuleiten oder an Dritte zu verkaufen.

Die Elektrizitätswerke verfügten im Bereich der Stromübertragung und -verteilung über ein natürliches Monopol.[43] Die privatrechtlichen Konzessionsverträge, die sie mit den Kommunalverwaltungen abgeschlossen hatten, bestimmten, dass sie das ausschließliche Recht der Stromlieferung ausüben durften.[44] Die Industriebetriebe mussten daher mit dem örtlichen Netzbetreiber die Verhandlungen aufnehmen, wenn sie ihren Strombezug erhöhen oder überschüssige Strommengen an andere Betriebe abgeben wollten. Damit ist nicht gesagt, dass Industrieunternehmen keine eigenen Stromnetze unterhielten, die öffentliche Wege überquerten und daher im Einvernehmen mit der Stadtverwaltung errichtet werden mussten. Diese waren im Niederspannungsbereich häufig vorzufinden und sie wurden von den Unternehmen genutzt, um die eigenen Betriebe und Werkssiedlungen mit Strom zu versorgen.[45] Doch sobald die industriellen Kraftwerkbetreiber den Verkauf

42 Siegel: Elektrizitätsgesetzgebung der Kulturländer der Erde, Bd. I, S. 31. Siegel war Vorstandmitglied u.a. bei der Elektrkricitäts-Lieferungs-Gesellschaft. Henke: Die Bedeutung der herrschenden Rechtsgrundlage, S. 6. Henke gehörte dem Vorstand des RWE an. Rumpf, F.: Rechtsfragen aus der Elektrizitätswirtschaft, in: EW 27 (1928), S. 613–618; Rumpf, F.: Privatrechtliche Grundlagen der Elektrizitätswirtschaft, in: Henke, E. u.a. (Hrsg.): Rechtsgrundlagen der öffentlichen Elektrizitätswirtschaft in Deutschland, Berlin 1930, S. 144–145. Rumpf war Rechtsexperte der VDEW.

43 Grundlegend zum Problem des Marktversagens in leitungsgebundenen Wirtschaftszweigen vgl. Fritsch, M. u.a.: Marktversagen und Wirtschaftspolitik. Mikroökonomische Grundlagen staatlichen Handelns, München 2001, S. 186–187.

44 Die wirtschaftliche Beziehung zwischen Kommune und Elektrizitätswerk wird im folgenden Kapitel ausführlich behandelt.

45 Vgl. Todd: Technology and Interest Group Politics, S. 177–215.

von überschüssigen Strommengen an Dritte in Erwägung zogen oder die öffentlichen Stromnetze für die Durchleitung über eine weitere Strecke zu nutzen gedachten, mussten sie mit dem für das Versorgungsgebiet zuständigen Netzbetreiber verhandeln. Das Gelingen eines derartigen Vorhabens hing in solchen Situationen letztendlich von der Kooperationsbereitschaft der Elektrizitätswerke ab, denn es gab keine gesetzliche Bestimmung, die sie dazu verpflichtete, Industriekraftwerke an das öffentliche Netz anzuschließen. Sie konnten den Netzanschluss für Besitzer von Eigenanlagen einfach verweigern, wenn diese sich nicht mit den gestellten Bedingungen einverstanden erklärten. Die Ablehnung war aus Sicht der Netzbetreiber eine legitime „Waffe im Konkurrenzkampf" gegen die industrielle Stromerzeugung.[46]

Das ausschließliche Lieferrecht der öffentlichen Netzbetreiber wurde von Seiten der Industrie nicht grundsätzlich in Frage gestellt. Sie zeigte kein Interesse, sich am Ausbau und an der Unterhaltung der öffentlichen Stromnetze zu beteiligen. Die Industrieunternehmen überließen diese Aufgabe bereitwillig den Elektrizitätswerken, die dafür die Konzessionsrechte von den Kommunen erworben und sich auf dieses Geschäft spezialisiert hatten. Sie teilten auch die unter Vertretern der öffentlichen Elektrizitätsversorgung verbreitete Auffassung hinsichtlich der Bedeutung des Ausschließlichkeitsrechts, das mit Blick auf den Investitionsanreiz als unverzichtbar betrachtet wurde. Die Konflikte entstanden hauptsächlich in Situationen, in denen die industriellen Kraftwerkbetreiber ihren Handlungsspielraum durch das Liefermonopol der Elektrizitätswerke eingeengt sahen oder diese den Netzanschluss nicht zu den gewünschten Konditionen bereitstellten.[47] Der Elektrofrieden hatte den Wettstreit um die Lieferrechte zwischen den Mitgliedern der Verbundgesellschaft gebändigt, doch es häuften sich die Auseinandersetzungen mit den Industrieunternehmen, die eigene Investitionspläne entwickelten und nicht daran dachten, Elektrizität von den Stromanbietern zu beziehen.

Einen ersten Eindruck über die Schwierigkeiten, die sich in diesem Zusammenhang abzeichneten, gewinnt man durch einen Blick auf die nicht genutzte bzw. als Reserve gehaltene Kraftwerksleistung, die 1928 in der Industrie gut 20 Prozentpunkte über dem von den öffentlichen Werken erreichten Niveau lag.[48] Es gab demnach im Bereich der industrieeigenen Kraftwirtschaft ein erhebliches Rationalisierungspotenzial, das genutzt werden konnte, wenn die Kraftwerksanlagen stärker unterei-

46 Vgl. Rumpf: Privatrechtliche Grundlagen der Elektrizitätswirtschaft, S. 198–202.

47 Vgl. Niederschrift über die Besprechung betr. Kraftwerk, 22. Juni 1928, in: BBA 33/919. Martini, W.: Eigenerzeugung, Werkskupplung, Fremdbezug und Abgabe von Strom innerhalb der Energieversorgung rheinisch-westfälischer Hüttenwerke, in: Stahl und Eisen 53 (1933), S. 701–705; Wedding, F.W.: Der Ruhrkohlenbergbau und die deutsche Elektrizitätswirtschaft, in: Glückauf 68 (1932), S. 1149.

48 Enquete-Ausschuss: Deutsche Elektrizitätswirtschaft, S. 21.

nander vernetzt und die Fahrpläne besser aufeinander abgestimmt wurden. Der Erfolg dieser Bemühungen hing nicht allein von den technischen Möglichkeiten ab, sondern vor allem auch von der Frage, ob die organisatorischen Voraussetzungen dafür geschaffen werden konnten. Sofern der Verbundbetrieb über das öffentliche Stromnetz durchgeführt werden sollte, mussten die industriellen Kraftwerkbetreiber und die Elektrizitätswerke die Zusammenarbeit vertraglich vereinbaren. Ein zentrales Problem, das in diesen Verhandlungen geklärt werden musste, war die ungleiche Informationsverteilung, die zwischen den Vertragsparteien hinsichtlich der ungenutzten Kraftwerkskapazitäten einerseits und den Belastungsschwankungen im öffentlichen Netz andererseits vorherrschte.[49] Die Interessen der Kontrahenten konnten dabei sehr unterschiedlich sein. Die Netzbetreiber, die wie das RWE gleichzeitig eigene Kraftwerke betrieben, waren in erster Linie daran interessiert, die eigenen Anlagen auszunutzen. Sie hatten sich außerdem als öffentliche Versorgungsunternehmen im Konzessionsvertrag mit den Kommunen verpflichtet, den Strombedarf der Verbraucher, die über keine eigene Stromerzeugungsanlage verfügten, möglichst ohne Unterbrechung zu liefern.[50] Diese Lieferverpflichtung beeinflusste die Verhandlungsposition der öffentlichen Elektrizitätswerke im Hinblick auf die Einspeisung von Industriestrom. Sie zeigten sich allenfalls bereit, Strom für den Weiterverkauf aufzunehmen, wenn der industrielle Kraftwerkbetreiber eine sichere Lieferung garantierte.

Es gab ab der zweiten Hälfte der 1920er Jahren sowohl unter den Unternehmen als auch zwischen den Verbänden vermehrt Diskussionen über die Möglichkeiten, die Zusammenarbeit zwischen den Elektrizitätswerken und der Industrie zu intensivieren. Im Dezember 1925 legte der so genannte „Gemischte Ausschuss“, der vom Reichskohlenrat unter Mitwirkung des Reichsverbandes der Deutschen Industrie (RDI) aus Vertretern der industriellen Kraftwerkbetreiber und Stromabnehmer, der von der Elektroindustrie und der öffentlichen Elektrizitätswerken eingerichtet worden war, einen ausführlichen Abschlussbericht vor.[51] Die Beratungen des Ausschusses führten zwar zu keinen konkreten Entscheidungen, doch die Sachverständigen gaben in dem Bericht einen aufschlussreichen Überblick über die Probleme, die in

49 Grundlegend dazu vgl. Williamson: Institutionen des Kapitalismus, S. 54; Richter/Furubotn: Neue Institutionenökonomik, S. 100–101.

50 Zu dem Umfang des so genannten Kontrahierungszwanges vgl. Rumpf: Privatrechtliche Grundlagen der Elektrizitätswirtschaft, S. 132–150.

51 Mitglieder des Ausschusses waren Passavant (VDEW), Khern (Farbenfabriken Bayer), Gleichmann (Siemens-Schuckert-Werke), Teufer (Gesamtverband der Deutschen Textilveredelungsindustrie), Meyer (Elektrizitätsverband). Vgl. Bericht über die Beratungen der Sachverständigen an den Ausschusses für Kraft und Wärme beim Reichskohlenrat, Berlin 1925, S. 1, in: WWA K1/649 Bd. 1. Siehe auch Nedden, F.: Bericht über die Tätigkeit der Technisch-wirtschaftlichen Sachverständigenausschüsse des Reichskohlenrates für Brennstoffverwendung und für Kohlenbergbau während der ersten zehn Jahre ihres Bestehens, in: Gemeinsame Vollversammlung, 10. 4. 1930 Berlin, S. 6.

der wirtschaftlichen Beziehung zwischen öffentlichen Netzbetreibern und Industrie immer wieder auftauchten. Eine der zentralen Feststellungen war, dass die technischen Sachzwänge, welche die Netzbetreiber gerne als Argument gegen eine stärkere Zusammenarbeit anführten, „vielfach überschätzt" wurden. Es waren hauptsächlich die wirtschaftlichen Eigeninteressen, die bei den Überlegungen, einen Verbundbetrieb zwischen mehreren Unternehmen zu errichten, für Schwierigkeiten sorgten, so dass verfügbare Kraftwerkkapazitäten nicht optimal ausgenutzt werden konnten. Die Sachverständigen empfahlen, dass die Abgabe von Industriestrom in das öffentliche Netz „niemals grundsätzlich ausgeschlossen" werden sollte, wenn ein anderer Kraftwerkbetreiber die Stromlieferung zuverlässig und zu angemessenen, das heißt, konkurrenzfähigen Preisen liefern konnte.[52]

Ein anderer Gesichtspunkt war die Benutzung der öffentlichen Stromnetze für die Durchleitung von Eigenstrom. Auch in dieser Frage gab es nach Auffassung des Ausschusses „keine unüberwindlichen Schwierigkeiten", vorausgesetzt die Inhaber des Liefermonopols zeigten sich kooperationswillig. Doch der Umstand, dass die „Wegeberechtigten pekuniär an der Elektrizitätswirtschaft interessiert" waren, erschwerte häufig die Verhandlungen. In dem Ausschuss wurden daher Überlegungen angestellt, ob die Verbände bestimmte „Richtlinien" vereinbaren sollten, die von den Unternehmen genutzt werden könnten, um bei den Verhandlungen hinsichtlich der Netzgebühren leichter eine Einigung zu finden. Der Vorschlag wurde jedoch von Seiten der Elektrizitätswerke als „aussichtslos" zurückgewiesen, womit die Gebühren auch weiterhin für jeden Einzelfall ausgehandelt werden mussten. Die Möglichkeit, dieses Problem vom Gesetzgeber regeln zu lassen, wurde von den Sachverständigen nur kurz in Erwägung gezogen, bevor sie sich ausdrücklich dagegen aussprachen.[53]

Der Abschlussbericht des Gemischten Ausschusses fand in Kreisen der Industrie keineswegs eine geschlossene Zustimmung. Es gab eine Reihe industrieller Stromabnehmer, die gegen die Lieferbedingungen protestierten, die sie von den Elektrizitätswerken vorgelegt bekamen.[54] Hierzu gehörten vor allem die Mitgliedsbetriebe des Reichsverbandes der Elektrizitätsabnehmer (REA), der bereits Anfang der 1920er Jahre gegründet worden war und inzwischen auch in Rheinland und Westfalen eine Vertretung eingerichtet hatte. Bei den Mitgliedern des Verbraucherverbandes handelte es sich überwiegend um Betriebe, die, anders als die Unternehmen der Montanindustrie und der chemischen Industrie, für sich keine günstige Möglichkeiten sahen, Stromerzeugungsanlagen für den Eigenbedarf aufzustellen und daher bevorzugt Strom von den öffentlichen Elektrizitätswerken kauften. Der Verband beriet

52 Bericht über die Beratungen der Sachverständigen, S. 7–9.
53 Ebd. S. 9–11.
54 Vgl. Strompreispolitik der Elektrizitätswerke, in: Mitteilungen des RDI 6 (1924), S. 111–112.

und unterstützte seine Mitglieder beim Abschluss der Stromverträge und vertrat die Verbraucherinteressen bei den staatlichen Behörden.[55]

Der REA forderte im Unterschied zum RDI und dem Gemischten Ausschuss eine gesetzliche Regelung zum Schutz der Stromabnehmer. Die von Seiten der Elektrizitätswerke vorgebrachte Behauptung, dass die Grundsätze der „Vertragsfreiheit" zu berücksichtigen seien und die industriellen Stromabnehmer grundsätzlich die Möglichkeit hätten, zu der Eigenversorgung zu wechseln, wies der Verband in seinen Stellungnahmen entschieden zurück. Der Stromabnehmer müsse „auf die Bedingungen des Elektrizitätswerkes eingehen oder er [bekomme] keinen Strom".[56] Sie konnten zwar in der Stadtverordnetenversammlung gegen die Lieferkonditionen der öffentlichen Werke Einspruch erheben und dort versuchen, gegenüber der Stadtverwaltung ihre Interessen durchzusetzen, damit diese über den Konzessionsvertrag mit den Elektrizitätswerken günstigere Bedingungen für die örtlichen Industriebetriebe aushandelte, doch die Stadtverwaltung befand sich in solchen Situationen häufig in einem handfesten Interessenkonflikt. Denn einerseits verzichtete der Stadtkämmerer äußerst ungern auf die finanziellen Einnahmen vom konzessionierten Elektrizitätswerk, andererseits war die Stadtverwaltung aber auch an der Förderung der örtlichen Wirtschaft interessiert. Der Gesetzgeber sollte nach Ansicht des REA daher neue Rahmenbedingungen schaffen, damit diese Streitfälle geklärt werden konnten. Die gesetzliche Regelung sollte nicht das Liefermonopol der Elektrizitätswerke verbieten, sondern die Rechte der Stromverbraucher stärken, indem sowohl die Lieferkonditionen als auch der Umfang der Versorgungspflicht, die bislang beide zwischen dem Elektrizitätswerk und der Stadtverwaltung aushandelt wurden, vom Staat spezifiziert wurden.[57] Denn „wer das Recht [für sich in Anspruch nimmt], einen so wichtigen Gegenstand des täglichen Bedarfs allein liefern zu können", so die Begründung, „muss sich auch ein Gesetz gefallen lassen, auf Grund dessen Abnehmer und Verbraucher sich erforderlichenfalls wehren und ihr Recht erstreiten können".[58] Der REA konnte hinsichtlich dieser Forderung jedoch keine Unterstützung von Seiten des RDI erwarten, der seinen wirtschaftspolitischen Standpunkt

---

55 Vgl. Entstehung, Aufgaben und Ziele des REA, in: Der elektrische Betrieb 22 (1924), S. 1; Satzung des Verbandes der Elektrizitätsabnehmer von Rheinland und Westfalen, in: LA Düsseldorf RW 50–53 Nr. 523; Rundschreiben des Verbandes der Elektrizitätsabnehmer von Rheinland und Westfalen, Juni 1928, in: LA Düsseldorf RW 50–53 Nr. 523.

56 Verband der Elektrizitätsabnehmer von Rheinland und Westfalen an Handelskammer Dortmund, 3.3.1928, WWA K1/649 Bd 1; Mitteilungen der Handelskammer Bremen 10 (1928), S. 69–71.

57 Vgl. Gesetzesvorschlag der REA, 15.4.1931, in: LA Düsseldorf RW 50–53 Nr. 523; Anfrage an Reichswirtschaftsministerium, in: REA. Der elektrische Betrieb 29 (1931), S. 131–132.

58 Zur Sozialisierung der deutschen Elektrizitätswirtschaft, in: REA. Der elektrische Betrieb 30 (1932), S. 133–134.

stark auf die Interessen der Großindustrie und speziell auch der Schwerindustrie ausgerichtet hatte.[59]

Es lassen sich mehrere Gründe dafür anführen, dass die Stromabnehmer der Industrie in der Auseinandersetzung mit den Elektrizitätswerken keinen gemeinsamen Standpunkt fanden. Zum einen war die Eigenstromversorgung in den einzelnen Industriezweigen unterschiedlich ausgeprägt, was wiederum zu stark abweichenden Interessen führte, die eine wirksame kollektive Interessenvertretung erschwerte.[60] In der Großindustrie dominierten die Unternehmen, die ihre Betriebe noch überwiegend mit Strom aus Eigenanlagen versorgten. Sie sahen sich daher nicht mit denselben Problemen konfrontiert wie die Unternehmen, die sich zum REA zusammengeschlossen hatten. Die Kraftwerkbetreiber aus dem Bereich der Montanindustrie und der chemischen Industrie nahmen innerhalb des Spitzenverbandes der deutschen Industrie eine führende Stellung ein und bestimmten dessen elektrizitätspolitische Position.

Hinzu kam der Umstand, dass einzelne öffentliche Stromanbieter personell außerordentlich gut vernetzt waren und ihre Interessen über diese Beziehungen in die verbandsinterne Willensbildung einbringen konnten. Paul Silverberg, der im Braunkohlenbergbau zu den einflussreichsten Persönlichkeiten gehörte und das Rheinische Elektrizitätswerk leitete, saß im Präsidium des RDI und beteiligte sich in diesem Rahmen an den elektrizitätspolitischen Debatten.[61] Die Fachgruppe für Elektrizitätswirtschaft, die der Spitzenverband eingerichtet hatte, wurde von Ernst Henke geleitet, der ein ausgewiesener Rechtsexperte auf diesem Gebiet war und dem Vorstand des RWE angehörte.[62] Henke nahm hinsichtlich der Forderungen des REA eine ablehnende Haltung ein, was in Anbetracht seiner Funktion bei einem der größten Stromanbieter nicht überrascht. Er stellte den Ruf nach dem Gesetzesgeber, der von Seiten des Verbraucherverbandes zu vernehmen war, in eine Reihe mit der Sozialisierung, einem Thema, das die wirtschaftspolitische Debatte beherrscht hatte, bevor sich die Netzbetreiber auf die Spielregeln des Elektrofriedens geeinigt hatten. Die langjährige Debatte hatte bei Henke deutliche Spuren hinterlassen, denn er befürchtete, dass die von den Verbrauchern geforderte „staatliche Einmischung" in die Preisbildung nur der Anfang zu einem „allgemeinen staatlichen Monopol in der Elektrizitätswirtschaft" sein würde.[63] Er versuchte mit dieser Behauptung auch einen stärkeren Rückhalt in den Reihen der rheinisch-westfälischen Schwerindustrie

---

59 Vgl. Weisbrod, B.: Schwerindustrie in der Weimarer Republik. Interessenpolitik zwischen Stabilisierung und Krise, Wuppertal 1978, S. 21; Feldman, G.: Vom Weltkrieg zur Weltwirtschaftskrise. Studien zur deutschen Wirtschafts- und Sozialgeschichte, 1914–1932, Göttingen 1984, S. 131–160.

60 Grundlegend für diese Argumentation ist Olson, M.: Die Logik des kollektiven Handelns. Kollektivgüter und die Theorie der Gruppe, Tübingen 1968.

61 Vgl. Gehlen: Paul Silverberg, S. 158–167, 227–235, 307.

62 Vgl. BA N 1013/222 Bl. 47 u. N 1013/221 Bl. 142; Henke an Sogemeier, 22.4.1931, in: WWA K1/1822.

63 Henke an Handelskammer Essen, 9.5.1931, in: WWA K1/1822.

zu gewinnen, die staatlichen Interventionen ausgesprochen kritisch gegenüberstand. Diese zeigte sich durchaus beeindruckt von Henkes Darlegungen, so dass die kleinindustriellen Stromabnehmer, die gegen die Lieferkonditionen der öffentlichen Stromanbieter protestierten, zumindest im Ruhrgebiet mit keiner Unterstützung von Seiten der industriellen Spitzenverbände rechnen konnten.[64] Das verdeutlichen auch die Diskussionen, die bei den rheinisch-westfälischen Industrie- und Handelskammern geführt wurden. Die Mitglieder der REA beschwerten sich über die Preispolitik der Elektrizitätswerke, doch ihre Forderungen fanden nur wenig Gehör. Die Handelskammern lehnten es ab, in den offiziellen Stellungnahmen eine Änderung der Rahmenbedingungen für die Stromlieferung zu verlangen.[65]

2.1.3 Die Investitionspläne der Ruhrindustrie

Man muss die wirtschaftlichen Beziehungen, welche die rheinisch-westfälische Montanindustrie zu den öffentlichen Netzbetreibern pflegte, in die Betrachtung einbeziehen, um deren elektrizitätspolitische Positionierung deutlich zu machen. Das Beispiel der Vereinigten Stahlwerke (VStAG) erweist sich in dieser Hinsicht als besonders aufschlussreich, nicht zuletzt weil der 1926 neu gegründete Stahlkonzern gemessen an seinem Marktanteil zu einem der bedeutendsten Unternehmen der deutschen Schwerindustrie avanciert war.[66] Die größten privatwirtschaftlichen Aktionäre des RWE saßen in den Führungsorganen der Stahlwerke und es bestand eine starke personelle Verflechtung zwischen den beiden Konzernen.[67] Albert Vögler und Fritz Thyssen, die beide zum Vorstand der VStAG gehörten, saßen gleichzeitig im Aufsichtsratspräsidium des RWE, das 1927 eingerichtet wurde. In diesem Gremium saßen neben den Vorsitzenden des Aufsichtsrates auch die Stellvertreter der kommunalen und industriellen Aktionäre. Vögler war nach dem Tod von Hugo Stinnes zum obersten Aufseher des Elektrizitätswerkes ernannt worden und übte

---

64 Vgl. Besprechung zwischen den Kammern der Arbeitsgemeinschaft, 18.6.1928, in: WWA K1/649; Zweckverband an die Industrie und Handelskammer Dortmund, 24. Juni 1931, in: WWA K1/1822; Industrie und Handelskammer Essen an die Vereinigung der Industrie- und Handelskammer des niederrheinisch-westfälischen Industriegebiets, 27.7.1931, in: WWA K1/1822; VStAG an Industrie- und Handelskammer Dortmund, 20.6.1931, in: WWA K1/1822.

65 Vgl. Industrie- und Handelskammer Duisburg-Wesel an Deutschen Industrie- und Handelstag, 18.5.1928, in: WWA K1/649 Bd. 2; Zweckverband – Zweigstelle Berlin – an die Industrie- und Handelskammern Bochum, Dortmund, Duisburg, Essen, Krefeld und Münster, 23. 5. 1928, in: WWA K1/649 Bd. 2; Deutscher Industrie und Handelstag an die Mitglieder, 28.2.1928, in: WWA K1/649.

66 Die folgenden Ausführungen sind in Auszügen veröffentlicht worden. Vgl. Löwen, J.-W.: Zwischen Selbstversorgung und öffentlicher Stromversorgung, in: Döring, P./Horstmann, T (Hrsg.): Revier unter Strom, Essen 2010, S. 86–95.

67 Vgl. die Anmeldungen zur General-Versammlung am 30.11.1927 in: BA N 1013/582.

diese Funktion in Personalunion mit dem Vorstandsvorsitz der Stahlwerke aus. Er führte damit beim RWE die langjährige Tradition fort, dass der Aufsichtsratsvorsitz von einem Vertreter der Montanindustrie besetzt wurde.[68] Die Zusammensetzung des RWE-Aufsichtsrates ist ein anschauliches Beispiel dafür, dass informelle Arrangements auch Krisensituationen wie den Zusammenbruch des Stinnes-Konzerns und die darauf folgende Reorganisation der Stahl- und Eisenindustrie überdauern konnten.

Hinzu kamen die personellen Verbindungen zum rheinischen Braunkohlenbergbau, der für den Stromanbieter eine kaum zu überschätzende Bedeutung hatte. Hier nahm Silverberg eine Schüsselposition ein, der neben Vögler und Thyssen ebenfalls Mitglied des Präsidiums war. Er hatte sich – wie bereits angedeutet – Anfang der 1920er Jahre gemeinsam mit Stinnes gegen die Sozialisierung der Elektrizitätswirtschaft gestellt und führte diesen Kampf später in Abstimmung mit Vögler weiter. Er war an den Verhandlungen, die Vögler mit dem preußischen Handelsministerium führte und aus denen der preußische Elektrofrieden hervorging, maßgeblich beteiligt gewesen. Nach Einschätzung von Boris Gehlen, der das facettenreiche unternehmerische Handeln von Silverberg ausführlich untersucht hat, pflegte dieser bis Mitte 1932, als von Seiten der Ruhrindustriellen und dem RWE-Vorstand die Übernahme der Rheinbraun eingefädelt wurde, ein von Kooperation geprägtes Verhältnis zum rheinisch-westfälischen Stromkonzern. Sie nahmen in elektrizitätspolitischen Fragen denselben Standpunkt ein und stimmten ihr Vorgehen gegenüber den Behörden aufeinander ab.[69] Es ist vor dem Hintergrund dieser Interessenkonstellation leicht ersichtlich, warum die Mitglieder der REA in den Spitzenverbänden der rheinisch-westfälischen Industrie kaum Gehör fanden.

Die VStAG bezog, anders als die geschilderten Beziehungen auf den ersten Blick vermuten lassen, keine nennenswerten Strommengen vom RWE. Vögler und Thyssen saßen nicht im Aufsichtsratspräsidium, weil sie die Absicht hatten, die Stromversorgung der Hochöfen, Kokereien, Walzwerke und Zechenanlagen auf die Belieferung durch das öffentliche Elektrizitätswerk umzustellen. Im Gegenteil, sie verfolgten eine Strategie der vertikalen Integration, das heißt, sie wollten die Eigenanlagen des Konzerns ausbauen lassen, während der Netzbetreiber sie bei der Errichtung der hierfür notwendige Stromleitungen unterstützen sollte. Der Stahlkonzern unterhielt 1927 insgesamt 35 Kraftwerksanlagen, die zu diesem Zeitpunkt noch 99 Prozent des konzerneigenen Strombedarfs abdeckten. Die Leistungsfähigkeit der

68 Vgl. Reckendrees, A.: Das Stahltrust-Projekt. Die Gründung der Vereinigte Stahlwerke AG und ihre Unternehmensentwicklung 1926–1934, München 2000, S. 293; Asriel, Rheinisch-Westfälisches Elektrizitätswerk, S. 224–230; Geschäftsberichte des RWE 1927/28 bis 1931/32 in: HK RWE o. S. Über die Rolle von Hugo Stinnes beim RWE siehe auch die entsprechenden Stellen in der detailreichen Studie von Feldmann: Hugo Stinnes.

69 Vgl. Gehlen: Paul Silverberg, S. 310, 445–465.

Anlagen war damit vergleichbar mit den Kapazitäten der RWE-Kraftwerke – ohne die Konzernbeteiligungen.[70] Die Stromerzeugung der beiden Konzerne basierte jedoch auf sehr unterschiedlichen Voraussetzungen. Die Stahlwerke erzeugten die Elektrizität zu über 60 Prozent mit Kokerei- und Hochofengasen und die restlichen Mengen überwiegend durch mit Steinkohle befeuerte Kraftwerksanlagen. Das RWE hatte sich dagegen mit seinem Goldenbergwerk und der Mehrheitsbeteiligung an der Roddergrube strategisch auf die rheinische Braunkohle ausgerichtet. Die konzerneigenen Untersuchungen über den Stand der Stromerzeugung der Stahlwerke hatten ergeben, dass die Anlagen „bis an die Grenzen des sicheren Betriebes ausgenutzt" waren, so dass Neuinvestitionen notwendig wurden.[71] Die Stromerzeugung mit Eigenanlagen war nach den internen Berechnungen kostengünstiger als das Preisangebot des RWE, was eine Entscheidung für die Erweiterung der eigenen Kraftwerksanlagen betriebswirtschaftlich sinnvoll erscheinen ließ.[72]

Der Stahlkonzern besaß im Unterschied zum RWE allerdings kein zusammenhängendes Stromnetz, um einen Verbundbetrieb zwischen den im Ruhrgebiet verstreut liegenden Anlagen durchzuführen. Die einzelnen Werke wie die August-Thyssen-Hütte oder die Hütte Ruhrort-Meiderich hatten in der Zeit, bevor sie zum Stahlkonzern fusionierten, die Stromeinrichtungen unabhängig voneinander errichtet.[73] Nach der Gründung gab es daher bei der Konzernleitung – ähnlich wie im Fall der IG-Farbenindustrie – Überlegungen, die Eigenanlagen stärker zu vernetzen und ihre Fahrpläne so aufeinander abzustimmen, dass die kosteneffizientesten Anlagen für die Versorgung der Grundlast eingesetzt werden konnten. Das Vorhaben war Bestandteil eines umfassenden Investitionsprogrammes.[74] Dazu gehörten auch die Investitionen in die Gaswirtschaft, die für die VStAG nicht nur im Hinblick auf die Wärmewirtschaft, sondern – wie bereits gezeigt – auch für die Stromerzeugung eine große Bedeutung hatte. In diesem Zusammenhang stand das Engagement bei der Ruhrgas AG, die die Ferngasleitungen ausbauen und als Gasnetzbetreiber die bei den Kokereien und Hochöfen anfallenden Abfallgase zu den einzelnen Werken

---

70 Die installierte Leistung der Stahlwerke lag bei 452.000 KW und die des RWE bei 481.500 KW. Vgl. Stromversorgung der Vereinigten Stahlwerke Aktien-Gesellschaft. Stand und Entwicklung, Essen 1927, in: BBA 55/2062; Buderath, J.: Die Geschichte des Rheinisch-Westfälischen Elektrizitätswerks Aktiengesellschaft 1898–1984 in Fakten, Zahl und Tabellen, Essen o. J, S. 74.

71 Vgl. Stromversorgung der VStAG. Stand und Entwicklung, Essen 1927, in: BBA 55/2062.

72 Die Kosten für Eigenstrom lagen im Geschäftsjahr 1928/29 bei 2,7 Pf/KWh und das Preisangebot des RWE bei 3,40 Pf/KWh. Jahresbericht des Stromausschuss der VStAG von 1942/43, in: BBA 55/2070.

73 Vgl. VStAG (Hrsg.): Die Steinkohlenbergwerke der Vereinigten Stahlwerke AG, Bd. 1: Friedrich Thyssen 2/5, Essen 1934, S. 378–379.

74 Vgl. Reckendrees: Das Stahltrust-Projekt, S. 382.

transportieren sollte.[75] Der Stahlkonzern war finanziell mit 30 Prozent an der Ruhrgas AG beteiligt, während das RWE seine Gasleitungen Ende 1927 ohne Aufsehen erregende Diskussionen an den neu gegründeten Gasversorger verkaufte und sich somit aus dem Gasgeschäft allmählich zurückzog.[76]

Die VStAG hatte vom technischen Standpunkt aus betrachtet zwei Möglichkeiten, die für den Verbundbetrieb der Eigenanlagen notwendigen Netzleitungen herzustellen. Eine Option war die wirtschaftliche Zusammenarbeit mit den öffentlichen Netzbetreibern, die wie das RWE und die VEW im Ruhrgebiet bereits ein vergleichsweise gut ausgebautes Stromnetz unterhielten, das auch für die Durchleitung gegen Zahlung einer entsprechenden Gebühr genutzt werden konnte. Der Vorteil dieser Vorgehensweise war, dass die Kapitalkosten eingespart werden konnten, die für die projektierte „Hauptverbindung" zwischen den Werksgruppen in Hamborn, Bochum, Gelsenkirchen und Dortmund in Rechnung zu stellen waren.[77] Der Konzern musste in jedem Fall an die Kommunalverwaltungen und örtlichen Elektrizitätswerke herantreten, um deren Einverständnis für die Nutzung der öffentlichen Wege einzuholen. Für Gustav Knepper, der die Leitung des gesamten Bergbaubereichs der VStAG übertragen bekommen hatte und die Verhandlungen mit den Kommunen führte, war es „selbstverständlich", dass die Stahlwerke das „Durchleitungsrecht" zugesprochen bekommen würden.[78] Seine Erwartungshaltung war sicherlich nicht unbegründet, denn die Schwerindustrie fand in der Regel ein offenes Ohr bei der Kommunalverwaltung, nicht zuletzt weil die Ruhrindustriellen in der Stadtverordnetenversammlung saßen und über diesen Weg Einfluss auf die kommunalpolitischen Entscheidungen nehmen konnten.[79]

Knepper und die Konzernleitung hatten jedoch nicht das Ziel vor Augen, die Leitungen der öffentlichen Stromversorger zu nutzen, sondern strebten vielmehr die Errichtung einer konzerneigenen Sammelschiene an. Dass das RWE mit dem Verweis auf seine Lieferrechte Einwände gegen das Vorhaben erheben würde, war in Anbetracht der Zusammensetzung des Aufsichtsratspräsidiums unwahrscheinlich. Schon 1926, wenige Monaten nach der Fusion, schlossen die beiden Unternehmen einen dreißigjährigen Vertrag ab, in dem sich das RWE bereit erklärte, die Pläne der Stahlwerke „nach Kräften" zu unterstützen. Bei der Errichtung neuer Stromnetze sollte in Zukunft in jedem Einzelfall geprüft werden, ob die Investitionen wirtschaftlich notwendig seien oder ob nicht doch Kosten eingespart werden könnten, wenn

75 Vgl. Kleinschmidt: Rationalisierung als Unternehmensstrategie, S. 255–258; Pott, A.: Gasfernversorgung mit Koksofengas in Deutschland, Essen 1929.

76 Vgl. Exposé über Verkauf der Gasfernleitungen, 26.11.1927, in: BA N1013 Nr. 582; VStAG: Die Entwicklung der Kokerei- und Gaswirtschaft der VStAG 1926–1928, Essen 1928, S. 14.

77 Stromversorgung der VStAG. Stand und Entwicklung, Essen 1927, in: BBA 55/2062.

78 Ausschuss zur Errichtung eines Kraftwerks, 16.2.1928, in: BBA 33/309.

79 Vgl. Tenfelde, K.: Krisenjahre im Ruhrgebiet, in: Abelshauser, W. u.a. (Hrsg.): Wirtschaftsordnung, Staat und Unternehmen, Essen 2003, S. 307–309.

die Durchleitung über die öffentliche Leitung vorgenommen würde.[80] Auch die Stadt Duisburg, die ein eigenes Kraftwerk unterhielt und zum Ärgernis des RWE die städtische Elektrizitätsversorgung immer noch in Eigenregie ausführte, äußerte keine grundsätzlichen Bedenken. Knepper hatte gegenüber Oberbürgermeister Karl Jarres zu verstehen gegeben, dass die Netzleitung ausschließlich für den eigenen Verbundbetrieb erweitert werden sollte und das städtische Elektrizitätswerk daher nicht zu befürchten bräuchte, dass der Konzern ihm die Stromkunden abwerben wolle.[81] Mit der VEW, die von den westfälischen Kommunen kontrolliert wurde, kam es 1926 ebenfalls zu einer Verständigung, so dass die Vereinigten Stahlwerke auf den ersten Blick tatsächlich den notwendigen Handlungsspielraum zu haben schienen, um den projektierten Verbundbetrieb zu errichten.[82] Doch das Problem mit der westfälischen Demarkationsgrenze, das bei den Expansionsbestrebungen des RWE in den vergangenen Jahren wiederholt für Schlagzeilen gesorgt hatte, war noch nicht geklärt. Die Verhandlungsführer der Stahlwerke ließen zu diesem Zeitpunkt nicht durchblicken, dass sie eine Verbindungsleitung von Dortmund bis Hamborn ins Auge gefasst hatten. Es war daher nach wie vor eine offene Frage, wie sich die westfälischen Kommunen zu dem Vorhaben stellen würden und ob vielleicht auch mit Hilfe der Deutschen Verbundgesellschaft, die wenig später gegründet wurde, die Möglichkeit gegeben sein würde, die westfälische Gebietsgrenze zu überqueren.

In den ersten Jahren nach der Gründung deutete alles darauf hin, dass die VStAG nicht die Kooperation mit den Elektrizitätswerken suchte, sondern für die im Ruhrgebiet gelegenen Werke ein konzerneigenes Verbundnetz errichten wollte. Die vertikale Integration sowohl der Stromerzeugungsanlagen als auch der Stromnetze zielte darauf ab, die Kontrolle über die Stromversorgung eines Großteils der Betriebe zu behalten, um möglichst unabhängig von den öffentlichen Stromanbietern agieren zu können. Bei dieser Entscheidung spielten neben dem Preisangebot der Elektrizitätswerke – das allein genommen schon teurer als die aufzubringenden Kosten der Eigenstromerzeugung war – zusätzlich auch die Transaktionskosten eine entscheidende Rolle, die im Fall einer Kooperation mit den von den öffentlichen Gebietskörperschaften kontrollierten Netzbetreibern angefallen wären. Bei der Nutzung der öffentlichen Stromleitungen hätten Gebühren und Verhandlungskosten in Rechnung gestellt werden müssen. Es kam außerdem die Unsicherheit hinzu, ob der jeweilige Netzbetreiber bei Ablauf des Konzessionsvertrages einen Neuabschluss erreichen und welche Forderungen die Stadtverwaltung als Gegenleistung stellen würde. Letztere konnte sich wiederum auf den Strompreis auswirken. Gegen die Investitionspläne des Stahlkonzerns hatten die kommunalen Gebietskörperschaften nichts einzuwenden, solange jener nicht die Absicht verfolgte, in das Geschäft der

---

80 Vertrag zwischen VStAG und RWE, 26.10.1926, in: TKA VSt/1000.

81 Vgl. Niederschrift über Besprechung im Rathaus zu Duisburg, 28.4.1927, in: TKA TLi/4406.

82 Vgl. Vertrag zwischen VStAG und VEW, 18.10.1926, in: TKA VSt/1000.

öffentlichen Versorgung einzusteigen. Die Stadtverwaltung und die Leiter der Elektrizitätswerke achteten darauf, dass in den Verträgen, die das Durchleitungsrecht der Stahlwerke spezifizierten, bis ins Detail festgehalten wurde, welche Betriebe sie mit Eigenstrom beliefern durften. Knepper bezeichnete die Vertragsabschlüsse wenig später als derartig „verschachtelt und gebunden", dass sich der Konzern „nicht nach rechts und links" bewegen könne.[83] Seine Behauptung war allerdings gerade mit Blick auf die Situation der Vereinigten Stahlwerke übertrieben, denn schließlich hatte er die bis zu diesem Zeitpunkt geforderten Handlungsfreiheiten größtenteils zugesprochen bekommen. Allein die VEW hatten darauf bestanden, im westfälischen Raum die Strombelieferung der Werkssiedlungen, Konsumanstalten und anderen Nebenbetriebe des Konzerns zu übernehmen.[84] In diesen Einrichtungen wurde elektrische Energie hauptsächlich für Beleuchtungszwecke genutzt und das auch nur zu bestimmten Tageszeiten, so dass es den Verantwortlichen bei den Stahlwerken nicht sonderlich schwer gefallen haben dürfte, im Gegenzug für das Durchleitungsrecht die Stromversorgung der Nebeneinrichtungen an das öffentliche Elektrizitätswerk abzugeben.

Die VStAG war nicht der einzige schwerindustrielle Konzern, der in den späten 1920er Jahren auf dem Gebiet der Stromwirtschaft Pläne für die Erweiterung der Eigenanlagen entwickelte, die vor der Weltwirtschaftskrise allerdings nur teilweise umgesetzt wurden. Die Firma Krupp verfolgte eine ähnliche Strategie und nahm 1929 mit dem neuen Hochofenwerk in Essen-Borbeck gleichzeitig ein weiteres Kraftwerk in Betrieb.[85] Auch beim Rheinisch-Westfälischen Kohlensyndikat (RWKS) gab es in diesen Jahren Überlegungen, Kraftwerkanlagen errichten zu lassen. Das Vorhaben des Kohlensyndikats zielte allerdings im Unterschied zu den Plänen des Stahlkonzerns darauf ab, als Stromanbieter in die Elektrizitätswirtschaft einzusteigen. Die Verkaufsorganisation der Ruhrzechen, die auf den nationalen und internationalen Rohstoffmärkten unter einen verstärkten Konkurrenzdruck geraten war, suchte neue Absatzmärkte für die rheinisch-westfälische Steinkohle.[86] Das Syndikat richtete bereits 1926 für diesen Zweck einen Kraftwerksausschuss ein, in dem Vertreter der Mitgliedszechen saßen und die Möglichkeiten ausloteten, wie der Ruhrbergbau ins „Eldorado" der öffentlichen Elektrizitätsversorgung vordringen konnte.[87] Sie

---

83 Ausschuss zur Errichtung eines Kraftwerkes, 16.2.1928, in: BBA 33/309.

84 Vgl. Vertrag zwischen VStAG und VEW, 18.10.1926, in: TKA VSt/1000. Das RWE stellte es den Stahlwerken dagegen frei, die Stromversorgung der Werksiedlung selber auszuführen oder abzugeben. Vereinbarung betr. Werkssiedlungen, in: TKA TNO/3529.

85 Vgl. Pierenkemper, T.: Von Krise zu Krise, in: Gall, L. (Hrsg.): Krupp im 20. Jahrhundert, Berlin 2002, S. 226–228.

86 Vgl. Regul, R.: Die Wettbewerbslage der Steinkohle, Berlin 1933.

87 Zitat nach Vaupel (Leiter der Stadtwerke Düsseldorf) in seiner Stellungnahme zu den Plänen des Ruhrbergbaus, 17.7.1936, in: LA Berlin Rep. 142-7-4.2.4. Nr. 3. Für die frühen Verhandlungen im Kraftwerkausschuss vgl. Niederschrift über Besprechung, 16.2.1926, in: BBA 33/919.

konnten dabei auf die Expertise des Bergbau-Vereins zurückgreifen, der in seinem Ausschuss für Wärme- und Kraftwirtschaft nicht nur die technischen Fragen der Elektrifizierung der Kohlenförderung behandelte, sondern auch Untersuchungen über wirtschaftliche Gesichtspunkte der Steinkohlenverstromung unternahm.[88] Er erstellte Analysen über die Standortfrage für neu zu errichtende Kraftwerke, das Kostenverhältnis der Stromerzeugung aus Steinkohle, Braunkohle und Wasserkraft sowie über die Skaleneffekte, die mit einem Großkraftwerk erzielt werden konnten.[89] Die Untersuchungsergebnisse des Bergbau-Vereins flossen in die Überlegungen ein, die im Kraftwerksausschuss des Steinkohlensyndikats angestellt wurden. Dieser stand bereits in Verhandlungen mit dem Vorstand des RWE und versuchte ihn davon zu überzeugen, an Stelle von Braunkohlen- und Wasserkraftstrom vor allem Steinkohlenstrom an die Verbraucher, die elektrische Energie aus dem öffentlichen Netz bezogen, zu verkaufen.

Das Kohlensyndikat wollte den Betrieb des neu zu errichtenden Kraftwerkes nicht dem Netzbetreiber überlassen. Die Betriebsführung sollte unbedingt in den Händen des Syndikats bleiben, denn auf diese Weise könnte es denn Brennstoffeinsatz kontrollieren und sicherstellen, dass das Kraftwerk ausschließlich rheinisch-westfälische Steinkohle für die Stromerzeugung nutzte.[90] Das RWE sträubte sich allerdings dagegen, die Kontrolle über ein Kraftwerk, das Strom in das öffentliche Netz einspeisen sollte, einem anderen Betreiber zu überlassen. Erst nach längeren Verhandlungen schien sich schließlich doch ein Kompromiss abzuzeichnen, nachdem der Netzbetreiber Interesse zeigte, im Ruhrgebiet ein weiteres Steinkohlenkraftwerk für die öffentliche Stromversorgung errichten zu lassen. Im Dezember 1928 waren die Gespräche so weit fortgeschritten, dass erste Vertragsentwürfe formuliert und untereinander ausgetauscht wurden.[91] Das Kohlensyndikat unterbreitete das Angebot, das Steinkohlenkraftwerk mit einem Darlehen zu finanzieren, die Betriebsführung aber dem RWE zu überlassen. Der Netzbetreiber sollte sich im Gegenzug vertraglich verpflichten, den Brennstoff für diese Anlage ausschließlich vom Steinkohlensyndikat zu beziehen.

---

88 Vgl. Przigoda, S.: Unternehmensverbände im Ruhrbergbau, Bochum 2002, S. 372–380.

89 Vgl. dazu die Veröffentlichungen aus dem Umkreis des Bergbau-Vereins. Körfer, C.: Die Beteiligung der Zechen des rheinisch-westfälischen Steinkohlenbergbaus an der öffentlichen Stromversorgung Rheinland-Westfalen, Halle a.d.S. 1928; Richtlinien für die Untersuchung der Wirtschaftlichkeit eines Steinkohlen-Großkraftwerkes, 29.8.1928, in: BBA 33/919; Körfer, C.: Gesichtspunkte für die Aus- und Umgestaltung der Elektrizitätswirtschaft im Ruhrgebiet, in: Glückauf 68 (1932), S. 38–43; Bohnhoff, H.: Stand und Entwicklung der elektrischen Kraftübertragung in der Zechenkraftwirtschaft des Ruhrbergbaus, in: Glückauf 69 (1933), S. 77–82.

90 Vgl. Ausschusssitzung zur Errichtung eines Kraftwerkes, 16.2.1928, in: BBA 33/309; Besprechung zur Prüfung der Frage der Errichtung eines Kraftwerkes, 26.11.1928, in: BBA 33/386.

91 Vgl. Aktennotiz über Gespräch mit Koepchen (RWE), 28.12.1928, in: BBA 33/919; dazu auch den Vertragsentwurf, in: Ebd.

Der Bau neuer Kraftwerke wurde mit Einbruch der Weltwirtschaftskrise und dem damit einhergehenden Rückgang des Strombedarfs zurückgestellt. Das RWE zog seine Absichtserklärung gegenüber dem Kohlensyndikat mit dem Hinweis auf die rückläufige Stromnachfrage zurück.[92] Auch die VStAG stellten die Investitionen in die Erweiterung der Eigenanlagen ein und schlossen stattdessen Lieferverträge mit den Elektrizitätswerken ab. Der Rückgriff der industriellen Kraftwerkbetreiber auf die öffentlichen Stromversorger war eine Option, die während der Wirtschaftskrise für beide Seiten vorteilhaft erschien. Stromanbieter wie das RWE oder die VEW sahen sich mit einer sich verschärfenden Absatzkrise konfrontiert und unterbreiteten deshalb potenziellen Großabnehmern äußerst günstige Lieferkonditionen in der Hoffnung, dass diese zum Fremdstrombezug wechseln würden. Das RWE gewann damit neben den in seinem Versorgungsgebiet liegenden Betrieben des Stahlkonzerns eine Reihe weiterer Großkunden aus der Industrie.[93] Diese konnte ihre Produktion zurückfahren und einzelne Betriebe sogar vollständig stilllegen, ohne dass sie die Lichter ausschalten und die wenigen Elektromotoren, die noch gebraucht wurden, abstellen musste. Die August-Thyssen-Hütte und die Hütte Ruhrort-Meiderich, die vor Einbruch der Krise vollständig auf Selbstversorgung ausgerichtet gewesen waren, bezogen wenige Jahre später über 70 Prozent ihres Strombedarfs vom RWE.[94]

Die Ruhrindustriellen betrachteten den Wechsel zu den öffentlichen Stromanbietern allerdings nur als eine vorübergehende Maßnahme. Der Abschluss der neuen Stromlieferverträge bedeutete nicht, dass sie nun plötzlich zu der Überzeugung gekommen waren, dass die öffentlichen Elektrizitätswerke auch in Zukunft in der Lage sein würden, den Strom so günstig zu liefern, dass der Ausbau der Eigenanlagen nicht mehr lohnenswert erschien. Gustav Knepper, der ab 1929 für den Stahlkonzern die Lieferverträge mit mehreren Elektrizitätswerken aushandelte, meinte wenig später, dass der Konzern auf den Vertragsabschluss „verzichtet" hätte, wenn nicht die Situation eingetreten wäre, dass die „erforderlichen Geldmittel" nicht mehr vorhanden waren, um die „zur Deckung des Strombedarfs notwendigen Kraftwerke und Kabelverbindungen zu errichten".[95] Das Ziel wurde deshalb aber noch nicht aufgegeben. Das Investitionsprogramm sollte wieder aufgegriffen werden, sobald sich der wirtschaftliche Aufschwung abzeichnete. Die Verantwortlichen für die konzerneigene Stromwirtschaft achteten deshalb darauf, dass diese Option trotz des Abschluss der Stromlieferverträge mit den Elektrizitätswerken weiterhin

92 Vgl. RWE an RWKS betr. Emscherkraftwerk, 28.10.1930, in: Ebd.

93 Dazu gehörten u.a. die Gutehoffnungshütte und die Mannesmannwerke. Siehe dazu den Schriftverkehr in: HK RWE 404/I.

94 Vgl. VStAG: Die Steinkohlenbergwerke der Vereinigten Stahlwerke AG, Bd. 1: Friedrich Thyssen 2/5, Essen 1934, S. 381.

95 Kneppers Stellungnahme ist überliefert von Wilhelm Roelen, Bericht über Kapitalbedarf zum Ausbau der Zeche Walsum, 15.12.1930, in: TKA NROE/34.

bestehen blieb. Sie legten großen Wert darauf, in den Lieferverträgen noch einmal explizit die Vereinbarung von 1926 bestätigen zu lassen, damit der Konzern in Zukunft die Möglichkeit hatte, die eigenen Stromerzeugungsanlagen zu erweitern und neue Stromnetze zu errichten.[96]

2.2 Finanzierung, kommunale Aufsicht und Weltwirtschaftskrise

2.2.1 Die Rolle der kommunalen Selbstverwaltung

Die Kontroll- und Lenkungsverhältnisse der öffentlichen Elektrizitätsversorgung standen in einer engen Wechselwirkung mit der kommunalen Selbstverwaltung. In Deutschland genossen die Gebietskörperschaften nach der Steinschen Städteordnung das Recht, sich in der Bereitstellung kommunaler Dienstleistungen zu betätigen. Dementsprechend waren sie schon im 19. Jahrhundert auf dem Gebiet der Energieversorgung aktiv geworden. Diese Entwicklung vollzog sich während einer Zeit, als die Gemeindeverwaltungen nicht als verlängerter Arm des Staates gesehen wurden. Die Kommunalpolitiker betrachteten die Leistungen, die auf kommunaler Ebene bereitgestellt wurden, als eine „Komplementärfunktion der bürgerlichen Gemeinden zum Staat".[97] Der energiewirtschaftliche „Munizipalsozialismus" basierte auf einer breiten gesellschaftlichen Anerkennung und wurde vor allem von den wohlhabenden Bevölkerungsschichten getragen. Er erfuhr selbst von liberaler Seite – wenn überhaupt – nur selten Kritik, gehörten die Vertreter des deutschen Liberalismus doch zu den entschiedenen Anwälten der gemeindlichen Selbstverwaltung. Sie waren Befürworter kommunaler Versorgungsunternehmen, beteiligten sich am Auf- und Ausbau kommunaler Betriebe und verteidigten das Recht der Selbstverwaltung gegen äußere Eingriffe des Staates.[98]

96 Vgl. Vertrag zwischen VStAG und RWE, 18.1.1929, in: BA R 4604/496; Vertrag zwischen VStAG und VEW, 29.4.1933, in: TKA VSt/1000.

97 Reulecke, J.: Geschichte der Urbanisierung in Deutschland, Frankfurt am Main 1985, S. 62–67, 118–131.

98 Vgl. Krabbe, W.R: Städtische Wirtschaftsbetriebe im Zeichen des "Munizipalsozialismus": Die Anfänge der Gas- und Elektrizitätswerke im 19. und frühen 20. Jahrhundert, in: Blotevogel, H.H. (Hrsg.): Kommunale Leistungsverwaltung vom Vormärz bis zur Weimarer Republik, Köln 1991, S. 117–135; Schott, D.: Power for Industry. Electrification and Its Strategic Use for Industrial Promotion. The Case of Mannheim, in: Schott, D.: Energie und Stadt in Europa. Von der vorindustriellen ‚Holznot' bis zur Ölkrise der 1970er Jahre, Stuttgart 1997, S.169–192; Sheehan, J.J.: Liberalism and the City in Nineteenth-Century Germany, in: Past & Present 51 (1971), S. 116–137; Langewiesche, D.: Liberalismus in Deutschland, Frankfurt am Main 1988, S. 200–211.

Man muss sich diese historische Ausgangslage der Elektrizitätsversorgung vor Augen führen, um die Verhältnisse während des hier untersuchten Zeitraums sachgerecht beurteilen zu können. Das Recht der kommunalen Selbstverwaltung war ein fester Bestandteil der Weimarer Wirtschaftsverfassung.[99] Die elektrizitätswirtschaftliche Betätigung der Gemeinden und Gemeindeverbände beschränkte sich in der Zwischenkriegszeit keinesfalls allein auf die Stadtwerke, bei denen dieser Zusammenhang offensichtlich ist. Die Kommunalverwaltungen spielten auch bei einem Großversorger wie dem RWE eine zentrale Rolle. Allerdings bleibt der kommunale Einfluss beim größten westdeutschen Energieversorgungsunternehmen oftmals verschleiert und wird leicht übersehen, weil die räumliche Dimension seines Versorgungsgebietes nur schwer mit der tradierten Vorstellung über die kommunale Selbstverwaltung vereinbar zu sein scheint. In der kommunalhistorischen Forschung wird dieser Zusammenhang wohl auch deshalb nur selten hervorgehoben. Es sei denn es handelt sich um eine Konfliktsituation, in der Kommunen und Überlandwerke aufeinander treffen und eine Art Nullsummenspiel austragen, in dem der Gewinn eines Spielers mit dem Verlust des anderen einhergeht. Der Antagonismus zwischen kommunaler Energieversorgung und den Energiekonzernen hat sich zu einem Topos entwickelt, der nur selten hinterfragt wird.[100] Das RWE wird dabei in der Regel als Gegenspieler der Kommunen dargestellt, doch das eigentlich Spezifische an diesem Unternehmen, die gemischtwirtschaftliche Eigentumsstruktur, findet abgesehen von beiläufigen Erwähnungen selten eine angemessene Berücksichtigung. Es erscheint daher angebracht, den Stromkonzern in seiner spezifischen Organisationsform nochmals eingehend zu beleuchten, um die Interessenkonstellationen hinsichtlich der in der Forschungsliteratur unterstellten Divergenzen und den Einfluss der Städte und Gemeinden auf die Unternehmensstrategie zu überprüfen.

Den harten Kern der wirtschaftlichen Beziehung zwischen den Gebietskörperschaften und den Energieversorgungsunternehmen bildete seit Anbeginn der Elektrizitätswirtschaft der Konzessionsvertrag, der dieses Verhältnis strukturierte. Im Laufe der Zeit bildete sich um dieses formale Abkommen ein komplexes Bündel weiterer informeller Arrangements in Form von finanziellen Abgabeverpflichtungen, Kapitalbeteiligungen und personellen Beziehungen heraus. Aus analytischen Gründen erscheint es sinnvoll, zunächst nur die Funktion und die Bedeutung des formalen Konzessionsvertrages näher zu untersuchen, bevor die weiteren Aspekte thematisiert werden. Für die Gemeinden war das Konzessionsrecht ein wirtschaftspolitisches Instrument, mit dem sie die Stromversorgung vor Ort überwachen und steuern konnten, indem sie die Stromlieferungsbedingungen bestimmten. Die kommunale Kontrolle erstreckte sich dabei auf die Stromversorgung der Kleinver-

99 Vgl. Gröner: Ordnung der deutschen Elektrizitätswirtschaft, S. 95.

100 Vgl. Schott, D.: Energie und Stadt in Europa, in: Ders.: Energie und Stadt in Europa, S. 15–16.

braucher. Die Strombelieferung der so genannten Großverbraucher stand dagegen nicht unter der unmittelbaren kommunalen Aufsicht, da diese Stromabnehmer in der Regel einen individuellen Sondervertrag mit den Elektrizitätswerken abschlossen. Für die genaue Abgrenzung der Tarifabnehmer von den Sonderabnehmern hatten das RWE und die Kommunen einen Jahresstromverbrauch von 50.000 KWh vereinbart. Wenn ein Verbraucher einen Strombezug aus dem öffentlichen Netz nachweisen konnte, der diese Höchstgrenze überschritt, fiel er nicht unter die kommunale Preisaufsicht.[101] Der kommunale Einfluss auf die Tarifgestaltung betraf demnach ungeachtet der Besitzverhältnisse alle jene Elektrizitätswerke, die sich wirtschaftlich in der Stromversorgung der Kleinkonsumenten betätigten.

Selbst die Kraftwerke, die vollständig im Besitz von privaten Kapitaleignern waren, mussten sich der kommunalen Kontrolle unterwerfen, wenn sie für dieses Marktsegment Strom anbieten wollten. Damit blieben letztlich nur noch die Großabnehmer und die industriellen Eigenstromerzeuger übrig, die von der kommunalen Tarifaufsicht nicht unmittelbar tangiert wurden. Gerade diese Ausnahmen sind von entscheidender Bedeutung, um Aussagen über die Reichweite des kommunalen Einflusses auf die Strompreise insgesamt machen zu können. Viele Stromverbraucher erzeugten einen Großteil ihres Strombedarfs in eigenen Stromanlagen und bezogen nur einen bestimmten Anteil ihres Stromverbrauchs von den öffentlichen Stromversorgern. Im Jahr 1930 lag die Eigenstromversorgung noch bei 44,7 Prozent der gesamten Stromerzeugung. Die restlichen 55,4 Prozent wurden von den öffentlichen Elektrizitätswerken bereitgestellt, von denen wiederum 65,4 Prozent auf die Belieferung der industriellen Sonderabnehmer entfielen. Summiert man den Anteil der Eigenanlagen und der Sonderabnehmer, ergeben sich 75,3 Prozent des gesamten Stromaufkommens, das nicht unmittelbar der kommunalen Preiskontrolle unterlag.[102]

Bei dieser Betrachtung muss berücksichtigt werden, dass der industrielle Strombedarf stärker auf wirtschaftliche Konjunkturschwankungen reagierte. Der relative Anteil der Tarifabnehmer am gesamten Stromverbrauch fiel also während der Weltwirtschaftskrise deutlich höher aus als vor den Krisenjahren. Die quantitative Relation verdeutlicht aber trotz der konjunkturellen Schwankungen, dass die freie Preisbildung im Sinne einer Konkurrenz zwischen der Selbstversorgung und dem Strombezug vom örtlichen Liefermonopol das dominante Prinzip in der deutschen Elektrizitätswirtschaft war. Diese Rahmenbedingung sollte sich erst Ende 1931 ändern, als von Seiten der Reichsregierung eine Preisaufsicht eingeführt wurde.[103]

101 Vgl. Asriel: Rheinisch-Westfälisches Elektrizitätswerk, S. 107.

102 Berechnet nach Angaben aus Körfer: Taschenbuch für Energiewirtschaft, S. 75, 86. Die Leitungsverluste wurden nicht berücksichtigt.

103 Vgl. Barkai A.: Das Wirtschaftssystem des Nationalsozialismus. Ideologie, Theorie, Politik 1933–1945, Frankfurt am Main 1988, S. 178.

Bis zu diesem Zeitpunkt beschränkten sich die direkten Eingriffe der öffentlichen Hand in die Strompreisgestaltung auf die Tarifabnehmer bzw. den Stromverbrauch der mittelständischen Kleinbetriebe, der privaten Haushalte und der öffentlichen Einrichtungen wie die Straßenbeleuchtung und die elektrischen Stadtbahnen. Die Elektrizitätswerke mussten zwar auch Abgaben auf jene Einnahmen zahlen, die sie aus dem Stromabsatz an Großabnehmer erwirtschafteten, so dass auch diese Strompreise nicht völlig frei von kommunalen Einflüssen waren. Doch abgesehen davon waren die Verhältnisse, die beim Abschluss der Stromverträge mit Großverbrauchern zum Tragen kamen, nicht mit der Situation der Tarifabnehmer vergleichbar, da die Kommunen bei Letzteren sowohl die zu zahlenden Strompreise festlegten als auch die Lieferungsbedingungen bis ins letzte Detail bestimmten und überwachten. So war das Elektrizitätswerk zum Beispiel nicht berechtigt, die Stromlieferung an einen Tarifkunden ohne Genehmigung der Gemeinde zu unterbrechen. Damit leistete die Gemeindeverwaltung in einer Zeit, in der es noch keine standardisierten Lieferverträge gab, für diesen spezifischen Abnehmerkreis einen wichtigen Beitrag hinsichtlich der Zuverlässigkeit und Qualität der Stromversorgung. Die Aufgabe der kommunalen Gebietskörperschaften war die „Wahrung der öffentlichen allgemeinen Interessen“. Sie waren die „Vertreter des Kleinkonsums“, dessen Verbrauchsanteil bei großen Stromanbietern wie dem RWE noch deutlich geringer war als im Durchschnitt der gesamten deutschen Elektrizitätswirtschaft.[104]

Der Konzessionsvertrag beschränkte sich nicht allein auf die Tarifaufsicht, sondern umfasste darüber hinaus eine Investitionskontrolle, die für die Gebietskörperschaften ein äußerst wirkungsvolles Steuerungsinstrument darstellte. Die Elektrizitätswerke mussten ihre Pläne für den Neubau und die Erweiterungen von Kraftwerksanlagen und vor allem auch Stromverteilungsanlagen von der jeweiligen Gemeindeverwaltung begutachten und genehmigen lassen. Diese Regelung galt nicht nur für kommunale Stadtwerke, sondern ohne Ausnahme für alle öffentlichen Elektrizitätswerke. Infolgedessen war die öffentliche Stromversorgung „ohne Mitwirkung der öffentlichen Hand sogar bei im Übrigen rein privater Geschäftsführung ausgeschlossen“.[105] Als Kehrseite dieser Kontrolle hatte sich in der Praxis die Regel durchgesetzt, dass die Gemeindeverwaltungen den Investoren ein Ausschließlichkeitsrecht für die öffentliche Stromversorgung einräumten. Die Konzeption und Durchsetzung dieser spezifischen Rahmenbedingungen macht deutlich, dass die öffentliche Hand seit Beginn der Elektrizitätsversorgung – also noch bevor die so genannte Kommunalisierung der Elektrizitätswerke einsetzte – eine wichtige Funktion erfüllte. Mit den Konzessionsverträgen schufen die Gemeinden einen institutio-

104 Henke, E.: Das Problem der Elektrizitätsversorgung in Westdeutschland, in: Kommune und Wirtschaft. Sonderausgabe der Kölnischen Zeitung, Köln 1929, S. 59.

105 Vgl. Denkschrift: Die öffentliche Hand im Rheinischen-Westfälischen Elektrizitätswerk, in: BA N 1013/582.

nellen Rahmen, der als Anreiz gedacht war, damit das Privatkapital nicht nur in den Ausbau der Eigenanlagen der Industrie floss, sondern auch für Investitionen in die Erweiterung der öffentlichen Elektrizitätsversorgung aufgebracht wurde.

Für die gegenseitige Verständigung zwischen den Kommunen und den privatwirtschaftlichen Investoren gab es leicht nachvollziehbare Gründe, zumal beide Vertragsseiten von diesem Arrangement profitierten. Dieser Zusammenhang wird deutlich, wenn man den hohen Kapitalaufwand für den Auf- und Ausbau der Elektrizitätsversorgung berücksichtigt. Die zu errichtenden Anlagen erforderten dauerhafte und stark zweckgebundene Investitionen, so dass die Investitionstätigkeit mit hohen Risiken behaftet war.[106] Der Vorteil des Ausschließlichkeitsrechts lag für die Besitzer des Elektrizitätswerkes darin, dass sie sich auf einen relativ sicheren Absatzmarkt einrichten konnten. Die Risiken, die sie mit den zweckgebundenen Investitionen eingingen, wurden dadurch berechenbarer, denn die öffentliche Stromversorgung konnte zumindest während der Vertragslaufzeit von keinem anderen Stromanbieter streitig gemacht werden, so dass die Amortisation der Anlagewerte über einen längeren Zeitraum relativ sicher war. Erst am Ende der Vertragslaufzeit bestand die Möglichkeit, dass die Gemeinde das Konzessionsrecht auf einen anderen Interessenten übertrug oder sich gar dafür entschied, das Lieferrecht selber auszuüben. Diese kommunale Absicherung des Versorgungsrechts wirkte sich darüber hinaus direkt auf die Beschaffung von Risikokapital auf den Kapitalmärkten aus. Anleihen in Form von Obligationen waren leichter auf den Finanzmärkten unterzubringen, weil die langfristigen Investitionen in die Infrastruktur unter den Bedingungen des Konzessionsvertrages für die Kapitalgeber wesentlich berechenbarer erschienen und sichere Renditen versprachen.[107]

Angesichts der Bedeutung des Fremdkapitals für die Finanzierung der öffentlichen Elektrizitätswirtschaft ist dieser Sachverhalt nicht zu unterschätzen. Ende der 1920er Jahre stammten immerhin 48 Prozent des gesamten investierten Kapitals der deutschen Stromversorgungswirtschaft aus Fremdmitteln und von diesem Anteil entfielen im Jahr 1930 wiederum 68,3 Prozent auf langfristige Anleihen.[108] Bei einem Versorgungsunternehmen wie dem RWE, das seit 1925 mehrfach umfangreiche Anleihen vor allem auf dem amerikanischen Kapitalmarkt aufgenommen hatte, die ausnahmslos mit einer Tilgungsfrist bis Anfang der 1950er Jahre versehen waren, lag der Anteil des Fremdkapitals im Jahr 1930 sogar deutlich über dem reichsweiten

106 Für die theoretischen Prämissen dieser Argumentation vgl. Williamson: Die ökonomischen Institutionen des Kapitalismus, S. 60–62.

107 Vgl. Hausman, W.J./Neufeld, J.L: The Market for Capital and the Origins of State Regulation of Electric Utilities in the United States, in: The Journal of Economic History 62 (2002), S. 1050–1073.

108 Vgl. Stat. Reichsamt, Versorgungswirtschaft im Deutschen Reich, S. 71–73.

Durchschnitt.[109] Es überrascht daher kaum, dass Ernst Henke als Vorstandsmitglied des RWE einen direkten Zusammenhang mit dem Ausschließlichkeitsrecht herstellte, als er über die Finanzierung der öffentlichen Elektrizitätsversorgung räsonierte:

> „Die Natur dieses Geschäftes bringt es mit sich, dass die Abschreibungen der großen Anlagewerte, entsprechend ihrer Abnutzung und der Notwendigkeit ihrer Erneuerung, auf längere Zeiträume erstreckt werden können und erstreckt werden müssen, um so zu billigen Amortisations- und Verzinsungskosten für die KWh zu kommen. Die Anlagen können daher mit langfristigen Krediten errichtet werden, mit Zeiträumen von 25–30 Jahren. Vorausgesetzt werden muss dabei jedoch natürlich, dass auch ein entsprechender Konsum für solche Zeiträume gesichert erscheint. Dieser Umstand bringt aber weiter mit sich, dass die Abmachungen für den Bezug auf die Dauer gestellt sein müssen, oder dass doch damit gerechnet werden kann, dass der Verbrauch Vieler für bestimmte Gebiete auf längere Zeit praktisch auf die betreffende Erzeugungs- und Verteilungsorganisation angewiesen ist.“[110]

Henke lieferte mit seiner Darstellung die klassische Begründung für die Notwendigkeit eines – wenn auch zeitlich begrenzten – ausschließlichen Stromlieferrechts, das zu diesem Zeitpunkt von den Kommunen vor Ort vergeben wurde. Aus heutiger Sicht erscheint diese Argumentation nicht in jeder Hinsicht unproblematisch. Die Gründe werden weiter unten noch zu diskutieren sein. An dieser Stelle ist erst einmal festzuhalten, dass diese Auffassung von den zeitgenössischen Experten der Elektrizitätswirtschaft vom Grundsatz her geteilt wurde.[111] Selbst die Vertreter der industriellen Kraftwerksbetreiber und der mittelständischen Kleinbetriebe, von denen aufgrund der wettbewerbseinschränkenden Auswirkung dieser Regelung noch am ehesten Kritik an dieser Argumentation zu erwarten gewesen wäre, stimmten mit Henkes Ansicht im Prinzip überein. Sowohl der RDI als auch der REA stellten die Ausschließlichkeitsregelung nicht in Frage, wie bereits im ersten Kapital ausführlich erläutert wurde.

Das Ausschließlichkeitsrecht war mit Sicherheit nur eine Variable aus einem komplexen Bündel von Faktoren, die sich auf das Investitionsverhalten der Akteure ausgewirkten. Eine klare und messbare Unterscheidung zwischen den einzelnen Einflussfaktoren erscheint methodisch allerdings kaum realisierbar. Und doch stellt sich aus historischer Perspektive die Frage, wie entscheidend diese Regelung für die Finanzierung der Elektrizitätsversorgung gewesen ist und inwiefern man den Argumenten der Protagonisten zustimmen soll. Um die Auswirkungen des Konzessionsrechts und im speziellen des Ausschließlichkeitsrechts deutlicher zu machen,

109 Vgl. Asriel: Rheinisch-Westfälisches Elektrizitätswerk, S. 175–179. Das RWE wies im Geschäftsjahr 1930/31 eine Eigenkapitalquote von rd. 41 Prozent aus. Vgl. Geschäftsbericht 1930/31, in: HK RWE.

110 Vgl. Henke: Die Bedeutung der herrschenden Rechtsgrundlage, S. 5–6.

111 Vgl. Neu, K.: Das Elektrizitätsmonopol, in: Lederer, E. (Hrsg.): Das Kartellproblem. Beiträge zur Theorie und Praxis, Leipzig 1930, S. 61; Asriel: Rheinisch-Westfälische Elektrizitätswerk, S. 118–120.

bietet sich ein kurzer Vergleich mit den institutionellen Bedingungen an, die in der amerikanischen Elektrizitätswirtschaft vorherrschten und die einen aufschlussreichen Kontrast bieten. Wie in den meisten Ländern lag das Wegerecht auch in den Vereinigten Staaten in der Hand der örtlichen Verwaltungsinstanzen, so dass die Städte und Gemeinden Einfluss auf die Energieversorgung nehmen konnten, wenn ein bestimmtes Versorgungsunternehmen für die Errichtung von Verteilungs- und Durchgangsleitungen öffentliche Wege in Anspruch nehmen wollte. Die Kommunen hatten nicht nur das Recht, für die Errichtung der örtlichen Energieanlagen einen Konzessionsvertrag an einen Privatinvestor zu vergeben und in diesem Zusammenhang spezifische Lieferbedingungen vorzuschreiben. Sie konnten auf dem Gebiet der Stromversorgung auch selber wirtschaftlich aktiv werden, indem sie ein eigenes kommunales Elektrizitätswerk errichteten. Die eigentlichen Unterschiede zum deutschen Konzessionswesen lagen darin begründet, dass erstens die Möglichkeiten der Kommunen, die Konzession mit einer indirekten Stromsteuer in Form einer Konzessionsabgabe zu belasten, gesetzlich eingeschränkt waren und die Gemeindeverwaltung zweitens keinen Vertrag für die Nutzung öffentlicher Wege abschließen durfte, der die Konkurrenz während der Vertragsdauer formal ausschloss und ein Stromlieferungsmonopol begründete.[112] Unter diesen vergleichsweise freizügigen Bedingungen entwickelte sich in der Praxis ein Bieterwettbewerb um Konzessionsrechte. Das ansässige Elektrizitätswerk musste stets mit der Möglichkeit rechnen, dass die Kommune noch während des laufenden Vertrages das Lieferrecht an einen weiteren Stromanbieter vergab, wenn dieser der örtlichen Behörde ein aus ihrer Sicht attraktiveres Angebot unterbreitete. Die wirtschaftshistorische Forschung ist sich darüber einig, dass sich die geschilderten Verhältnisse im amerikanischen Konzessionswesen negativ auf die Entwicklung der Stromversorgung auswirkten. Der unsichere vertragsrechtliche Status belastete die Elektrizitätswerke mit erheblichen Risiken und erschwerte damit die Finanzierung von dauerhaft zweckgebundenen Investitionen. Denn für den Besitzer eines Energieversorgungsunternehmens blieb es stets eine offene Frage, ob er die Kapitalkosten, die er aufgrund der getätigten Investitionen zu tilgen hatte, rechtzeitig wieder erwirtschaften konnte, bevor die kommunale Verwaltung den Entschluss fasste, den Vertrag zu revidieren und das Recht der Stromversorgung entweder an einen Konkurrenten zu vergeben oder es in die kommunale Hand zu nehmen.[113]

112 Priest G.L.: The Origins of Utility Regulation and the Theories of Regulation Debate, in: The Journal of Law & Economics 36 (1993), S. 289–324, hier: S. 312; Hughes: Networks of Power, S. 202.

113 Vgl. Neufeld, J.L.: Corruption, Quasi-Rents, and the Regulation of Electric Utilities, in: The Journal of Economic History 68 (2008), S.1064–1069; Gilbert, R.J./Kahn, E.P.: Competition and Institutional Change in US Electric Power Regulation, in: Gilbert, R.J./Kahn, E.P. (Hrsg.): International Comparisons of Electricity Regulation, Cambridge 1998, S. 180; Hughes: Networks of Power, S. 201–206.

Die Unsicherheiten, die in den Vereinigten Staaten aus der Unberechenbarkeit der Kommunalpolitik herrührten, hatten unter Vertretern der privaten Energieversorgungsunternehmen schon frühzeitig zu einer wachsenden Unzufriedenheit mit dem kommunalen Konzessionswesen geführt. Sie plädierten für mehr Rechtssicherheit und gehörten zu den entschiedenen Befürwortern einer staatlichen Regulierung, um kalkulierbarere Rahmenbedingungen zu schaffen. An die Spitze dieser Bewegung hatte sich Samuel Insull von der Commonwealth Edison Company gestellt, die die Stadt Chicago und die Region von Illinois mit Strom belieferte. Auf Veranstaltungen des bedeutenden Interessenverbandes der Elektrizitätswirtschaft, der National Electric Light Association, hatte er wiederholt auf die Probleme mit dem Konzessionswesen aufmerksam gemacht und den Standpunkt vertreten, dass diese nur durch staatliche Maßnahmen gelöst werden könnten.[114] Sein Standpunkt wurde von den Mitgliedern des Verbandes geteilt, der gegenüber den staatlichen Behörden die Forderung nach einer stärkeren Regulierung stellte. Das war der Ausgangspunkt einer neuen Regulierungspolitik, die hauptsächlich von Seiten der einzelnen Bundesstaaten eingeleitet wurde.

In den 1920er Jahren richtete ein Großteil der Staaten so genannte Public Utility Commissions ein.[115] Die Kontrollinstrumente, die die Aufsichtsbehörden in diesem Zusammenhang entwickelten, legten den Grundstein für die spezifische Regulierungsmethode der öffentlichen Elektrizitätsversorgung in den Vereinigten Staaten. Im Kern handelte es sich um eine Preisaufsicht, die den öffentlichen Stromanbietern einen angemessenen Gewinn (fair rate of return) in Aussicht stellen sollte. Die Elektrizitätswerke mussten die Strompreise von der zuständigen Behörde genehmigen lassen, indem sie detailliertes Datenmaterial über die Kosten der Stromerzeugung und -verteilung vorlegten. Die Regulierungsbehörde hatte dann ihrerseits zu entscheiden, ob das Preisangebot dem Prinzip des angemessenen Gewinns entsprach. Die nach diesem Verfahren festgelegten Preise sollten demnach sicherstellen, dass das Versorgungsunternehmen einerseits den Kostenaufwand und eine angemessene Rendite erwirtschaften konnte, andererseits aber auch verhindern, dass mit dem in Rechnung gestellten Strompreis kein übermäßiger Gewinn auf Kosten der Verbraucher erzielt wurde. Es war eine angebotsorientierte Regulierungsform, die das Ziel verfolgte, die Investitionsanreize für den Ausbau der öffentlichen Elektrizitätsversorgung zu stärken.[116] Sie implizierte auch, dass der Marktzutritt für konkurrierende Stromanbieter für die Dauer des Lieferrechts ausgeschlossen war. Diese Marktbarri-

114 Vgl. Hughes: Networks of Power, S. 206–207; McDonald, F.: Samuel Insull and the Movement for State Utility Regulatory Commissions, in: Business History Review 32 (1958), S. 241–254.

115 Vgl. Priest: Origins of Utility Regulation, S. 296–297.

116 Vgl. Neufeld, J.L.: ‚Electric Energy is Essentially a Local Commodity'. How State Regulation Shaped the Structure of the US Electric Power Industry, in: Feldenkirchen W. u.a. (Hrsg.): Wirtschaft, Gesellschaft, Unternehmen, Bd. 2, Stuttgart 1995, S. 939.

ere wurde allerdings nicht wie in Deutschland von der örtlichen Gemeindeverwaltung errichtet und durchgesetzt, sondern von den Utility Commission auf der Ebene der einzelnen Staaten.

Die Preisregulierung erfüllte in den Vereinigten Staaten eine vergleichbare Funktion wie das kommunale Konzessionsrecht in Deutschland. Beide Regulierungsansätze waren darauf ausgerichtet, die Risiken für langfristige Investitionen kalkulierbarer zu gestalten. Die eigentlichen Ursachen des öffentlichen Stromliefermonopols waren demnach die Risikoaversion der privaten Investoren und der Umstand, dass die Fremdbelieferung eines Stromverbrauchers von einem einzigen Anbieter am kostengünstigsten durchgeführt werden konnte. Aufgrund der spezifischen Finanzierungserfordernisse, die von der Kapitalintensität herrührten, erschienen diese institutionellen Rahmenbedingungen in der Frühzeit der Elektrizitätswirtschaft notwendig, damit privatwirtschaftliche Investoren den Ausbau der öffentlichen Infrastruktur vorantrieben. Der Vergleich verdeutlicht aber auch, dass es für ein bestimmtes wirtschaftspolitisches Problem sehr unterschiedliche Lösungsansätze geben konnte. Im Ergebnis implizierte die Regulierung in beiden Fällen eine staatliche Sanktionierung des Liefermonopols im Bereich der öffentlichen Elektrizitätsversorgung.

Durch diese Rahmenbedingung entstand auf der anderen Seite aber gleichzeitig ein neues wirtschaftspolitisches Problem. Es rückte die Frage in den Vordergrund, wie verhindert werden sollte, dass das konzessionierte Elektrizitätswerk seine – für wirtschaftlich notwendig erachtete – Monopolstellung gegenüber jenen Abnehmerkreisen missbrauchte, die im Unterschied zu den Eigenstromerzeugern auf den Strombezug aus dem öffentlichen Netz angewiesen waren. In Deutschland erhoben die Gemeinden zwar den Anspruch, die Interessen der Kleinverbraucher mit Hilfe des Konzessionsvertrages durchzusetzen, doch die darin enthaltenen Einzelbestimmungen waren aufgrund der langen Vertragsfrist notgedrungen lückenhaft, zumal die wirtschaftlichen und technischen Entwicklungen zum Zeitpunkt der Vertragsformulierung nicht vollständig vorhersehbar waren. Während der Vertragslaufzeit bestand immer die Gefahr, dass technische und wirtschaftliche Entwicklungen eintraten, die sich auf die Kosten der Stromerzeugung auswirkten und eine Änderung der öffentlichen Strompreise erforderten. Es konnte eine Situation eintreten, in der die Kommunalverwaltung eine Anpassung der alten Verträge an die jeweils aktuellen lokalen Bedürfnisse der Stromabnehmerschaft forderte. Die Gemeindeverwaltung hatte zwar die Möglichkeit, sich in dieser Situation auf die hierfür vorgesehenen spezifischen Klauseln, die in den Konzessionsverträgen enthalten waren, zu berufen, um die gewünschte Änderung der Lieferkonditionen gegenüber den Stromanbietern zu fordern.[117] Diese Regelung beschränkte sich kei-

117 Vgl. Eichhorn, P.: Entstehungsgründe für gemischtwirtschaftliche Unternehmen, in: Betriebswirtschaftliche Forschung und Praxis 21 (1969), S. 351.

neswegs ausschließlich auf die Revision des Strompreises. So enthielten zum Beispiel die Konzessionsverträge, die das RWE abgeschlossen hatte, eine so genannte Meistbegünstigungsklausel, wonach die Kommunen in regelmäßigen Abständen technische Verbesserung verlangen durften, sobald diese bereits länger als ein Jahr in einer Gemeinde mit vergleichbaren wirtschaftlichen Verhältnissen eingeführt worden waren.[118] Aufgrund dieser und ähnlicher Generalklauseln hatten sich die Elektrizitätswerke also freiwillig verpflichtet, Anpassungen noch während der Vertragslaufzeit vorzunehmen.

Bei der praktischen Durchführung dieser Bestimmung tauchten allerdings vielfach Unstimmigkeiten und Konflikte auf, die dazu führten, dass angestrebte Veränderungen aufwändige Verhandlungen nach sich zogen. Diese Auseinandersetzungen hinterließen bei den Gemeindeverwaltungen leicht den Eindruck, dass ihre beanspruchten Kontroll- und Einflussmöglichkeiten nicht hinreichend gesichert waren. Ein zentrales Problem, das diese Verhandlungen erschwerte, war die ungleiche Informationsverteilung zwischen der Gemeinde, die in diesem Vertragsverhältnis die Rolle eines Prinzipals einnahm, und dem konzessionierten Elektrizitätswerk, das als Agent die im Vertrag spezifizierten Dienstleistungen für die Bürger der Gemeinde bereitstellen sollte.[119] Der Kern dieser Problematik wurde bereits von zeitgenössischen Nationalökonomen erkannt, wie die Ausführungen von Fritz Terhalle deutlich machen. Es „zeigt sich bei der Notwendigkeit, auf lange Sicht die Konzessionen zu erteilen, [...] dass man nicht alle Möglichkeiten von vornherein übersehen kann, dass ein findiger Unternehmer leicht Lücken des Vertrages ausfindig macht und ausnutzt, die auf Seiten der öffentlichen Körperschaft den Eindruck des Übervorteiltseins aufkommen lassen“.[120] Diese Erfahrungen verursachten unter den Kommunalpolitikern schnell eine wachsende Unzufriedenheit mit dem konzessionierten Elektrizitätswerk. Nicht selten waren gerade die Auseinandersetzungen und Konflikte, die im Zusammenhang mit der Durchführung des Konzessionsvertrages entstanden, einer der Gründe dafür, dass die kommunale Verwaltung den Entschluss fasste, weitere Maßnahmen zu treffen, um ihren Einfluss auf die lokale Stromversorgung zu verstärken. Der Deutsche Städtetag resümierte noch im Jahr 1930, „dass zur Geltendmachung des öffentlichen Einflusses auf örtliche Monopol-

118 Die Meistbegünstigungsklausel war Teil jener Konzessionsverträge, die dem RWE die Möglichkeit der unmittelbaren Strombelieferung bis zum Endkunden ermöglichten (B-Vertrag). Vgl. § 2 des Mustervertrages, Anlage 3, in: Schmelcher E.: Das Rheinisch-Westfälische Elektrizitätswerk AG. Ein Beitrag zur Geschichte und Entwicklung der modernen Unternehmensformen auf dem Gebiete der Elektrizitätswirtschaft und ihrer besonderen Bedeutung für die Frage der Sozialisierung der Elektrizitätswirtschaft, Freiberg 1920.

119 Vgl. Arrow, K.J.: The Economics of Agency, in: Pratt, J.W./Zeckhauser, R.J.: Principals and Agents. The Structure of Business, Boston 1985, S. 37–39.

120 Vgl. Terhalle, F.: Die gemischtwirtschaftliche Unternehmung, in: Landmann, J. (Hrsg.): Moderne Organisationsformen der öffentlichen Unternehmung, 1. Teil, Leipzig 1932, S. 335.

betriebe [...] Konzessionsverträge mit privaten Gesellschaften nicht genügten".[121]Die Kommunalisierung des Versorgungsbetriebes war ein beliebtes Mittel, um den kommunalen Einfluss auf die konzessionierten Betriebe zu stärken. Die Kommunen übernahmen die Eigentumsrechte an den Erzeugungs- und Verteilungsanlagen, indem sie diese vollständig oder zumindest mehrheitlich in den Gemeindebesitz überführten. Das konnte nach Ablauf des alten Konzessionsvertrages geschehen oder sobald bestimmte Klauseln des noch bestehenden Vertrages diesen Schritt erlaubten. An dieser Stelle ist allerdings auch zu beachten, dass es keine dominante Strategie gab, die von den Städten und Gemeinden gewählt wurde, um das wiederholt auftretende Agency-Problem zu lösen. Es bildete sich kein einheitliches Entscheidungsmuster heraus, auch wenn die öffentlichen Gebietskörperschaften im Laufe der 1920er Jahre vermehrt die gemischtwirtschaftliche Strategie bevorzugten (siehe Tabelle 1). Außerdem wurde der Trend zur Kommunalisierung oder zur Gemischtwirtschaft, der in der Zeit der Weimarer Republik neuen Auftrieb erhielt, keineswegs ausschließlich durch Vertragsschwierigkeiten bestimmt.[122] Eine zentrale Rolle spielten auch die fiskalpolitischen Interessen. Die Gemeinden hatten zwar schon bei den ersten Verträgen, die sie mit den privaten Elektrizitätswerken abgeschlossen hatten, auf eine Gewinnbeteiligung in Form von Konzessionsabgaben bestanden und diese in der Regel auch durchsetzen können. Die Einschränkung der kommunalen Steuerautonomie durch die Erzbergersche Reichsfinanzreform von 1920 hatte die finanziellen Abgaben der Versorgungsbetriebe für die Stadtkämmerer aber noch attraktiver gemacht.[123] Für die kommunalen Gebietskörperschaften erhöhte der Erwerb von Besitzanteilen an den Elektrizitätswerken immer auch die Aussichten auf eine finanzielle Beteiligung an den Gewinnen der Monopolbetriebe.

Die Ausweitung der kommunalen Besitzverhältnisse führte aber nicht zwangsläufig dazu, dass die Elektrizitätswerke ausnahmslos in die kommunale Verwaltung überführt und die kaufmännisch und technisch geschulten Angestellten des Managements durch Kommunalbeamte ersetzt wurden. Das mag vielleicht bei den so genannten Regiebetrieben der Fall gewesen sein, doch bei den öffentlichen Elektrizitätswerken, die als eigenständige Kapitalgesellschaften fungierten, erwarben die Kommunen dagegen hauptsächlich Beteiligungen am Aktienkapital. Sie traten damit als kommunale Aktionäre in Erscheinung, während die laufenden Geschäfte des Unternehmens von angestellten Managern weitergeführt wurden, ohne dass diese

121 So die Darstellung des Präsidenten des Deutschen Städtetages Mulert, O.: Die wirtschaftliche Betätigung der deutschen Gemeinde, in: Annalen der Gemeinwirtschaft 6 (1930), S. 6.

122 Vgl. Tilly: Investitionen der Gemeinden im Deutschen Kaiserreich, S. 57; Ambrosius G.: Public Private Partnership und Gemischtwirtschaftlichkeit. Neue Formen öffentlich-privater Kooperation in historischer Perspektive, in: Frese, M./Zeppenfeld, B. (Hrsg.): Kommunen und Unternehmen im 20. Jahrhundert. Wechselwirkungen zwischen öffentlicher und privater Wirtschaft, Essen 2000, S. 199–214, hier S. 205–206.

123 Vgl. Krabbe W.R.: Deutsche Stadt im 19. und 20. Jahrhundert, Göttingen 1989, S. 165–169.

in ein Beamtenverhältnis eintraten.[124] Die Elektrizitätswerke nahmen immer häufiger die privatrechtliche Form einer Kapitalgesellschaft an.[125] Die organisatorische Zusammenfassung der im Besitz des preußischen Staates befindlichen Kraftwerke, die durch die Gründung der Preußenelektra im Jahr 1927 eingeleitet wurde, verdeutlicht diesen allgemeinen Trend. Eine vergleichbare Entwicklung fand in der Provinz Westfalen mit der Gründung der VEW GmbH im Jahr 1925 statt, die im Unterschied zu der Preußenelektra eine rein kommunale Aktionärsstruktur erhielt.[126]

Tab. 1: Eigentumsverhältnisse der öffentlichen Elektrizitätsversorgung 1924 – 1938

	1924	**1926**	**1928**	**1930**	**1932**	**1934**	**1936**	**1938**
Reich und Länder	22,3	21,8	26,4	27,5	27,0	25,0	27,1	26,7
Andere Gebietskörperschaften	21,8	22,1	30,2	29,8	24,8	27,2	27,1	28,0
Gemischtwirtschaftliche Werke	27,3	30,5	28,8	31,4	36,2	37,1	33,5	32,0
Private Elektrizitätswerke	28,6	25,6	14,6	11,3	12,0	10,7	12,3	13,3

Quelle: Betriebsstatistik der VDEW, in: EW Jg. 26ff. WEV: Die Elektrizitätswirtschaft im Deutschen Reich, Berlin 1934, S. 436 und 1940, S. 55. Für die Definition der Kategorien, die vom Stat. Reichsamt angewandt wurden, siehe BArch R 3102/6124.

Anmerkung: Die Prozentwerte sind nach dem Anteil der Elektrizitätswerke an der Stromerzeugung errechnet und erfassen daher nicht die reinen Verteilerwerke. Die Kategorie „Andere Gebietskörperschaften" umfasst die Werke, die zu über 50 Prozent im Besitz der öffentlichen Gebietskörperschaften – ohne Reich und Länder – lagen. Dazu gehörten städtische Elektrizitätswerke oder Regionalversorger wie die VEW. Elektrizitätswerke, an deren Grundkapital die Gebietskörperschaften zu 50 Prozent oder weniger beteiligt waren, gelten als gemischtwirtschaftliche Werke. Die Angaben für das Jahr 1926 entsprechen denjenigen des Jahres 1925.

Ein Großteil der Gemeinden war finanziell gar nicht in der Lage, die Investitionskosten für ein Elektrizitätswerk allein zu tragen, so dass sie in vielen Fällen danach strebten, sich in Form von Aktienkäufen an den öffentlichen Kapitalgesellschaften zu beteiligen, um dadurch zumindest teilweise die eigenen Interessen wahren zu können. Selbst der preußische Staat erklärte sich im Jahr 1929 bereit, 26 Prozent der Kapitalbeteiligung an der Preußenelektra für die Kommunen frei zu halten, um die

124 Vgl. Wiedenfeld, K: Kapitalismus und Beamtentum, Berlin 1932, S. 65–69.

125 Vgl. Ambrosius: Die öffentliche Wirtschaft in der Weimarer Republik, S. 159–164.

126 Vgl. Horstmann, T.: Die Vorläufergesellschaften der VEW, in: VEW (Hrsg.): Mehr als Energie. Die Unternehmensgeschichte der VEW 1925–2000, Essen 2000, S. 62–69.

elektrizitätswirtschaftliche Zusammenarbeit mit den Gemeinden vor Ort zu fördern. Der Grund für dieses Vorgehen lag darin, dass das Staatsunternehmen in seinem Gebiet nicht über die Stromnetze im Niederspannungsbereich verfügte. Die Preußenelektra war kein Stromanbieter mit vertikal integrierten Stromleitungen, das heißt, es lieferte den in seinen Kraftwerken erzeugten Strom nur in Ausnahmefällen bis zu den Kleinverbrauchern. Der neu gegründete Stromkonzern war deshalb auf eine enge Abstimmung mit den örtlichen Selbstverwaltungsträgern angewiesen, weil diese die örtlichen und regionalen Verteilungsanlagen kontrollierten.[127] Für die kommunalen Gebietskörperschaften war das ein entscheidender Gesichtspunkt, denn sie konnten damit die örtliche Stromlieferung aus dem Niederspannungsnetz selber bestimmen und überwachen. Sie erhielten trotz des überregionalen Charakters der Elektrizitätsversorgung auch weiterhin einen „fortlaufenden Einblick in die wichtigsten Vorgänge auf dem Gebiet der Stromerzeugung". Durch die Kapitalbeteiligung sicherten sie sich zusätzlich zum Konzessionsvertrag eine erweiterte „Mitbestimmung bei den sie interessierenden Entscheidungen", ohne dass die privatrechtliche Selbstständigkeit der Elektrizitätsaktiengesellschaften dadurch berührt wurde.[128] Im Zuge dieser Entwicklung hin zu einer zunehmenden kommunalen Kapitalbeteiligung entstand gleichzeitig ein komplexes personelles Beziehungsgeflecht zwischen der Gemeindeverwaltung als lokaler Aufsichtsinstanz und dem Management des jeweiligen Strom liefernden Elektrizitätswerkes. Aus kommunaler Perspektive konnte mit Hilfe dieser Arrangements der Informationsfluss stetiger und unmittelbarer gestaltet und damit eine wichtige Voraussetzung für eine wesentlich wirksamere Kontrolle geschaffen werden, um nicht nur die Durchführung der formalen Bestimmungen des Konzessionsvertrages sicherzustellen, sondern auch eine flexible Anpassung an die wirtschaftlichen Verhältnisse vor Ort zu gewährleisten.

Die öffentlichen Kapitalgesellschaften erhielten dadurch ein spezifisches Merkmal, das in der historischen Forschungsliteratur als charakteristisches Kennzeichen der modernen privatwirtschaftlichen Kapitalgesellschaften hervorgehoben wird, nämlich die Trennung des Managements von den Eigentümern.[129] Die Eigentümer der öffentlichen Elektrizitätswerke standen – ähnlich wie die Aktionäre privater Aktiengesellschaften – vor dem Problem, dass, sobald eine hierarchische Führungsstruktur mit selbstständig agierenden Managern eingesetzt wurde, diese nicht

127 Vgl. Mulert, Betätigung der Gemeinden, S. 32; Saitzew, M.: Die öffentliche Unternehmung der Gegenwart, Tübingen 1930, S. 23–25; Stier, Staat und Strom, S. 213, 256, 336.

128 Vgl. Ahlen, F.: Kommunen und Elektrizitätswirtschaft, in: Das kommunale Elektrizitätswerk 1 (1929), S. 134.

129 Vgl. Chandler, A.: The Visible Hand. The Managerial Revolution in American Business, Cambridge Mass. 2002; Kocka, J.: The Rise of the Modern Industrial Enterprise in Germany, in: Chandler, A./Deams, H. (Hrsg.): Managerial Hierarchies. Comparative Perspective on the Rise of the Modern Industrial Enterprise, Cambridge Mass. 1980, S. 92–94.

zwangsläufig die gleichen Präferenzen hatten wie die kommunalen Aktionäre.[130] Neben dieser Gemeinsamkeit herrschten aber weiterhin bedeutende Unterschiede zwischen der privaten und der öffentlichen Kapitalgesellschaft vor, die zu berücksichtigen sind. Die Unterschiede existierten vor allem hinsichtlich der Haftung und der Übertragbarkeit der Eigentumsanteile. Die öffentliche Hand haftete für die Elektrizitätsaktiengesellschaften, sobald diese in deren Besitz lagen, und das Aktienkapital wurde in der Regel nicht frei auf dem Kapitalmarkt gehandelt. Allerdings verdeutlicht ein Blick auf die Besitzverhältnisse während der Zwischenkriegszeit, dass diese Unterscheidung keineswegs für jeden Fall zutrifft. Wie aus der Tabelle 1 hervorgeht, spielte die so genannte gemischtwirtschaftliche Kapitalgesellschaft in der deutschen Elektrizitätsversorgung eine herausragende Rolle.[131] Es handelte sich um eine spezifische Unternehmensform, die von 1924 bis 1934 an Bedeutung gewann und sich nicht so einfach in herkömmliche Kategorien einordnen lässt. Die Aktionäre der gemischtwirtschaftlichen Stromanbieter kamen im Unterschied zu den Elektrizitätswerken, die im Besitz der Länder und des Reiches waren, aus den Reihen der kommunalen Gebietskörperschaften und der Privatwirtschaft.[132] Die spezifische Eigentumsstruktur, die sich bei diesen öffentlichen Kapitalgesellschaften herausbildete, lief im Prinzip auf eine Synthese zwischen kommunaler Selbstverwaltung und Privatwirtschaft hinaus. Das RWE war das mit Abstand größte Unternehmen dieser Art und es ist ein aufschlussreiches Beispiel, um die Gründe näher zu beleuchten, die dazu führten, dass die Beteiligten an der Gemischtwirtschaft festhielten.

2.2.2 Die Macht der kommunalen Aktionäre

Es ist eine der größten Paradoxien der deutschen Elektrizitätswirtschaft, dass ein Unternehmen, dessen wirtschaftliche Stellung innerhalb der Stromwirtschaft von der aktiven Mitwirkung der Kommunen abhängig war, gleichzeitig von kommunaler

---

130 Vgl. die aufschlussreiche Darstellung von Heimann, E.: Stellung und Bedeutung der öffentlichen Unternehmung im Wirtschaftsleben des Kapitalismus. Grundsätzliche Bemerkungen, in: Landmann, J. (Hrsg.): Moderne Organisationsformen der öffentlichen Unternehmung, 1. Teil, Leipzig 1932, S. 15–19.

131 Vgl. Liefmann, R.: Die Unternehmensformen mit Einschluss der Genossenschaften und der Sozialisierung, Stuttgart 1921, S. 215–218; Wiedenfeld, K.: Wesen und Bedeutung der gemischtwirtschaftlichen Unternehmung, in: Schmollers Jahrbuch 55 (1931), S. 439–456.

132 Eine Ausnahme war der Fall der BEWAG, die 1931 in ein gemischtwirtschaftliches Unternehmen umgewandelt wurde, an dem neben der Stadt Berlin, die Preußenelektra, die Reichselektrowerke und ein Bankenkonsortium unter Führung der Preußischen Staatsbank (Seehandlung) beteiligt waren. Vgl. Matschoß, C. (Hrsg.): 50 Jahre Berliner Elektrizitätswerke 1884–1934, Berlin o. J., S. 66–69.

Seite die heftigste Kritik erfuhr. Bei Beobachtern hat dieses Unternehmen zuweilen den Eindruck eines „Problemgebildes" hinterlassen, in dem die „Konflikte institutionalisiert" zu sein schienen.[133] Unter wirtschaftlich schwierigen Verhältnissen, wie sie in der Zwischenkriegszeit vorherrschten, konnten diese Gegensätze leicht an Schärfe gewinnen. Doch die einseitige Hervorhebung der Konflikte gibt kaum eine plausible Antwort auf die Frage, wieso dieses Zweckbündnis ungeachtet aller Interessendivergenzen Bestand hatte. Es muss also handfeste Gründe geben, die immer wieder dazu führten, dass sowohl die privatwirtschaftliche als auch die kommunale Seite trotz der vorhandenen Schwierigkeiten an dieser Kooperation festhielten. Im Fall des RWE verhielt es sich keineswegs so, dass die Initiative zu einer Beteiligung der Kommunen am Aktienkapital ausschließlich von kommunaler Seite ausging und die Vertreter der Privatwirtschaft diese um jeden Preis zurückzudrängen versuchten. Die besonderen Vorteile, die dem Unternehmen aus dem ausschließlichen Versorgungsrecht hinsichtlich seiner Finanzierungsstrategie erwuchsen, wurden schon ausführlich beleuchtet. Die Verantwortlichen des RWE wussten, dass sie auf die Zusammenarbeit mit den Vertretern der kommunalen Selbstverwaltung angewiesen waren, solange diese über das Wegerecht verfügten und beim Abschluss von Lieferverträgen ein entscheidendes Mitspracherecht hatten.[134] Unter den gegebenen Verwaltungsstrukturen erwies sich diese gemischtwirtschaftliche Strategie als besonders vorteilhaft, da sie es ermöglichte, die räumliche Integration der Elektrizitätsversorgung weiter vorantreiben, zumal ein interkommunaler Stromaustausch nicht ohne das ausdrückliche Einverständnis der Gebietskörperschaften durchgeführt werden konnte. Das RWE versuchte die Kommunalpolitiker in die überregionale Elektrizitätsversorgung einzubinden, indem es die kommunale Kapitalbeteiligung an dem Stromkonzern förderte. Das führte dazu, dass die Interessendivergenzen zwischen Privatindustrie und Kommunalwirtschaft, die bei dem Konzern wiederholt auftauchten, hauptsächlich in den Aufsichtsratsgremien ausgehandelt wurden.[135]

Die kommunalen Aktionäre vertraten bei dem Stromkonzern seit 1920 ununterbrochen die Mehrheit der Stimmrechte.[136] Folgt man der Argumentation von Karl Hahn, der im Aufsichtsrat des RWE saß und aufgrund seiner langjährigen Tätigkeit als Kämmerer der Stadt Essen die wirtschaftlichen Beziehungen der kommunalen Aktionäre zum RWE sehr genau kannte, so konnten die Gemeindeleiter mit zusätzli-

133 Die Zitate stammen von Erich Potthoff, der zeitweilig Vorstandsmitglied bei der WIBERA war. Hier zitiert nach Thiemeyer, T.: Wirtschaftslehre öffentlicher Betriebe, Hamburg 1975, S. 40.

134 Vgl. Feldman: Hugo Stinnes, S. 277; Eichhorn, Entstehungsgründe für gemischtwirtschaftliche Unternehmen, S. 352.

135 Vgl. Lindemann, Chancen und Grenzen, S. 223–226, 360; Mulert, Betätigung der deutschen Gemeinde, S. 61; Hold C.: Elektrizitätsversorgung und Gemeinden, Jena 1931, S. 15.

136 Vgl. Hahn, K.: Die Beziehungen der Stadt Essen zur Rheinisch-Westfälischen Elektrizitäts AG von 1928 bis 1938. Ein Verwaltungsbericht, Essen 1939, S. 13.

chen finanziellen Gratifikation rechnen, die sie als Aufsichtsratsmitglied in Form von Tantiemen erhielten.[137] Der alles entscheidende Grund, der die Städte, Gemeinden und Kreise dazu bewog, sich am gemischtwirtschaftlichen Unternehmen zu beteiligen, war der enge finanzielle Handlungsspielraum, der es ihnen nicht erlaubte, die notwendigen Investitionen für eine Stromversorgung nach den neuesten technischen Standards vorzunehmen. Zwar wird man mit Blick auf einige größere Städte, die innerhalb der Demarkationsgrenzen des RWE weiterhin ihre eigenen Stadtwerke betrieben und ihre Autonomie entschlossen verteidigten, Differenzierungen vornehmen müssen.[138] Doch in der Regel blieb den Gemeinden nichts anderes übrig, „als sich dem RWE anzuschließen, wenn sie neben billigen Strom für die Konsumenten auch regelmäßige Einnahmen ohne Kapitalinvestitionen haben wollten".[139] Der Aufsichtsrat des RWE übernahm immer mehr die Funktion eines „Beziehungsrates", der nicht nur bei den Kommunen, sondern auch bei der rheinisch-westfälischen Schwerindustrie „Absatztüren öffnen oder offen halten" sollte.[140] Ende der 1920er Jahre umfasste er mehr als hundert Mitglieder, von denen gut 70 Mandate auf Vertreter der öffentlichen Gebietskörperschaften entfielen. In diesem Gremium saß die gesamte kommunalpolitische Prominenz des Rheinlandes und teilweise auch der Provinzen Westfalen und Hannover. Der Aufsichtsrat nahm damit immer mehr den Charakter einer öffentlichen Behörde an, in der neben den Regierungspräsidenten auch die jeweiligen Landeshauptmänner, die Oberbürgermeister der Städte, die Landräte der Kreisverwaltungen und prominente Vertreter der regionalen Industrie saßen. Es waren im Prinzip alle Funktionsträger der provinziellen und kommunalen Selbstverwaltung vertreten.[141]

Neben den Kommunalpolitikern, die die öffentlichen Interessen vertraten, saßen die Aufsichtsratsmitglieder aus der Privatwirtschaft, die aus sehr unterschiedlichen Bereichen der Wirtschaft kamen. Das RWE pflegte außer den personellen Verbindungen zu einigen Mitgliedswerken der AG für deutsche Elektrizitätswirtschaft enge Beziehungen zu den Großabnehmern aus der Aluminium- und Stahlindustrie, den Rohstofflieferanten des rheinisch-westfälischen Steinkohle- und des rheinischen Braunkohlebergbaus. Von zentraler Bedeutung für das Unternehmen waren die langjährigen Verbindungen zu einem Bankenkonsortium, an dem die Deutsche Bank, die Dresdner Bank und die Danat-Bank beteiligt waren. Das Konsortium war hauptsächlich für die Emission von Anleihen auf dem Kapitalmarkt zu-

137 Hahn, Beziehungen der Stadt Essen, S. 12.

138 Diese Beispiele werden in Kapitel 3.2. ausführlich zu besprechen sein.

139 Asriel: Rheinisch-Westfälisches Elektrizitätswerk, S. 217.

140 Deutsche Allgemeine Zeitung über das RWE, 3.12.1927.

141 Vgl. Berichte des RWE für die Geschäftsjahre 1926/27 bis 1932/33; Asriel, Rheinisch-Westfälisches Elektrizitätswerk, S. 228.

ständig.[142] Die Aufsichtsratsmitglieder waren nach der Darstellung des RWE „ihrer Zusammensetzung nach dazu berufen, das Unternehmen in der notwendigen Fühlung mit dem wirtschaftlichen Leben zu erhalten, nicht nur auf den rein technischen Gebieten [...], sondern auch wegen der allgemeinen Finanz- und Kreditfragen, den Fragen der Konjunkturentwicklung bei der großverbrauchenden Industrie und den Fragen der Neuanwendungsmöglichkeiten und Absatzsteigerung der Elektrizität [...].“[143] Der Konzern unterhielt damit ein breit aufgestelltes personelles Netzwerk, über das die Informationen aus diversen Bereichen der Wirtschaft, den Kommunalverwaltungen und den staatlichen Behörden flossen, die für die Entscheidungsfindung äußerst wertvoll sein konnten.[144] Die Informationsströme liefen aber nur bei einem relativ kleinen Personenkreis zusammen, der sich aus dem Konzernvorstand und den Mitgliedern des seit 1927 bestehenden Aufsichtsratspräsidiums zusammensetzte. Hier wurden die wichtigen Entscheidungen und Beschlüsse vorbereitet und ihre Durchführung überwacht. Der Vorstand setzte sich aus langjährigen Angestellten zusammen, die in der Regel eine Ausbildung als elektrotechnischer Ingenieur oder Jurist durchlaufen hatten. Die herausragenden Persönlichkeiten waren zweifellos Arthur Koepchen und Ernst Henke, die beide kurz vor dem Ersten Weltkrieg von Hugo Stinnes berufen worden waren und bis 1945 dem Vorstand angehörten.[145] Die Mitglieder des Präsidiums wurden dagegen in regelmäßigen Abständen aus der Mitte des Aufsichtsrates gewählt.

Das Präsidium war aus der Erkenntnis heraus gegründet worden, dass der Aufsichtsrat angesichts seiner großen Mitgliederzahl nicht mehr arbeits- und entschlussfähig war. Für die Aufsicht der Konzernleitung war seitdem das neu gegründete Präsidium zuständig, das die restlichen Aufsichtsratsmitglieder in regelmäßigen Abständen über die getroffenen Entscheidungen informierte. Die öffentlichen Gebietskörperschaften vertraten wie bei der Zusammensetzung des gesamten Aufsichtsrates auch im Präsidium, in dem sich neue Mitglieder zusammenfanden, die deutliche Mehrheit. Die Sitze entfielen an zwei Oberbürgermeister, zwei Landräte und den Landeshauptmann der Rheinprovinz. Robert Frank war als studierter Maschinenbauer und Elektrotechniker in den Vorstand der neu gegründeten Preußenelektra und nach dem Abschluss des Elektrofriedens auch in das RWE-Präsidium berufen worden. Albert Vögler übte als Aufsichtsratsvorsitzender den Vorsitz des Präsidiums aus und hatte mit Paul Silverberg und Fritz Thyssen zwei

---

142 Vgl. Henke an Silverberg, 5.1.1931, in: BA N 1013 Nr. 589.

143 RWE-Broschüre: Die öffentliche Hand im Rheinischen-Westfälischen Elektrizitätswerk, in: BA N 1013/582.

144 Vgl. Casson, M.: Der Unternehmer. Versuch einer historisch-theoretischen Deutung, in: GG 27 (2001), S. 525.

145 Vgl. Maier, H.: Arthur Koepchen 1878–1954, in: Weber, W. (Hrsg.): Ingenieure im Ruhrgebiet, Münster 1999, S. 184–223. Für biographische Angaben über Henke vgl. RWE-Verbund, 16/1956, S. 98.

weitere prominente Persönlichkeiten aus der rheinisch-westfälischen Montanindustrie an seiner Seite.[146] Auffallend an dieser personellen Zusammensetzung ist nicht nur die Dominanz der öffentlichen Gebietskörperschaften, sondern auch der Umstand, dass die Großbanken in diesem Gremium keinen Sitz innehatten – und das obwohl Fragen der Finanzierung ständig auf der Tagesordnung standen. In der Tat übten die Banken – wie noch ausführlich zu zeigen sein wird – beim RWE keinen großen Einfluss auf die unternehmerischen Entscheidungen aus. Diese Tatsache lag schon zum Teil darin begründet, dass der Umfang jener Aktien, für welche die Banken ein Depotstimmrecht ausübten, quantitativ kaum ins Gewicht fiel.[147] Der stärkste Einfluss ging von den kommunalen Gebietskörperschaften und der rheinisch-westfälischen Schwerindustrie aus.

Für die Städte, Gemeinden und Kreise hing die Möglichkeit, einen unmittelbaren Einfluss auf die Entscheidungen des Stromkonzerns ausüben zu können, letztendlich immer von dem Umfang der Kapitalbeteiligung und der damit zusammenhängenden Anteile der Stimmrechte ab. Nicht jede Gemeinde, die vom RWE mit Strom belieferte wurde, war gleichzeitig im Besitz von RWE-Aktien. Die größeren Städte wie Essen, Düsseldorf, Köln, Mülheim oder Bonn verfügten in der Regel über einen eigenen Aktienbesitz, die kleineren Gemeinden waren dagegen über die Kreisverwaltung am Kapital beteiligt, während die Provinzen Hannover, Westfalen und Rheinland nur über einen geringfügigen Kapitalanteil verfügten.[148] Doch selbst die finanzkräftigeren kommunalen Aktionäre sahen sich ständig mit der Gefahr konfrontiert, ihren Einfluss auf das Unternehmen zu verlieren. Jede Kapitalerhöhung, die das RWE tätigte, um den kontinuierlichen und teilweise rasanten Ausbau seiner Erzeugungs- und Verteilungsanlagen sowie den Erwerb von Beteiligungen an anderen Versorgungsunternehmen zu finanzieren, brachte sie leicht in Bedrängnis, weil der Wert ihrer Kapitalbeteiligung dadurch an Bedeutung verlieren konnte. Um dieser wiederkehrenden Gefahr nach Möglichkeit entgegenzuwirken, hatten die kommunalen Aktionäre gleich mehrere Vorkehrungen getroffen. Erstens richteten sie zwei verschiedene Aktiengattungen ein, die im Hinblick auf die Stimmrechtverteilung von unterschiedlicher Bedeutung waren. Die so genannten Namensaktien verfügten über ein zwanzigfaches Stimmrecht und befanden sich ausnahmslos in

---

146 Vgl. Asriel: Rheinisch-Westfälisches Elektrizitätswerk, S. 227–230. Für die personelle Zusammensetzung vgl. die Mitgliederliste in den Geschäftsberichten des RWE für die Jahre 1927/1928 bis 1932/1933. Die biographischen Angaben über Robert Frank vgl. Stier: Staat und Strom, S. 316.

147 Das von Bankenvertretern im Aufsichtsrat eines Unternehmens ausgeübte Depotstimmrecht war ein zentraler Bestandteil des bankenorientierten Finanzsystems, das sich in Deutschland schon im 19. Jahrhundert herausgebildet hatte. Vgl. grundlegend dazu Ziegler, D.: Geld, Banken und andere Institutionen. Das deutsche Modell bankenorientierter Finanzsysteme, in: Windolf, P. (Hrsg.): Finanzmarkt-Kapitalismus. Analysen zum Wandel von Produktionsregimen, Wiesbaden 2005, S. 283–285.

148 Vgl. Anmeldungen zur General-Versammlung am 30.11.1927 in: BA N 1013/582.

der Hand der kommunalen Aktionäre. Die Inhaberaktien wurden dagegen auf dem Kapitalmarkt gehandelt und konnten von einem breiten Publikum gezeichnet werden. Sie konnten sowohl von den privaten Aktionären als auch von den öffentlichen Körperschaften erworben werden. Vor allem die Mehrstimmaktien waren eine wichtige Vorkehrung im Sinne der kommunalen Aktionäre, da diese durch die gleichzeitige Vermehrung dieser Namensaktien bei jeder Kapitalerhöhung ihre Stimmenmehrheit wesentlich leichter wahren konnten. Das zwanzigfache Stimmrecht der Namensaktien bescherte ihnen in der Regel eine klare Stimmenmehrheit, obwohl der Kapitalanteil, den sie am Konzern hielten, deutlich unter 50 Prozent lag.[149]

Eine zweite wichtige Regelung schränkte darüber hinaus die Veräußerung der im kommunalen Besitz befindlichen Aktienpakete ein. Die kommunalen Anteilseigner hatten sich darauf verständigt, ihre Anteilsrechte, das heißt, die Namensaktien und jenen Teil der Inhaberaktien, der in ihrem Besitz war, nicht über den freien Kapitalmarkt zu veräußern. Die kommunalen Aktionäre hatten untereinander einen so genannten Bindungsvertrag abgeschlossen, der die Beteiligten dazu verpflichtete, die Aktien, die sie veräußern wollten, zunächst den anderen Städten und Gemeinden anzubieten. Auf diese Weise etablierte sich unter den kommunalen Aktionären des RWE ein Aktienaustausch, ohne dass der Kapitalmarkt an diesen Transaktionen beteiligt war. Laut Bindungsvertrag durften die kommunalen Aktionäre ihre Aktien nicht nach dem aktuellen Börsenkurs veräußern, sondern nur nach einem Preis, der unter den Kommunen auf der Grundlage eines dreijährigen Durchschnitts der RWE-Dividende berechnet wurde. Der Verkäufer der gebundenen Aktie konnte demnach zwar mit einem gewissen Gewinn rechnen, aber dieser durfte eine bestimmte Höchstgrenze, die im Bindungsvertrag festgelegt worden war, nicht überschreiten. Der so geregelte kommunale Aktienhandel wurde von der Stadt Essen koordiniert, die ihrerseits der größte kommunale Aktionär des RWE war, den stellvertretenden Vorsitz im Aufsichtsrat des Unternehmens innehatte und überhaupt die besten Beziehungen zum RWE pflegte.[150] Diese beiden Arrangements, die Vergabe von Mehrstimmaktien und der Bindungsvertrag, waren ein „sehr geschickt gefundene[s] Verfahren“, so die Darstellung von Karl Hahn, um die kommunale Beteiligung am RWE abzusichern.[151] Den Investoren auf den Kapitalmärkten mussten diese Spielregeln, welche die Kommunen untereinander vereinbart hatten, als ein äußerst anpassungsfähiges Bollwerk erscheinen, das unter normalen Umständen nicht zu durchbrechen war.

Das mehrschichtige Beziehungsgeflecht, das sich zwischen dem Stromversorger und den kommunalen Gebietskörperschaften herausgebildet hatte, spielte wäh-

---

149 Vgl. Hahn: Beziehungen der Stadt Essen, S. 13.

150 Erst nach einer Angebotsfrist von mindestens sechs Wochen waren die Aktien frei gegeben, so dass sie über den Kapitalmarkt gehandelt werden konnten. Vgl. Ebd., S. 14, 37–38.

151 Ebd., S. 14.

rend der Weltwirtschaftskrise eine tragende Rolle. Die Krisenjahre erweisen sich als besonders aufschlussreich, weil in dieser Zeit die Logik der geschilderten Kooperation zwischen den Gemeinden und der rheinisch-westfälischen Montanindustrie besonders deutlich wird. Das RWE verfügte aufgrund seiner gemischtwirtschaftlichen Aktionärsstruktur zwar im Vergleich zu den Kapitalgesellschaften der öffentlichen Elektrizitätsversorgung, die vollständig im Besitz der öffentlichen Hand lagen, über einen deutlich größeren finanziellen Handlungsspielraum. Dieser komparative Vorteil wird schon allein daran deutlich, dass eine Reihe von öffentlichen Gesellschaften, die in diesen Jahren mit Liquiditätsproblemen zu kämpfen hatten, die Entscheidung traf, Privatinvestoren als neue Aktionäre des Unternehmens aufzunehmen. Doch in den Krisenjahren geriet selbst das RWE an seine finanziellen Grenzen und ein Ausgleich zwischen den Interessen der am Unternehmen beteiligten Montanindustrie und den kommunalen Aktionären wurde zusehends schwieriger.

Der Stromkonzern erhöhte, nachdem er längere Zeit keine nennenswerte Kapitalerhöhung mehr vorgenommen hatte, in den Jahren von 1927 bis 1931 gleich mehrfach das Grundkapital. Das Gesellschaftskapital wurde von 140 auf insgesamt 246 Millionen RM nahezu verdoppelt. Für das Unternehmen stellten diese sukzessiven Erhöhungen des Grundkapitals eine entscheidende Voraussetzung dafür dar, weitere Anleihen auf den internationalen Finanzmärkten erfolgreich platzieren zu können. Die solide Eigenkapitalbasis sollte als aussagekräftiges Signal an die internationalen Kapitalgeber wirken, die Informationen über die Kreditwürdigkeit des Unternehmens suchten.[152] Das RWE tätigte in den Jahren zwischen 1925 und 1931 die mit Abstand umfangreichsten Auslandsanleihen der deutschen Elektrizitätswirtschaft, die sich ohne Berücksichtigung der Anleihen, die von den diversen Tochtergesellschaften aufgenommen wurden, auf insgesamt 291,7 Millionen RM summierten.[153] Die Bedeutung der internationalen Kapitalmärkte für die Finanzierung der deutschen Elektrizitätswirtschaft war in den späten 1920er Jahren groß, zumal auf dem deutschen Finanzmarkt Kapitalmangel vorherrschte. Das Interesse der ausländischen Investoren war stark ausgeprägt und hielt bis Anfang 1931 nahezu unvermindert an, obwohl der konjunkturelle Einbruch bereits früher einsetzte. Die Gesamtinvestitionen der Elektrizitätswirtschaft waren zwar schon seit 1929 rückläufig, doch der internationale Kapitalstrom, der immer noch einen bedeutenden Teil die-

---

152 Vgl. Kupczyk, E.: Rheinisch-Westfälisches Elektrizitätswerk AG, in: Wirtschaftsdienst, 21.2.1930.

153 Vgl. Bericht über das Geschäftsjahr 1930/31, in: HK RWE.

ser Gesamtinvestitionen ausmachte, kam erst mit dem Zusammenbruch des Kapitalmarktes vollständig zum Erliegen.[154]

Für die kommunalen Aktionäre des RWE stellten die Kapitalerhöhungen eine immer größere Herausforderung dar. Sie sahen sich trotz der Mehrstimmrechtsaktien und des Bindungsvertrages der Gefahr ausgesetzt, dass ihre Aktienpakete allmählich an Bedeutung verlieren könnten. Das Problem zeichnete sich spätestens 1929 in aller Deutlichkeit ab, als der Konzern eine Aufstockung des Grundkapitals von 181 auf 243 Millionen RM vorbereitete. Die Emission der Inhaberaktien übernahm das dem RWE nahe stehende Bankenkonsortium unter Führung der Deutschen Bank und Diskonto Gesellschaft, das den Aktionären die neuen Aktien innerhalb einer bestimmten Frist anzubieten hatte. Die Emission der Namensaktien wickelte das RWE dagegen über eine eigene Finanzierungsgesellschaft ab. Die Rheinisch-Westfälische Treuhand GmbH, die als Tochtergesellschaft des RWE fungierte, übernahm dieses Aktienpaket, um es den kommunalen Aktionären zum Bezug anzubieten.[155] Die entscheidenden Mehrstimmenaktien wurden demnach nicht von dem privaten Bankenkonsortium emittiert. Doch wie sich herausstellte, verfügte ein Großteil der Kommunen nicht über die notwendigen finanziellen Mittel, um das ihnen zustehende Bezugsrecht auszuüben. In dieser Situation ergriffen einige Städte und Landkreise, die zu den größeren Aktienbesitzern des RWE zählten, die Initiative und gründeten die Kommunale Aufnahmegruppe für Aktien GmbH, die als kommunale Treuhandgesellschaft die neuen Aktien für die Gemeinden erwarb. Um sich die hierfür notwendigen finanziellen Mittel zu beschaffen, nahm die neu gegründete Treuhandgesellschaft einen eigenen Lombardkredit von umgerechnet sechs Millionen Reichsmark gegen Verpfändung von RWE-Aktien auf.[156] Diese äußerst verquickte Vorgehensweise verdeutlicht einmal mehr, mit welcher Entschlossenheit die kommunalen Aktionäre um ihren Besitzanteil am RWE kämpften und liefert ein anschauliches Beispiel für den finanziellen Kraftakt, den sie zum Erreichen dieses Zieles einzugehen bereit waren. Ein Blick auf die Entwicklung der kommunalen Beteiligung am RWE zeigt, dass sie trotz dieser Bemühungen die absolute Stimmenmehrheit jedoch nicht mehr halten konnten. Nach der Kapitalerhöhung von 1929 verfügten sie nur noch über 41,7 Prozent der Stimmrechte.[157] Angesichts der schwierigen wirtschaftlichen Verhältnisse erscheint der Verlust der kommunalen Stimmenmehrheit freilich wenig überraschend. Diese Entwicklung

154 Vgl. WEV (Hrsg.): Die Elektrizitätswirtschaft im Deutschen Reich, Berlin 1937, S. 106; Hausman: Global Electrification, S, 192. Eine Übersicht über die Auslandsanleihen liefert Glasemann, H.-G.: Deutschlands Auslandsanleihen 1924–1945, Wiesbaden 1993, S. 87–121.

155 Vgl. Rundschreiben der RWE-Direktion an Mitglieder des Aufsichtsrates, 19.11.1929, in: BA N 1013/583; Asriel: Rheinisch-Westfälisches Elektrizitätswerk, S. 174.

156 Vgl. Kommunale Aufnahmegruppe GmbH an Reichsbank betr. Kredit bei der Schweizerischen Kreditanstalt in Zürich, 2.11.1933, in: HK RWE 786.

157 Vgl. Hahn: Beziehungen der Stadt Essen, S. 13.

bedeutete nun nicht, dass die kommunalen Gebietskörperschaften die Möglichkeiten der Einflussnahme auf das RWE damit vollständig eingebüßt hatten. Mit den noch verbliebenen Stimmenanteilen verfügten sie immer noch über eine Sperrminorität und mit dem Konzessionsvertrag hatten sie sogar ein weiteres Kontrollinstrument. Sie konnten also trotz der geschrumpften Stimmanteile nach wie vor ein entscheidendes Vetorecht ausüben. Die kommunalen Aktionäre sollten auch in den nächsten beiden Jahren eindrucksvoll ihren Machteinfluss auf die Konzernleitung eindrucksvoll unter Beweis stellen. Es ging dabei um die Übernahme der VEW, die, nachdem sie in eine finanzielle Schieflage geraten war, eine Fusion mit dem RWE ins Gespräch brachten.

Die westfälischen Kommunen konnten sich nur schwer dazu überwinden, mit dem rheinischen Kontrahenten Fusionsverhandlungen aufzunehmen, zumal dieser in ihren Augen der privatwirtschaftliche Gegenspieler der kommunalen Interessen war, dessen Expansionsdrang sie in den vergangenen Jahren wiederholt abgewehrt hatten. Im westfälischen Raum war der organisatorische Zusammenschluss der kommunalen Elektrizitätswerke, der mit der Gründung der VEW im Jahr 1925 mit dem Ziel einer finanziellen Konsolidierung eingeleitet worden war, noch nicht abgeschlossen, als der Liquiditätsengpass wieder zu einem alles beherrschenden Thema wurde. Im Jahr 1928 hatte das Unternehmen noch erfolgreich eine langfristige Anleihe im Umfang von 84 Millionen RM auf dem amerikanischen Kapitalmarkt aufnehmen können, doch diese diente zu einem beträchtlichen Teil lediglich der Ablösung aufgestauter kurzfristiger Kredite, die das Unternehmen bereits an den Rand des Konkurses gebracht hatten und die selbst mit Hilfe dieser neuen Anleihe nur teilweise umgeschuldet werden konnten. Die Aussichten auf weitere Anleihen standen aufgrund der mittlerweile hohen Verschuldung schlecht und eine Kapitalerhöhung schien unausweichlich.[158] Doch die kommunalen Aktionäre der VEW standen ähnlich wie die des RWE vor dem Problem, dass sie nicht über die notwendigen Mittel verfügten, um die anvisierte Kapitalerhöhung zu finanzieren, ohne dass dabei eine grundlegende Veränderung der Besitzverhältnisse eingetreten wäre.

Während der Diskussion über einen möglichen Ausweg aus dieser Situation stellte sich heraus, dass es im Grunde genommen nur zwei Optionen gab, um sich aus der Finanznot zu retten. Die erste Möglichkeit bestand in der Umwandlung der bis zu diesem Zeitpunkt noch vollständig im kommunalen Besitz liegenden Gesellschaft in ein gemischtwirtschaftliches Unternehmen nach dem Vorbild des RWE. Eine Kapitalbeteiligung von privaten Investoren am Unternehmen wurde von den westfälischen Kommunen aber als ein tief greifender Traditionsbruch empfunden. Während der Debatten, die innerhalb des Verwaltungsausschusses der VEW geführt wurden, wurde wiederholt die Befürchtung geäußert, dass durch diesen Schritt der

158 Vgl. Döring, P.: Bewegte Jahre. Die VEW von 1925 bis 1948, in: VEW (Hrsg.): Mehr als Energie. Die Unternehmensgeschichte der VEW 1925–2000, Essen 2000, S. 79–195, hier S. 87, 129.

Einfluss der Kommunen auf die westfälische Stromwirtschaft verloren gehen könnte. Der Landeshauptmann der Provinz Westfalen, Franz Dieckmann, bemühte sich dagegen, diese Bedenken zu zerstreuen, indem er auf seine Erfahrungen als gleichzeitiges Aufsichtsratsmitglied des RWE verwies. Er betonte, dass auch bei einer privatwirtschaftlichen Beteiligung der kommunale Einfluss auf das Unternehmen „in allen wichtigen Fragen unbedingt sichergestellt sei". Die Voraussetzung dafür sei allerdings, dass die Mehrheitsverhältnisse zugunsten der öffentlichen Körperschaften gestaltet und so organisiert würden, dass die kommunalen Aktionäre eine geschlossene Position einnehmen könnten.[159] Der Vorstand der VEW befürwortete die Umwandlung in eine gemischtwirtschaftliche Kapitalgesellschaft und setzte sich bereits Ende 1929 vorsorglich mit dem RWE in Verbindung, um Informationen über die Funktionsweise der Kommunalen Aufnahmegruppe und den Bindungsvertrag einzuholen. Er versuchte seinen Aufsichtsrat davon zu überzeugen, bei der VEW die gleichen organisatorischen Maßnahmen einzuführen.[160]

Die Entscheidung für diese Option war allerdings noch nicht endgültig gefallen, da die kommunalen Aktionäre der VEW noch eine zweite Lösung in Erwägung zogen, die auf eine Fusion mit der Preußenelektra oder dem RWE hinauslief. Die Übernahme durch die Preußenelektra war nicht ohne die Zustimmung des RWE durchführbar, wie sich bereits in den ersten Gesprächen herausstellte, die in diese Richtung geführt wurden. Denn das RWE hatte sich in seinem Friedensvertrag mit dem preußischen Staat ausdrücklich die „Freiheit der Fusion" im westfälischen Gebiet vorbehalten.[161] Eine finanzielle Unterstützung von Seiten des preußischen Staates erschien unter diesen Bedingungen nicht realisierbar. Das RWE hatte seine Strategie, die Provinz Westfalen in sein Versorgungsgebiet zu integrieren, nie vollständig aufgegeben. Die Übernahme der VEW entpuppte sich daher als eine weitere Bewährungsprobe für die Spielregeln des Elektrofriedens, zumal einige Vertreter der westfälischen Kommunen eindeutig ein Zusammengehen mit dem preußischen Fiskus favorisierten. Doch eine finanzielle Stützung durch den preußischen Staat, wie es kurze Zeit später in Berlin geschehen sollte, wo das städtische Elektrizitätswerk von einem internationalen Bankenkonsortium unter Führung der Preußischen Staatsbank einen Kredit in Höhe von 75 Millionen RM erhielt, erwies sich in Westfalen als nicht durchführbar.[162] Die Verantwortlichen der Preußenelektra weigerten sich, ein ernsthaftes Angebot zu machen, das entweder eine vollständige Übernah-

159 Vgl. Niederschrift über Sitzung des Verwaltungsausschusses der VEW, 4.11.1929, in: StA Dortmund 120 Zg 42/1965.

160 Vgl. Ebd. Dazu auch Henke an Generaldirektor Fischer, 8. 11.1929, in: HK RWE 827; Henke an Generaldirektor Fischer, 25.1.1930, in: HK RWE 786.

161 Vgl. Vertrag zwischen preußischen Fiskus und RWE, 2.4.1927, in: BA N 1013/585.

162 Vgl. Matschoß: Berliner Elektrizitätswerke, S. 66–69; Büsch, O.: Geschichte der Berliner Kommunalwirtschaft in der Weimarer Epoche, Berlin 1960, S. 163–165.

me oder eine finanzielle Beteiligung am westfälischen Versorgungsunternehmen in Aussicht gestellt hätte. Die Kosten eines erneuten Elektrokrieges mit dem RWE wurden so hoch eingeschätzt, dass sie es ablehnten, die selbst auferlegte Einschränkung aufzugeben und „[sich] um der VEW willen mit dem RWE zu entzweien und den mühsam geschaffenen Elektrofrieden wieder zu stören".[163] Damit rückte für das RWE die schon in der Vergangenheit mehrfach angestrebte Übernahme des westfälischen Versorgungsgebietes in greifbare Nähe.[164] Die Ruhrindustriellen und allen voran die Vertreter der Vereinigten Stahlwerke, die hinter dem RWE standen, witterten die Möglichkeit, endlich die westfälische Demarkationsgrenze, die aus ihrer Sicht ein ärgerliches Hindernis für die Durchführung der eigenen Investitionsvorhaben darstellte, mittels einer Fusion der beiden Netzbetreiber endlich aufzulösen. Sie betrachteten die Vereinheitlichung der öffentlichen Stromversorgung des rheinisch-westfälischen Industriegebiets als eine aussichtsreiche Lösung, um in Zukunft relativ ungehindert den Stromaustausch zwischen den eigenen industriellen Kraftwerken durchführen zu können.

Die westfälischen Kommunen entschieden sich ungeachtet der Erwartungen der rheinisch-westfälischen Industrie für die „Aufrechterhaltung der Selbstständigkeit" ihres Unternehmens.[165] In dieser Situation war für sie die Kapitalbeteiligung privater Investoren das kleinere Übel. Es handelte sich um eine aus der Not geborene Entscheidung und den Preis, den die Gemeinden dafür entrichten sollten, nahmen sie nur widerwillig in Kauf. Dies verdeutlichen die weiteren Maßnahmen, die schließlich im Juni 1930 in Richtung einer finanziellen Konsolidierung eingeleitet wurden. Die Entscheidung, für die aufgestauten Probleme eine konsequente Lösung beizusteuern, wurde vertagt und stattdessen ein „kurzes Provisorium" gewählt, wie es der Oberbürgermeister der Stadt Bochum zutreffend formulierte.[166] Es wurde eine Verdopplung des Grundkapitals auf insgesamt 120 Millionen RM in Aussicht genommen und mit der Kapitalerhöhung sollte die VEW gleichzeitig in eine Aktiengesellschaft umgewandelt werden. Ein Bankenkonsortium, an dem die Deutsche Bank mit der bereits fusionierten Diskonto-Gesellschaft und der amerikanischen Bank Harris, Forbes & Co. beteiligt war, hatte sich bereit erklärt, die erforderlichen Kapitalmittel zur Verfügung zu stellen. Das Konsortium knüpfte den neuen Kredit allerdings an bestimmte Konditionen, um den aus ihrer Sicht erstrebenswerten Privatisierungsprozess des Versorgungsunternehmens sicher in die Wege leiteten zu

163 Zitat aus der Niederschrift über Sitzung des Verwaltungsausschusses der VEW, 1.3.1930, in: StA Dortmund 120 Zg 42/1965. Vgl. auch Niederschrift über Sitzung des Verwaltungsausschusses der VEW, 7.4.1930, in: StA Dortmund 120 Zg 42/1965.

164 Vgl. Feldman: Hugo Stinnes, S. 128–141, 242–247; Horstmann: Vorläufergesellschaften der VEW, S. 55.

165 Niederschrift über Sitzung des Verwaltungsausschusses der VEW, 12.6.1930, in: StA Dortmund 120 Zg 42/1965.

166 Ebd.

können. Es handelte sich um eine kurzfristige Wandelanleihe in Höhe von 63 Millionen RM, das heißt, die Anleihe war mit einem Konversionsrecht auf Aktien der VEW versehen, das die Gläubiger nach Ablauf einer vierjährigen Frist Anfang 1934 ausüben konnten.[167] Die kommunalen Aktionäre der VEW wollten diesen kurzfristigen Kredit nutzen, um die Kapitelerhöhung zu finanzieren, und hofften, im Laufe der nächsten vier Jahre einen Weg zu finden, um eine Kapitalbeteiligung der privaten Investoren zu verhindern. Die Aktien des Elektrizitätswerkes sollten unbedingt vollständig im kommunalen Besitz bleiben. Das war aus Sicht der westfälischen Kommunen, die sich mit einer Veränderung der Eigentumsverhältnisse nicht anzufreunden vermochten, der entscheidende Gesichtspunkt.

Eine Umstrukturierung der Führungsstruktur des Unternehmens blieb ihnen allerdings nicht erspart, da die Deutsche Bank als Vertreterin des Bankenkonsortiums die Bedingung stellte, schon während der vierjährigen Laufzeit des Kredites ein Depotstimmrecht für die optionsberechtigten Inhaber der Wandelanleihe auszuüben. Die Deutschen Bank bekam insgesamt 50 Prozent der Stimmrechte zugesprochen. Zudem forderte sie gleich mehrere Sitze im Aufsichtsrat der neu gegründeten Elektrizitätsaktiengesellschaft, um für die Ausübung ihrer Treuhandfunktion einen unmittelbaren Einblick in die Geschäftsführung zu erhalten und sich laufend über die finanzielle Entwicklung des Unternehmens informieren zu können.[168] Unter den Vertretern, die von der Deutschen Bank in den Aufsichtsrat der VEW entsandt wurden, befand sich unter anderem auch Paul Silverberg, der Aufsichtsratsmitglied bei diesem Finanzinstitut war. Die Bank hielt damit enge Verbindungen zu einem ausgewiesenen Sachkenner der rheinischen Elektrizitätswirtschaft mit ausgezeichneten Beziehungen zum RWE. Für Silverberg stand eindeutig fest, dass das westfälische Elektrizitätswerk bereits ein gemischtwirtschaftliches Unternehmen war, denn die Privatwirtschaft verfügte über 50 Prozent der Stimmrechte. [169] Im Unterschied zum RWE wurden diese aber nicht von der rheinisch-westfälischen Industrie ausgeübt, sondern von den Banken als Treuhänder der internationalen Gläubiger. Die westfälischen Kommunen vermieden dagegen weiterhin jeden Vergleich mit dem RWE und sprachen stattdessen lieber von einer „Zwischenlösung".[170] Sie verwiesen dabei auf den Umstand, dass sämtliche Anteilsrechte der VEW vorläufig noch im kommunalen Besitz lagen. Sie hatten bereits bestimmte Vorkehrungen getroffen, damit sich dies auch in Zukunft nicht änderte. Das Aktienkapital der VEW wurde nämlich vollständig von der Westfälischen Elektrizitätswirtschaft GmbH gezeichnet, die nur wenige Tage vor der Kapitalerhöhung gegründet worden war und die seitdem als

167 Vgl. Döring: Bewegte Jahre, S. 130–133.

168 Vgl. Ebd.

169 Vgl. Gehlen: Paul Silverberg, S. 308, Fn. 97.

170 Vgl. Niederschrift über Sitzung des Verwaltungsausschusses der VEW, 12.6.1930, in: StA Dortmund 120 Zg 42/1965.

Holdinggesellschaft den Aktienbesitz, den die Kommunen an der VEW hielten, verwaltete.[171] Die Funktion der Westfälischen Elektrizitätswirtschaft GmbH war also vergleichbar mit jener der Kommunalen Aufnahmegruppe für Aktien GmbH, die von den kommunalen Aktionären des RWE gegründet worden war. Beide Gesellschaften verwalteten den kommunalen Besitz an den jeweiligen Energieversorgungsunternehmen und beide sollten den Einfluss der Kommunen sicherstellen. Der einzige Unterschied zwischen den beiden Holdinggesellschaften bestand in der Höhe der zu verwaltenden kommunalen Besitzanteile.

Die Umwandlung des westfälischen Versorgungsunternehmens in eine Aktiengesellschaft war gerade erst abgeschlossen, als der neu gebildete Aufsichtsrat wenige Monate nach seiner Berufung mit einem weiteren Problem konfrontiert wurde. Gegen den Vorstand wurden Vorwürfe der persönlichen Vorteilsnahme und der eigenmächtigen Annahme von Bürgschaften erhoben, so dass sich der Aufsichtsrat veranlasst sah, die beiden Generaldirektoren zu entlassen. Die VEW blieb somit in den negativen Schlagzeilen und die kommunalen Aktionäre erklärten sich schließlich doch bereit, ihre Zustimmung für die Fusionsverhandlungen mit dem RWE zu geben.[172] Die Verhandlungsposition der VEW war angesichts der Situation, in der sie sich befanden, weiter geschwächt, so dass sie gegenüber dem RWE keine weitreichenden Forderungen stellen konnten. Unter diesen Bedingungen zeichnet sich relativ schnell eine Einigung zwischen den beiden Netzbetreibern ab, die den Zusammenschluss in greifbare Nähe rückte. Man verständigte sich darauf, dass das RWE sofort die Geschäftsführung des westfälischen Elektrizitätswerkes übernehmen würde. Die kommunalen Aktionäre sollten im Zuge der Übernahme ihre VEW-Aktien gegen Anteilsrechte am RWE im Verhältnis 3:2 eintauschen. Die Pläne liefen demnach nicht darauf hinaus, die westfälischen Kommunen vollständig aus der Stromwirtschaft zu verdrängen. Sie sollten vielmehr in Anlehnung an die gewohnte Praxis des RWE weiterhin am Gesellschaftskapital des Versorgungsunternehmens beteiligt bleiben. Die Aufsichtsräte der beiden Unternehmen hatten bereits ihre Zustimmung für diese Vorgehensweise gegeben, als bei der Durchführung der Fusion erhebliche Schwierigkeiten auftauchten. Diese Probleme waren überwiegend durch den begrenzten finanziellen Handlungsspielraum verursacht, der sich nun auch beim RWE abzeichnete. Bei dem Unternehmen hatte sich allein die kurzfristige Verschuldung im Geschäftsjahr 1929/30 nahezu verdoppelt, so dass das Unternehmen zusammen mit seinen langfristigen Krediten eine Fremdkapitalquote von 59 Prozent erreichte. Die Verschuldung des RWE lag damit deutlich über dem Durchschnitt aller deut-

171 Vgl. Niederschrift über Sitzung des Verwaltungsausschusses der VEW, 12.2.1930, in: StA Dortmund 120 Zg 42/1965; Döring: Bewegte Jahre, S. 131–132.

172 Vgl. Döring: Bewegte Jahre, S. 137.

schen Elektrizitätswerke.[173] Der Stromkonzern war in Anbetracht der angespannten finanziellen Lage also auf eine bereitwillige Unterstützung seitens der Banken angewiesen. Die Aussichten für die Aufnahme einer weiteren Kapitalanleihe schienen auch nicht so schlecht zu sein. Denn der Umstand, dass die Deutsche Bank in diesem Fall als Konsortialführerin sowohl des RWE als auch der VEW auftrat, versprach die Verhandlungen erheblich zu erleichtern. Paul Silverberg, der mittlerweile im Aufsichtsrat aller drei Unternehmen war, spielte bei diesen Verhandlungsgesprächen eine bedeutende Vermittlerrolle. Er gab seinen Kollegen bei der Deutschen Bank unmissverständlich zu verstehen, dass nun unbedingt ein Weg gefunden werden sollte, um dem RWE die Übernahme zu ermöglichen und das Geschäft zu einem befriedigenden Abschluss zu bringen.[174]

Die Bedingungen für die Finanzierung der Fusion wurden nicht von dem Bankenkonsortium bestimmt, sondern vom Aufsichtsrat des RWE. Das verdeutlicht der weitere Verlauf der Verhandlungen. Die Forderungen, die das RWE-Präsidium aufstellte, waren einerseits vom Liquiditätsengpass des eigenen Unternehmens bestimmt, andererseits aber auch von dem Grundsatz geleitet, den Einfluss der Kommunen auf das RWE nicht noch weiter zu schwächen.[175] Die zweite Bedingung wurde vor allem von den rheinischen Kommunen vorgeschrieben, wie aus den internen Besprechungen hervorgeht, die von den kommunalen Aktionären innerhalb der Aufnahmegruppe geführt wurden. Sie besaßen zwar nicht mehr die absolute Stimmenmehrheit bei dem Stromkonzern, aber mit ihren 41,7 Prozent Stimmenanteil war die Kommunale Aufnahmegruppe GmbH immer noch der größte Einzelaktionär des Unternehmens, der somit über eine eindeutige Sperrminorität verfügte und auch innerhalb der Aufsichtsorgane des Unternehmens in einer deutlichen Überzahl vertreten war. Die entscheidende Frage, die aus Sicht der RWE-Kommunen unbedingt gelöst werden musste, damit sie ihre Zustimmung für die Aufnahme einer weiteren Anleihe geben würden, bezog sich auf die Aktienoptionsrechte der alten VEW-Anleihe. Die kommunalen Aktionäre des RWE befürchteten, dass diese in falsche Hände geraten könnten. Solange sich diese im Besitz von privaten Gläubigern befanden und diese ihre Optionsrechte später nach der gelungenen Fusion gegen RWE-Aktien umtauschen konnten, bestand die Möglichkeit, dass sich die

173 Im Durchschnitt lag die Fremdkapitalquote im Jahr 1930 bei 48 Prozent und bei gemischtwirtschaftlichen Unternehmen der Groß- und Überlandversorgung bei 46 Prozent. Die Verhältnisse beim RWE waren vergleichbar mit jenen der kommunalen Versorgungsunternehmen der Ortsstufe, bei denen der Anteil des Fremdkapitals am Gesamtkapital 58 Prozent erreichte. Stat. Reichsamt, Versorgungswirtschaft im Deutschen Reich, S. 71; RWE-Bilanz für das Geschäftsjahr 1929/30, in: HK RWE.

174 Vgl. Silverberg an Kehl, 31.12.1930, in: BA N1013/580.

175 Die Deutung in der Chronik des RWE, die Übernahme sei an den „zu weit gehenden Forderungen der Amerikaner" gescheitert, ist nicht haltbar. Vgl. Buderath, J.: Strom im Markt, Bd. 1, Essen o. J., S. 222.

Besitzverhältnisse beim RWE weiter zum Nachteil der kommunalen Aktionäre verschieben könnten. Für die rheinischen Kommunen stellte diese Gefahr das eigentliche Problem der angestrebten Übernahme dar.

Andererseits war noch nicht geklärt worden, wie die restlichen kurzfristigen Verbindlichkeiten, die bei der VEW nach wie vor in einem erheblichen Ausmaße vorhanden waren, behandelt werden sollten. In Bezug auf die Wandelanleihe und die damit verbundenen Optionsrechte traf das RWE-Präsidium die Entscheidung, dass diese vollständig, das heißt, mit den Stimmrechten und den Aufsichtsratsposten sofort zurückerworben werden sollten.[176] Nachdem das Bankenkonsortium seine Bereitschaft signalisiert hatte, dem Rückkauf der Wandelanleihe zuzustimmen, nahm das RWE noch im Januar 1931 kurzerhand unter Vermittlung der Danat-Bank einen weiteren Kredit am amerikanischen Kapitalmarkt auf, um den Rückkauf finanzieren zu können.[177] Danach fehlten dem Stromkonzern nur noch die notwendigen Mittel, um die ausstehenden kurzfristigen Verbindlichkeiten der VEW zu tilgen. Das RWE versuchte von seinem Bankenkonsortium die Zusage zu erwirken, dass es diese kurzfristigen Kredite sicherstellte, ohne von dem RWE eine weitere Bürgschaft zu verlangen.[178] Die Deutsche Bank ließ sich allerdings nicht mehr auf diese Forderung ein. Die Verhandlungen verzögerten sich daraufhin und nachdem das RWE auch bei anderen Banken keine Zusage für die Umschuldung der restlichen VEW-Kredite erreichen konnte, sah es sich schließlich gezwungen, im März 1931 seinerseits den bereits in die Wege geleiteten Rückkauf der Wandelanleihe zu stoppen. Damit war die Übernahme der VEW wieder einmal gescheitert.[179]

Die Integration der westfälischen Stromversorgung in das Versorgungssystem des RWE, die Ende 1930 eine beschlossene Sache war, schlug fehl, weil die kommunalen Aktionäre des RWE mit Finanzierungsschwierigkeiten zu kämpfen hatten und mit ihrem Vetorecht die Entscheidungen des Stromkonzerns mitbestimmten. Sie standen einer weiteren Beteiligung von Privatkapital am Unternehmen ablehnend gegenüber, da sie befürchteten, dass ihre Position innerhalb des Unternehmens dadurch weiter geschwächt würde. Wie alle öffentlichen Gebietskörperschaften betrachteten auch sie ihre Kapitalbeteiligung in der öffentlichen Elektrizitätswirtschaft als einen äußerst wertvollen Vermögensbesitz, den sie schon allein aus fiskalpolitischen Gründen möglichst langfristig gewahrt wissen wollten. Es genügt ein Blick auf die durchschnittlichen Einkünfte der Gemeinden und Gemeindeverbände

176 Vgl. Schreiben der Kommunalen Aufnahmegruppe an Direktion des RWE, 8.12.1930, in: HK RWE 786; RWE-Rundschreiben an die Herren Mitglieder des Aufsichtsrates, 9.3.1931, in: BA N 1013/583.

177 Die Anleihe umfasste 7,5 Millionen US-Dollar und wurde am 1.1.1931 emittiert. Vgl. Glasemann: Deutschlands Auslandsanleihen, S. 108; Telegramm, 31.1.1931, in: BA N 1013/589.

178 Vgl. Telegramm RWE an Kehl, 30.1.1931, in: BA N 1013/589.

179 Vgl. Henke an Direktion der Deutschen Bank & Disconto-Gesellschaft z. Hd. Kehl, 6.3.1931, in: BA N 1013/589; RWE-Rundschreiben an Mitglieder des Aufsichtsrates, 9. 3. 1931, in: BA N 1013/583.

des Deutschen Reiches, um die zunehmende Bedeutung zu erkennen, die gerade das elektrizitätswirtschaftliche Besitzvermögen für den kommunalen Haushalt spielte. Im Jahr 1925/26 hatten sie rund 35 Prozent ihrer gesamten Erwerbseinkünfte aus der Stromversorgung erwirtschaftet. Dieser Anteil stieg in den nächsten Jahren im Vergleich zu den Einkünften aus der Wasserversorgung oder der Gasversorgung überproportional an und erreichte im Jahr 1930/31 einen vorläufigen Höchstsatz von nahezu 50 Prozent. Der Anteil am kommunalen Zuschussbedarf, der allein mit den Einkünften aus der Stromwirtschaft bestritten wurde, hatte sich damit in nur sechs Jahren nahezu verdoppelt. Er war von 3,7 auf 6,8 Prozent gestiegen. In den Großstädten lagen diese Anteilswerte im Jahr 1930/31 mit 57,6 Prozent der Erwerbseinkünfte und 9,3 Prozent des Zuschussbedarfs sogar deutlich über dem reichsweiten Durchschnitt.[180] Die kommunalen Einnahmen aus der Stromversorgung stellten eine nennenswerte Entlastung für den kommunalen Haushalt dar. Während der Weltwirtschaftskrise, als die Ausgaben für die kommunale Wohlfahrtsfürsorge explodierten, konnte kein Gemeindekämmerer auf diese Einnahmen verzichten. Der Umstand, dass eine ansteigende Anzahl langfristiger Arbeitsloser in diesen Jahren ohne Unterstützung der staatlichen Versicherungssysteme auskommen musste und daher auf die kommunale Fürsorge angewiesen war, ließ Lücken in den kommunalen Haushalten immer größer werden.[181]

Vor dem Hintergrund der finanziellen Schwierigkeiten, in denen die kommunalen Haushalte steckten, stellte jede zusätzliche Einnahme eine willkommene Entlastung dar. Für viele Kommunen war selbst die kurzfristige Veräußerung des Vermögens, das sie in der Elektrizitätswirtschaft besaßen, eine denkbare Option. Gerade das RWE hatte in den zurückliegenden Jahren vielfach von der Situation, in der sich einzelne Gemeinden aufgrund der finanziellen Notlage befanden, profitieren können und reihenweise kleinere kommunale Elektrizitätswerke aufgekauft. Die Übernahme der VEW lief im Prinzip auf eine ähnliche Strategie hinaus. Nur führte dieser Fall zu dem Ergebnis, dass nun auch das RWE an die Grenzen seiner finanziellen Belastbarkeit geriet, sofern es nicht das gemischtwirtschaftliche Prinzip aufgeben und die langjährige Kooperation mit seinen kommunalen Aktionären aufkündigen wollte. In der Krisenzeit war es keineswegs selbstverständlich, dass diese spezifische Art der Kooperation zwischen Gemeinden und rheinisch-westfälischer Privatindustrie bestehen bleiben würde, zumal einzelne kommunale Aktionäre durchaus den Gedanken in Erwägung zogen, ihre Kapitalanteile am RWE zu veräußern, um

180 Vgl. Stat. Reichsamt (Hrsg.): Die Einkünfte der Länder und Gemeinden aus Betrieben, Grund und Kapitalvermögen, Berlin 1938, S. 30, 38. Für die Berechnung der Anteilswerte in den Großstädten wurden die Angaben über die Gemeinden mit mehr als 100.000 Einwohnern gewählt.

181 Vgl. Petzina, D.: Kommunale Handlungsspielräume und kommunale Finanzen – Erfahrungen in Deutschland zwischen Erstem Weltkrieg und Nationalsozialismus, in: Reulecke, J. (Hrsg.): Die Stadt als Dienstleistungszentrum, St. Katharinen 1995, S. 167.

sich kurzfristig von der drückende Last der Haushaltsausgaben zu entlasten. Sie konnten diese Option aber nicht ohne Berücksichtigung des Bindungsvertrages wählen. Die kommunalen Mitglieder des RWE-Präsidiums und auch die Kommunale Aufnahmegruppe für Aktien GmbH achteten genau darauf, dass die kommunalen Aktionäre die Spielregeln des Bindungsvertrages einhielten. Sie appellierten mehrfach an die öffentlichen Gebietskörperschaften, ihren RWE-Besitz nicht aus der Notsituation heraus zu veräußern, und verwiesen dabei vor allem auf die Verpflichtungen, die sie im Rahmen des Bindungsvertrages eingegangen waren. „Alle Zukunftsmöglichkeiten wären dahin", so ihre Argumentation, „wenn aus der augenblicklichen Not der Zeit die kommunalen Vertretungen selbst dazu beitrügen, diese kommunale Gruppe im RWE durch Verschleudern ihrer Grundlagen, der Aktien, zu sprengen."[182]

In der angespannten Situation der Weltwirtschaftskrise kamen leicht Verdächtigungen auf, dass die Privatwirtschaft versucht sein könnte, die prekäre Finanzlage der Gemeinden auszunutzen, um die Entkommunalisierung der Elektrizitätsversorgung voranzutreiben. Die Vertreter der kommunalen Wirtschaft reagierten in dieser Hinsicht äußerst empfindlich. Dieses Verhalten verschärfte sich, nachdem die Kritik aus privatwirtschaftlichen Kreisen an der Kommunalwirtschaft, die unter dem Schlagwort der „kalten Sozialisierung" geführt wurde, zugenommen hatte. Während der Reichsbankpräsident Hjalmar Schacht die Investitionstätigkeit der Gemeinden und ihre hohe Auslandsverschuldung geißelte, kritisierte die Privatindustrie den Widerstand gegen den Zusammenschluss der öffentlichen Netzbetreiber. Darüber hinaus wurden auch die steuerliche Bevorzugung der im öffentlichen Besitz liegenden Versorgungsbetriebe und die Tarifpolitik der kommunalen Konzessionsgeber, die vor allem für kleine und mittlere Stromabnehmer eine indirekte Steuerbelastung bedeutete, angeprangert.[183] In den Krisenjahren kamen dann schließlich noch die Stimmen derjenigen hinzu, die eine Veräußerung des kommunalen Besitzes an die Versorgungsunternehmen zwecks Deckung der steigenden Ausgaben der Gemeinden forderten. Die Stadt Berlin lieferte hierfür ein Aufsehen erregendes Beispiel, als sie im März 1931 notgedrungen die Umwandlung des städtischen Elektrizitätswerkes in ein gemischtwirtschaftliches Unternehmen zustimmen musste, um mit den Erlösen, die sie aus dem Verkauf von Unternehmensanteilen erzielte, den kommunalen Haushalt kurzfristig zu entlasten.[184] Eine ähnliche Auseinandersetzung entbrannte kurze Zeit später auch beim RWE. Albert Vögler und Paul Silverberg sahen sich wenige Monate nach dem Scheitern der Fusionsverhandlun-

---

182 Vgl. Rundschreiben vom 1.12.1930, abgedruckt in: Verband der kommunalen Aktionäre des RWE GmbH (Hrsg.): Der Verband und das RWE, Essen 1966, S. 17–18, in: HK RWE.

183 Vgl. Schacht, H.: Eigene oder geborgte Währung, Leipzig 1928; Böhret, C.: Aktionen gegen die „kalte Sozialisierung! 1926–1930, Berlin 1966.

184 Büsch: Berliner Kommunalwirtschaft, S. 162, 193–197.

gen von kommunaler Seite mit dem Vorwurf konfrontiert, dass sie den kommunalen Aktionären den Verkauf ihrer RWE-Aktien angeraten hätten.

Die Anschuldigungen tauchten im Juli 1931 auf. Der unmittelbare Auslöser waren die finanziellen Schwierigkeiten der rheinischen Landesbank und die daraufhin einsetzende Suche nach einer angemessenen Lösung, um das Geldinstitut vor dem finanziellen Zusammenbruch zu retten. Da die Landesbank ihre Finanzgeschäfte in den zurückliegenden Jahren überwiegend mit der Vergabe von Kommunaldarlehen getätigt hatte und die rheinischen Gemeinden wie Köln oder Düsseldorf die größten Schuldner des Geldinstituts waren, wurde nun hinter vorgehaltener Hand gefordert, dass die kommunalen Schuldner ihre RWE-Aktien veräußern sollten, um die Landesbank zu stützen.[185] Auch wenn die Durchführbarkeit eines Aktienverkaufs innerhalb kürzester Zeit bei einem mittlerweile unter Stress stehenden Kapitalmarkt als wenig aussichtsreich erscheinen musste, sorgte der Umstand doch für Irritationen, dass dieser Vorschlag angeblich von jenen Vertretern der Industrie hervorgebracht worden war, die innerhalb des RWE zu den wichtigsten Entscheidungsträgern gehörten. Sowohl Silverberg als auch Vögler lehnten diese Vorwürfe entschieden ab, indem sie sich bei der Richtigstellung einer ungewöhnlich harschen Wortwahl bedienten.[186] Um ihrem Standpunkt nochmals Nachdruck zu verleihen, ließen sie kurzerhand für August 1931 – nach dem Zusammenbruch des Finanzmarktes – eine weitere Kapitalerhöhung ankündigen, die einzig und allein dem Ziel diente, beim RWE die absolute Stimmenmehrheit der Kommunen wiederherzustellen.

Es handelte sich um die seit 1927 vierte und damit letzte Kapitalerhöhung der Zwischenkriegszeit. Das Aktienkapitel wurde durch die Ausgabe von Namensaktien im Wert von drei Millionen RM auf insgesamt 246 Millionen RM erhöht. Diese Kapitalaufstockung diente nicht der Liquiditätsbeschaffung, sondern sollte vielmehr ein klares Signal in Richtung der kommunalen Aktionäre senden, dass die rheinisch-westfälische Schwerindustrie die Kooperation, die beim RWE seit langem zwischen der Industrie und den Kommunen vorherrschte, auch während der Weltwirtschaftskrise nicht in Frage stelle. Der Stromkonzern führte die Kapitalerhöhung ohne Einschaltung der Großbanken durch. Es griff dabei auf die Mittel der letzten Dollaranleihe zurück, die eigentlich für die Übernahme der VEW gedacht gewesen waren. Die Emission der neuen Namensaktien wurde wieder über die eigene Finanzierungsgesellschaft, die Rheinisch-Westfälische Treuhand GmbH, abgewickelt. Das RWE gewährte seiner Tochtergesellschaft einen Kredit, den diese wiederum den kommunalen Aktionären des RWE zur Verfügung stellte, damit diese die neu emit-

185 Für eine ausführliche Darstellung der Kreditvergabepolitik der Landesbank und den Ereignissen während der Finanzkrise von 1931 vgl. Fischer, A.: Die Landesbank der Rheinprovinz. Aufstieg und Fall zwischen Wirtschaft und Politik, Köln 1997, S. 124–161, 317–351.

186 Vögler bezeichnete den Vorwurf als das „perfideste Lügengewebe", das ihm jemals begegnet sei. Vögler an Landeshauptmann Horion, 8.7.1931, in: BA N 1013/583.

tierten Aktien erwerben konnten.[187] Die Eigenkapitalerhöhung wurde also ohne direkte Inanspruchnahme des Kapitalmarktes durchgeführt. Die Deutsche Bank, die das internationale Bankenkonsortium leitete, nahm diese Finanztransaktion zwar nicht ohne Widerspruch zur Kenntnis, doch sie konnte die Entscheidung, die vom Aufsichtsratspräsidium des RWE getroffen wurde, nicht abwenden.[188] Die Vertreter der rheinisch-westfälischen Montanindustrie ließen die Bedenken, die das Bankenkonsortium im Vorfeld geäußert hatte, über Paul Silverberg zurückweisen – mit dem Hinweis, dass in Anbetracht der großen Bedeutung, die das „Zusammenarbeiten mit unseren Konzessionsgebern" hat, die „gemischte Wirtschaft mit den Kommunen" unbedingt beibehalten werden sollte.[189]

2.2.3 Die Grenzen der Kommunalaufsicht

Die skizzierten Ereignisse, die im Zusammenhang mit der Finanzierung der Elektrizitätswirtschaft stattfanden, heben die herausragende Bedeutung hervor, die der kommunale Unterbau in der deutschen Stromversorgung einnahm. Selbst der Konzernvorstand des RWE, der gerne die privatwirtschaftliche Seite des Unternehmens betonte, konnte diese Tatsache nicht ignorieren. Betrachtet man die Eigentumsstruktur der öffentlichen Elektrizitätswirtschaft aus der gesamtwirtschaftlichen Perspektive, so erweist sich die Beteiligung der kommunalen Gebietskörperschaften sicherlich nicht in jeder Hinsicht als unproblematisch. In der Stromversorgung waren die Kontrollfunktion der Konzessionsgeber und die fiskalpolitischen Interessen der öffentlichen Körperschaften stark vermengt und kaum noch voneinander zu unterscheiden. Es gab auf dem Gebiet der Elektrizitätswirtschaft keine gesetzlichen Vorgaben, welche die finanzielle Beziehung der Gemeinden zu den Elektrizitätswerken irgendwie regelten, so dass die Konzessionsgeber und kommunalen Aktionäre ihre finanziellen Ansprüche im Verhandlungsprozess mit dem Elektrizitätswerk frei zur Geltung bringen konnten.

Die Elektrizitätswerke konnten es sich langfristig nicht erlauben, die finanziellen Forderungen der Konzessionsgeber völlig außer Acht zu lassen, zumal diese über den Konzessionsvertrag ein entscheidendes Mitspracherecht hatten und bei Nichtbeachtung ihrer Wünsche eine Verlängerung der Konzessionsrechte ablehnen

187 Vgl. RWE-Rundschreiben an die Mitglieder des Aufsichtsrats, 23. 7. 1931, in: BA N 1013/583. Vgl. auch Bericht über das Geschäftsjahr 1931/32 in: HK RWE.

188 Vgl. Schlitter & Mosler an RWE-Direktion, 25.7.1931, in: BA N 1013/583.

189 Vgl. RWE-Direktion an Silverberg 31.7.1931, in: BA N 1013/583; Silverberg an Schlitter betr. RWE, 1. 8.1931, in: Ebd. Siehe dazu auch den Artikel „Opposition bei RWE", in: Deutsche Bergwerks-Zeitung, 15.8.1931. Das Zitat entstammt dem Schreiben von Henke an Schlitter und Mosler (Deutsche Bank), 31. 7. 1931, in: BA N 1013/583.

konnten. Vor diesem Hintergrund kann leicht erklärt werden, weshalb die Gemeinden ihre finanziellen Ansprüche immer wieder durchsetzen konnten und ihre Wünsche umso konsequenter und kompromissloser verfolgten, je gravierender die Finanznöte im kommunalen Haushalt waren.[190] Dies geschah etwa bei der Festlegung der Dividenden, bei der die kommunalen Aktionäre von ihrem Unternehmen verlangten, dass es einen möglichst großen Teil des erwirtschafteten Gewinns ausschüttete. Der Vorstand nahm gegenüber den Begehrlichkeiten der kommunalen Aktionäre eher einen zurückweisenden Standpunkt ein und setzte sich für großzügige Abschreibungen und die Bildung ausreichender Rücklagen ein. Ein Blick auf die Entwicklung der Dividenden der Elektrizitätswerke während der Zwischenkriegszeit zeigt, dass diese generell höher als die aller anderen deutschen Aktiengesellschaften waren. Selbst während der Wirtschaftskrise lagen die Dividenden der Stromanbieter über dem Durchschnitt.[191] Dass auch die Aktienkurse der Elektrizitätsaktiengesellschaften im Allgemeinen überdurchschnittlich hoch bewertet waren, überrascht vor diesem Hintergrund wohl kaum. Denn die ungebundenen Aktien, die auf den Kapitalmärkten gehandelt wurden, waren begehrte Anlageoptionen des Privatkapitals.[192]

Ein weiteres Beispiel für die finanziellen Interessen der Kommunen war der allseits bekannte Finanzzuschlag, der von den Versorgungsbetrieben auf den regulären Strompreis erhoben wurde. Beim RWE war diese Verbrauchssteuer, die der Konzern an die Gemeindekasse abführen musste, von den kommunalen Aufsichtsratsmitgliedern beschlossen worden. Der Stromanbieter stellte den Preisaufschlag, der 15 Prozent des Tarifpreises betrug, ausschließlich den Kleinabnehmern zusätzlich zu den regulären Konzessionsabgaben in Rechnung. Bei den industriellen Großabnehmern wurde auf diese Maßnahme verzichtet, weil die Stromnachfrage der Großabnehmer deutlich elastischer auf eine Preiserhöhung reagierte.[193] Der Finanzzuschlag macht auch deutlich, dass die von den Verantwortlichen des RWE gewählte Formulierung, das gemischtwirtschaftliche Unternehmen sei eine spezifische Form der Zusammenarbeit mit der Abnehmerschaft, in der Regel

190 Vgl. Ambrosius: Öffentliche Wirtschaft in der Weimarer Republik, S. 109–110.

191 Vgl. die statistischen Angaben über die Entwicklung der Dividenden in der Elektrizitätswirtschaft im Vergleich zu anderen Aktiengesellschaften in Ebd., S. 134–135, 151–159. Vgl. auch die Entwicklung der Dividenden des RWE für späten 1920er und frühen 1930er Jahre in Buderath: Geschichte des Rheinisch-Westfälischen Elektrizitätswerks, S. 101. Mit dem Anleihestockgesetz vom 4. Dezember 1934 wurde die Dividendenausschüttung gesetzlich eingeschränkt. Grundlegend dazu Spoerer, M.: Von Scheingewinnen zum Rüstungsboom, Die Eigenkapitalrentabilität der deutschen Industrieaktiengesellschaften 1925–1941, Stuttgart 1996, S. 29.

192 Vgl. WEV, Elektrizitätswirtschaft im Deutschen Reich, Berlin 1937, S. 108.

193 Der Finanzzuschlag war schon im Jahr 1921 von den kommunalen Aufsichtsratsmitgliedern des RWE beschlossen worden. Vgl. Niederschrift über die Ausschuss-Sitzung des Aufsichtsrates, 26.11.1921, in: HK RWE, 1139.

verschwieg, dass die Kommunen nicht ausschließlich Vertreter der Kleinkonsumenten waren, sondern gleichzeitig ihre fiskalpolitischen Interessen durchzusetzen versuchten und dabei kräftig an der Tarifschraube drehten. Da sich die Preiserhöhung hauptsächlich auf die Tarifabnehmer auswirkte, wurden die Lasten auf die Stromkonsumenten ungleich verteilt und trafen vor allem jene Stromabnehmer, die anders als die Großindustrie nicht so einfach zur Eigenversorgung wechseln konnten.[194] Die ungleiche Belastung lässt sich aufgrund der lückenhaften Statistiken und der umständlichen Kalkulationsmethode, die bei der Festlegung der Strompreise angewandt wurde, zwar nur schwer für einen längeren Zeitverlauf nachweisen.[195] Es gibt aber zuverlässige Quellen, die einen aufschlussreichen Rückschluss auf die Preisgestaltung der öffentlichen Elektrizitätswerke während der Weltwirtschaftskrise ermöglicht. Es handelt sich um die Erhebung über die Versorgungswirtschaft, die vom Statistischen Reichsamt 1935 veröffentlicht wurde. Aus der Untersuchung geht hervor, dass die Strompreise für Kleinkonsumenten in der Regel wesentlich höher waren als die Preise für die Großabnehmer. Die Gestaltung der Strompreise ist insoweit durchaus nachvollziehbar, denn die industriellen Großabnehmer wiesen in der Regel einen konstanteren Stromverbrauch als ein Kleinbetrieb oder ein Privathaushalt auf. Die Benutzungsdauer des installierten Anschlusses war ein zentraler Faktor, der bei der Kalkulation der Preise zu berücksichtigen war.

Nach dieser Logik hätten die Strompreise auch für die Großabnehmer spätestens mit Einbruch der Weltwirtschaftskrise leicht ansteigen müssen, zumal die Benutzungsdauer der industriellen Stromabnehmer aufgrund des konjunkturellen Einbruchs zurückging. Betrachtet man aber die Preisentwicklung und vergleicht man die Einnahmen, die von den Versorgungsbetrieben von 1928 bis 1930 für jede verkaufte Kilowattstunde an Kleinverbraucher und an Großabnehmer erzielt wurden, so wird deutlich, dass dies tatsächlich nicht der Fall war. Die Strompreise für Kleinverbraucher blieben relativ konstant, während die Preise für die Sonderabnehmer überdurchschnittlich stark sanken – mit dem Ergebnis, dass die Differenz zwischen den beiden Abnehmergruppen weiter auseinander driftete. Diese Entwicklung war in der Kategorie der gemischtwirtschaftlichen Unternehmen der Groß- und Überlandversorgung, zu der auch das RWE zählte, besonders stark ausgeprägt. Während die Großabnehmer, die von den Elektrizitätswerken dieser Kategorie beliefert wurden, im Jahr 1930 einen Strompreis zahlten, der nahezu 23 Prozent unter

194 Vgl. Bracht, F.: Entwicklung der Elektrizitätswirtschaft, in: Zeitschrift für Kommunalwirtschaft 18 (1928), Sp. 1762; Koepchen: RWE in der Deutschen Elektrizitätswirtschaft, S. 5. Wesentlich kritischer dagegen Hold: Elektrizitätsversorgung und Gemeinden, S. 20–21.

195 Dieser Umstand wurde schon von den Zeitgenossen kritisch angemerkt. Vgl. zum Nedden, F.: Die Wirtschaftlichkeit der deutschen Elektrizitätsversorgung unter besonderer Berücksichtigung der Tarifgestaltung, in: Enquete-Ausschuss (Hrsg.): Die deutsche Elektrizitätswirtschaft, Berlin 1930, S. 265.

dem Niveau von 1928 lag, war der durchschnittliche Preis für die Kleinkonsumenten in dieser Zeit nur um rund fünf Prozent gefallen.[196] Das RWE machte den industriellen Kraftwerkbetreibern – Unternehmen wie die Vereinigten Stahlwerke, die Gutehoffnungshütte, die Mannesmann-Werke und die IG-Farben – ein äußerst attraktives Preisangebot, um sie zum Fremdstrombezug zu bewegen.

Die Preise für die Tarifabnehmer verharrten dagegen auf einem relativ konstanten Niveau. Der Stromkonzern nutzte die Gewinne, die er in Form überhöhter Preise von den Tarifabnehmern erzielte, um die finanziellen Ansprüche seiner Konzessionsgeber zu befriedigen.[197] Der neue Haushaltstarif, den der Konzern Mitte 1929 einführte, erschien auf dem ersten Blick zwar als eine Tarifsenkung für private Haushalte, doch bei einer näheren Betrachtung entpuppt sich der neue Tarif als eine Preisreduktion, die hauptsächlich für Wärmestrom eingeführt wurde. Es war ein Angebot, das allenfalls von den gut verdienenden Haushalten, die sich den zusätzlichen Kauf der dafür notwendigen Elektrogeräte und die Installation eines zusätzlichen Stromzählers leisten konnten, in Anspruch genommen werden konnte. Die überdurchschnittliche Preissenkung für Wärmestrom zielte nicht zuletzt auch auf die Konkurrenz der Gaswirtschaft ab. Die Preise für Lichtstrom und Kleinkraft, den Betriebe des Kleingewerbes für den Antrieb ihrer Elektromotoren bezogen, bekamen diese weiterhin getrennt in Rechnung gestellt.[198] Es war eine nur schwer durchschaubare Preisbildung, die nach dem Prinzip funktionierte, dass die Mehrkosten, die durch die Finanzzuschläge und Konzessionsabgaben entstanden, vor allem auf die Stromabnehmer mit der geringsten Preiselastizität abgewälzt wurden.

Die Tarifpraxis, die sich in der öffentlichen Stromversorgung herausgebildet hatte, war Ausdruck eines Zielkonfliktes, mit dem sich die Elektrizitätswerke konfrontiert sahen. Der Oberbürgermeister von Wanne-Eickel brachte das Dilemma in allgemeingültiger Form auf den Punkt. Die Kommunen, so seine Behauptung, verfolgten praktisch drei Ziele. Sie versuchten „die Stromversorgung ihre Gebietes sicherzustellen, ihren Bürgern billige Strompreise zu verschaffen und für die allgemeinen städtischen Finanzen durch Dividenden und Abgaben möglichst viel herauszuholen". Seine ergänzende Bemerkung, dass die Kommunen diese Ziele auch im Rahmen des RWE erwirken konnten und dafür nicht zwangsläufig ein eigenes Stadtwerk unterhalten mussten, war zutreffend.[199] Zu einer ähnlichen Schlussfolgerung kam Kurt Jeserich, der spätere stellvertretende Präsident des Deutschen

---

196 Im Gesamtdurchschnitt aller Elektrizitätswerke fielen die Einnahmen je verkaufte KWh an Kleinverbraucher von 1928 = 100 auf 1930 = 98,6 und an Großverbraucher von 1928 = 100 auf 1930 = 90,2. Vgl. Stat. Reichsamt, Versorgungswirtschaft im Deutschen Reich, S. 77.

197 Vgl. Berichte für die Geschäftsjahre 1928/29 und 1929/30, in: HK RWE.

198 Vgl. Asriel: Rheinisch-Westfälisches Elektrizitätswerk, S. 111–113; Heßler, M.: Die Einführung elektrischer Haushaltsgeräte in der Zwischenkriegszeit, in: Technikgeschichte 65 (1998), S. 297–310.

199 Niederschrift über Sitzung des Verwaltungsausschuss der VEW, 4.11.1929, in: StA Dortmund 120 Zg 42/1965.

Gemeindetages, als er über die Vorteile der Gemischtwirtschaft aus kommunaler Sicht räsonierte. Es gab aus seiner Sicht hinsichtlich des Gewinnstrebens keinen „strukturellen Unterschied" zwischen der Privatwirtschaft und der Kommunalwirtschaft und da die Stadtverwaltungen auch im Rahmen des gemischtwirtschaftlichen Unternehmens die Möglichkeit hätten, ihren Einfluss auf die Tarifgestaltung sicherzustellen, trat er nachdrücklich für das gemischtwirtschaftliche Prinzip ein.[200]

Das aus fiskalpolitischen Motiven entstehende Gewinnstreben der öffentlichen Gebietskörperschaften stand im Vordergrund und es war dabei nicht so entscheidend, ob die öffentliche Hand als Aktionär einer Kapitalgesellschaft oder als Besitzer eines Regiebetriebes in Erscheinung trat. Eine Preispolitik, die stärker den wirtschaftlichen und sozialen Ungleichheiten Rechnung trug, rückte dagegen immer mehr in den Hintergrund. Hier wurden die Grenzen der kommunalen Tarifaufsicht deutlich sichtbar. Die Gemeinden nutzten das Konzessionsrecht weniger als wirtschaftspolitisches Instrument, um die Stromabnehmer gegen mögliche Missbräuche der Monopolbetriebe zu schützen, sondern vielmehr als eine willkommene Tarifschraube zugunsten des kommunalen Haushalts. Die Tarifpraxis muss an dieser Stelle zwar auch vor dem Hintergrund der Weltwirtschaftskrise gesehen werden, doch es handelte sich um kein grundsätzlich neues Phänomen. Der Verband für Elektrizitätsabnehmer von Rheinland und Westfalen, dem vor allem klein- und mittelständische Wirtschaftsbetriebe angehörten, hatte wiederholt die „Heranziehung der Elektrizitätserzeugung als Steuerquellen von Staat und Kommunen" kritisiert und gefordert, dass sich „die Wirtschaft allgemein gegen besondere Finanzzuschläge auf die Strompreise" aussprechen sollte. Die Forderungen der Stromverbraucher wurden beim Langnamverein diskutiert, doch die Schwerindustrie lehnte Maßnahmen gegen die Stromanbieter ab. Sie begründete ihre ablehnende Haltung mit dem Hinweis, „dass gegenüber der dann unvermeidbaren stärkeren Heranziehung der Gewerbesteuer der jetzige Zustand das kleinere Übel" war.[201] Ein genereller Verzicht auf die Konzessionsabgaben und die diversen zusätzlichen Abgaben erschien angesichts der Bedeutung, die diese Finanzmittel für die kommunalen Haushalte hatten, nicht durchführbar, solange keine Änderungen an anderer Stelle vorgenommen wurden, um die Kommunen zu entlasten.

---

200 Jeserich, K.: Kommunalfinanznot und Kommunalwirtschaft, in: Reichsverwaltungsblatt 51 (1930), S. 372.

201 Langnamverein an die Mitglieder, 15.12.1926, in: WWA K1 Nr. 649. Aktenvermerk über die Sitzung beim Langnamverein betr. Strompreise, 22.12.1926, in: Ebd.

2.3 Der Staat und die gebundene Konkurrenz

2.3.1 Der Reformliberalismus und die Regulierung der Stromwirtschaft

Die Weltwirtschaftskrise rückte das Verhältnis von Wirtschaft und Staat, das in der Stromversorgung unterschiedliche Ausprägungen fand, verstärkt ins zeitgenössische Problembewusstsein. Die Krisenerfahrung rief in Fachkreisen nicht nur kritische Reaktionen hervor, sondern löste gleichzeitig die Suche nach einer für die erkannten Probleme angemessenen Lösung aus, die konsequenterweise auf eine Neubestimmung der Rolle des Staates hinauslief.[202] Die Elektrizitätswirtschaft hatte sich im Laufe der 1920er Jahre zu einem netzgebundenen Wirtschaftsbereich entwickelt, in dem die wirtschaftliche Verflechtung der Elektrizitätswerke untereinander weiter voranschritt und der länderübergreifende Stromaustausch einen immer größeren Stellenwert einnahm. Die Versorgungsbetriebe wurden aber gleichzeitig ausschließlich von Stadtverwaltungen und Landesregierungen kontrolliert, die vor allem darauf bedacht waren, ihre wirtschafts- und fiskalpolitische Autonomie auf dem Gebiet der Stromversorgung zu verteidigen. Die Stimmen derjenigen, die einen einheitlichen, zentralstaatlich bestimmten Ordnungsrahmen forderten, waren vor diesem Hintergrund immer lauter zu vernehmen. Die Überlegungen, die in dieser Beziehung angestellt wurden, können bis in die Zeit vor dem Ersten Weltkrieg zurückverfolgt werden. Bereits damals hatte sich die Erkenntnis durchgesetzt, dass das Wegerecht und die damit zusammenhängende Konzessionierung durch die Kommunen ein Kernproblem für die Elektrizitätswirtschaft werden könnte. Der Verband Deutscher Elektrotechniker und die Vereinigung der Elektrizitätswerke forderten 1909 erstmals ein Starkstromwegegesetz, um die Benutzung der Verkehrswege und der privaten Grundstücke für die Errichtung öffentlicher Stromleitungen durch ein „Planfeststellungsverfahren“ reichseinheitlich zu regeln.[203] Der Staat brachte dem Vorschlag der Wirtschaftsverbände jedoch kein besonderes Interesse entgegen, was wohl nicht zuletzt daran lag, dass diese eine unentgeltliche Nutzung der Verkehrswege verlangt hatten.

Die Reichsregierung unternahm zwar mehrfach den Versuch, ihren Einfluss auf die Elektrizitätswirtschaft auszuweiten, doch sie behandelte die aufgeworfenen

202 Für grundlegende Überlegungen über den Kausalzusammenhang von Wirtschaftskrisen, Wandel der institutionellen Rahmenbedingungen und der Rolle des Staates vgl. Abelshauser, W.: Wirtschaftliche Wechsellagen, Wirtschaftsordnung und Staat. Die deutschen Erfahrungen, in: Grimm, D. (Hrsg.): Staatsaufgaben, Baden-Baden 1994, S. 199–232; North, Institutional Change and Economic Performance, S. 73–104.

203 Vgl. Abdruck des Gesetzesentwurfs in: Siegel: Die Elektrizitätsgesetzgebung der Kulturländer der Erde, Bd. 1, S. 93–99.

Fragen ausschließlich im Zusammenhang mit der Reichsfinanzreform und begrenzte die Debatte über die zentralstaatliche Elektrizitätspolitik damit allein auf die Fiskalpolitik. Unter diesen Umständen nahm nicht nur die Industrie eine ablehnende Haltung gegenüber sämtlichen Versuchen einer Neubestimmung der ordnungspolitischen Rahmenbedingungen ein, sondern vor allem auch die Städte, Gemeinden und Einzelstaaten, die ihre Tarifhoheit entschlossen verteidigten.[204] Nach dem Ersten Weltkrieg scheiterte die Einführung einer reicheinheitlichen Aufsicht über die Stromversorgung wieder an den Interessen, die aus dem Föderalismus entsprangen oder aus der kommunalen Selbstverwaltung, die – wie am Beispiel des RWE gezeigt wurde – in den preußischen Westprovinzen teilweise in enger Kooperation mit der Schwerindustrie agierte. Die Reichsregierung erließ zwar Ende 1919 ein Gesetz zur Sozialisierung der Elektrizitätswirtschaft, doch die Tatsache, dass sie bei der Durchführung der Bestimmungen auf die Mitwirkung der Länder setzte, führte dazu, dass diese jede Einschränkung landespolitischer Hoheitsansprüche und die Überführung der landeseigenen Elektrizitätswerke in den Besitz des Reiches erfolgreich abwehren konnten.[205] Das Reich konzentrierte sich im Laufe der 1920er Jahre schließlich nur noch darauf, den eigenen Stromkonzern, der während des Ersten Weltkrieges im Bitterfelder Braunkohlengebiet gegründet worden war, in Konkurrenz zu den anderen, vor allem im preußischen Gebiet angesiedelten Elektrizitätswerken, auszubauen. Die Konflikte, die durch die räumliche Expansion der Reichselektrowerke hervorgerufen wurden, fanden erst – ähnlich wie die Auseinandersetzung des RWE mit der Preußenelektra – mit der Unterzeichnung des Elektrofriedens und der gleichzeitigen Gründung der AG für Deutsche Elektrizitätswirtschaft Mitte 1928 einen Abschluss. Wie bereits im ersten Kapitel nachgewiesen wurde, bildete sich dadurch erstmals ein organisatorischer Rahmen heraus, der zwar nicht alle Probleme löste, aber zumindest im Bereich des überregionalen Leitungswesens eine wirtschaftliche Zusammenarbeit der Netzbetreiber erwarten ließ, auch wenn die Ausbaupläne für das überregionale Verbundnetz während der Weltwirtschaftskrise vorerst zurückgestellt wurden.[206]

Die Marktorganisation des Elektrofriedens wurde in Kreisen der deutschen Nationalökonomie deutlich kritischer betrachtet als von den Managern der Großversorger, die das Kooperationsabkommen ausgehandelt hatten. Diese betrachteten die Gebietsabsprachen als ein Ergebnis wirtschaftlicher Selbstverwaltung, das sich aus dem Marktprozess herausgebildet hatte und jede weitergehende zentralstaatliche

204 Vgl. Nussbaum, H.: Versuche zur reichsgesetzlichen Regelung der deutschen Elektrizitätswirtschaft und zu ihrer Überführung in Reichseigentum 1909–1914, in: JWG 1968/2, S. 117–203; Stier: Staat und Strom, S. 355–366.

205 Vgl. Stier: Staat und Strom, S. 379–413; Ambrosius: Was war eigentlich „nationalsozialistisch" an den Regulierungsansätzen, S. 53–54.

206 Vgl. dazu ausführlich Kapitel 2.1.

Kontrolle überflüssig machte, da die Versorgungsbetriebe bereits mehrheitlich von den öffentlichen Gebietskörperschaften kontrolliert wurden. Ein skeptischer Beobachter wie Camillo Asriel, der Ende 1930 eine selten detaillierte Studie über das RWE vorlegte, beurteilte den Elektrofrieden dagegen deutlich zurückhaltender. Der Beweis war noch nicht erbracht, so sein Kommentar, ob die Netzbetreiber im Zuge der vereinbarten Kooperation ihre Investitionsentscheidungen tatsächlich immer an „allgemeinen volkswirtschaftlichen Gesichtspunkt[en]“ orientieren und ihre durch Gebietsabsprachen gesicherte Marktposition nicht „auf Kosten der Verbraucher“ ausnutzen würden. Die Gefahr, dass sich die fiskalischen Bedürfnisse der Gebietskörperschaften „bereitwilligst mit dem Gewinnstreben“ des Privatkapitals vereinigen könnten,[207] bestand zwar nicht erst seit Ende der 1920er Jahre, nachdem die Spielregeln des Wettbewerbs von den Großversorgern neu bestimmt worden waren. Die fiskalpolitischen Interessen hatten seit den Anfängen der Elektrizitätswirtschaft in der Gestalt des Konzessionsvertrages immer einen gewissen Einfluss auf die Preisbildung der Versorgungsbetriebe gehabt.[208] Doch die Entwicklung der Zwischenkriegszeit, die von extremen wirtschaftlichen Schwankungen geprägt war, schien alle Befürchtungen zu übertreffen und es überrascht nicht, dass die Politisierung der Preisbildung während der Weltwirtschaftskrise in den Mittelpunkt der Kritik rückte. Der vom Reichstag eingesetzte Enquete-Ausschuss stellte 1930 in seinem Abschlussbericht fest, dass die „Verquickung von Hoheitsrechten und wirtschaftlicher Betätigung“ in der Stromwirtschaft zu einen „offenbaren Widerspruch mit den Aufgaben der Hoheitsgewalt“ geführt habe.[209] Der Verein für Socialpolitik lieferte zwei Jahre später mit einer breit angelegten Untersuchung über die öffentliche Wirtschaft weiteres Beweismaterial für diese Behauptung.[210] Selbst der in Hamburg lehrende Nationalökonom und bekennende Sozialdemokrat Eduard Heimann, der staatliche Unternehmen keineswegs grundsätzlich ablehnte, schloss sich den Kritikern an. Er charakterisierte die zurückliegenden Jahre als ein „trübes Kapitel der öffentlichen Wirtschaftstätigkeit“. Die öffentlichen Betriebe hätten eine Preispolitik verfolgt, die „alle marktmäßigen Fehler der privaten Monopolpolitik getreulich nachahmt und überbietet“.[211]

Die Strompreise, die von einzelnen Betrieben berechnet wurden, konnten häufig aufgrund der fehlenden Informationen über die Kostenstruktur nicht auf ihre Angemessenheit hin überprüft werden. Die Ursache lag sicherlich zum Teil darin, dass die Kosten der Stromversorgung mit der Benutzungsdauer der Anlagen stark variierten, so dass eine schematische Kostenermittlung schnell an ihre Grenzen

207 Asriel: Rheinisch-Westfälisches Elektrizitätswerk, S. 61.
208 Vgl. Ullmann, Der deutsche Steuerstaat, S. 69–70; Krabbe, Deutsche Stadt, S. 157–158.
209 Enquete-Ausschuss, Deutsche Elektrizitätswirtschaft, Berlin 1930, S. 45–46.
210 Wolf: Aufgaben und Organisationsformen.
211 Heimann: Stellung und Bedeutung der öffentlichen Unternehmung, S.29–30.

stieß. Doch der Umstand, dass es keine verbindlichen Standards für die Preisbildung gab, räumte den Betrieben gleichzeitig Spielräume für Preisdifferenzierungen ein, die nicht den betriebswirtschaftlichen Erfordernissen entsprangen und von den öffentlichen Kontrollinstanzen – den Städten, Gemeinden und Ländern – billigend in Kauf genommen wurden, solange die Werke erwartungsgemäß Konzessionsabgaben, Finanzzuschläge und Dividenden zahlten. Das „elektrizitätsstatistische Halbdunkel", so die kritische Anmerkung einiger Sachverständiger des Enquete-Ausschusses, stieße auch deshalb auf Unverständnis, weil die Elektrizitätswerke mit dem Ausschließlichkeitsrecht monopolartige Vorrechte für die öffentliche Versorgung genössen, die Preisgabe von Informationen über die Betriebsverhältnisse aber zu umgehen versuchten.[212] Die Preisüberwachung, die vom Präsidialkabinett Brüning eingeführt wurde, leitete dann aber einen ordnungspolitischen Kurswechsel ein, den kurze Zeit später das autoritäre Regime des Nationalsozialismus nahtlos übernehmen sollte. Die öffentlichen Stromversorger wurden Ende 1931 von Preiskommissar Goerdeler angewiesen, die Kostenkalkulation offenzulegen und Angaben über die Ersparnisse zu machen, die sie infolge der Lohnherabsetzung und – was für die Stromerzeugung bedeutender war – der Senkung der Brennstoffpreise erzielten.[213] Der Reichsminister der Finanzen ließ außerdem im Oktober 1931 eine Erhebung über die steuerliche Belastung der öffentlichen Betriebe anfertigen, die Einblicke in die betrieblichen Verhältnisse der Versorgungsbetriebe gab und als vorbereitende Maßnahme für eine Steuerreform der öffentlichen Betriebe gedacht war.[214]

Die Verstaatlichung der netzgebundenen Wirtschaftsbereiche, die in der Tradition der Historischen Schule der deutschen Nationalökonomie zum wirtschaftspolitischen Repertoire gehörte, wurde nach den Erfahrungen der 1920er Jahre zunehmend mit Distanz betrachtet.[215] Das gilt vor allem für die Protagonisten der

212 Nedden: Wirtschaftlichkeit der deutschen Elektrizitätsversorgung, S. 265. Siehe auch die Ausführungen des wissenschaftlichen Sekretärs des Enquete-Ausschusses Neu: K.: Das Elektrizitätsmonopol, in: Lederer, E. (Hrsg.): Das Kartellproblem. Beiträge zur Theorie und Praxis, Bd. 1, Leipzig 1930, S. 79–80.

213 Vgl. Verordnung über die Befugnisse des Reichskommissars für Preisüberwachung, 8.12.1931, in: RGBl. 1931, Teil 1, S. 747–748; Siegel, G.: Stromtarife und Preisabbau, in: EW 31 (1932), S. 189–193.

214 Vgl. Durchführungsbestimmung zur den Erhebungen zur Steuerpflicht der öffentlichen Betriebe, 22.10.1931, in: RGBl. 1931, Teil 1, S. 585–654. Die Ergebnisse wurden erst Mitte der 1930er Jahre veröffentlicht. Stat. Reichsamt: Die Versorgungswirtschaft im Deutschen Reich nach Erhebungen zur Steuerpflicht der öffentlichen Betriebe, Berlin 1935.

215 Gustav Schmoller plädierte dafür, die Großbetriebe in „gemischte Unternehmungen" (sic!) umzuwandeln, das heißt, der Staat sollte die Konzerne über den Aufsichtsrat kontrollieren und auf diese Weise „monopolistische Missbräuche" verhindern. Vgl. Schmoller, G.: Das Verhältnis der Kartelle zum Staate, in: Verhandlungen der Generalversammlung in Mannheim (= Schriften des

ordoliberalen Denkschule, die sich nach den Ergebnissen der neueren Forschung während der Weltwirtschaftskrise herausbildete und auch in Bezug auf die wirtschaftspolitischen Probleme der Elektrizitätswirtschaft Lösungsansätze entwickelte.[216] Die Wortführer des von Alexander Rüstow so bezeichneten „neuen Liberalismus“ verorteten die tieferen Ursachen der Wirtschaftskrise im Verhältnis von Wirtschaft und Staat.[217] Walter Eucken, der zu den profiliertesten Figuren dieser Denkrichtung gehörte, machte die Politisierung der Preisbildung durch den politischen Einfluss der Machtgruppen in der parlamentarischen Demokratie dafür verantwortlich, dass es zu Fehlentwicklungen in der Wirtschaft gekommen war.[218] Er und seine Mitstreiter teilten zwar die Ansicht, die allgemein unter den zeitgenössischen Ökonomen vorherrschte, dass in der Elektrizitätswirtschaft eine vollständige Konkurrenz aufgrund der Erfordernisse, die bei einem netzgebundenen Wirtschaftsbereich zu berücksichtigen waren, nicht hergestellt werden konnte. Sie sahen den Staat gerade deshalb im Unterschied zum Laissez-faire des klassischen Wirtschaftsliberalismus in einer wichtigen Funktion und lehnten ein wirtschaftspolitisches Eingreifen in bestimmten Situationen keineswegs grundsätzlich ab. Der in Bonn lehrende Hermann von Beckerath behauptete, dass der Staat „durchaus im Rahmen der liberalen Wirtschaftspolitik“ handle, wenn er die „natürlichen Monopole“ selbst in die Hand nähme oder die öffentliche Kontrolle mit Hilfe einer spezifischen Gesetzgebung durchsetze.[219]

Der entscheidende Punkt aus ordoliberaler Sicht war allerdings, dass der Staat die Versorgungsbetriebe nicht dazu anhielt, gegen das Gesetz der Marktwirtschaft zu handeln, und seine Kontrollfunktion gezielt dafür einsetzte, um zu verhindern, dass die Betriebe ihre Marktposition auf Kosten Dritter ausnutzten. Die staatlich gestützte Monopolstellung im Bereich des Leitungswesens, die durch das Aus-

---

Vereins für Socialpolitik, Bd. 116), Leipzig 1906, S. 237–271. Dazu auch Wagner, A.: Staat in nationalökonomischer Sicht, in: Handwörterbuch der Staatswissenschaften, Bd. 6, Jena 1901, S. 940–951.

216 Vgl. Amemiya, A.: Neuer Liberalismus und Faschismus. Liberaler Interventionismus und die Ordnung des Wettbewerbs, in: JWG 2008/2, S. 173–195; Kocka, J.: Writing the History of Capitalism, in: GHI Bulletin 47 (2010), S. 19; Bähr, J.: Recht der staatlich organisierten Wirtschaft. Ordnungsvorstellungen und Wandel der deutschen Wirtschaftsrechtslehre im „Dritten Reich, in: Ders./Banken, R. (Hrsg.): Wirtschaftssteuerung durch Recht im Dritten Reich. Studien zur Entwicklung des Rechtsstaats im Interventionsstaat des Dritten Reiches, Frankfurt am Main 2006, S. 445–468; Hauke, J.: Nationalökonomie und Nationalsozialismus, Marburg 1998, S. 20–37; Haselbach, D.: Autoritärer Liberalismus und Soziale Marktwirtschaft. Gesellschaft und Politik im Ordoliberalismus, Baden-Baden 1991.

217 Rüstow, A.: Aussprache, in: Boese, F. (Hrsg.): Deutschland und die Weltkrise, Verhandlungen des Vereins für Socialpolitik in Dresden am 28. und 29. September 1932 (=Schriften des Vereins für Socialpolitik, 187), Leipzig 1932, S. 69.

218 Vgl. Eucken, W.: Staatliche Strukturwandlungen und die Krisis des Kapitalismus, in: Weltwirtschaftliches Archiv, 36 (1932), S. 297–321, hier S. 301–309.

219 von Beckerath, H.: Der moderne Industrialismus, Jena 1930, S. 350–551.

schließlichkeitsrecht der Stromlieferung begründet war und auch von den Ordoliberalen nicht in Frage gestellt wurde, erforderte einen Staat, der ein marktkonformes Verhalten der Stromversorger sicherstellte und entschieden gegen die Netzbetreiber einschritt, sobald sich diese an das Leitungsmonopol klammerten, um die Konkurrenz abzuwehren. Alexander Rüstow bezeichnete diese wirtschaftspolitische Vorgehensweise in einem Diskussionsbeitrag, den er 1932 auf der Dresdner Sitzung des Vereins für Socialpolitik vortrug, als „liberal[en] Interventionismus". Das staatliche Eingreifen sollte nicht „reaktionär" gegen unaufhaltsame Strukturveränderungen erfolgen, sondern „in Richtung der Marktgesetze [...] zur Herbeiführung des neuen Zustandes" ausgerichtet sein.[220] Die wirtschaftspolitischen Folgerungen, die aus der Sicht des neuen Liberalismus für die Elektrizitätswirtschaft zu ziehen waren, hatte von Beckerath bereits wenige Jahre zuvor in seiner Darstellung über den „modernen Industrialismus" ausformuliert. Der Staat sollte demnach erstens darauf achten, dass die Versorgungsbetriebe die Preissteigerungsmöglichkeiten gegenüber Stromkunden mit geringer Nachfrageelastizität, für die der Übergang zu eigener Kraft- und Lichterzeugung nicht ohne erheblichen Kapitalaufwand möglich war, nicht zur „Finanzierung und Subventionierung" unwirtschaftlicher Betriebe ausnutzten.[221] Die öffentlichen Kraftwerke, die den Strom nicht mehr zu konkurrenzfähigen Preisen erzeugten, seien vom Netz zu nehmen und allenfalls für Reserveleistungen zu halten, um sie erforderlichenfalls während den Lastspitzen einzusetzen. Der Staat sollte zweitens die wirtschaftliche Zusammenarbeit der unterschiedlichen Kraftwerksbetreiber über ein gemeinsames Verbundnetz fördern, um einerseits die Reservehaltung der öffentlichen und industriellen Stromerzeugungsanlagen möglichst zu reduzieren und andererseits „überflüssige Doppelinvestitionen" im Bereich des Leitungswesens zu vermeiden.[222] Das bedeutete konsequenterweise auch, dass die Gebietsabsprachen aufzubrechen seien, sobald die betreffenden Versorgungsbetriebe an diesen festhielten, um die Stromdurchleitung zu verhindern oder überhöhte Netzgebühren zu fordern.

Die Sicherstellung eines marktgerechten Verhaltens der in der Stromversorgung tätigen Unternehmen gehörte nach Auffassung der reformliberalen Ökonomen zu den wirtschaftspolitischen Kernaufgaben des Staates. Diese Funktion konnte in ihren Augen nur von einem „starken Staat" erfolgreich umgesetzt werden, der den Machteinfluss der Interessengruppen, die sich der wirtschaftspolitischen Entscheidungen zu bemächtigen und sie zu ihren Gunsten zu beeinflussen versuchten, in seine Schranken verwies. Durch entschlossenes Eingreifen sollte er dafür Sorge tragen, dass die Unternehmen die Funktionsfähigkeit des Marktes nicht untermi-

220 Rüstow: Aussprache, S.62–69.

221 Beckerath: Industrialismus, S. 352.

222 Ebd., S. 386.

nierten.[223] In der historischen Forschung ist wiederholt darauf hingewiesen worden, dass die Protagonisten des neuen Liberalismus auch nach 1933 auf mehreren wirtschaftspolitischen Feldern Anknüpfungspunkte zwischen dem von ihnen geforderten starken Staat und dem autoritären Durchgreifen des nationalsozialistischen Regimes sahen.[224] Unklar ist bislang, wie sie sich zu den ordnungspolitischen Maßnahmen positionierten, die unter der Herrschaft des Nationalsozialismus auf dem Gebiet der Elektrizitätswirtschaft in den Jahren bis zur Ankündigung des Vierjahresplanes durchgesetzt wurden. Das Reichswirtschaftsministerium erließ, nachdem bereits das Präsidialkabinett Ende 1931 eine Preisaufsicht über die Stromversorgung eingeführt hatte, am 30. Juli 1934 eine weitere Verordnung über die „Mitteilungspflicht in der Energiewirtschaft".[225] Die Versorgungsbetriebe wurden verpflichtet, Auskünfte über die technischen und wirtschaftlichen Verhältnisse zu erteilen, Änderungen der Tarife und Lieferbedingungen zu melden und die Stilllegung bestehender oder den Bau neuer Anlagen mitzuteilen. Die Eigenanlagenbesitzer blieben von der Mitteilungspflicht noch ausdrücklich ausgenommen. Die Rahmenbedingungen für die industriellen Kraftwerksbetreiber änderten sich jedoch, als Hjalmar Schacht die Leitung des Reichswirtschaftsministeriums übertragen bekam. Er hatte sich bereits 1908 ausführlich zu den elektrizitätspolitischen Problemen geäußert und erhielt nun die Gelegenheit, die damals geforderten Maßnahmen umzusetzen.[226]

Schacht war ein entschiedener Verfechter zentralstaatlicher Kontrolle und wollte den wirtschaftspolitischen Einfluss der Einzelstaaten und der kommunalen Gebietskörperschaften eingeschränkt sehen. Denn es waren nach seiner Auffassung vor allem die kommunale Selbstverwaltung und der Föderalismus, die zu Fehlentwicklungen oder – wie er es damals nannte – zur „Zersplitterung" in der Elektrizitätswirtschaft führten. Die Gebietsabsprache, die zum Beispiel die westfälischen Kommunen 1907 dem RWE abgerungen hatten, um die Expansion des Stromkonzerns zu bremsen, war in seinen Augen ein „Monopol des Stillstandes".[227] Schacht

223 Rüstow: Aussprache, S. 69.

224 Vgl. Amemiya: Neuer Liberalismus und Faschismus, S. 173–195; Bähr: Recht der staatlich organisierten Wirtschaft, S. 445–468; Abelshauser: Modernisierung oder institutionelle Revolution, S. 24–26.

225 Vgl. Verordnung über Mitteilungspflicht in der Energiewirtschaft, 30.6.1934, in: RGBl. 1934, Teil 1, S. 765–766.

226 Vgl. Schacht, H.: Elektrizitätswirtschaft, in: Preußische Jahrbücher 134 (1908), S. 84–114. Schacht äußerte sich während der Wirtschaftskrise und später als Reichswirtschaftsminister wiederholt zu den elektrizitätspolitischen Problemen. Die Äußerungen zeigen, dass er seinen wirtschaftspolitischen Standpunkt nicht grundsätzlich änderte. Vgl. Schacht, H.: Grundsätze deutscher Wirtschaftspolitik, Oldenburg 1932, S. 27–28; Rede des Reichswirtschaftsministers Schacht auf der Jahrestagung der Wirtschaftsgruppe Elektrizitätsversorgung in Saarbrücken, in: EW 34 (1935), S. 621–624. Eine ausführliche Schilderung über Schachts Rolle beim Gesetzgebungsverfahren liefert Stier: Staat und Strom, S. 443–456.

227 Schacht: Elektrizitätswirtschaft, S. 104.

hätte die Fusion der beiden Versorgungsgebiete, über die zuletzt während der Wirtschaftskrise infolge der Liquiditätsprobleme der VEW mit einem ergebnislosen Ausgang verhandelt worden war, begrüßt. Man kann auch davon ausgehen, dass er der Kooperation, wie sie sich mit der AG für Deutsche Elektrizitätswirtschaft – an der auch die westfälischen Kommunen mit ihrem Versorgungsunternehmen beteiligt waren – abzeichnete, eher skeptisch gegenüberstand. Ungeachtet dessen war es nach seiner Auffassung zumindest unbedingt notwendig, dass das Reich eine einheitliche Energieaufsicht einführen und dafür Sorge tragen sollte, damit der Ausbau der Elektrizitätswirtschaft in „rationeller, die billigste Erzeugung elektrischer Energie ermöglichende Weise" erfolgte.[228] Ein Kraftwerksbetreiber, der nicht freiwillig den netztechnischen Zusammenschluss mit konkurrierenden Werken vornahm und zudem noch darauf bestand, unwirtschaftliche Anlagen mit überhöhten Strompreisen am Netz zu halten, sollten mit einem „Machtwort von oben" zum Einlenken bewegt werden.[229] Das Energiewirtschaftsgesetz vom 13. Dezember 1935 gab dem Staat erstmals die erforderlichen Befugnisse für derartige Eingriffe. Diese beschränkten sich nicht mehr nur auf die öffentliche Stromversorgung, sondern konnten auch auf die Besitzer von Eigenanlagen ausgeweitet werden.[230] Der einheitliche Ordnungsrahmen sei notwendig, so hieß es in der amtlichen Begründung, damit der Staat eine „möglichst wirtschaftliche Produktion", eine „möglichst soziale Verteilung" und die „möglichste Sicherstellung der Energieversorgung" gewährleisten konnte.[231]

Das Gesetz leitete keine Neuordnung der Energiewirtschaft ein, da das Eigentum an den Betrieben und die privatrechtlichen Gebietsabsprachen unangetastet blieben. Gerold Ambrosius hat mit Recht darauf hingewiesen, dass trotz der Gleichschaltung der Länder die landeseigenen Elektrizitätswerke wie die Preußenelektra, das Badenwerk oder das Bayernwerk unangetastet blieben und lediglich dem reichseinheitlichen Ordnungsrahmen unterstellt wurden.[232] Das galt auch für die von den Kommunen beherrschten Versorgungsunternehmen wie das RWE, die VEW und die unzähligen kleineren Stadtwerke. Mit dem Regulierungsinstrumentarium hatte der Staat die Möglichkeit, die in der Energieversorgung tätigen Unternehmen

---

228 Ebd., S. 108.

229 Ebd., S. 110.

230 Vgl. Gesetz zur Förderung der Energiewirtschaft, 13.12.1935, in: RGBl. 1935, Teil I, S. 1451–1457. Der Reichswirtschaftsminister konnte nach § 4 Abs. 4 die Mitteilungs- und Anzeigepflicht auf Eigenanlagen ausdehnen. Die Ausweitung der Investitionskontrolle erfolgte bereits mit der Ersten Durchführungsverordnung, 26.10.1936, in: RGBl. 1936, Teil I, S. 930. Mit der Dritten Durchführungsverordnung von 11.1938 wurde die Untersagungsbefugnis offiziell auch auf die Eigenanlagenbesitzer ausgedehnt, in: RGBl. 1938, Teil I, S. 1612.

231 Begründung zum Energiewirtschaftsgesetz, in: Die Elektrizitätswirtschaft im Deutschen Reich, Berlin 1937, S. 76.

232 Vgl. Ambrosius: Was war eigentlich nationalsozialistisch an den Regulierungsansätzen, S. 55.

zu kontrollieren, ohne dass das Reich die Betriebe in seinen Besitz überführen musste – was in der Vergangenheit häufig als die einzige Option diskutiert worden war. Der Ordnungsrahmen steckte für die Unternehmen ein bestimmtes, als zulässig erachtetes Marktverhalten ab und gab dem Staat die Befugnis, bestehende privatrechtliche Verträge für ungültig zu erklären, falls diese mit den übergeordneten wirtschaftspolitischen Zielen nicht vereinbar waren.

Es ist nicht übertrieben zu behaupten, dass das Energiewirtschaftsgesetz in der zeitgenössischen Betrachtung als innovativer Ordnungsansatz verstanden wurde. Das gilt vor allem für die reformliberalen Nationalökonomen und Juristen der Freiburger Schule, die das ordnungspolitische Denken in den 1930er Jahren systematisch weiterentwickelten. Franz Böhm wies bereits im ersten Heft der Schriftenreihe „Ordnung der Wirtschaft", die ab 1937 das bedeutendste Publikationsorgan der Ordoliberalen war, auf die „Hauptgefahren der Sozialisierung" hin. Die Leiter von Staatsbetrieben seien „erfahrungsgemäß Monopolpreisen so wenig abgeneigt, wie private Unternehmer". Die größte Gefahr sei, dass den Managern eines Staatsunternehmens in der Person des Finanzministers oder des Oberbürgermeisters leicht ein „überaus mächtiger Helfer" zur Seite stehe, denn der Staat sei als Inhaber des Betriebes an einer Preis- und Marktpolitik interessiert, „die er mit Recht missbilligen und bekämpfen würde, sobald sie von der Privatwirtschaft angestrebt werden würde".[233] Böhm nahm in seinen Ausführungen unverkennbar Bezug auf die Verhältnisse, die während der Weimarer Republik vorgeherrscht hatten. Er ging in seinen Überlegungen über das Monopolproblem in den netzgebundenen Wirtschaftsbereichen jedoch nicht so weit zu behaupten, dass die Monopolstellung der Versorgungsbetriebe mit rechtlichen Mitteln unterbunden werden konnte, „ohne dass zugleich auch das System zerstört wird". Die Leitungsmonopole waren in rechtlich „einwandfreier Weise" entstanden. Es gab daher keine andere Möglichkeit, als dass der Staat den Marktakteuren „das freie wirtschaftliche Selbstbestimmungsrecht nimmt und sie seiner unmittelbaren Marktaufsicht unterstellt".[234] Die „Beschränkung der tauschwirtschaftlichen Bewegungsfreiheit, der Kontrahierungszwang, behördliche Kontrolle der Produktion, der Verteilung und insbesondere der Preise und Geschäftsbedingungen" waren für Böhm unverzichtbare Elemente der elektrizitätswirtschaftlichen Ordnung.[235] Das Energiewirtschaftsgesetz griff genau diese Punkte auf und es überrascht daher nicht, dass die Protagonisten des neuen Liberalismus die so geschaffene Ordnung der Energiewirtschaft als wegweisend betrachteten. Leonhard Miksch bezeichnete das Gesetz in seiner Schrift über die „Grundsätze einer Wettbewerbsordnung", die in der erwähnten Schriftenreihe der Freiburger

233 Böhm, F.: Die Ordnung der Wirtschaft als geschichtliche Aufgabe und rechtsschöpferische Leistung (= Ordnung der Wirtschaft 1), Berlin 1937, S. 172–173.

234 Ebd., S. 142.

235 Ebd., S. 33.

Schule erschien, als einen „erfolgversprechend[en] Versuch“, die für diesen Wirtschaftszweig angemessene Marktverfassung der „gebundenen Konkurrenz“ durchzusetzen.[236] Er leitete die Notwendigkeit der staatlichen Marktaufsicht aus der Theorie der unvollkommenen Märkte ab. Die unvollständige Konkurrenz, die in der Elektrizitätswirtschaft durch das „natürliche Monopol“ im Bereich der Stromlieferung – nicht dagegen in der Stromerzeugung – bedingt sei, erfordere einen Ordnungsrahmen der staatlich gebundenen Konkurrenz.[237]

Sowohl Miksch als auch Böhm verbanden mit der Einrichtung der staatlichen Marktaufsicht eine konkrete Vorstellung, nach welchen Grundsätzen die wirtschaftspolitischen Maßnahmen zu treffen seien. Der Staat habe die Aufgabe, eine „gute und produktive Ordnung“ zu verwirklichen, und es gab in ihren Augen nur den freien Markt, der zu diesem Ziel führte.[238] Da aber auf vielen Märkten tatsächlich kein vollständiger Wettbewerb vorherrsche, stelle sich die Frage, wie die staatliche Kontrolle einzurichten sei, damit sich die „Marktpreise und die Marktbedingungen“ durchsetzen, die sich unter der Voraussetzung eines „idealen Wettbewerbsverlaufs“ von selbst einpendelten. Böhm forderte, die unvollkommenen Märkte der „unmittelbaren autoritären Lenkung des Staates“ zu unterstellen, damit dieser unabhängig von den Interessen einzelner Wirtschaftsgruppen sicherstellen könne, dass die Marktkräfte zum Tragen kamen. [239] Der Staat solle demnach mit einer Härte durchgreifen, „die der in Freiheit organisierte Markt von selbst“ anwenden würde.[240] In der Elektrizitätswirtschaft sollte der Staat also aufgrund der spezifischen Marktverhältnisse als „Platzhalter des Wettbewerbs“ einspringen. Dabei solle sich die Wirtschaftspolitik zum Ziel setzen, den Preisbildungsprozess des vollständigen Wettbewerbs „hypothetisch nachzukonstruieren“, so dass die Preise keinen Monopolzuschlag enthielten.[241]

Das war der Kern der „Wirtschaftspolitik des Als-Ob“, die bereits in den 1930er Jahren zum Leitmotiv des wirtschaftspolitischen Denkens der Ordoliberalen wurde.[242] Man kann daraus schlussfolgern, dass sie zum Beispiel die Finanzzuschläge für Tarifabnehmer, die von den Stadtwerken, aber auch von Stromkonzernen wie

236 Miksch, L.: Wettbewerb als Aufgabe. Die Grundsätze einer Wettbewerbsordnung (Ordnung der Wirtschaft 4), Berlin 1937, S. 106.

237 Vgl. Ebd., S. 24–27.

238 Böhm: Ordnung der Wirtschaft, S. 161.

239 Ebd., S. 162.

240 Miksch: Wettbewerb als Aufgabe, S. 76.

241 Böhm: Ordnung der Wirtschaft, S. 162.

242 Miksch, L.: Die Wirtschaftspolitik des Als-Ob, in: Zeitschrift für die gesamte Staatswissenschaft 105 (1949), S. 310–338. Böhm forderte bereits 1937 die Festlegung der Marktbedingungen nach dem „Prinzip des „als ob“. Vgl. Böhm: Ordnung der Wirtschaft, S. 163. Siehe auch Miksch: Wettbewerb als Aufgabe, S. 75. Allgemein zu der Bedeutung dieses Prinzips für das wirtschaftspolitische Denken der Ordoliberalen vgl. Amemiya: Neuer Liberalismus und Faschismus, S. 187–190.

dem RWE häufig auf Wunsch der Stadtverwaltungen erhoben wurden, abgeschafft sehen wollten. Es wäre jedoch falsch zu behaupten, dass sie die wirtschaftliche Betätigung der Kommunen in der Stromwirtschaft grundsätzlich ablehnten. Sie vertraten vielmehr den Standpunkt, dass sich die kommunalen Regiebetriebe genauso wie die privaten Stromanbieter nach den „Spielregeln der Marktwirtschaft" – wie es Müller-Armack später formulierte – verhalten und ihre Anlagen spätestens dann vom Netz nehmen sollten, wenn diese die Stromversorgung nicht zu konkurrenzfähigen Preisen gewährleisten konnten.[243] Der Markteintritt eines neuen Stromanbieters nach Ablauf des alten Konzessionsvertrages oder die Übernahme eines Versorgungsgebietes durch ein konkurrierendes Unternehmen sollte durch Gebietsabsprachen nicht verhindert werden, wenn der neue Anbieter den Strom aufgrund von technischen und organisatorischen Innovationen tatsächlich günstiger liefern konnte. Das gleiche Prinzip sollte auch im Hinblick auf die Eigenanlagen der Industrie gelten. Die Industriekraftwerke hatten demnach eine Existenzberechtigung, solange sie den Strom – etwa durch die Verwertung von während der Produktion anfallenden Abfallenergien – billiger erzeugten als die öffentlichen Stromanbieter. Der Staat war auch in dieser Beziehung angehalten, darauf zu achten, dass sich die industrielle Kraftwirtschaft ungestört von den Gebietsabsprachen entfalten konnte und den Industriebetriebe die Stromdurchleitung über die öffentlichen Leitungsnetze, sofern diese bereits vorhanden waren, zu angemessenen Benutzungsgebühren ermöglicht wurde, damit die Errichtung von unnötigen Stromleitungen vermieden werden konnte.

2.3.2 Der Kompetenzstreit um die Energieaufsicht

Wenn hier behauptet wird, dass mit dem Energiewirtschaftsgesetz ein Ordnungsrahmen etabliert wurde, der den Vorstellungen der reformliberalen Denkschule entsprach, so ist damit noch nicht gesagt, dass die wirtschaftspolitischen Maßnahmen, die der NS-Staat in den darauf folgenden Jahren einleitete, ausnahmslos im Sinne des liberalen Interventionismus zu interpretieren sind. Bereits Böhm wies ausdrücklich darauf hin, dass die Wirtschaft mit der neuen Rüstungspolitik, die spätestens im Oktober 1936 mit der Einrichtung der Vierjahresplanbehörde in den Vordergrund rückte, in einem „Ausnahmezustand" eintrat, der außerordentliche Maßnahmen erforderte.[244] Die Anordnungen, die Göring als Beauftragter des Vierjahresplanes „ohne Rücksicht auf Rentabilitätsgesichtspunkte" traf und die somit von der „normalen Entwicklung" abwichen, um aus nationalen und rüstungspolitischen Gründen bestimmte Wirtschaftszweige zu fördern, entsprachen nicht der von

243 Müller-Armack, A.: Wirtschaftslenkung und Marktwirtschaft, Hamburg 1947, S. 124–126.
244 Böhm: Ordnung der Wirtschaft, S. 88–89.

ihm geforderten Zielsetzung der staatlichen Intervention.[245] Die Einführung der Wettbewerbsordnung für die Energiewirtschaft bedeutete natürlich auch nicht, dass sich die Unternehmen danach stromlinienförmig dem Primat des Staates unterordneten und die Machtkämpfe der Interessengruppen, die bis 1933 die elektrizitätspolitische Debatte bestimmt hatten, nun plötzlich von der Bildfläche verschwanden.[246]

Im Gegenteil, es kam bereits im Vorfeld des Gesetzerlasses zu heftigen Auseinandersetzungen, bei denen die altbekannten Fronten wieder aufeinanderprallten. In der historischen Forschung ist dieser Konflikt bislang fast ausschließlich mit Blick auf die öffentliche Stromversorgung beleuchtet worden. [247] Im Fokus steht dabei auf der einen Seite vor allem der Interessengegensatz zwischen den Städten und Gemeinden, die am eigenen Stadtwerk festhielten und die Vorzüge der dezentralen Stromversorgung unterstrichen. Die Argumente, die sie gegen die Stromkonzerne hervorbrachten, waren häufig kaum noch von der Kritik zu unterscheiden, die vom gegen das Großkapital eingestimmten Parteiflügel der NSDAP kam.[248] Auf der anderen Seite standen die Manager der an der AG für Deutsche Elektrizitätswirtschaft beteiligten Großversorger, die sich für eine stärkere Zentralisierung einsetzten und davon überzeugt waren, dass die Konzentration gewissen Gesetzmäßigkeiten folgte und weiter voranschreiten würde. Kommunalpolitiker und die dem Mittelstand nahestehenden Ingenieure, die sich gegen diese Entwicklung stellten, verfügten in ihren Augen über einen mangelnden Sachverstand. Die industriellen Kraftwerksbetreiber, die immerhin gut 40 Prozent der in den offiziellen Statistiken ausgewiesenen Stromerzeugungsanlagen in ihrem Besitz hielten und für eine – so könnte man es bezeichnen – dezentrale Stromversorgung standen, wurden in der zeitgenössischen Debatte und später auch in der historischen Forschungsliteratur aus kaum zu erklärenden Gründen vollständig ausgeblendet.[249] Solch eine einseitige

245 Ebd., S. 161–162. Der Ausbau der Stromwirtschaft im Rahmen der Rüstungspolitik wird in Kapitel 3.1. ausführlich behandelt.

246 Plumpe, W.: Unternehmen im Nationalsozialismus. Eine Zwischenbilanz, in: Abelshauser, W. u.a. (Hrsg.): Wirtschaftsordnung, Staat und Unternehmen, Essen 2003, S. 251.

247 Vgl. Hellige: Entstehungsbedingungen und Langzeitwirkungen, S. 124–138; Maier, H.: „Nationalwirtschaftlicher Musterknabe“ ohne Fortune. Entwicklung der Elektrizitätspolitik und des RWE im „Dritten Reich“, in: Ders. (Hrsg.): Elektrizitätswirtschaft zwischen Umwelt, Technik und Politik, Freiberg 1999, S. 129–166; Ludwig, K.-H.: Technik und Ingenieure im Dritten Reich, Düsseldorf 1974, S. 176–182; Matzerath, H.: Nationalsozialismus und kommunale Selbstverwaltung, Berlin 1970, S. 394–402; Stier: Staat und Strom, S. 447–456.

248 Vgl. Endrucks, B./Lembrecht, H./Willing, W.: Bericht über Aufgaben in der Elektrowirtschaft. Unterkommission IIIB der Politischen Zentralkommission der NSDAP, Berlin 1933.

249 Eine begrüßenswerte Ausnahme, obwohl mit einem sehr eng definierten Untersuchungsfokus, ist Döring, P.: Steinkohlenverstromung. Die Auseinandersetzung zwischen der Elektrizitätswirtschaft und dem Ruhrbergbau in den Jahren 1933 bis 1951, in: Rasch, M./Bleidick, D. (Hrsg.): Technikgeschichte für das Ruhrgebiet, Essen 2004, S. 518–543. Wenig überzeugend und nicht stichhaltig dagegen Faridi, A.: Der regulierende Eingriff des Energiewirtschaftsgesetzes in den Wettbewerb

Betrachtung führt natürlich leicht zu Fehleinschätzungen hinsichtlich der Interessenkonstellationen und Machtverhältnisse, die in der deutschen Elektrizitätswirtschaft vorherrschten. Nach der herkömmlichen Lesart wurden die großen Stromkonzerne durch das Gesetz bevorzugt, so dass diese unter der nationalsozialistischen Herrschaft nicht nur die Stadtwerke weiter zurückdrängen konnten, sondern vor allem auch die Konkurrenz der industriellen Kraftwirtschaft. Was dabei allerdings selten erwähnt wird, ist die Tatsache, dass der Anteil der industriellen Stromerzeugung zwischen 1933 und 1942 von 43,3 Prozent auf gerade einmal 40,7 Prozent zurückging und der Abwärtstrend damit im Vergleich zur Entwicklung in den anderen westlichen Industrieländern deutlich schwächer ausgeprägt war.[250]

Man muss die industriellen Kraftwerksbetreiber und ihre Beziehungen zu den großen Stromversorgern in die Betrachtung einbeziehen, um die Entstehungsbedingungen des Energiewirtschaftsgesetzes richtig einschätzen zu können. Die Verhandlungen über die Neuordnung der Energiewirtschaft wurden im Sommer 1933 neu aufgenommen. Das Reichswirtschaftsministerium, das zu diesem Zeitpunkt unter der Leitung von Kurt Schmitt stand, wandte sich an die AG für Deutsche Elektrizitätswirtschaft, die ein Gutachten über die notwendigen Maßnahmen zur Förderung der Elektrizitätswirtschaft erstellen sollte.[251] Zu den Sachverständigen gehörten neben Arthur Koepchen vom RWE weitere Vorstandsmitglieder der Preußenelektra, der Bayernwerke und der Reichselektrowerke. Auch der Deutsche Industrie- und Handelskammertag wurde aufgefordert, Material zu sammeln, das als Grundlage für die anstehenden wirtschaftspolitischen Maßnahmen dienen sollte.[252] Dieser leitete daraufhin im August eine Umfrage in die Wege, die in den nächsten Monaten zu einer Reihe weiterer Stellungnahmen führte. Die Vorschläge, die auf diese Weise aus der Wirtschaft kamen, können an dieser Stelle nicht im Einzelnen kommentiert werden. Die Äußerungen, die bei der Handelskammer Dortmund eingingen, verdienen allerdings eine nähere Betrachtung, da sie stellvertretend für solche Bezirke gesehen werden können, in denen die industrielle Kraftwirtschaft eine zentrale Rolle spielte. Es gab hier neben der üblichen Kritik an der undurchsichtigen Preisgestaltung und den unvorteilhaften Lieferbedingungen, die vor allem von den mittelständischen Betrieben erhoben wurde, die klare Forderung von Seiten der Schwerindustrie, dass die freie Entfaltung der industriellen Kraftwirtschaft durch Gesetzesmaßnahmen nicht behindert werden sollte. Jeder Industrielle müsse „das

---

zwischen öffentlicher und industrieller Stromerzeugung in den 30er Jahren, in: ZUG 49 (2003), S. 173–197.

250 Vgl. Tabelle 1 in Kapitel 2.1.

251 Vgl. AG für Deutsche Elektrizitätswirtschaft: Gutachten über die in der Deutschen Elektrizitätswirtschaft zur Förderung des Gemeinnutzes notwendigen Maßnahmen, Berlin 1933.

252 Vgl. Rundschreiben des DIHT betr. Neuregelung der Elektrizitätswirtschaft, 28.8.1933, in: Ebd.

Recht behalten, sich selbst den günstigen Weg seiner Energieversorgung auszusuchen". Eine große Anzahl von Betrieben, so die Begründung, könne den Strom durch Verwertung der Abfallprodukte und Kopplung von Wärme- und Krafterzeugung billiger produzieren als die öffentlichen Stromanbieter, weshalb ihnen die Möglichkeit nicht genommen werden solle, die Stromerzeugungsanlagen für die Eigenversorgung weiter auszubauen.[253] Die Vereinigten Stahlwerke formulierten es noch eindringlicher und behaupteten, dass eine staatliche Kontrolle „nur hindernd und schädlich wirken" würde. Die staatliche Regelung der öffentlichen Elektrizitätswirtschaft betrachtete der Stahlkonzern dagegen als „wünschenswert".[254]

Die Sachverständigen aus dem Kreis der großen Stromversorger, die in der industriellen Kraftwirtschaft einen ihrer stärksten Konkurrenten hatten, vertraten einen ähnlichen Standpunkt. Es wird häufig übersehen, dass sie zwar eine Investitionskontrolle forderten, damit der Reichswirtschaftsminister an Stelle der Stadtverwaltungen und der Landesregierungen die Befugnis übernahm, die Errichtung neuer oder die Erweiterung bestehender Anlagen zu untersagen, doch sie sprachen sich gleichzeitig dafür aus, die Kontrolle auf die Betriebe der öffentlichen Stromversorgung zu beschränken. Sie wiesen in ihren Empfehlungen ausdrücklich darauf hin, dass der Industrie „die Bewegungsfreiheit nicht geraubt werden" solle.[255] Mit Blick auf die engen Beziehungen, die zwischen dem RWE und den Vereinigten Stahlwerken bestanden, liegt die Vermutung natürlich nahe, dass diese Formulierung vor allem auf Drängen von Koepchen Eingang in das Gutachten fand. Man kann zumindest davon ausgehen, dass er kein Interesse hatte, staatliche Eingriffe gegen den Stahlkonzern gutzuheißen und sich danach im Aufsichtsratspräsidium die Kritik von Albert Vögler und Fritz Thyssen anzuhören. Die erwähnte Verordnung über die Mitteilungspflicht in der Energiewirtschaft, die Mitte 1934 erlassen wurde und sich auf die öffentlichen Versorgungsbetriebe beschränkte, dürfte ihren Vorstellungen entsprochen haben.

Wenn die Investitionskontrolle ein gutes Jahr später durch das Energiewirtschaftsgesetz auch auf die industriellen Kraftwerksbetreiber ausgeweitet wurde, so ist diese Entwicklung nicht auf irgendeine Empfehlung der Stromkonzerne zurückzuführen. Das Gesetzgebungsverfahren wurde, nachdem Schacht mit der Leitung des Reichswirtschaftsministeriums beauftragt worden war, neu aufgerollt. Er ging mit Entschlossenheit daran, eine umfassende staatliche Kontrolle für die Energiewirtschaft durchzusetzen. Der Umstand, dass Schacht sich dafür einsetzte, die staatliche Energieaufsicht auch auf die Eigenanlagenbesitzer auszudehnen, bedeutet nicht – wie gelegentlich behauptet worden ist – dass er die Absicht hatte, die öffent-

253 IHK-Dortmund betr. Neuregelung der Elektrizitätswirtschaft, 17.10.1933, in: Ebd.

254 VSt an IHK-Dortmund, 14.9.1933, in: Ebd.

255 AG für Deutsche Elektrizitätswirtschaft: Gutachten über die in der Deutschen Elektrizitätswirtschaft zur Förderung des Gemeinnutzes notwendigen Maßnahmen, Berlin 1933, S. 13.

lichen Stromkonzerne auf Kosten der industriellen Stromerzeugung zu fördern.[256] Er war der Auffassung, dass die Eigenanlagen der Industrie „Anspruch auf Bestand" hatten, solange sie den Strom günstiger als die öffentlichen Stromanbieter erzeugen konnten. Der Kampf gegen die Selbstversorgungsanlagen der Industrie war in seinen Augen „unangebracht", wenn die öffentlichen Netzbetreiber konkurrenzfähige Anlagen der Industrie mit Hilfe ihres Leitungsmonopols zu verdrängen versuchten.[257] Er wollte die staatliche Kontrolle auf sein Ressort konzentrieren, um die ihm vorschwebende Wirtschaftspolitik, die man als liberalen Interventionismus bezeichnen könnte, möglichst ungehindert umsetzen zu können. Schacht kündigte noch im Herbst 1935 auf der Jahrestagung der Wirtschaftsgruppe Elektrizitätsversorgung an, dass er den „Luxus von Eigenbrötelei und Unwirtschaftlichkeit" nicht länger dulden wolle. Das Wirtschaftsministerium würde die Leitung in der Energieaufsicht übernehmen und das wirtschaftliche „Zusammenarbeiten" der Kraftwerke fördern, um eine möglichst billige und sichere Stromversorgung zu erreichen.[258]

Schacht überschätzte jedoch maßlos seine Einfluss- und Gestaltungsmöglichkeiten im Machtgefüge der Regierung Hitler. Wilhelm Frick, der als Reichsminister des Inneren für die oberste Kommunalaufsicht zuständig war, stellte sich entschieden gegen die Pläne des Wirtschaftsministers, der unter den Kommunalpolitikern schon allein aufgrund seiner wiederholten Kritik gegen die Städte und Gemeinden geradezu reflexartig Abwehrreaktionen hervorrief. Dabei war es nicht so, dass in Kreisen der Kommunalpolitik kein Problembewusstsein über die Mängel bestand, die bei den kommunalen Betrieben spätestens während der Wirtschaftskrise durch die „Vermengung haushaltswirtschaftlicher und betriebsfinanzieller Gesichtspunkte" deutlich sichtbar geworden waren.[259] Die Stellungnahme, die der Deutsche Gemeindetag in die Ordnungsdebatte einbrachte, wies bei allen Unterschieden erstaunlich viele Parallelen zum Gutachten der Stromkonzerne auf. Der Transaktionskosten erhöhende „Kettenhandel", die Finanzzuschläge und die inkonsequente „Auslese" unwirtschaftlicher Kraftwerke waren Punkte, die eben nicht nur von den Managern der großen Versorgungsunternehmen bemängelt wurden.[260] Daran wird deutlich, dass die Krisenerfahrung auch unter den Kommunalpolitikern ein verstärktes Suchen nach Lösungsansätzen ausgelöst hatte. Es war vor diesem

---

256 Vgl. Hellige: Entstehungsbedingungen und Landzeitwirkungen, S. 134.

257 Rede des Reichswirtschaftsministers Schacht auf der Jahrestagung der Wirtschaftsgruppe Elektrizitätsversorgung in Saarbrücken, in: EW 34 (1935), S. 622.

258 Ebd.

259 Vgl. Vorbericht betr. Finanzzuschläge und Tarifpolitik der gemeindlichen Versorgungsbetriebe für die Sitzung des Ausschusses für gemeindliche Versorgungsbetriebe am 16.11.1934, in: LA Berlin B Rep. 142–421 Nr. 61 Bd. II.

260 Vgl. Die Neugestaltung der deutschen Elektrizitätswirtschaft. Vorschläge des Deutschen Gemeindetage für eine planmäßige Fortentwicklung unter einheitlicher Führung, Berlin 1934, in: BA R 11 Nr. 1559.

Hintergrund sicherlich auch kein Zufall, dass die Deutsche Gemeindeverordnung von 1935 die Grundsätze für die wirtschaftliche Betätigung der Kommunen einzuschränken versuchte. Der § 67 bestimmte, dass die Städte und Gemeinden in Zukunft nur dann Betriebe neu errichten oder erweitern durften, wenn „der Zweck nicht besser und wirtschaftlicher durch einen anderen erfüllt wird oder erfüllt werden kann".[261] Die Entscheidung aber, ob ein städtisches Elektrizitätswerk neu errichtet, erweitert oder aufgegeben werden sollte, wollten Innenminister Frick und Reichsleiter Karl Fiehler, der als Münchner Oberbürgermeister das NS-Hauptamt für Kommunalpolitik und den Deutschen Gemeindetag leitete, jedoch nicht einem Wirtschaftsminister überlassen, der sich in den zurückliegenden Jahren mehrfach kritisch über die Kommunalwirtschaft geäußert hatte.[262]

Der Reichsinnenminister und der Deutsche Gemeindetag stellten sich gegen Schacht, weil sie befürchteten, dass dieser mit den erweiterten Eingriffsbefugnissen, die das Energiewirtschaftsgesetz im Vergleich zur Mitteilungsverordnung vorsah, die städtischen Elektrizitätswerke dadurch noch mehr in Bedrängnis bringen würde. Wenn sie im Gegensatz dazu die Vorzüge der dezentralen Stromversorgung – in der Kommunalpolitik wurde diese Bezeichnung hauptsächlich im Zusammenhang mit den Stadtwerken verwendet – hervorhoben, so war das noch kein Anzeichen dafür, dass sie etwa die Reichsaufsicht über die kommunalen Regiebetriebe ablehnten. Sie vertraten nicht den Standpunkt, dass die Stadtverwaltungen nach eigenem Ermessen über die Stromversorgung ihres Stadtgebietes entscheiden sollten.[263] Bei der Auseinandersetzung handelte es sich in erster Linie um Kompetenzstreitigkeiten zwischen den Reichsbehörden und den ihnen untergeordneten Selbstverwaltungsorganen, die in energiewirtschaftlichen Angelegenheiten ein Mitspracherecht forderten. Innenminister Frick und Reichsleiter Fiehler nutzten ihre Verbindungen zum Stellvertreter des Führers, Rudolf Heß, um sich in das Gesetzgebungsverfahren einzubringen.[264] Sie konnten auf diese Weise verhindern, dass sich Schacht mit seinen Plänen durchsetzte und den von ihm beabsichtigten wirtschaftspolitischen Kurs unbehelligt umsetzte. Die Auseinandersetzung führte im Ergebnis dazu, dass der Reichswirtschaftsminister im Dezember 1935 zwar die Aufsichtsbefugnisse zuge-

---

261 Vgl. Deutsche Gemeindeordnung, 30.3.1935, in: RGBl. Teil I, S. 49–64. In den nächsten Jahren folgten weitere Verordnungen, die das Management der kommunalen Regiebetriebe stärker nach betriebswirtschaftlichen Gesichtspunkten ausrichteten. Vgl. Rücklagenverordnung, 5.5.1936, in: RGBl. 1936, Teil I, S. 435–438; Eigenbetriebsverordnung, 21.11.1938, in: RGBl. 1938, Teil 1, S. 1650–1660.

262 Vgl. Stier: Staat und Strom, S. 452–453.

263 Vgl. Bemerkungen zur Kabinettsvorlage „Reichsenergiewirtschaftsgesetz" als Anhang zum Schreiben des DGT an Chef der Reichskanzlei (Lammers), 10.10.1935, in: BA R 43 II/343.

264 Für eine ausführliche Darstellung der Beziehung des Hauptamtes für Kommunalpolitik, des Deutschen Gemeindetages und des Reichsinnenministeriums zum Stab Heß vgl. Matzerath: Nationalsozialismus und kommunale Selbstverwaltung, S. 197–228, 398–401.

sprochen bekam, Maßnahmen, die auch die Energieversorgung der Gemeinden und Gemeindeverbände berührten, jedoch nur im „Einvernehmen“ mit der obersten Kommunalaufsichtsbehörde durchführen konnte.[265] Was auf den ersten Blick als gelungener Kompromiss erscheinen mag, war in Wirklichkeit eher Ausdruck der Schwierigkeit, eine für die Energiewirtschaft erforderliche Aufsichts- und Verwaltungsbehörde mit klaren Zuständigkeitsbereichen einzurichten. So hatte der Reichsinnenminister im Eifer des Gefechts und auf Drängen des Deutschen Gemeindetages bereits im August die Kommunen angewiesen, keine neuen Konzessionsverträge mehr abzuschließen, ohne vorher die Aufsichtsbehörde zu informieren.[266]

Der so genannte Beratungserlass sollte verhindern, dass die Gemeinden ohne genaue Prüfung langfristige Verträge abschlossen oder aus akuter Finanznot ihre Stadtwerke veräußerten. Die Oberbürgermeister wurden verpflichtet, vor der Aufnahme neuer Vertragsverhandlungen ein Gutachten von Sachverständigen, die der Deutsche Gemeindetag auswählte, einzuholen. Dieses Vorgehen sei geboten, so die Begründung, weil der Konzessionsvertrag sich über mehrere Jahrzehnte erstreckte und viele Gemeindeleiter nicht über die Sachkenntnisse verfügten, um die Tragweite und Risiken derartig langfristiger Bindungen angemessen einzuschätzen. Das galt vor allem für die kleinen und mittleren Gemeinden, die häufig eine schwache Verhandlungsposition gegenüber den großen Elektrizitätswerken einnahmen. Die Großversorger handelten tagtäglich Konzessionsverträge aus und verfügten über erfahrene Sachbearbeiter, die sich mit elektrotechnischen und vertragsspezifischen Sachverhalten gut auskannten. Die Befürchtung, dass Stromkonzerne wie das RWE einzelne Gemeindeleiter leicht übervorteilen könnten, war nicht unbegründet. Die Elektrizitätswerke hatten allein schon deshalb einen starken Anreiz, den Konzessionsvertrag für einen längeren Zeitraum, als für die Amortisation der aufzubringenden Investitionskosten angemessen war, abzuschließen, um die Stromversorgung im jeweiligen Gebiet möglichst langfristig gegen einen potenziellen Konkurrenten abzuschirmen.[267] Die 25- bis 30-jährige Konzessionsfrist war eine Minimalforderung der Stromversorger, die nicht darüber hinwegtäuschen sollte, dass sie häufig deutlich längere Vertragsfristen durchzusetzen versuchten. Es gab also durchaus nachvollziehbare Gründe, wenn die Kommunalaufsichtsbehörde darauf aufmerksam machte, dass die Vertragsdauer in einem angemessenen Verhältnis zum Kapitalaufwand stehen und überhaupt darauf geachtet werden sollte, die Anpassungs- und die Heimfallklauseln zu spezifizieren.[268]

Der Beratungserlass und das Energiewirtschaftsgesetz erweiterten den Aufgabenbereich der wirtschaftlichen Selbstverwaltungsorganisationen, die unter der

265 § 1 Abs. 2 des EnWiG.
266 Vgl. Runderlass des Reichsministers des Inneren vom 15.8.1935, in: MBliV. 1935, Sp. 1035–1038.
267 Vgl. Williamson: Franchise Bidding for Natural Monopolies, S. 79–83.
268 Vgl. die Hinweisen für den Abschluss von Verträgen, in: MBliV. 1935, Sp. 1039.

nationalsozialistischen Herrschaft in die Vorbereitung, Durchführung und Überwachung der staatlichen Vorgaben eingebunden wurden.[269] Schacht wies ausdrücklich darauf hin, dass er „an Stelle eines neuen Verwaltungsaufbaus die Selbstverwaltungsorganisationen der deutschen Energiewirtschaft" für die Handhabung des Gesetzes heranziehen wolle.[270] Die amtliche Begründung des Gesetzes wies dann auch explizit darauf hin, dass der Aufbau eines neuen „bürokratischen Verwaltungsapparates" möglichst vermieden und die Verbandsorganisationen der Wirtschaft eingespannt werden sollten.[271] Auf dem Gebiet der Stromversorgung fiel diese Aufgabe in erster Linie der 1892 gegründeten Vereinigung der Elektrizitätswerke zu, die im Oktober 1934 in Wirtschaftsgruppe Elektrizitätsversorgung umbenannt und der Reichsgruppe Energiewirtschaft unterstellt wurde. Es handelte sich hierbei um keine freiheitliche Selbstverwaltung der Wirtschaft mehr, denn die Unternehmen – auch die kommunalen Regiebetriebe – waren erstens verpflichtet, sich der Wirtschaftsgruppe anzuschließen, und mussten zweitens ihr Entscheidungsverhalten nach den staatlichen Vorgaben ausrichten, wenn sie eine direkte Intervention des Staates vermeiden wollten. Carl Krecke, der dem Vorstand der Berliner Kraft- und Licht-AG (Bewag) angehörte, bekam die Leitung der Reichsgruppe übertragen und Wilhelm Zschintzsch von der in der Provinz Brandenburg angesiedelten Märkischen Elektrizitätswerk AG wurde zum Leiter der Wirtschaftsgruppe ernannt. Das RWE war in der Leitung und den Beiräten der Verbandsorganisation nicht so stark vertreten wie die staatlichen Stromversorger und einzelne Stadtwerke. Die Vertreter des RWE saßen überwiegend in den verbandsinternen Arbeitsausschüssen, wo schwerpunktmäßig elektrotechnische, juristische und betriebswirtschaftliche Einzelfragen bearbeitet wurden.[272] Die Wirtschaftsgruppe war dafür zuständig, die vom Staat geforderten Maßnahmen vorzubereiten und für eine ordnungsgemäße Durchführung zu sorgen. Währenddessen behielt sich der Reichswirtschaftsminister das Recht vor, dort zu intervenieren, wo einzelne Unternehmen sich weigerten, die „gestellte Aufgabe" erwartungsgemäß zu erfüllen.[273] Das Tätigkeitsgebiet der Wirtschaftsgruppe umfasste also neben der fachlichen Beratung und der Förderung des technischen Erfahrungsaustauschs zwischen den Unternehmen auch die Vermittlung bei Vertragsschwierigkeiten und die Begutachtung sämtlicher Investitionsvor-

269 Allgemein zu der Rolle der Wirtschaftsverbände im nationalsozialistischen Staat vgl. Barkai: Wirtschaftssystem des Nationalsozialismus, S. 110–131; Abelshauser: Modernisierung oder institutionelle Revolution, S. 26–31; Ambrosius: Was war eigentlich „nationalsozialistisch" an den Regulierungsansätzen, S. 55.

270 Schacht auf der Arbeitstagung der Wirtschaftsgruppe Elektrizitätsversorgung, 8.12.1936, in: EW 35 (1936), S. 899.

271 Begründung zum Energiewirtschaftsgesetz, S. 78.

272 Vgl. Wirtschaftsgruppe Elektrizitätsversorgung (Hrsg.): Elektrizitätswirtschaft im Deutschen Reich, Berlin 1937, S. 86–90.

273 Begründung zum Energiewirtschaftsgesetz, S. 78.

haben, die nach den Bestimmungen des Energiewirtschaftsgesetzes von den Unternehmen zur Genehmigung vorgelegt werden mussten. Wenn die Sachbearbeiter ein bestimmtes Investitionsvorhaben als bedenklich einstuften, musste ein Untersagungsverfahren eingeleitet werden. Den beteiligten Unternehmen wurde in diesem Fall nochmals die Gelegenheit gegeben, das Vorhaben zu begründen, und der Leiter der Reichsgruppe musste nach Abschluss des Verfahrens ein Gutachten für den Wirtschaftsminister erstellen. Dieser hatte die letzte Entscheidung zu treffen, wobei er auf die Empfehlungen der Reichsgruppe zurückgreifen konnte, ohne allerdings daran gebunden zu sein.[274]

Die Neuordnung der Unternehmensverbände war, sieht man einmal davon ab, dass sie ihre formale Autonomie aufgeben mussten und mit dem Energiewirtschaftsgesetz neue Arbeitsbereiche hinzukamen, keine so tief greifende Zäsur, wie es auf den ersten Blick erscheinen mag. Denn zum einen behandelte die Wirtschaftsgruppe vielfach Themen und bereitete Maßnahmen vor, die bereits von der Vereinigung der Elektrizitätswerke auf die Agenda gesetzt worden waren und die das nationalsozialistische Regime in den 1930er Jahren in seine Wirtschaftspolitik einfließen ließ. An der Umstellung des gesamten Tarifwesens, die noch ausführlich zu behandeln sein wird, wird dieser Sachverhalt besonders deutlich. Andererseits gelang es Schacht und Carl Krecke als Leiter der Reichsgruppe Energiewirtschaft jedoch nicht, die Wirtschaftsgruppe als alleinige Vertretung der deutschen Elektrizitätsversorgung zu etablieren. Bereits der Widerstand, der sich in der Kommunalwirtschaft formierte, brachte diesen Versuch zu Fall.[275] Für die Stadtwerke bestand zwar die Pflichtmitgliedschaft, doch eine Gleichschaltung der elektrizitätswirtschaftlichen Verbände resultierte daraus noch nicht. So fanden die Mitgliedswerke der 1926 gegründeten Interessengemeinschaft kommunaler Elektrizitätswerke, die aufgelöst wurde, unter dem Dach des Deutschen Gemeindetages weiterhin Gelegenheit, ihre eigenen Interessen gegen die großen Stromversorger schlagkräftig zu verteidigen.[276] Der Gemeindetag erhob den Anspruch, die wirtschaftspolitischen Entscheidungen auf dem Gebiet der kommunalen Stromversorgung zu bestimmen und der Beratungserlass des Reichsinnenministers war ein wirksames Instrument, um der Wirtschaftsgruppe zumindest auf diesem Gebiet die Kompetenzen streitig zu machen. Der Abschluss neuer oder die Verlängerung bestehender Konzessionsver-

274 Vgl. Erlass des RWM betr. Untersagungsverfahren nach dem EnWiG, 15.10.1936, in: Wirtschaftsgruppe Elektrizitätsversorgung, Elektrizitätswirtschaft im Deutschen Reich, Berlin 1937, S. 78–79.

275 Vgl. die kritischen Äußerungen aus dem Reichswirtschaftsministerium in Richtung Reichsinnenministerium. Schacht an Frick betr. Energiewirtschaftsgesetz, 15.10.1935, in: BA R 43II/343; Vermerk von Wolfgang Pohl über die zwischen RWM und RIM auf dem Gebiet der Energiewirtschaft schwebenden Fragen, 5.12.1936, in: BA R43II/346.

276 Vgl. Rundschreiben des DGT betr. Wahrnehmung gemeindlicher Elektrizitätsinteressen, 25.11.1933, in: LA Düsseldorf RW 050–053 Nr. 523.

träge kam dadurch zwar nicht zum Erliegen, doch der Gemeindetag bestand darauf, jeden Vertrag einer eigenen Überprüfung zu unterziehen. Er achtete vor allem darauf, dass die örtlichen Mittel- und Niederspannungsnetze, die eine kaum zu überschätzende strategische Bedeutung hatten, möglichst im Besitz der Kommunen blieben. Eine Gemeinde, die nicht in der Lage war, die Investitionsmittel für die Errichtung oder Erweiterung der Stromerzeugungsanlagen aufzubringen, sollte zumindest die örtlichen Verteilungsanlagen nicht veräußern, damit sie im Stromlieferungsgeschäft bleiben konnte. Der Gemeindetag stellte sich damit – obwohl er den Kettenhandel wiederholt kritisierte – bewusst gegen die Forderung der Manager großer Versorgungsunternehmen, die der Überzeugung waren, dass die vertikale Integration der Stromverteilung „bis zur letzten Lampe" die günstigste Lösung darstelle.[277] Die selbständigen kommunalen Stromverteiler verursachten zusätzliche Transaktionskosten und versuchten aus dem Liefergeschäft möglichst hohe Gewinne zu erzielen, nicht nur um die örtlichen Stromnetze zu finanzieren, sondern vor allem auch um Überschüsse für den Stadtkämmerer zu erwirtschaften. Der Unmut über jene Stadtwerke, die sich an ihr Leitungsmonopol klammerten, ging unter den Managern soweit, dass selbst der Vorstand der VEW überlegte, ob es nicht „zweckmäßig" sein würde, den Kommunen „in Zukunft die Möglichkeit, sich selbst elektrowirtschaftlich zu betätigen", zu nehmen.[278]

Die kommunalen Spitzenverbände hatten bereits mitten in der Wirtschaftskrise erste Vorkehrungen getroffen, um den drohenden Ausverkauf der kommunalen Regiebetriebe abzuwehren und die Folgen der staatlichen Maßnahmen, die das Präsidialkabinett auf der Grundlage von Notverordnungen durchsetzte, möglichst abzufangen. Der Deutsche Städtetag, der sich mit der kommunalen Selbstverwaltung im regionalen Rahmen, wie sie sich bei der VEW oder beim RWE in Kooperation mit der Schwerindustrie herausgebildet hatte, nicht zu identifizieren vermochte, war darum bemüht, die Leistung der einzelnen Stadtwerke durch Beratung, Erfahrungsaustausch und Betriebsrevisionen zu steigern.[279] Im Kontext dieser Bestrebungen stand auch die Gründung der Wirtschaftsberatung AG (WIBERA), die der Städtetag im Dezember 1930 gemeinsam mit den kommunalen Unternehmensverbänden wie der Interessengemeinschaft kommunaler Elektrizitätswerke ins Leben rief.[280] Die WIBERA, die mehrheitlich im Besitz des Städtetages war und über einen eigenen Aufsichtsrat von den Kommunalpolitikern kontrolliert wurde, spezialisierte sich

277 Meyer, H.: Stand der energiewirtschaftlichen Arbeiten, in: Der Gemeindetag. Zeitschrift für deutsche Kommunalpolitik 29 (1935), S. 562–564.

278 VEW an IHK-Dortmund betr. Neuregelung der Elektrizitätswirtschaft, 18.9.1933, in: WWA K1 Nr. 1822.

279 Vgl. Vorbericht für Vorstandssitzung des preußischen Städtetages, 24.9.1932, in: LA Berlin Rep. 142-07-4.2.2. Nr. 2.

280 Vgl. Ziebill, O.: Geschichte des Deutschen Städtetages, Stuttgart u.a. 1955, S. 289–290.

unter anderem auch auf die kommunale Stromversorgung, unterstützte mit ihren Sachkenntnissen die Stadtverwaltungen bei Konzessionsverhandlungen mit einzelnen Elektrizitätswerken und bot den Gemeindebetrieben eine Beratung in allgemeinen betriebswirtschaftlichen Angelegenheiten an. Den Vorstandsvorsitz der Beratungsfirma übernahm Peter van Aubel, der Betriebswirtschaft bei Eugen Schmalenbach, der in Deutschland zu den einflussreichsten Persönlichkeiten seiner Fachrichtung gehörte, studiert hatte.[281] Nach dem Abschluss seiner Ausbildung war van Aubel ab 1926 mehrere Jahre bei den Vereinigten Stahlwerken in Düsseldorf beschäftigt gewesen, wo er in der Revisionsabteilung als enger Mitarbeiter von Heinrich Dinkelbach erste Berufserfahrungen gesammelt hatte.[282] Er beschäftigte sich also erst ab Anfang der 1930er Jahre intensiv mit der Kommunalwirtschaft und baute die WIBERA zu einer ansehnlichen Beratungsgesellschaft aus. Auch unter der nationalsozialistischen Herrschaft blieb sie als selbständiges Unternehmen im Besitz der Kommunen. Der Deutsche Gemeindetag, der aus der Gleichschaltung der kommunalen Spitzenverbände hervorging, fungierte nunmehr als Einzelaktionär. Er griff bei kommunalwirtschaftlichen Angelegenheiten vielfach auf die Sachkenntnisse von van Aubel und dessen Mitarbeitern zurück. Die verschiedenen Verordnungen, die das Innenministerium erließ, sorgten unter den Kommunen gleichzeitig für eine steigende Nachfrage nach Expertenwissen. Die Bedeutung der WIBERA für die Kommunalwirtschaft kann auch an der Entwicklung der angestellten Mitarbeiter abgelesen werden. Ihre Anzahl stieg zwischen 1932 und 1939 von 33 auf immerhin 196 und der Aufwärtstrend setzte sich während der Kriegswirtschaft weiter fort.[283] Für das Unternehmen erwiesen sich die unter der nationalsozialistischen Herrschaft veränderten Rahmenbedingungen insofern als ein besonders günstiges Geschäftsumfeld, denn die Kommunen durften nicht selber darüber entscheiden, ob sie das Beratungsangebot in Anspruch nehmen oder eine andere Möglichkeit wählen wollten.[284] Sie wurden von der Kommunalaufsichtsbehörde vielmehr dazu verpflichtet, eine Beratung von der WIBERA einzuholen. Der Beratungserlass von August 1935, den der Reichswirtschaftsminister gerne aufgehoben hätte und der von der Reichsgruppe wiederholt attackiert wurde, eröffnete der WIBERA damit neben anderen Aufgaben ein weiteres Tätigkeitsfeld.[285]

---

281 Vgl. Laux, E.: Die Anfänge betriebswirtschaftlicher Steuerung in den Kommunen und die Rolle der WIBERA, in: Frese, M./Zeppenfeld, B. (Hrsg.): Kommunen und Unternehmen im 20. Jahrhundert, Essen 2000, S. 220–222.

282 Vgl. Fear, J.R.: Organizing Control. August Thyssen and the Construction of German Corporate Management, Cambridge Mass. 2005, S. 584–593.

283 Vgl. Laux: Die Anfänge betriebswirtschaftlicher Steuerung in den Kommunen, S. 226.

284 Die Kommunen mussten die Kosten für die Erstellung des Gutachtens mit Mitteln aus der kommunalen Haushaltskasse bezahlen.

285 Vgl. Laux: Die Anfänge betriebswirtschaftlicher Steuerung in den Kommunen, S. 225–226.

In der Reichsgruppe Energiewirtschaft und der ihr untergeordneten Wirtschaftsgruppe waren ausschließlich Unternehmen der öffentlichen Energieversorgung zusammengeschlossen – nicht dagegen die Kraftwerksbetreiber der Industrie. Diese waren in den Selbstverwaltungsorganen der Stromwirtschaft nicht vertreten und saßen demzufolge auch nicht in den Beiräten, Arbeitsausschüssen oder Bezirksgruppen, obwohl sich das Energiewirtschaftsgesetz auch auf die industriellen Eigenanlagen erstreckte.[286] An dieser Stelle wird besonders deutlich, wie wenig die Neuordnung der Unternehmensverbände tatsächlich an den überkommenen Verbandsstrukturen änderte. Dabei waren die Herausforderungen längst erkannt worden, die bei der an Bedeutung zunehmenden wirtschaftlichen Verflechtung zwischen den Industriekraftwerken und den öffentlichen Netzbetreibern, die im Idealfall die Verbundnetze für die Durchleitung von Industriestrom bereitzustellen und konkurrenzfähigen Überschussstrom aufzukaufen hatten, zu bewältigen waren. Der gemischte Ausschuss für Kraft und Wärme, der Mitte der 1920er Jahre auf Initiative des RDI eingerichtet worden war, hatte in seinem Abschlussbericht die Problempunkte, die in diesem Zusammenhang wiederholt zu Konflikten führten, bereits eindeutig benannt.[287] Es gab auch während der Ordnungsdebatte im Vorfeld des Gesetzerlasses Stimmen aus der Großindustrie, die auf die Schwierigkeiten aufmerksam machten, die sich in dieser Beziehung stellten.[288] Die Einbeziehung eines oder mehrerer Vertreter der industriellen Eigenanlagenbesitzer, die immerhin gut 40 Prozent der Stromerzeugungsanlagen in ihrer Hand hielten, in die Wirtschaftsgruppe Elektrizitätsversorgung wäre gemessen an Schachts Anspruch, die „feindlichen Brüder" an den „Verhandlungstisch" zu bringen, damit sie möglichst auf freiwilliger Vertragsbasis Lösungsansätze für eine produktive Zusammenarbeit aushandelten, eine folgerichtiger Schritt gewesen.[289] So aber blieb die Wirtschaftsgruppe eine Selbstverwaltungsorganisation der öffentlichen Stromversorgung, was dazu beitrug, dass die Einrichtung der staatlich gebundenen Konkurrenz auf eine geringe Akzeptanz unter den industriellen Kraftwerksbetreibern stieß.

---

286 Die personelle Besetzung der Beiräte und Ausschüsse vgl. Jahrbücher der Wirtschaftsgruppe Elektrizitätsversorgung. Wirtschaftsgruppe Elektrizitätsversorgung (Hrsg.): Die Elektrizitätswirtschaft im Deutschen Reich, Berlin 1934ff.

287 Vgl. ausführlich dazu Kapitel 2.1.

288 Vgl. Hencky, K. (IG-Farben): Energieerzeugung und -verteilung vom Standpunkt der wärmeverbrauchenden Großindustrie, in: Transactions of the World Power Conference, Bd. IV, Stockholm 1934, 444–452; Martini, W. (Vereinigte Stahlwerke): Eigenerzeugung, Werkskupplung, Fremdbezug und Abgabe von Strom innerhalb der Energieversorgung rheinisch-westfälischer Hüttenwerke, in: Stahl und Eisen 53 (1933), S. 701–705; Lent, H. (Hibernia): Zusammenarbeit zwischen öffentlichen und industriellen Energiebetrieben, in: AfWD 16 (1935), S. 197–200.

289 Schacht auf der Arbeitstagung der Wirtschaftsgruppe Elektrizitätsversorgung, 8.12.1936, in: EW 35 (1936), S. 899.

Der Umstand, dass das Reichswirtschaftsministerium für die Vorbereitung und Überwachung elektrizitätspolitischer Maßnahmen sowie für die Begutachtung von Investitionsvorhaben in erster Linie Sachverständige aus der öffentlichen Stromversorgung hinzuzog, verstärkte in Kreisen der Industrie die ablehnende Haltung. Die Koordination der Kraftwerksfahrpläne nach dem Grenzkostenprinzip, wie es den ordoliberalen Ökonomen vorschwebte, war unter diesen Bedingungen ein kaum zu erreichendes Ziel. Denn die konsequente Umsetzung dieses Grundsatzes hätte bedeutet, dass die Kraftwerksbesitzer – falls sie sich nicht freiwillig verständigten – vom Staat dazu verpflichtet worden wären, die Stromerzeugungsanlagen, die am kostengünstigsten arbeiteten, tatsächlich für die Grundlastversorgung einzusetzen und die weniger effizienten Anlagen erst sukzessive mit dem Ansteigen der Stromnachfrage hochzufahren. Es gab zu diesem Zeitpunkt für die Stromwirtschaft keine – wie von Franz Böhm gefordert – leistungsfähige und von allen Marktakteuren anerkannte Organisation, die über die hierfür notwendigen Informationen verfügte und vom Staat mit den notwendigen Befugnissen ausgestattet war, einzelne Betriebe notfalls zu einem entsprechenden Marktverhalten zu zwingen.[290] Die Reichsgruppe Energiewirtschaft, die nach dem Energiewirtschaftsgesetz diese Funktion ausüben sollte, konnte sich nicht durchsetzen. Sie wurde von der Kommunalwirtschaft in Frage gestellt und die Großindustrie war nicht bereit, betriebseigene Informationen an eine Organisation weiterzugeben, der sie nicht angehörte und die in ihren Augen vor allem die Interessen der öffentlichen Stromanbieter vertrat. Die Reaktionen des Bergbau-Vereins, in dem ein Großteil der industriellen Kraftwerksbetreiber des rheinisch-westfälischen Steinkohlenbergbaus vertreten war, verdeutlichen diese Haltung. Die Mitglieder des Bergbau-Vereins beschäftigten sich seit Mitte der 1920er nicht nur mit technischen und wirtschaftlichen Fragen der Zechenkraftwirtschaft, sondern suchten gemeinsam mit dem RWKS nach Möglichkeiten, um den Steinkohlenbergbau in die öffentliche Stromversorgung einzuschalten.[291] Der technische Ausschuss für Wärme und Kraftwirtschaft, in dem unter der Leitung von Bergwerksdirektor Wilhelm Roelen diese Fragen behandelt wurden, versammelte sich im Februar 1936, um über die möglichen Auswirkungen des Energiewirtschaftsgesetzes zu beraten. Man war sich in dieser vertrauten Runde schnell darüber einig, dass die Interessen des Ruhrbergbaus beim Gesetzgebungsverfahren nicht hinreichend berücksichtigt worden seien und die Reichsgruppe Energiewirtschaft nicht über die notwendigen Kenntnisse und Kompetenzen verfügte, um die Zechenkraftwirtschaft sachgerecht beurteilen zu können.[292] Sie richteten eine Eingabe an den Reichswirtschaftsminister mit der Forderung, die Unternehmen, die Strom für den Eigenbedarf oder für die umliegende Gemeinde erzeugten, wieder von der Mit-

290 Vgl. Böhm: Ordnung der Wirtschaft, S. 177–187.

291 Vgl. Seidel, C.: Der Ruhrbergbau im Zweiten Weltkrieg, Essen 2010, S. 47–51.

292 Vgl. Stenographische Aufnahmen der Besprechung des EnWiG, 14.2.1936, in: BBA 16/1009.

teilungspflicht zu entbinden. Da sie aber wohl selber die Chancen, nachträglich eine Ausnahmeregelung für den Bergbau erwirken zu können, eher gering einschätzten, forderten sie gleichzeitig, dass zumindest bei Maßnahmen, die die Zechenkraftwirtschaft berührten, der Oberberghauptmann eingeschaltet werden sollte.[293]

2.4 Zwischenfazit

In den späten 1920er Jahre wurden mit den Demarkationsabkommen unter den großen Netzbetreibern, der Gründung der Deutschen Verbundgesellschaft und dem Abschluss neuer Lieferverträge mit Großunternehmen der Industrie die Weichenstellungen für die westdeutsche Stromwirtschaft vollzogen, deren Tragweite sichtbar wird, wenn man sie im Kontext der Reorganisation und Konzernbildung der Energiewirtschaft insgesamt betrachtet. In der Forschung ist der Elektrofrieden von 1927 hauptsächlich unter dem Gesichtspunkt seiner wettbewerbsbeschränkenden Wirkung im Bereich der öffentlichen Stromversorgung diskutiert worden. Die neuen Spielregeln des Elektrofriedens, so die verbreitete Interpretation, festigten nicht nur die Markt- und Machtposition der großen Stromanbieter, sondern sollten die Marktkonzentration zugunsten dieser Unternehmen nochmals beschleunigen. Einige Indizien scheinen diese Lesart auf den ersten Blick sogar zu bestätigen. Denn natürlich verfolgten die Netzbetreiber mit den Gebietsabsprachen nicht allein die Absicht, in Zukunft bei Planung und Ausbau der Fernleitungen zu kooperieren und die Kraftwerkskapazitäten durch eine stärkere Zusammenarbeit der Lastverteiler zu rationalisieren. Sie kontrollierten mit der Deutschen Verbundgesellschaft den Stromgroßhandel und verfügten damit über eine neue, schlagkräftige Organisation, die sie gegen potenzielle Konkurrenten in der öffentlichen Stromversorgung einsetzen konnten. In seiner Studie über die Wettbewerbsordnung der deutschen Elektrizitätswirtschaft geht Helmut Gröner jedoch zu weit, wenn er behauptet, dass die Marktprozesse im Zuge dieser Entwicklung erstarrten.[294] Das Energiewirtschaftsgesetz von 1935 spielte Gröner zufolge eine entscheidende Rolle, da es die Demarkationsabkommen sanktionierte. Die von den großen Netzbetreibern abgesteckten Versorgungsgebiete blieben unverändert bestehen. Ähnlich sieht auch Dieter Hellige einen direkten Zusammenhang zwischen der staatlichen Regulierungspolitik, die großtechnische Lösungen favorisiert haben soll, und der Konsolidierung der bestehenden Versorgungsgebiete sowie der zunehmenden Marktkonzentration.[295]

293 Vgl. Bezirksgruppe Ruhr der Fachgruppe Steinkohlenbergbau an RWM, 19.2.1936, in: TKA NROE/11.

294 Vgl. Gröner: Ordnung der deutschen Elektrizitätswirtschaft, S. 223.

295 Vgl. Hellige: Entstehungsbedingungen und energietechnische Langzeitwirkungen, S. 147.

Die Interpretation hat ihre Schwächen, da die Elektrizitätswirtschaft ausschließlich angebotsseitig aus der Perspektive der öffentlichen Stromanbieter betrachtet wird. Man vermisst eine historische Kontextualisierung, bei der die Industrie in ihrer Rolle als Stromerzeuger Berücksichtigung findet. Diese Erweiterung des Untersuchungsfokus erscheint unabdingbar, wenn Aussagen über die wettbewerbsbeschränkenden Auswirkungen des Elektrofriedens gemacht werden sollen. Die Energieversorger besaßen zwar in ihren Versorgungsgebieten das Liefermonopol, sie kontrollierten damit jedoch noch keineswegs die Stromerzeugung. Die industriellen Kraftwerksbetreiber, die Ende der 1920er Jahre über 40 Prozent der Stromerzeugungskapazitäten stellten, beeinflussten durch ihr Investitionsverhalten die Absatzmöglichkeiten der öffentlichen Elektrizitätswerke unmittelbar. Durch die Konzernbildung in der chemischen sowie der Eisen- und Stahlindustrie stellte sich die Frage, wie unter Berücksichtigung des bestehenden Leitungsmonopols der öffentlichen Netzbetreiber die wirtschaftliche Zusammenarbeit mit den Industriekraftwerken gestaltet werden sollte. Im rheinisch-westfälischen Industriegebiet sahen sich die VEW und das RWE mit der Situation konfrontiert, dass die Unternehmen der Schwerindustrie vermehrt Investitionspläne für den Ausbau der eigenen Stromerzeugungsanlagen vorbereiteten. Sie bevorzugten die vertikale Integration der Energieversorgung, da diese günstiger als die Belieferung durch die öffentlichen Stromversorger war. Die VStAG hatte 1926, nur wenige Monate nach der Gründung des Konzerns, mit den Netzbetreibern des Ruhrgebiets neue Verträge abgeschlossen und sich damit den notwendigen Handlungsspielraum für die Errichtung eines konzerneigenen Verbundbetriebes gesichert. Der Stahlkonzern war der prominenteste Fall, jedoch keineswegs das einzige Unternehmen der westdeutschen Großindustrie, das sich in diesen Jahren mit dem Ausbau der betriebseigenen Stromversorgung beschäftigte. Hinzu kam das RWKS mit seinen Ambitionen, neue Steinkohlenkraftwerke für die öffentliche Stromversorgung zu errichten. Es ist erstaunlich, wie in der Forschung über Wettbewerbsbeschränkungen und Marktkonzentration diskutiert worden ist, ohne diese Entwicklung systematisch in die Betrachtung mit einzubeziehen.

Mit Einbruch der Weltwirtschaftskrise blieben die geplanten Investitionen vorerst aus. Die Industrie stellte ihre Kraftwerksausbaupläne zurück und schloss stattdessen Lieferverträge mit den öffentlichen Energieversorgern ab. Vor diesem Hintergrund gewann das RWE eine Reihe neuer Großabnehmer, was die Chronisten später fälschlicherweise als Beleg für die Konkurrenzfähigkeit des Stromkonzerns deuteten.[296] Entgegen dieser Auffassung betrachteten die Ruhrindustriellen den Abschluss der Lieferverträge lediglich als eine vorübergehende Maßnahme, die bedingt war durch die Krisensituation. Sie implizierte keinen grundlegenden Strate-

296 Vgl. Buderath: Strom im Markt, Bd. 1.

giewechsel, der den Ausbau der Eigenanlagen als wirtschaftlich lohnenswerte Alternative ausschloss. Die Weltwirtschaftskrise zeigte die widersprüchlichen Interessen auf, die in der deutschen Elektrizitätswirtschaft vorherrschten. Deutlich wurde dies insbesondere auch im Hinblick auf die Strompreisbildung. Die Städte und Gemeinden standen vor dem Dilemma, für die Tarifaufsicht zuständig zu sein, gleichzeitig aber mit Blick auf den kommunalen Haushalt ein starkes Interesse an steigenden Einnahmen aus der öffentlichen Stromversorgung zu haben. Um ihren Einfluss auf die Preisgestaltung zu sichern, kämpften sie um die Netzhoheit im Niederspannungsbereich oder erwarben Aktien der großen Energieversorger, um damit Stimmrechte zu erlangen. Wie weit der Einfluss der Kommunen reichen konnte, wurde bei den Fusionsverhandlungen zwischen RWE und VEW deutlich. Entgegen den Erwartungen der Ruhrindustrie, die diese Fusion befürwortete, verliefen die Verhandlungen letztendlich ergebnislos, weil die kommunalen Aktionäre des RWE einen Bedeutungsverlust ihrer Stimmrechte befürchteten. Paradoxerweise führten die fiskalpolitischen Ansprüche der Kommunen stets zu einer Belastung der Stromkunden, die anders als die Industrieunternehmen, die Eigenanlagen betrieben, von der öffentlichen Stromversorgung abhängig waren. Das lag an der für die Preisbildung bestimmenden Logik, dass Finanzzuschläge und Konzessionsabgaben auf die Abnehmer mit der geringsten Preiselastizität abgewälzt wurden.

Das Versagen der kommunalen Tarifaufsicht, die eine Preispolitik der Energieversorger mit ihrer unübersichtlichen Vielfalt und in der Kalkulation kaum nachvollziehbaren Stromtarifen zuließ, rief unter den Zeitgenossen zunehmend Kritik hervor. Diese wurde nicht nur von protestierenden Stromkunden geäußert, die sich dem REA angeschlossen hatten, sondern auch in Stellungnahmen des vom Reichstag eingesetzten Enquete-Ausschusses und Untersuchungen, die der Verein für Socialpolitik veranlasst hatte. Die Feststellung Bernhard Stiers, die zeitgenössische Ökonomen hätten die Probleme der Elektrizitätswirtschaft nicht erkannt und die Gebietsabsprachen aufgrund ihrer kartellfreundlichen Haltung mit einer gewissen „Sorglosigkeit“ betrachtet, ist an dieser Stelle deutlich zu relativieren.[297] Die Krisenerfahrung löste in diesen Jahren in Fachkreisen eine Debatte über die ordnungspolitische Rolle des Staates aus, die sich auch auf die ordnungspolitischen Probleme der netzgebundenen Elektrizitätswirtschaft bezog. Einen besonders klaren Standpunkt nahmen dabei die reformliberalen Ökonomen ein, die in diesen Jahren das ordnungspolitische Denken des deutschen Wirtschaftsliberalismus nachhaltig prägen sollten. Die Struktur der Stromwirtschaft, die durch das natürliche Leitungsmonopol bedingt war, erforderte eine staatliche Regulierung, um die Ordnung des Wettbewerbs herzustellen. Diese Aufgabe konnte ihrer Auffassung nach nur ein „starker Staat“ leisten, der unabhängig von interessenpolitischen Einflüssen ein-

297 Stier: Staat und Strom, S. 330.

zelner Wirtschaftsgruppen dafür sorgte, dass sich die Unternehmen trotz der bestehenden Liefermonopole marktkonform verhielten. Notfalls sollte der Staat in das Marktgeschehen eingreifen und gewährleisten, dass sich der Marktmechanismus entfalten konnte. Entsprechend den Forderungen des liberalen Interventionismus sollten die kommunalen Finanzzuschläge abgeschafft und sichergestellt werden, dass die Netzbetreiber ihre rechtlich anerkannte Marktstellung als Liefermonopolist nicht missbrauchten, um überzogene Preise zu verlangen oder den Markteintritt potenzieller Konkurrenten zu verhindern, die den Strom kostengünstiger anboten. Die Ordoliberalen betrachteten das Energiewirtschaftsgesetz von 1935 als ein geeignetes Instrument, um die von ihnen befürwortete Wirtschaftspolitik umzusetzen.[298] Ob die wirtschaftspolitische Praxis des NS-Staates auf dem Gebiet der Stromwirtschaft tatsächlich den ordoliberalen Grundsätzen entsprach oder nicht doch eher den kriegswirtschaftlichen Zielen des Regimes folgte, wird die weitere Untersuchung in den nachfolgenden Kapiteln zeigen.

298 Miksch: Wettbewerb als Aufgabe, S. 105; Böhm: Ordnung der Wirtschaft, S. 33.

3 Wirtschaftsaufschwung und Kriegswirtschaft

3.1 Der Kraftwerksbau für die Rüstungsindustrie

3.1.1 Die Aufrüstung der Industriekraftwerke

Als Hitler im September 1936 auf dem Nürnberger Parteitag vor jubelnden Massen seinen Vierjahresplan verkünden ließ, hatte in Washington gerade erst die Dritte Weltkraftkonferenz begonnen. Die Konferenz, die vor sechs Jahren in Berlin stattgefunden hatte, behandelte als Hauptthema die „Nationale Kraftwirtschaft" und stand ganz im Zeichen der öffentlichen Diskussion, die in diesen Jahren nicht nur in Deutschland geführt wurde. Die Entwicklung und Nutzung nationaler „Kraftquellen", die Regulierung der öffentlichen Versorgungsbetriebe und die Planung von Infrastrukturprojekten waren die zentralen Themen, die auf der Tagesordnung standen. Der internationale Talsperren-Kongress tagte zur gleichen Zeit am selben Ort. Die beiden Veranstaltungen stießen auf großes Interesse, wie die über zweitausend Teilnehmer zeigen, von denen nahezu sechshundert aus 52 Ländern angereist waren. Sie hatten die Einladung von Präsident Franklin D. Roosevelt angenommen, um im Auditorium des amerikanischen Handelsministeriums eine Woche lang über aktuelle Fragen der Energiewirtschaft zu diskutieren. Es gab für die Besucher zudem die Möglichkeit, in den Wochen vor und nach der Konferenz an einer der diversen Studienfahrten teilzunehmen und bei dieser Gelegenheit auch die neuen Großbauprojekte zu besichtigen, die von der amerikanischen Regierung als Teil der konjunkturpolitischen Maßnahmen gegen die Massenarbeitslosigkeit mit öffentlichen Mitteln finanziert wurden.[1] Dazu gehörte unter anderen der Boulder Dam, der bereits von der Hoover Regierung in Angriff genommen und gerade rechtzeitig vor Beginn der Weltkraftkonferenz fertig gestellt worden war.

Roosevelt ließ sich die Gelegenheit nicht entgehen, die Inbetriebnahme der neuen Wasserkraftanlage vor der Weltöffentlichkeit zu inszenieren.[2] Es gab darüber hinaus Investitionsprogramme, die erst unter dem New Deal entstanden waren. Die Tennessee Valley Authority hatte Mitte 1933 mit der Planung und dem Bau einer Reihe weiterer Staudämme und Wasserkraftanlagen begonnen und die Rural Electrification Administration verwaltete seit 1935 einen Investitionsfond, aus dem

1 Vgl. Transactions Third World Power Conference, Bd. I, Washington 1938, S. 37-41.

2 Vgl. Ansprache Roosevelts auf der Weltkraftkonferenz, in: Ebd., S. 180-184.

Kredite zu günstigen Konditionen an Gemeinden und Farmergenossenschaften vergeben wurden, damit sie in den ländlichen Regionen Stromleitungen errichten konnten, die bei privaten Stromanbietern auf kein Interessen stießen.[3] Die deutsche Delegation, die hochkarätig besetzt war,[4] beteiligte sich mit mehreren Diskussionsbeiträgen an der Konferenz und versuchte hier auf internationaler Bühne die Grundzüge der nationalsozialistischen Energiewirtschaftspolitik zu propagieren, wie sie von Schacht und seinen Mitarbeitern beim Reichswirtschaftsministerium gerne gesehen wurde. „Wir erachten es grundsätzlich als Aufgabe des Staates“, so erklärte es Carl Krecke als Leiter der Reichgruppe Energiewirtschaft, „die Wirtschaft zu ordnen und zu beaufsichtigen, aber nicht selbst Wirtschaft zu treiben. Soweit sich jedoch der Staat auf Grund der bisherigen Entwicklung in der Energiewirtschaft betätigt, sind seine Betriebe in der Energiewirtschaft anderen Unternehmungen völlig gleichgestellt.“[5] Beim späteren Empfang im Weißen Haus überreichte man Präsident Roosevelt mit Stolz den Text und Kommentar des deutschen Energiewirtschaftsgesetzes.[6] Die pointierte Hervorhebung der privatwirtschaftlichen Initiative als das treibende Element der Wirtschaft und die Beschränkung des Staates auf die Ordnungspolitik war in diesem Kontext unübersehbar ein Versuch, sich von den konjunkturpolitischen Maßnahmen der amerikanischen Regierung abzugrenzen.[7] Den informierten Beobachter dürfte die Inszenierung wohl nur teilweise überzeugt haben.

Carl Krecke schien wie viele seiner Zeitgenossen nur die Entwicklung der öffentlichen Energieversorgung im Blick zu haben und aus dieser Perspektive konnte man in der Tat den Eindruck gewinnen, dass in der deutschen Elektrizitätswirtschaft

---

3 Vgl. Nye, D.E.: Electrifying America. Social Meanings of a New Technology, 1880-1940, Cambridge Mass. 1991, S. 304-321; Hausman, W.J./Neufeld, J.L.: Falling Water. The Origins of Direct Federal Participation in the US Electric Utility Industry, 1902-1933, in: Annals of Public and Cooperative Economics 70 (1998), S. 49-74; McCraw, T.: TVA and the Power Fight 1933-1939, Philadelphia 1971.

4 Mitglieder der Delegation waren u.a. Conrad Matschoß (VDI), Heinrich Schult (VDI), Karl Rissmüller (Siemens-Schuckert Werke AG), Franz zur Nedden (Deutscher Verein von Gas- und Wasserfachmännern), Wilhelm Tengelmann (Hibernia), Carl Krecke (Reichsgruppe Energiewirtschaft), Wilhelm Zschintzsch (Wirtschaftgruppe Elektrizitätsversorgung). Vgl. Transactions Third World Power Conference, Bd. I, Washington 1938, S. 127.

5 Die Ausführungen Kreckes sind abgedruckt in: Transactions Third World Power Conference, Bd. IX, Washington 1938, S. 222. Vgl. dazu auch Pohl, W.: National Power and Resources Policies, in: Ebd, S. 119-130; Krecke, C./Seebauer, G.: Organization and Regulation of the German Electricity and Gas Supply, in: Transactions Third World Power Conference, Bd. V, Washington 1938, S. 123-154..

6 Vgl. zur Nedden, F.: Die Dritte Weltkraftkonferenz in Washington, in: AfWD 17 (1936), S. 286.

7 Vgl. Bericht von Kreckes über die Weltkraftkonferenz auf der Arbeitstagung der WEW, 8.12.1936, in: EW 35 (1936), S. 854-862,

konjunkturpolitische Maßnahmen keine entscheidende Rolle spielten.[8] Es gab in Deutschland kein Pendant zur Tennessee Valley Authority, weil die strukturellen Voraussetzungen völlig unterschiedlich waren und die wirtschaftliche Notwendigkeit – sieht man einmal von der Arbeitslosigkeit ab – für ein ähnlich angelegtes Investitionsprogramm nicht gegeben war. Die im Unterschied zu amerikanischen Verhältnissen große Bedeutung der industriellen Eigenanlagen, das vergleichsweise weit ausgebaute öffentliche Stromnetz, an dem bereits ein Großteil der privaten Haushalte angeschlossen war, und die große Anzahl öffentlicher Versorgungsbetriebe, die ungeachtet der Konzentrationstendenzen immer noch vergleichsweise hoch war, schufen andere Bedingungen. Die 13 Staudämme und Wasserkraftwerke, die von der Rhein-Main-Donau AG im Zusammenhang mit dem Bau der Schiffsverkehrsstraße errichtetet wurden und die den Strom in die Leitungsnetze des Bayernwerkes und des RWE einspeisten, waren die wenigen Bauprojekte, die in den frühen 1930er Jahren mit zusätzlichen Mitteln aus dem Arbeitsbeschaffungsprogramm gefördert wurden. Die Bauarbeiten hatten bereits 1922 begonnen und kamen nur schleppend voran, so dass Ende 1935 erst sieben Anlagen fertig gestellt waren.[9]

Geht man von den Anlageinvestitionen aus, die vom Statistischen Reichsamt berechnet wurden, so war die Investitionstätigkeit der öffentlichen Elektrizitätswerke von 1929 bis einschließlich 1933 rückläufig und sie wies selbst danach nur einen erstaunlich langsamen Aufwärtstrend auf. Erst zehn Jahre nach Einbruch der Weltwirtschaftskrise erreichten die Elektrizitätswerke wieder ein Investitionsniveau, das vergleichbar mit dem vor dem Konjunktureinbruch war.[10] Es wäre jedoch falsch, daraus die Schlussfolgerung zu ziehen, dass nicht bereits in den ersten Jahren der nationalsozialistischen Herrschaft im Rahmen der Rüstungspolitik neue Großkraftwerke gebaut wurden. Doch diese wurden in der Regel von der Rüstungsindustrie selbst errichtet und nicht von den öffentlichen Stromversorgern. In den veröffentlichten Statistiken sind diese Investitionen nicht gesondert ausgewiesen, so dass die verfügbaren Angaben keine verlässliche Datengrundlage bilden, um die tatsächliche Investitionstätigkeit in der Elektrizitätswirtschaft zu berechnen. Die Kapitalmittel, die von den industriellen Kraftwerksbetreibern aufgebracht wurden, um die

8 Zur Debatte über die Bedeutung konjunkturpolitischer Maßnahmen für den Wirtschaftsaufschwung in den 1930er Jahre und der Frage, ob es sich dabei um eine keynesianische Wirtschaftspolitik handelte vgl. Abelshauser, W.: Kriegswirtschaft und Wirtschaftswunder, in: VfZ 47 (1999), S. 503-538; Buchheim, C.: Die Wirtschaftsentwicklung im Dritten Reich – Mehr Desaster als Wunder, in: VfZ 49 (2001), S. 653-664; Spoerer, M.: Demontage eines Mythos? Zu der Kontroverse über das nationalsozialistische „Wirtschaftswunder", in: GG 31 (2005), S. 415-438.

9 Vgl. Wirtschaftsvereinigung Elektrizitätsversorgung, Die Elektrizitätswirtschaft im Deutschen Reich, Berlin 1937, S.485.

10 Vgl. Ebd. S. 106. Die Angaben weichen nicht signifikant ab von den Berechnungen von Ritschl, A.: Über die Höhe und Struktur der gesamtwirtschaftlichen Investitionen in Deutschland 1935-1938, in: VWSG 79 (1992), S. 161.

Stromerzeugungsanlagen für die betriebseigene Versorgung auszubauen, wurden vom Statistischen Reichsamt nicht erhoben. Es ist aber angesichts der herausragenden Bedeutung der industriellen Kraftwirtschaft für die Stromversorgung der Industrie notwendig, diese in die Untersuchung miteinzubeziehen. Denn das zurückhaltende Investitionsverhalten der öffentlichen Versorgungsunternehmen kann nur unter Berücksichtigung der industriellen Eigenanlagen erklärt werden. Ein Blick auf die von den Unternehmen angemeldeten Stromerzeugungskapazitäten, die an Stelle der lückenhaften Angaben über die Anlageinvestitionen als einzig verbliebener Maßstab herangezogen werden können, liefert einen ersten Eindruck über die Entwicklung des Kraftwerkausbaus. Wie im folgenden Diagramm dargestellt, stieg die Bereitschaft für Neuinvestitionen bei den öffentlichen Stromversorgern im Unterschied zu den industriellen Kraftwerksbetreibern nur langsam an.

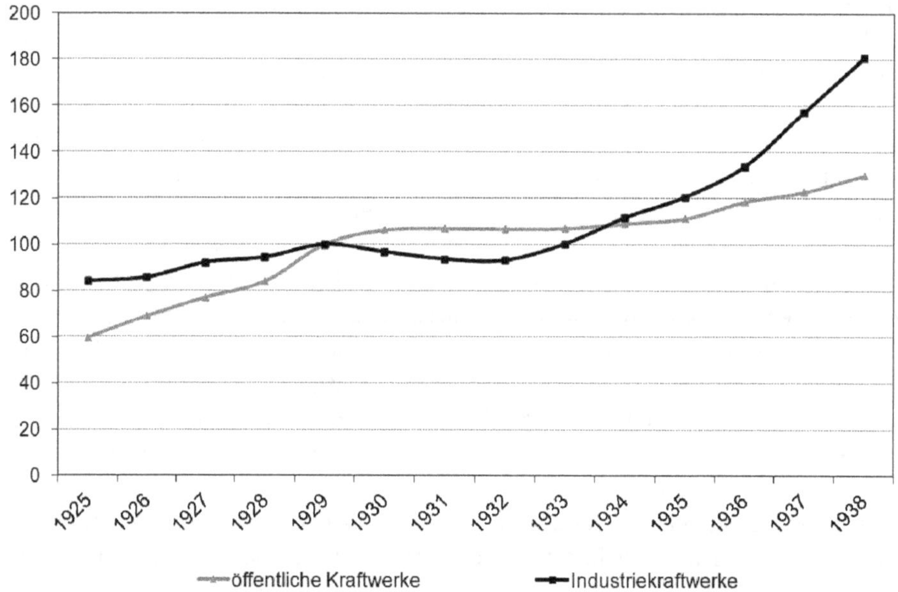

Abb. 2: Entwicklung der Kraftwerkskapazität 1929 = 100

Quelle: St. Jahrbuch für das Dt. Reich, Jg. 47ff. Wirtschaft. und Statistik, Jg. 6ff. WEV: Die Elektrizitätswirtschaft im Dt. Reich, Berlin 1938, S. 116. Rohrbeck, W.: Die Betreibs-statistik der WEV, in: EW 37 (1938), S. 687.

Die geringe Investitionsneigung der öffentlichen Stromversorger, die bis zur Ankündigung des Vierjahresplanes anhielt, erklärt sich aus mehreren Gründen. Erstens hatten die Elektrizitätswerke mit dem Problem ungenutzter Kapazitäten zu kämpfen, so dass es für sie wenig ratsam erscheinen musste, sofort nach den ersten Anzeichen der wirtschaftlichen Erholung umfangreiche Investitionsprojekte in Angriff zu nehmen. Es war kein Zufall, dass die Manager der großen Stromkonzerne in dem besagten Gutachten, das sie Ende 1933 im Auftrag des Reichswirtschaftsministeriums erstellten, ausdrücklich auf diesen Tatbestand verwiesen. Sie hatten bis 1929 in einem umfangreichen Ausmaß Investitionen in den Bau neuer Kraftwerke und Stromleitungen gesteckt, in der Erwartung, dass der Strombezug aus dem öffentlichen Netz langfristig kontinuierlich ansteigen würde. Mit der Wirtschaftskrise war die Nachfrage dann aber abrupt zurückgegangen, so dass nun „Erzeugungsanlagen weit über Bedarf zur Verfügung" standen. In dieses Bild fügt sich auch die Beobachtung ein, dass das RWE und die VEW, die beiden wichtigsten westdeutschen Stromversorger, bis 1936 ihre Kraftwerke nicht ausbauten und auch keinen Neubau in Angriff nahmen.[11] Selbst beim Ausbau der Transportleitungen und der Verteilungsnetze wird diese abwartende Haltung sichtbar. Für den Stromtransport brauchten keine großen Investitionsprojekte „nach der Art der Reichsautostraßen" durchgeführt werden, denn es waren nicht nur ausreichende Erzeugungskapazitäten vorhanden, sondern auch die „großen Stromstraßen der Verbundwirtschaft in ihren wesentlichen Teilen bereits errichtet".[12] Das RWE hatte in seinem Versorgungsgebiet das Hochspannungssystem von Norden nach Süden seit den 1920er Jahren kontinuierlich ausgebaut und den 220-KV-Betrieb erst vor kurzem aufgenommen.[13] Die Verbindung zwischen den Wärmekraftwerken, die im Ruhrgebiet und im rheinischen Braunkohlengebiet lagen, und den Wasserkraftwerken im österreichischen Vorarlberg und der Schweiz waren damit hergestellt. Auch die Errichtung der Ost-West-Verbindung stand seit der Gründung der AG für Deutsche Elektrizitätswirtschaft auf dem Investitionsplan der daran beteiligten Versorgungsunternehmen. Die Netzbetreiber griffen das bereits geplante Vorhaben Mitte der 1930er Jahren wieder auf, um Transporteinrichtungen für den überregionalen Stromaustausch zwischen dem Ruhrgebiet und dem mitteldeutschen Braunkohlengebiet herzustellen. Die neue Hochspannungsleitung wurde erst Ende 1939 fertiggestellt und in Betrieb genommen. In der Zwischenzeit konzentrierten sich die Netzbetreiber vor allem darauf, die regionale Vernetzung der Kraftwerke auszubauen und eine steigende Anzahl von Netzanschlüssen für Kleinverbraucher einzurichten. Die Entwicklung verlief also insgesamt eher kontinuierlich – mit dem Ergebnis, dass die Hochspannungsleitungen mit den dazugehörigen Umspannungsstationen in den Jahren von 1934 bis 1938 um 20 Prozent erweitert wurden. Die Anzahl der privaten Haushalte, die einen neuen Stromanschluss erhielten, stieg im gleichen Zeitraum

11 Das RWE nahm erst am 7.7.37 auf dem Goldenberg-Werk eine 50.000 KW-Maschine in Betrieb. Vgl. Aufsichtsratssitzung, 8.6.1939, in: HK RWE 6274; Der Umbau des Kraftwerks Dortmund im Jahr 1937, 28.10.1936, in: HK RWE V1/45.

12 Gutachten, S. 12-13. Vgl. auch die Denkschrift der VEW betr. Neuregelung der Elektrizitätswirtschaft, 18.9.1933, in: WWA K1 Nr.1822.

13 Vgl. Buderath: Strom im Markt, S. 181.

um etwa fünf Prozent, so dass im Jahr 1938 gut 88 Prozent aller Privathaushalte an das öffentliche Versorgungsnetz angeschlossen waren.[14]

Zweitens gingen von dem institutionellen Rahmen, der mit dem Energiewirtschaftsgesetz kodifiziert wurde, bestimmte Investitionsanreize aus, die sich eben nicht dahin gehend auswirkten, dass die Industrie keine eigenen Stromerzeugungsanlagen mehr errichtete. Um diesen Zusammenhang zu erkennen, muss man sich vergegenwärtigen, dass die Industrieunternehmen, die Kraftwerke für den eigenen Strombedarf betrieben, keinen rechtlichen Anspruch auf Strombelieferung von einem öffentlichen Elektrizitätswerk hatten. Im Klartext hieß das, dass die öffentlichen Stromversorger die Belieferung eines Großabnehmers ablehnen konnten, wenn wirtschaftliche Gründe dafür sprachen. Diese Rahmenbedingung, die von den Unternehmen beim Aushandeln eines Stromliefervertrages zu berücksichtigen war und die entscheidende Auswirkungen auf die Investitionsentscheidungen hatte, wurde durch das Energiewirtschaftsgesetz vorerst nicht geändert. Es gab also keine allgemeine Anschluss- und Versorgungspflicht. [15] Für die Versorgungsunternehmen bestand weiterhin nur im Bereich der Tarifabnehmer, die ihren Strom aus dem Niederspannungsnetz bezogen, der so genannte Kontrahierungszwang, während die Großabnehmer mit dem öffentlichen Elektrizitätswerk, das in dem jeweiligen Gebiet für die Stromlieferung zuständig war, individuelle Sonderverträge aushandeln mussten, um die Reserve- und Zusatzstromlieferung zu regeln oder die öffentlichen Netze für die Stromdurchleitung benutzen zu können. Das Elektrizitätswerk, das in dieser Situation das Leitungsmonopol besaß, schloss diese spezifischen Verträge mit den Großkunden nach eigenem Ermessen ab. Die Gefahr, dass ein Elektrizitätswerk dabei seine Monopolstellung gegenüber den Großabnehmern missbrauchte, in dem es etwa die Zusatzstromlieferung von der Bedingung abhängig machte, dass der Sonderabnehmer den Betreib seiner Eigenanlagen vollständig einstellte, wurde schon mehrfach angedeutet. Die protestierenden Stimmen, die in diesem Zusammenhang wiederholt zu vernehmen waren, verstummten auch nach dem Inkrafttreten des Energiewirtschaftsgesetzes nie vollständig.[16] Diesbezüglich sollten in den nächsten Jahren weitere Verordnungen folgen, die darauf ausgerichtet waren, die Rechte der Eigenanlagenbesitzer auf Reserve- und Zusatzversorgung

14 Die Angabe über die Verbraucheranschlüsse für das Jahr 1938 ist eine eigene Schätzung. Im Jahr davor hatten 87,5 Prozent aller Haushalte einen Stromanschluss. Vgl. Körfer: Taschenbuch für Energiewirtschaft, S. 209. Zum Ausbau der Hochspannungsleitungen – 30 KV bis 380 KV – siehe Angaben in: EW 34 (1935), S. 98 und EW 37 (1938), S. 459f.

15 Vgl. § 6 Abs. 3. des EnWiG. Dazu auch den Kommentar von Darge, H. u. a.: Gesetz zur Förderung der Energiewirtschaft, Bd. 1, Berlin 1936, S. 139-185.

16 Vgl. Bezirksgruppe Westfalen der Reichsgruppe Industrie an Reichswirtschaftsministerium betr. Kündigung von Reservestromlieferungsverträge, 25.5.1936, in: HK RWE Nr. 10859; Fachgruppe Verbrennungsmotoren an Reichswirtschaftsministerium betr. Energiewirtschaftsgesetz, 25.4.1936, in: LA Berlin Rep 142-07-4.2.2. Nr. 1 Bd. 1.

zu stärken.[17] Neben diesen Problemfällen darf aber nicht übersehen werden, dass von dieser spezifischen Bestimmung für eine Reihe von Wirtschaftszweigen eine durchaus positive Anreizwirkung ausging.

Die Sonderabnehmer, die kein allgemeines Anschluss- und Versorgungsrecht genossen, hatten einen starken Anreiz, Investitionen für die Entwicklung und Umsetzung innovativer Techniken für die eigene Stromversorgung zu tätigen, denn sie konnten auf diese Weise ihre Verhandlungsposition gegenüber dem öffentlichen Liefermonopol möglichst langfristig sichern. Diese Strategie wurde vor allem von Unternehmen jener Industriezweige verfolgt, die ein Produktionsverfahren anwandten, das einen hohen Wärme- und Dampfverbrauch erforderte. Die institutionellen Rahmenbedingungen schränkten den Spielraum für ein solches Investitionsverhalten der Industrie nicht ein und trugen auf diese Weise mit dazu bei, dass sich die industrielle Kraftwirtschaft auf einem relativ hohen Niveau weiterentwickeln konnte.[18] Dabei spielte natürlich auch die allgemeine Knappheit an Primärenergieträgern eine entscheidende Rolle, die in Deutschland nicht erst während der Autarkiewirtschaft der 1930er Jahre zu einem akuten Problem für die Energieversorgung wurde. Die Unternehmen konnten in dieser Hinsicht auf Erfahrungen zurückgreifen, die sie bereits nach dem Ersten Weltkrieg gemacht hatten. Diese Rahmenbedingungen wirkten sich umgekehrt auch auf das Investitionsverhalten der öffentlichen Stromversorger aus. Nur so kann die eher zurückhaltende Investitionsneigung der Versorgungsunternehmen erklärt werden, die selbst dann noch vorherrschte, als deutlich erkennbar war, dass die neuen Machthaber in Berlin den Ausbau von Rüstungsbetrieben förderten, die sprichwörtliche „Stromfresser" waren. Die Aluminiumproduktion galt als eine der stromintensivsten Industriezweige, doch die Bunaherstellung im Lichtbogenverfahren erforderte eine ungleich größere Menge an elektrischer Energie und auch die Produktion von synthetischen Treibstoffen Stickstoff, Kupfer, Magnesium oder Ferrosilizium galt als äußerst stromintensiv.[19] Die Energieversorgung nahm in den Augen der Rüstungsstrategen, die in der Vierjahresplanbehörde saßen, daher eine „Schlüsselstellung" für die Kriegswirtschaft ein.[20]

Es gab neben der vergleichsweise gut ausgebauten Infrastruktur für die öffentliche Stromversorgung und den geschilderten Auswirkungen des institutionellen Rahmens aber noch einen dritten Gesichtspunkt, der bei den Investitionsentscheidungen eine zentrale Rolle spielte. Die Tatsache, dass die öffentlichen Elektrizitäts-

---

17 Vgl. V. Durchführungsverordnung des EnWiG, 21.10.1940, in: RGBl. 1940, Teil I, S. 1391; Nachrichtendienst DGT betr. Zusammenarbeit zwischen Eigenanlagen und öffentlicher Energieversorgung, 20.7.1941, in: LA Berlin 142-07-4.2.2. Nr. 1 Bd. 2.

18 Vgl. Schaubild 1 in Kapitel 2.1.

19 Die Herstellung von einer Tonne Aluminium erforderte 22.000 bis 25.000 KWh, eine Tonne Buna dagegen insgesamt 40.000 KWh. Vgl. Körfer: Taschenbuch für Energiewirtschaft, S. 98.

20 Czimatis, A.: Energiewirtschaft als Grundlage der Kriegswirtschaft, Hamburg 1936, S. 34.

werke ihre Kraftwerkskapazitäten vorläufig nicht weiter ausbauten, hing vor allem auch damit zusammen, dass die industrielle Stromerzeugung vielfach ganz einfach kostengünstiger war. Selbst für einen Stromanbieter wie das RWE, der leistungsfähige Kraftwerke betrieb, war es bei Weitem keine Selbstverständlichkeit, dass er gegen die Industriekraftwerke – insbesondere wenn diese als Gegendruckanlage oder nach dem Prinzip der Kraft-Wärme-Kopplung betrieben wurden – und die auf den Hüttenwerken und Kokereien mit Abfallgasen betriebenen Kraftanlagen erfolgreich konkurrieren konnte. Der Verein Deutscher Ingenieure beschäftigte sich auf seiner Ende Mai 1936 stattfindenden Hauptversammlung eingehend mit dem Thema „Wärme und Kraft" und die Ingenieure verwiesen in ihren Beiträgen immer wieder auf die Kostenvorteile, die bei einer gezielten Verwertung der Abfallenergien für die betriebseigene Stromversorgung erwirtschaftet werden konnten. Die Argumente, die sie als Begründung für die Selbstversorgung hervorgebrachten, lassen in diesem Kontext nicht erkennen, dass es sich dabei um ein überzogenes Autarkiedenken deutscher Ingenieure handelte, die fleißig an ihrem eigenen „Käfig" bauten und sich wenig um den „Quotienten von Aufwand und Ergebnis" kümmerten.[21] Im Gegenteil, sie machten vielmehr die Elektrotechniker und Wärmeingenieure darauf aufmerksam, eine genaue Kostenberechnung vorzunehmen, bevor sie eine Entscheidung trafen, ob die Eigenanlagen ausgebaut oder alternativ der Fremdstrombezug aus dem öffentlichen Stromnetz erweitert werden sollte.[22] Das konnte zu sehr unterschiedlichen Investitionsentscheidungen führen, denn nicht jedes in der Industrie angewandte Produktionsverfahren bot die gleichen Möglichkeiten, um preiswerten Strom mit Eigenanlagen zu erzeugen.[23]

In der chemischen Industrie gab es für eine derartige Investitionsstrategie allerdings äußerst günstige Voraussetzungen, wie Friedrich Jähne vor den versammelten Ingenieuren betonte. Er leitete die Technische Kommission beim IG-Farbenkonzern und war seit 1932 bei den Höchst-Werken als Chefingenieur damit beschäftigt, die Anlagen für die Stromversorgung der Betriebe zu erneuern. Die besondere „Eigenart des chemischen Betriebes", so seine Darstellung, sei die „Anwendung der Energien in den verschiedensten Formen und zu besonderen Zwecken, als Wärmeenergie mit den höchsten Dampfdrücken, als Kälte bei den tiefsten Temperaturen, als elektrische Energie und Gas und natürlich auch in der ursprünglichsten Form, der Koh-

---

21 Vgl. Wengenroth, U.: Die Flucht in den Käfig: Wissenschafts- und Innovationskultur in Deutschland 1900-1960, in: vom Bruch, R./Kaderas, B. (Hrsg.): Wissenschaften und Wissenschaftspolitik, Stuttgart 2002, S. 52-59.

22 Vgl. Voigt, H.: Aufgaben des Energiewirtschaftlers in der Industrie, in: 74. VDI-Hauptversammlung Darmstadt 1936 und 80-Jahrefeier des Vereis Deutscher Ingenieure, Berlin 1936, S. 217-221. Heinz Voigt war gelernter Ingenieur, von 1922 bis 1930 Direktor bei der Wintershall AG und von 1930 bis 1954 Ordinarius für Wärmetechnik an der TH Darmstadt.

23 Vgl. Kromer, C.Th.: Stromversorgung der Industrie durch öffentliche Elektrizitätswerke und Eigenanlagen, in: Ebd., S. 221-230.

le".[24] Das Know-how in der Hochdrucktechnologie und der hohe Dampfverbrauch bildeten in der Chemieindustrie die Voraussetzungen für die Eigenstromerzeugung. Carl Krauch, der in der Vierjahresplanbehörde die Abteilung für Forschung und Entwicklung leitete und seine Mitarbeiter vor allem aus dem Chemiekonzern rekrutierte, ging von ähnlichen Überlegungen aus.[25] Er setzte sich dafür ein, dass die chemischen Rüstungsbetriebe möglichst billig mit Strom versorgt wurden und das bedeutete in den meisten Fällen, dass die Industriekraftwerke ausgebaut werden sollten. Er schilderte in seinem Mitte 1939 erstellten Arbeitsbericht rückblickend die Gesichtspunkte, die bis dahin im Hinblick auf die Energieversorgung der Betriebe zum Tragen gekommen waren. Das Ziel sei von Anfang an gewesen, die Energieversorgung mit einem „Minimum von Brennstoffeinsatz, d.h. mit höchstem wärmewirtschaftlichen Wirkungsgrad" und „geringstem Kapitalaufwand" auszubauen. Die Anlagen wurden dabei möglichst nah an den Verbrauchsstellen errichtet, um den Stromtransport über weite Strecken zu vermeiden, da die Stromdurchleitung nicht nur Leitungs- und Umspannungsverluste verursachte, sondern auch zusätzliche Kapitalkosten.[26] Krauch stellte sich damit nicht grundsätzlich gegen den Ausbau des Hochspannungsverbundnetzes, wie es von der AG für Deutsche Elektrizitätswirtschaft geplant war, doch dieses sollte nach wirtschaftlichen Gesichtspunkten erweitert werden.

Die Manager der Elektrizitätswerke gingen demnach nicht davon aus, dass sie die Vierjahresplanwerke mit Strom beliefern sollten, solange die Stromversorgung durch den Einsatz von Eigenanlagen kostengünstiger durchgeführt werden konnte. Soweit für die öffentlichen Stromversorger die Belieferung einzelner Großabnehmer in Betracht kam – die Rüstungsbetriebe gehörten zu dieser Kategorie –, konzentrierten sie sich weiterhin primär auf die Lieferung von Reserve- und Zusatzstrom sowie auf die Durchleitung von Industriestrom. Sie handelten Einzelverträge aus, um diese Leistungen je nach Verfügbarkeit der eigenen Erzeugungskapazitäten bereitzustellen, und erweiterten dementsprechend das Fernleitungs- und Verteilungsnetz, um die mit den Abkommen eingegangenen Lieferverpflichtungen zu erfüllen. Die Stromverträge wurden dabei im Rahmen der alten Spielregeln ausgehandelt, die das Konkurrenzverhältnis zwischen öffentlichen Netzbetreibern und industriellen Kraftwerksbetreibern bestimmten.

---

24 Jähne, F.: Aufgaben des Ingenieurs in der chemischen Industrie, in: Ebd., S. 1. Allgemein zu Jähnes Position bei den IG-Farben und seiner Tätigkeit bei den Höchst-Werken vgl. Lindner, S.H.: Hoechst. Ein IG-Farben Werk im Dritten Reich, München 2005, S. 261-265.

25 Vgl. Hayes, P.: Industry and Ideology. IG Farben in the Nazi Era, Cambridge 2001, S. 156-158; Petzina, D.: Autarkiepolitik im Dritten Reich. Der nationalsozialistische Vierjahresplan, Stuttgart 1968, S. 60-61.

26 Arbeitsbericht von Krauch vor dem Generalrat 20./21.4.1939, in: BA R 3112/14.

Das Energiewirtschaftsgesetz hatte den Reichswirtschaftsminister zwar ermächtigt, auch für die öffentlichen Stromversorger Anordnungen zur „Sicherstellung der Landesverteidigung" zu erlassen, sobald eine entsprechende Maßnahme aufgrund einer mangelnden Stromversorgung eines Industriebetriebes, der aus rüstungswirtschaftlichen Gründen die Produktion nicht einstellen durfte, erforderlich sein sollte. Doch es handelte sich um eine Ermächtigung des Reichswirtschaftsministeriums, die in den ersten Jahren keine staatlichen Eingriffe nach sich zog und die sich auch auf das Investitionsverhalten der Versorgungsbetriebe – wenn überhaupt – nur marginal auswirkte. Denn die Bestimmung beinhaltete gleichzeitig eine Zumutbarkeitsregelung, wonach ein Elektrizitätswerk nur dann mit einer Auflage rechnen musste, wenn diese auch wirtschaftlich vertretbar war. Das Gesetz legte darüber hinaus fest, dass die Versorgungsunternehmen eine „angemessene Entschädigung" erhalten würden, wenn die staatliche Anordnung „über das wirtschaftliche Zumutbare hinaus" gehen sollte.[27] Es handelte sich um eine Bestimmung, die noch wenig präzise war und erst im konkreten Fall eine genauere Spezifizierung erfahren sollte. Diese Situation trat im Winter 1937/38 ein, als einige öffentliche Stromversorger von den staatlichen Aufsichtsbehörden damit konfrontiert wurden, kurzzeitig „außervertragliche Stromlieferungen" für einige Rohstoffbetriebe bereitzustellen.[28] Bis zu diesem Zeitpunkt fiel keine grundsätzliche Entscheidung darüber, welche Leistungen für die Versorgungsbetriebe unter rüstungspolitischen Gesichtspunkten als wirtschaftlich zumutbar gelten würden und in welcher Form sie für die außervertraglichen Stromlieferungen entschädigt werden sollten. Die spezifischen Maßnahmen und die Entschädigungsregelung, die das Reichswirtschaftsministerium in diesem Zusammenhang mit den Versorgungsunternehmen aushandelte, um die sich abzeichnenden Engpässe in der Stromversorgung einiger Rüstungsbetriebe zu überwinden, werden an anderer Stelle noch ausführlich zu untersuchen sein.

Die wirtschaftspolitischen Grundsätze, die bei der Stromversorgung der Rüstungsindustrie zum Tragen kamen, wurden bereits bei der Errichtung der ersten Werke für die synthetische Treibstoffgewinnung erkennbar. Wenn gleich mehrere Stromkonzerne am Ausbau der Mineralölindustrie beteiligt waren, so bedeutete das nicht, dass sie erwarteten, diese Rüstungsbetriebe mit elektrischer Energie beliefern und somit den eigenen Stromabsatz erweitern zu können, denn die Hydrierwerke wurden in der Regel mit einem eigenen Höchstdruckkraftwerk ausgestattet, das die für die Treibstoffproduktion notwendigen Strommengen erzeugte.[29] Die Kapitalbe-

27 Vgl. § 13 Abs. 1 EnWiG.

28 Vgl. Rundschreiben der Reichsgruppe Energiewirtschaft an die Elektrizitäts- und Gasversorgungsunternehmen betr. § 13 des Energiewirtschaftsgesetzes, 11.1.1938, in: HK RWE 10779; Henke an Vögler, 26.7.1938, in: HK RWE 10184.

29 Für ausführliche Darstellung der technischen Gesichtspunkte, die beim Bau der Hydrieranlagen, die das IG-Farbenverfahren für die Triebstoffgewinnung nutzten, zum Tragen kamen siehe

teiligung der Stromversorger an mehreren Treibstoffwerken erklärt sich daher vor allem aus dem Umstand, dass sie mit dem Braunkohlenbergbau eng verflochten waren. Bei der Gründung der Braunkohle-Benzin AG (BRABAG) im Oktober 1934 wurden gleich mehrere Versorgungsunternehmen, die einige der bedeutendsten Braunkohlenproduzenten kontrollierten, von Reichswirtschaftsminister Schacht dazu gezwungen, Kapitalmittel für die Finanzierung von insgesamt vier Anlagen bereitzustellen. Zu den zehn Unternehmen, die sich an der „Pflichtgemeinschaft" beteiligen mussten, gehörten neben dem IG-Farbenkonzern, der vor allem das Know-how einbrachte, unter anderen auch die reichseigenen Elektrowerke, die Sächsischen Werke und nicht zuletzt das RWE mit seinen Braunkohlengesellschaften.[30] Der rheinisch-westfälische Stromkonzern war entweder als Einzelaktionär oder als Mehrheitseigentümer an der Roddergrube AG, der Braunkohlen-Industrie Zukunft AG und der Rheinbraun AG beteiligt und kontrollierte damit knapp 70 Prozent der rheinischen Braunkohlenförderung.[31] Die Roddergrube und die Rheinbraun mussten einen erheblichen Teil ihrer Gewinne für die Finanzierung der BRABAG abführen.

Im Fall der Union Rheinische Braunkohlen Kraftstoff AG (Union-Kraftstoff), die wenig später im Jahr 1937 als Gemeinschaftsunternehmen des rheinischen Braunkohlenbergbaus gegründet wurde, um eine weitere Hydrieranlage in Wesseling zu errichten, ergab sich für das RWE eine vergleichbare Ausgangssituation.[32] Ein Großteil der Investitionsmittel, die für die Errichtung dieses Hydrierwerkes aufgebracht wurden, stammte jedoch aus einer Kapitalmarktanleihe, für die das Reich die Bürgschaft übernahm.[33] Der Staat schloss außerdem mit der neu gegründeten Union-Kraftstoff – wie auch im Fall der anderen Treibstoffproduzenten – einen Wirtschaftlichkeitsgarantievertrag ab.[34] Die Treibstoffwerke mussten aufgrund dieser Preis-

Lent, H.: Das Höchstdruckkraftwerk Scholven der Bergwerksgesellschaft Hibernia AG, in: Glückauf 38 (1937), S. 861-872. Die erst Anlage dieser Art wurde von dem IG-Farbenkonzern nach Abschuss eines Benzin-Vertrages mit dem Staat in Leuna errichtet. Vgl. Hayes: Industry and Ideology, S. 115-119.

30 Vgl. Hayes: Industry and Ideology, S. 133-135; Birkenfeld, W.: Der synthetische Treibstoff 1933-1945, Göttingen 1964, S. 37-48.

31 Vgl. Bericht des Rheinischen Braunkohlen-Syndikats über das Geschäftsjahr 1933/34.

32 Vgl. Birkenfeld: Der synthetische Treibstoff, S. 109-110.

33 Vgl. Scherner, J.: Die Logik der Industriepolitik im Dritten Reich. Die Investitionen in die Autarkie- und Rüstungsindustrie und ihre staatliche Förderung, Stuttgart 2008, S. 111-112; Mollin, G.: Montankonzerne und „Drittes Reich". Der Gegensatz zwischen Monopolindustrie und Befehlswirtschaft in der deutschen Rüstung und Expansion 1936-1944, Göttingen 1988, S. 68; Joset, H.-J.: Kraftakte. Ein halbes Jahrhundert Union-Kraftstoff in Wesseling, Wien 1987, S. 23-30.

34 Die Union-Kraftstoff erhielt bereits am 23.1.1937 eine „Wirtschaftlichkeitszusage" vom Reichwirtschaftsministerium. Vgl. Bericht für die Aufsichtsratssetzung der Rheinbraun am 23.3.1939, in: HK RWE 727, in dem der Ablauf der Verhandlungen mit dem Reichswirtschaftsministerium detailliert wiedergegeben wird.

und Absatzgarantie also kein finanzielles „Opfer" aufbringen, wie es Arthur Koepchen in seinem für den Aufsichtsrat verfassten Bericht beklagte.[35] Ein aus der Sicht des RWE viel entscheidender Gesichtspunkt ergab sich daraus, dass die Union-Kraftstoff den synthetischen Treibstoff aus der Braunkohle produzieren sollte, die aus den konzerneigenen Gruben gefördert wurde. Für das RWE besaß dieser Rohstoff eine kaum zu überschätzende strategische Bedeutung, der vor allem im Konkurrenzkampf gegen die Industriekraftwerke eine wichtige Rolle spielte. Die Braunkohle war von den Kraftwerksbetreibern bereits vor dem Ersten Weltkrieg als Primärenergie für die Stromerzeugung entdeckt worden. Das RWE hatte 1906 das Elektrizitätswerk Berggeist in Brühl bei Köln erworben und dann 1913 in Knapsack mit dem Bau der ersten Anlage des Goldenbergwerks begonnen, das erst später nach dem für die Errichtung des Werkes verantwortlichen Ingenieur benannt wurde.[36] Seitdem hatte der Konzern einen immer stärkeren Drang zur Braunkohle entwickelt und keine sich bietende Gelegenheit ungenutzt gelassen, um seine Kontrolle über die rheinische Braunkohlenförderung auszuweiten. Der Erwerb der Mehrheitsbeteiligung an der Rheinbraun im Jahr 1932, die durch einen dubiosen Aktientausch kurz nach der Gelsenbergaffäre zustande kam und Paul Silverberg zum Rücktritt veranlasste, fügte sich nahtlos in diese Strategie ein. Das RWE war damit seinem Ziel einen großen Schritt näher gekommen. Nachdem Silverberg die persönlichen Konsequenzen aus diesen Ereignissen gezogen hatte und im März 1933 aus der Rheinbraun ausgeschieden war, herrschte der Stromkonzern gestützt von den Vereinigten Stahlwerken und den rheinischen Kommunen unangefochtenen als Dirigent im rheinischen Braunkohlenrevier.[37]

Der Stromkonzern verfolgte mit seiner Strategie, die Kontrolle über die rheinischen Braunkohlenproduzenten zu erlangen, mehrere Ziele gleichzeitig. Erstens versuchte er die restlichen Elektrizitätswerke zu übernehmen, die in dem Versorgungsgebiet, das er mit den am Elektrofrieden beteiligten Stromversorgern ausgehandelt hatte, noch als selbstständige Stromanbieter tätig waren. Die Verhandlungen mit der Preußenelektra hatten gezeigt, dass das RWE die konkurrierenden Elektrizitätswerke innerhalb seines Versorgungsgebietes möglichst in den Konzern zu integrieren versuchte. Denn der Aktienaustausch mit dem preußischen Staat beinhaltete den Erwerb des Elektrizitätswerks Zukunft bei Aachen, das zu der von der Preußenelektra erworbenen Braunkohlen-Industrie Zukunft AG gehörte und

35 Vgl. Bericht zur Aufsichtsratssetzung am 8.6.1939, in: HK RWE 6274.

36 Vgl. Feldman: Hugo Stinnes, S. 125-126, 284-285.

37 Die Übernahme der Rheinbraun durch das RWE und die Rolle, die Vögler, Thyssen und Flick dabei spielten, ist in der historischen Literatur eingehend untersucht worden. Die neueste und gleichzeitig gründlichste Studie liefert Gehlen: Paul Silverberg, 407-510. Siehe auch Neebe, R.: Großindustrie, Staat und NSDAP 1930-1933. Paul Silverberg und der Reichsverband der Deutschen Industrie in der Krise der Weimarer Republik, Göttingen 1981, S. 189-199.

entlang der belgischen Grenze einen Teil der rheinischen Provinz mit Strom belieferte.[38] Mit der Rheinbraun übernahm das RWE dann schließlich auch noch das Rheinische Elektrizitätswerk im Braunkohlenrevier, das von Silverberg aufgebaut worden war und die Stadt Köln mit Strom versorgte.[39]

Der Konzern hoffte zweitens darauf, aufgrund seiner Mehrheitsbeteiligungen über die Gewinne verfügen zu können, die von den Braunkohlenproduzenten erwirtschaftet wurden. Das war ein nicht zu unterschätzendes Motiv, denn der Braunkohlenbergbau galt im Unterschied zum Steinkohlenbergbau als ein äußerst profitabler Wirtschaftszweig, in dem während der gesamten Zwischenkriegszeit hohe Renditen erzielt wurden.[40] Nach Koepchens Ausführungen wollte das RWE die frei stehenden Mittel abschöpfen, um sie „im Interesse der Stromversorgung des Westens arbeiten" zu lassen.[41] Wenn er rückblickend die Errichtung der Hydrieranlagen kritisierte und der Meinung war, dass diese eine finanzielle Last darstellten, dann vor allem deshalb, weil ihm Reichswirtschaftsminister Schacht einen Strich durch die Rechnung gemacht hatte. Hinzu kam aber auch drittens die strategische Bedeutung der Braunkohlengruben für das RWE. Der Konzern betrachtete seine Beteiligungen an den Braunkohlenproduzenten als eine Investition, um diesen für die Stromerzeugung vergleichsweise günstigen Brennstoff langfristig zu sichern. Es wurden sogar erste Überlegungen angestellt, wie die Verwendung der Braunkohle für die Brikettproduktion allmählich gedrosselt werden konnte, um die Vorräte für die Stromerzeugung zu schonen. Die Treibstoffproduktion der Union-Kraftstoff verkürzte dagegen die Lebensdauer der Gruben.

Insgesamt ergab sich aus der strategischen Ausrichtung daher eine ablehnende Haltung gegenüber der Treibstoffpolitik des NS-Regimes. Der Konzern zeigte kein Interesse, seine Investitionen auf andere Bereiche als die Elektrizitätswirtschaft auszuweiten. In dieser Hinsicht war bereits im Jahr 1927 durch den Verkauf der eigenen Ferngasleitungen der Ruhrgas AG eine erste wichtige strategische Entscheidung getroffen worden.[42] Seitdem fokussierte das RWE seine Investitionen hauptsächlich auf den Ausbau der Stromversorgung, die sich immer mehr als Kerngeschäft des Konzerns herauskristallisierte. Auch Koepchens öffentlich geäußerte Kritik über die „immer stärker werdende Konkurrenz des Dieselmotors" – die in Anbetracht der steigenden Treibstoffpreise sachlich unbegründet war – verdeutlicht, dass der Konzern nicht daran interessiert war, sich an der Treibstoffprodukti-

38 Vgl. Stier: Staat und Strom, S. 300; Buderath: Strom im Markt, Bd. 1, S. 165.

39 Vgl. Wirtschaftsvereinigung Elektrizitätsversorgung: Elektrizitätswirtschaft im Dritten Reich, Berlin 1937, S. 397-398.

40 Vgl. Spoerer: Von Scheingewinnen zum Rüstungsboom, S. 57; Gehlen, Paul Silverberg, S. 445-449.

41 Bericht zur Aufsichtsratssetzung am 8.6.1939, in: HK RWE 6274.

42 Vgl. Exposé über Verkauf der Ferngasleitungen an die AG für Kohlenverwertung, 26.11.1927, in. BA N 1013 Nr. 582. Asriel, Rheinisch-Westfälisches Elektrizitätswerk, S. 64-69.

on zu beteiligen.[43] Er hoffte insgeheim, dass die Autarkiewirtschaft den Rückzug des Verbrennungsmotors beschleunigen und zu einem vermehrten Einsatz des Elektromotors führen würde. Wenn sich die zum Stromkonzern gehörenden Braunkohlenproduzenten vor diesem Hintergrund trotzdem an dem Ausbau der Hydrierwerke beteiligten, so geschah das primär auf Anordnung des Staates. Das bedeutete aber noch nicht, wie Koepchen behauptete, dass der Konzern dadurch finanzielle Verluste einstecken musste, denn die Amortisation der erzwungenen Investitionen war durch den Wirtschaftlichkeitsgarantievertrag gesichert.[44]

3.1.2 Die Stromwirtschaft des IG-Farbenkonzerns

Abgesehen von den geschilderten Fällen, in denen die Stromversorger Finanzierungsmittel für die Errichtung mehrerer Hydrierwerke bereitstellen mussten, blieb das primäre Betätigungsfeld der Elektrizitätswerke die öffentliche Stromversorgung. Dazu gehörte das Aushandeln von Verträgen für die Zusatz- und Reservestromlieferung, die Durchleitung von Industriestrom über das öffentliche Verbundnetz und die Einspeisung von industriellem Überschussstrom. Da die öffentlichen Netzbetreiber mit den einzelnen Industrieunternehmen hierfür individuelle Sonderverträge aushandelten, ist es äußert schwierig, in dieser Beziehung allgemeingültige Aussagen zu treffen. Es erscheint daher angebracht, einzelne Beispiele näher zu beleuchten, um die Konfliktlinien zu bestimmen und zu untersuchen, welche Lösungen die Vertragspartner untereinander aushandelten und welche Rolle der Staat dabei spielte. Mitte der 1930er Jahren waren geschätzte 36 Prozent sämtlicher Industriekraftwerke in den beiden Versorgungsgebieten des RWE und der VEW angesiedelt, so dass eine Untersuchung der rheinisch-westfälischen Industrie einen guten Einblick in diese Zusammenhänge ermöglicht.[45] Wie schon mehrfach angedeutet, hatte die Braunkohle für das RWE in diesem Kontext eine herausragende Bedeutung. Der Stromkonzern konnte – lässt man die Transportkosten aus Vergleichsgesichtspunkten einmal außer Betracht – die elektrische Energie aus diesem Primärenergieträger wesentlich günstiger erzeugen als die mit Steinkohle befeuerten Kraftwerke. Zum Ärgernis des Ruhrbergbaus nutzte der Konzern diesen komparativen Kostenvorteil sehr zielgerichtet, indem er mit einer Preisdifferenzierungsstrategie die Betreiber

43 Koepchen, A.: Westdeutsche Elektrizitätswirtschaft. Vortrag gehalten am 3.2.1936. Als Druckbeilage im Geschäftsbericht 1934/35, in: HK RWE.

44 Die Behauptung, dass die Errichtung der BRABAG und der Union-Kraftstoff im Unterschied zu anderen Hydrieranlagen auf staatlichen Zwang zurückzuführen ist, wird durch die Ergebnisse der neueren Forschung bestätigt. Vgl. Scherner: Logik der Industriepolitik, S. 108-124.

45 Die Angabe umfasst die in der offiziellen Statistik geführten industriellen Eigenanlagen für Westfalen und der Rheinprovinz. Vgl. Wirtschaft und Statistik 16 (1936), S. 857.

von Eigenanlagen dazu zu bewegen versuchte, die Eigenversorgung aufzugeben und zum Fremdstrombezug zu wechseln. Die Rohstoffkosten, die das RWE in sein Preisangebot für die industriellen Kraftwerksbetreiber einfließen ließ, basierten daher primär auf der Braunkohle, die aus dem konzerneigenen Fördergruben stammte. Doch es war selbst unter Berücksichtigung dieser im Vergleich zu anderen öffentlichen Stromanbietern recht günstigen Ausgangssituation und der gezielten Preisdifferenzierung nicht selbstverständlich, dass das RWE den Strom in jedem Fall so günstig liefern konnte, dass die Industriebetriebe ihre eigenen Anlagen stilllegten.[46]

Die Konkurrenz des IG-Farbenkonzerns, der durch die Nutzung der Kraft-Wärme-Kopplung äußerst preiswerten Strom für den Eigenbedarf erzeugte, stellte für den Stromanbieter eine der größten Herausforderung dar.[47] Der Chemiekonzern war nicht nur im Besitz von Braunkohlengruben, sondern verfügte als Großkesselbetreiber über ein herausragendes technisches Wissen in der Hochdrucktechnologie.[48] Seine Ingenieure gehörten zu den führenden Kräften auf dem Gebiet der Wärmetechnik. Der Konzern unterhielt bei den Bayerwerken in Leverkusen eine so genannte Wärmekommission, die als Unterabteilung der Technischen Kommission eingerichtet worden war und in der Wärmeingenieure damit beschäftigt waren, die Energiewirtschaft des gesamten Konzerns zu überwachen, durch Betriebsanalysen einen Vergleich zwischen den einzelnen Werken herzustellen und auf diese Weise den Energieverbrauch zu optimieren. Die Wärmeabteilung wurde von Karl Hencky geleitet, der zugleich an der Technischen Hochschule Aachen eine Professur für Wärmewirtschaft innehatte.[49] Er und seine Mitarbeiter waren gleichzeitig auch für die Vertragsverhandlung mit den öffentlichen Stromversorgern zuständig. Sie waren also nicht nur auf dem Gebiet der Dampftechnik und der Wärmeökonomie bewandert, sondern verfügten auch über Erfahrungen mit Hochspannungsleitungen

---

46 Allgemein dazu vgl. Henke, E.: Die Elektrizitätsversorgung im Bezirk des RWE, in: Enquete-Ausschuss: Die deutsche Elektrizitätswirtschaft, Berlin 1930, S. 409; Koepchen, A.: Die Aufgaben der deutschen Elektrizitätswirtschaft, Berlin 1936, S. 18.

47 Der IG-Farbenkonzern erzeugte nach den Angaben des Vorsitzenden der TEA, F. Jähne, bei „normalen Dampfpreisen Stromerzeugungspreise von 0,5 bis 0,6 Pfg/KWh. Vgl. Jähne F.: Aufgaben des Ingenieurs in der chemischen Industrie, in: 74. VDI-Hauptversammlung, Berlin 1936, S. 1. Selbst wenn man annimmt, dass dieser Preis nur in neuen Hochdruckanlagen im Gegendruckbetrieb erzielt wurde, kann man davon ausgehen, dass er doch deutlich unter dem Angebot des RWE lag. Die Stickstoffwerke in Knapsack, die in unmittelbarer Nachbarschaft zum Goldenbergwerk lagen – womit die Transportkosten nur gering waren – zahlten 1,2 Pf/KWh. Vgl. Stromlieferungsvertrag vom 26.3.1929, in: HK RWE C1/60.

48 Vgl. VGB: 50 Jahre VGB 1920-1970, Essen 1970, S. 51-56.

49 Zu den biographischen Angaben über K. Hencky, in: BAL 271-2. Und die Angaben in: Brennstoff, Wärme, Kraft 6 (1954), S. 156.

und den technischen Hürden, die beim Versuch, mehrere parallel arbeitende Kraftwerke an ein Leitungssystem zu koppeln, zu überwinden waren.

Beim Chemiekonzern wurden bereits wenige Jahre nach der Fusion im Jahr 1925 erste Überlegungen angestellt, wie eine Verbindungsleitung zwischen den in Deutschland verstreut liegenden Produktionsstandorten hergestellt werden könnte. Eine konkrete Investitionsentscheidung gab es zu diesem Zeitpunkt noch nicht. Man untersuchte vielmehr die verschiedenen Möglichkeiten, die für die Durchführung dieses Vorhabens in Betracht kamen.[50] In diesem Zusammenhang verfolgte man auch mit großem Interesse die Bestrebungen der öffentlichen Netzbetreiber, die Leistung der überregionalen Hochspannungsleitungen auszubauen.[51] Die Vorteile des großräumigen Verbundbetriebes lagen für den Konzern auf der Hand. Er konnte durch die Vernetzung seiner Kraftwerke nicht nur die Sicherheit der Stromversorgung einzelner Werke erhöhen, sondern darüber hinaus die eigenen Anlagen mit reduzierten Reservekapazitäten fahren und somit eine weitere Kostensenkung bei der Energieversorgung erzielen. Die alles entscheidende Frage war nur, ob die öffentlichen Stromleitungen bereits soweit ausgebaut waren, dass sie für die Durchleitung in Anspruch genommen werden konnten, und ob sich die Netzbetreiber überhaupt bereit erklären würden, den Stromtransport für einen ihrer stärksten Konkurrenten gegen Zahlung einer angemessen Netzgebühr zu übernehmen. Die denkbare Alternative für den Chemiekonzern bestand darin, ein eigenes Verbundnetz zu errichten, um den Stromaustausch unabhängig von den öffentlichen Elektrizitätswerken durchzuführen.

In den frühen 1930er Jahren, als der Ausbau der Kraftwerkskapazitäten der Chemiewerke in Angriff genommen wurde, rückte also auch die Klärung der Transportfrage in den Vordergrund. Wie sich herausstellte, verfolgte der IG-Farbenkonzern zwei unterschiedliche Strategien. Er unterhielt im mitteldeutschen Braunkohlengebiet bereits aus den früheren Jahren eigene Verbundleitungen, über die die dort angesiedelten Betriebe untereinander vernetzt waren. Das integrierte Verbundsystem der mitteldeutschen Werke war wiederum an die Hochspannungsleitungen der Reichselektrowerke gekoppelt. Im Jahr 1934 traf der Chemiekonzern die Entscheidung, die Transportkapazität dieser so genannten „IG-Sammelschiene" zu einem 110-KV-Leitungssystem aufzurüsten, um den Verbundbetrieb zwischen den vor dem Ausbau stehenden Stromerzeugungsanlagen auch in Zukunft über das

50 Vgl. Quack, W.: Energieanlagen der IG in Mitteldeutschland, 6.7.1936, in: BAL 013-017.

51 Vgl. Heß, J.: Energieprobleme der chemischen Industrie. Vortrag gehalten auf der Hauptversammlung des Vereins zur Wahrung der Interessen der chemischen Industrie, in: Die Chemische Industrie 52 (1929), S. 1-7.

konzerneigene Stromnetz durchführen zu können.[52] Der Ausbau der IG-Sammelschiene wurde demnach bereits zu einem Zeitpunkt in Angriff genommen, als das Energiewirtschaftsgesetz, das diese Investition genehmigungspflichtig gemacht hätte, noch nicht in Kraft getreten war. Im Westen strebte der Chemiekonzern dagegen eine Kooperation mit den öffentlichen Netzbetreibern an, um den Stromtransport zwischen Leverkusen und Ludwigshafen durchzuführen. Es gab mehrere Gesichtspunkte, die aus Sicht des Konzerns dafür sprachen, für seine westdeutschen Standorte diese Vorgehensweise zu wählen. Zum einen musste er berücksichtigen, dass die räumliche Entfernung, die zwischen den Werken am Rhein zu überbrücken war, im Unterschied zu den mitteldeutschen Verhältnissen viel größer war. Damit waren auch die Investitionskosten für ein eigenes Leitungssystem wesentlich höher anzusetzen. Ein weiterer und viel entscheidenderer Gesichtspunkt war aber, dass mit den Hochspannungsleitungen des RWE bereits eine Transportleitung existierte. Der Chemiekonzern beabsichtigte deshalb, die Stromdurchleitung zwischen seinen am Rhein liegenden Betrieben über das öffentliche Verbundnetz durchzuführen, indem er dem Netzbetreiber für die Mitbenutzung der Transporteinrichtung eine Gebühr zahlte.

In Anbetracht der vergleichsweise gut ausgebauten Infrastruktur für den Stromtransport, die der Chemiekonzern in Westdeutschland vorfand, stellte die Errichtung eines eigenen Hochspannungssystems von Ludwigshafen bis nach Leverkusen keine wirtschaftliche Alternative dar. Die Nutzung der öffentlichen Fernleitungsanlagen war selbst unter Berücksichtigung der zu zahlenden Netzgebühren günstiger, weil für die Errichtung einer eigenen Verbindungsleitung nicht nur ein erheblicher Kapitalaufwand erforderlich war, sondern darüber hinaus auch die Rechte für die Benutzung der öffentlichen Wege. Es gab demnach mehrere Gründe, die beim Konzern unter Berücksichtigung der spezifischen westdeutschen Verhältnisse letztlich zu der Entscheidung führten, mit dem RWE Verhandlungen aufzunehmen.[53]

Der Chemiekonzern nahm die Gespräche mit dem RWE nicht erst zu dem Zeitpunkt auf, als die Rüstungsinvestitionen wieder einen Anstieg des Strombedarfs erwarten ließen. Die beiden Unternehmen standen seit Mitte der 1920er Jahren in einem Vertragsverhältnis, allerdings beschränkte sich die Geschäftsbeziehung zu dieser Zeit noch ausschließlich auf die Bayerwerke in Leverkusen.[54] Im Jahr 1929 hatte das RWE den Betrieb der Kraftwerksanlagen der AG für Stickstoffdünger in

52 Vgl. Hackenholz, D.: Die elektrochemischen Werke in Bitterfeld 1914-1945, Münster 2004, S. 249; Schäff, K.: Verbund mit industriellen Kraftwerken, in: VDEW (Hrsg.). Das Zeitalter der Elektrizität, Frankfurt am Main 1967, S. 91.

53 Vgl. Hencky, K.: Entwicklung der Kraftanlagen der IG-Werke am Rhein, 6.7.1936, in: BAL 053-003.

54 Vgl. Schreiben Betriebsverwaltung Reisholz an Hauptverwaltung betr. Stromlieferung für IG-Farbenindustrie, 27.9.1926, in: HK RWE10660; Aktennotiz über Verhandlungen, 10.12.1926, in: Ebd.

Knapsack übernommen und sich im Gegenzug dazu verpflichtet, die Stickstoffwerke für die nächsten 36 Jahre eine Kraftwerksleistung bis zur Höchstleistung von 85 MW bereitzustellen. Dass dieses Abkommen überhaupt erst zustande gekommen war, lag vor allem darin begründet, dass die Roddergrube, mit der die Stickstoffwerke einen langfristigen Kohlenliefervertrag abgeschlossen hatten, einen Braunkohlenpreis in Rechnung stellte, der die Stromerzeugung in den Eigenanlagen nicht mehr rentabel erscheinen ließ. Ob das RWE in der Absicht, einen weiteren Konkurrenten aus dem rheinischen Braunkohlenrevier zu verdrängen, seinen Einfluss auf die Roddergrube dahin gehend geltend machte, dass die Stickstoffwerke den Betrieb ihrer Kraftwerksanlagen abgab, lässt sich nicht ausschließen.[55] Entscheidend in diesem Kontext ist aber, dass die Verhandlungen danach nicht unterbrochen wurden und die IG-Farben ein Jahr später, nachdem das RWE die Nord-Süd-Schiene in Betrieb genommen hatte, wieder an den Stromkonzern herantraten, um nun die Möglichkeiten eines Stromtransportes und der Zusatzstromlieferung auszuloten. Die Chemiewerke wollten einen „Generalvertrag" abschließen, um die Stromversorgung sämtlicher Betriebe, die im Einflussbereich des RWE lagen, neu zu ordnen.[56]

Das Ziel des Generalvertrages war ein „Zusammenschluss" aller IG-Werke über das öffentliche Verbundnetz des RWE. Die Möglichkeit, die aus dem „Heizdampfbedarf erzielbare Stromausbeute" weiter auszubauen und anfallende „Überschussenergien" möglichst nutzbar zu machen, sollten dabei weiterhin bestehen bleiben. Es war geplant, die kleinen und oftmals veralteten Stromerzeugungsanlagen allmählich stillzulegen und durch Hochdruckkraftwerke zu ersetzen.[57] Die Verhandlungen kamen in den ersten Jahren allerdings nur schleppend voran und mündeten erst im Juli 1934 in ein für beide Seiten erfolgreiches Abkommen. In der Zwischenzeit drohten die Vertragsverhandlungen jedoch zu scheitern, denn der Chemiekonzern betrachtete die Bedingungen, die das RWE für die Stromdurchleitung stellte, als nicht tragbar. Auch der Vorschlag, den Generalvertrag sofort für eine Dauer von

55 Der Vertrag und die gesichteten Dokumente über die Entstehung des Vertrages lassen keine eindeutige Schlussfolgerung zu. Bemerkenswert ist aber, dass das RWE auch den Kohlenliefervertrag übernahm, den die Stickstoffwerke ursprünglich mit der Roddergrube für die Dauer von 60 Jahren bis 1965 abgeschlossen hatten, und der Stromliefervertrag von 1929, mit dem die Stickstoffwerke den Betrieb der eigenen Kraftwerkanlagen dem RWE überließen, gleichfalls bis 1965 lief. Vgl. Stromlieferungs-Vertrag, 26.3.1929, in: HK RWE C1/60; Denkschrift der AG für Stickstoffdünger über die Entwicklung der vertraglichen und wirtschaftlichen Beziehungen mit dem RWE, 7.1.1948, in: HK RWE 10186.

56 Vgl. Aktennotiz über Besprechung, 22.7.1930, in: HK RWE 10660; RWE an IG-Farbenindustrie, 2.12.1933, in: Ebd; IG-Farbenindustrie an RWE, 11.12.1933, in: Ebd. Die Stromlieferung für die Stickstoffproduktion in Knapsack, die mit dem besagten Vertrag von 1929 geregelt wurde, war danach nicht mehr Bestandteil der Verhandlungen.

57 Vgl. IG-Farbeinindustrie an RWE betr. Verhandlungen über Generalstromvertrag, 7.4.1934, in: HK RWE 10661.

30 Jahren abzuschließen, fand nicht die Zustimmungen von Karl Hencky und seinen Mitarbeitern. Die „Schätzungsfehler“ bei einem 30-jährigen Vertrag, so die Begründung, seien zu groß und das Risiko kaum kalkulierbar. Die Schwierigkeiten, die bei einer derart langen Vertragsdauer zu berücksichtigen waren und die die Entscheidungsfindung verkomplizierten, ergaben sich aus der fundamentalen Unsicherheit, technische und wirtschaftliche Entwicklungen richtig antizipieren zu können.[58] Hencky wies ausdrücklich darauf hin, dass sich die Chemiewerke durch die selbst auferlegte Beschränkung, die bei einem Vertragsabschluss unvermeidbar war, der Gefahr ausliefern könnten, von dem Genuss weiterer technischer Fortschritte in der Energiewirtschaft ausgeschlossen zu werden.[59] Er und seine Mitstreiter innerhalb der Wärmekommission forderten deshalb einen kurzfristigeren Vertrag, um auf diese Weise erst einmal weitere Erfahrungen mit dem Verbundbetrieb über das öffentliche Hochspannungsnetz zu sammeln und eine gewisse Routine in der Zusammenarbeit mit dem öffentlichen Netzbetreiber zu entwickeln.

Die Voraussetzung für eine freiwillige Kooperation der beiden Vertragspartner war, dass sie sich auf eine Regelung verständigten, von der beide Seiten profitieren konnten. Nachdem sich aber selbst nach mehrjährigen Gesprächen immer noch kein Ergebnis abzeichnete und das RWE nur äußerst widerwillig ein Entgegenkommen zeigte, wuchs der Unmut bei den für Verhandlungen zuständigen Managern des Chemiekonzerns. Karl Hencky ging nun in die Offensive und versuchte gezielt den Verhandlungsdruck auf den Netzbetreiber zu erhöhen, indem er öffentlich zu den Problemen Stellung bezog und dabei deutliche Worte für das Verhalten des RWE fand. Das Forum, das ihm die im Jahr 1933 in Stockholm tagende Teilsitzung der Weltkraftkonferenz bot, war hierfür eine willkommene Gelegenheit. Er kritisierte vor den dort versammelten Fachexperten die „unerfreulichen Zustände“, die in der deutschen Stromwirtschaft aufgrund des Leitungsmonopols der öffentlichen Netzbetreiber vorherrschten. „Diese Monopolstellung habe [...] den Nachteil, so Hencky in seinen Ausführungen, „dass andere Industrien aus einem energietechnischen Zusammenschluss keinen Nutzen ziehen können, weil sie ohne Wegerecht [...] keinen Ausgleich in der Stromversorgung vorzunehmen vermögen.“ Zahlreich seien die Beispiele, in denen das Wegerecht zu einem „Hochhalten der Preise“ benutzt würden und bedauerlich die „vielen ungenützten Möglichkeiten von billiger Gegenstromerzeugung“, die vor allem deshalb nicht ausgeschöpft würden, „weil der Stromüberschuss an anderer Stelle nicht weitergeleitet“ werden könne. Hencky vertrat den Standpunkt, dass das Ausschließlichkeitsrecht, das in der Elektrizitätswirtschaft vorherrschte und das Leitungsmonopol der Versorgungsbetriebe institutionell absicherte, eine im Prinzip unentbehrliche Regelung sei. Diese Regelung

58 Dazu grundlegend Casson: Der Unternehmer, S. 528-531; Williamson: Institutionen des Kapitalismus, S. 89-91.

59 IG-Farbenindustrie an RWE, 24.1.1934, in: HK RWE 10661.

bildete auch aus seiner Sicht eine unverzichtbare Rahmenbedingung, um Anreize für Investitionen in die öffentliche Infrastruktur zu schaffen. Sie sollte deshalb nicht abgeschafft werden. Doch die Elektrizitätswerke müssten aufgrund ihrer rechtlich anerkannten Monopolstellung, die ihnen die kommunalen Konzessionsrecht bescherte, „gleichzeitig die Pflicht auferlegt bekommen, die Stromversorgung und den Stromausgleich" für die Industrie vorzunehmen.[60] Denn die größten Schwierigkeiten, die dabei zu bewältigen waren, lagen nun einmal „zum geringsten Teil in der Unmöglichkeit technischer Ausführung", sondern vielmehr in der „Unvollkommenheit der auf Wahrung der Eigeninteressen bedachten menschlichen Einrichtungen".[61] Hencky wies damit das von den Netzbetreibern häufig vorgebrachte Argument, wonach die Kopplung der industriellen Kraftwerke über das öffentliche Verbundnetz aus technischen Gründen nicht durchführbar sei, entschieden zurück. Er bekräftigte nochmals die Auffassung, die bereits vom gemischten Ausschuss für Kraft und Wärme Mitte der 1920er Jahren formuliert worden war. Henckys Forderung enthielt jedoch im Unterschied zu den Verhandlungsergebnissen, die der gemischte Ausschuss damals vorgelegt hatte, einen entscheidenden Zusatz. Er wollte die Elektrizitätswerke gesetzlich in die Pflicht genommen sehen, so dass diese den industriellen Kraftwerksbetreibern den Zugang zum öffentlichen Netz ermöglichen mussten.

Es war kein Zufall, dass Hencky die gesetzliche Regelung ausgerechnet kurz nach dem politischen Regimewechsel ins Spiel brachte, als die Ordnungsdebatte wieder in den Mittelpunkt rückte, mit der sich auch die Wärmekommission der Chemiewerke beschäftigte.[62] Aus Sicht des RWE und der anderen öffentlichen Stromversorger kam die öffentliche Kritik daher zu einem äußerst ungünstigen Zeitpunkt. Sie konnten die kritische Stellungnahme, die von einem der größten Kraftwerksbetreiber Deutschlands kam und in industriellen Fachkreisen sofort aufgegriffen wurde, nicht ignorieren.[63] Vor diesem Hintergrund verfehlte die Kritik auch nicht ihre Wirkung und der Chemiekonzern bekam seinen Vertrag – mit dem Ergebnis, dass er sich danach nicht mehr in die Ordnungsdebatte einschaltete. Das RWE akzeptierte die Forderungen. Der Netzbetreiber zeigte sich von den kritischen Äußerungen durchaus beeindruckt und war zu größeren Zugeständnissen bereit, so dass die Verhandlungen im August 1934 zu einem erfolgreichen Abschluss geführt werden konnten.[64] Das Resultat war ein Abkommen, das auf freiwilliger Vertragsbasis

60 Hencky, K.: Energieerzeugung und –verteilung vom Standpunkt der Wärme verbrauchenden Großindustrie, in: Transactions of the World Power Conference, Bd. IV, Stockholm 1934, S. 452.

61 Hencky: Energieerzeugung und -verteilung, S. 450-451.

62 Vgl. Niederschrift über die Sitzung der Wäko, 27.9.1933, in: BAL 56/171.

63 Vgl. den Vortrag auf den Tag der deutschen Technik in Breslau von Lent, H.: Zusammenarbeit zwischen öffentlichen und industriellen Energiebetrieben, in: AfWD 16 (1935), S. 198.

64 Vgl. Generalvertrag zwischen dem RWE und der IG-Farbenindustrie, 14.8.1934, in: HK RWE C1/63.

zustande kam und bei dem eine unmittelbare Intervention von Seiten des Staates keine Rolle spielte. Direktor Carl Peters, der beim RWE die in Düsseldorf angesiedelte Betriebsverwaltung Reisholz leitete und an den Verhandlungen mit den Chemiewerken und der Durchführung des abgeschlossenen Stromvertrages maßgeblich beteiligt war, bemerkte wenige Monate später mit trotzigem Unterton, dass das RWE den besten Beweis liefere, „dass Kritiken, wie sie seitens Herrn Professor Hencky geübt worden seien, daneben gingen“. Seine „Ausführungen in Stockholm“ hätten sich „doch nur als Theorien erwiesen“.[65] Immerhin bekam der Chemiekonzern den geforderten Generalvertrag, der eine Laufzeit bis Juli 1939 hatte, und sah seine Wünsche damit vorerst weitestgehend erfüllt.[66] Die Übereinkunft, die zwischen dem öffentlichen Netzbetreiber und dem industriellen Stromerzeuger getroffen wurde, war ein anschauliches Beispiel, wie der Verbundbetrieb über ein gemeinsames Stromnetz vertraglich organisiert werde konnte. Ein entscheidender Umstand für das Zustandekommen des freiwilligen Vertragsabkommens war die spezifische Konkurrenzsituation, die zwischen diesen beiden Kontrahenten herrschte. Beide nahmen eine vergleichbare wirtschaftliche Machtposition ein und sie verfügten beide über ein technisches Wissen, so dass die Verhandlungen von Anfang an auf gleicher Augenhöhe geführt worden waren.

Für die Vertreter der IG-Farbenindustrie war es eine beliebte Übung, das RWE mit der Entwicklung der Stromversorgung der mitteldeutschen Chemiewerke zu konfrontieren.[67] In der Wärmekommission wurde die Leistung, die der westdeutsche Netzbetreiber anbot, immer wieder mit den Erfahrungswerten verglichen, die sie dort mit dem eigenen Verbundbetrieb machten, und betrachteten diese als eine Art Maßstab, um die Angemessenheit der Preisforderungen beurteilen zu können. Sie wandten genau diese Verhandlungstaktik wieder an, als nur zwei Jahre nach Abschluss des ersten Generalvertrages, der im Sommer 1939 auslaufen sollte, wieder Gespräche mit dem RWE aufgenommen wurden, um über eine mögliche Vertragsverlängerung zu verhandeln. Wieder drohten sie mit dem Scheitern der Verhandlungen und Hencky verwies auf die Möglichkeit, notfalls ein eigenes Verbundnetz zu errichten, um die westdeutschen Chemiewerke untereinander zu verbinden.[68] Ob er die Verhandlungsposition der IG-Farben zu diesem Zeitpunkt noch realistisch einschätzte, scheint jedoch fragwürdig. Denn mittlerweile war mit dem Energiewirtschaftsgesetz die Investitionskontrolle eingeführt und das Reichswirtschaftsministerium gab schon bald zu erkennen, dass es die Errichtung industrieller Verbund-

65 Aktennotiz betr. Generalvertrag IG-Farben, 4.10.1934, in: HK RWE 10661.

66 Vgl. Henckys Beurteilung des RWE-Vertrages, 14.3.1934, in: BAL 53/4; Aktennotiz betr. IG-Farbenindustrie, 22.1.1936, in: HK RWE 10662.

67 Vgl. Quack, W.: Energieanlagen der IG in Mitteldeutschland, 6.7.1936, in: BAL 013-017.

68 Vgl. Aktennotiz betr. Verlängerung des Generalabkommens, 25.2.1937, in: HK RWE 10662; IG-Farbenindustrie an RWE betr. Generalstromvertrag, 7.6.1937, in: Ebd.

netze nicht genehmigen würde, wenn die Durchleitung über das öffentliche Netz durchgeführt werden konnte. Die Auseinandersetzung, die zum gleichen Zeitpunkt im Ruhrgebiet ausgetragen wurde und noch eingehend zu untersuchen sein wird, lassen diese Zweifel berechtigt erscheinen. Doch entscheidend war, dass das RWE die Drohgebärden offensichtlich ernst nahm oder zumindest auf die Forderungen einging, so dass es erst gar nicht so weit kommen musste, dass die Chemiewerke am Rhein wirklich ernsthafte Überlegungen über den Bau eigener Leitungen anstellten.

Der Stromkonzern, der die Chemiewerke immer auch als potenziellen Großabnehmer betrachtete, der bereits in bestimmten Mengen Zusatzstrom bezog, wollte die Geschäftsbeziehung unbedingt aufrechterhalten und die Überlegenheit des eigenen Verbundbetriebes unter Beweis stellen, um den Bau weiterer Fernleitungen von Seiten der Industrie überflüssig zu machen.[69] Darüber hinaus befürchtete man beim RWE wohl nicht ganz zu Unrecht, dass die langfristigen Folgen nicht absehbar gewesen wären, wenn jeder Industriekonzern nach Belieben seine eigenen Stromnetze erweitert hätte. Wenn „einmal eine solche Absicht der Privatindustrie zur Verwirklichung" kommen würde, dann könnte bald jeder Großkonzern den Anspruch auf ein eigenes Verbundnetz erheben.[70] Die Verhandlungen wurden deshalb auch nach Erlass des Energiewirtschaftsgesetzes nicht abgebrochen. Die beiden Unternehmen entwickelten ihre Geschäftsbeziehung unter der Bedingung der staatlich gebundenen Konkurrenz weiter und die staatlichen Behörden griffen in diese Verhandlungen nicht ein, solange keine Engpässe drohten und die Stromversorgung der chemischen Rüstungsbetriebe gesichert war. Die beiden Vertragspartner hatten sich bereits beim ersten Abkommen darauf verständigt, die Bedingungen des Abkommens neu auszuhandeln, sobald wirtschaftliche oder politische Entwicklungen eintreten sollten, die ex ante nicht vorhersehbar waren. Sie konnten auf diese Generalklausel zurückgreifen, um die Vertragsbeziehung an die veränderte Situation anzupassen, die sich aus der verstärkten kriegswirtschaftlichen Aufrüstung ergab.[71] Das bedeutet nicht, dass die Umsetzung der gegenseitig erklärten Absicht, Anpassungen noch während der Laufzeit des Vertrages vorzunehmen, reibungslos verlaufen musste. Dies verdeutlichen die Verhandlungen, die im Winter 1937/38 aufgenommen werden mussten, als das RWE nicht bereit war, die Stickstoffwerke in Knapsack bei Köln mit zusätzlichen Strommengen zu beliefern.[72]

Trotz der Schwierigkeiten, die bei der wirtschaftlichen Zusammenarbeit wiederholt auftauchten und die Ende der 1930er Jahre, als erste Anzeichen von Versorgungsengpässen sichtbar wurden, eher noch zunahmen, verlängerten die Konzerne

---

69 Vgl. RWE an Main-Kraftwerke AG betr. IG-Farbenindustrie, 25.9.1934, in: HK RWE 10661; Aktennotiz betr. Generalvertrag IG-Farben, 4.10.1934, in: Ebd.

70 RWE an Main-Kraftwerke betr. IG-Farben-Vertrag, 17.5.1938, in: HK RWE 10663.

71 Vgl. § 11 des Vertrages RWE und IG-Farbenindustrie, 14.8.1934, in: HK RWE C1/63.

72 Vgl. dazu ausführlich Kapitel 3.3.

ihre wirtschaftliche Vertragsbeziehung. Der neue Generalvertrag, der sich nun sogar auf die nächsten 15 Jahre erstreckte, umfasste auch die oberrheinischen Werke in Ludwigshafen und Oppau, die bis dahin vollständig mit Eigenstrom versorgt worden waren.[73] Doch bevor das RWE die oberrheinischen Chemiestandorte mit Zusatzstrom beliefern konnte, musste noch ein weiteres Problem gelöst werden. Die oberrheinischen Chemiewerke lagen nämlich nicht im Versorgungsgebiet des RWE, sondern gehörten zum demarkierten Gebiet der Pfalzwerke AG. Nach den geltenden Demarkationsabkommen durfte das RWE also nicht ohne die ausdrückliche Einwilligung des pfälzischen Versorgungsunternehmens den Strom bis zu den oberrheinischen Chemiewerken durchleiten. Die Gebietsabsprache stellte in diesem Fall aber kein unüberwindbares Hindernis dar. Denn das RWE war neben den pfälzischen Gemeinden der größte Einzelaktionär der Pfalzwerke AG und konnte seinen Einfluss dahin gehend geltend machen, dass diese ihre Zustimmung für die Auflockerung der Gebietsabsprache gab.[74] Die Verhandlungen führten relativ schnell zu dem von den beiden Konzernen erwünschten Ergebnis, so dass das RWE die Strombelieferung der oberrheinischen Chemiewerke ohne Verzögerungen aufnehmen konnte.[75]

Als im Sommer 1940 die Entscheidung fiel, in Ludwigshafen ein weiteres Buna-Werk zu errichten, das eine Kraftwerkskapazität von ungefähr 80 MW erfordern würde, griffen die beiden Unternehmen auf die Erfahrungen zurück, die sie in ihrer bisherigen Geschäftsbeziehung gemacht hatten.[76] Sie schlossen nach relativ kurzen Verhandlungen „in Anlehnung an den bereits bestehenden Generalvertrag" einen weiteren Stromliefervertrag für die Buna-Produktion ab.[77] Der erforderliche Strombedarf für die Buna-Produktion sollte zur einen Hälfte in Eigenanlagen erzeugt und zur anderen Hälfte vom RWE geliefert werden. Das RWE bezog den zu liefernden Strom wiederum größtenteils vom Badenwerk bzw. vom eroberten französischen Wasserkraftwerk Kembs in der Nähe von Mülhausen, das allerdings erst wiederaufgebaut werden musste, da die französische Truppen das Maschinenhaus und sämt-

73 Vgl. Generalvertrag RWE und IG-Farbenindustrie, 12. 2. 1938, in: HK RWE C1/63. Dazu auch die Darstellung über die Entwicklung der Energieerzeugungsanlagen der BASF von 1920-1970, in: VGB (Hrsg.): 50 Jahre VGB 1920-1970, Essen 1970, S. 5.

74 Das RWE war mit 27,8 Prozent am Grundkapital der Pfalzwerke AG beteiligt. Vgl. Wirtschaftsvereinigung Elektrizitätsversorgung (Hrsg.): Die Elektrizitätswirtschaft im Deutschen Reich, Berlin 1937, S. 276.

75 Vgl. RWE an Pfalzwerke AG, 18.5.1937, in: HK RWE 10662; Pfalzwerke an RWE, 12.3.1938, in: HK RWE C1/63.

76 Vgl. Stokes, R.: Von der IG Farbenindustrie AG bis zur Neugründung der BASF, in: Abelshauser, W. (Hrsg.): Die BASF. Eine Unternehmensgeschichte, München 2002, S. 302. Generalbevollmächtigte für Sonderfragen der chemischen Erzeugung betr. Neue Bunafabrik Ludwigshafen, 9.11.1940, in: Seubert, H.: Unternehmen Kembs. Dokumentation eines R(h)einfalls, Ludwigshafen 1990, S. 15.

77 Vgl. Aktenvermerk betr. Stromlieferung für Buna-Fabrik, 19.2.1941, in: HK RWE 10642; Vertrag RWE und IG-Farbenindustrie, 22.11.1941, HK RWE C1/63.

liche Generatoren zerstört zurückgelassen hatten.[78] Der Chemiekonzern wollte sich am Wiederaufbau des Kraftwerkes finanziell beteiligen, was allerdings vom Badenwerk abgelehnt wurde, das sich bereits in einem Schlagabtausch mit der örtlichen Gauleitung befand, um die erbeutete Anlage zu übernehmen.[79] Die oberrheinischen Chemiewerke konnten ungeachtet dessen ihre Stromerzeugungsanlagen nach dem anfallenden Dampfbedarf aber ungehindert ausbauen. Auf diesen Entscheidungsspielraum legte der Konzern besonders großen Wert, denn die elektrische Energie, die mit Gegendruckanlagen erzeugt wurde, war „in den durch ihre Gewinnung verursachten Kosten so günstig, dass sie auch durch die billigst zu habende Wasserkraft nicht ersetzt werden" konnte.[80]

Bei den Investitionsentscheidungen, die er im Hinblick auf den Ausbau seiner Kraftwerke traf, spielte ausschließlich der eigene Strombedarf eine Rolle. Die Stromanlagen wurden also in der Regel nicht mit zusätzlichen Überkapazitäten projektiert, um Strom für die öffentliche Stromversorgung zu produzieren. Sofern in den primär für die Eigenversorgung errichteten Kraftwerken zeitweilig Überschussstrom anfiel, konnte dieser jedoch ohne größere Schwierigkeiten abgegeben werden, vorausgesetzt der Weiterverkauf an Dritte war finanziell gewinnbringend für die Netzbetreiber. Eine notwendige Voraussetzung für die erfolgreiche Durchführung dieses Verbundbetriebes, der sich zwischen dem RWE und den Kraftwerken der Chemiewerke herausbildete, war der Austausch von zuverlässigen Informationen. Erst wenn diese Bedingung erfüllt war, konnte die Fahrpläne der verschiedenen Kraftwerke an den Lastschwankungen angepasst werden, die im öffentlichen Netz vorherrschten. Der Chemiekonzern beauftragte daher die Ingenieure seiner Wärmekommission damit, in regelmäßigen Abständen Informationen über die verfügbaren Leistungen und den zu erwartenden Strombedarf zu sammeln und diese an das RWE weiter zuleiten.[81] Auf diese Weise konnte sich der Stromversorger fortlaufend ein genaues Bild über den Fremdstrombedarf und den Umfang der ungenutzten Erzeugungsanlagen des Chemiekonzerns machen. Ein weiteres Arrangement, das dem gleichen Zweck diente und die Kooperation zwischen den beiden Unternehmen fördern sollte, war die Einrichtung eines neuen Präsidiumssitzes beim

---

78 Vgl. Pfleiderers Bericht (IG-Farben) über das Kraftwerk Kembs und den Verhandlungen betr. Stromübernahme, 25.10.1940, in: Seubert: Unternehmen Kembs, S. 5-6.

79 Die Vertreter des Chemiekonzerns (Pfleiderer, Wurster und Ambros) verzichteten auf den Besitzanspruch, nachdem das Badenwerke erklärt hatte, eine „Quote von 30% = 36000 KW" der Kraftwerkleistung über die RWE-Leitungen für die Buna-Produktion bereitzustellen. Vgl. Bericht über Besprechung, 14.12.1940 in: Seubert: Unternehmen Kembs, S. 22-23. Die Dokumentation enthält weitere Berichte und Schreiben über die Auseinandersetzung, die das Badenwerk mit den örtlichen Instanzen hinsichtlich der Besitzfrage austrug.

80 IG-Farbenindustrie an RWE, 10.4.1937, in: BAL 59/291.

81 Vgl. Aktenvermerk betr. Besprechung mit Vertretern der IG-Farbenindustrie, 1.2.1939, in: HK RWE 10663; IG-Farbenindustrie an RWE betr. Strombezug, in: HK RWE 10643.

RWE im Jahr 1939. Hans Kühne, der als Leiter der Chemiewerke Leverkusen dem Vorstand der IG-Farbenkonzerns angehörte, übernahm die Aufgabe, die Interessen der zum Konzern gehörenden Chemiewerke im RWE-Präsidium zu vertreten.[82] Damit übernahm neben der rheinisch-westfälischen Montanindustrie erstmals auch ein Vertreter der Chemieindustrie einen Aufsichtsposten beim RWE.

3.1.3 Der Kraftwerkausbau im Ruhrgebiet

Die Verständigung zwischen den öffentlichen Netzbetreibern und der Großindustrie gestaltete sich nicht allen Fällen vergleichsweise reibungslos, wie bei den rheinischen Chemiewerken, die im Einflussbereich des RWE lagen. Im Ruhrgebiet waren die stromwirtschaftlichen Vertragsverhältnisse weitaus komplizierter. Schon allein die Tatsache, dass im rheinisch-westfälischen Industriegebiet mehrere Akteure mit zum Teil sehr unterschiedlichen Interessen auftraten, barg ein wesentlich größeres Konfliktpotenzial. Die Konfliktlinien verliefen dabei keineswegs ausschließlich zwischen den öffentlichen Stromversorgern und den industriellen Kraftwerksbetreibern. Unstimmigkeit herrschte auch zwischen dem Rheinisch-Westfälischen Kohlensyndikat (RWKS) und seinen Mitgliedszechen. Die meisten Bergbaugesellschaften agierten nicht als reine Zechenunternehmen, sondern als Hüttenzechen der Eisen- und Stahlindustrie, wie am Beispiel der zu den Vereinigten Stahlwerken gehörenden Gelsenkirchener Bergwerks- AG (GBAG) verdeutlicht werden kann. Das Kohlensyndikat wollte ein Großkraftwerk errichten, um den Steinkohlenbergbau langfristig in die Stromversorgung einzuschalten, das heißt, die öffentlichen Elektrizitätswerke sollten sich – wenn es nach dem Wunsch des Syndikats ging – auf ihre Funktion als Stromlieferant zurückziehen und den Zechen die Errichtung der neuen Steinkohlenkraftwerke überlassen.[83] Der Stahlkonzern verfolgte dagegen mit seinen Hüttenzechen eigene Pläne, die er seit den späten 1920er Jahren im Blick hatte. Er griff diesen „alten Plan“ Mitte der 1930er Jahre wieder auf, musste sein Vorhaben aber gleichzeitig mit den Bestrebungen des Kohlensyndikats abstimmen.[84] Zwar verfolgten auch die Stahlwerke das langfristige Ziel, die Stromerzeugung auszubauen und dabei vor allem die ballasthaltige Steinkohle der eigenen Hüttenzechen zu verwerten, weil diese Abfallprodukte nur schwer über den Markt abgesetzt werden konnten.

Die geplanten Zechenkraftwerke sollten den Strom allerdings primär für die Eigenversorgung des Konzerns erzeugen. Das war ein feiner Unterschied im Vergleich

82 Vgl. RWE-Geschäftsbericht 1939/40, in: HK RWE.

83 Vgl. Tengelmann W.: Die Steinkohle in der Elektrowirtschaft, Herne 1936, S. 32-41.

84 VStAG an Reichswirtschaftsministerium betr. Neubau einer Verbundleitung, 26.10.1937, in: TKA FWH/1954.

zu den Plänen des Steinkohlensyndikats. Es gab unter den Vertretern der rheinisch-westfälischen Schwerindustrie keine Meinungsverschiedenheit darüber, ob die ballasthaltigen Steinkohlenprodukte für die Stromerzeugung verwendet werden sollten. Die Frage sei nur, so die pointierte Formulierung Gustav Dechamps von der Concordia Bergbau AG, welche Strategie die Zechen wählen sollten, um das angestrebte Ziel zu erreichen.[85] Die GBAG, die mit ihren 24 Zechen gut ein Fünftel der Steinkohlenförderung kontrollierte, zeigte von Anfang an wenig Sympathie für das Gemeinschaftsprojekt, das vom RWKS in die Diskussion eingebracht wurde. [86] Sie war die mit Abstand größte Bergwerksgesellschaft des Ruhrgebiets, doch sie nahm keineswegs allein eine ablehnende Haltung ein, wie die Äußerungen anderer Syndikatsmitglieder zeigen. Wenn Bergwerksdirektor Wilhelm Roelen von der Gewerkschaft Walsum, die erst in den 1920er Jahren gegründet worden war und nicht dem Syndikat angehörte, in seiner Stellungnahme zu dem Gemeinschaftsprojekt feststellte, dass in Bergbaukreisen „nicht allgemein die Ansicht vertreten“ werde, dass die „Einschaltung in die Stromlieferung am zweckmäßigsten über ein zentrales Kraftwerk“ erfolgen sollte, so war diese Behauptung nicht unbegründet.[87] Dass die kleineren Zechen, die im Besitz der öffentlichen Stromversorger waren, eine ablehnende Haltung einnahmen, überrascht natürlich nicht. Aber auch andere große Zechenunternehmen wie die Hibernia oder die Harpener Bergbau AG konnten sich mit den Kraftwerksplänen des Steinkohlensyndikats nur bedingt anfreunden. Die staatliche Bergwerksgesellschaft Hibernia nahm bereits in den frühen 1930er Jahren umfangreiche Investitionen in Angriff, um die Eigenanlagen für den steigenden Dampf- und Strombedarf, die bei der Stickstoffproduktion und der Treibstoffgewinnung im Hydrierwerk Scholven anfielen, auszubauen.[88]

Bei dem Konflikt, der zwischen dem Kohlensyndikat und seinen Mitgliedszechen vorherrschte, spielten die Interessen der Eisen- und Stahlindustrie eine zentrale Rolle. Die Probleme tauchten bereits bei der Finanzierungsfrage auf, denn die Hüttenzechen wollten die verfügbaren Kapitalmittel für die Erweiterung der eigenen Kraftwirtschaft einsetzen und nicht in das vom Steinkohlensyndikat projektierte

---

85 Dechamps war Generaldirektor der Concordia Bergbau AG. Dechamps an RWKS betr. Elektrizitätswerk, 27.12.1935, in: BBA 33/387.

86 Vgl. Niederschrift über die Sitzung des Stromausschusses der VST, 9.3.1936, in: TKA A/5535; Lenze an Fritz Thyssen, 16.3.1936, in: TKA NROE/11. Für die prozentuale Verteilung der Kohlenförderung nach einzelnen Bergbauunternehmen vgl. Seidel: Ruhrbergbau im Zweiten Weltkrieg, S.34-36.

87 Denkschrift über den Gas-Elektrizitätskonflikt mit dem RWE, 3.3.1936, in: TKA NROE/11. Walsum war erst ab dem Jahr 1941 Mitglied des RWKS.

88 Die Hibernia baute ihre Kraftwerke von 1935 bis 1938 um insgesamt 56.500 KW aus. Die Gesamtleistung des Unternehmens erreichte damit 173.400 KW. Vgl. Lent: Das Kraftwerk Scholven als Beispiel für ein Industriekraftwerk, S. 509-510; Schäff, Verbund mit industriellen Kraftwerken, S. 92-93; Neubauten 1938, in: BBA 32/511.

Großkraftwerk investieren, um Strom für die öffentliche Versorgung bereitzustellen. Die 1937 gegründete Steinkohlen-Elektrizität AG (StEAG) hob diesen latenten Grundkonflikt nicht auf. Die Hüttenzechen waren erst bereit, dem Gemeinschaftsprojekt ihre Zustimmung zu geben, nachdem das Kohlensyndikat in Fragen der Finanzierung eine Lösung vorschlug, die – wie noch zu zeigen sein wird – die finanzielle Belastung für die einzelnen Mitgliedszechen in Grenzen hielt.[89] Noch im Dezember 1941 kam es in einer Besprechung unter namhaften Vertretern der Schwerindustrie, die von Fritz Todt einberufen worden war, um die strittigen Fragen der Stromversorgung zu klären, zu einer handfesten Auseinandersetzung, die in Bergbaukreisen für erhebliche Verwirrungen sorgte. Der Eklat brachte noch einmal die unterschiedlichen Positionen zum Ausdruck, die sich im Ruhrgebiet nicht erst unter den Bedingungen der Kriegswirtschaft formiert, sondern seit den 1920er Jahren latent vorgeherrscht hatten.[90]

In diesem Streit bezog auch Albert Vögler Stellung. Er zeigte kein Verständnis für die Bestrebungen des Kohlensyndikats, ein Großkraftwerk errichten zu lassen, um verstärkt Steinkohlenstrom in das öffentliche Netz einzuspeisen und damit in Konkurrenz mit den etablierten Stromversorgern zu treten. Vögler war wie viele andere Ruhrindustrielle der Auffassung, dass die Schwerindustrie die eigenen Investitionsmittel nutzen sollte, um die Zechenkraftwerke im Zusammenhang mit der Eisen- und Stahlproduktion auszubauen. Die öffentliche Stromversorgung betrachtete er dagegen als eine Aufgabe, die von den Elektrizitätswerken auszuführen war. Die Montanindustrie solle Zechenkraftwerke und mit Gicht- und Kokereigase betriebenen Stromerzeugungsanlagen errichten, um die Eigenversorgung des Bergbaus und der Hüttenwerke mit möglichst günstigem Eigenstrom zu versorgen. Sofern darüber hinaus Steinkohlenkraftwerke zu errichteten waren, um Elektrizität für die öffentliche Versorgung zu erzeugen, sollten diese möglichst vom RWE und nicht vom Kohlensyndikat bzw. der StEAG betrieben werden. Die Zechenkraftwerke, so sein Diktum, seien mit der öffentlichen Stromversorgung „nicht in Einklang zu bringen“, da bei den Zechen die Eigenversorgung stets an erster Stelle stünde, während die Stromabgabe an das öffentliche Netz für sie nur von sekundärer Bedeutung sei. Der alles entscheidende Grund für Vöglers Einstellung war jedoch der Umstand, dass die Zechen auf dem Gebiet der eigenen Stromwirtschaft „Versäumtes nachzuholen“ hätten.[91] Die Elektrizität war in vielen Bereichen der Kohlenförderung nach

---

89 Vgl. die Ausführungen von Herbert Krauert, Mitglied der GBAG, in der Sitzung des Beirates der StEAG, 16.11.1937, in: BBA 33/390.

90 An der Besprechung nahmen teil u.a. Fritz Todt als Generalinspektor für Energiewirtschaft, Albert Vögler, Paul Pleiger als Vorsitzender der Reichvereinigung Kohle und Heinrich Schult als Vorsitzender der StEAG. Vgl. Vermerk des GIWE, 13.12.1941, in: R 4604/496; Schreiben von Vögler an Pleiger, 20.12.1941, in: Ebd; Pleiger an Todt, 13.1.1942, in: Ebd; Knepper an Pleiger, 21.7.1942, in: TKA VSt / 3060.

91 Schreiben von Vögler an Pleiger, 20.12.1941, in: BA R 4604/496.

wie vor nur von geringer Bedeutung und nahm neben den konkurrierenden Energieformen wie Dampf und Pressluft eine Nebenrolle ein. Folgt man den statistischen Erhebungen, die der Bergbau-Verein in regelmäßigen Abständen veröffentlichte, so wurden im Jahr 1938 zwar immerhin 50 Prozent der unter Tage eingesetzten Antriebsmaschinen elektrisch betrieben, allerdings konzentrierte sich die Stromanwendung überwiegend auf die Wasserhaltung und die Grubenlokomotiven, während die Kleinarbeitsgeräte wie Bohr- und Abbauhämmer weiterhin mit Druckluft betrieben wurden.[92] Außerdem befanden sich die Zechenkraftwerke in einem technisch veralteten Zustand, so dass sie nach wärmewirtschaftlichen Gesichtspunkten unwirtschaftlich arbeiteten. Von den installierten Dampfkesseln wurden nahezu 70 Prozent mit niedrigem Druck unter 20 atü betrieben und ein Großteil der Generatoren war in der Zeit vor 1920 errichtet worden.[93]

Wenn Vögler unverhohlen Kritik an den Plänen des Steinkohlensyndikats übte, muss natürlich berücksichtigt werden, dass er in seiner Funktion als Aufsichtsratsvorsitzender des RWE die Interessen des Stromkonzerns zu verteidigen versuchte. Doch in seinen Äußerungen kamen auch die Interessen der Vereinigten Stahlwerke zum Ausdruck, denn Vögler saß gleichzeitig im Aufsichtsrat dieses Konzerns. Die Stahlwerke beschäftigten sich ab Frühjahr 1935 wieder intensiv mit dem Vorhaben, die konzerneigenen Stromerzeugungsanlagen zu erneuern, um die Strommengen, die sie von den öffentlichen Elektrizitätswerken zu Preisen bezogen, die eine Eigenstromerzeugung nach wie vor kostengünstiger erscheinen ließen, langfristig zu reduzieren.[94] Der Anteil des Fremdstroms am gesamten Stromverbrauch des Konzerns war, nachdem die Ausbaupläne während der Weltwirtschaftskrise zurückgestellt worden waren, in den letzten Jahren kontinuierlich angestiegen und erreichte 1936 bereits 30 Prozent.[95] Die Gelsenberg-Benzin AG, die der Stahlkonzern im Dezember 1936 als Tochtergesellschaft für die synthetische Treibstoffproduktion gründete, erhöhte den Strombedarf zusätzlich. Für das Hydrierwerk wurde aber ähnlich wie bei der BRABAG und der Union-Kraftstoff wieder ein integriertes Kraftwerk errichtet. Die Anlage war bereits im ersten Entwurf nach der Blockbauweise konzipiert

92 Vgl. Bergbau-Verein (Hrsg.): Statistisches Heft. Produktions- und wirtschaftliche Angaben aus der Montanindustrie, Essen 1939, S. 117; Bohnhoff: Stand und Entwicklung der elektrischen Kraftübertragung, S. 78.

93 Die Angaben beziehen sich auf den Stand von 1940. Bergbau-Verein: Die Ruhrkohle in der deutschen Elektrizitätswirtschaft, Essen 1941, S. 9.

94 Vgl. den Stromkostenvergleich nach Eigenerzeugung und Fremdbezug von 1928 bis 1943, in: Jahresbericht der Strombewirtschaftungsstelle der VStAG von 1942/43, in: BBA 50/2070.

95 Vgl. Sitzungen des Bergbauausschusses der GBAG, 27.5.1935 und 19.3.1936, in: BBA 55/611; Jahresbericht des Stromausschusses, in: BBA 55/2070.

worden, so dass die Kapazität bei Ausweitung der Treibstoffproduktion ohne größeren Aufwand erweitert werden konnte.[96]

Der Stahlkonzern bereitete aber parallel zu den Investitionen bei der Gelsenberg-Benzin AG auch den Ausbau der Erzeugungsanlagen für den steigenden Stromverbrauch bei der Eisen- und Stahlproduktion sowie der Hüttenzechen und Kokereien vor. In diesen Produktionsbereichen gab es den von Vögler konstatierten Nachholbedarf. In der Eisen- und Stahlproduktion wurde die Elektrizität hauptsächlich für Beleuchtungszwecke und für den Antrieb der Elektromotoren in den Walzwerken und anderen Hebe- und Fördereinrichtungen, in denen Kraftmotoren zum Einsatz kamen, genutzt. Im Bereich der Wärmeerzeugung spielte die elektrische Energie dagegen keine bedeutende Rolle. Es zeichnete sich zwar mit der Errichtung einzelner Elektroöfen für die Stahlveredelung bereits ein weiteres Anwendungsgebiet für die Elektrizität ab, doch der Einzug der Elektrowärme in die Stahlproduktion war ein schleichender Prozess, der in den 1920er Jahren verstärkt eingesetzt hatte, sich aber nur allmählich gegen die bewährten Befeuerungsmethoden mit Hochofen- und Kokereigas durchsetzten konnte.[97] Der Elektrostahl erreichte 1939 gerade einmal 2,3 Prozent der gesamten Rohstahlproduktion des Konzerns und lag damit sogar deutlich unter dem reichsweiten Durchschnitt von vier Prozent.[98] Insgesamt konnte der Elektroofenbau in den 1930er Jahren „nur ganz vereinzelt Fuß fassen". Es handelte sich dabei in der Regel um „Sonderöfen", die in den Kleinbetrieben aufgestellt wurden, um hochwertige Edelstahlprodukte herzustellen. In den Mittel- und Großbetrieben spielte die Elektrostahlerzeugung dagegen noch keine Rolle.[99] Die geringe Menge an produzierten Elektrostahl bedeutet zwar nicht, dass dieses neue Produktionsverfahren in der langfristigen Investitionsplanung der Stahlwerke keine Berücksichtigung fand. Der Ausbau der Stromwirtschaft stand aber auf der Prioritätenliste hinter der Gaswirtschaft an zweiter Stelle. Diese Rangfolge ergab sich aus der Bedeutung der Gaswärmeerzeugung für die Stahlproduktion. Aber auch

---

96 Vgl. Birkenfeld: Der synthetische Treibstoff, S. 107-108. Die erste Ausbaustufe des Kraftwerkes umfasste 75.000 KW. Bis 1941 wurde die Leistung auf insgesamt 160.000 KW erhöht. Erste Vorstandssitzung der Gelsenberg-Benzin-AG, 19.2.1937, in: BBA 55/1703; Besprechung über Stromverbundwirtschaft, 23.7.1937, in: TKA A/5535; Bericht über Gelsenberg-Benzin-AG verfasst für Aufsichtsrat der VStAG, 25.2.1941, in: BBA 55/1701.

97 Vgl. Kleinschmidt: Rationalisierung als Unternehmensstrategie, S. 59-64; Burghardt: Mechanisierung des Ruhrbergbaus, S. 302-303.

98 Vgl. Mollin: Montankonzerne im „Dritten Reich", S. 90. In Deutschland machte Elektrostahl 1929 knapp 0,8 Prozent der Rohstahlproduktion aus. Der Anteil stieg innerhalb der nächsten zehn Jahre auf vier Prozent und erreichte 1942 schließlich 6,3 Prozent. Vgl. Tooze, A.: Ökonomie der Zerstörung. Die Geschichte der Wirtschaft im Nationalsozialismus, Bonn 2007, S. 912. In der amerikanischen Eisen- und Stahlindustrie lag der Anteil des Elektrostahls bereits Mitte der 1920er Jahren über zehn Prozent. Vgl. Misa, T.J.: A Nation of Steel. The Making of Modern America, 1865-1925, Baltimore 1995, S. 248.

99 Vgl. Baum/Lent: Energieversorgung der Großindustrie, S. 95.

die Tatsache, dass der Stahlkonzern Mitte der 1930er Jahre noch immer knapp 60 Prozent der konzerneigenen Elektrizität mit Generatoren erzeugte, die mit Gaskraftmaschinen betrieben wurden, zeigt, dass die Gaswirtschaft nicht nur für die Stahlproduktion von Bedeutung war, sondern auch in der Planung der konzerneigenen Stromversorgung eine wichtige Ausgangsbedingung bildete.[100]

Die Vereinigten Stahlwerke unterhielten für die Überwachung und Weiterentwicklung ihrer Stromeinrichtungen eine eigene Konzernabteilung, die so genannte Strombewirtschaftungsstelle, die unter der Leitung des Vorstandsvorsitzenden der GBAG, Gustav Knepper, stand. Dieser Stromausschuss war während der Weltwirtschaftskrise gegründet worden, als für einzelne Konzernbetriebe Lieferverträge mit den öffentlichen Stromanbietern abgeschlossen wurden. Seitdem gehörte es zum Aufgabengebiet des Ausschusses, die ordnungsgemäße Durchführung der Stromlieferverträge zu überwachen und sie kontinuierlich den veränderten Verhältnissen anzupassen. Die Vertragsbeziehungen, die der Konzern zu den diversen öffentlichen Stromversorgern unterhielt, befanden sich „eigentlich nie in einem Ruhestand". Die Veränderung der wirtschaftlichen Verhältnisse erforderte ständig Nachjustierungen und neue Abmachungen, weshalb die Vertragsverflechtungen mit den öffentlichen Elektrizitätswerken immer komplexer wurden. Im Jahr 1942 verwaltete die Strombewirtschaftungestelle insgesamt 106 verschiedene Stromverträge, wobei 69 dieser schriftlichen Abkommen allein mit den Elektrizitätswerken abgeschlossen worden waren, die im rheinisch-westfälischen Industriegebiet als Stromanbieter auftraten. Mit dem RWE unterhielt der Stahlwerkskonzern nur acht und mit der VEW insgesamt 31 Stromverträge.[101] Ein weiteres Aufgabenfeld für den Mitarbeiter des Stromausschusses bestand darin, Informationen über die Energiewirtschaft der einzelnen Betriebe zu sammeln und diese in Form von Jahresberichten mit den einzelnen Werksleitern auszutauschen. Dieses Informationsmaterial diente auch als Grundlage für die Entwicklung und Vorbereitung der Investitionspläne.

In dieser Beziehung entfaltete die Abteilung ab Frühjahr 1935 wieder eine rege Tätigkeit, nachdem der Hüttenausschuss den Startschuss für den Ausbau der Stromwirtschaft gegeben hatte. Der Investitionsplan, den der Stromausschuss unter Kneppers Leitung im Laufe der nächsten zwei Jahre vorbereitete und im Oktober 1937 erstmals beim Reichswirtschaftsministerium zur Genehmigung vorlegte, ging von zwei zentralen Zielsetzungen aus.[102] Erstens sollte die Stromwirtschaft in „langsamer folgerichtiger Arbeit" über einen Zeitraum von insgesamt 15 bis 20 Jahren

100 Vgl. Denkschrift über die Stromwirtschaft der VSt, 30.10.1945, in: TKA A/5536; Jahresbericht des Stromausschusses, in: BBA 55/2070.

101 Vgl. Jahresbericht des Stromausschusses, 1941/42 in: BBA 55/2067; Jahresbericht des Stromausschusses, 1942/43, in: BBA 55/2068.

102 Vgl. auch VStAG an Reichswirtschaftsministerium betr. Neubau einer Verbundleitung, 26.10.1937, in: TKA FWH/1954.

erneuert und erweitert werden. Die neuen Kraftwerkanlagen sollten nach der Blockbauweise konzipiert werden, um die Kapazitäten bei Bedarf durch Anbau zusätzlicher Maschinen und Dampfkessel erweitern zu können. Der kontinuierliche Ausbau dieser Einrichtungen orientierte sich ausschließlich am eigenen Strombedarf des Konzerns. Die Möglichkeit der Stromabgabe an das öffentliche Netz wurde dabei nicht in Betracht gezogen.[103] Zweitens sollten die Investitionen den „planmäßigen Rückzug" der öffentlichen Stromversorger aus den Betrieben der Stahlwerke in die Wege leiten und somit langfristig zu einer „Beseitigung jeglichen Fremdstrombezugs" führen.[104] Das angestrebte Ziel war demnach die vollständige Selbstversorgung. Die ehrgeizige Zielsetzung konnte nach Ansicht des Stromausschusses nur erreicht werden, wenn der Konzern einen integrierten Verbundbetrieb errichtete, das heißt, die Kraftwerksanlagen sollten nicht über die öffentlichen Netzleitungen verbunden werden, sondern durch eine konzerneigene Ruhrsammelschiene. Der Plan sah demnach nicht nur Investitionen für den Ausbau der Stromerzeugungsanlagen vor, sondern auch die Errichtung weiterer Hochspannungsleitungen.

Das Investitionsvorhaben der Vereinigten Stahlwerke war auch darauf ausgerichtet, die Transaktionskosten zu vermeiden, die bei der Stromdurchleitung über die öffentlichen Leitungsnetze und durch die demarkierten Versorgungsgebiete der Netzbetreiber in Rechnung gestellt werden mussten. Die Erweiterung der konzerneigenen Verbundleitung sollte einen aus Sicht des Stahlkonzerns gleichwertigen Ersatz schaffen. Das in Aussicht genommene Verbundnetz umfasste eine 100-KV-Leitung, die sich von Hamborn bis nach Dortmund erstreckte und damit nicht nur durch das gesamte Ruhrgebiet lief, sondern auch die westfälische Grenze überschritt.[105] Die Errichtung dieser „großen Pulsader", so formulierte es Knepper auf der Sitzung des Stromausschusses, sei eine unabdingbare Voraussetzung, um die eigene Stromwirtschaft ausbauen zu können.[106] Er und seine Mitstreiter beim Stromausschuss setzten dabei natürlich auf das prinzipielle Einverständnis der Stromversorger. In der Begründung des Investitionsvorhabens, die sie im Herbst 1937 beim Reichswirtschaftsministerium einreichten, verwiesen sie ausdrücklich auf die bestehenden Abkommen, die 1926 kurz nach der Gründung des Konzerns gerade für diesen Zweck mit dem RWE und der VEW ausgehandelt worden waren.[107]

103 Niederschrift über Sitzung des Stromausschusses, 9.3.1936, in: TKA A/5535. Vgl. dazu auch Sitzung des Arbeitsausschusses für Kraftwerksplanung bei der GBAG, 16.1.1941, in: BBA 55/2116.

104 Knepper, G.: Bericht über eine Stromverbundwirtschaft bei der GBAG, in: Vereinigte Stahlwerke (Hrsg.): Die Steinkohlenbergwerke der Vereinigten Stahlwerke AG: Die Schachtanlage Prinz Regent in Bochum-Wiemelshausen, Bd. 1, Teil 2, Essen 1939, S. 761, 784.

105 Vgl. Lageplan als Anhang, in: Knepper, Bericht über eine Stromverbundwirtschaft bei der GBAG.

106 Vgl. Sitzung des Stromausschusses, 9.3.1936, in: TKA A/5535.

107 Vgl. Schreiben der VSt an RWM betr. Neubau einer Verbundleitung, 26.10.1937, in: TKA FWH/1954. Vgl. dazu auch die Ausführungen in Kapitel 2.1.

Die Stahlwerke unterhielten im Niederspannungsbereich bereits aus früheren Jahren eigene Verbundleitungen. Innerhalb der einzelnen Gemeinden waren die verschiedenen Werke häufig miteinander vernetzt. So zum Beispiel im Raum Hamborn, wo das Verbundnetz im Vergleich zu den anderen Standorten des Konzerns besonders weit ausgebaut war. Die Kraftwerksanlagen der August-Thyssen-Hütte und der Hütte Ruhrort-Meiderich bildeten hier den Mittelpunkt der Stromversorgung. Die Betriebsstätten, die in diesem Gebiet angesiedelt waren, bezogen nur geringe Mengen ihres Stromverbrauchs vom RWE. Es waren die Hamborner Industriekraftwerke, die einen Großteil des Strombedarfs der dortigen Hüttenwerke deckten und darüber hinaus auch die Zechen und Kokereien der Bergbaugruppe Hamborn mit Strom versorgten.[108] Knepper und sein Mitarbeiterstab beim Stromausschuss wollten die „guten Erfahrungen", die sie mit der Stromversorgung im Raum Hamborn gemacht hatten, nutzen und in einem „denkbar großen Rahmen" umsetzen.[109] Das Vorhaben sollte allerdings über einen längeren Zeitraum in mehreren Schritten durchgeführt werden. Zuerst musste die Vernetzung der Werke innerhalb der einzelnen Bergbaugruppen in Hamborn, Bochum, Gelsenkirchen und Dortmund verbessert werden. Danach war der Bau der projektierten 100-KV-Hochspannungsleitung vorgesehen, um die Werks-Gruppen untereinander zu verbinden. Damit würden die Voraussetzungen gegeben sein, um den geplanten Verbundbetrieb zwischen den Konzernkraftwerken aufzunehmen. Die neuen Kraftwerke sollten dabei möglichst in der Nähe der Produktionsstandorte errichtetet werden, die in hohem Maße Abfallprodukte abwarfen. In die engere Auswahl fielen die Schachtanlagen der GBAG in Dortmund und Gelsenkirchen, wo der Anfall der Ballastkohle besonders hoch war. Hier im Versorgungsgebiet der VEW sollten die ersten Zechenkraftwerke errichtet werden. Der Plan sah vor, dass der Strom, der in diesen Anlagen erzeugt werden würde, über die konzerneigene Verbundleitungen auch an die anderen, außerhalb des VEW-Gebietes liegenden Betriebe weitergeleitet werden könnte.[110]

Noch in den ersten Monaten, nachdem die Stahlwerke den Investitionsplan bei den Behörden vorgelegt hatten, kamen erhebliche Zweifel auf, ob das Vorhaben in der angestrebten Dimension wirtschaftlich angemessen sei. Vor allem die Argumente, die für die Errichtung der konzerneigenen Hochspannungsleitung vorgebracht wurden, konnten die Kontrollbehörden nicht überzeugen. Das Reichswirtschaftsministerium leitete deshalb im November 1937 das Untersagungsverfahren ein und

108 Vgl. Vereinigte Stahlwerke (Hrsg.): Die Steinkohlenbergwerke der Vereinigten Stahlwerke: Friedrich Thyssen 2/5, Bd. I, Essen 1934, S. 378-381.

109 Vgl. Schreiben der VSt an RWM betr. Neubau einer Verbundleitung, 26.10.1937, in: TKA FWH/1954.

110 Vgl. Knepper: Bericht über eine Stromverbundwirtschaft, S. 765-766; Knepper an Vögler betr. Lage, Ausbau und Versorgung der neuen Zechenkraftwerke der GBAG, 4.3.1943, in: TKA VSt/3060.

forderte die öffentlichen Netzbetreiber auf, eine Stellungnahme abzugeben.[111] Die VEW äußerte dann auch prompt Bedenken gegen den Ausbau des Verbundnetzes. Der westfälische Stromversorger wollte die Gültigkeit der bestehenden vertraglichen Regelung von 1926, auf die sich die Stahlwerke beriefen, nur im Zusammenhang mit jenen Stromleitungen anerkennen, die innerhalb der einzelnen westfälischen Gemeinden zu verlegen waren.[112] Den Bau der Hochspannungsleitung von Dortmund bis nach Hamborn versuchte er dagegen zu verhindern. Die genauen Beweggründe, die den Netzbetreiber dazu bewogen haben, Einwände gegen den geplanten Ausbau der Hochspannungsleitung durch das Ruhrgebiet zu erheben, lassen sich aufgrund der lückenhaften Überlieferung nicht so leicht ausmachen. Berücksichtigt man aber die Tatsache, dass die Konzernleitung der Stahlwerke die wiederholten Versuche des RWE, die westfälische Demarkationslinie durch eine Übernahme der VEW aufzulösen, stets unterstützt hatte, so erscheint es mehr als plausibel, dass die westfälischen Kommunen einen erneuten Angriff auf ihr Versorgungsgebiet witterten. Die Speerspitze bildete nun allerdings nicht das RWE, sondern die mit dem Stromkonzern eng zusammenarbeitenden Stahlwerke. Außerdem hatte sich der Fremdstrombezug der im westfälischen Gebiet liegenden Betriebe der Vereinigten Stahlwerke mittlerweile zu einem ansehnlichen Geschäft für die VEW entwickelt, das sie ohne Widerspruch nicht so einfach hergeben wollten. Der Vorstand des westfälischen Stromversorgers hegte die Befürchtung, dass der Ausbau der Hochspannungsleitung bis ins westfälische Gebiet hinein eine verdeckte Strategie des RWE und des Stahlkonzerns sein könnte. Denn sobald diese Fernleitung erst einmal errichtet war, könnten die westfälischen Stahlwerke relativ einfach Braunkohlen- oder auch Steinkohlenstrom vom RWE beziehen.[113]

Es gab aber neben diesen Einwänden, die primär die wirtschaftlichen Eigeninteressen der VEW widerspiegelten, auch gesamtwirtschaftliche Argumente, die gegen das vorgelegte Investitionsvorhaben sprachen und die für die Entscheidung des Reichswirtschaftsministeriums, ein Untersagungsverfahren gegen die geplante Hochspannungsleitung einzuleiten, von ausschlaggebender Bedeutung gewesen sein dürften. Im Ruhrgebiet gab es ein vergleichsweise gut ausgebautes öffentliches Leitungswesen, das auch für die Durchleitung von Industriestrom eingesetzt werden konnte. Vom wirtschaftlichen Standpunkt aus betrachtet, musste die Errichtung einer zweiten Hochspannungsleitung daher in der Tat äußerst fragwürdig erscheinen. Die Entscheidung des Reichswirtschaftsministers, die Durchführung dieses

111 Der Ablauf der Verhandlungen ist geschildert in dem Schreiben der VSt an Reichswirtschaftsministerium, 22.4.1939, in: TKA/5716.

112 Die VEW nahm zu dem Vorhaben Stellung, nachdem das Reichswirtschaftsministerium sie dazu aufgefordert hatte. Vgl. VEW an Reichswirtschaftsministerium, 26.11.1937, in: TKA A/5716.

113 Vgl. VEW an Reichswirtschaftsministerium, 26.11.1937, in: TKA A/5716; Aufsichtsratssitzung der VEW, 22.5.1939, in: HK RWE V1/45.

Planes zu untersagen und die Kontrahenten aufzufordern, untereinander eine Möglichkeit auszuhandeln, um den Stromaustausch über das öffentliche Verbundnetz durchzuführen, erscheint vor diesem Hintergrund durchaus nachvollziehbar.[114]

Die staatliche Intervention erfolgte nicht durch eine bestimmte Vorgabe, die den beteiligten Unternehmen vorschrieb, wie sie die Stromdurchleitung durchzuführen hatten. Der Staat schränkte den Entscheidungsspielraum der Akteure ein, die Suche nach einer geeigneten Alternative überließ er den öffentlichen Netzbetreibern und den Vereinigten Stahlwerken selbst. Erst im Juli 1939, nachdem sich die Kontrahenten nach längeren Verhandlungen noch immer auf keine gemeinsame Lösung geeinigt hatten und die Engpässe in der Stromversorgung zu einem ernsthaften Problem zu werden drohten, ordnete er die Auflockerung der westfälischen Demarkationsgrenze an.[115] Die Anordnung erließ der Essener Oberbürgermeister Just Dillgardt, der nach dem Tod von Carl Krecke im September 1938 zum Leiter der Reichgruppe Energiewirtschaft berufen und Anfang 1939 schließlich von Hermann Göring zum Generalbevollmächtigten für die Energiewirtschaft ernannt worden war.[116] Dillgardt war in seiner Funktion als Generalbevollmächtigter befugt, „alle Maßnahmen zu ergreifen, die zur Steigerung der Energieerzeugung und zur Vereinheitlichung der Energieverteilung notwendig“ waren.[117] Er nutzte diese Vollmacht und wies das RWE an, fortan für alle Werke der Vereinigten Stahlwerke ohne Rücksicht auf die westfälische Demarkationsgrenze die Stromdurchleitung durchzuführen. Das so genannte „Essener Abkommen“ war ein staatlicher Eingriff in das privatrechtliche Abkommen, dass die beiden Netzbetreiber ausgehandelt hatten, um die Versorgungsgebiete untereinander abzustecken. Die Demarkationslinie wurde damit jedoch nicht vollständig aufgelöst, sondern nur so weit gelockert, dass die Vereinigten Stahlwerke als industrieller Kraftwerksbetreiber den „Stromverbundbetrieb“ über die Leitungsnetze des RWE durchführen konnten.

Das Essener Abkommen entsprach „in vollem Umfange“ den Wünschen des Stahlkonzerns, allerdings mit dem einen entscheidenden Unterschied zum ursprünglichen Plan, dass er für die Durchleitung die öffentlichen Netze in Anspruch nehmen musste. Die Auswirkung der staatlichen Intervention reichte weit über die Zeit des Nationalsozialismus hinaus, denn die beiden Netzbetreiber mussten den

---

114 Vgl. Sitzung des Bergbauausschusses der GBAG, 29.11.1937, in: BBA 55/611; Sitzung des Bergbauausschusses der GBAG, 3.5.1938, in: BBA 55/613.

115 Die Entscheidung fiel in der Sitzung beim GIWE, 25.7.1939, in: TKA A/5535.

116 Vgl. Stier, B.: Nationalsozialistische Sonderinstanzen in der Energiewirtschaft. Der Generalinspektor für Wasser und Energie, in: Hachtmann, R./Süß, W. (Hrsg.): Hitlers Kommissare. Sondergewalten in der nationalsozialistischen Diktatur, Göttingen 2006, S. 141; Pudor, F.: Lebensbilder aus dem rheinisch-westfälischen Industriegebiet, Bd. 24, Köln 1966, S. 18. Die Entscheidung fiel in der Sitzung beim GIWE, 25.7.1939, in: TKA A/5535.

117 Wirtschaftsvereinigung Elektrizitätsversorgung, Die Elektrizitätswirtschaft im Deutschen Reich, Berlin 1939/40, S. 37.

bestehenden Demarkationsvertrag, den sie erst im Jahr 1929 für weitere 25 Jahre erneuert hatten, dahin gehend abändern, dass die Gebietsabsprache für die Stahlwerke keine Gültigkeit mehr hatte.[118] Nachdem der Rahmen für die wirtschaftliche Zusammenarbeit grundsätzlich geregelt war, konnte sich der Stahlkonzern darauf konzentrierten, die eigenen Kraftwerksanlagen auszubauen. Es sollten insgesamt vier weiterer Zechenkraftwerke im westfälischen Raum und eine neues Kraftwerk auf der August-Thyssen-Hütte errichtet werden. Die Fertigstellung der geplanten Anlagen kam aber unter den Bedingungen der Kriegswirtschaft nur schleppend voran. Der Stromausschuss nahm die Verhandlungen mit den Kraftwerksbauern erst Ende 1941 auf und für einige der geplanten Kraftwerke erhielten die Stahlwerke aufgrund der kriegswirtschaftlich bedingten Materialknappheit keine Baugenehmigung mehr.[119] Auch die genehmigten Hütten- und Zechenkraftwerke konnten in diesen Jahren nicht fertig gestellt werden. Im Unterschied zu den Anlagen der Gelsenberg-Benzin AG gerieten die Stromversorgungsanlagen für die Kohlenförderung und die Eisen- und Stahlproduktion damit in einem technischen Rückstand. Im Jahr 1947 waren insgesamt 57 Prozent der Kraftwerksleistung über 25 Jahre alt und 83 Prozent der Dampfkessel arbeiteten im Niederdruckbereich unter 20 atü.[120]

Die Ursachen für die Verzögerung beim Ausbau der Hütten- und Zechenkraftwirtschaft lagen im Fall der Vereinigten Stahlwerke nicht, wie Faridi in seiner Untersuchung über die regulierenden Eingriffe des Staates behauptet, beim Leitungsmonopol der öffentlichen Netzbetreiber.[121] Denn mit dem Essener Abkommen wurde das spezifische Problem der Stromdurchleitung, das bei Neuinvestitionen in Industriekraftwerken leicht zu einem Hindernis werden konnte, aus dem Weg geräumt. Gustav Knepper äußerte sich nach der Auflockerung der westfälischen Demarkationsgrenze daher auch recht zuversichtlich über die Ausbaumöglichkeiten der konzerneigenen Stromwirtschaft, als er Vögler einen ausführlichen Bericht über den

118 Die Bezeichnung „Essener Abkommen" taucht erstmals auf in der Besprechung beim GIWE, 16.10.1942, in: BBA 55/2116. Die Vertragsparteien spezifizierten das Abkommen am 13.5.1943, die Grundzüge des Essener Abkommens blieben aber bestehen. Vgl. HK RWE V1/45; Vertrag zwischen RWE und VEW, 6.11.1929, in: Ebd.

119 Vgl. Verhandlungen mit den Baufirmen, 15.12.1941, in: BBA 55/2116; Besprechung betr. Zechenkraftwerke bei der GBAG, 27.5.1942, in: Ebd; Besprechung beim GIWE, 16.101942, in: Ebd; Jahresbericht des Stromausschusses, 19141/42, in: BBA 55/2067; Staatssekretär im Reichsministerium Speer an Vögler, 7.1.1943, in: VSt TKA / 3050.

120 Einschließlich der Gelsenberg-Benzin-AG arbeiteten 66 Prozent der Dampfkessel mit Drücke unter 20 atü und 46 Prozent der Maschinenleistung war älter als 25 Jahre. Im Vergleich dazu waren 1949 nur 21 Prozent der Turbinen der öffentlichen Dampfkraftwerken vor 25 Jahren errichtet wurden. Vgl. Bericht des Stromausschusses, 1943-1947, in: BBA 55/2069; Denkschrift über die Stromwirtschaft der VSt, 30.10.1945, in: TKA A/5538; Die Elektrizitätsversorgung in der BRD 1946-1949, in: EW 49 (1950), S. 167.

121 Vgl. Faridi: Der regulierende Eingriff des Energiewirtschaftsgesetzes, S. 190.

Stand und die Entwicklung der Zechenkraftwirtschaft des Stahlkonzerns vorlegte.[122] Das die Bauvorhaben letztendlich dann doch nicht errichtet wurden, wird man deshalb in erster Linie auf den Umstand zurückführen müssen, dass sich die Stahlwerke geweigert hatten, die Hüttenkapazitäten in dem vom Staat geforderten Ausmaß auszubauen und die Vierjahresplanbehörde daraufhin den Entschluss fasste, mit den Göring-Werken einen Stahlproduzenten hochzuziehen, der bei der Zuteilung der Anlagegüter gegenüber der Ruhrindustrie bevorzugt wurde.[123]

Trotzdem wirft das Zustandekommen des Essener Abkommens, das auf eine Entscheidung des Generalbevollmächtigten der Energiewirtschaft zurückzuführen ist, eine noch ungeklärte Frage auf. In den Besprechungen, die die Stahlwerke 1938 mit den Netzbetreibern aufnahmen, nachdem das Reichswirtschaftsministerium die Durchführung des ursprünglichen Vorhabens untersagt hatte, agierte die VEW fast ausschließlich aus der Defensive. Knepper und der Stromausschuss hatten nämlich bereits im Vorfeld mit dem RWE „lockere Besprechungen" geführt und nahmen erst danach die Verhandlungen mit dem Vorstand des westfälischen Netzbetreibers auf. Das RWE hatte sich bereit erklärt, die Durchleitung gegen Zahlung einer Durchleitungsgebühr zu übernehmen. Die relativ schnelle Verständigung kam natürlich nicht überraschend, denn zwischen den Verantwortlichen der beiden Konzerne bestand seit jeher eine enge und vertrauliche Zusammenarbeit. Das Angebot der VEW enthielt dagegen wesentlich ungünstigere Bedingungen. Der westfälische Versorger verlangte nicht nur eine deutlich höhere Durchleitungsgebühr, sondern lehnte es auch weiterhin ab, seine Zustimmung für den Stromtransport über die westfälische Demarkationslinie hinweg zu geben.[124] Der Stromausschuss erklärte die Verhandlungen daraufhin für gescheitert. Der Konzern wandte sich wieder an das Reichswirtschaftsministerium mit der Forderung, „die Genehmigung zur Errichtung einer eigenen Höchstspannungsleitung zu erteilen oder das RWE zu beauftragen, uns die Strombewirtschaftung auf seinen Leitungen über den ganzen Industriebezirk zu ermöglichen".[125] Die technischen Voraussetzungen für die Durchleitung über die RWE-Netze waren zu diesem Zeitpunkt bereits vorhanden, denn die Ost-West-Leitung, die Ende der 1920er Jahre von der AG für Deutsche Elektrizitätswirtschaft in Angriff genommen worden war und an der auch der westfälische Netzbetreiber beteiligt war, stand Mitte 1939 kurz vor der Fertigstellung. Die Hochspannungsleitung verband nicht nur das RWE-Gebiet mit dem Versorgungsgebiet der Preußen-

122 Knepper an Vögler betr. Lage, Ausbau und Versorgung der neuen Zechenkraftwerke der GBAG, 4.3.1943, in: TKA VSt/3060; Jahresbericht des Stromausschusses, 1942/43, in: BBA 55/2068.

123 Vgl. Wixforth, H./Ziegler, D.: Die Expansion der Reichswerke „Hermann Göring in Europa, in: JWG 2008/2, S. 258-261.

124 Vgl. Besprechung mit RWE, 19.8.1938, in: TKA A/5535; Besprechung mit VEW, 30.11.1938, in: Ebd; VSt an Reichswirtschaftsministerium betr. 100 KV-Verbundleitung, 22.4.1939, in: TKA A/5716.

125 VSt an Reichswirtschaftsministerium betr. 100 KV-Verbundleitung, 22.4.1939, in: TKA A/5716.

elektra und dem mitteldeutschen Braunkohlengebiet der Reichselektrowerke, sondern führte auch unmittelbar an einigen westfälischen Werken des Stahlkonzerns vorbei.

Es gab also durchaus wirtschaftliche Gründe, die dafür sprachen, dass der Generalbevollmächtigte das RWE damit beauftragte, die Stromdurchleitung zu übernehmen, obwohl einige der zu beliefernden Werke im westfälischen Raum lagen. Andererseits kann aber nicht ausgeschlossen werden, dass beim Zustandekommen des Essener Abkommens letztendlich der politische Einfluss der beiden Konzerne ausschlaggebend war. Für diese Interpretation spricht die Tatsache, dass die Entscheidung von Just Dillgardt getroffen wurde, der nicht nur Generalbevollmächtigter der Energiewirtschaft war, sondern als Oberbürgermeister der Stadt Essen gleichzeitig im Aufsichtsratspräsidium des RWE saß. Dillgardt war gelernter Elektrotechniker und Maschinenbauer und hatte lange Zeit für die Tochter des schweizerischen Elektrounternehmen Brown Boveri & Cie. in Mannheim gearbeitet, bevor er dann unter den Nationalsozialisten seine steile Karriere als Kommunalpolitiker begann. Nach mehrjähriger Tätigkeit als Duisburger Bürgermeister übernahm er 1937 das Oberbürgermeisteramt der Stadt Essen und trat damit gleichzeitig in das oberste Aufsichtsratsgremium des RWE ein. Ein Jahr später erfolgte die Ernennung zum Leiter der Reichsgruppe und Anfang 1939 wurde er schließlich von Göring mit Generalvollmachten betraut. [126] Es gab also eine enge personelle Verflechtung zwischen dem Stromkonzern und den staatlichen Behörden. Ob aber allein dieser Umstand das Zustandekommen des Essener Abkommens erklärt, lässt sich anhand der überlieferten Quellen nicht eindeutig beantworten.

Der Vergleich der Vereinigten Stahlwerke mit dem IG-Farbenkonzern erweist sich als besonders aufschlussreich. Er verdeutlicht nicht nur einige Wesenszüge des staatlichen Eingreifens, sondern veranschaulicht auch die Investitionsstrategie der beiden Großkonzerne. Nachdem das Energiewirtschaftsgesetz in Kraft getreten war, nutzte der Staat seine Eingriffsbefugnisse, um Investitionen in ein unabhängiges Verbundnetz von Seiten der Industrie zu unterbinden. Das Gesetz schloss die Errichtung industrieller Verbundleitungen allerdings nicht prinzipiell aus. Der nationalsozialistische Staat war in seinen Entscheidungen nicht an wirtschaftspolitische Grundsätze gebunden, das heißt, die Genehmigung der Investitionen orientierte sich zwar in der Regel nach wirtschaftlichen Gesichtspunkten, doch spätestens mit dem Vierjahresplan war nicht mehr auszuschließen, dass die kriegswirtschaftlichen Erfordernisse in den Vordergrund rückten. Sofern ein industrielles Verbundnetz aus wirtschaftlichen Gründen notwendig erschien, weil keine öffentlichen Netzleistungen vorhanden waren, konnte der Staat diese genehmigen oder ihre Errichtung sogar anordnen, denn isolierte Kraftwerke galten auch aus wehrpolitischen Grün-

126 Vgl. Pudor: Lebensbilder aus dem Rheinisch-Westfälischen Industriegebiet, S. 16-19.

den als nicht sicher. Der Ausbau der IG-Sammelschiene im mitteldeutschen Braunkohlengebiet, die vom Chemiekonzern ohne staatliche Anordnung aus Eigeninitiative errichtet wurde, verdeutlicht diesen Sachverhalt. Ähnlich verhielt es sich in Bezug auf das Leitungsmonopol der öffentlichen Netzbetreiber.

Der institutionelle Rahmen der Elektrizitätswirtschaft umfasste kein kodifiziertes Durchleitungsrecht, auf das sich die Industrie berufen konnte. Daraus lässt sich aber noch nicht die Schlussfolgerung ziehen, dass der Staat im konkreten Fall keine Maßnahmen gegen die Netzbetreiber eingeleitet hätte, sobald sich diese geweigert hätten, die öffentlichen Netze für die Durchleitung von Industriestrom zur Verfügung zu stellen. Der Vergleich macht außerdem deutlich, dass die Unternehmen der Großindustrie das öffentliche Verbundnetz vor allem in Anspruch nehmen wollten, um Eigenstrom zwischen den verstreut liegenden Betrieben durchzuleiten. Im Gegensatz dazu stand das Desinteresse der Industrie, die Kraftwerke mit Kapazitäten auszubauen, die für den betriebseigenen Strombedarf nicht erforderlich waren. Bei der Investitionsentscheidung stand der eigene Stromverbrauch im Vordergrund und die Industrie war nur in den Fällen am Ausbau der Eigenanlagen interessiert, wenn sie die Stromversorgung ihrer Betriebe dadurch günstiger gestalten konnte. Die Abgabe von Überschussstrom für die öffentliche Versorgung war für sie von sekundärer Bedeutung. Diese Interessenkonstellation, die zwischen den öffentlichen Elektrizitätswerken und den industriellen Kraftwerkbetreibern bestand, kann auch anhand der historischen Statistiken nachvollzogen werden.

Die nutzbare Stromabgabe der Industrie (Vgl. Abbildung 3) blieb während der 1930er Jahre auf einem konstant niedrigen Niveau, obwohl die Kapazitäten der Industriekraftwerke massiv ausgebaut wurden. Die industriellen Kraftwerksbetreiber speisten in diesem Zeitraum nur einen Bruchteil des erzeugten Stroms in das öffentliche Verbundnetz ein. Es gab aber auch einige bedeutende Ausnahmen, die vor allem mit Blick auf den Steinkohlenbergbau zu beachten sind und die in dieser Statistik nicht auftauchen. Die beiden Kraftwerke der StEAG finden in dieser Aufstellung noch keine Berücksichtigung, weil die Anlagen erst 1940 in Betrieb genommen wurden.[127] Das ist ein entscheidender Hinweis, denn das Steinkohlensyndikat verfolgte mit der Gründung der StEAG langfristig ein Ziel, das von dem der anderen Unternehmen der Großindustrie abwich. Die Unterstützung, die das Syndikat von Seiten der Eisen- und Stahlindustrie oder aber von der Chemieindustrie erfuhr, hielt sich nicht zuletzt deshalb in Grenzen. Die Ingenieure der IG-Farbenindustrie hatten das unterschiedliche Interesse des Ruhrbergbaus längst erkannt. Die Mitarbeiter der Wärmekommission kamen in einer internen Stellungnahme zu der Schlussfolgerung, dass die Bestrebungen des Kohlensyndikats, Strom für die Einspeisung in das öffentliche Netz zu erzeugen, „allein das Streitobjekt"

127 Vgl. Döring: Steinkohlenverstromung, S. 531-532.

war, das „kein anderer Industriezweig mit dem Bergbau gemeinsam“ hatte.[128] Erst wenn man diese Interessenkonstellation, die innerhalb der Industrie vorherrschte, berücksichtigt, werden die Fronten sichtbarer, die bei der Auseinandersetzung, die das Kohlensyndikat mit den öffentlichen Netzbetreibern des Ruhrgebiets führte, von entscheidender Bedeutung waren.

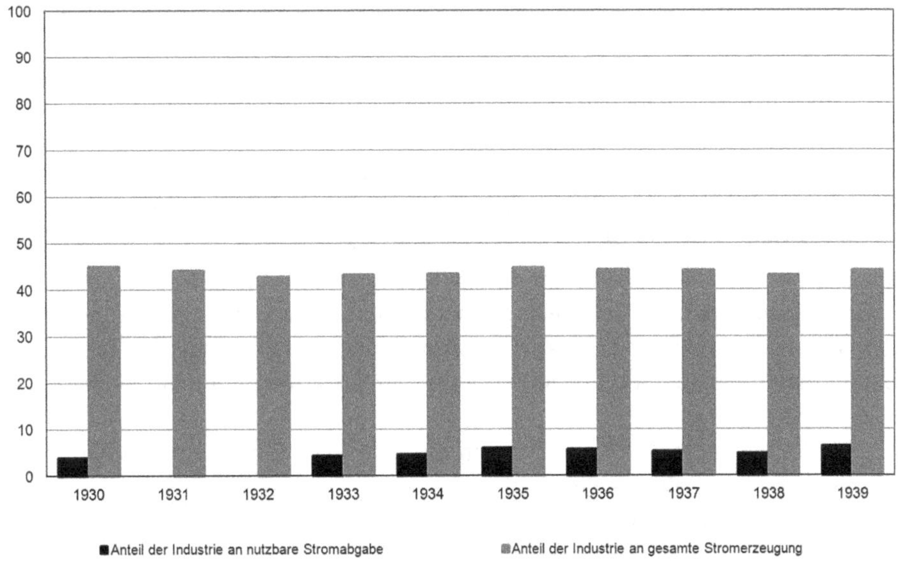

Abb. 3: Industriestrom für die öffentliche Stromversorgung 1930–1939

Quelle: Stat. Jahrbuch für das Dt. Reich

Die Strategen des RWKS betrachteten die staatlich geförderte Aufrüstung, die nach der Verkündigung des Vierjahresplanes nochmals verstärkt wurde, als eine „nicht mehr wiederkehrende Gelegenheit“, um den Ruhrbergbau in die öffentliche Stromversorgung einzuschalten.[129] Die forcierte Steinkohlenverstromung versprach eine Lösung für das leidige Sortenproblem der Ruhrzechen, wenn die neuen Kraftwerke in der Nähe der Kohlenförderung errichtet würden, so dass die nicht absatzfähige Ballastkohle vor Ort verfeuert werden könnte. Hermann Kellermann, der als Bergwerksdirektor der Gutehoffnungshütte AG gleichzeitig den Vorsitz des Kohlensyndikats ausübte, nahm bereits im Winter 1935 wieder die Verhandlungen mit dem RWE auf. Unterstützt wurde er von dem beim RWKS eingerichteten Kraftwerksaus-

128 Stellungnahme zum Vermerk von Dr. Ambros, 2.6.1942, in: HK RWE 10643.
129 Schreiben des RWKS an Mitgliedszechen, 29.10.1936, in: BBA 33/387.

schuss, der die Pläne für die neuen Steinkohlenkraftwerke entwickelte.[130] Er konnte dabei auf die Expertise des Bergbau-Vereins zurückgreifen, der sich seit Mitte der 1920er Jahre intensiv mit den technischen und wirtschaftlichen Fragen der Steinkohlenverstromung beschäftigt hatte. Die technischen Vorarbeiten beim RWKS leitete Heinrich Lent, der nach seiner Ingenieursausbildung in Maschinenbau und Eisenhüttenkunde für mehrere Kraftwerksbetreiber der Ruhrindustrie tätig gewesen war und somit auf dem Gebiet der industriellen Kraftwirtschaft praktische Erfahrungen gesammelt hatte. Im Jahr 1934 gab er seinen Posten als Maschinendirektor bei der GBAG auf, wechselte zur Hibernia und wirkte hier unter anderem auch bei der Errichtung der Kraftwerksanlagen für das Hydrierwerk Scholven mit. Mit Heinrich Schult gewann der Ruhrbergbau einen weiteren prominenten Ingenieur für sein Vorhaben. Dieser sollte später, nach der Gründung der StEAG, auch den Vorstandsvorsitz übernehmen. Schult hatte während seiner beruflichen Laufbahn für die AEG im Bereich des Kraftwerksbaus gearbeitet und verfügte über gute Fachkenntnisse auf dem Gebiet der Kraftwerktechnik. Er pflegte aber nicht nur gute Beziehungen zu einzelnen Unternehmen der Elektroindustrie, sondern war seit den ersten Jahren der nationalsozialistischen Diktatur Vorsitzender des Vereins Deutscher Ingenieure und in dieser Position der direkte Vorgänger von Fritz Todt, der den Vereinsvorsitz 1939 übernehmen sollte.[131]

Die Verhandlungen, die Kellermann mit dem RWE führte, kamen ungeachtet der Unterstützung, die der Bergbau von einzelnen einflussreichen Ingenieuren erfuhr, vorerst keinen Schritt weiter. Der Großversoger war mittlerweile selber mit dem Ausbau seiner Steinkohlenkraftwerke beschäftigt und schon allein deshalb nicht geneigt, auf die Vorschläge des Kohlensyndikats einzugehen. Da sich in den Besprechungen, die Kellermann und seine Mitstreiter mit dem öffentlichen Stromversorger führten, kein Lösungsweg abzeichnete, die Rüstungswirtschaft aber gleichzeitig neue Perspektiven eröffnete, verlagerten sie ihre Verhandlungen zunehmend in Richtung Berlin. Sie brachten schnell in Erfahrung, dass das Amt für deutsche Roh- und Werkstoffe bereits Gespräche mit der reichseigenen Vereinigte Aluminiumwerke AG und der IG-Farbenindustrie führte, um weitere Rüstungsbetriebe für die Aluminium- und Buna-Produktion errichten zu lassen. Die Herstellung dieser Rohstoffprodukte in Lichtbogenöfen war nicht nur äußerst stromintensiv, sondern erforderte – zumindest die synthetische Kautschukgewinnung – auch eine verlässliche Gasversorgung. Die Energiefrage spielte bei der Standortwahl eine wichtige Rolle. Im Ruhrgebiet waren die Voraussetzungen für eine sichere und billige Energieversorgung besonders günstig, was auch vom IG-Farbenkonzern, der

130 Vgl. Kellermann an Oberberghauptmann Schlattmann, 27.12.1935, in: BBA 33/387; RWKS an Kellermann, 3.1.1936, in: Ebd; Lent an RWKS, 17.2.1936, in: Ebd; Besprechung wegen Elektrizitätserzeugung auf Steinkohlengrundlage, 24.10.1936, in: Ebd.

131 Vgl. Ludwig: Technik und Ingenieure, S. 114-116, 137-138; VGB: 50 Jahre VGB, S. 84-85.

maßgeblich an der Errichtung des zweiten Bunawerkes in Marl beteiligt war, so gesehen wurde. Das Rohstoffamt gab dem Kohlensyndikat schon frühzeitig zu verstehen, dass für die Stromversorgung der geplanten Rüstungswerke nur Steinkohle in Frage kam und das rheinische Braunkohlenrevier schon aufgrund der wehrpolitisch ungünstigen Lage nicht die erste Wahl .[132] Für den Bau des Aluminiumwerkes in Lünen dürften ähnliche Überlegungen eine Rolle gespielt haben.[133]

Die Entscheidung, die beiden Rohstoffbetriebe im Raum Westfalen zu bauen und die Energieversorgung auf die Ruhrkohle bzw. Steinkohlenstrom und Kokereigas auszurichten, stärkte die Verhandlungsposition des RWKS. Um die Konkurrenz des RWE mit seiner rheinischen Braunkohle brauchte sich der Ruhrbergbau in diesem Fall keine Sorgen zu machen, denn das Aluminiumwerk und die Bunafabrik lagen beide im Versorgungsgebiet der VEW, so dass Kellermann und seine Mitstreiter im Schutz der Demarkationsgrenze in Ruhe mit dem westfälischen Netzbetreiber und den anderen Industrieunternehmen, die am Bau der Rohstoffbetriebe beteiligt waren, verhandeln konnten. Da es sich hierbei um Großabnehmer handelte, war das Elektrizitätswerk nicht verpflichtet, die Stromversorgung zu übernehmen. Der westfälische Stromversorger, der von den Kommunen getragen wurde, zeigte auch kein Interesse, die erforderlichen Kraftwerkskapazitäten zu errichten. Bei der VEW war man nach wie vor mit den Nachwirkungen der Wirtschaftskrise, die beinahe zu einer Auflösung des Unternehmens geführt hatte, beschäftigt und die kommunalen Aktionäre waren nicht in der Lage, ihrem Elektrizitätswerk die notwendigen Liquiditätsmittel zu verschaffen. Darüber hinaus musste der VEW-Vorstand in seinen strategischen Überlegungen berücksichtigen, dass die eigenen Kraftwerksanlagen primär mit Steinkohle befeuert wurden. Die Verhandlungsposition, die er gegenüber dem Kohlensyndikat einnahm, war demnach denkbar schwach, denn sobald die Selbstverbrauchsbeteiligung der eigenen Zechen ausgeschöpft war, hätte der Brennstoff zu normalen Syndikatspreisen bezogen werden müssen.[134] Vor diesem Hintergrund fasste das RWKS den Entschluss, die Stromversorgung der geplanten Rohstoffbetriebe zu übernehmen und dem Staat einen konkreten Vorschlag zu unterbreiten.

Das Angebot, das Kellermann und der Kraftwerksausschuss ausgearbeitet hatten und das im Februar 1937 von der Mitgliederversammlung des Kohlensyndikats

132 Vgl. Niederschrift über Kraftwerksausschusssitzung, 15.12.1936, in: BBA 33/387; Döring: Steinkohlenverstromung, S. 527-528; Lorentz, B./Erker, P.: Chemie und Politik. Die Geschichte der Chemischen Werke Hüls 1938 bis 1979, München 2003, S. 42-45.

133 Über die Bedeutung der Stromkosten für die Aluminiumproduktion vgl. Scherner: Logik der Industriepolitik, S. 267.

134 Die VEW besaß insgesamt drei kleinere Zechen – Halte Haase, Gottessegen und Caroline –, die in den 1920er Jahren erworben worden waren und als wenig rentabel galten. Vgl. VEW (Hrsg.): Vereinigte Elektrizitätswerke AG, Dortmund 1930, S. 62-70; Niederschrift über Aufsichtsratssitzung der VEW, 19.7.1937, in: HK RWE V1/45.

angenommen wurde, umfasste einen Finanzierungsplan, der die Errichtung der in Aussicht genommenen Kraftwerke ohne Inanspruchnahme staatlicher Investitionsmittel vorsah.[135] Der Vorschlag, die Kraftwerksanlagen möglichst aus eigenen Mitteln zu finanzieren, erhöhte die Erfolgsaussichten, denn der nationalsozialistische Staat favorisierte beim Bau der Vierjahresplanwerke grundsätzlich die Eigeninitiative der Privatwirtschaft.[136] Das vorgelegte Angebot wies aber auch aus Sicht der Eigentümer der Rohstoffwerke bestimmte Vorteile auf. Diese konnten in ihrer Risikoeinschätzung, für den Fall, dass sich die Rüstungsbetriebe langfristig nicht rentieren sollten, mit geringen Verlusten rechnen. Die Verhandlungsführer des Syndikats mussten jedoch davon ausgehen, dass die Mitgliedszechen nicht bereit sein würden, die finanzielle Belastung für den Bau der geplanten Großkraftwerke zu tragen. In den internen Besprechungen des Kraftausschusses wurden wiederholt Hinweise von Seiten einzelner Bergwerksgesellschaften diskutiert, dass sie das Gemeinschaftsprojekt zwar grundsätzlich unterstützten würden, aber keinen finanziellen Aufwand dafür betreiben wollten.[137] Aus diesem Grund traf man die Entscheidung, die Finanzierung hauptsächlich mit Fremdkapital durchzuführen. Das RWKS stellte im September 1937 für das Gründungskapital der StEAG einen Betrag von lediglich 500.000 RM bereit. Als das Aktienkapital zwei Jahre später auf insgesamt 25 Millionen RM erhöht wurde, zahlten die Aktionärszechen nur die Hälfte des Nennwertes der gezeichneten Aktien ein. Die Kapitalerhöhung diente primär dem Zweck, auf dem Kapitalmarkt eine Anleihe von weiteren 25 Millionen RM aufzunehmen, für die wiederum das RWKS die Bürgschaft übernahm.[138]

Kellermann machte gegenüber der Vierjahresplanbehörde und der Reichsgruppe Energiewirtschaft beim Reichswirtschaftsministerium kein Geheimnis daraus, dass die Bereitschaft des Kohlensyndikats, die Stromversorgung der geplanten Rohstoffbetriebe zu übernehmen, an die Bedingung geknüpft sein sollte, den rheinisch-westfälischen Bergbau in Zukunft stärker für die öffentliche Stromversorgung zu berücksichtigen. Die beiden Großkraftwerke der StEAG wurden deshalb von Anfang

135 Vgl. RWKS an Reichsgruppe Energiewirtschaft, 15.2.1937, in: BBA 33/388. Die Abstimmung innerhalb des RWKS war einige Tage vorher erfolgt. Vgl. Niederschrift über Mitgliederversammlung, 6.2.1937, in: BBA 33/389.

136 Vgl. Buchheim, C./Scherner, J.: The Role of Private Property in the Nazi Economy. The Case of Industry, in: The Journal of Economic History 66 (2006), S. 390-416. Die Verträge, die von dem IG-Farbenkonzern mit dem Staat aushandelt wurde, um die Investitionsrisiken für die Bunaherstellung zu reduzieren, wird ausführlich dargestellt von Lorentz/Erker, Chemie und Politik, S. 71-81.

137 Vgl. Sitzung des Kraftwerkausschusses, 5.5.1937, in: BBA 22/388; Deutsche Erdöl-AG an RWKS, 15.2.1937, in: BBA 33/389.

138 Das RWKS hatte bereits im Mai 1937 die Ruhr-Elektrizitäts-Gesellschaft mbH gegründet, die durch die Gründung der Steinkohlen-Elektrizität AG im September 1937 abgelöst wurde. Döring: Steinkohlenverstromung, S. 526-529. Dazu auch die Zeichnungseinladung der StEAG, in: BBA 33/1689.

an mit Kapazitäten projektiert, die deutlich über dem veranschlagten Strombedarf der beiden Rohstoffwerke lagen.[139] Das war ein zentraler Unterschied im Vergleich zu den Stromerzeugungsanlagen, die von der IG-Farbenindustrie und den Vereinigten Stahlwerken errichtet wurden. Doch ähnlich wie diese verfügte auch die StEAG über keine eigenen Leitungsnetze, so dass sie für die Stromlieferung bis zum Endverbraucher – auch im Fall des Aluminiumwerkes in Lünen – mit dem zuständigen Netzbetreiber Verhandlungen aufnehmen musste. Die Vertreter des Kohlensyndikats waren durchaus bereit, das natürliche Leitungsmonopol der Elektrizitätswerke anzuerkennen. Die Herstellung und die Unterhaltung der Leitungsnetze und die Verteilung der elektrischen Energie an den Endverbraucher sollten in der Hand der öffentlichen Stromversorger bleiben. Ausgehend von dieser Leitvorstellung gelang es der StEAG nach nur kurzen Verhandlungen im Sommer 1937 mit dem westfälischen Netzbetreiber ein 30-Jähriges Abkommen zu treffen, in dem die Interessen beider Vertragspartner ihre Berücksichtigung fanden. Die VEW erklärte sich breit, neben der bereits bestehenden Stromabgabe der westfälischen Zechenkraftwerke, die durch individuelle Stromabnahmeverträge mit den einzelnen Besitzern geregelt war, eine weitere Leistung von insgesamt 100.000 KW – das waren nahezu 50 Prozent der Gesamtleistung der beiden StEAG-Kraftwerke – ins öffentliche Netz einzuspeisen und an andere Verbraucher im westfälischen Versorgungsgebiet weiterzuverkaufen. Darüber hinaus stellten sie den Vertretern des Ruhrbergbaus sogar in Aussicht, auch in Zukunft verstärkt Strom von den Anlagen der StEAG zu beziehen.[140]

Die Voraussetzung für eine Verständigung war, dass der Bergbau die Stromabgabe für eine bestimmte Zeitspanne garantierte und zuverlässige Angaben über die verfügbaren Leistungen machte. Denn nur auf diese Weise konnte die VEW ihre eigenen Investitionsentscheidungen auf eine berechenbare Grundlage stellen und geriet nicht in die Gefahr, dass die Sicherheit der öffentlichen Stromversorgung, die sie nach den gesetzlichen Bestimmung bei Tarifkunden zu gewährleisten hatte, durch unerwartete Engpässe gefährdet wurde. Die Herausforderungen, die bei der Abstimmung der Fahrpläne fortwährend zu bewältigen waren und die letztlich aus den technischen Bedingtheit – elektrische Energie war nur in Ausnahmefällen wie bei Pumpspeicherwerken speicherfähig – der Stromwirtschaft resultierten, konnten zwar immer wieder leicht zu Irritationen im Betriebsablauf führen. Diese technischen Probleme waren aber nicht unüberwindbar, sofern beide Vertragspartner an einer gemeinsamen Lösung interessiert waren. Die Regelung hatte für die VEW einen großen finanziellen Anreiz, wie der Vorstandvorsitzende Martin Müller gegen-

---

139 Vgl. Ebd., S. 531-532; RWKS an Reichsgruppe Energiewirtschaft, 15.2.1937, in: BBA 33/388; Niederschrift über Mitgliederversammlung, 23.8.1937, in: BBA 33/1698.

140 Vgl. Niederschrift über Besprechung der VEW und Ruhrelektrizitätsgesellschaft mbH, 29.5.1937, in: BA R 4604/544; Vertrag zwischen VEW und StEAG, 25.9.1337, in: Ebd.

über seinem Aufsichtsrat zu Protokoll gab. Anstatt eigene Kapitalmittel für die Erweiterung der VEW-Kraftwerke aufzubringen zu müssen, könnten die westfälischen Kommunen den Strom vom Bergbau beziehen und die dadurch ersparten Mittel „zur weiteren Schuldentilgung" ihres Elektrizitätswerks einsetzen.[141] Das Kohlensyndikat kannte die Liquiditätssorgen des Stromversorgers und bot ihm deshalb zusätzlich noch ein Darlehn von insgesamt sechs Millionen RM zu äußerst günstigen Tilgungsbedingungen an, um in den Verhandlungen möglichst schnell zu dem erwünschten Ergebnis zu kommen.[142] Die VEW konnte diese Mittel für den Ausbau des Gersteinwerks, das bereits von der Energieaufsichtsbehörde genehmigt worden war, und die Erweiterung der Leitungsnetze gut gebrauchen.

Das Abkommen mit dem westfälischen Versorgungsunternehmen stellte aus Sicht des Ruhrbergbaus eine vielversprechende Lösung dar. Doch seine Wünsche waren damit noch nicht erfüllt. Er betrachtete die Regelung nur als einen ersten Zwischenschritt auf dem Weg zu dem langfristig angestrebten Ziel. Der Absatzmarkt der StEAG beschränkte sich nur auf Westfalen und die Möglichkeit, den Strom an Abnehmer zu verkaufen, die außerhalb des VEW-Gebietes lagen, war angesichts der bestehenden Demarkationsvertrages nach wie vor ausgeschlossen. Solange die öffentlichen Netzbetreiber des Ruhrgebiets ihre Gebietsabsprachen nicht auflockerten und der StEAG die Stromdurchleitung über die engen Grenzen einzelner Versorgungsgebiete hinaus nicht gewährten, hatten die Vertreter des Kohlensyndikats ihr eigentliches Ziel nicht erreicht. Kellermann stand deshalb auch weiterhin mit dem RWE im Gespräch und versuchte noch während der ersten Bauphase der StEAG-Kraftwerke eine Übereinkunft zu erwirken, um das zukünftige Absatzgebiet für Steinkohlenstrom zu erweitern. Die Möglichkeit, einen erfolgreichen Abschluss zu finden, schien auch nicht mehr gänzlich aussichtslos zu sein. Der RWE-Vorstand um Arthur Koepchen nahm keine grundsätzlich ablehnende Haltung gegen das Vorhaben des Kohlensyndikats ein, nachdem sich Ende 1937 in den Kreisen der Elektrizitätswirtschaft die Befürchtungen mehrten, dass Engpässe in der Stromversorgung entstehen könnten. Auch im RWE-Gebiet mehrten sich die Sorgen, weil die Erweiterung der Kraftwerke im rheinischen Braunkohlengebiet nicht im gewünschten Ausmaß genehmigt wurden und die Errichtung zusätzlicher Steinkohlenkraftwerke in Essen-Karnap, Ibbenbüren und Reisholz nicht in der veranschlagten Zeit durchgeführt werden konnten.[143] Das neue Blockkraftwerk in Essen, das insgesamt

141 Niederschrift über 17. Aufsichtsratssitzung der VEW, 19.7.1937, in: HK RWE V1/45.

142 Das Darlehn war zunächst zinsfrei, das heißt, die Tilgung erfolgte erst mit der Aufnahme der Stromlieferung der VEW an das Aluminiumwerk in Lünen. Vgl. Abkommen zwischen VEW und StEAG, 25.9.1937, in: BBA 33/1638. Der Darlehnsvertrag wurde zwischen StEAG und VEW abgeschlossen, die Mittel stellte aber das RWKS zur Verfügung. Vermerk betr. Finanzierung des 6 Millionen RM Kredits StEAG/VEW, 8.7.1939, in: Ebd.

143 Das RWE nahm im Juli 1937 eine weitere 50 MW-Maschine im Goldenbergwerk in Betrieb. Anfang 1938 meldete es zwei weitere 20 MW-Maschinen für die Roddergrube, eine 20-MW in

fünf 50 MW-Maschinen erhalten sollte und nach seiner Fertigstellung über eine Gesamtleistung verfügen würde, die mit den beiden StEAG-Kraftwerke vergleichbar war, erstreckte sich über mehrere Jahre. Mit dem Kraftwerkneubau in Essen, der Mitte 1937 in Angriff genommen wurde, wagte das RWE erstmals den Einstieg in die Hochdrucktechnologie, die in der chemischen Industrie nun schon über mehrere Jahren erfolgreich angewandt wurde. In Deutschland arbeiteten im Jahr 1937 immerhin schon 26,4 Prozent aller installierten Dampfkessel mit einem Druck von über 100 atü.[144] Das RWE verfügte dagegen bislang über keine Erfahrungen mit Kesselanlagen in diesem Druckbereich und seine Ingenieure stießen auch bei der Inbetriebnahme der ersten Maschinensätze auf diverse technische Schwierigkeiten. Sie mussten den sicheren Umgang mit dieser neuen Technik im alltäglichen Betrieb lernen, bevor das Kraftwerk überhaupt mit voller Leistung gefahren werden konnte.[145]

Die Unsicherheiten mit der Hochdrucktechnik, die Verzögerungen bei der Lieferung der Baumaterialien und die sich abzeichnenden Engpasssituation in der Stromversorgung führten dazu, dass beim RWE ein „Geist der Verständigungsbereitschaft“ entstand, wie Kellermann in internen Besprechungen der StEAG erwartungsvoll zu Protokoll gab. Das RWE hatte sich in der Tat bereit erklärt, weitere Strommengen von den Zechenkraftwerken in das öffentliche Netz einzuspeisen.[146] Im September 1937 vereinbarten die beiden Kontrahenten eine paritätische Kommission einzusetzen, um die Stromanlagen der Ruhrzechen im Gebiet des RWE zu inspizieren und weiteres Informationsmaterial zu sammeln. Die technische Kommission führte in den folgenden Monaten eine Besichtigung der Zechenkraftwerke durch und machte Erhebungen über die frei stehenden Kapazitäten und über die Erzeugungskosten der Zechenkraftwerke. Die Ergebnisse dieser Untersuchung waren dafür gedacht, dass beide Vertragsparteien zuverlässiges Material erhielten, um die abzugebende Strommenge zu beziffern und einen Preis für den Zechenstrom auszuhandeln. Die Betriebsprüfung, die bereits nach wenigen Monaten abgeschlossen wurde, führte jedoch nicht zu dem Ergebnis, das sich Kellermann und seine Mitstreiter bei der StEAG erhofft hatten. Das RWE sah sich dagegen in seiner Position gestärkt, denn die Erhebungen der technischen Kommission schienen seine

Frimmersdorf sowie die Umstellung des Fortuna-Kraftwerks auf Hochdruck an. Es waren neben der Anlage der Union-Kraftstoff die einzigen Anlagen, die im rheinischen Braunkohlenrevier aufgestellt wurden. Vgl. Koepchen an Rohstoffamt, 21.9.1937; Koepchen an Reichsgruppe der Energiewirtschaft, 6.1.1938, in: HK RWE 1133; I. Aufsichtsratssitzung, 8.7.1939, in: HK RWE 6274.

144 Vgl. Hencky, K.: Entwicklungslinien im Bau von Kesselanlagen, in: VGB-Mitteilungen 18 (1938), S. 91.

145 Grundlegend zu dieser Argumentation vgl. Rosenberg, N.: Inside the Black Box. Technology and Economics, Cambridge 1982, S. 122-124, 136-137.

146 Besprechung des Aufsichtsrats und Beirats der StEAG, 17.1.1938, in: BBA 33/395.

Annahmen zu bestätigen.[147] Die Zechenkraftwerke des Ruhrbergbaus waren nur in seltenen Fällen wirklich in der Lage, zusätzlich zu den schon bestehenden Lieferverträgen weitere Strommengen an das öffentliche Netz abzugeben. Hinzu kam der Umstand, dass die Kosten der Stromerzeugung bei den meisten Zechenkraftwerken relativ hoch waren, weil die Anlagen häufig veraltet und mit niedrigen Dampfdrücken arbeiteten. Das RWE ging in seinem Preisangebot, das er den einzelnen Zechen für die Abgabe ihres Überschussstromes unterbreitete, von den Bedingungen der staatlichen Preisbindung aus. Die Bereitschaft des Stromkonzerns, den teureren Zechenstrom in das öffentliche Netz einzuspeisen, war nicht vorhanden, wenn er die dadurch entstandenen Mehrkosten nicht gleichzeitig auf die Strompreise der Endverbraucher aufschlagen konnte.[148]

Nachdem Kellermann und der Vorsitzende der StEAG, Heinrich Schult, erkennen mussten, dass sie auf freiwilliger Verhandlungsbasis kein Übereinkommen mit dem RWE finden konnten, änderten sie ihre Strategie und suchten die Unterstützung des Staates, um das Vorhaben doch noch zu einem erfolgreichen Abschluss zu bringen. Die StEAG verfasste in den folgenden Jahren mit tatkräftiger Unterstützung des Bergbau-Vereins gleich mehrere Denkschriften, um bei den diversen Behörden, die für die Energiewirtschaft zuständig waren, auf die Belange des Ruhrbergbaus aufmerksam zu machen. Dabei verwiesen sie immer wieder auf die Bedeutung der Elektrizitätswirtschaft für die restlose Verwertung der Ballastkohle und die Notwendigkeit, die Stromwirtschaft der Zechen zu erneuern und die Einführung von Hochdruckanlagen für die Dampferzeugung zu fördern.[149] Völlig neu war die Forderung, die Zechenkraftwerke des Ruhrgebiets über eine eigene Hochspannungsleitung zu verbinden. Mit dem Plan zur Errichtung eines „Zechenverbundbetriebes", der beim Reichswirtschaftsministerium im Sommer 1938 zur Genehmigung vorgelegt wurde, verfolgte die StEAG die Absicht, die Stromangabe der Zechenkraftwerke zusammenzufassen und ins öffentliche Netz einzuspeisen.[150] Diese Idee entstand, nachdem die Verhandlungen mit den öffentlichen Netzbetreibern aus Sicht der StEAG völlig enttäuschend verlaufen waren. Ein geschlossenes Vorgehen der Ruhrzechen, so die Überlegung von Hermann Kellermann und Heinrich Schult würde die Verhand-

---

147 RWKS an Mitgliedszechen im Bereich des RWE, 22.10.1937, in: BBA 33/390; Sitzung des StEAG-Beirats, 16.11.1937, in: Ebd; Kellermann an Koepchen, 22.11.1937, in: Ebd; Koepchen an Kellermann, 30.12.1937, in: Ebd.

148 Vgl. Besprechung des Aufsichtsrats und Beirats der StEAG, 17.1.1938, in: BBA 33/395; StEAG an RWKS, 25.4.1938, in: Ebd; Koepchen an Kellermann, 28.5.1938, in: Ebd

149 Vgl. Versammlung der Zechenbesitzer, 4.8.1938, in: BBA 33/395; Bergbau-Verein: Die Ruhrkohle in der deutschen Elektrizitätswirtschaft, Essen 1941. Siehe auch Eröffnungsansprache des neuen Vereinsleiter auf der 8. Technischen Tagung des Bergbau-Vereins. Buskühl, E.: Leistung und Aufgaben des Ruhrkohlenbergbaues im Rahmen der neuen kohlen- und energiewirtschaftlichen Entwicklung, in: Glückauf 75 (1939), S. 510-511.

150 Vgl. StEAG an Reichswirtschaftsministerium, 11.7.1938, in: BA 4604/520.

lungsposition der Ruhrzechen gegenüber den öffentlichen Stromversogern stärken. Sie meldeten das Investitionsvorhaben bei den Behörden an, ohne dass es vorher zu einer Abstimmung unter den Mitgliedszechen gekommen war, das heißt, es war keineswegs geklärt worden, ob die Ruhrzechen tatsächlich an der Durchführung des Projektes interessiert waren. Die GBAG hielt es daher auch für angebracht, mit einem Schreiben an den Vorstand des RWKS ihren eigentlichen Standpunkt schriftlich zu dokumentieren. Sie distanzierte sich ausdrücklich von der Idee eines Zechenverbundbetriebes.

Die ablehnende Haltung der Hüttenzeche resultierte daraus, dass die Vereinigten Stahlwerke mit dem RWE und der VEW in Verhandlung stand. Das Essener Abkommen, dass wenig später eine Entscheidung über den konzerneigenen Verbundbetrieb der Stahlwerke bringen sollte, war zu diesem Zeitpunkt noch nicht gefallen. Die GBAG sah sich deshalb veranlasst, frühzeitig darauf hinzuweisen, dass sie sich alle „Handlungsfreiheiten vorbehalten" müsse und sich an dem vom Kohlensyndikats geplanten Verbundsystem nicht beteiligen würde.[151] Die Umsetzung eines Zechenverbundbetriebes im Rahmen der StEAG erschien vor diesem Hintergrund also ziemlich aussichtslos. Der Vorschlag täuschte eine Entschlossenheit des Kohlensyndikats vor, die es aufgrund der divergierenden Interessen seiner Mitgliedszechen nicht gab. Die angemeldeten Verbundleitungen sorgten allerdings dafür, dass die bei den öffentlichen Netzbetreibern und der Energieaufsichtsbehörde hektische Reaktionen hervorrief. Die Reichsgruppe Energiewirtschaft leitete, nachdem die StEAG ihren Antrag für die Errichtung eines Zechenverbundnetzes eingereicht hatte, das Genehmigungsverfahren ein. Sie forderte die beiden Elektrizitätswerke zu einer Stellungnahme auf und holte in Vorbereitung für die ausstehende Entscheidung weitere Informationen über den Zustand der Stromanlagen der Ruhrzechen ein.

Der Vorschlag der StEAG, einen Verbundbetrieb der Ruhrzechen zu errichten, hatte Ähnlichkeiten mit dem Investitionsplan der Vereinigten Stahlwerke. Er brachte noch einmal die Interessenlage zum Vorschein, die in der rheinisch-westfälischen Schwerindustrie vorherrschte. Die Elektrizitätswerke behaupteten beide in ihrer Stellungnahme, die von der Reichsgruppe Energiewirtschaft angefordert worden war, dass weitere Netzleitungen wirtschaftlich überflüssig seien, weil die Zechenkraftanlagen mit ihren insgesamt 293 Generatoren bereits an das öffentliche Netz angeschlossen waren. [152] Sie konnten über diese Anschlüsse ihre überschüssige Energie sogar ins Stromnetz einspeisen, wenn tatsächlich frei stehende Kapazitäten vorhanden waren und die bestehende Preisbindung für den öffentlichen Strom gelockert worden wäre. Die Stromabgabe des Ruhrbergbaus war gemessen an der

151 GBAG an Vorstand des RWKS betr. StEAG, 6.8.1938, in: BBA 33/395.

152 Vgl. Stellungnahme des RWE und der VEW, November 1941, in: BA R 4604/111. Für die Anzahl der Generatoren vgl. Bergbau-Verein: Die Ruhrkohle in der deutschen Elektrizitätswirtschaft, Essen 1941, S. 9.

Stromerzeugung seit 1929 von 25 Prozent auf insgesamt 42 Prozent im Jahr 1941 angestiegen, das heißt, die Zechenkraftwerke gaben fast die Hälfte des erzeugten Stromes an andere Betriebe ab, so dass man wohl eher davon ausgehen kann, dass die Reserven nahezu restlos ausgeschöpft waren.[153] Der überwiegende Teil des Zechenstroms floss nicht in das öffentliche Verbundnetz, sondern wurde direkt vor Ort im vertikalen Verbundbetrieb, der in der Schwerindustrie und Chemieindustrie weit verbreitet war, an die konzerneigenen Produktionswerke abgegeben. Der gebundene Strompreis spielte hierbei keine entscheidende Rolle, weil die Stromlieferung innerhalb der Unternehmen stattfand.

Die Gutachten, die von den Sachverständigen der Genehmigungsbehörde erstellt wurden, äußerten sich daher auch ablehnend zu dem Investitionsvorhaben der StEAG. Auch hinsichtlich des Problems der Stromdurchleitung, das nun wieder erneut diskutiert wurde, verwiesen sie auf das Prinzip des natürlichen Monopols. Die Errichtung eines weiteren Verbundnetzes bezeichneten sie als „abwegig", da es „keine Schwierigkeiten" bereitete, den Stromaustausch über das bereits vorhandene öffentliche Netz durchzuführen. Falls die Elektrizitätswerke den Netzzugang tatsächlich verweigerten oder die Durchleitungsgebühr zu hoch ansetzten, um den Zechenstrom ungenutzt zu lassen, konnten diese immer noch durch staatliche Anordnungen zum Einlenken veranlasst werden.[154] Diese Argumentation teilte selbst Paul Pleiger, der die Hermann-Göring-Werke in Salzgitter leitete, die im Unterschied zu den geplanten Anlagen der Vereinigten Stahlwerke im Frühjahr 1940 groß dimensionierte Kraftwerke in Betrieb nahmen.[155] Pleiger stellte das Liefermonopol der öffentlichen Netzbetreiber selbst dann nicht in Frage, nachdem er 1941 zum Vorsitzenden der neu gegründeten Reichsvereinigung Kohle berufen worden war. Denn er saß gleichzeitig im Aufsichtsratsmitglied der VEW und hatte sich stets dafür eingesetzt, dass das westfälische Elektrizitätswerk die Stromverteilung im Raum Westfalen ausführte.[156] Die StEAG und die Zechenkraftwerke sollten allenfalls als Stromerzeuger auftreten.

---

153 Eigene Berechnung nach den Angaben in Statistik der Kohlenwirtschaft, 1950, S. 38; Körfer: Taschenbuch für Energiewirtschaft, S. 78.

154 Stellungnahme der Energiereferenten beim GIWE, 30.3.1942, in: BA R 4606/496.

155 Das Steinkohlenkraftwerk der Hermann-Göring-Werke fügte über eine Kapazität von 290 MW – die beiden StEAG-Kraftwerke umfassten zusammen 250 MW. Die Göring-Werke versorgten gleichzeitig auch die Stadt Salzgitter mit Strom. Vgl. Wessel, H.A.: Stahl und Technology. Die Geschichte der Salzgitter AG 1895-2008, Salzgitter 2008, S. 206-211; Forndran, E.: Die Stadt- und Industriegründungen Wolfsburg und Salzgitter, Frankfurt am Main 1984, S. 326-328.

156 Vgl. Besprechung mit Pleiger, 8.9.1942, in: BA R 4606/496. Pleiger nahm wiederholt in den Aufsichtsratssitzung der VEW teil. Vgl. Niederschrift über die 17. und 22. Aufsichtsratssitzung der VEW, in: HK RWE V1/45. Allgemein zur Gründung der Reichsvereinigung Kohle vgl. Seidel: Ruhrbergbau im Zweiten Weltkrieg, S. 151-164.

Es stand außer Frage, dass die Stromwirtschaft der Ruhrzechen erneuert werden musste und dass sich in dieser Beziehung angesichts des um sich greifenden Materialmangels mittlerweile ein erheblicher Investitionsbedarf aufgestaut hatte. Die Investitionsanträge, die von Konzernen wie den Vereinigten Stahlwerken, der Firma Krupp für das neue Heizkraftwerke auf der Zeche Amalie oder der IG-Farbenindustrie für eine weitere Anlage auf der Zeche Auguste Viktoria eingereicht und teilweise auch bereits fertiggestellt worden waren, machen deutlich, dass die Zechenbesitzer keineswegs tatenlos geblieben waren.[157] Sie hatten die Kraftwerkspläne aber unabhängig von den Vorschlägen der StEAG und dem Steinkohlensyndikat entwickelt. Der Bau eines integrierten Kraftwerkes auf den Zechen, Kokereien und Hütten hatte im Vergleich zu dem Gemeinschaftskraftwerk den entscheidenden wirtschaftlichen Vorteil, dass die anfallenden Abfallenergien – sei es Gicht- oder Kokereigas, Dampf oder Ballastkohle – im Betrieb selbst effektiver genutzt werden konnten. Diese Investitionsstrategie wurde ausdrücklich von der staatlichen Energieaufsicht befürwortet und wenn einzelne Anlagen nicht genehmigt oder fertig gestellt wurden, dann vor allem deshalb nicht, weil die Kraftwerksbauer und Dampfkesselhersteller mit Engpässen zu kämpfen hatten. Das Problem der nicht absatzfähigen Ballastkohle, das von Vertretern des Kohlensyndikats gebetsmühlenartig als Argument für eine verstärkte Steinkohlenverstromung bemüht wurde, war nicht der ausschlaggebende Punkt. Die Behörden kamen in den Berechnungen zu dem Ergebnis, dass die Ballastkohle mit der Fertigstellung der bereits freigegebenen Bauvorhaben restlos verfeuert werden konnte.[158]

3.2 Der Kampf um die letzte Lampe

3.2.1 Der Streit zwischen dem RWE und den kommunalen Stadtwerken

Der Energieverbrauch der Bevölkerung galt vielen Zeitgenossen als Maßstab des sozialen Fortschritts. Die Elektrotechniker und die Manager der Elektrizitätswerke – ob sie für einen Stromkonzern oder ein Stadtwerk tätig waren, machte dabei keinen Unterschied – dachten in diesem Zusammenhang hauptsächlich an den Stromkon-

157 Vgl. Überblick über die freigegebenen, angezeigten und geplanten Kraftwerksbauvorhaben des Bergbaus und seiner Konzernunternehmen, in: Stellungnahme des GIWE zur Denkschrift „Die Ruhrkohle in der deutschen Elektrizitätswirtschaft, 30.3.1942, in: BA R 4604/496. Das neue Zechenkraftwerk der Auguste Victoria hatte eine Kapazität 64 MW. Vgl. Steenbuck, K.: Die Gewerkschaft Auguste Victoria. Ihre Gründung und ihr Weg im Verbund der BASF, Marl 1982, S. 19.

158 Vgl. Stellungnahme der Wirtschaftsgruppe Elektrizitätsversorgung zur Frage der Verwertung ballastreicher Ruhrsteinkohlen für die Elektrizitätsversorgung, 1.12.1941, in: BA R 4604/111.

sum. Sie belächelten die Gaswirtschaft, die langfristig durch die Substitutionskonkurrenz der elektrischen Energie verdrängt werden würde. Den gasbeheizten Öfen, die in der Industrie, im Kleingewerbe und den privaten Haushalten eine größere Bedeutung hatten als die Elektroöfen, drohte nach dieser Auffassung das gleiche Schicksal wie den Gasleuchten und Gasmotoren.[159] Es gab ein komplexes Bündel an Maßnahmen, mit dem die Elektrizitätswerke die Stromnachfrage der Verbraucher zu fördern versuchten, wobei neuerdings die Anwendung der Elektrowärme als ein besonders vielversprechender Absatzmarkt galt. Mit breit angelegten Werbekampagnen wurden unterschiedliche elektrische Haushaltsgeräte – vom Bügeleisen bis zum Elektroherd – angepriesen.[160] Da der durchschnittliche Haushalt sich den Kauf und die Installation der Geräte für das elektrische Kochen und Heizen jedoch nicht leisten konnte, setzten die Stromversorger weitere Verkaufsstrategien ein, die in Ansätzen bereits um die Jahrhundertwende bei der Einführung von Licht- und Kraftstrom entwickelt worden waren. So erweiterten sie zum Beispiel das Kreditgeschäft, um für die kapitalschwachen Stromkunden die hohen Anschaffungskosten der Haushaltsgeräte durch Ratenzahlung erschwinglich zu machen.[161] Hinzu kam die Absatz fördernde Gestaltung der Tarife, die Preissenkungen vor allem für stromintensive Anwendungszwecke vorsah. Sobald diese Maßnahmen aber die Stromlieferung aus dem Niederspannungsnetz berührte, mussten die Leiter der Elektrizitätswerke auch die Interessen der Stadtverwaltungen berücksichtigen, die in der Tarifpolitik ein Mitspracherecht einforderten.

Die Strompreise für die Tarifabnehmer entstanden nicht primär durch Angebot und Nachfrage, sondern waren immer auch Verhandlungssache zwischen öffentlicher Hand und Versorgungsbetrieb.[162] Die Tarifpreise waren in den vergangenen Jahrzehnten hauptsächlich auf der kommunalen Ebene ausgehandelt worden, während der Staat sich in der Regel nicht eingeschaltet hatte. Mit der Einführung der Preisüberwachung unter dem Präsidialkabinett Ende 1931 änderte sich die Situation

---

159 Vgl. von Miller, R.: Der Stromverbrauch im Wandel der Zeiten, in: Technikgeschichte 30 (1941), S. 25-32.

160 Vgl. Heßler, M.: „Elektrische Helfer“ für Hausfrau, Volk und Vaterland, in: Technikgeschichte 68 (2001), S. 204-229.

161 Vgl. König, W.: Volkswagen, Volksempfänger, Volksgemeinschaft. „Volksprodukte“ im Dritten Reich. Vom Scheitern der nationalsozialistischen Konsumgesellschaft, Paderborn 2004, S. 57-59; VEW (Hrsg.): Vereinigte Elektrizitätswerke Westfalen, Dortmund 1930, S. 161-162. Buderath: Strom im Markt, S. 191. Zu den Absatzstrategien, wie etwa die Vermietung von Elektromotoren, um die Jahrhundertwende vgl. Wengenroth: Motoren für den Kleinbetrieb, S. 189-199; Siegel, G.: Die Preisbewegung elektrischer Arbeit seit 1898, in: Preisbildung bei industriellen Rohstoffen und Fabrikaten. Deutschland, Bd. 2., Leipzig 1914, S. 77-122.

162 Nach dem EnWiG fielen die Verbraucher unter die Tarifaufsicht, die Strom aus dem öffentlichen Netz im Spannungsbereich von 220/380 Volt bezogen. Vgl. Evers: Recht der Energieversorgung, S. 120.

und das Energiewirtschaftsgesetz kündigte schließlich eine grundlegende Reform des Tarifwesens an. Es war notwendig, so hieß es in der amtlichen Begründung, die „Energietarife dahin zu beeinflussen", dass sie den „Bedürfnissen der Verbraucher" angepasst und im gesamten Reichsgebiet „möglichst angeglichen" und „volkswirtschaftlich zweckmäßig" gestaltet würden.[163] Es stellt sich die Frage, wie diese konsumorientierten Maßnahmen aussahen, welche Konsequenzen daraus für die kommunale Selbstverwaltung folgten und wie sich die staatliche Elektrizitätspolitik auf das Konsumverhalten der Tarifabnehmer auswirkte.

Das Problem des Kleinverbrauchers bestand darin, dass er nicht zwischen mehreren Stromanbietern wählen konnte und darüber hinaus nicht über die Informationen und Kenntnisse verfügte, um sich ein Urteil über die Angemessenheit der Preisbildung machen zu können.[164] Die unvollständige Konkurrenz, die durch das natürliche Leitungsmonopol der öffentlichen Netzbetreiber und die ungleiche Verteilung von Informationen begründet war, bot den Stromanbietern unterschiedliche Möglichkeiten, ihre Absatzstrategie so zu gestalten, dass sie Preissenkungen für jene Abnehmergruppen, die eine geringe Preiselastizität aufwiesen, mit deutlichen Verzögerungen vornehmen konnten. Das RWE senkte zum Beispiel 1929 erstmals nach der Inflationsphase wieder seinen Tarifpreis, allerdings nur für die Abnehmer von Wärmestrom. Die Licht- und Kraftstrompreise blieben bis 1934 unverändert.[165] Die gewerblichen Kleinbetriebe und die Privathaushalte, die allgemein zu der Gruppe der Tarifabnehmer zählten, sahen sich in dieser Hinsicht eindeutig mit größeren Nachteilen konfrontiert als die Großindustrie. Die Preise und die Lieferbedingungen für Kleinstromabnehmer unterlagen deshalb der öffentlichen Kontrolle und die Elektrizitätswerke waren darüber hinaus gesetzlich verpflichtet, die Kleinverbraucher – vorausgesetzt sie betrieben keinen eigenen Stromgenerator – an das öffentliche Netz anzuschließen und mit Strom zu beliefern. Eine wirksame Tarifaufsicht setzte jedoch voraus, dass die Kontrollbehörden selber über ausreichende Informationen verfügten, um die Kostenkalkulation der Betriebe nachvollziehen und angemessene Strompreise festlegen zu können. Es galt einerseits, überhöhte Forderung der Elektrizitätswerke zu vermeiden, andererseits aber die Strompreise nicht zu niedrig anzusetzen – in der Gefahr, dass dadurch der Anreiz für Investitionen in die öffentliche Infrastruktur zu stark abgeschwächt wurde. In den vergangenen Jahrzehnten war die öffentliche Kontrolle häufig schon deshalb gescheitert, weil einheitliche Publizitätsvorschriften fehlten, so dass es keine zuverlässige Grundlage für

163 Vgl. Begründung des Energiewirtschaftsgesetzes, in: Die Elektrizitätswirtschaft im Deutschen Reich, Berlin 1937, S. 77.

164 Miksch: Wettbewerb als Aufgabe, S. 108.

165 Vgl. RWE-Geschäftsbericht 1933/34, in: HK RWE. Zur Entwicklung der Tarifpreise des RWE seit 1924 vgl. Asriel: Rheinisch-Westfälisches Elektrizitätswerk, S. 111.

eine vergleichende Analyse der Kosten- und Rentabilitätsberechnung der Versorgungsbetriebe gab.

Die Tarifaufsicht durch die Stadtverwaltungen hatte sich spätestens während der Weltwirtschaftskrise als unzureichend erwiesen. Die Gebietskörperschaften waren nicht in der Lage, Stromkonzerne wie das RWE, dessen Absatzgebiet sich weit über die politischen Grenzen einzelner Gemeinden erstreckte, wirksam zu kontrollieren. Hinzu kam der Umstand, dass die Städte und Gemeinden in der Energiewirtschaft eigene fiskalpolitische Interessen verfolgten. Der Vergleich bestimmter Kostenfaktoren, die sich auf den Tarifpreis auswirkten und die nicht ausschließlich aus reinen Betriebskosten bestanden, war unter diesen Bedingungen nahezu unmöglich geworden. Gustav Siegel, der in Deutschland zu den führenden Tarifexperten gehörte und nicht gerade dafür bekannt war, für die Stromverbraucher Partei zu ergreifen, empfand die „Buntscheckigkeit" der Stromtarife als eine „unsympathische und unerfreuliche Erscheinung". Er war Vorstandsmitglied der zum AEG-Konzern gehörenden Elektrizitäts-Lieferungs-Gesellschaft und forderte 1932, nachdem die Preisüberwachung bereits eingeführt worden war, die Stromanbieter dazu auf, ihre Preiskalkulation offen zu legen.[166] Auch die Sachverständigen, die sich im Rahmen des Enquete-Ausschusses zur Untersuchung der Absatzbedingungen der Elektrizitätswirtschaft eingehend mit der Tariffrage beschäftigt hatten, und die Untersuchungen, die noch während der Weltwirtschaftskrise vom Verein für Sozialpolitik in Auftrag gegeben worden waren, forderten in dieser Beziehung eine staatliche Regelung.[167]

Es gab in den Reihen der Energieversorgungsunternehmen sehr unterschiedliche Vorstellungen darüber, wie das Ziel einer möglichst preiswerten und sicheren Energieversorgung erreicht werden könnte. Der Vorstand des RWE dachte dabei primär an die Ausweitung der öffentlichen Stromwirtschaft in großräumigen Versorgungsgebieten, in denen das führende Elektrizitätswerk das gesamte Stromgeschäft von der Stromerzeugung bis zur Belieferung der letzten Lampe übernehmen sollte. Die vertikale Integration der Stromnetze war ein zentraler Bestandteil seiner Expansionsstrategie, die darauf abzielte, die selbstständigen Verteilerunternehmen – das waren in der Regel Stadtwerke und Elektrizitätsgenossenschaften – möglichst aufzukaufen. Das bedeutete aber noch nicht, dass sich der Vorstand gegen die Beteilung der Städte und Gemeinden am Aktienkapital aussprach, denn diese hatten als Konzessionsgeber äußerst wertvolle Rechte zu vergeben, weshalb der Konzern-

166 Siegel, G.: Stromtarife und Preisabbau, in: EW 31 (1932), S. 192-193.

167 Vgl. von Nedden: Wirtschaftlichkeit der deutschen Elektrizitätsversorgung, S. 263-266; Neu, K.: Das Elektrizitätsmonopol, in: Lederer, E. (Hrsg.): Das Kartellproblem. Beiträge zur Theorie und Praxis, Leipzig 1930 (=Schriften des Vereins für Sozialpolitik, Bd. 180), S. 45-80; Wolff: Aufgaben und Organisationsformen S. 104-113; Heimann: Stellung und Bedeutung der öffentlichen Unternehmung, S. 29-30.

vorstand an eine kooperative Beziehung mit seinen kommunalen Aktionären interessiert blieb.

Die Vorteile, die Arthur Koepchen oder Ernst Henke mit der vertikalen Integration verbanden, bestanden weniger darin, die Kleinverbraucher, die ihren Anschluss nur wenige Tages- oder Nachtstunden benutzten, zu möglichst billigen Strompreisen zu beliefern, sondern vielmehr in der einfacheren Handhabung der Belastungskurven und den größeren Handlungsspielräumen gegenüber der Konkurrenz der industriellen Kraftwerksbetreiber. Koepchen pflegte in diesem Zusammenhang den Ausspruch, dass die „volkswirtschaftliche Güte der Elektrizitätsversorgung [...] mit dem prozentualen Versorgungsanteil der Großabnehmer" ansteige und überall dort „nicht in Ordnung" sei, wo Großabnehmer es vorzogen, Anlagen für die Eigenversorgung aufzustellen. Er versuchte damit die Leistungsfähigkeit des RWE gegenüber den Stadtwerken hervorzuheben, die noch seltener als der Stromkonzern in der Lage waren, erfolgreich gegen die industriellen Kraftwerksbetreiber zu konkurrieren.[168] Außerdem vereinfachten weiträumige Versorgungsgebiete die regionale Planung der Netzinfrastruktur, erleichterten die Stromdurchleitung von Industriestrom – was vor allem für Industrieregionen wie das Ruhrgebiet von Bedeutung war – und waren darüber hinaus eine wichtige Voraussetzung, um die Strompreise zwischen Stadt und Land anzugleichen.[169] In diesen Fragen gab es sogar eine Übereinstimmung zwischen dem RWE-Vorstand und den Spitzenvertretern der Kommunalwirtschaft. Der geschäftsführende Präsident des Deutschen Gemeindetages Kurt Jeserich warb zum Beispiel unter den Oberbürgermeistern und Leitern der Stadtwerke dafür, hinsichtlich der Energiewirtschaft stärker „regional zu denken" und sich nicht auf der „glückhaften, einsamen Insel" der Kommune zu verschanzen.[170] Das war auch die Überzeugung der Landräte, die sich dagegen wehrten, in den „Überlandwerken grundsätzlich nur einen Gegner zu sehen", zumal diese gerade in Rheinland und Westfalen unter dem „überwiegenden Einfluss der Gemeinden selbst" standen.[171]

168 Koepchen: Aufgaben der deutschen Elektrizitätswirtschaft, S. 14,18.

169 Die Preisgleichheit zwischen Stadt und Land war eine in der Elektrizitätswirtschaft weit verbreitete Form der Strompreissubventionierung. Lichtstromabnehmer, die in Stadtnähe wohnten, zahlten den gleichen Strompreis wie Lichtstromabnehmer, die in ländlichen Gebieten lebten, obwohl die Kosten der Strombelieferung hier aufgrund der niedrigen Stromdichte höher waren. Daraus resultierte keine vollständige Angleichung, da der Preisausgleich lediglich innerhalb gleicher Abnehmergruppen erfolgte. Ein Tarifabnehmer, der Strom nicht nur für Beleuchtungszwecke nutzte, sondern auch für Kraft und Wärme, zahlte einen niedrigeren Preis als ein reiner Lichtstromabnehmer.

170 Vgl. Ausführung von Kurt Jeserich auf der Tagung des Versorgungsausschusses des DGT, 18.6.1937, in: LA Berlin B Rep. 142.4.2.1. Nr. 61 Bd. III.

171 Niederschrift über Besprechung des Arbeitskreises der Landkreise der Provinz Westfalen, 29.10.135. Dazu auch Landrat Georges an Kottenberg (Provinzialdienststelle Düsseldorf des DGT), 22. 12.1935. in: LA Düsseldorf, RW 50-53 Nr. 3248; Kottenberg an DGT, 27.12.1935, in: Ebd.

Den kommunalen Aktionären fiel es allerdings sichtlich schwer, sich auf eine gemeinsame Position zu einigen und dem Konzernvorstand geschlossen gegenüberzutreten, da sie gerade im Hinblick auf die Stromtarife sehr unterschiedliche Interessen vertraten.

Das RWE hatte sich, nachdem die Ferngasleitungen an die Ruhrgas AG veräußert worden waren, zu einem reinen Stromanbieter gewandelt und stand seitdem bei Kommunalpolitikern unter dem Generalverdacht, eine äußerst aggressive Preisstrategie gegen die städtische Gasversorgung zu verfolgen. Die Montanindustrie, die auch an der Entwicklung der Ferngasversorgung interessiert war, und die kommunalen Versorgungsunternehmen wie die VEW, die neben der Stromverteilung zusätzlich noch ein eigenes Gasgeschäft betrieben, traten dagegen für einen geregelten Wettbewerb zwischen Gas und Strom ein.[172] Die Ruhrgas AG hatte 1929 mit den VEW, die im westfälischen Raum ein ausgedehntes Gasleitungsnetz unterhielten, einen Demarkationsvertrag abgeschlossen, wonach die Ruhrindustrie das Versorgungsgebiet des westfälischen Energieversorgers anerkennte, während dieser sich im Gegenzug dazu verpflichtete, die Gasmengen von der Ruhrgas AG zu beziehen.[173] Der westfälische Netzbetreiber zog sich damit – ähnlich wie wenige Jahre später beim Vertragsabschluss mit der StEAG – verstärkt aus der Energieerzeugung zurück und konzentrierte sich auf das Liefergeschäft von Gas und Elektrizität. Die Bedeutung der Gaswirtschaft für die öffentliche Energieversorgung kann am Beispiel der Straßenbeleuchtung abgelesen werden. Die im Deutschen Reich installierten Straßenlaternen bestanden 1937 zu 44 Prozent aus so genannten Gasleuchten und 46,3 Prozent der kleineren Gemeinden mit weniger als 10.000 Einwohnern ließen ihre Bürger in den Abendstunden überhaupt im Dunkeln über die Straße gehen.[174]Die Gaswirtschaft muss in die Betrachtung einbezogen werden, wenn man die Konfrontationslinien erkennen möchte, die nach der nationalsozialistischen „Machtergreifung“ zwischen den Energieversorgern weiterhin bestanden. Die Absicht des RWE, die kommunalen Stadtwerke aufzukaufen, um die städtischen Gaswerke allmählich stillzulegen und seinen Stromabsatz auf diese Weise zu erweitern, war in Zeiten von Wirtschaftskrise und grassierender Massenarbeitslosigkeit äußerst unpopulär, weshalb die Konzernleitung wiederholt auf Proteste stieß. Der politische Machtwechsel Anfang 1933, der mit der Eroberung der Rathäuser durch die Nationalsozialisten einhergegangen war, und der Beratungserlass von August 1935, der die Autonomie

172 Vgl. Bezirksgruppe Ruhr der Fachgruppe Steinkohlenbergbau an Reichswirtschaftsministerium betr. Energiewirtschaftsgesetz, 19.2.1936, in: TKA NROE/11; Meyer, H.: Stand der energiewirtschaftlichen Arbeiten, in: Der Gemeindetag 29 (1935), S. 563.

173 Vgl. Rebentisch, D.: Städte und Monopol. Privatwirtschaftliches Ferngas oder kommunale Verbundwirtschaft in der Weimarer Republik, in: Zeitschrift für Stadtgeschichte, Stadtsoziologie und Denkmalpflege 3 (1976), S. 38-80; Döring: Bewegte Jahre, S. 108-114.

174 Vgl. Körfer: Taschenbuch für Energiewirtschaft, S. 50-51.

der Gemeindeverwaltung auf dem Gebiet der Kommunalwirtschaft einschränkte, so dass die laufenden Konzessionsverhandlungen abrupt unterbrochen wurden, sorgten für weitere Spannungen.[175] Der Personalwechsel in den Gemeindeverwaltungen führte auch in den Aufsichtsorganen des RWE zu Neubesetzungen, woraus allerdings noch keine strukturelle Veränderung der gemischtwirtschaftlichen Zusammensetzung resultierte. Außerdem blieb die strategische Ausrichtung des Stromkonzerns unverändert, auch wenn die Absatzstrategie von einzelnen Kommunalpolitikern kritisiert wurde. Die Anzahl der Präsidiumsmitglieder wurde von neun auf 14 erhöht, wobei acht Mandate von Vertretern der Kommunalwirtschaft ausgeübt wurden, die ausnahmslos der NSDAP angehörten. Im Präsidium saßen neben den Oberbürgermeistern von Essen, Düsseldorf und Köln zusätzlich drei Landräte, außerdem der neue Vorsitzende der kommunalen Aktionärsgruppe, Oberbürgermeister Walter Hartmann aus Remscheid, und nicht zuletzt Heinrich Haake als Landeshauptmann der Rheinprovinz.[176] Haake war seit 1925 Parteimitglied und gehörte nach seiner Ernennung zum Landeshauptmann zu den einflussreichsten Führungspersonen der rheinischen Kommunalwirtschaft. Er schaltete sich in den folgenden Jahren mehrfach in die Auseinandersetzung ein, die der Stromkonzern mit Vertretern der kommunalen Energiewirtschaft austrug. Er vertrat dabei keineswegs ausschließlich die Linie, die von den Energiereferenten des Deutschen Gemeindetages in Berlin gefordert wurde. Haake pflegte eine enge Beziehung zu seinem unmittelbaren Vorgesetzten Josef Terboven, der Oberpräsident der Rheinprovinz und Gauleiter von Essen in Personalunion war. [177] Den Vorsitz im RWE-Präsidium übte weiterhin Albert Vögler aus, der zusammen mit Fritz Thyssen die Interessen der Montanindustrie vertrat. Hinzu kamen – nachdem Paul Silverberg ausgeschieden war – jeweils ein Vertreter der Deutschen Bank und der Dresdner Bank sowie der Preußenelektra und der Elektrowerke.

Die personelle Zusammensetzung macht deutlich, dass das RWE-Präsidium auch nach dem politischen Regimewechsel weiterhin eine bedeutende Schaltzentrale der westdeutschen Energiewirtschaft blieb, in der die Fäden eines weit gespannten personellen Netzwerkes zusammenliefen. Die Vertreter der kommunalen Aktionäre versammelten sich im Mai 1934 erstmals nach dem Machtwechsel wieder im Essener Rathaus, um über die personelle Besetzung der Konzernführung und die ungelösten Tarifstreitigkeiten zu beraten. Walter Hartmann stellte bei dieser Gelegenheit in seiner neuen Funktion als Vorsitzender der kommunalen Aktionäre fest, dass hinsichtlich der Besetzung des Aufsichtsratspräsidiums und des Konzernvor-

---

175 Allgemein zu den Kommunalwahlen im Jahr 1933 vgl. Matzerath: Nationalsozialismus und kommunale Selbstverwaltung, S. 61-98.

176 Vgl. RWE-Geschäftsberichte von 1933/34ff, in: HK RWE.

177 Vgl. Romeyk, H.: Heinrich Haake 1892-1945, in: Heyen, F.-J. (Hrsg.): Rheinische Lebensbilder, Bd. 17, Köln 1997, S. 187-222.

standes von Seiten der Aktionäre keinerlei Beanstandungen zu machen seien. Vögler befleißigte sich in Fragen der kommunalen Energieversorgung „der größten Objektivität“ und auch der Vorstand, der inzwischen geschlossen in die NSDAP eingetreten war, nachdem Thyssen und Vögler bereits vorher die Parteimitgliedschaft angenommen hatten, galt nunmehr als „vorbildlich besetzt“. In den kommunalen Kreisen wurde die Tarifpolitik des Stromkonzerns zwar unterschiedlich bewertet und kontrovers diskutiert, doch Hartmann sah sich deshalb noch nicht dazu veranlasst, unter den kommunalen Aktionären eine Stimmenmehrheit zu organisieren, um eine „Beschränkung des RWE in seinem Ausdehnungsdrang“ durchzusetzen.[178]

Es gab im Versorgungsgebiet des RWE eine bestimmte Anzahl von Städten und Gemeinden, die sich nicht wie die Mehrzahl der kommunalen Gebietskörperschaften damit zufrieden gaben, nur als Konzessionsgeber und Aktionär des Stromkonzerns zu fungieren. Nach einer Erhebung, die der Vorstand Mitte 1937 von seinen regionalen Betriebsverwaltungen, die vor Ort mit den Kunden die Stromverträge aushandelten und überwachten, durchführen ließ, hatte der Stromkonzern mittlerweile mit gut 3.000 Kommunen einen Konzessionsvertrag abgeschlossen. In ungefähr neun Prozent der Fälle war es dem Konzern nicht möglich, einen Vertrag abzuschließen, der eine Stromlieferung bis zur letzten Lampe ermöglichte.[179] Städte wie Düsseldorf, Mönchengladbach, Duisburg, Gelsenkirchen oder auch Köln gehörten nicht nur zu den größten kommunalen Aktionären des RWE, sondern unterhielten darüber hinaus ein eigenes Stadtwerk, das im örtlichen Liefergeschäft tätig war und – wie im Fall Düsseldorf oder Duisburg – die elektrische Energie und das Stadtgas teilweise sogar mit eigenen Anlagen erzeugte. Die Stadt Essen hatte die Stromversorgung einschließlich der Stromnetze an das RWE abgegeben, unterhielt parallel dazu aber immer noch ein Gaswerk, das einen Liefervertrag mit den Stinnes-Zechen abgeschlossen hatte.[180] Diese kommunalen Betriebe standen allerdings häufig vor

---

178 Vermerk von K. Kottenberg (Provinzialdienststelle des DGT Düsseldorf) betr. Elektrizitätsversorgung, 15.5.1934, in: LA Düsseldorf RW 050-053 Nr. 525. Über das Verhältnis der Großindustrie zu der NSDAP und vor allem der Rolle Fritz Thyssen vgl. Turner, H.A.: Die Großunternehmer und der Aufstieg Hitlers, Berlin 1985, 288-289, 405-415; Rasch, M.: Über Albert Vögler und sein Verhältnis zur Politik, in: Mitteilungsblatt des ISB 28 (2003), S. 142. Zur Parteimitgliedschaft des RWE-Vorstandes siehe Maier: „Nationalwirtschaftlicher Musterknabe“ ohne Fortune, S. 132.

179 Es gab den B-Vertrag (Lieferung bis zur letzten Lampe) und den A-Vertrag (Die Gemeinde besaß das örtliche Leitungsnetz und bezog den zu verteilenden Strom teilweise oder vollständig vom RWE). Die statistische Angabe ist eine Berechnung, erstellt nach den Ergebnissen der konzerninternen Erhebung. Vgl. Rundschreiben der RWE-Hauptverwaltung an Betriebsverwaltungen betr. Großabnehmerfragen, 29.7.1937, in: HK RWE 1254/I; RWE an Reichswirtschaftsministerium, 4.8.1937, in: Ebd; Aktennotiz von Vögler, 22.11.1937, in: HK RWE 787.

180 Die Stadt hielt das Gaswerk auch nach Abschluss des neuen Konzessionsvertrages mit dem RWE im Jahr 1938 weiter in Betrieb. Vgl. Vertrag zwischen RWE und Stadt Essen, 30.4.1938, in: Hahn, K: Die Beziehungen der Stadt Essen zur RWE-AG, Essen 1939; Oberbürgermeister der Stadt

dem Problem, dass die Kapazitäten der Anlagen nicht ausreichten, um die Strom- oder Gasnachfrage der örtlichen Kleinverbraucher zu decken. Sie versuchten deshalb die fehlenden Kapazitäten zu möglichst günstigen Bedingungen von einem anderen Lieferanten zu beziehen, um diese mit einer bestimmten Gewinnspanne, die sie für die Finanzierung der örtlichen Verteilungsnetze brauchten, an den Endverbraucher weiterzuverkaufen.

In dieser Situation gerieten die Kommunalbetriebe leicht in Konflikte mit einem Großlieferanten wie dem RWE, denn dieser konnte sein Leitungsmonopol leicht dazu benutzen, die Bezugsbedingungen gegenüber dem Verteilwerk so zu gestalten, dass sich die Stadtverwaltung zu einem Verkauf der Anlagen veranlasst sah. Es handelte sich hierbei um keinen spezifischen Konfliktfall, der nur im RWE-Gebiet zu beobachten war, denn die vertikale Integration der Stromverteilung war eine Strategie, die praktisch von den Vorständen aller Energiekonzerne – unabhängig von den Eigentumsverhältnissen – gefordert wurde, weil sie allgemein als die kostengünstigste Form der Versorgung galt.[181] Ob der Vorstand mit seinen strategischen Überlegungen auch den eigenen Aufsichtsrat überzeugen konnte, damit dieser seine Entscheidungen absegnete, war dagegen eine andere Frage, die nur mit Blick auf das Kräfteverhältnis innerhalb der Aufsichtsgremien beantwortet werden kann. Der Vorstand eines regionalen Energieversorgers wie der VEW, die aus einem freiwilligen Zusammenschluss mehrere Gebietskörperschaften entstanden waren und vollständig im Besitz der westfälischen Kommunen lagen, musste gegenüber den verbliebenen Verteilerunternehmen zu größeren Kompromissen bereit sein als der RWE-Vorstand, der in Fragen der kommunalen Stadtwerke stets mit der Unterstützung der Großindustrie rechnen durfte. Es war deshalb wohl auch kein Zufall, dass die Lieferbedingungen, die das RWE seinen kommunalen Stromhändlern abverlangte, als besonders restriktiv galten und Gegenstand scharfer Kritik waren. Der Stromkonzern sah sich mit dem Vorwurf konfrontiert, dass die kommunalen Stadtwerke keine Preissenkung für ihre Stromkunden vornehmen konnten, weil sie den Strom zu überhöhten Lieferpreisen einkaufen mussten. Demnach nahm das RWE gegenüber seinen kommunalen Zwischenverteilern nicht in dem gleichen Maße Preissenkungen vor, wie in jenen Gemeinden, in denen er den Strom bis zur letzten Lampe lieferte. Koepchen konterte seinen Kritikern freilich mit dem Gegenargument, dass die Kommunalbetriebe die Strompreise nur aus Rücksicht auf das eigene Gaswerk und den Wünschen des Stadtkämmerers nicht senkten.[182]

Essen an RWE, 25.2.1937, in: HK RWE 322/III; Ebert, O./Ehlert H.: 125 Jahre Stadtwerke Essen. Unternehmensgeschichte im Überblick, Essen 1992, S. 117, 153.

181 Vgl. die Ausführungen der Vorstandsmitglieder des RWE, der VEW, des Badenwerks, der Preußenelektra und Bayerwerk in: Enquete-Ausschuss, Die deutsche Elektrizitätswirtschaft, S. 354-436.

182 Vgl. Koepchen, A.: Westdeutsche Elektrizitätswirtschaft, S. 5-7, in: BAL 329/747.

Es ist eine Ironie der Geschichte, dass die verschmähten Kommunalbetriebe, die zu den stärksten Widersachern des RWE gehörten, den Strom nach einem Liefervertrag bezogen, den Hugo Stinnes 1903 ausgerechnet für die Stadtwerke seiner Heimatstadt Mülheim an der Ruhr entworfen und in der Folgezeit als Mustervertrag für Verhandlungen auch mit anderen Stadtverwaltungen verwendet hatte.[183] Eine Reihe kommunaler Betriebe hatte sich damals bereit erklärt, die Großabnehmer, die jährlich mehr als 50.000 KWh bezogen und damit nicht aus dem Niederspannungsnetz versorgt werden konnten, unmittelbar vom RWE beliefern zu lassen.[184] Doch drei Jahrzehnte später, als die alten Verträge abliefen und neue ausgehandelt werden mussten, ergab sich eine grundlegend andere Interessenslage. Die Gemeindeleiter stellten fest, dass die Anzahl der Stromkunden, die die vereinbarte Höchstgrenze überschritten, stetig anstieg und sie – sieht man einmal von den Konzessionsabgaben, Finanzzuschlägen und Dividenden des Konzerns ab – von dem ertragreichen Stromgeschäft ausgeschlossen waren. Vor diesem Hintergrund forderten sie eine Neufassung der Vertragsklausel und den Abschluss eines Großliefervertrages, der es den Stadtwerken ermöglichte, auch bei den industriellen Großabnehmern als Zwischenhändler aufzutreten. Der RWE-Vorstand und die Mitglieder des Präsidiums, allen voran Vögler und Thyssen, lehnten diese Forderung dagegen kategorisch ab.

Die Großindustrie bezog seit Ende der 1920er Jahre in zunehmenden Mengen Strom aus dem öffentlichen Netz und sie verlangte, dass die Lieferung möglichst ohne Zwischenschaltung eines kommunalen Verteilers vorgenommen wurde. Wenn vor diesem Hintergrund zum Beispiel die Düsseldorfer Stadtwerke ins Kreuzfeuer des RWE und der Ruhrgas gerieten, dann lag das nicht primär daran, dass die beiden Konzerne die Kleinverbraucher unbedingt mit Strom oder Gas beliefern wollten.[185] Entscheidend war vielmehr, dass die innerhalb der Stadtgrenzen ansässigen Betriebe der Schwerindustrie die Belieferung durch die Großlieferanten forderten. Die Mannesmannwerke und die Vereinigten Stahlwerke hatten ihren politischen Einfluss, den sie über die Stadtverordnetenversammlung ausübten, bereits 1930 dahin gehend geltend machen können, dass die Stadtwerke den Anschluss an das RWE-Netz freigeben mussten.[186] Damit setzte sich auch in Düsseldorf der Auflockerungsprozess der Gebietsabsprache, die von der Stadtverwaltung 1912 mit dem RWE ausgehandelt worden war und die seitdem das Absatzgebiet der Stadtwerke mar-

183 Vgl. Nagel, J.: Zur Frage des Vertragstyps für die kommunale Stromversorgung, in: Der Städtetag 3 (1950), S. 299.

184 Vgl. Schöller, H.: Beschreibung der beim RWE üblichen Konzessionsverträge, 6.3.1950, in: HK RWE R2/135.

185 Vgl. Die Zukunft der Düsseldorfer Versorgungsbetriebe, in: Düsseldorfer Tagesblatt, 22.11.1933.

186 Vgl. Mannesmannwerke an RWE, 12.4.1930, in: HK RWE 404/I; RWE an Stadtwerke Düsseldorf, 14.4.1930, in: Ebd; Oberbürgermeister Lehr an Thyssen, 16.7.1930, in: Ebd; Vögler an Silverberg, 29.7.1930, in: Ebd; Stadtwerke Düsseldorf an RWE, 15.8.1930, in: Ebd; Oberbürgermeister Lehr an Thyssen, 16.8.1930, in: Ebd.

kierte, weiter fort.[187] Sobald ein Kommunalbetrieb finanziell nicht in der Lage war, seine Stromanlagen für die Belieferung der in seinem Gebiet angesiedelten Stromabnehmer ausreichend auszubauen, und keine Möglichkeit hatte, die elektrische Energie von einem örtlichen Lieferanten – zum Beispiel von einem Industriekraftwerk – zu beziehen, und damit praktisch nur noch über die Option verfügte, einen Liefervertrag mit dem RWE abzuschließen, nutzte der Stromkonzern sein Leitungsmonopol kompromisslos, um die Kommunalverwaltung zu einem Verkauf der Stadtwerke zu drängen. Nachdem neuerdings auch die Großindustrie ein zunehmendes Interesse zeigte, Strom aus dem öffentlichen Netz zu beziehen, fühlte sich der RWE-Vorstand in seiner Position sogar noch bestärkt und war in Fragen der kommunalen Zwischenhändler zu keinen Zugeständnissen bereit. Auf das Ausschließlichkeitsrecht, das die Gemeinde zu vergeben hatte, wollte aber auch der Stromkonzern nicht verzichten. Er machte der Gemeindeverwaltung deshalb bei den Konzessionsverhandlungen das Angebot, den Kommunalbetrieb aufzukaufen und gleichzeitig einen langfristigen Konzessionsvertrag mit aussichtsreichen Konzessionsabgaben und Finanzzuschlägen abzuschließen.[188]

Der Konzernvorstand um Arthur Koepchen reagierte vor diesem Hintergrund verärgert über den Beratungserlass, den Reichsinnenminister Wilhelm Frick im August 1935 auf Drängen des Deutschen Gemeindetages erließ. Denn der Abschluss eines neuen Konzessionsvertrages konnte nun nicht mehr ohne ein vorheriges Gutachten des Deutschen Gemeindetages vollzogen werden. Koepchen, der leicht zu Übertreibungen neigte, beschwerte sich Anfang 1936 beim Leiter der Reichgruppe Energiewirtschaft über die „Agitation des Gemeindetages“[189] und nutzte in den folgenden Wochen mehrere öffentliche Auftritte, um seinen Unmut zum Ausdruck zu bringen. Seine Abrechnung mit den widerspenstigen Stadtwerken und der Energiepolitik des Deutschen Gemeindetages war der Auslöser eines regelrechten Schlagabtausches, der in einem immer harscher werdenden Ton ausgefochten wurde. Bereits im Januar 1936 erhielt Koepchen auf der in Essen stattfindenden Elektrotagung die Gelegenheit, sich über die Entwicklungen der letzten Jahre zu äußern und seine Vorstellung über die „Aufgaben der Elektrizitätswirtschaft“ darzulegen. Diese bestand nach seiner Auffassung nicht nur darin, die „zwangsläufigen Abnehmer (d.h. Tarifabnehmer, JWL) zu beliefern, sondern der wahre Dienst am Volke und die

187 Vaupel (Stadtwerke Düsseldorf) an RWE betr. Demarkationsabkommen, 17.4.1935, in: HK RWE 404/II.

188 Für ein weiteres Fallbeispiel vgl. Kleinschmidt, C.: Stadtwerke Gelsenkirchen. Vom Regiebetrieb zum modernen Dienstleitungsunternehmen, Essen 1998, S. 116-119. Das RWE scheiterte in Düsseldorf mit dem Übernahmeversuch der Stadtwerke. Vgl. Aktennotiz betr. Verhandlungen Stadt Düsseldorf, 16.2.1934, in: HK RWE 404/II; Oberbürgermeister Wagenführ an RWE, 27.3.1934, in: Ebd; Koepchen an Wagenführ, 27.3.1934, in: Ebd; Koepchen an Direktor Poensgen, 26.3.1935, in: Ebd; Koepchen an Regierungspräsident Schmidt, 19.11.1935, in: Ebd.

189 Koepchen an Krecke, 31.1.1936, in: HK RWE 404/IV.

Kunst [sei] die, auch die Großabnehmer anzuschließen und diesen damit die unnötigen Geldaufwendungen für eigene Erzeugungsanlagen zu ersparen". Er forderte darüber hinaus die „freie Konkurrenz der verschiedenen Energiearten" nicht einzuschränken, was in der vorgetragenen Form allerdings kein Plädoyer für einen ungebundenen Wettbewerb in der Energiewirtschaft war.[190]

Koepchen erkannte durchaus die Vorteile, die durch die Importzölle für ausländisches Mineralöl zur Förderung der synthetischen Treibstoffproduktion eingeführt worden waren, indirekt auch für das RWE entstanden.[191] In seinem zweiten Vortrag, den er nur wenige Wochen nach der Elektrotagung auf Wunsch des Oberpräsidenten Terboven hielt, geißelte er die stärker werdende Konkurrenz des Dieselmotors. Eine Reihe von Kleinbetrieben hatte sich offensichtlich dazu entschieden, einen Dieselmotor aufzustellen, um entweder den Elektromotor zu ersetzen oder gar einen Generator für den Eigenstrombedarf zu betreiben. Die Bedeutung des Dieselmotors für die Stromerzeugung fiel quantitativ natürlich kaum ins Gewicht und unter den Bedingungen der nationalsozialistischen Außenhandelspolitik stellte er auch keine ernsthafte Konkurrenz dar. Die Hervorhebung der Einzelfälle, in denen Stromkunden zum Brennstoffmotor wechselten, diente in diesem Kontext primär dem Zweck, ein möglichst negatives Bild über die Stadtgebiete, die von einem kommunalen Werk versorgt wurden, zu malen und sie als „Tummelplatz der Dieselmotoren" zu deklassieren. In die gleiche Richtung zielte die Behauptung, die Rücksichtnahme auf die städtischen Gaswerke sei „eine glatte Verhinderung des Fortschrittes" und ein „Rückfall in die Uranfänge der Elektrizitätswirtschaft".[192]

Es waren gezielte Provokationen, die gegen bestimmte Gemeinden gerichtet waren und die ihre Wirkung auch nicht verfehlten. Mehrere Gemeindeleiter beschwerten sich gegen die Tarifpolitik des Stromkonzerns und schreckten nicht davor zurück, den Streit vor den Verwaltungsgerichten auszutragen. Die Gründe für die gerichtlichen Auseinandersetzungen waren sehr unterschiedlich. Sie reichten von nicht gezahlten Stromrechnungen für die Straßenbeleuchtung, über die Einbehaltung von Konzessionsabgaben durch den Konzern bis hin zu den Schwierigkeiten, die bei der Ausübung des Heimfallrechtes und der dabei erforderlichen Festlegung des Taxwertes für den Rückkauf der örtlichen Stromeinrichtungen entstehen konnten.[193] Die öffentliche Polemik, die Koepchen gegen diese Gemeinden richtete, schien die Entschlossenheit der Kommunalpolitiker sogar noch zu befeuern. Der Oberbürgermeister von Mönchengladbach verfasste sofort eine Gegenstellungnah-

190 Koepchen: Aufgaben der deutschen Elektrizitätswirtschaft, S. 14, 16.

191 Vgl. Petzina: Autarkiepolitik, S. 173.

192 Koepchen: Westdeutsche Elektrizitätswirtschaft, S. 5, 7, in: BAL 329.

193 Vgl. Kleinschmidt: Stadtwerke Gelsenkirchen, S. 119, 128. Dazu auch Oberbürgermeister von M. Gladbach an Gauleiter Florian, 19.5.1936, in: LA Düsseldorf RW 050-053 Nr. 525. Kottenberg an DGT, 5.6.1936, in: Ebd; „Prozess RWE gegen M. Gladbach", in: Kölnische Zeitung, 7.12.1938.

me über die „westdeutsche Elektrizitätswirtschaft vom gemeindlichen Standpunkt aus betrachtet“ und verschickte sie an seine Amtskollegen, um für die Position der Stadtwerke zu werben.[194] Die gegenseitigen Vorwürfe und Anschuldigungen gingen so weit, dass Terboven im September 1936 schließlich einschritt und das Veröffentlichen weiterer Denkschriften untersagte. Er wies die Kontrahenten an, ihre Beschwerden in Zukunft nur noch bei den staatlichen Aufsichtsbehörden einzureichen.[195]

Koepchen führte seinen Feldzug gegen die städtische Gasversorgung in Abstimmung oder zumindest mit stillschweigendem Einverständnis von Albert Vögler und Fritz Thyssen, die beide am Ausbau der Ferngasversorgung interessiert waren. Besonders Vögler, der sowohl beim RWE als auch der Ruhrgas AG den Aufsichtsratsvorsitz ausübte, nahm in diesem Zusammenhang wieder eine wichtige Position ein. Der Vorstand des Stromkonzerns konnte die Interessen der Gaswirtschaft daher nicht völlig ignorieren und sich gegen die Entwicklung der Ferngasversorgung stellen, ohne dass sich einzelne Mitglieder des Aufsichtsratspräsidiums zu Wort melden würden. Koepchen wurde dann auch von Fritz Thyssen zu einer Erklärung aufgefordert, nachdem seine öffentliche Kritik nicht nur einzelne Kommunalpolitiker in Stellung brachte, sondern unter anderen auch Wilhelm Roelen und Franz Lenze von der Thyssenschen Gas- und Wasserwerke GmbH.[196] In der von Thyssen eingeforderten Klarstellung schilderte Koepchen schließlich ausführlich, wie er sich die Positionierung des Stromkonzerns gegenüber der Gaswirtschaft für die Zukunft vorstellte. Das RWE habe nicht die Absicht „einfach wahllos überall die Gasverteilung“ einzustellen. Die Strategie des Konzerns ziele vielmehr darauf, beim Aufkauf der kommunalen Regiebetriebe allenfalls die Anlagen für die Gaserzeugung stillzulegen, während die Gasleitungen weiterhin in Betrieb gehalten würden, sofern die Fernleitungen der Ruhrgas AG bis an die Grenzen des Stadtgebietes reichten und der Ferngasversorger tatsächlich die Absicht haben sollte, die städtische Gasversorgung zu übernehmen.[197] Die Ruhrgas AG war jedoch nicht in erster Linie daran interessiert, Privathaushalte und öffentliche Einrichtungen mit Gas zu versorgen. Ihr Interessensgebiet war und blieb vor allem die Eisen- und Stahlindustrie, die 1936 mit 76 Prozent zu den mit Abstand bedeutendsten Abnehmern des Ferngasversor-

---

194 Für eine Dokumentation siehe Quellenanhang bei Hahn, K: Beziehungen der Stadt Essen zur RWE-AG, Essen 1939 in: HK RWE. Eine Adressatenliste der Denkschrift befindet in: LA Berlin Rep. 142-07-4.3.1. Nr. 86. Der Vorsitzende der kommunalen Aktionäre Oberbürgermeister Hartmann, Landeshauptmann Haake und Oberpräsident Terboven distanzierten sich von der Darstellung des Oberbürgermeisters von M. Gladbach. Vgl. Kottenberg an DGT, 13. 7.1936, in: LA Düsseldorf RW 050-053 Nr. 525.

195 Vgl. Eingabe des Oberbürgermeisters von M. Gladbach an Regierungspräsident in Düsseldorf, in: LA Düsseldorf RW 050-053 Nr. 525.

196 Vgl. Generaldirektor Franz Lenze an Staatsrat Fritz Thyssen, 16.3.1936, in: TKA NROE/11.

197 Koepchen an Thyssen, 30.4.1936, in: TKA NROE/11.

gers gehörten, während die städtische Gasversorgung gerade einmal zehn Prozent des Absatzes ausmachte.[198] Es überrascht daher auch nicht, dass Koepchen in der Industrie für „beide Energiearten" auch in Zukunft eine „dauernde Existenzberechtigung" sah.

Es gab in Bezug auf die Großabnehmer der Schwerindustrie einen stillschweigenden „Modus vivendi" mit dem Ferngasversorger, den der Stromkonzern berücksichtigen musste, wenn er seinen Rückhalt unter den Ruhrindustriellen nicht vollständig einbüßen wollte.[199] Der Ausbau der Gasversorgung für die Wärmeerzeugung auf den Hüttenwerken lag im ureigenen Interesse der Vereinigten Stahlwerke und Vögler setzte sich – anders als im Fall der StEAG – dafür ein, dass sich die öffentliche Stromwirtschaft dieser Entwicklung nicht in den Weg stellte.[200] Die Kooperation umfasste allerdings nur die beiden Energiekonzerne und schloss die Stadtwerke und andere private Gaslieferanten wie die Thyssenschen Gas- und Wasserkraftwerke aus. Die Thyssengas, die nicht an der Ruhrgas AG beteiligt war und als unabhängiger Energieversorger um eigene Marktanteile kämpfte, beschwerte sich ähnlich wie die städtischen Gaswerke über die Preiskampfpolitik des RWE.[201] Der Haushaltstarif, den der Stromkonzern vor dem Hintergrund der sinkenden Stromnachfrage eingeführt hatte, um mit besonderen Preisvergünstigungen für die Anwendung von Wärmestrom in privaten Haushalten zu werben, sorgte also nicht nur bei den kommunalen Regiebetrieben für Unmut. Als der Konzern 1934 schließlich erstmals wieder die Tarifpreise für seine Licht- und Kraftstromabnehmer senkte, kritisierten die Stadtwerke, dass sie keine entsprechende Ermäßigung für ihre Großeinkaufspreise erhielten und daher mit der Preissenkung nicht mitgehen konnten.[202]

In der politisch angeheizten Stimmung spielte es keine Rolle, ob der Stromkonzern seine Lieferpreise nun tatsächlich gesenkt hatte oder sein Leitungsmonopol ausnutzte, um die kommunalen Versorger vom Markt zu verdrängen.[203] Denn der

---

198 Vgl. Entwicklung der Gasabgabe der Ruhrgas AG von 1928-1954 nach Abnehmergruppen, in: Geschäftsbericht der Ruhrgas AG 1937 und 1954; Gillingham J.: Industry and Politics in the Third Reich. Ruhr Coal, Hitler and Europe, Stuttgart 1985, S. 79-80.

199 Koepchen an Thyssen, 30.4.1936, in: TKA NROE/11.

200 Vgl. Kleinschmidt: Rationalisierung als Unternehmensstrategie, S. 254-258.

201 Vgl. W. Roelen über den Gas-Elektrizitätskonflikt mit dem RWE, 3.3.1936, in: TKA NROE/11; Generaldirektor Lenze (Thyssengas) an Fritz Thyssen, 16.3.1936, in: Ebd; Memorandum von W. Roelen über Gewerkschaft Walsum und Thyssengas, Duisburg-Hamborn 1949, in: TKA NROE/37.

202 Der Haushaltstarif für Wärmestrom betrug seit 1929 acht (neun) Pf./KWh plus monatlich 50 Pf. Zählermiete. Der Lichttarif wurde 1934 von 33,3 (38,3) auf 30 (34,5) Pfg./KWh und der Krafttarif von 15,7 (18,3) auf 14 (16) Pfg./KWh gesenkt (Angaben in Klammern sind Preise mit Finanzzuschlag). Die Zählergebühr für Licht- und Kraftstrom sind in diesen Preisen nicht enthalten. Vgl. RWE-Geschäftsbericht 1933/34, in. HK RWE. Für einen Vergleich mit den Tarifpreisen des RWE seit 1924 siehe Asriel: Rheinisch-Westfälisches Elektrizitätswerk, S. 111.

203 Der Konzern senkte auch die Lieferpreise für seine A-Vertragsgemeinden. Vgl. RWE-Rundschreiben vom Juli 1934, in: Hahn: Beziehungen der Stadt Essen, S. 72.

Haushaltstarif war tatsächlich keine Erfindung des RWE. Der Konzern gehörte im Unterschied zu anderen Elektrizitätswerken in der Neugestaltung seiner Tarifpreise eher zu den Nachzüglern, da er vergleichsweise spät seinen Kleinverbrauchern ein Sonderangebot für Wärmestrom unterbreitete. Die VEW, die neben elektrischer Energie zusätzlich auch Gas vertrieb, hatte bereits ein Jahr zuvor einen speziellen Wärmestromtarif für Privathaushalte eingeführt.[204] Das RWE war aber als reiner Stromlieferant eher dem Verdacht ausgesetzt, seine Strompreise gezielt gegen die städtischen Gaswerke auszurichten und es kam noch der Umstand hinzu, dass die undurchsichtige Preisbildung und unübersichtliche Vielfalt an Tarifformen, die in der Energiewirtschaft insgesamt vorherrschte, mittlerweile selbst die Versorgungsunternehmen überforderte und der dadurch gegebene Informationsmangel einen reicher Nährboden für Misstrauen abgab.

Die wachsende Unzufriedenheit unter den Kommunalpolitikern und die sich häufenden Fälle von Vertragsschwierigkeiten mit dem Stromkonzern brachten Terboven dazu, sich in die Angelegenheit einzuschalten. Er veranlasste im November 1937 eine Besprechung zur Klärung der schwebenden Fragen, an der neben Vögler und dem Essener Oberbürgermeister Just Dillgardt auch die beiden Landeshauptmänner Karl Friedrich Kolbow und Heinrich Haake teilnahmen. Haake hatte inzwischen die Leitung der kommunalen Aktionäre des RWE übernommen und war somit gleichzeitig zum stellvertretenden Aufsichtsratsvorsitzenden aufgerückt. Vögler legte bei dieser Gelegenheit Wert auf die Feststellung, dass die Mehrheit der Gemeinden sich beim RWE „sehr wohl“ fühle und es eine überschaubare Anzahl von Konzessionsgebern sei, die gegen den Konzern ankämpfe.[205] Man verständigte sich darauf, eine Kommission mit der Untersuchung der Streitfälle zu beauftragen und darüber hinaus eine „Schlichtungsstelle“ bei der Kommunalen Aufnahmegruppe einzurichten, an die sich die Gemeindeleiter in Zukunft wenden sollten, wenn sich weitere Streitigkeiten mit dem RWE ergäben.[206] Der Versuch, die zunehmende Unzufriedenheit unter den Städten und Gemeinden in der Kommunalen Aufnahmegruppe aufzufangen und zu kanalisieren, war eine Vorgehensweise, die von den kommunalen Aufsichtsratsmitgliedern in der Vergangenheit wiederholt angewandt worden war.

In der ersten Sitzung der neu eingerichteten Schlichtungsstelle, die im Januar 1938 unter dem Vorsitz von Heinrich Haake, der mittlerweile zusätzlich die Dienststelle des Deutschen Gemeindetages in Düsseldorf leitete, stattfand, einigten sich

---

204 Vgl. Döring: Bewegte Jahre, S. 103-104. Dazu auch die scharfsinnigen Ausführungen von Asriel: Rheinisch-Westfälisches Elektrizitätswerk, S. 109-118.

205 Vgl. Hahn an Dillgardt betr. RWE-Besprechung am 19.11.1937, in: HK RWE 787; Aktennotiz von Vögler über Besprechung betr. RWE-Fragen, 22.11.1937, in: Ebd.

206 Vgl. Vögler an Haake, 22.12.1937, in: HK RWE 787; Haake an kommunale Mitglieder der Aufnahmegruppe des RWE, 19.3.1938, in: Ebd.

die Kommunalvertreter darauf, die strittigen Fragen zunächst von Sachverständigen eingehend untersuchen zu lassen, bevor sie mit ihrem Stimmenanteil von 58 Prozent vom Konzernvorstand eine grundlegenden Änderung der Vertragspolitik einfordern würden.[207] Sie nahmen die neuen Vertragsverhandlungen der Stadt Bottrop zum Anlass, um von Sachverständigen ein detailliertes Gutachten über die Vertragsprobleme im RWE-Gebiet und die wirtschaftlichen Vor- und Nachteile der vertikalen Integration erstellen zu lassen. [208] Mit der Anfertigung des Gutachtens wurde der energiewirtschaftliche Berater der rheinischen Provinzverwaltung, Urban Nottebrock, beauftragt, der aus seiner langjährigen Tätigkeit als Direktor der Duisburger Stadtwerke Erfahrungen über die spezifischen Probleme mitbrachte, die im rheinisch-westfälischen Industriegebiet mit der hohen Konzentration von Industriekraftwerken zu berücksichtigen waren. Peter van Aubel, der als betriebswirtschaftlicher Berater des Deutschen Gemeindetages und Leiter der WIBERA über die Verhältnisse in anderen Versorgungsgebieten informiert war, sollte das notwendige Vergleichsmaterial beisteuern. Richard Fischer, der im Vorstand des Ostpreußenwerkes saß und zwei Jahre später die Leitung des Reichslastverteilers in Berlin übernehmen sollte, wurde als dritter Sachverständiger berufen. Es handelte sich um ausgewiesene Fachleute auf dem Gebiet der Stromwirtschaft, die mit ihrem Abschlussbericht einen aufschlussreichen Einblick in die Vertragsverhältnisse der westdeutschen Stromversorgung geben sollten.

Die Ergebnisse, die von den Sachverständigen im November 1938 vorgelegt wurden, verdienen in diesem Kontext eine nähere Betrachtung, denn sie verglichen die spezifischen Verhältnisse beim RWE mit der Situation in anderen Versorgungsgebieten. Die Lieferbedingungen, die der Stromkonzern seinen kommunalen Verteilerwerken abforderte, sahen demnach tatsächlich größere Einschränkungen für die Stadtwerke vor. Es handelte sich dabei nicht allein um die vergleichsweise ungünstigen Einkaufspreise, die der Konzern seinen Zwischenverteilern in Rechnung stellte, sondern um das starre Festhalten an einigen Klauseln des alten Liefervertrages. Es gab im gesamten Deutschen Reich keinen anderen Energielieferanten, der von den Stadtwerken verlangte, dass sie die Großabnehmer, die einen Jahresverbrauch von mehr als 50.000 KWh erreichten, für die unmittelbare Belieferung freigeben sollten, und bei den Verhandlungen neuer Konzessionsverträge ausnahmslos die örtlichen Verteilernetze aufzukaufen versuchte.[209] Die entscheidende Frage, die sich

---

207 Über die Ernennung Haakes zum Leiter der rheinischen Dienststelle des DGT siehe Zeitler (DGT) an Haake, 22.12.1937, in: LA Düsseldorf RW 50-53 Nr. 102; Jeserich an Haake, 19.4.1938, in: Ebd. Für die Entwicklung der kommunalen Beteiligung am RWE in den 1930er Jahren vgl. Hahn: Beziehungen der Stadt Essen, S. 13.

208 Vgl. Sitzung der Schlichtungsstelle im Landhaus zu Düsseldorf, 25.3.1938, in: LA Berlin Rep. 142-07-4.3.1. Nr. 86. An der Sitzung nahmen ausschließlich die kommunalen Vertreter des Aufsichtsratspräsidiums teil.

209 Vgl. Gutachten der Schlichtungsstelle, 11. 1938, S. 51, in: StA Essen Rep. 102 Nr. 1280.

in diesem Zusammenhang stellte, war, ob die vertikale Integration – wie vom Vorstand immer wieder betont wurde – vorteilhaft in dem Sinne war, dass dem Verbraucher dadurch ein preiswerteres Angebot gemacht werden konnte. Die Sachverständigen kamen zu dem Ergebnis, dass in der Stromverteilung in der Tat erhebliche Preisvorteile erzielt werden konnten, wenn die Stromlieferung unmittelbar und ohne Zwischenverteiler erfolgte. Die Verteilungsanlagen – Zähler, Schalter, Leitungen und Transformatoren – konnten dadurch kostengünstiger gestaltet und darüber hinaus Transaktionskosten eingespart werden, die beim Aushandeln und Durchführen der Stromlieferung bis zum Endkunden entstanden.[210] Sie lieferten damit Beweismaterial für die Behauptung, dass in der Elektrizitätswirtschaft von einem natürlichen Leitungsmonopol auszugehen war. Das führte konsequenterweise zu der Empfehlung, dass die Stadtwerke jene Stromabnehmer, die sie aufgrund fehlender Kraftwerkskapazitäten nicht mit Strom beliefern konnten, an einen anderen Energielieferanten freigeben sollten.

Die Sachverständigen verwiesen in diesem Zusammenhang auf § 67 der Deutschen Gemeindeordnung, wonach sich Städte und Gemeinden nur dann wirtschaftlich betätigen sollten, wenn die Leistung von einem anderen Unternehmen „nicht besser und wirtschaftlicher" erbracht werden konnte.[211] Dieser Grundsatz verlangte von einem Stadtwerk, das keine konkurrenzfähige Stromerzeugungsanlagen unterhielt, sich nicht an das örtliche Verteilungsmonopol zu klammern, um mit überhöhten Preisforderungen die Anlagen weiterhin in Betrieb zu halten. Das Gutachten, das einen kritischen Blick auf die kommunalen Regiebetriebe warf, kam allerdings nicht zu dem Ergebnis, dass ein Konzern wie das RWE in jedem Fall als der günstigere Stromanbieter zu betrachten sei. Anders als der Konzernvorstand schlossen die Sachverständigen nicht aus, dass städtische Elektrizitätswerke in günstig gelegenen Fällen mit innovativen Verfahren, wie etwa dem Heizkraftwerk, das vom wärmewirtschaftlichen Standpunkt aus betrachtet wesentlich effizienter arbeitete als die Großkraftanlagen, durchaus preisgünstigeren Strom anbieten konnten.[212] Außerdem waren die Kostenvorteile der vertikalen Integration nicht unbegrenzt, sondern mussten in Relation zu den konzerninternen Verwaltungskosten und anderen finanziellen Aufwendungen gesehen werden.[213] Arthur Koepchen und die im Aufsichtsratspräsidium sitzenden Ruhrindustriellen hatten sich darauf versteift, die

210 Vgl. Ebd., S. 54-55.

211 Vgl. Ebd., S. 56. Siehe § 67 der Deutschen Gemeindeordnung von 1935, in: Görner: Ordnung der deutschen Elektrizitätswirtschaft, S. 103.

212 Vgl. Schulz, E.: Ungelöste Aufgaben der öffentlichen Energiewirtschaft, in: AfWD 14 (1933), S. 112-116.

213 Vgl. Gutachten der Schlichtungsstelle, 11. 1938, S. 55, in: StA Essen Rep. 102 Nr. 1280. Die Argumentation der Sachverständigen entspricht den Annahmen der Transaktionskostenökonomik vom abnehmenden Grenzertrag der Internalisierung von Transaktionen bei zunehmender Unternehmensgröße. Vgl. Williamson: Institutionen des Kapitalismus, S. 150-185.

Städte und Gemeinden nur noch als Konzessionsgeber zu betrachten und die Errichtung eines Stadtwerkes grundsätzlich als falsch abzulehnen.[214] Die Entschlossenheit, mit der der Konzernvorstand bei Ablauf des alten Konzessionsvertrages zu verhindern versuchte, dass die Lieferrechte an die Konkurrenz vergeben wurden, reduzierte unweigerlich die Preisvorteile der vertikalen Integration, denn sie nahmen dafür bereitwillig kostspielige Gerichtsverhandlungen in Kauf oder versuchten die Gemeindeverwaltung den Verbleib beim Konzern einfach durch zusätzliche Konzessionsabgaben und Finanzzuschläge schmackhaft zu machen.[215]

3.2.2 Der Wandel der kommunalen Selbstverwaltung in der Stromwirtschaft

Die Auseinandersetzung zwischen den kommunalen Aktionären und dem Konzernvorstand fand vor dem Hintergrund der Standardisierung des Tarifwesens statt, die von der Wirtschaftsgruppe Elektrizitätsversorgung vorbereitet wurde. Als Ende der 1930er Jahre die ersten konkreten Maßnahmen zur Reform des Tarifwesens erfolgten, wurde beim RWE die grundsätzliche Entscheidung über eine Änderung der Vertragspolitik gegenüber den kommunalen Verteilerwerken vorerst zurückgestellt.[216] Die Vereinheitlichung der Tarifformen war in den Fachkreisen der deutschen Elektrizitätswirtschaft seit den späten 1920er Jahren diskutiert worden, wobei sich die Sachverständigen vermehrt für den Grundpreistarif aussprachen.[217] Der Tarifausschuss bei der Wirtschaftsgruppe Elektrizitätswirtschaft konnte also auf die verbandsinterne Expertise zurückgreifen, die bereits vor der „Machtergreifung" erstellt worden war. Der Spitzenverband der Elektrizitätswerke hatte 1928, in der Hoffnung, dass sich unter den Mitgliedern auf freiwilliger Basis eine einheitliche Tarifform herausbilden würde, erstmals Richtlinien für die Gestaltung der Grundpreistarife herausgegeben.[218] Nach 1933 war der so genannte Mustertarif dann von der Wirtschaftsgruppe weiterhin zur Einführung empfohlen worden – mit dem Ergebnis, dass die meisten Elektrizitätswerke ihren Kleinkonsumenten den Grundpreistarif anboten. Im Jahr 1937 hatten 88,2 Prozent der angeschlossenen Haushalte

214 Vgl. Koepchens Stellungnahme zum Gutachten, 3.6.1939, in: HK RWE 787.

215 Der Konzernvorstand lehnte bezeichnenderweise eine Beschränkung von Konzessionsabgaben ab, da er seinen Verhandlungsspielraum gegenüber den Konzessionsgebern dadurch eingeengt sah. Siehe die Stellungnahme zur Reform der Konzessionsabgaben, 22.9.1952, in: BA B 102/35738.

216 Vgl. Koepchens Stellungnahme zum Gutachten, 3.6.1939, in: HK RWE 787.

217 Vgl. Enquete-Ausschuss: Die deutsche Elektrizitätswirtschaft, S. 56-59.

218 Vgl. Bericht über die gemeinsame Hauptversammlung der VDEW (Deutschland) und des Verbandes der Elektrizitätswerke (Österreich), in: ETZ 49 (1928), S. 1117.

die Möglichkeit, zum Grundpreistarif zu wechseln, und 57,2 Prozent der Haushaltabnehmer hatten sich bereits für das Angebot entschieden.[219]

Es gab demnach unter den Stromanbietern eine *best practice* hinsichtlich der Gestaltung der Kleinabnehmerpreise, noch bevor der Reichskommissar für Preisbildung im Juli 1938 genau diese Tarifform für alle Versorgungsbetriebe für verbindlich erklärte.[220] Die Anordnung des Preiskommissars war eine lehrbuchartige Intervention, wie sie von den Ordoliberalen vertreten wurde, denn sie sorgte dafür, dass sich der Vereinheitlichungstrend auch gegen die Sonderinteressen durchsetzte.[221] Der Vorstand des RWE lehnte bis zuletzt eine Umgestaltung der Kleinabnehmertarife kategorisch ab und trat für die Beibehaltung des alten Zählertarifes ein. Koepchen behauptete noch im Vorfeld der allgemeinen Tarifumgestaltung, „dass das RWE alles, was in seinen Kräften steht, tun wird, um im Interesse seiner Abnehmer diese Tarifform abzuwenden". Nach seiner Auffassung waren die Strompreise des Konzerns, die einen Vergleich mit den Tarifen vieler städtischer Elektrizitätswerke nicht zu scheuen brauchten, ein hinreichender Beleg dafür, dass der Konzern seine „Anstandspflicht" gegenüber den Kleinabnehmern eingehalten hatte.[222] Bei einer näheren Betrachtung wird allerdings deutlich, dass der eigentliche Grund für die ablehnende Haltung eher auf den Umstand zurückzuführen ist, dass der Zählertarif eine wesentlich flexiblere Gestaltung der Strompreise erlaubte.

Die Möglichkeit, den Strom je nach Verwendungsart und Abnehmergruppe getrennt über einen Zähler zu verrechnen, war eine wichtige Voraussetzung für die Absatzstrategie des RWE. Der Konzern konnte damit relativ treffsicher für die Nutzung von Elektrowärme werben, Preissenkungen für bestimmte Zielgruppen durchführen und die Verbrauchersteuer, die er für seine Konzessionsgeber erhob, auf die Abnehmer mit der geringsten Nachfrageelastizität abwälzen.[223] Der Grundpreistarif gliederte den Strompreis dagegen in einen Arbeitspreis, der unabhängig vom Verwendungszweck für die verbrauchte Strommenge zu zahlen war, und einen Grundpreis, der für die Anschlusskosten an das öffentliche Stromnetz in Rechnung gestellt wurde.[224] Da sich der Konzernvorstand im Unterschied zu anderen Elektrizitätswer-

219 Wirtschaftsvereinigung Elektrizitätsversorgung, Elektrizitätswirtschaft im Deutschen Reich, Berlin 1937, S. 103.

220 Vgl. Tarifordnung für elektrische Energie, in: RGBl. 1938, Teil I, S. 915-918.

221 Vgl. Amemiya: Neuer Liberalismus und Faschismus, S. 176-181. Die Umstellung der Tarife zog sich über mehrere Jahre, so dass das RWE den Grundpreistarif erst im Oktober 1940 einführte. Vgl. Durchführungsverordnung, in: RGBl. Teil I, 918-919; Buderath: Strom im Markt, Bd. 2, S. 344.

222 Vgl. Koepchen: Aufgaben der deutschen Elektrizitätswirtschaft, S. 16.

223 Für eine ausführliche Begründung der Ablehnung des Grundpreistarif vgl. RWE an Wirtschaftsgruppe Elektrizitätsversorgung, 4.10.1937, in: HK RWE 1254/I.

224 Die Einheitstarifform bildete keinen Einheitspreis, das heißt, die Stromanbieter konnten weiterhin mit dem Grundpreistarif für den Wärmestrom werben, indem sie den Grundpreis variierten.

ken nicht bereit erklärte, den Grundpreistarif freiwillig einzuführen, musste er nach dem Erlass der Tarifordnung einen erheblichen Aufwand leisten, um die staatliche Anordnung umzusetzen. Die kommunalen Aktionäre unter der Leitung von Heinrich Haake verzichteten deshalb vorläufig darauf, eine Entscheidung hinsichtlich der Einführung eines Großliefervertrages für die Verteilerwerke zu treffen.[225] Denn die Tarifreform wirkte sich auch auf diese Auseinandersetzung aus, zumal der Stromkonzern seine Großeinkaufspreise nun nicht mehr mit der Bedingung verknüpfen konnte, dass die Stromverteiler seine Tarife übernehmen mussten, wenn sie in den Genuss von Preisvergünstigungen kommen wollten.[226]

Der Staat setzte im Laufe der nächsten Jahre eine Reihe weiterer Maßnahmen durch, die als Bestandteil einer konsumorientierten Elektrizitätspolitik gesehen werden können. Sie hatten zur Folge, dass die Stadtverwaltungen ihre herkömmliche Funktion, den Kleinkonsum gegenüber dem Liefermonopol der Elektrizitätswerke zu vertreten, an die staatlichen Behörden abtreten mussten. Die Städte und Gemeinden behielten zwar das Recht, sich in der Energieversorgung wirtschaftlich zu betätigen, doch galten für die Regiebetriebe fortan die gleichen Rahmenbedingungen, wie für die großen Versorgungsunternehmen. Dazu gehörte nicht nur die Einführung des Grundpreistarifes, sondern auch die Einhaltung der allgemeinen Lieferbedingungen aus dem Niederspannungsnetz, die Albert Speer 1942 erließ.[227] Damit wurden Leistungsstandards festgelegt, die bislang von der Stadtverwaltung bei den Konzessionsverhandlungen mit den Elektrizitätswerken ausgehandelt worden waren und die nunmehr von allen Stromanbietern – wenngleich nicht während der Kriegswirtschaft – bei der Belieferung der Kleinabnehmer eingehalten werden mussten.[228] Die Auswirkungen dieser Bestimmungen kamen in diesen Jahren allerdings nur teilweise zum Tragen.

Die Maßnahmen des Preiskommissars, der es sich zur Aufgabe gemacht hatte, die Strompreise von den Zugriffen der Stadtkämmerer zu befreien, zeigten dagegen

Für eine detaillierte Darstellung der allgemeinen Tarifordnung siehe EW 37 (1938), S. 555-557. Für die Kleinstabnehmer wurde ein gesonderter Tarif mit niedrigem Grundpreis vorgeschrieben.

225 Die Diskussion um den Großliefervertrag, das heißt, die Aufhebung der Höchstgrenze von 50.000 KWh wurde in den 1950er Jahren wieder aufgegriffen und die kommunalen Vertreter im Aufsichtsratspräsidium setzten sich durch. Vgl. Buderath: Strom im Markt, Bd. 2, S. 465-466.

226 Vgl. Sitzung der RWE-Tarifkommission, 24.9.1940, in: HK RWE 787; Koepchen an Landrat von Borries, 13.12.1940, in: Ebd; Sitzung der RWE-Tarifkommission, 9.1.1941, in: Ebd; Rheinische Dienststelle des DGT an A-Vertragsgemeinden im RWE-Gebiet, 15.3.1941, in: LA Düsseldorf RW 50-53 Nr. 526; Kottenberg an Haake, 20.5.1942, in: LA Düsseldorf RW 50-53 Nr. 527.

227 Vgl. Allgemeine Bedingungen für die Versorgung mit elektrischer Arbeit aus dem Niederspannungsnetz, in: EW 41 (1942), S. 116-119.

228 Während des Krieges wurde die Verpflichtung der Betriebe, eine sichere Stromversorgung für die Tarifabnehmer bereitzustellen, aufgehoben. Vgl. GIWE betr. Einschränkungen im Strom- und Gasverbrauch der Haushaltungen, 18.2.1943, in: LA Berlin Rep. 142-07-4.2.1. Nr. 68.

eine unmittelbare Wirkung. Seine Bestrebungen mündeten in eine Reform des tradierten Kommunalabgabewesens von 1893, was für die Städte und Gemeinden eine weitere Einschränkung ihrer finanziellen Handlungsfreiheit bedeutete. Die Verordnung über die Zulässigkeit von Konzessionsabgaben von März 1941 legte bestimmte Höchstsätze fest, die Elektrizitätswerke bei den Vertragsverhandlungen mit den Stadtverwaltungen berücksichtigen mussten und die auch nur unter der Voraussetzung abgeführt werden durften, dass das Versorgungsunternehmen einen Reingewinn von mindestens vier Prozent erzielte.[229] Die Finanzzuschläge wurden bei dieser Gelegenheit vollständig untersagt. Der Preiskommissar zog sogar die Möglichkeit eines generellen Kahlschlags der Konzessionsabgaben – wie bei den kleinen Gemeinden mit unter 3.000 Einwohnern geschehen – in Erwägung und betrachtete die Neuregelung in ihrer bestehenden Form nur als eine Kompromisslösung, die aus Rücksicht auf die kriegswirtschaftliche Belastung der größeren Städte und Gemeinden getroffen wurde.[230] Beim Vorstand des RWE stießen die Maßnahmen des Preiskommissars keineswegs auf Begeisterung, zumal nicht erwartet werden konnte, dass die Senkung der Strompreise unmittelbar zu einem Anstieg der Stromnachfrage der Kleinkonsumenten führen würde. Die distanzierte Haltung zu der Reform des Abgabewesens lag aber auch darin begründet, dass sie den Verhandlungsspielraum gegenüber den Gemeindeverwaltungen erheblich einschränkte.[231] Es war nun nicht mehr möglich, den Kampf um die letzte Lampe mit den gleichen Mitteln fortzusetzen, wie es in den vergangenen Jahrzehnten praktiziert worden war. Der Vorstand konnte beim Aushandeln der Konzessionsrechte nicht mehr einfach zusätzliche finanzielle Abgaben anbieten und die Tarifabnehmer mit den spezifischen Kosten belasten, die durch diese Vertragspolitik entstanden.

Die Standardisierung der Tarifform und der Lieferbedingungen sowie die Neuregelung des Konzessionswesens bildeten zentrale Elemente eines institutionellen Wandels, der die Position der Kleinverbraucher gegenüber den Elektrizitätswerken stärkte. Er führte außerdem dazu, dass der Kostenaufwand für die Stromversorgung reduziert wurde. Nach Bernhard Wehberg, der beim RWE für die Umstellung des Tarifswesens zuständig war, bestand der wesentliche „Vorteil des Grundpreistarifes" darin, dass „Licht-, Kraft- und Wärmestrom über einen Zähler" gemessen und abgerechnet werden konnten.[232] Ein Haushalt, in dem die Wohnungsräume nicht

229 Vgl. Verordnung über die Zulässigkeit von Konzessionsabgaben, 4.3.1941, in: RAnz. 1941, Nr 57. Zu der Kommunalabgabereform von 1893 vgl. Krabbe: Stadt im 19. und 20. Jahrhundert, S. 157-158.

230 Vgl. dazu Breitfeld, A.: Zur Neuregelung der Konzessionsabgaben der Versorgungsunternehmen, in: EW 40 (1941), S. 204-207, 220-224.

231 Vgl. dazu die grundlegenden Überlegungen des Konzernvorstandes über die Bedeutung des Wegerechts und der Konzessionsabgaben, 14.4.1948, in: HK RWE 10704.

232 Vgl. Stellungnahme Wehbergs, 24.9.1940, in: HK RWE 787. Dazu auch Enquete-Ausschuss, Die Deutsche Elektrizitätswirtschaft, S. 313.

nur zum Wohnen genutzt wurden, sondern auch für gewerbliche Zwecke, brauchte demnach nur noch die Kosten für einen Stromkreise mit einem Zähler zu bezahlen, an dem Lampen, Motoren und Wärmegeräte angeschlossen werden konnten. Ein Lichtstromverbraucher, der zusätzlich einen Elektromotor aufstellen wollte oder sich einen Elektroherd zulegte, musste fortan keinen neuen Liefervertrag mit dem Elektrizitätswerk abschließen. Der standardisierte Liefervertrag reduzierte also nicht nur die Installationskosten, sondern senkte darüber hinaus auch die Transaktionskosten. Diese Form der Flurbereinigung, die sich im Hausflur der Stromabnehmer abspielte und von der auch Stromkonzerne wie das RWE nicht verschont blieben, ist in der Forschungsliteratur, in der die Flurbereinigung mit Bezug auf die zeitgenössischen Debatte primär auf das Zurückdrängen der Stadtwerke behandelt wird, übersehen worden.[233]

Die Tatsache, dass auch das RWE überzeugt werden musste, den alten Zählertarif abzuschaffen, verdeutlicht noch einmal, dass die Absatzstrategie des Konzerns nicht zwangsläufig darauf abzielte, die Tarifabnehmer so billig wie möglich mit elektrischer Energie zu beliefern. Der Strompreis war aufgrund der Skaleneffekte, die mit den Großkraftwerken erzielt werden konnten, zwar immer noch günstiger als der vieler Stadtwerke, doch diese Feststellung wird relativiert durch den Umstand, dass der Konzern 1934 erstmals nach zehn Jahren wieder den Strompreis für Kleinlicht- und Kleinkraft senkte und selbst danach nicht bereit war, seinen Tarifabnehmern einen Grundpreistarif anzubieten. Wenn der Vorstand an diese Strategie festhielt, so lag das vor allem auch darin begründet, dass die kommunalen Aufsichtsratsmitglieder diese Tarifpolitik befürworteten. Das schloss nicht aus, dass sie im Laufe der 1930er Jahre die Belastung des Strompreises durch kommunale Abgaben allmählich abzubauen versuchten. Die neuere Forschung über die Entwicklung der kommunalen Finanzen kommt zu dem Ergebnis, dass der wirtschaftliche Aufschwung, der Rückgang der Arbeitslosigkeit, die Maßnahmen zur Umschuldung der kommunalen Verbindlichkeiten und die Steuerreform von 1936 dazu führten, dass die Gemeindefinanzen vor Kriegsbeginn wieder konsolidiert waren.[234] Ein Blick auf die Einnahmen der Städte und Gemeinden zeigt, dass die Überschüsse, die von den Versorgungsbetrieben an die kommunalen Haushalte überwiesen wurden, rückläufig waren. Auch die Einführung des Kriegsbetrages der Kommunen änderte wenig an der Tatsache, dass die Einkünfte, die der Stadtkämmerer aus der Elektrizitätsversorgung verbuchte, weiter zusammenschrumpften.[235] Die Kommunalabgabeverord-

233 Vgl. Matzerath: Nationalsozialismus und kommunale Selbstverwaltung, S. 418; Hellige: Entstehungsbedingungen und Langzeitwirkungen, S. 126-138; Stier: Staat und Strom, S. 461-470.

234 Vgl. Petzina: Kommunale Handlungsspielräume und kommunale Finanzen, S. 173-174.

235 Vgl. Länderrat (Hrsg.): Statistisches Handbuch von Deutschland, München 1949, S. 544. Zur Bedeutung des Kriegsbeitrages und anderer Eingriffe des Reiches in die Gemeindefinanzen während des Krieges vgl. Matzerath: Nationalsozialismus und kommunale Selbstverwaltung, S. 354-368.

nung von 1941 war insofern kein radikaler Einschnitt, sondern setzte eine parallel zum wirtschaftlichen Aufschwung stattfindende Entwicklung weiter fort. Die Einschränkung der Konzessionsabgaben und der Abbau der Finanzzuschläge müssen an dieser Stelle allerdings auch vor dem Hintergrund der allgemeinen Steuergesetzgebung gesehen werden. Ab 1934 mussten erstmals auch die Versorgungsbetriebe eine Körperschaftssteuer an das Reich abführen, die vollständig im Besitz der Gebietskörperschaften lagen und die im Unterschied zu den gemischtwirtschaftlichen Unternehmen bis dahin von diesen Abgaben befreit gewesen waren. Die Körperschaftssteuer für Elektrizitätswerke stieg kontinuierlich an und erreichte 1938 bereits 18 Prozent.[236]

Die Konsumenten, die bereits Strom aus dem Niederspannungsnetz bezogen und über bestimmte Elektrogeräte verfügten, kamen während der nationalsozialistischen Herrschaft in den Genuss einer kontinuierlichen Preissenkung, die sie aus der Weimarer Zeit so nicht kannten. Diese Behauptung wird bestätigt durch eine Untersuchung über die Entwicklung des Strompreises für Tarifabnehmer von 1928 bis 1937, die von der Wirtschaftsgruppe Elektrizitätsversorgung durchgeführt und veröffentlicht wurde.[237] Die Erhebung basierte auf einer Umfrage unter den Versorgungsbetrieben, die für die Belieferung von insgesamt 70 Prozent der an das öffentliche Stromnetz angeschlossenen Haushalte verantwortlich waren. Demnach zahlte ein Lichtstromabnehmer, der im Jahr 60 KWh verbrauchte, im Dezember 1937 für die gleiche Strommenge einen um zwölf Prozent günstigeren Tarif als neun Jahre zuvor. Der Preis für Lichtstrom ist ein zuverlässiger Indikator für die Preisentwicklung, der nicht zu Fehleinschätzungen verleitet, da die Lichtstromabnehmer aufgrund der niedrigen Benutzungsdauer des Anschlusses und der geringen Preiselastizität in der Regel den höchsten Tarif zahlten. Für Haushalte, die neben elektrischen Lampen zusätzlich noch ein Rundfunkgerät besaßen, war der Strompreis seit 1928 um 18,5 Prozent gesunken und für Wärmestromabnehmer sogar um bis zu 40 Prozent. Es handelte sich hierbei um Angebote der Elektrizitätswerke, die nicht unbedingt das tatsächliche Konsumverhalten der Haushalte widerspiegeln, denn der Strompreis

236 Die Körperschaftssteuer wirkte sich auf alle Stromabnehmer gleichmäßig aus, da sie nach den bilanzmäßig ausgewiesenen Gewinnen berechnet wurde. Im Unterschied zu den Konzessionsabgaben kannte sie keine Differenzierung nach Tarif- und Sonderabnehmer sowie Größe der Gemeinde. Bis zum Finanzausgleichgesetz von 1938 überwies das Reich den Kommunen die Beiträge aus der Körperschaftssteuer ihrer Versorgungsbetriebe zurück. Die gemischtwirtschaftlichen Elektrizitätswerke waren steuerrechtlich seit der Erzbergerschen Steuerreform den privaten Unternehmen gleichgestellt. Vgl. WEV, Elektrizitätswirtschaft im Deutschen Reich, Berlin 1938, S. 130. Wirtschaftsvereinigung Elektrizitätsversorgung, Elektrizitätswirtschaft im Deutschen Reich, Berlin 1939/40, S. 61.

237 Rennwagen, W.: Die Entwicklung des Strompreises für den Haushaltabnehmer, in: EW 37 (1938), S. 542-546.

war nur eine Variable von mehreren, die das Entscheidungsverhalten der Verbraucher bestimmten.

Die Strompreise müssen vor dem Hintergrund der Entwicklung der gesamten Lebenshaltungskosten betrachtet werden. Die Senkung der Strompreise, die aus den geschilderten wirtschaftspolitischen Maßnahmen resultierte, bestätigt daher eher die Ergebnisse der neueren Forschung über die Entwicklung des Lebensstandards in den 1930er Jahren. Die Kosten für Heizung und Beleuchtung, die gerade einmal fünf Prozent der gesamten Lebenshaltungskosten ausmachten, waren im Unterschied zu anderen Bedarfsmitteln des alltäglichen Lebens wie Ernährung und Bekleidung bis 1938 rückläufig. Der Abwärtstrend der Strompreise setzte sich mit hoher Wahrscheinlichkeit auch in den darauf folgenden Jahren weiter fort.[238] Die Engpässe in der Stromversorgung, auf die die öffentlichen Stromanbieter ab Winter 1937/38 hinwiesen, stehen nicht im Widerspruch zu dieser Behauptung. Der Mechanismus, den der Staat mit den Elektrizitätswerken aushandelte, um das Knappheitsproblem zu lösen und Einschränkungsmaßnahmen vorübergehend zu vermeiden, wird im nächsten Abschnitt noch ausführlich zu besprechen sein.

Aus der Beobachtung, dass die Strompreise kontinuierlich fielen, kann aber nicht der Schluss gezogen werden, dass die relative Bedeutung der Elektrizität beim Energiekonsum der Privathaushalte gegenüber Gas und Hausbrand zunahm. Dafür wäre eine Technisierung der Haushalte erforderlich gewesen, die wiederum eine steigende Kaufkraft der Bevölkerung vorausgesetzt hätte, damit sich die Haushalte die entsprechenden Elektrogeräte überhaupt erst kaufen konnten.[239] Diese Voraussetzung war aber nicht gegeben. Der reale Netto-Wochenverdienst der Industriearbeiter stagnierte in den Jahren von 1932 bis 1938, während die Anschaffungskosten für Haushalts- und Küchengeräte im selben Zeitraum teilweise sogar anstiegen.[240] Der durchschnittliche Arbeiterhaushalt nutzte den Stromanschluss daher weiterhin hauptsächlich für die Beleuchtung der eigenen vier Wände, die zumindest bis Anfang der 1940er Jahre kontinuierlich kostengünstiger wurde, da die entsprechenden Stromtarife und auch die Preise der Glühlampen ununterbrochen sanken.[241]

Die Elektrowärme wurde von den Stromanbietern seit den späten 1920er Jahren zwar zu besonders günstigen Konditionen angeboten, doch die Nachfrage nach

238 Vgl. Steiner, A.: Zur Neueinschätzung des Lebenshaltungskostenindex für die Vorkriegszeit des Nationalsozialismus, in: JWG, 2005/2, S. 144-146.

239 Vgl. allgemein dazu Vogt, H.: Die Gerätesättigung im Haushalt. Eine erweiterte Marktanalyse für elektrische und Gasgeräte, Berlin 1940; König, W.: Geschichte der Konsumgesellschaft, Stuttgart 2004, S. 220-247.

240 Vgl. Steiner: Neueinschätzung, S. 148. Siehe dazu auch Hachtmann, R.: Lebenshaltungskosten und Reallöhne während des „Dritten Reiches", in: VSWG 75 (1988), S. 68-72. Spoerer: Demontage, S. 425-435. Zur Preisentwicklung der Haus- und Küchengeräte vgl. Stat. Jahrbuch für das Dt. Reich 57 (1938), S. 318.

241 Zur Preisentwicklung der Glühlampen vgl. Wirtschaft und Statistik 18 (1938), S. 526-527.

dieser Energieform war sowohl bei den Privathaushalten als auch den Betrieben des Kleingewerbes eher gering. Die Elektrizitätswerke stießen auf dem Wärmemarkt auf eine äußerst starke Konkurrenz, gegen die sie sich nur in seltenen Fällen tatsächlich durchsetzen konnten. Ein Blick auf die Absatzentwicklung der Haushaltsherde zeigt zum Beispiel, dass die Stromabnehmer, die sich einen Herd für die eigene Küche leisten konnten, häufig lieber einen Gasherd kauften und nicht selten sogar noch den Kohlenherd bevorzugten.[242] Die Mehrheit der privaten Haushalte beschäftigte sich erst gar nicht mit dem Streit, den die Gas- und Elektrizitätswerke untereinander austrugen, weil sie noch mit Kohle, Briketts oder Holz kochten und heizten. Es erscheint daher auch nicht überraschend, dass 1936 gerade einmal gut drei Prozent der an das öffentliche Netz angeschlossenen Haushalte den Strom für das Zubereiten von warmen Mahlzeiten nutzten. In Großbritannien, wo die Gasversorgung eine lange Tradition hatte und als starker Konkurrent gegen die Stromanbieter auftrat, verwendeten 1939 bereits 20 Prozent der Stromkunden elektrische Geräte für Kochzwecke, während in den Vereinigten Staaten etwa jeder zehnte Haushalt, der über einen Stromanschluss verfügte, elektrisch kochte.[243] Auch in den deutschen Bäckereien und Konditoreien blieb die Anwendung der Elektrowärme ungeachtet der kontinuierlich steigenden Anzahl von elektrischen Backöfen eher eine Seltenheit. Die Tatsache, dass 1936 noch gut 90 Prozent der Bäckerbetriebe ihre Öfen mit Steinkohle oder Braunkohlenbriketts und nahezu acht Prozent mit Holz befeuerten, macht deutlich, dass das Brot nach wie vor hauptsächlich im klassischen Kohlenbackofen gebacken wurde.[244]

Spätestens Ende der 1930er Jahre ließ das Interesse der Stromanbieter, den Elektrowärmekonsum der Haushalte und Gewerbebetriebe mit Werbekampagnen und Sondertarifen zu fördern, merklich nach, da sie sich ernsthafte Sorgen über die begrenzten Kraftwerkkapazitäten machten und die Sicherstellung der Stromversorgung der kriegswirtschaftlich wichtigen Rüstungsbetriebe in den Vordergrund rückte. Ab Februar 1943 wurden die Haushaltsabnehmer schließlich aufgefordert, ihren Stromverbrauch um zehn Prozent gegenüber dem Vorjahresverbrauch einzuschränken.[245] Die Sicherheit der Stromlieferung, eines der zentralen Qualitätsmerkmale, konnte nicht mehr gewährleistet werden. Der Umstand, dass die Tarifabnehmer im Unterschied zu einzelnen Industriebetrieben erst relativ spät mit Einschränkungsmaßnahmen konfrontiert wurden, lag nicht darin begründet, dass das NS-Regime

242 Vgl. Körfer: Taschenbuch für Energiewirtschaft, S. 217-218.

243 Vgl. Ebd., S. 217; König: Geschichte der Konsumgesellschaft, S. 236; Ditt, K.: Energiepolitik und Energiekonsum, in: AfS 46 (2006), S. 143.

244 Krecke, C./Seebauer, G.: Energieversorgung der gewerblichen Wirtschaft, in: Gesamtbericht Weltkraftkonferenz, Bd. 7, Berlin 1939, S. 132-133.

245 GIWE betr. Einschränkungen im Strom- und Gasverbrauch der Haushaltungen, 18.2.1943, in: LA Berlin Rep. 142-07-4.2.1. Nr. 68.

etwa versuchte, die Auswirkungen des Krieges möglichst lange von den Kleinkonsumenten fernzuhalten. Entscheidend für diese Zurückhaltung war vielmehr die geringe Bedeutung des Strombedarfs der Haushaltungen und des Kleingewerbes, der Anfang der 1940er Jahre zusammen nur knapp sieben Prozent des gesamten deutschen Stromverbrauchs ausmachte.[246] Der Aufwand, der für eine erfolgreiche Durchführung von Einsparmaßnahmen unter einer großen Anzahl von Konsumenten erforderlich war, stand in keinem Verhältnis zum möglichen Einsparungspotenzial. Im totalen Krieg bekam der Kampf um die letzte Lampe schließlich noch eine ganz andere Bedeutung. Während die großen Netzbetreiber weiterhin bestrebt waren, ihre Kontrolle über die Stromnetze zu erweitern, wetteiferten nun auch die privaten Haushalte um die letzten Lampen, die auf dem deutschen Glühbirnenmarkt noch angeboten wurden.[247]

3.3 Die Lenkung der Stromwirtschaft in der Kriegszeit

3.3.1 Die Einführung der Strompreissubventionierung

Im Laufe des Jahres 1937 kam es vermehrt zu Überlegungen, welche Maßnahmen zu treffen wären, um die öffentliche Elektrizitätsversorgung auf die Erfordernisse der Kriegswirtschaft einzustellen. Obwohl die Industriekraftwerke im Rahmen der rüstungswirtschaftlichen Investitionen frühzeitig massiv ausgebaut worden waren, erschien die Stromversorgung jener Rohstoffbetriebe, die über keine eigenen Kraftwerksanlagen verfügten, nicht gesichert, wenn nicht unmittelbar auch die Kapazitäten der öffentlichen Kraftwerke erweitert würden. Der erforderliche Neubau konnte mit dem steigenden Strombedarf jedoch kaum Schritt halten, da die Errichtung großer Wärmekraftwerke unter normalen Verhältnissen mindestens zwei Jahre in Anspruch nahm, das heißt, es musste eher eine längere Bauzeit veranschlagt werden, schon allein weil die Stahlproduzenten und die Bauwirtschaft bereits an ihre Kapazitätsgrenzen stießen.[248] Die Verzögerungen kamen in den verschiedenen Wirtschaftszweigen mit unterschiedlicher Intensität zum Tragen. Die chemische Industrie konnte ihre Investitionsvorhaben im Unterschied zu der Montanindustrie und den öffentlichen Elektrizitätswerken noch über mehrere Jahre vergleichsweise un-

246 Vgl. Länderrat: Statistisches Handbuch von Deutschland, S. 337.

247 Vgl. die Schilderung der Reaktionen der Bevölkerung auf Rationierung und Verkaufsverbot von Glühlampen, in Boberach, H. (Hrsg.): Meldungen aus dem Reich 1938-1945, Bd. 13, Herrsching 1984, S. 4979-4981.

248 Vgl. Ludwig: Technik und Ingenieure, S. 185-188; Tooze: Ökonomie der Zerstörung, S. 273-283.

gehindert fortsetzen.[249] Vor diesem Hintergrund werfen die Berichte, die nach dem Krieg von der amerikanischen Militärregierung erstellt wurden, einige Fragen auf. Die Verfasser des Strategic Bombing Survey kamen nach der Auswertung des statistischen Materials des Reichslastverteilers und der Interviews mit Schlüsselpersonen der Elektrizitätswirtschaft zu dem Ergebnis, dass frühestens im Herbst 1941 erstmals Stromeinschränkungen verordnet worden waren.[250] Dieser Befund legt den Schluss nahe, dass die meisten Stromabnehmer – vor allem die Kleinverbraucher – anfänglich kaum Notiz von der angespannten Lage nahmen, die in der Stromwirtschaft tatsächlich vorherrschte. Richard Fischer, der im September 1939 zum Leiter des Reichslastverteilers berufen wurde, berichtete rückblickend, dass die Stromversorgung trotz der sich abzeichnenden Engpässe über mehrere Jahre sichergestellt hätte werden können, denn es seien neben den Bemühungen um einen verstärkten Ausbau der Stromerzeugungsanlagen gleichzeitig die alten, bereits stillgelegten Kraftwerke wieder hochgefahren worden.[251]

Fischer erwähnte in seiner Darstellung nicht die Schwierigkeiten, die im Zusammenhang mit den bestehenden Vertragsbeziehungen zwischen den Unternehmen und der staatlichen Preisbindung entstanden. Bei den stillgelegten Kraftwerken handelte es sich um Anlagen, die mit einer veralteten Technik ausgestattet waren, so dass die Kosten der Stromerzeugung dementsprechend höher anzusetzen waren. Die öffentlichen Netzbetreiber ließen sich nicht, wie Fischer in seinen ideologisch gefärbten Ausführungen behauptete, von einem „Solidaritätsgefühl" leiten, wenn es um die Frage der Mehrkosten ging, die durch die Inbetriebnahme unrentabler Anlagen oder die Einspeisung von bislang ungenutztem Industriestrom entstanden. Die Preise konnten aber nicht ohne behördliche Genehmigung angehoben werden, nachdem im Oktober 1936 mit der Berufung des Reichskommissars für die Preisbildung eine generelle Preiskontrolle auch bei der Strombelieferung der Sonderabnehmer eingerichtet worden war. Die Schwierigkeiten bei den Verhandlungen mit den Netzbetreibern ließen daher wieder eine Diskussion über eine Neuordnung der Elektrizitätswirtschaft aufkommen. Dabei standen sich zwei konkurrierende Ordnungsansätze gegenüber. Carl Krecke der vom Amt für Roh- und Werkstoffe um konkrete Lösungsvorschläge gebeten wurde, empfahl die Einrichtung von zwölf Elektrizitätsbezirken, die deckungsgleich mit den bestehenden Gebietskartellen sein sollten. Sein Konzept wies unübersehbar Parallelen zu den ursprünglichen Plänen der AG für Deutsche Elektrizitätswirtschaft auf. Die großen Netzbetreiber sollten in

249 Vgl. Generalbevollmächtigte der chemischen Erzeugung an Speer, 8.1.1943, in: BA R 4604/492; Neubrunn, H.: The German Wartime Electricity Supply, London 1945, S. 32.

250 Vgl. USSBS: The Effects of Strategic Bombing on the German War Economy, o. O. 1945, S. 120. USSBS: Utiliteis Division, Rep. No. 21: RWE of Western Germany, o. O 1945, S. 24. Neubrunn: The German Wartime Electricity Supply, S. 20.

251 Vgl. Fischer, R.: Die deutsche Stromversorgung im Kriege, in: EW 43 (1944), S. 223.

ihren Gebieten die vertikale Integration weiter vorantreiben und gemeinsam eine Finanzierungsgesellschaft gründen, um den Ausbau der überregionalen Verbundleitung, die nach Kreckes Einschätzung 200 Millionen RM kostete, über den Kapitalmarkt zu finanzieren.[252] Der Staat sollte darauf achten, dass die Unternehmen die staatlichen Vorgaben auch umsetzten. Der zweite Vorschlag, der unter den Rüstungsplanern der Vierjahresplanbehörde Anhänger fand, sah die Gründung einer Reichssammelschiene AG vor, in der das Reich als größter Eigentümer die führende Position einnehmen sollte. Die „Energiepolitik mit Aktienpaketen" stand in der etatistischen Tradition, die bereits während des Ersten Weltkrieges prominente Befürworter gefunden hatte. Walther Rathenau und Georg Klingenberg, der damals die Kraftwerksbauabteilung der AEG leitete und zu den einflussreichsten Ingenieuren seines Fachgebietes gehörte, hatten sich damals für eine Beteiligung des Reiches am Ausbau von Großkraftwerken und Hochspannungsleitungen ausgesprochen.[253]

Diskussionen über mögliche Engpässe gab es erstmals im rheinischen Braunkohlengebiet, wo das RWE mit seinem prestigeträchtigen Goldenbergwerk mehrere stromintensive Rohstoffbetriebe belieferte.[254] Die Probleme beschränkten sich im Winter 1937/38 auf die Belieferung der AG für Stickstoffdünger in Knapsack und die Aluminiumproduktion des Erftwerks bei Grevenbroich, die beide keine eigenen Stromerzeugungsanlagen besaßen und deshalb auf die Fremdstrombelieferung angewiesen waren. Das Stickstoffwerk, das zum IG-Farbenkonzern gehörte, hatte zwar ursprünglich ein eigenes Kraftwerk betrieben, das von der in der Nähe liegenden Roddergrube mit Braunkohle beliefert worden war, doch seit 1929 lag der Betrieb der Anlage in den Händen des RWE, das sich vertraglich verpflichtet hatte, für die Stickstoffproduktion 85 MW bereitzustellen.[255] Im Laufe der 1930er Jahre führte

252 Vgl. Krecke, C.: Denkschrift über die deutsche bezirkliche und zwischenbezirkliche Elektrizitätsverbundwirtschaft (Deutsche Sammelschiene) nebst Finanzierungsplan, o. D., in: LA Berlin Rep. 142-07-4.2.2. Nr. 2. Für den Entstehungskontext der Denkschrift vgl. Aktenvermerk (DGT) über Besprechung mit Krecke, 12.8.1937, in: Ebd.

253 Rathenau formulierte 1911 den Vorschlag, die öffentliche Stromversorgung in ein Staatsmonopol zu überführen. Vgl. Rathenau, W.: Über ein Reichselektrizitätsmonopol, in: Ders.: Nachgelassene Schriften, Berlin 1928, S. 165-177; Klingenberg, G.: Elektrische Großwirtschaft unter staatlicher Mitwirkung, in: ETZ 37 (1916), S. 297ff.; Ders.: Die staatliche Elektrizitätsfürsorge, in: ETZ 40 (1919), S. 118ff; Siegel, G.: Der Staat und die Elektrizitätsversorgung, in: Preußische Jahrbücher 160 (1915), S. 423-451. Reichsleiter Fiehler charakterisierte diesen Ordnungsansatz später als „Energiepolitik mit Aktienpaketen". Vgl. Fiehler an Speer betr. Gestaltung der Energiewirtschaft, 23.5.1942, in: BA R 43 II 378a.

254 Aktennotiz über Entwicklung der Stromerzeugung und Stromabgabe des Goldenbergwerks ab 1929, 28.4.1936, in: HK RWE 10183.

255 Die Stromlieferung an das Stickstoffwerk war nicht Gegenstand des Generalvertrages, den RWE und IG-Farben 1934 abschlossen. Vgl. Vertrag zwischen RWE und AG für Stickstoffdünger,

der steigende Strombedarf für die Stickstoffproduktion dazu, dass die vertraglich vereinbarte Höchstleistung überschritten wurde und unbedingt Neuverhandlungen aufgenommen werden mussten, die im Unterschied zu den früheren Jahren nun aber unter dem wachsamen Auge des Preiskommissars zu führen waren. Eine ähnliche Sachlage bestand auch beim Erftwerk der Vereinigten Aluminium-Werke. Der reichseigene Aluminiumkonzern hatte während der Wirtschaftskrise gegenüber dem RWE Andeutungen gemacht, dass er die Produktion auf seine süddeutschen Betriebe verlagern wolle, wo das Reich mit der Innwerke AG eigene Wasserkraftanlagen unterhielt.[256] Das Erftwerk hatte sich deshalb um keine Verlängerung des Liefervertrages bemüht und sich mit dem RWE darauf verständigt, nur noch vorübergehend bis zur vollständigen Einstellung der Produktion bestimmte Strommengen kurzfristig und je nach Bedarf zu beziehen. Der Stromanbieter, der in der Regel mit seinen Großkunden nur langfristige Verträge abschloss, hatte sich während des konjunkturellen Einbruchs mit dieser Regelung einverstanden erklärt, zumal er in den Jahren der sinkenden Stromnachfrage nicht noch weitere Großabnehmer verlieren wollte. Nach der „Machtergreifung" und dem Anlauf der Rüstungskonjunktur ließ der Aluminiumproduzent seinen Plan, das Erftwerk stillzulegen, wieder fallen und erhöhte stattdessen den Strombezug vom Goldenbergwerk. Der Stromkonzern forderte vor diesem Hintergrund folgerichtig den Abschluss eines neuen Liefervertrages und sah sich nicht verpflichtet, das Aluminiumwerk weiterhin mit Strom zu versorgen, wenn es sich nicht bereit erklärte, die anfallenden Mehrkosten zu zahlen.[257] Da die Vertragspartner nach mehrjährigen Verhandlungen keine Einigung erzielen konnten, die Stromversorgung dieser Rüstungsbetriebe aus Sicht des Staates aber dringend eine Regelung bedurfte, rief das Reichswirtschaftsministerium im Februar 1938 die beteiligten Unternehmen schließlich zu einer Krisensitzung ein, um eine Lösung auszuhandeln. Ernst Henke stellte bei dieser Gelegenheit noch einmal klar, dass das RWE „keine Verpflichtung" habe, seine Sonderabnehmer über das vertraglich vereinbarte Maß hinaus mit Strom zu versorgen. Die Lieferung an die Stickstoff- und Aluminiumproduktion sei in den letzten Monaten nur deshalb nicht eingeschränkt worden, weil das Wirtschaftsministerium bereits im November 1937 nach §13 des Energiewirtschaftsgesetzes angeordnet habe, den von den Rüstungsbetrieben angeforderten Strom zu liefern. Henke verlangte nun eine Entschädigung für die Mehrkosten, die durch diese „außervertraglich Lieferungen" entstanden waren.

26.3.1929, in: HK RWE C1/60; RWE an Preiskommissar betr. Stromversorgung der AG für Stickstoffdünger, 30.1.1940, in: HK RWE 10184.

256 Vgl. Wirtschaftsvereinigung Elektrizitätsversorgung, Die Elektrizitätswirtschaft im Deutschen Reich, Berlin 1937, S. 480.

257 Vgl. Stromlieferungsverhältnis RWE/Erftwerk, 14.2.1938, in: HK RWE 10779; VAW an RWE, 17. 1.1938, in: Ebd; RWE an VAW, 22.1.1938, in: HK RWE 10184. Allgemein zur Produktionsentwicklung des Erftwerkes im Vergleich zu den anderen Betrieben der VAW vgl. Pohl, M.: VIAG AG 1923-1998. Vom Staatsunternehmen zum internationalen Konzern, München 1998, S. 165-172.

Mit dieser Regelung sollte gleichzeitig ein Verfahren festgelegt werden, das auch in zukünftigen Fällen angewandt werden konnte.[258]

Die Ereignisse im rheinischen Versorgungsgebiet verdeutlichen, wie die von Seiten der Kraftwerkbetreiber vorgebrachten Hinweise auf mögliche Engpässe zu verstehen sind. Der Mangel an Kraftwerkskapazitäten war bedingt durch die staatliche Preisbindung und die privatrechtlichen Gebietsabsprachen der Netzbetreiber. Sigfrid Heesemann, der im Reichswirtschaftsministerium als energiewirtschaftlicher Referent maßgeblich an den Verhandlungen mit den Stromanbietern beteiligt war, zeigte wohl deshalb auch kein Verständnis dafür, dass das RWE sich auf die Einschränkung der Stromlieferung kaprizierte, denn er hatte in Gesprächen mit Leitern mehrerer Stadtwerke und den süddeutschen Wasserkraftwerken in Erfahrung gebracht, dass „Leistung in Hülle und Fülle“ vorhanden war.[259] Seine Einschätzung war sicherlich nicht frei von Übertreibungen, doch die Behauptung, dass Ende 1937 keine Notwendigkeit für Stromkontingentierungen bestünde, da das RWE den erforderlichen Strom für die Rüstungsbetriebe notfalls von anderen Kraftwerkbetreibern beziehen konnte, traf einen zentralen Punkt.

Den Managern der Elektrizitätswerke fiel es allerdings sichtlich schwer, ihre Denkgewohnheiten zu ändern, die sie durch die langjährige Praxis mit Demarkationsgrenzen und dem eingeschränkten Blick auf das eigene Versorgungsgebiet entwickelt hatten. „Wir waren bisher beim RWE nicht gewohnt“, so formulierte es Arthur Koepchen, „sämtliche Betriebsmittel vollkommen ausgelastet zu fahren und keinerlei Reserven mehr für die auf die Dauer ganz unvermeidbaren Ausfälle an Betriebsmitteln zu haben, zumal wir jetzt wieder Anlagen in Betrieb nehmen mussten, die schon drei Jahrzehnte alt sind.“[260] Die Manager der Elektrizitätswerke – Koepchen war da keine Ausnahme – verfügten lieber über ausreichend eigene Reservekapazitäten, um einzelne Anlagen möglichst unabhängig von anderen Stromanbietern für Reparatur- und Überholungsarbeiten abstellen zu können. Sie machten ungern von der Möglichkeit Gebrauch, den Strombezug von den konkurrierenden Kraftwerksbetreibern zwischenzeitlich zu erhöhen, zumal kurzfristige Lieferabkommen nach ihrer Überzeugung keine ausreichende Sicherheit boten. Dieses Sicherheitsdenken war in der Elektrizitätswirtschaft weit verbreitet. Der Umstand, dass auch die Stromverbraucher eine sichere Stromversorgung forderten und die zuverlässige und störungsfreie Lieferung allgemein als ein Qualitätsmerkmal angesehen wurde, förderte diese Denkweise zusätzlich. Die Energiewirtschaft bewegte sich daher stets im Spannungsfeld zwischen der Forderung nach Sicherheit und kostengünstiger Produktion. Der Staat hatte beide Ziele zu wirtschaftspoliti-

---

258 Besprechung im Reichswirtschaftsministerium, 8.2.1938, in: HK RWE 10184.

259 Aktenvermerk betr. Einschränkung Stickstoff, 2.11.1937, in: HK RWE 10183.

260 Koepchen an Reichswirtschaftsministerium betr. Stromversorgung, 11.11.1937, in: HK RWE 10183.

schen Grundsätzen erhoben und im Energiewirtschaftsgesetz festgelegt, die „Energieversorgung so sicher und billig wie möglich zu gestalten".[261]

Die Leiter der Elektrizitätswerke wussten das Sicherheitsargument aber auch zu nutzen, um mit vorschnellen Hinweisen auf angebliche Energielücken eine Genehmigung für den Ausbau der eigenen Kraftwerksanlagen zu erwirken. Bei den Verhandlungen, die das RWE in diesen Jahren mit den Behörden führte, muss dieser Gesichtspunkt berücksichtigt werden. Der Stromkonzern wollte seine Braunkohlenkraftwerke erweitern und diese vor allem auch auf den neuesten technischen Stand bringen, da eine Reihe der Anlagen veraltet war. Das galt vor allem auch für das Goldenbergwerk, das mit einer Kapazität von über 500 MW zu den größten Kraftwerksanlagen Westeuropas gehörte. Doch die Kesselanlagen dieses Großkraftwerkes, die eine entscheidende Bedeutung für den Brennstoffverbrauch und den wärmewirtschaftlichen Wirkungsgrad hatten, waren so alt wie die Dampfkessel der Zechenkraftwerke im Ruhrgebiet. Die Turbinen wurden größtenteils mit Niedrigdruckdampf von 15 atü betrieben, während die von den Ruhrzechen aufgestellten Kesselanlagen zu 31 Prozent mit einem Dampfdruck über 20 atü arbeiteten.[262] Noch deutlicher war der Abstand zu den neueren Hochdruckanlagen. Nach den Berechnungen der Vereinigung der Großkesselbesitzer entfielen 1937 überhaupt nur noch 17,4 Prozent der Kesselanlagen, die von deutschen Unternehmen für unterschiedliche Einsatzzwecke neu bestellt wurden, auf den Druckbereich unter 25 atü. In der Chemieindustrie wurden die neuen Hochdruckanlagen in der Regel mit einem Frischdampf von mindestens 100 atü und teilweise sogar über 120 atü betrieben.[263] Das RWE musste seine Dampfkraftwerke also dringend technisch aufrüsten, wenn es gegen die industriellen Kraftwerkbetreiber erfolgreich konkurrieren wollte. Doch die Investitionsvorhaben, die der Konzern für seine Anlagen im rheinischen Braunkohlenrevier vorlegte, stießen bei den staatlichen Behörden auf wehrpolitische Bedenken, so dass er in diesem Gebiet – abgesehen von einzelnen Maschineneinheiten – bis Kriegsausbruch keine nennenswerte Leistung für die öffentliche Stromversorgung in Betrieb nehmen konnte.[264] Das neue Steinkohlenkraftwerk in Essen-

---

261 Vgl. Begründung zum Energiewirtschaftsgesetz, in: Wirtschaftsvereinigung Elektrizitätsversorgung, Die Elektrizitätswirtschaft im Deutschen Reich, Berlin 1937, S. 76.

262 Für die technischen Details über die Goldenberganlage siehe Vermerk des GIWE, 30.1.1942, in: BA R 4604/502. Für die Angaben über den technischen Stand der Zechenkraftwerke siehe Bergbau-Verein: Die Ruhrkohle in der deutschen Elektrizitätswirtschaft, Essen 1941, S. 9.

263 Vgl. Hencky, Entwicklungslinien im Bau von Kesselanlagen, S. 91.

264 Das RWE stellte 1937 beim Goldenbergwerk eine weitere 50 MW Turbine auf. Die Anlagen auf der Roddergrube wurden mit zwei 20 MW-Maschinen für die Brikettfabrikation erweitert, das Kraftwerk Frimmersdorf erhielt eine weitere 20-MW Anlage und das Fortuna-Kraftwerk wurde auf Hochdruck umgestellt. Vgl. Koepchen an Rohstoffamt, 21.9.1937, in: HK RWE 1133 I; Koepchen an Reichsgruppe der Energiewirtschaft, 6.1.1938, in: Ebd; Bericht auf der Aufsichtsratssitzung, 8.7.1939, in: HK RWE 6274.

Karnap, an dem 1937 die Bauarbeiten aufgenommen wurden, war das einzige Wärmekraftwerk des RWE, das in seiner technischen Ausstattung mit den neueren Hochdruckanlagen vergleichbar war.[265]

Nach Anordnung des Reichswirtschaftsministeriums musste der Stromkonzern ungeachtet der Schwierigkeiten, auf die er hinsichtlich seiner Investitionsvorhaben stieß, die Stromversorgung der Rüstungsbetriebe „auch über das vertraglich geregelte Maß hinaus" sicherstellen. Falls der Konzern tatsächlich nicht über ausreichende Kapazitäten verfügte, war er angewiesen, die erforderlichen Strommengen „von dritter Seite", das heißt, entweder von den industriellen Kraftwerksbetreibern oder aber von anderen öffentlichen Elektrizitätswerken zu beschaffen.[266] Die bestehenden Lieferverträge und die Gebietsabsprachen zwischen den Netzbetreibern wurden durch diese Verordnung zwar nicht generell aufgehoben, doch der Staat ließ keine Zweifel daran aufkommen, dass er notfalls gegen Unternehmen, die sich gegen seine Anordnung stellten und die Stromversorgung der Rüstungsbetriebe behinderten, vorgehen würde. Es kam in diesem Zusammenhang allerdings nur in seltenen Ausnahmefällen tatsächlich zu Zwangsmaßnahmen, was hauptsächlich an dem finanziellen Anreizmechanismus lag, den der Staat mit den beteiligten Unternehmen aushandelte. Fritz Ridderbusch, der beim Goldenbergwerk für die kaufmännische Leitung zuständig war, berichtete bereits im April 1938 aus einer Besprechung im Wirtschaftsministerium, dass man sich darauf verständigt habe, „weitere Auseinandersetzungen zwischen dem RWE und den strombegünstigten Rohstoffbetrieben" zu vermeiden, indem die „gesamten Mehrkosten auf das Reich" übertragen werden sollten.[267] Es dauerte dann auch nur wenige Monate, bis Ernst Henke an Vögler die „erfreuliche Nachricht" übermittelte, dass das Finanzministerium sein Einverständnis gegeben habe, dass die zusätzlichen Kosten, die durch staatliche Anordnungen „außervertraglich" entstünden, von der „Reichskasse übernommen" würden.[268]

Die Strompreise wurden also ab diesem Zeitpunkt vom Staat subventioniert, so dass es zu keiner Preiserhöhung für die Stromverbraucher kam, die Kraftwerkbetreiber gleichwohl aber einen finanziellen Anreiz hatten, auch die unrentablen Anlagen in Betrieb zu nehmen. Mit dieser Regelung konnte die Stromversorgung zumindest bis Oktober 1941 sichergestellt werden, ohne dass für einzelne Verbraucher Stromeinschränkungen verordnet werden mussten. Der durchschnittliche Strompreis für industrielle Großabnehmer stieg nach den Berechnungen des Statistischem

265 Vgl. Buderath: Strom im Markt, Bd. 1, S. 239-241.

266 Reichswirtschaftsministerium an Leiter der Reichsgruppe Energiewirtschaft und RWE betr. § 13 des EnWiG, 31.12.1937, in: HK RWE 10184. Siehe dazu auch die Erläuterungen im Rundschreiben der Reichsgruppe Energiewirtschaft, 11.1.1938, in: HK RWE 10779.

267 Vgl. Aktennotiz, 6.4.1938, in: HK RWE 10184.

268 Henke an Vögler, 26.7.1938, in: Ebd.

Reichsamtes von 1938 bis 1941 nur minimal von 3,9 Rpf/KWh auf gerade einmal 4 Rpf/KWh.[269] Der Reichslastverteiler, der im September 1939 wenige Tage nach Kriegsausbruch als neue Dienststelle beim Reichswirtschaftsministerium eingerichtet wurde und dafür zuständig war, die Fahrpläne der Kraftwerkbetreiber während des Krieges zu überwachen und notfalls für einzelne Abnehmer Stromsperren zu verhängen, führte die Strompreissubventionierung weiter fort, wie sie bereits ein Jahr zuvor mit dem RWE und den Rüstungsbetrieben im rheinischen Braunkohlengebiet ausgehandelt worden war.[270] Sigfrid Heesemann, der für die stellvertretende Leitung des Reichslastverteilers verantwortlich war, behauptete später nach dem Krieg in einem Interview mit den Amerikanern, dass die Lastverteilerorganisation über einen „Ausgleichsfonds" verfügt habe. Damit sei die Differenz zwischen dem öffentlichen Strompreis und den tatsächlichen Kosten der Stromerzeugung ausgeglichen worden, so dass die Stromanbieter „den Befehlen des Reichslastverteilers ohne Frage oder Argument Folge geleistet" hätten.[271] Es handelte sich also um keine „Zwangslieferungen", wie Koepchen die Anordnungen des Reichslastverteilers bezeichnete, denn der Konzern wurde für die außervertraglichen Lieferungen finanziell entschädigt.[272] Der Preiskommissar legte allerdings Wert auf eine genaue Prüfung der Preise und verlangte von den Stromanbietern, dass sie die abgeschlossenen Lieferverträge, die sie gerne als Betriebsgeheimnis hüteten, vorlegten und eine nachvollziehbare Kostenkalkulation einreichten, bevor er den staatliche Finanzzuschuss genehmigte.[273]

3.3.2 Die Wasserkraftpläne und Dampfkraftwirtschaft in der Ära Speer

Nachdem der Vorstand erkennen musste, dass die staatlichen Aufsichtsbehörden größere Investitionsvorhaben im rheinischen Braunkohlengebiet nicht genehmigen würden, drängte er verstärkt darauf, die Wasserkraftanlagen auszubauen. Der Konzern war seit Mitte der 1920er Jahre an der Erschließung der Wasserkraft für die Stromerzeugung interessiert und versuchte, weitere Nutzungsrechte an den diversen Wasserkräften in Süddeutschland und in den Alpen zu erlangen. In diesem

269 Vgl. Stat. Reichsamt: Die Elektrizitätswirtschaft 1933-42, in: BA R 3102/10985.

270 Vgl. Verordnung zur Sicherstellung der Elektrizitätsversorgung, 3.9.1939, in: RGBl. 1939, Teil I, S. 1607-1608.

271 Interview der BICO mit Heesemann, 20.9.1948, in: RWWA 130-40010146/377.

272 Koepchen an GIWE betr. Strompreisverordnung, 3.4.1940, in: BA R 4604/543; Koepchen an Vögler betr. Zwangslieferung, 9.4.1940, in: HK RWE 10185.

273 Vgl. Verordnung über Anzeigepflicht über den Abschluss und die Änderung von Großabnehmerverträgen in der Energiewirtschaft, 12.2.1940, in: RGBl. 1940, Teil I, S. 349. Dazu auch den Schriftverkehr zwischen Preiskommissar und RWE betr. AG für Stickstoffdünger, in: HK RWE 10184; Schriftverkehr zwischen Preiskommissar und RWE betr. Erftwerk in: HK RWE 10779.

Zusammenhang waren auch die ersten elektrizitätswirtschaftlichen Beziehungen zu den südwesteuropäischen Nachbarstaaten entstanden. Die Bedeutung des Stromhandels zwischen den europäischen Ländern, bei dem Deutschland die Rolle eines Importlandes einnahm, hielt sich in der Zwischenkriegszeit allerdings in Grenzen. Im Jahr 1937 stammten gerade einmal 2,6 Prozennt des inländischen Stromverbrauchs aus dem Ausland, wobei diese Strommengen zu 96,3 Prozent aus Österreich und der Schweiz importiert wurden und zu 2,8 Prozent aus Frankreich.[274] Der bedeutendste deutsche Stromimporteur war das RWE, das mehrere langfristige Lieferverträge mit ausländischen Wasserkraftbetreibern abgeschlossen hatte.

In der Elektrizitätswirtschaft gehörte es zur gängigen Praxis, dass nach dem Erwerb einer Konzession für die Nutzung bestimmter Wasserkräfte eine neue Kapitalgesellschaft gegründet wurde, an der sich verschiedene Gebietskörperschaften und Versorgungsunternehmen finanziell beteiligten. Das RWE hatte auf diese Weise im Laufe der 1920er Jahre Kapitalanteile an diversen Wasserkraftgesellschaften erworben, die nicht in seinem eigentlichen Versorgungsgebiet lagen. So war der Konzern am badischen Schluchseewerk mit 50 Prozent, am Rheinkraftwerk Albbruck-Dogern mit 77 Prozent, am schweizerischen Aarewerk mit 30 Prozent und über das Großkraftwerk Württemberg an den österreichischen Vorarlberger Illwerken mit 47 Prozent beteiligt, ohne dass er in diesen Gebieten das Konzessionsrecht für die unmittelbare Belieferung der Stromabnehmer besaß.[275] Der Wasserkraftausbau setzte aus Sicht des Stromkonzerns also voraus, dass er gleichzeitig die erforderlichen Durchleitungsrechte erhielt, um ein leistungsfähiges Leitungsnetz zu errichten, damit er den Wasserstrom über die nationalen Staatsgrenzen und inländischen Gebietsgrenzen hinweg an seine Großkunden in der westdeutschen Industrie oder anderen Verteilerunternehmen transportieren konnte. Die Hochspannungsleitung von Brauweiler bei Köln bis nach Bludenz im österreichischen Vorarlberg war bereits kurz vor der Wirtschaftskrise fertiggestellt und 1930 in Betrieb genommen worden. Doch die 220-KV-Leitung verfügte über eine Engpassleistung von gerade einmal 220 MW oder eine Nettoleistung von knapp 200 MW, wenn man die Leitungsverluste von zehn Prozent abzieht.[276] Die Strommenge, die auf der gesamten Strecke zu einem bestimmten Zeitpunkt eingespeist werden konnte, war also vergleichsweise gering. Die Transportkapazität reichte nicht aus, um den Strom eines einzigen Großkraftwerkes – wie etwa der in Essen-Karnap im Bau befindlichen Anlage –

274 Eigene Berechnung nach Angaben in: Stat. Jahrbuch für das Dt. Reich 58 (1939/40), S. 193-194.

275 Für das Zustandekommen dieser und anderer Kapitalbeteiligungen in den 1920er Jahren siehe folgende Darstellungen: Stier: Staat und Strom, S. 132-138, 179-185; Asriel: Das RWE, S. 155-161; Pfilzner, K.: Der Weg nach Süden! Oder doch nach Norden? in: Maier, H. (Hrsg.): Elektrizitätswirtschaft zwischen Umwelt, Technik und Politik, Freiberg 1999, S. 89-127.

276 Vgl. Legge, J.: Grundsätzliches und Tatsächliches zu den Elektrizitätswirtschaften in Europa, Dortmund 1931, S. 8.

einzuspeisen. Hinzu kam noch, dass das RWE das Leitungsnetz nicht vollständig für den Abtransport seines Wasserstromes einsetzen konnte, sondern seit dem Abschluss des Generalvertrages mit dem IG-Farbenkonzern im Jahr 1934 gleichzeitig auch eine bestimmte Leistung für die Durchleitung von Industriestrom bereitstellen musste.

Es gab unterschiedliche Ansichten über das optimale, das heißt, wirtschaftlich erforderliche Maß an Transportkapazitäten. Es war äußerst umstritten, ob überhaupt die Notwendigkeit bestand, das bestehende Hochspannungsnetz zu einem europäischen Verbundnetz weiter auszubauen. Die Kritiker verwiesen darauf, dass man die hohen Investitionskosten für die Stromnetze eingespart werden könnte, wenn die Stromerzeugungsanlagen möglichst in der Nähe der Verbraucherschwerpunkte errichtet würden. Die Leiter der Stadtwerke vertraten aus leicht ersichtlichen Gründen diesen Standpunkt. Aber auch der Ruhrbergbau und hier allen voran das Steinkohlensyndikat, das bereits die Lieferung von Braunkohlenstrom an Abnehmer im Ruhrgebiet heftig kritisierte und den Import von Wasserkraft umso mehr als eine Fehlentwicklung einstufte, bemühte sich mit zum Teil abenteuerlichen Argumenten, gegen die Kalkulation des RWE den Nachweis zu erbringen, dass die hohen Kapitalkosten für die Hochspannungsleitungen wirtschaftlich nicht vertretbar seien. Bei der Stromerzeugung müsse deshalb weiterhin verstärkt auf Steinkohle gesetzt werden, wobei die Kohlenbelieferung der revierfernen Kraftwerke mit der Reichsbahn oder über Wasserstraßen durchgeführt werden könnte.[277]

In der Chemieindustrie galten die Erschließung der Wasserkräfte und auch der Ausbau der Hochspannungsleitungen dagegen als zukunftsweisende Investitionen. Bei den IG-Farbenwerken wurden 1937 sogar erste Überlegungen angestellt, ob man sich am Ausbau der Wasserkraftwerke beteiligen sollte. Die Chemiewerke erzeugten ihren Eigenstrom zu diesem Zeitpunkt hauptsächlich mit durch Dampf betriebenen Turbinen und nur zwei Prozent der Stromerzeugung stammten aus Anlagen des badischen Wasserkraftwerkes Rheinfelden, von dem der Konzern 20 Prozent der Maschinenleistung gepachtet hatte.[278] Die Ingenieure der Technischen Abteilung, die eine Untersuchung über die Möglichkeiten des Wasserkraftausbaus erstellten, kamen zu dem Ergebnis, dass die Erfolgschancen bei einem Alleingang eher als gering einzuschätzen seien. Die Erfahrungen der vergangenen Jahrzehnte hätten gezeigt, so ihre Schlussfolgerung, dass die Konzessionsrechte für die Wasserkraftnutzung in der Regel an die öffentlichen Kraftwerkbetreiber vergeben würden. Sie

277 Vgl. Tengelmann: Die Steinkohle in der Elektrowirtschaft. Siehe besonders die Ausführungen im Anhang von J. Haack über die Kosten des „Energietransportes".

278 Die Beteiligung am Wasserkraftwerk Rheinfelden ging auf einen Pachtvertrag aus den 1890er Jahren zurück. Rheinfelden hatte vier der insgesamt 20 Maschinen an die Elektrochemischen Werke Bitterfeld verpachtet, die 1925 von dem Farbenkonzern übernommen wurden. Vgl. Wirtschaftsvereinigung Elektrizitätsversorgung, Die Elektrizitätswirtschaft im Deutschen Reich, Berlin 1937, S. 553.

sprachen sich deshalb dafür aus, dass die IG-Farbenwerke am besten einen „Kompromiss“ anstreben sollten, um „gemeinsam mit der öffentlichen Hand in irgendeiner Form“ die Wasserkraftprojekte durchzuführen.[279] Die Einschätzung war vor dem Hintergrund der spezifischen Verhältnisse, die bei der Wasserkraftwirtschaft zu berücksichtigen waren, pragmatisch. Carl Krauch machte in diesem Zusammenhang aber auch auf die Möglichkeit aufmerksam, die stromintensiven Anlagen, wie sie etwa für die Aluminiumproduktion benötigt wurden, nah an den Energiequellen zu errichten, um auf diese Weise bei den Kosten des Stromtransportes Einsparungen zu erzielen.[280]

Der „Anschluss“ Österreichs entfesselte unter den Vertretern der deutschen und österreichischen Elektrizitätswirtschaft eine hydroelektrische Hochstimmung. Die zahlreichen Wasserkraftprojekte, die nun von planungsfreudigen Ingenieuren auf dem Reißbrett entworfen wurden, ließen leicht den Eindruck entstehen, als ob die Investitionen in den nächsten Jahren fast ausschließlich in den Ausbau der Wasserkraft fließen würden. Koepchen setzte bereits am 8. März 1938, also wenige Tage vor der Angliederung Österreichs, Vögler davon in Kenntnis, dass es dem Vorstand gelungen sei, einen Vertrag mit der Tiroler Landesregierung abzuschließen, der dem Konzern das Nutzungsrecht für das gesamte Wasserkraftpotenzial Westtirols in Aussicht stelle. Für diesen Zweck solle eine neue Kapitalgesellschaft gegründet werden, an der sich das RWE mit 90 Prozent beteiligen würde.[281] Das Abkommen hatte formalrechtlich zwar noch keine Gültigkeit, denn es musste wie alle derartige Abkommen von den staatlichen Kontrollbehörden genehmigt werden, doch die Vorbereitungen wurden beim RWE ungeachtet der ausstehenden Genehmigung weiter vorangetrieben, da vor allem auch noch die Finanzierung der Bauvorhaben zu klären war. Nach den ersten Schätzungen, die der Konzernvorstand seinem Aufsichtsrat vorlegte, würden allein die geplanten Westtiroler Wasserkraftbauten 345 Millionen RM kosten.[282] Die Finanzierungsmittel für die Erweiterung der Anlagen der Vorarlberger Illwerke und die Fertigstellung der Pumpspeicheranlagen der Schluchseewerk AG waren in dieser Aufstellung nicht enthalten. Die beiden Wasserkraftunternehmen ließen eigene Anleihen am Kapitalmarkt platzieren, für die

279 Tea-Referat von Karl Staib (Hoechst) über die Ausnutzung von Wasserkräften, 17.12.1937, in: BAL 329/7.

280 Vgl. Bericht von Krauch vor dem Generalrat, 20./21.4.1939, in: BA 3112/14.

281 Vgl. Maier: „Nationalwirtschaftlicher Musterknabe“ ohne Fortune, S. 148; Grieger, M.: Das RWE in Wirtschaftskrise und NS-Diktatur 1930-1945, in: Schweer, D./Thieme, W. (Hrsg.): Der gläserne Riese: RWE – Ein Konzern wird transparent, Essen 1998, S. 126-127.

282 Vgl. Darstellung der Investitionsvorhaben auf der Aufsichtsratssitzung, 8.5.1939, in: HK RWE 6274.

das RWE lediglich anteilsmäßig eine Bürgschaft übernahm.[283] Die Kapitalmittel für die Aufrüstung der Hochspannungsleitung auf 400 KV, die eine Steigerung der Transportleistung auf 1.000 MW bringen sollte, musste das RWE aber selber beschaffen. Für den Konzern war jede Wasserkraftplanung „illusorisch“, wenn nicht gleichzeitig die Voraussetzungen für den Abtransport größerer Strommengen geschaffen wurden.[284]

Insgesamt erforderte die Realisierung der geplanten Investitionsprojekte für die damalige Zeit gewaltige Summen, die der Konzern unmöglich allein aus dem Cashflow finanzieren konnte, auch wenn sich dieser nach der Wirtschaftskrise wieder merklich gebessert hatte.[285] Er konnte zwar nicht auf Gewinnrücklagen seiner rheinischen Braunkohlengesellschaften zurückgreifen, weil diese bereits für die Treibstoffgewinnung verplant waren, dafür stiegen aber die Gewinne aus dem Stromabsatz kontinuierlich an und die Strompreissubvention sorgte dafür, dass sich die Inbetriebnahme der unrentablen Anlagen zu keinem Verlustgeschäft entwickelte. Der Vorstand brauchte sich auch keine Sorgen darüber zu machen, dass die kommunalen Aktionäre wie in den zurückliegenden Jahren eine höhere Gewinnausschüttung einfordern würden, weil der Staat bereits 1934 für alle Kapitalgesellschaften eine Einschränkung von Dividendenzahlungen verordnet hatte.[286] Außerdem hatte der Vorstand nach der Einführung der Devisenkontrolle die Chance genutzt und einen Großteil der Dollaranleihen, die im Ausland zu fallenden Kursen gehandelt wurden, zurückgekauft und diese wiederum in Reichsmarkschuldverschreibungen eingetauscht. Das Arbitragegeschäft mit den Dollarbonds brachte allein im Geschäftsjahr 1933/34 einen Gewinn von gut 60 Millionen RM.[287] Die finanziellen Rücklagen, die der Konzern angehäuft hatte, reichten für die Finanzierung der geplanten Investitionsprojekte aber nicht aus, so dass der Aufsichtsrat noch im De-

283 Die Gesamtanleihe der Schluchseewerke AG betrug 33 Millionen RM, für die das Badenwerk und das RWE gemeinsam die Bürgschaft übernahmen. Vgl. dazu Anleihekonversionen, Neuemissionen und Kapitalerhöhungen bei EVU im 1. Hj 1939, in: EW 38 (1939), S. 666.

284 Koepchen an Reichswirtschaftsminister betr. 400 KV-Leitung, 31.3.1941, in: HK RWE 10642. Allgemein dazu Maier: „Nationalwirtschaftlicher Musterknabe“ ohne Fortune, S. 149, 155-158.

285 Die in der Handelsbilanz des RWE – also nicht des Konzerns – ausgewiesene Eigenkapitalquote stieg zwischen 1931 und 1939 von 41 auf 58 Prozent.

286 Die Dividende des RWE verharrte von 1934 bis 1944 bei sechs Prozent, was im Vergleich zu den Jahren davor als ein niedriges Niveau zu werten ist. In den 1920er Jahren betrug die Dividende regelmäßig zwischen acht und zehn Prozent. Selbst während der Wirtschaftskrise fiel sie nicht unter fünf Prozent. Buderath: Geschichte des RWE, S. 101. Allgemein zur Einschränkung der Gewinnausschüttung der Kapitalgesellschaften vgl. Spoerer: Rüstungsboom, S. 82-87; Tooze: Ökonomie der Zerstörung, S. 138.

287 Vgl. Bericht der Wirtschaftsprüfungsgesellschaft Haskins & Sells für das Geschäftsjahr 1933/34, in: HK RWE. Die 60 Millionen RM beziehen sich nur auf die Kursgewinne, die das RWE ohne seine Tochtergesellschaften erzielte. Zur Kursentwicklung der Aktien und Dollaranleihen der Elektrizitätswerke, in: EW 34 (1935), S. 121-123; Tooze: Ökonomie der Zerstörung, S. 102-105.

zember 1938 sein Einverständnis gab, eine neue Anleihe im Gesamtwert von insgesamt 200 Millionen RM aufzunehmen.[288] Das Reichswirtschaftsministerium genehmigte wenig später die „schrittweise Beschaffung" von vorerst 150 Millionen RM. Ein Bankenkonsortium unter der Führung der Deutschen Bank und der Dresdner Bank platzierte im Laufe des Jahres 1939 dann schließlich die erste Tranche von 50 Millionen RM auf dem Kapitalmarkt.[289]

Die Aussichten, eine Genehmigung für die Durchführung der österreichischen Wasserkraftprojekte zu bekommen, sahen für das RWE anfangs durchaus vielversprechend aus. Im Januar 1939 ernannte Göring Oberbürgermeister Dillgardt zum Generalbevollmächtigten für die Energiewirtschaft, der wenige Monate später auf einer Aufsichtsratssitzung zu verstehen gab, dass er den „Standpunkt vertrete, dass in erster Linie jeder, der Wasserkraftwerke ausbauen wollte, diese ausbauen sollte". Die Gründung der StEAG betrachtete er mittlerweile anders als noch wenige Jahre zuvor als „überflüssig", da sich die Anzeichen mehrten, dass die Förderkapazitäten des Ruhrbergbaus für den steigenden Kohlenbedarf nicht ausreichten.[290] In dieser Situation beauftragte Dillgardt die Wirtschaftsgruppe Elektrizitätsversorgung, eine Strombedarfsrechnung für die nächsten 15 Jahre zu erstellen und darauf basierend ein Konzept für den Ausbau der Stromwirtschaft zu entwickeln, das den Schwerpunkt auf den Wasserkraftausbau legen sollte. Der umfassende Ausbauplan, der erst im Januar 1941 vorgelegt wurde, dürfte dem RWE-Vorstand gefallen haben, denn die Empfehlungen der Wirtschaftsgruppe liefen auf eine Billigung seiner Investitionsvorhaben hinaus.[291] Die Sachbearbeiter gingen von der damals in Fachkreisen der Elektrizitätswirtschaft üblichen Annahme aus, dass der Strombedarf jährlich um zehn Prozent steigen würde, woraus sich eine Verdopplung des Stromverbrauchs in zehn Jahren ergab. Es war eine konservative und recht einfallslose Bedarfsrechnung, bei der auf die Erfahrungswerte der vergangenen Jahrzehnte

---

288 Vgl. Protokoll über Aufsichtsratssitzung des RWE, 8.6.1939, in: HK RWE 6274.

289 Vgl. Investitionsanleihe des RWE, in: EW 38 (1939), S. 716. In dieser Bekanntmachung wird eine Anleihe von 25 Millionen RM für November 1939 angekündigt, doch der letztlich emittierte Betrag im Geschäftsjahr 1939/40 umfasste 50 Millionen RM. Vgl. RWE-Geschäftsbericht 1939/40.

290 Aufsichtsratssitzung des RWE, 8.6.1939, in: HK RWE 6274. Dillgardt änderte regelmäßig seine Meinung zu bestimmten Fragen der Stromwirtschaft, was wohl primär auf seine steile Karriere und den mehrfachen Ämtertausch zurückzuführen ist. 1936 hatte er sich noch äußerst positiv zu Tengelmanns Denkschrift über die „Steinkohle in der Elektrowirtschaft" geäußert. Dillgardt an Moll (Bergbauverein), 3.6.1936, in: StA Essen Rep. 102/224b. Im Februar 1939 nahm er dagegen eine distanzierte Haltung ein. Dillgardt, J.: Schnellplan für die deutsche Energiewirtschaft, Berlin 1939, in: BA R 26/I 24. Für eine ausführliche Darstellung der Entwicklung der Steinkohlenförderung unter dem Nationalsozialismus vgl. Seidel: Ruhrbergbau im Zweiten Weltkrieg, S. 67-84.

291 Vgl. Generalbevollmächtigte für die Energiewirtschaft: Plan über den technischen Ausbau der deutschen Elektrizitätsversorgung, bearbeitet von der WEV, Berlin 1939, in: BA R 43 II/344.

zurückgegriffen wurde. Eine fundierte Aussage über die Entwicklungsmöglichkeiten der industriellen Stromerzeugung beinhalteten diese Berechnungen nicht.[292]

Die Planungsarbeit der Wirtschaftsgruppe, die aus dem Zusammenschluss der Elektrizitätswerke hervorgegangen war, konzentrierte sich hauptsächlich auf die öffentliche Stromversorgung und schloss die industriellen Eigenanlagen von vornherein aus.[293] Vor diesem Hintergrund erscheint die in dem Ausbauprogramm enthaltende Forderung, dem Wasserkraftanteil der öffentlichen Stromversorgung gegenüber den Wärmekraftanteil in den folgenden 15 Jahren von 20 Prozent auf knapp 28 Prozent zu erhöhen, weit weniger spektakulär, als es in der historischen Forschung gelegentlich behauptet worden ist.[294] Schon allein die Tatsache, dass mit einer jährlichen Steigerungsrate des Strombezugs aus dem öffentlichen Netz von maximal zehn Prozent gerechnet wurde, macht deutlich, dass dieser Ausbauplan im Vergleich zu den vergangenen Jahrzenten nicht außergewöhnlich war. Die Wirtschaftsgruppe drängte darauf, dass der Generalbevollmächtigte unbedingt Maßnahmen für eine Vereinfachung und Verkürzung der Genehmigungsverfahren für Wasserkraftanlagen einleiten solle, da diese die Planungsarbeit bisher äußerst zeit- und kostenaufwendig gemacht hatten.[295] Das galt natürlich auch für die Hochspannungsleitungen, die nach dem vorgelegten Ausbauplan notwendigerweise durch die Errichtung von neuen 400 und weiteren 220 KV-Leitungen sowie zusätzlichen Umspannstationen erweitert werden mussten.[296]

Was in den kühlen Berechnungen der Wirtschaftsgruppe nicht zum Ausdruck kam, war der erbitterte Machtkampf um die Wasserrechte, der nach dem „Anschluss" zwischen den deutschen Stromkonzernen entbrannt war. Der Ausgangspunkt für diese Konfrontation war der Streit zwischen dem RWE und der Vierjahresplanbehörde, die den Wasserkraftausbau vom reichseigenen Stromkonzern durchführen lassen wollte. Hermann Göring setzte sich schon im Frühjahr 1938 dafür ein, dass die Alpen-Elektrowerke AG (AEW), die als neue Tochtergesellschaft der VIAG gegründet wurde, sofort die ersten Bauaufträge für die Errichtung des Tauernkraftwerkes Kaprun im Salzburger Land zugesprochen bekam.[297] Während der Staatskonzern danach auch die Erweiterung der östlichen Hochspannungsleitung von dem mitteldeutschen Braunkohlengebiet über die bayerischen bis zu den

292 Der Ausbauplan enthielt zwei Szenarien. Annahme A ging von einem langsamen Bedarfsanstieg in der Zeit von 1941 bis 1945 um acht Prozent, 1946 bis 1950 um fünf Prozent und 1951 bis 1955 um drei Prozent aus. Annahme B setzte einen jährlichen Zuwachs von 1941 bis 1950 um 10 Prozent voraus und danach acht. Vgl. Ebd., S. 61.

293 Vgl. Ebd., 38-40.

294 Vgl. Stier: Staat und Strom, S. 483.

295 Plan über den technischen Ausbau der deutschen Elektrizitätsversorgung, S. 20.

296 Vgl. Ebd., S. 49-57.

297 Vgl. Reiter, M.: Das Tauernkraftwerk Kaprun, in: Rathkolb, O./Freund, F. (Hrsg.): NS-Zwangsarbeit in der Elektrizitätswirtschaft der „Ostmark" 1938-1945, Wien 2002, S. 127-136.

österreichischen Wasserkraftwerken in Angriff nahm, versuchte er gleichzeitig mit der AEW seinen Einfluss auf die anderen Bauprojekte in der Alpenregion auszudehnen.[298] In Tirol trafen die beiden Stromkonzerne schließlich aufeinander, denn in diesem Gebiet beanspruchte das RWE nach wie vor die Wasserrechte. Der rheinisch-westfälische Stromanbieter konnte sich allerdings nicht gegen die Interessen des Staatskonzerns durchsetzen und musste einen Kompromiss eingehen, damit er überhaupt einen Anteil an der Tiroler Wasserkraft zugesprochen bekam. Die beiden Kontrahenten gründeten im November 1940 die Westtiroler Kraftwerke AG mit einem Grundkapital von 50 Millionen RM, das von den Konzernen zu gleichen Anteilen gezeichnet wurde.[299]

Spätestens ab diesem Zeitpunkt wurde in Essen Notiz davon genommen, dass die Rüstungsstrategen in der Vierjahresplanbehörde noch einen Schritt weiter gehen wollten und nun sogar die Spielregeln des Elektrofriedens in Frage stellten. Sie traten offen dafür ein, den Einfluss des Reiches mittels Kapitalbeteiligung auf alle großen Stromversorgungsunternehmen des „Dritten Reiches" auszudehnen. Darin kam eine wirtschaftspolitische Haltung zum Ausdruck, die an die Erfahrungen des Ersten Weltkrieges anknüpfte und sich deutlich von der gebundenen Konkurrenz unterschied. Die zahlreichen Instrumente des Energiewirtschaftsgesetzes reichten nach dem Dafürhalten der Rüstungsplaner nicht aus, um die staatlichen Anordnungen durchzusetzen, weshalb diese durch eine finanzielle Beteiligung des Reiches ergänzt werden sollten. Der „Bau und Betrieb von Großkraftwerken und die Großverteilung ist Reichsaufgabe", so lautete auch die Forderung des interministeriellen Energieausschusses, der ausgerechnet auf Anregung von Oberbürgermeister Dillgardt unter der Leitung der Vierjahresplanbehörde getagt hatte und im Januar 1941 seinen Abschlussbericht vorlegte.[300] Der Ausschuss empfahl, die großen Stromnetz- und Kraftwerksbetreiber der öffentlichen Elektrizitätsversorgung, die noch nicht im Besitz des Reiches waren, zumindest zu einem „überwiegenden" Anteil in Reichsbesitz zu überführen.[301] Die Empfehlung richtete sich vor allem gegen die Landesunternehmen und den rheinisch-westfälischen Stromkonzern.

Koepchen, der ebenfalls zu einer Stellungnahme aufgefordert wurde, kam dem Ersuchen vor diesem Hintergrund gerne nach und entfaltete ausführlich seine Vor-

---

298 Vgl. Pohl: VIAG, S. 143-162. Für den Umfang der Reichsdarlehen, die für den Ausbau des Verbundnetzes der Reichselektrowerke vergeben wurden, und die Tilgungsmodalitäten siehe die Zusammenstellung der Darlehen aus Haushaltsmitteln, 31.12.1943, in: BA R 2301/2162.

299 Das RWE und die AEW waren mit jeweils 47,5 Prozent an der Westtiroler Kraftwerke AG beteiligt und der Reichsgau Tirol-Vorarlberg mit fünf Prozent. Vgl. Grieger: Das RWE in Wirtschaftskrise und NS-Diktatur, S. 127.

300 Bericht des Energieausschusses zur Elektrizitätsversorgung, Berlin 1941, S. 4, in: BA 43 II/346.

301 Ebd., S. 27.

stellung über die „zweckmäßigste Organisation".[302] Dass er sich gegen die Verstaatlichung aussprechen würde, war zu erwarten gewesen. Doch Koepchen lehnte die „Lenkung der Elektrizitätswirtschaft durch das Reich" nicht mehr wie in der Weimarer Zeit grundsätzlich ab, sondern verwies darauf, dass der Staat mit dem Energiewirtschaftsgesetz eine wirksame Kontrolle über alle in der Energiewirtschaft tätigen Unternehmen ausüben konnte. Unter dieser Voraussetzung müsse deshalb überlegt werden, ob es nicht „zweckmäßig" sei, wenn der Staat sich auf gesetzgeberische Maßnahmen konzentriere und dafür Sorge, dass die Reichs- und Landesunternehmen, die ja alle in der Zeit vor dem Gesetzeserlass gegründet worden waren, in das „Eigentum der örtlich zuständigen Gemeindeverbände und Provinzen überführt" würden.

Dass die Forderung nach einer Kommunalisierung der Staatsunternehmen aus der Feder eines der schärfsten Kritiker der Stadtwerke kam, erscheint auf den ersten Blick eine bemerkenswerte Wendung. Koepchen bezeichnete das Engagement der Kommunen nunmehr als „Schönheitsfehler", der erträglich sei, solange sich die Stadtwerke auf die Belieferung der Tarifabnehmer beschränkten. Es war in diesem Kontext natürlich ein taktisches Vorgehen und ein offensichtlicher Versuch, Oberbürgermeister Dillgardt und andere Kommunalpolitiker als Verbündete gegen die drohende Verstaatlichung zu gewinnen. Dillgardt verfügte jedoch nicht über die Einflussmöglichkeiten, die erforderlich waren, um das Eigentum der kommunalen Aktionäre gegen derartige Bestrebungen zu verteidigen. Die Suche nach einem Nachfolger für den Generalbevollmächtigten der Energiewirtschaft hatte nämlich längst begonnen.[303] Auch der interministerielle Energieausschuss sprach sich dafür aus, ein „Reichsamt für Energieversorgung" einzurichten, um die Kompetenzen der Behörden zu bündeln und klare Befehlsstrukturen für die „Energieführung" zu schaffen. Das Reichsamt sollte als oberste Behörde alle hoheitlichen Aufgaben wahrnehmen und den Besitz der Reichselektrowerke, der möglichst auszudehnen war, verwalten.[304] Im Gespräch für das Amt des Reichsenergieministers stand Fritz Todt, der sich Ende 1938 dafür ausgesprochen hatte, eine zentrale Behörde für das Wasserwesen einzurichten. Todt kannte außerdem als Generalbevollmächtigter für die Regelung der Bauwirtschaft die Koordinationsschwierigkeiten beim Wasserkraftwerksbau und galt nicht zuletzt deshalb als ein geeigneter Kandidat.

Hitler ernannte ihn im Juli 1941 zum Generalinspektor für Wasser und Energie (GIWE), während Dillgardt sich fortan nur noch aus dem Rathaus zu Essen in die

302 Koepchen an Oberbürgermeister Dillgardt betr. Organisation der Elektrizitätswirtschaft, 28.2.1941, in: BAL 329/747.

303 Vgl. Seidler, F.W.: Fritz Todt. Baumeister des Dritten Reiches, Frankfurt am Main 1988, S. 273-292.

304 Bericht des Energieausschusses zur Elektrizitätsversorgung, Berlin 1941, S. 40, in: BA 43 II/346.

energiewirtschaftlichen Angelegenheiten einbringen konnte.[305] Der neue Energieminister schien keine grundsätzliche Abneigung dagegen zu hegen, dass der Staatskonzern eine „Energiepolitik mit Aktienpaketen“ betrieb und die großen Bauprojekte übernahm.[306] Es waren allerdings häufig Andeutungen oder Drohungen, die er vor allem gegenüber dem RWE-Vorstand vorbrachte, so dass man daraus nicht zwangsläufig schließen kann, dass er tatsächlich das Ziel vor Augen hatte, die öffentliche Stromversorgung komplett zu verstaatlichen. Seine Amtszeit war ohnehin zu kurz, um derartige Maßnahmen in die Tat umzusetzen. Doch Albert Speer, der im Februar 1942 zum Energieminister berufen wurde und nach der gängigen Interpretation viele der organisatorischen Maßnahmen übernahm, die bereits von seinem Vorgänger in die Wege geleitet worden waren, verfolgte anfangs diesen Plan.[307] Er entwarf, nachdem er von Hitler dazu aufgefordert worden war, die ihm vorschwebenden „Grundsätze über die Energieversorgung“, die keinen Zweifel daran aufkommen ließen, dass er die Versorgungsbetriebe verstaatlichen lassen wollte.[308] Speer betrachtete die Energieversorgung als eine „Angelegenheit des Reiches“ und wollte alle Betriebe, die mit der öffentlichen Stromversorgung befasst waren, in den „Besitz des Reiches“ überführen lassen. Damit sollte gleichzeitig die organisatorische Voraussetzung für ein umfassendes Rationalisierungsprogramm geschaffen werden. Wenn der Staat die Verfügungsgewalt über die öffentlichen Stromnetze und Stromerzeugungsanlagen erhielte, so seine Argumentationslogik, könnten die Kraftwerkfahrpläne strikt nach den Kosten gestaltet werden. Das würde gleichzeitig weitere Einsparungen beim Kohlenverbrauch ermöglichen. Die Befugnisse des Reichslastverteilers, der seine Arbeit bislang ausschließlich darauf konzentrierte, die Stromversorgung der für die Kriegswirtschaft wichtigen Rüstungsbetriebe sicherzustellen ohne dabei die Eigentumsrechte der Kraftwerksbetreiber anzurühren und die privatrechtlichen Verträge aufzuheben, wären nach Speers Plan wesentlich weiter zu fassen gewesen. Der Reichslastverteiler hätte auch die Aufgabe zugewiesen bekommen, darauf zu achten, dass die kostengünstigsten Anlagen für die Grundlastversorgung eingesetzt und die weniger effizienten Kraftwer-

305 Vgl. Ludwig: Technik und Ingenieure, S. 180-188; Erlass des Führers und Reichskanzlers über den GIWE, 29.7.1941, in: RGBl. 1941, Teil I, S. 467-468. Dillgardt war bereits im März vom Amt entbunden worden. Vgl. Reichsmarschall des Großdeutschen Reiches an Parteigenosse Dillgardt, 16.3.1941, in: BA 43 II/377.

306 Reichsleiter Fiehler an Speer betr. Gestaltung der Energiewirtschaft, 23.5.1942, in: BA R 43 II/378a. Allgemein dazu vgl. Maier: „Nationalsozialistischer Musterknabe“ ohne Fortune, S. 155-158.

307 Vgl. Milward, A.S.: Die deutsche Kriegswirtschaft 1939-1945, Stuttgart 1966, S. 57-60; Overy: War and Economy, S. 343-375.

308 Vgl. Speer an Lammers betr. Grundsätze über die Energieversorgung, 26.5.1942, in: BA R 43 II/378a. Speer wurde im April 1942 von Hitler aufgefordert, eine grundsätzliche Anordnung für die Energiewirtschaft vorzubereiten. Vgl. Boelcke W.A.: Deutschlands Rüstung im Zweiten Weltkrieg. Hitlers Konferenzen mit Albert Speer 1942-1945, Frankfurt am Main 1969, S. 90.

ke nur während den Lastspitzen zugeschaltet würden. Die Koordination der Fahrpläne nach dem Grenzkostenprinzip setzte voraus, dass die Reichsbehörde befugt, einzelne Anlagen ungeachtet der Interessen einzelner Kraftwerkbetreiber während den Lasttälern vom Netz zu nehmen und abzuschalten.

Speer hatte nicht die Absicht, die privatwirtschaftliche Initiative aus der Stromwirtschaft zu verbannen. Sein gesamtes Konzept basierte vielmehr auf einer klaren Unterscheidung zwischen öffentlicher Stromversorgung und dem Betrieb privater Anlagen für den eigenen Strombedarf. Die industriellen Kraftwerksbetreiber sollten weiterhin in den Ausbau der Stromerzeugungsanlagen investieren, zumal die Stromversorgung auf diese Weise in vielen Fällen kostengünstiger gestaltet werden konnte. Das galt vor allem für Industriebetriebe, die wie die Chemiewerke große Mengen an Abfallwärme produzierten oder in der Schwerindustrie, wo die Abfallgase der Kokereien und Hochöfen für die Stromerzeugung genutzt und auf den Hüttenzechen Zechenkraftwerke für die Verwertung der Ballastkohle errichtet wurden.[309] Speers Rationalisierungsprogramm beinhaltete an dieser Stelle auch einen konkreten Lösungsvorschlag für das natürliche Leitungsmonopol, das die wirtschaftliche Zusammenarbeit zwischen Industriekraftwerken und öffentlichen Netzbetreibern, die oftmals übereifrig ihre Versorgungsgebiete verteidigten, erschwerte. Die Industriekonzerne spielten nicht zuletzt deshalb immer wieder mit dem Gedanken, konzerneigene Sammelschienen zu errichten. Die Ruhrindustriellen hatten das umstrittene Ruhrsammelschienenprojekt zu diesem Zeitpunkt noch keineswegs abgehakt. Der Energieminister ließ aber keine Zweifel daran aufkommen, dass die Errichtung konzerneigener Verbundnetze überall dort unterbunden werden sollte, wo der Verbundbetrieb zwischen den Industriebetrieben über das öffentliche Leitungsnetz gegen Zahlung einer angemessenen Durchleitungsgebühr realisiert werden konnte.[310]

Die Überführung der öffentlichen Stromnetze in den Besitz des Reiches würde, so Speers Vorstellung, den Netzbetrieb insgesamt vereinfachen und die Zusammenarbeit mit den Eigenanlagenbetreibern erleichtern, zumal die lästigen Gebietsabsprachen wegfielen. Wenn sich das Reich als öffentlicher Netzbetreiber betätigte und nicht die Länder, Kommunalverbände oder einzelne Kommunen, so hätte dies auch den Vorteil, dass die Abgabe von industriellem Überschussstrom wesentlich einfacher gehandhabt werden könnte. Das war vor dem Hintergrund der Stromengpässe und der verzweifelten Suche nach Kraftwerkskapazitäten, die mit möglichst geringem Materialaufwand nutzbar gemacht werden konnten, ein nicht zu unterschätzender Gesichtspunkt. Speer ging davon aus, dass die Einspeisung von Über-

---

309 Vgl. Speer an Lammers betr. Grundsätze über die Energieversorgung, 26.5.1942, in: BA R 43 II/378a.

310 Vgl. Niederschrift über Besprechung mit Pleiger, 8.9.1942, in: BA 4604/496; Pleiger an Staatssekretär Schulze-Fielitz (GIWE), 22.9.1942, in: Ebd.

schussstrom bei einer großen Anzahl von Eigenanlagenbesitzern am effektivsten mit dem Anreizmechanismus des Strompreises geregelt werden könnte. Er erhöhte deshalb im September 1942, nachdem der Bergbau sich wiederholt über die zu niedrigen Preise beschwert hatte, kurzerhand den Preis für Industriestrom und verpflichtete die öffentlichen Netzbetreiber allgemein dazu, die freie Leistung aufzukaufen. Um Verzögerungen durch die oftmals schwierigen Preisverhandlungen zu vermeiden, legte Speer im Einvernehmen mit dem Preiskommissar „Richtpreise" fest. Die Mehrkosten, die durch den festgelegten Preis nicht abgedeckt waren, durften die Netzbetreiber nicht an die Verbraucher weitergeben, so dass sie allenfalls versuchen konnten, diese durch betriebseigene Rationalisierungsmaßnahmen zu erwirtschaften.[311] Mit dieser so genannten Eigenanlagenaktion, die von den 20 Gebietsplanern, die dem Energieministerium unterstanden, mit Unterstützung der Technischen Überwachungsvereine überwacht wurden, konnten nochmals gut 200 MW – die äquivalente Leistung eines großen Wärmekraftwerkes – für die öffentliche Stromversorgung mobilisiert werden.[312] In den Unternehmen selbst wurden diese Maßnahmen von betriebseigenen Energieingenieuren durchgeführt, die bereits im Juni allgemein angewiesen worden waren, die Energieeinsparbemühungen zu intensivieren.[313]

Speers Rationalisierungsmaßnahmen stießen erwartungsgemäß bei den kommunalen Spitzenvertretern, die jeden Eingriff in die kommunale Energieversorgung abzuwehren versuchten, auf heftigen Widerstand. Die kommunale Selbstverwaltung wäre auf dem Gebiet der Elektrizitätswirtschaft, wenn sich der Energieminister mit seinen Vorschlägen durchgesetzt hätte, mit Ausnahme der Stromverteilung in den Großstädten wohl tatsächlich vollständig abgeschafft worden.[314] Der Maßnahmenkatalog, den Speer in den folgenden Monaten in der Auseinandersetzung mit Vertretern der Kommunalwirtschaft noch weiter präzisierte und ausführlich erläuterte, beinhaltete auf den ersten Blick alle Forderungen, die von den Managern der Stromkonzerne in den vergangenen Jahren gebetsmühlenartig eingefordert worden waren. Eine sichere und billige Stromversorgung, so die Begründung des Energieministers, könne nur erreicht werden, wenn „Planung und Betrieb in großräumigen Bezirken" durchgeführt würden. Die städtischen Elektrizitätswerke seien die „größten Kohlenfresser", so dass die Kosten der Stromerzeugung dementsprechend höher lägen. Die Fahrpläne der Stadtwerke müssten deshalb konsequent umgestaltet wer-

311 GIWE an Reichgruppe Industrie & Reichsgruppe Energiewirtschaft betr. Einsatz freier Kraftwerksleistung von Eigenanlagen, 5.9.1942, in: BA R 26 /II 51. Dazu auch Oberberghauptmann Gabel an GIWE, 18.10.1941, in: BA R 4604/111; Boelcke: Deutschlands Rüstung im Zweiten Weltkrieg, S. 166.

312 Vgl. Sardemann, F.: Die deutsche Elektrizitätswirtschaft 1933-1948, in: EW 48 (1949), S. 110; Rundschreiben des GIWE an Gebietsplaner, 5.9.1942, in: BA R 26 /II 51.

313 Schulz, E.: Eine echte Selbstverwaltungsaufgabe! in: Die Wärme 66 (1943), S. 17.

314 Speer an Lammers betr. Grundsätze über die Energieversorgung, 26.5.1942, in: BA R 43 II/378a.

den, damit die Anlagen nur noch in Zeiten hoher Stromnachfrage zum Einsatz kämen. Die Stromverteilung durch die Kommunen sei mit Ausnahme der Großstädte abzuschaffen, denn dadurch könnten „unnötige Leitungen und Umspannwerke" eingespart und die technisch geschulten Arbeitskräfte der Stadtwerke zu den Großanlagen transferiert werden.[315]

Speers Ansichten wiesen unübersehbar Parallelen zu den Behauptungen auf, die unter anderem von Arthur Koepchen wiederholt vorgebracht wurden. Doch es wäre grundlegend falsch, daraus zu schlussfolgern, dass die Manager der Stromkonzerne – mit Ausnahme der Reichselektrowerke – den Vorschlägen des Energieministers zustimmten, denn schließlich liefen diese darauf hinaus, auch die Hochspannungsleitungen und Großkraftanlagen in den Besitz des Reiches zu überführen. Vor diesem Hintergrund konzentrierten sich der RWE-Vorstand und die großindustriellen Aufsichtsratsmitglieder vielmehr auf die Verteidigung der gemischtwirtschaftlichen Organisationsform. Sobald die strittige Frage im Raum stand, ob die kommunale Selbstverwaltung in der Elektrizitätswirtschaft abgeschafft werden sollte, bekannten sie sich ungeachtet der vorausgegangenen Kritik letztendlich zu der Kooperation mit den kommunalen Gebietskörperschaften.[316] Und sie konnten sich darauf verlassen, dass Reichsinnenminister Frick mit tatkräftiger Unterstützung des Leiters des Hauptamtes für Kommunalpolitik, Oberbürgermeister und Reichsleiter Fiehler, sowie den Sachberatern des Deutschen Gemeindetages gegen das Programm des Energieministers Sturm laufen würden.[317] Denn für die Spitzenvertreter der Kommunalwirtschaft war die „Organisation der Energieversorgung" im Unterschied zu Speer, der seine Maßnahmen nach rüstungswirtschaftlichen Erwägungen und der erforderlichen Leistungssteigerung vorgeschlagen hatte, eine „weltanschauliche Frage ersten Ranges".[318] Sie stellten sich entschieden gegen die „Ausschaltung der gemeindlichen Selbstverwaltung", wie sie es bezeichneten. Das bedeutete nicht, dass sie auch dafür eintraten, den einzelnen Gemeindeleitern wieder ein stärkeres Mitspracherecht in Fragen der kommunalen Stromversorgung einzuräumen.[319] Die selbst ernannten Verteidiger der kommunalen Selbstverwaltung hatten vor allem die eigenen diktatorischen Kompetenzen im Blick, die sie nicht so einfach an das neu eingerichtete Energieministerium abgeben wollten.

---

315 Zehn Thesen zur Stellung der Gemeinden in der Elektrizitätswirtschaft nebst Folgerungen und Begründung (Speer), 17.6.1943, in: BA R 43 II/379; Speer an Bormann, 3.6.1943, in: Ebd.

316 Vgl. Koepchen an Dillgadt betr. Organisation der Elektrizitätswirtschaft, 28.2.1941, in: BAL 329/747.

317 Für eine ausführliche Schilderung der Debatte zwischen GIWE und Vertretern der Kommunalwirtschaft vgl. Matzerath: Nationalsozialismus und kommunale Selbstverwaltung, S. 409-418.

318 Stellungnahme zu Speers Denkschrift über die sechs Grundfragen der Energiewirtschaft, 17.6.1943, in: BA R 43 II/379.

319 Vgl. Chefbesprechung betr. Energiewirtschaft, 17.7.1943, in: BA R 43 II/379a.

Speer musste im Verlauf der Auseinandersetzung erkennen, dass seine Rationalisierungsmaßnahmen auf eine „nicht gerade freundliche Kritik" stießen.[320] Er änderte seinen ursprünglichen Plan, die öffentlichen Versorgungsbetriebe in ein Reichsunternehmen zu überführen, aber nicht aufgrund des Widerstandes von Seiten der kommunalen Spitzenvertreter oder einzelner Stromkonzerne.[321] Es war der „Führer" persönlich, der ihm die Unterstützung verwehrte und damit das gesamte Projekt zu Fall brachte. Hitler wies seinen eifrigen Energieminister Anfang Juli 1942 an, die Vorschläge noch einmal zu überarbeiten.[322] Wenige Wochen später teilte Bormann ihm die grundsätzlichen Überlegungen mit, die Hitler mit Bezug auf die Elektrizitätswirtschaft beachtet sehen wollte. Die Anordnungen sollten nicht auf einen „Staatssozialismus" hinauslaufen, denn „in einem nationalsozialistischen Staat greife ganz selbstverständlich die Staatsverwaltung in die Interessen jedes Einzelnen ein, wenn dies der Allgemeinheit wegen notwendig sei. Eigentlich könne der nationalsozialistische Staat also der Privatinitiative eine viel größere Freiheit lassen, weil eben der Staat sich jederzeit diese Eingriffsrechte vorbehalte. Der Staat solle aber nicht selbst die Privatwirtschaft in die Hand nehmen, denn das würde zu einer entsetzlichen Verbeamtung und damit Erstarrung der bearbeiteten Gebiete führen. Der nationalsozialistische Staat müsse im Gegenteil so weit wie möglich die Privatinitiative fördern."[323] Im Kern wurde Speer dazu aufgefordert, die bestehenden Kontrollinstrumente des Energiewirtschaftsgesetzes erst einmal eingehend zu studieren und zu überlegen, ob eine Verstaatlichung überhaupt erforderlich war. Denn er verfügte mit der Investitionskontrolle, der Tarifaufsicht und dem Reichslastverteiler über Möglichkeiten, um in nahezu jeden Bereich der Stromversorgung regulierend einzugreifen. In der Elektrizitätswirtschaft brauchte der Staat nicht mit eigenen Investitionsprojekten aufzuwarten, solange es keinen Mangel an privatwirtschaftlicher Initiative gab, so dass die Behörden sich hauptsächlich auf die Einhaltung der staatlichen Anordnungen konzentrieren konnten.[324]

Nach Hitlers Verständnis gehörten zu dem privatwirtschaftlichen Engagement eben nicht nur die industriellen Kraftwerksbetreiber, sondern auch die von den

---

320 Speer an Bormann, 3.6.1943, in: Ebd.

321 Speer ließ vor allem seine Verstaatlichungspläne fallen. Siehe dazu sein Grundsatzpapier: Sechs Grundfragen der Energiewirtschaft mit Antworten des GIWE, 17.6.1943, in: BA R 43/379.

322 Vgl. Boelcke, Deutschlands Rüstung im Zweiten Weltkrieg, S. 154.

323 Bormann an Speer, 27.7.1942, in: BA R 43 II/ 378a.

324 Die Unternehmensgeschichte hat sich in den letzten Jahren intensiv mit den Handlungsspielräumen der Unternehmen während der nationalsozialistischen Herrschaft beschäftigt. Vgl. dazu Plumpe: Unternehmen im Nationalsozialismus, S. 243-266; Buchheim, C.: Unternehmen in Deutschland und NS-Regime 1933-1945. Versuch einer Synthese, in: HZ 282 (2006), S. 351-390. Buchheims Interpretation ist indes nicht unwidersprochen geblieben. Siehe die Kontroverse zwischen Peter Hayes und Christoph Buchheim/Jonas Scherner über Corporate Freedom of Action in Nazi Germany, in: GHI Bulletin 45 (2009), S. 29-51.

Kommunen organisierte Stromversorgung, sei es in regionaler Gestalt wie beim RWE und der VEW oder als einzelnes Stadtwerk wie in Düsseldorf. Hitler belehrte seinen Energieminister, dass der Staat sich „geradezu freuen" müsse, wenn neben der Industrie auch „das einzelne Dorf oder die einzelne Stadtgemeinde selbst für ihre Energieerzeugung sorge".[325] Wenn sich einzelne Versorgungsbetriebe tatsächlich gegen die Stromdurchleitung stellten und sie damit die Belieferung einzelner Rüstungsbetriebe behinderten, musste der Staat natürlich intervenieren. Das Essener Abkommen, mit dem erst vor kurzem die westfälische Demarkationsgrenze für die Vereinigten Stahlwerke aufgelockert worden war, kann als ein konkretes Beispiel für diese Art der Intervention gesehen werden.[326] Oftmals reichte aber schon allein die Androhung eines Einschreitens, damit die Versorgungsbetriebe einlenkten. Die Stadt Düsseldorf, die das Wegerecht dazu benutzte, um die eigenen Stadtwerke gegen die Konkurrenz des RWE abzuschirmen, lockerte die Gebietsgrenzen „freiwillig" auf, nachdem das Energieministerium unmissverständlich klargestellt hatte, dass die Stadtwerke andernfalls mit Zwangsmaßnahmen rechnen müssten.[327] Hitler machte nur in Bezug auf die großen Wasserkraftprojekte eine Ausnahme von der Regel und sprach sich dafür aus, diese Bauvorhaben vom Reich selbst durchführen zu lassen.[328]

Die Aufmerksamkeit, mit der der Wasserkraftausbau in den zeitgenössischen Debatten verfolgt wurde, täuschte leicht über die Tatsache hinweg, dass nur ein vergleichsweise geringer Anteil der Investitionen in die Errichtung neuer Wasserkraftanlagen floss. Speer sprach Mitte 1943 zwar immer noch davon, dass in der Rangfolge grundsätzlich die „Förderung der Ausnutzung der Naturkräfte Wasser und Wind obenan" stehen sollte, doch das war allenfalls eine zukunftsweisende Vision, die zu diesem Zeitpunkt längst der Kriegswirtschaft geopfert wurde.[329] Das wird deutlich, wenn man die Genehmigungspraxis in der Ära des Energieministeriums mit den Bauprojekten vergleicht, die von den Kraftwerksbetreibern geplant und bei den Behörden eingereicht wurden. Fritz Todt ließ unmittelbar nach seiner Ernennung eine Untersuchung über sämtliche von der Industrie und den öffentlichen Stromversorgern angemeldeten Kraftwerksprojekte erstellen, um sich einen detaillierten Überblick über das Investitionsvorhaben der Unternehmen zu verschaffen. Demnach waren Anfang 1942 immerhin 22,5 Prozent der geplanten Neubauten Wasserkraftanlagen, die restlichen 77,5 Prozent aber nach wie vor Dampfkraftwerke, die

325 Bormann an Speer, 27.7.1942, in: BA R 43 II/378a.

326 Vgl. ausführlich dazu Kapital 3.1.

327 Vgl. Stadtwerke Düsseldorf an RWE betr. Änderung des im Vertrag zwischen RWE und der Stadt Düsseldorf vom 30.2.1912 festgelegten Strompreises zur gegenseitigen Aushilfe, 20.7.1942, in: HK RWE 404/II; Aktenvermerk über Besprechung beim GIWE, 21.4.1943, in: HK RWE 404/IV; GIWE an Oberbürgermeister Haydn, 13.5.1943, in: Ebd.

328 Vgl. Bormann an Speer, 27.7.1942, in: BA R 43 II/378a.

329 Sechs Grundfragen der Energiewirtschaft mit Antworten des GIWE, 17.6.1943, in: BA R 43/379.

sich wiederum zu 55 Prozent aus Steinkohlenkraftwerken zusammensetzten.[330] Die Unternehmen zeigten also durchaus ein reges Investitionsinteresse auf dem Gebiet der Wasserkraft. Doch viele der geplanten Projekte kamen nicht über das Entwurfsstadium hinaus und wenn in einzelnen Fällen mit den Bauarbeiten begonnen wurde, herrschte auf den Baustellen in der Regel Materialmangel und es gab nicht genügend Arbeitskräfte, die auch durch den Einsatz von Zwangsarbeitern nicht kompensiert werden konnten.[331] Es kam somit zu deutlichen Verzögerungen, die im weiteren Verlauf der Kriegswirtschaft sogar noch zunahmen, weil eben die Fertigstellung der Dampfkraftwerke und nicht die der Wasserkraftanlagen oberste Priorität hatte.

Speer, der ununterbrochen von den Möglichkeiten der regenerativen Energien schwärmte, gab schon im Dezember 1942 seinen Sachbearbeitern im Energieministerium die Anweisung, dass „ohne Rücksicht auf energiepolitische Gesichtspunkte" vor allem die Bauvorhaben bevorzugt gefördert werden sollten, die am „schnellsten einen energiewirtschaftlichen Nutzen mit dem geringstmöglichen Aufwand" erbrachten.[332] Spätestens ab diesem Zeitpunkt war klar, dass zahlreiche Wasserkraftprojekte vorerst keine Genehmigung bekommen würden, denn die Errichtung dieser Anlagen war im Vergleich zu den Dampfkraftwerken nicht nur zeitaufwendiger und erforderte wesentlich mehr Baumaterialien und Arbeitskräfte, sondern es musste in diesem Zusammenhang immer auch ein entsprechender Ausbau der Transporteinrichtungen eingeplant werden.[333] Das Tauernkraftwerk der Alpenelektrowerke wurde deshalb zu einem kriegswirtschaftlich nicht dringlichen Bauprojekt herabgestuft.[334] In Westtirol, wo das RWE und der Staatskonzern um die Wasserrechte gekämpft hatten, bis sie schließlich gemeinsam die neue Kapitalgesellschaft gründeten, wurden die Bauarbeiten erst gar nicht in Angriff genommen. Das RWE konnte in Österreich nur bei den Vorarlberger Illwerken, die bis 1943 zwei neue Anlagen von insgesamt 203 MW fertigstellten, eine anteilsmäßige Leistung in Betrieb nehmen. Die geplante Leistungssteigerung der Fernleitungen auf 400 KV blieb dagegen

330 Vgl. Planungsausschuss II des GIWE: Planung für Elektrizitätswirtschaft 1942 bis 1946, Januar 1942, in: BA 4604/492. Die Aufstellung umfasst alle Bauprojekte, die in den 20 Planungsgebieten des GIWE – ohne Norwegen – in Aussicht genommen wurden.

331 Vgl. dazu die Fallanalysen in: Rathkolb, O./Freund, F. (Hrsg.): NS-Zwangsarbeit in der Elektrizitätswirtschaft der „Ostmark" 1938-1945, Wien 2002.

332 Speer an Abt. Energiewirtschaft, 12. 1942, in: BA 4604/492.

333 Für eine Gegenüberstellung der erforderlichen Baumaterialien und Arbeitsschichten bei Dampfkraft- und Wasserkraftwerken vgl. die Berechnungen der Wirtschaftsgruppe: Plan über den technischen Ausbau der deutschen Elektrizitätsversorgung, S. 15, 36-37.

334 Vgl. Reiter: Tauernwerk Kaprun, S. 133.

ein Zukunftsprojekt.[335] Es war geradezu bezeichnend für die staatliche Investitionslenkung dieser Jahre, dass im annektierten Österreich mit seinen reichhaltigen Wasserressourcen zahlreiche Bauvorhaben zurückgestellt wurden, die Reichswerke Hermann Göring aber neben den Anlagen in Salzgitter nun auch in Linz ein großes Dampfkraftwerk errichteten.[336]

Die Errichtung neuer Dampfkraftwerke stand während der Kriegswirtschaft im Mittelpunkt, während die Bauarbeiten an den geplanten Wasserkraftanlagen vermehrt eingestellt wurden. Das verdeutlichen auch die Hauptausschüsse und Arbeitskreise, die in der fünfjährigen Ära des Energieministeriums eingerichtet wurden. Speer ließ, nachdem er von Hitler zurechtgewiesen worden war, Ende 1942 die so genannte „Energieplanung" als neuen Koordinationsausschuss einrichten.[337] Die Verstaatlichung rückte damit vollsttändig in den Hintergrund und Speer wandte sich nun mit einem flammenden Appell an die Versorgungsunternehmen, die Arbeit der korporativen Energieplanung zu unterstützen und dabei seine Vorgaben zu befolgen, damit der Staat nicht permanent als „Richter und Vollstrecker von Entscheidungen in Anspruch" genommen werden bräuchte.[338] In dem neu eingerichteten Beratungsgremium des Energieministeriums gehörten die öffentlichen Elektrizitätswerke, die von dem Vorsitzenden der Wirtschaftsgruppe Elektrizitätsversorgung und dem Leiter des Reichslastverteilers vertreten wurden, nicht mehr zu den Wortführern. Es waren vielmehr die industriellen Kraftwerksbetreiber, die den Vorzug erhielten. In den Ausschüssen der Energieplanung saßen die Vertreter des Generalbevollmächtigten der chemischen Industrie, der Reichsvereinigung der Eisen- und Stahlindustrie sowie des Kohlenbergbaus und nicht zuletzt der Elektroindustrie, die als bedeutender Lieferant von elektrotechnischen Investitionsgütern für den Kraftwerksbau unabkömmlich war. Die Mitglieder der Energieplanung trafen sich unter der Leitung des Energieministeriums in gewissen Zeitabständen, um Berichte über die Fortschritte beim Kraftwerksausbau entgegenzunehmen, über die vorliegenden

335 Vgl. Report of C. H. Peters of the RWE Management, in: USSBS, Utilities Division Rep. 21. RWE of Western Germany, Washington 1945; Horstmann, T./Döring, P.: Strom kennt keine Grenzen, in: Strom für Europa, Essen 2003, S. 58, 92-95. Der Titel der Festschrift führt in die Irre.

336 Das Dampfkraftwerk der Hütte Linz umfasste 170 MW. Die Göring-Werke nahmen in der Region außerdem einige kleinere Wasserkraftbauten in Angriff, die bis Kriegsende zu 80 Prozent fertig gestellt wurden. Vgl. Freund, F.: Elektrizitätswirtschaft in Österreich und der Krieg, in: Rathkolb, O./Freund, F. (Hrsg.): NS-Zwangarbeit in der Elektrizitätswirtschaft der „Ostmark" 1938-1945, Wien 2002, S. 47-50; Weber, W.: Österreichs Energiewirtschaft. Eine Wirtschaftspolitische Untersuchung, Wien 1957, S. 166-169; Wixforth/Ziegler, Expansion der Reichswerke, S. 261-264.

337 Vgl. Sardemann: Die deutsche Elektrizitätswirtschaft 1933-1948, S. 110-111; Neubrunn: German Wartime Electricity Supply, S. 72-75.

338 Speer an Elektrizitätsversorgungsunternehmen des Großdeutschen Reiches, 27.8.1943, in: BA R 43 II/379a. Der Kompetenzstreit zwischen Speer und Spitzenvertretern der Kommunalwirtschaft lief bis August 1943 und wurde erst nach einem weiteren Führererlass beigelegt. Vgl. Erlass des Führers, 6.8.1943, RGBl. 1943, Teil I, S. 479.

Projekte zu beraten und eine Entscheidung zu treffen, welche der geplanten Bauvorhaben vorrangig durchgeführt werden sollten.[339]

Der Koordinationsausschuss übernahm die Aufgaben, die im Zusammenhang mit der Investitionskontrolle bis dahin von der Reichsgruppe Energiewirtschaft ausgeübt worden waren, ohne dass die industriellen Kraftwerksbetreiber dieser Selbstverwaltungsorganisation angehört hatten. Speer setzte damit auf dem Gebiet der Elektrizitätswirtschaft eine Reform der Verbandsstruktur durch, die für eine umfassende Koordination längst überfällig war, denn die wirtschaftliche Bedeutung der Eigenanlagenbesitzer war in der Reichsgruppe Energiewirtschaft nie zum Tragen gekommen. Deshalb wurde die Reichsgruppe in den Reihen der industriellen Kraftwerksbetreiber auch primär als ein Interessenverband der öffentlichen Energieversorger gesehen und es gab eine wachsende Unzufriedenheit darüber, dass man über keine Organisation verfügte, um die eigenen Interessen zu vertreten und zu verhindern, dass die Kraftwerksbauvorhaben der Industrie durch den Einfluss der Reichsgruppe an den Rand gedrängt wurden. Es war vor diesem Hintergrund sicherlich kein Zufall, dass sich im Mai 1942 namhafte Vertreter der Großindustrie im Ruhrgebiet trafen, um über die Möglichkeit zu beraten, in Berlin eine eigene Interessenvertretung einzurichten. An dem Treffen, das von Heinrich Schult, dem Vorsitzenden der StEAG, arrangiert wurde, nahmen unter anderen Ernst Buskühl vom Bergbau-Verein, Alfried Krupp von Bohlen und Halbach und Otto Ambros vom IG-Farbenkonzern teil. Die Vereinigten Stahlwerke hatte Schult nicht in Kenntnis gesetzt, was wohl primär daran lag, dass Vögler sich mehrfach kritisch zu den Bestrebungen der StEAG geäußert hatte.[340] Es blieb bei diesem einen Treffen, das Schult einmal mehr vor Augen führte, dass die Absichten des Ruhrbergbaus nicht so einfach mit den Interessen der Großindustrie zu vereinbaren waren. Die Überlegungen hinsichtlich einer Vereinigung der industriellen Kraftwirtschaft wurden vor allem deshalb nicht weiter verfolgt, weil Speer die Industrie mit an den Tisch der Energieplanung holte.

Eines der ambitioniertesten Programme, das im August 1942 in Angriff genommen und wenig später von der Energieplanung koordiniert wurde, war das „Wärmekraftsofortprogramm“. Es sah die Errichtung von insgesamt 20 neuwertigen Hochdruckkraftwerken vor, die mit einer Endausbauleistung von jeweils 300 MW projektiert wurden. Im ersten Bauabschnitt sollten zehn Anlagen gebaut werden.[341] In diesem Zusammenhang rechnete sich auch das RWE wieder eine Möglichkeit aus,

339 Vgl. Sardemann: Die deutsche Elektrizitätswirtschaft 1933-1948, S. 110-111. Siehe dazu auch die Teilnehmerliste im Sitzungsprotokoll der Energieplanung, 5.3.1943, in: BA 4604/493.

340 Weitere Teilnehmer waren Hermann Kellermann und Martin Sogemeier. Vgl. Schreiben von Ambros, 22.5.1942, in: HK RWE 10643.

341 Vgl. Sardemann: Die deutsche Elektrizitätswirtschaft 1933-1948, S. 111; Neubrunn, German Wartime Electricity Supply, S. 29.

seine Braunkohlenkraftwerke nun doch noch mit neuzeitlichen Hochdruckanlagen ausrüsten zu können.[342] Das Besondere an dem Sofortprogramm war neben der Dimension der Anlagen vor allem das Bestreben, die einzelnen Bauteile der Dampfkraftwerke zu standardisieren. Man versprach sich von der Vereinheitlichung den Vorteil, dass einzelne Kraftwerksmodule leicht austauschbar sein würden und dass die Lieferzeiten deutlich verkürzt werden konnten, denn bisher nahm allein die Anfertigung eines Konstruktionsplanes, an dem in der Regel mehrere Baufirmen aus der Zulieferindustrie beteiligt waren, mehrere Monate in Anspruch.[343] Das Programm griff damit einen Grundgedanken auf, mit dem sich die Großkesselbetreiber schon seit längerer Zeit beschäftigten. Ihre Forderung, den Dampfkesselbau zu normieren, war bei den Kesselfirmen bislang aber nur auf wenig Gehör gestoßen. Karl Hencky vom IG-Farbenkonzern hatte noch 1938 auf der Hauptversammlung des Vereins Deutscher Ingenieure ein eindringliches Plädoyer in Richtung der Kesselkonstrukteure gehalten, dass sie die „Bedürfnisse“ der Kesselbetreiber mehr beachten sollten. „Eine geringe Zahl von Kesselbauarten, diese aber voll erprobt und vom ersten Tag an betriebssicher“, das war der Wunsch der Großkunden.[344] Ein Vergleich mit den Vereinigten Staaten, dem Land der standardisierten Massenproduktion, durfte an dieser Stellte nicht fehlen. Hencky rechnete vor, dass in Amerika 80 Prozennt aller Kesselbestellungen auf gerade einmal drei Bauarten entfielen, in Deutschland dagegen im Jahr 1937 immer noch über 400 verschiedene Kesseltypen bestellt worden seien. Darunter befanden sich viele Sonderkonstruktionen, die eine kostenaufwendige Entwicklungsarbeit erforderten. Der wärmewirtschaftliche Grenznutzen, der dadurch erzielt wurde, war aber häufig so gering, dass sich der zusätzliche Aufwand nicht rechnete.[345]

Die mit Abstand größten Kesselbetreiber kamen aus der Chemieindustrie und so verwundert es nicht, dass der IG-Farbenkonzern, der seit den frühen 1930er Jahren an verschiedenen Standorten neue Stromerzeugungsanlagen errichtete, die Standardisierungsbemühungen weiter voranzutreiben versuchte.[346] Das Ergebnis der Normierungsverhandlungen war eine „Einheitskesselliste“, die im Jahr 1939 veröffentlicht wurde und einheitliche „Richtlinien für die Wahl der Drücke, Temperaturen und Leistungen in Dampfkraftwerken“ enthielt.[347] Die Richtlinien waren keine verpflichtenden Bestimmungen, sondern eher Empfehlungen für die Zulieferindustrie. Der unverbindliche Charakter der vereinbarten Normen hatte den entscheiden-

342 Vgl. RWE an GIWE betr. Vorschaltanlage Goldenbergwerk, 1.2.1942, in: BA R 4604/502.

343 Vgl. Hellmich, H./Niessen, E.: Die deutschen Einheitskessel, in: AfWD 20 (1939), S. 113.

344 Hencky: Bau von Kesselanlagen, S. 95.

345 Vgl. Ebd., S. 94-95.

346 Vgl. VGB: 50 Jahre VGB, S. 66-68.

347 Vgl. Hellmich/Niessen, Die deutschen Einheitskessel, S. 113-117; Paul, H.: Entwicklungslinien im Dampfkesselbau, in: VDI-Zeitschrift 88 (1944), S. 89, 98-99.

den Vorteil, dass die Entwicklung der Dampfkesseltechnik nicht durch eine starre Regelung gehemmt wurde, die Kessellieferanten aber trotzdem Informationen über technische Standards erhielten, die von den Kesselbetreibern bevorzugt nachgefragt wurden. Das Verfahren sollte den Kesselherstellern die Abstimmungen ihrer Konstruktionsarbeit mit den Bedürfnissen der Kunden erleichtern. Sie zeigten einen Entwicklungstrend auf, der in der deutschen Kesselbautechnik bereits vor Ausbruch des Krieges vorherrschte und den man als einen kontinuierlichen Standardisierungsprozess bezeichnen könnte. Die technische Entwicklungsarbeit konzentrierte sich zunehmend auf wenige Bauarten und es wurden vermehrt Hochdruckdampfkessel in Auftrag gegeben. Der Anteil der Hochdruckkessel mit Drücken über 80 atü an den Neubestellungen stieg zwischen 1936 und 1941 von 20,4 Prozent auf 55,2 Prozent. Die Anlagen mit Druckstufen über 100 atü, die vornehmlich von der Chemieindustrie in Auftrag gegeben wurden, waren gesamtwirtschaftlich gesehen eher die Schrittmacher der technischen Entwicklung, die quantitativ noch nicht so stark ins Gewicht fielen.[348] Das Wärmekraftsofortprogramm griff diesen Trend aber auf und gab der Industrie die Möglichkeit, die Hochdrucktechnik im Kraftwerksbau anzuwenden. Bei der Durchführung des Sofortprogrammes tauchten zwar die für die Kriegswirtschaft typischen Schwierigkeiten bei der Zuteilung von ausreichenden Materialien auf und es konnte außerdem nicht erwartet werden, dass die Kraftwerke nach ihrer Fertigstellung sofort störungsfrei funktionierten.[349] Die Baufirmen und Kraftwerkbetreiber konnten aber einen Teil ihrer Entwicklungsarbeit auf den Bau von Hochdruckkraftwerken konzentrieren und damit auf diesem Gebiet trotz aller Unzulänglichkeiten weiterhin Know-how ansammeln.

Im Rahmen des Wärmkraftprogrammes entstanden keine identischen Kraftwerksanlagen, wie die damalige Bezeichnung „Einheitskraftwerk“ suggeriert.[350] Das Dampfkraftwerk war eine komplexe Anlage und der Umstand, dass die Kesselanlagen und Dampfturbinen für sehr unterschiedliche Einsatzzwecke konstruiert wurden, erforderte nach wie vor eine diversifizierte Bauweise. Die Vereinheitlichung beschränkte sich deshalb allenfalls auf einzelne Bauteile der Gesamtanlage.[351] Die Grenzen der Standardisierung machten sich im Kraftwerksbau wesentlich schneller bemerkbar als zum Beispiel im Leitungswesen, wo für die Stromzähler, Isolatoren und Transformatoren einfacher bestimmte Standards festgelegt werden konnten.[352] Bei den Normierungsbestrebungen war außerdem zu beachten, dass die Hersteller-

---

348 Prozentwerte beziehen sich auf die Dampfleistung der Kesselanlagen. Vgl. Kurt, H.: Die Hochdruckdampf-Erzeugung in Deutschland, in: VDI-Zeitschrift 91 (1949), S. 539.

349 Vgl. Neubrunn: German Wartime Electricity Supply, S. 81.

350 Vgl. Sardemann: Die deutsche Elektrizitätswirtschaft 1933-1948, S.111.

351 Vgl. Hoffmann, K.: Vereinheitlichung und Rationalisierung im Dampfturbinenbau, in: AfWD 25 (1944) 87-91.

352 Vgl. Heyden, W.: Entwicklung der Elektrizitätsversorgung zur Großraumverbundwirtschaft, in: EW 40 (1941), S. 317.

firmen nicht bereit waren, ihre Produktion ohne Rücksicht auf die eigenen Wettbewerbsvorteile freiwillig auf eine einheitliche Bauart festzulegen. Diese Erfahrung musste auch Gustav Knepper machen, der für die geplanten Stromerzeugungsanlagen der Vereinigten Stahlwerke Angebote einholte und in den Gesprächen mit den diversen Zulieferern die Frage nach den Möglichkeiten der Standardisierung aufwarf. Er stieß mit seinem Vorschlag bei den Turbinenherstellern AEG, Siemens, BBC und MAN allerdings auf wenig Gegenliebe. Sie begründeten ihre abweisende Haltung mit dem Hinweis, dass „jede Baufirma ihre Tradition pflege" und die Konstrukteure neu angelernt werden müssten, wenn nur noch eine Bauform zugelassen würde.[353]

Die Forderung, eine Einheitsturbine zu bestimmen, setzte voraus, dass die Unternehmen die Konstruktionspläne und damit auch einen wichtigen Teil des betriebseigenen Know-hows der Konkurrenz zur Verfügung stellten, was als eine „Zumutung" empfunden wurde, der man sich nicht „ohne Zwang" beugen würde. Knepper gab nach den ersten Verhandlungen deshalb nur noch zu Protokoll, „dass er mit einem derartigen Ergebnis seiner Umfrage gerechnet habe" und die Vereinigten Stahlwerke von dem Vorhaben, einheitliche Kraftwerkturbinen aufzustellen, „Abstand nehmen" würden.[354] In den Arbeitsausschüssen, die dem Energieministerium unterstellt waren, ging man von ähnlichen Überlegungen aus. Die Umstellung der Werkstätten würde zu „empfindlichen Störungen der Produktion" führen und „trotz des Erfahrungsaustausches" viel „Lehrgeld und Lehrzeit" kosten.[355] Sie empfahlen daher eine andere Vorgehensweise, die zwar nicht ohne Eingriffe in die betriebliche Autonomie der Unternehmen auskam, aber die negativen Auswirkungen dieser Maßnahmen möglichst gering zu halten versuchte. Speer erließ im Herbst 1943 für die Turbinenhersteller und Kesselbauer einen so genannten „Konstruktionsstopp", der die Entwicklung neuer Konstruktionspläne untersagte. Nach dieser Verordnung, die das immaterielle Eigentum der Unternehmen nicht berührte, durften die Unternehmen nur noch Aufträge für bewährte Konstruktionen ausführen.[356] Die Einschränkung der Entwicklungsarbeit führte also dazu, dass ab diesem Zeitpunkt keine neuen Sonderkonstruktionen mehr angefertigt wurden.

Der Ausbau der Dampfkraftwerke ist in mehrfacher Hinsicht aufschlussreich für die staatliche Investitionslenkung, die in der Ära des Energieministeriums verstärkt nach den kriegswirtschaftlichen Erfordernissen erfolgte. Die Stromerzeugungsanlagen wurden hauptsächlich dezentral bei den Verbraucherschwerpunkten errichtet,

353 Niederschrift über Verhandlungen mit Baufirmen, 15.12.1941, in: BBA 55/2116.

354 Ebd.

355 Hoffmann: Vereinheitlichung und Rationalisierung im Dampfturbinenbau, S. 87.

356 Vgl. Rundschreiben der WEV betr. Planung und Fertigung im Dampfturbinenbau, in: EW 42 (1943), S. 344; Nuber, F.: Vereinheitlichung im Bau von Wasserrohrkesseln, in: AfWD 25 (1944), S. 94; Hoffmann: Rationalisierung im Dampfturbinenbau, S. 87-88.

das heißt, in der räumlichen Nähe der Rüstungsbetriebe. Bei der Standortwahl spielten zwar immer auch wehrpolitische Gesichtspunkte eine gewisse Rolle, doch der chronische Mangel an Arbeitskräften, Baumaterialien und Anlagegütern war wesentlich entscheidender. Außerdem kam noch der Umstand hinzu, dass die öffentlichen Stromanbieter selbst unter normalen Verhältnissen nur in Ausnahmefällen tatsächlich in der Lage waren, den Strom günstiger zu erzeugen als die großindustrielle Rüstungsindustrie mit ihren Eigenanlagen. Insofern war die Genehmigungspraxis des Energieministeriums nicht ausschließlich von der Mangelsituation bestimmt, sondern erfolgte auch nach betriebswirtschaftlichen Gesichtspunkten. Die städtischen Elektrizitätswerke, die hauptsächlich Kleinkonsumenten belieferten und in den öffentlich geführten Debatten selbstbewusst die Deutungshoheit über die dezentrale Stromversorgung zu gewinnen versuchten – auf der Diskursebene waren sie damit durchaus erfolgreich –,[357] erhielten daher selten eine Genehmigung für die Errichtung neuer Kraftwerksanlagen.

Das galt allerdings genauso für den rheinisch-westfälischen Stromkonzern. Der RWE-Vorstand bemühte sich zwar im Rahmen des Wärmekraftprogrammes erneut um eine Baugenehmigung für seine Braunkohlenkraftwerke, doch die Bemühungen blieben wieder erfolglos. Der Hinweis der Konzernleitung, die Anlagen müssten unbedingt auf den neuesten technischen Stand gebracht werden, wurde von den Sachbearbeitern im Energieministerium durchaus geteilt.[358] Doch es gab mindestens zwei Argumente, die zu diesem Zeitpunkt gegen den Stromanbieter sprachen und die letztendlich auch ausschlaggebend für den ablehnenden Bescheid waren. Erstens standen die rheinischen Großkraftwerke in einer für feindliche Luftangriffe zu exponierten Lage, worauf das Oberkommando der Wehrmacht wiederholt aufmerksam machte.[359] Zweitens konnte das RWE den Strom nicht so günstig anbieten, dass die westdeutschen Rüstungsbetriebe freiwillig auf den Ausbau ihrer Eigenanlagen verzichtet hätten. Die Vereinigten Stahlwerke und die rheinischen Chemiewerke waren nicht die einzigen Industrieunternehmen, die weitere Dampfkraftanlagen für die Eigenversorgung errichten lassen wollten und nur darauf warteten, dass ihre Bauvorhaben endlich freigegeben wurden.[360] Im Laufe des Jahres 1942 wurde es

357 Die Technikgeschichte entdeckte die Argumente, die von Vertretern der kommunalen Stromversorgung für die Dezentralisierung vorgebracht wurden, in den 1980er Jahren wieder neu, ohne einen Blick auf die Industrie zu werfen. Vgl. Hellige: Entstehungsbedingungen und Langzeitwirkungen, S. 143-146; Gilson, N.: Konzepte von Elektrizitätsversorgung und Elektrizitätswirtschaft. Die Entstehung eines neuen Fachgebietes der Technikwissenschaften zwischen 1880 und 1945, Stuttgart 1994; Maier, H. (Hrsg.): Elektrizitätswirtschaft zwischen Umwelt, Technik und Politik, Freiberg 1999.

358 Vgl. Vermerk des GIWE betr. Vorschaltanlagen Goldenbergwerk, 6.5.1942, in: BA R 4604/502; RWE an GIWE betr. Vorschaltanlage Goldenbergwerk, 4.2.1943, in: Ebd.

359 Vgl. OKW an GIWE betr. Vorschaltanlagen Goldenbergwerk, 5.3.1943, in: BA R 4604/502..

360 Vgl. Niederschrift über Sitzung der Energieplanung, 5.5.1943, in: BA R 4604/493.

aber selbst für die westdeutschen Rüstungsbetriebe immer schwieriger, zusätzlich zu den bereits im Bau befindlichen Anlagen noch weitere genehmigt zu bekommen. Denn spätestens mit dem Wärmekraftsofortprogramm lenkte das Ministerium die Investitionstätigkeit in die östlich gelegenen Gebiete. Von den ersten zehn freigegebenen Dampfkraftwerken wurden gerade einmal drei auf dem Territorium der späteren Bundesrepublik errichtet, nämlich zwei Anlagen im Versorgungsgebiet der Preußenelektra und eine in West-Berlin.[361]

Überblickt man den Kraftwerksneubau, den das RWE in den zwölf Jahren der nationalsozialistischen Diktatur realisierte, so ist festzustellen, dass die Bilanz gemessen an den geplanten Projekten am Ende bescheiden ausfiel. Es ist nicht übertrieben zu behaupten, dass sich Arthur Koepchen und seine Vorstandskollegen in ihren Entscheidungen von der Wunschvorstellung leiten ließen, dass das RWE sich in Österreich und auch in Norwegen an den Wasserkraftbauten beteiligen sollte. Als Terboven, der als alt gedienter Gauleiter in Essen zum Reichskommissar für die besetzten norwegischen Gebiete aufstieg, im Sommer 1940 eine „Arbeitsgemeinschaft für den Elektrizitätsausbau Norwegens" einrichtete, um mit den interessierten Unternehmen erste Verhandlungen zu führen, war das RWE durch Albert Vögler und den damals noch amtierenden Generalbevollmächtigten Dillgardt prominent vertreten. Sie ließen keinen Zweifel daran aufkommen, dass man das angestrebte Ziel fest im Blick hatte und jede sich bietende Gelegenheit nutzen wollte, um die Interessen des Konzerns zu markieren.[362] Ein erster konkreter Schritt in diese Richtung wäre eine Kapitalbeteiligung gewesen. Es gab in diesem Kontext auch Überlegungen hinsichtlich der Möglichkeit, eine Gleichstromübertragungsleitung bis nach Norwegen zu errichten. Doch die ungeklärten Fragen, die sich auf dem Gebiet der Hochspannungsgleichstromübertragungstechnik stellten, ließen die Inangriffnahme derartiger Vorhaben von Anfang an als unwahrscheinlich erscheinen.[363] In der Realität angekommen, mussten die Konzernlenker außerdem feststellen, dass sie in

361 Es handelt sich um die Kraftwerke Lahde, Ost-Hannover und Berlin-West. Von den restlichen Anlagen wurden jeweils zwei in der Umgebung von Berlin (Fürstenberg, Trattendorf), in Sachsen (Berzdorf, Hirschfelde), in Oberschlesien und eine in Thüringen errichtet. Vgl. Reichsministerium Speer betr. Wärmekraft-Sofortprogramm, 12.5.1943, in: BA R 4604/492; Bericht von Zschintzsch in der Sitzung der Energieplanung, 5.12.1944, in: BA R 4604/493.

362 Vgl. Bohn, R.: Reichskommissariat Norwegen. Nationalsozialistische Neuordnung und Kriegswirtschaft, München 2000, S. 389-392.

363 Elektrokonzerne wie die AEG und auch Stromanbieter wie das RWE beschäftigten sich nur bis Mitte der 1930er Jahre ernsthaft mit der Hochspannungsgleichstromübertragung (HGÜ), indem sie sich an der Finanzierung der Forschungsarbeiten beteiligten. Danach wurden die Versuchsstationen nur noch mit öffentlichen Mitteln finanziert. Vgl. Maier, H.: Erwin Marx (1893-1980). Ingenieurwissenschaftler in Braunschweig, und die Forschung und Entwicklung auf dem Gebiet der elektrischen Energieübertragung auf weite Entfernungen zwischen 1918 und 1950, Stuttgart 1993, S. 307-317.

den besetzten Gebieten einer noch mächtigeren Konkurrenz gegenüberstanden, die sich in Gestalt der deutschen Aluminiumproduzenten formiert hatte.[364] Letztendlich blieben für das RWE auch in Norwegen die erhofften Chancen aus und die auf dem Reißbrett großzügig entworfenen Pläne schrumpften zu Investitionen in einem überschaubaren Umfang zusammen, die sich hauptsächlich auf das angestammte westdeutsche Versorgungsgebiet konzentrierten.[365]

Die großen Projekte wie die 400-KV-Hochspannungsleitung oder der Wasserkraftwerksbau in Österreich und Norwegen erregten viel Aufmerksamkeit, sie verdeckten gleichzeitig aber auch den Blick für die Entwicklungen, die auf der regionalen Ebene stattfanden und die für die Stromversorgung der Kriegswirtschaft eine wesentlich größere Bedeutung hatten. Koepchen versuchte zwar gegenüber der Energieaufsichtsbehörde in geübter Routine mit dem Sicherheitsargument zu punkten und geißelte die Vernachlässigung der Hochspannungsleitung als eine Gefahr für die Sicherheit der Stromversorgung. Er erwähnte dabei aber nicht, dass der regionale Netzausbau gezielt weiter vorangetrieben wurde und die Behörden großen Wert darauf legten, dass die Vernetzung zwischen Industriekraftwerken und öffentlichen Netzbetreibern ausgebaut wurde, so dass am Ende kein Kraftwerk isoliert war und alle verfügbaren Reserven ausgenutzt werden konnten. Die Anzahl der aufgestellten Umspannstationen stieg im Vergleich zur Länge der Hochspannungsleitungen seit 1940 überproportional stark an, was ein eindeutiger Indikator dafür ist, dass die Erweiterung der Stromnetze vor allem im regionalen Rahmen ablief.[366] Die Umspannstationen im Vorhof der Rüstungsbetriebe wurden sogar mit einer 100-prozentigen Reservekapazität ausgerüstet.[367]

Der finanzielle Aufwand, der für diesen großzügigen Ausbau der netztechnischen Zusammenschlüsse aufzubringen war, fiel geringer aus als die vom RWE geplante Erweiterung der Fernleitungseinrichtungen. Der Stromkonzern finanzierte, nachdem 1939 lediglich ein Drittel der genehmigten Anleihe von 150 Millionen RM emittiert worden war, den anfallenden Kapitalbedarf überwiegend aus dem eigenen Cashflow und verzichtete darauf, die bewilligte Anleihesumme voll auszuschöpfen. Im Aufsichtsrat wurde ab Ende 1942 sogar darüber diskutiert, ob man die finanziellen Rücklagen für eine Kapitalerhöhung nutzen sollte. Eine Kapitalberichtigung erforderte die Zustimmung der kommunalen Aktionäre, die wiederum an die An-

---

364 Vgl. Hayes: Industry and Ideology, S. 290-297; Bohn: Reichskommissariat Norwegen, S. 392-409.

365 Das galt auch für die Ausbaupläne, die von der Aluminiumindustrie formuliert wurden. In Norwegen waren acht neue Wasserkraftwerke geplant, doch bis Ende des Krieges konnten gerade einmal zwei Anlagen fertig gestellt werden. Milward, A.: Der Zweite Weltkrieg. Krieg, Wirtschaft und Gesellschaft 1939-1945, München 1977, S. 161-164; Bohn: Reichskommissariat Norwegen, S. 409-417.

366 Vgl. DVG: Verbundgesellschaft, S. 32; Neubrunn: Germann Wartime Electricity, S. 38.

367 Vgl. Roser, H. (Chief Egineer of RWE): Effect of Aerial Attacks upon the RWE System, in: USSBS, Utilities Division Rep. 21. RWE of Western Germany, Washington 1945, S. 20.

ordnungen des Reichsinnenministeriums gebunden waren. Da es im Aufsichtsratspräsidium hinsichtlich der Kapitalberichtigung keine einheitliche Meinung gab, kam es im April 1943 zu einer Abstimmung, bei der Vögler als Vorsitzender letztendlich die entscheidende Stimme in die Waagschale werfen musste, damit die Gewinnrücklagen nicht angerührt und für die Nachkriegszeit zurückgestellt wurden.[368] Vögler war zu diesem Zeitpunkt längst darüber informiert, dass in den Berliner Behörden immer noch Überlegungen darüber kursierten, ob man die bevorstehende Ausgabe neuer Aktien nicht vielleicht doch noch nutzen sollte, um die Kapitalbeteiligung des Staatskonzerns am RWE auszuweiten.[369] Die Spekulationen verstummten aber, nachdem Vögler seine Stimme gegen die Emission neuer Aktien erhoben hatte und mit dieser Entscheidung indirekt auch dafür sorgte, dass das Eigentum der kommunalen Aktionäre nicht angerührt wurde.

3.4 Zwischenfazit

Über das Verhältnis von Wirtschaft und Politik während des Nationalsozialismus ist in der wirtschaftshistorischen Forschung viel debattiert worden. Besonders kontrovers ist die Diskussion über das so genannte „deutsche Wirtschaftswunder" der 1930er Jahre. Umstritten sind der Zeitpunkt, ab dem die Erholung der Konjunktur einsetzte sowie der Charakter des Wirtschaftsaufschwungs, der in wenigen Jahren Millionen Arbeitslose wieder in den Wirtschaftsprozess eingliederte. In einem vielbeachteten Forschungsbeitrag hat Werner Abelshauser die These formuliert, der konjunkturelle Aufschwung sei das Ergebnis einer erfolgreichen, keynesianischen Krisenpolitik des NS-Regimes gewesen.[370] Die neuen Machthaber hätten im Kampf gegen die Massenarbeitslosigkeit umfassende, kreditfinanzierte Programme für den Ausbau der öffentlichen Infrastruktur eingesetzt, die erst ab 1935 durch die steigenden Rüstungsausgaben in ihrer Schrittmacherfunktion für die Staatskonjunktur abgelöst wurden. Abelshausers Interpretation hat unter den Wirtschaftshistorikern heftigen Widerspruch hervorgerufen. Historiker wie Christoph Buchheim erachten es als erwiesen, dass die Wiederbelebung der Wirtschaft bereits 1932 in Form eines sich selbsttragenden Konjunkturaufschwunges einsetzte. Dieser hätte sich auch ohne das *deficit spending* fortgesetzt, so die These.[371] Ein weiteres Argument, dass

---

368 Vgl. Protokoll über Aufsichtsratssitzung, 5.4.1943, in: HK RWE 6274. Siehe dazu auch die Vorlage von Ernst Henke über „Kapitalberichtigung bzw. –erhöhung", 7.1.1943, in Ebd.

369 Vgl. Schriftverkehr zwischen Speer und Reichsinnenminister Frick, in: LA Düsseldorf RW 050-053 Nr. 525. Dazu auch die Monatsberichte des Essener Stadtkämmerers Hahn von Dezember 1942 bis April 1943, in: StA Essen 102/164.

370 Abelshauser: Kriegswirtschaft und Wirtschaftswunder, S. 512, 537.

371 Bucheim: Wirtschaftsentwicklung im Dritten Reich, S. 653-664. Dazu auch die Beiträge von C. Buchheim und A. Ritschl in: JWG 2003/1.

wesentlich schwerwiegender erscheint, ist der Hinweis darauf, dass der Lebensstandard der Bevölkerung in der NS-Zeit praktisch stagnierte. Parallel zu dieser bis heute nicht abgeschlossenen Debatte über den Wirtschaftsaufschwung sind seit den 1980er Jahren unzählige unternehmenshistorische Studien entstanden, die der Frage nach den Handlungsspielräumen und Anreizstrukturen für Unternehmen unter der nationalsozialistischen Diktatur sowie der Logik des unternehmerischen Handels nachgehen. Dieser mikrohistorische Fokus ist besonders dafür geeignet, das komplexe Verhältnis zwischen Staat und Wirtschaft sowie die Auswirkungen der wirtschaftspolitischen Maßnahmen für einzelne Unternehmen oder Wirtschaftsbereiche zu ergründen.[372]

Betrachtet man die Entwicklung der Elektrizitätswirtschaft in den 1930er Jahren, so ist festzuhalten, dass ein keynesianisches *deficit spending* beim Ausbau der Stromversorgung in Deutschland – anders als im Rahmen des amerikanischen New Deal – kaum eine Rolle spielte. Die Netzinfrastruktur war bei einer Anschlussrate von über 80 Prozent der Privathaushalte im internationalen Vergleich gut ausgebaut. Die Netzbetreiber bauten die Übertragungsleitungen und Verteilungsnetze ohne sprunghafte Investitionen kontinuierlich weiter aus. Was die Stromversorgung der Industrie anbelangte, waren die öffentlichen Elektrizitätswerke aufgrund der – durchaus umstrittenen – Anschluss- und Versorgungsregelung erst gar nicht verpflichtet, Kraftwerksleistung bereitzustellen. Unternehmen der wärmeverbrauchenden Industrie zeigten aus Kostenüberlegungen auch wenig Interesse, ihre Betriebe auf Fremdstrombezug umzustellen. Der IG-Farbenkonzern begann bereits 1932 im Zuge der wirtschaftlichen Wiederbelebung mit der Errichtung eines neuen Höchstdruckkraftwerkes nach dem Prinzip der Kraft-Wärme-Kopplung, da diese Technologie gegenüber dem Fremdstrombezug deutliche Kostenvorteile versprach. Die Hydrierwerke für die synthetische Treibstoffgewinnung erhielten eigene Kraftwerksanlagen. Im Fall der BRABAG mussten sich die Stromversorger, die im Besitz von Braunkohlengesellschaften waren, auf Verlangen des Reichswirtschaftsministers Schacht sogar an der Finanzierung beteiligen. Auch im rheinisch-westfälischen Industriegebiet rechneten die öffentlichen Elektrizitätswerke damit, dass die Schwerindustrie ihre Eigenanlagen ausbauen wollte. Außerdem bot sich das RWKS an, für das Bunawerk in Marl und die Aluminiumhütte in Lünen neue Kraftwerke zu errichten und gründete hierfür die StEAG. Diese und andere Beispiele belegen, dass Hellige mit seiner Behauptung, Schacht hätte mit der Energieaufsicht die Industrie aus der Stromerzeugung zugunsten der öffentlichen Stromversorger zurückgedrängt, falsch liegt.[373]

---

372 Für eine Zwischenbilanz der unternehmenshistorischen Forschung vgl. Plumpe: Unternehmen im Nationalsozialismus, S. 243-266; Buchheim: Unternehmen und NS-Regime, S. 351-390.
373 Hellige: Entstehungsbedingungen und energietechnische Langzeitwirkungen, S. 134.

Durch das Energiewirtschaftsgesetz und die folgenden Durchführungsverordnungen, insbesondere durch die Einführung der Investitionskontrolle für industrielle Eigenanlagen, weitete der NS-Staat seine Kontroll- und Eingriffsmöglichkeiten weiter aus. In der Forschung herrscht bis heute die Vorstellung vor, die großen Stromversorger hätten aufgrund ihrer Nähe zu und ihrer personellen Verflechtung mit staatlichen Stellen die Regulierungspolitik entsprechend ihrer Interessen und zu Lasten konkurrierender Marktakteure beeinflusst.[374] Bernhard Stier hat diese populäre Sichtweise etwas relativiert, indem er mit Blick auf die Stadtwerke den Nachweis erbracht hat, dass die von den Großverbundunternehmen angestrebte Flurbereinigung in der Praxis nicht stattfand. Er widerspricht damit der konventionellen Leseart der kommunalhistorischen Literatur.[375] Die vorliegenden Untersuchungsergebnisse zeigen nun eindeutig, dass Behauptungen, die Stromkonzerne seien durch die nationalsozialistische Regulierungspolitik systematisch bevorzugt worden, irreführend sind.

Für den NS-Staat hatte die Stromversorgung der rüstungsrelevanten Industrien Priorität, was häufig die Aufrüstung der industrieeigenen Kraftwerke implizierte. Investitionen in unabhängige Stromnetze der Industrie untersagte der Staat, wenn wie im Ruhrgebiet die öffentlichen Leitungen hierfür genutzt werden konnten. Im Umkehrschluss verlangte er von den Netzbetreibern, dass sie ihre Stromleitungen für die Durchleitung von Fremdstrom bereitstellten. Das Regime intervenierte, falls sich einzelne Netzbetreiber mit Verweis auf bestehende Gebietsabsprachen quer stellten und die Stromversorgung eines Rüstungsbetriebes dadurch in Gefahr geriet. Wie am Beispiel des Essener Abkommens von 1939 gezeigt werden konnte, wurden die privatrechtlichen Demarkationsverträge in diesen Fällen nicht aufgelöst. Sie wurden aufgelockert, wie es damals hieß, um sie den rüstungswirtschaftlichen Erfordernissen anzupassen. Im Krieg wurden die neuen Kraftwerke dann schließlich nur noch dezentral, in räumlicher Nähe der Rüstungsbetriebe errichtet. Für die Prüfung und Genehmigung der Bauvorhaben war die 1942 unter Speer eingerichteten Energieplanung zuständig, in der hauptsächlich Vertreter der Zulieferindustrie für Kraftwerksbauten und industrielle Kraftwerksbetreiber saßen. Das RWE bekam während dieser Phase keine neuen Kraftwerksprojekte genehmigt.

Ungeachtet der wiederholt aufflammenden Debatte über die Neuordnung zeigte der NS-Staat nur wenig Interesse an einem radikalen Umbau der Elektrizitätswirtschaft, wie er von Befürwortern der Verstaatlichung gefordert wurde. Stattdessen versuchte er die Unternehmen mit regulatorischen Vorgaben, materiellen Anreizen und Drohungen zu steuern – entsprechend der Logik, die Werner Plumpe aufgezeigt

---

374 Ambrosius: Was war eigentlich nationalsozialistisch an den Regulierungsansätzen, S. 55; Faridi: Eingriff des Energiewirtschaftsgesetzes, S. 195.

375 Stier: Staat und Strom, S. 461-470. Für die klassische Darstellung der Flurbereinigungsthese vgl. Matzerath: Nationalsozialismus und kommunale Selbstverwaltung, S. 418.

hat.[376] Die Lenkung der Stromwirtschaft entsprach der einer gebundenen Konkurrenz mit einem klaren Primat des Staates. Ein im Sinne des Regimes wirksamer Steuerungsmechanismus war der 1938 mit den Netzbetreibern ausgehandelte Ausgleichsfonds, über den die Differenz zwischen den gebundenen Strompreisen und den steigenden Kosten ausglichen wurde, die durch das Zuschalten stillgelegter Kraftwerksanlagen entstanden. Im Krieg wurde die Verwaltung dieser Subventionskasse auf den Reichslastverteiler übertragen. Die Regelung war in doppelter Hinsicht zielführend für das Regime. Erstens zeigten sich die Kraftwerksbetreiber durch den finanziellen Anreiz bereit, die unrentablen Kraftwerksanlagen ans Netz zu bringen, wodurch die Stromversorgung mindestens bis Oktober 1941 ohne Lieferausfälle und Stromsperren sichergestellt werden konnte. Die direkten staatlichen Eingriffe in Form von Zwangsmaßnahmen blieben dadurch auf Ausnahmefälle begrenzt. Zweitens bewirkte die Übernahme der Mehrkosten durch den Staat, dass keine Preiserhöhungen für die Stromkunden vorgenommen werden mussten. Dadurch wurden Konflikte zwischen Stromlieferer und Abnehmer vermieden, die sich negativ auf die Leistungsfähigkeit der Rüstungsindustrie ausgewirkt hätten.

Der Subventionsmechanismus verhinderte auch, dass der Trend der sinkenden Strompreise für Kleinabnehmer, der mit der wirtschaftlichen Erholung begann und sich nach der Reform des Tarifwesens 1938 fortsetzte, durch die steigenden Kosten der Stromerzeugung nicht aufgezehrt wurde. Die Einführung der einheitlichen Tarifordnung, die Abschaffung der Finanzzuschläge und die Deckelung der Konzessionsabgaben sowie die Standardisierung der Lieferverträge erfolgten als Reaktion auf die Erfahrungen der Weimarer Zeit und sollten die Tarifkunden entlasten. Diese ordnungspolitischen Maßnahmen des Reichskommissars für Preisbildung entsprachen dem reformliberalen Konzept. Der Handlungsspielraum der Elektrizitätswerke und Kommunalverwaltungen beim Aushandeln der Konzessionsverträge wurde gegen den Widerstand einzelner Stromkonzerne deutlich eingeschränkt. Die Senkung der Tarifpreise wirkte sich jedoch kaum auf das Konsumverhalten der Haushalte aus, da die Stromkosten nur einen verschwindend geringen Anteil der Lebenshaltungskosten ausmachten. Die Reallohnentwicklung stagnierte und die Technisierung der Haushalte schritt – wenn überhaupt – nur schleppend voran. Die breite Bevölkerung konnte sich die Anschaffung neuer Elektrogeräte nicht leisten. Der durchschnittliche Arbeiterhaushalt nutzte den Stromanschluss weiterhin hauptsächlich für Lichtzwecke und die Handwerksbetriebe außerdem für elektrisch betrieben Maschinen. Die Elektrowärme fand nur in geringem Maße Anwendung, obwohl die Stromversorger in den 1930er Jahren versuchten, mit äußerst günstigen Lieferangeboten auf den Wärmemarkt vorzudringen. Die große Mehrheit der privaten Haushalte nutzte für das Zubereiten warmer Mahlzeiten einen Gas- oder Koh-

376 Plumpe: Unternehmen im Nationalsozialismus, S. 264-265.

lenherd. Selbst die Bäckereien und Konditoreien bevorzugten den klassischen Kohlenbackofen. Als sich Ende der 1930er Jahre die Verzögerungen beim Ausbau der öffentlichen Kraftwerkskapazitäten häuften, ging auch das Interesse der Stromanbieter, auf den Wärmemarkt zu expandieren, merklich zurück. Im Krieg rückte die Stromversorgung der Rüstungsbetriebe in den Vordergrund.

4 Kontinuität und Wandel

4.1 Die Rekonstruktion der Zusammenarbeit zwischen Industriekraftwirtschaft und öffentlicher Stromwirtschaft

4.1.1 Der Wiederaufbau der westdeutschen Verbundwirtschaft

Der Wiederaufbau der Stromversorgung stellte die Elektrizitätswerke vor mannigfaltige Herausforderungen. Die Siegermächte hatten sich im August 1945 auf der Potsdamer Konferenz darauf verständigt, ihre Deutschlandpolitik aufeinander abzustimmen und in diesem Zusammenhang unverzüglich Maßnahmen einzuleiten, um die Energieversorgung wiederherzustellen.[1] Die Besatzungspolitik verlief in den ersten Jahren jedoch wesentlich unkoordinierter, als das Potsdamer Abkommen zum Zeitpunkt seiner Verkündigung erwarten ließ. Die Absichtserklärung schloss keineswegs aus, dass die Einrichtungen der öffentlichen Stromversorgung in einzelnen Fällen demontiert und damit aus der wirtschaftlichen Verflechtung, die zwischen Netzbetreibern und Kraftwerksbesitzern bestand, herausgerissen wurden. Die Auswirkungen der Demontagen beschränkten sich keineswegs auf die sowjetische Besatzungszone, wo ein Teil der Hochspannungsleitungen einschließlich der Masten und geschätzte 35 Prozent der installierten Kraftwerkskapazitäten abtransportiert wurden. Die abmontierten Anlagen gehörten größtenteils zu den reichseigenen Elektrowerken und zum mitteldeutschen Industriekomplex der IG-Farbenindustrie.[2] Die sowjetische Demontagepolitik blieb nicht ohne Folgen für die Stromversorgung in Niedersachsen und Bayern, die mit den Elektrowerken, die vor der Auflösung standen, eng verflochten war. Es gab darüber hinaus auch in den westdeutschen Besatzungszonen Meldungen über Teildemontagen, wie die Einwohner in Westberlin, Bremen und Mannheim erfahren mussten.[3] In den Westzonen handelte sich jedoch eher um Ausnahmefälle, denn die amerikanische und britische Militärregie-

1 Vgl. Press Release of the Potsdam Conference, 24.3.1945, in: Department of State (Hrsg.): Germany 1947–1949. The Story in Documents, Washington 1950, S. 50.

2 Vgl. DIW-Wochenbericht 18 (1951), S. 199–200.

3 Vgl. Harmssen, W.G.: Am Abend der Demontage, Bremen 1951, S. 47, 68, 79; Pohl, VIAG AG 1923–1998, S. 232–244.

rung konzentrierte sich darauf, die Energiepolitik nach der Potsdamer Erklärung aufeinander abzustimmen. Sie ergriffen schon früh Maßnahmen, um den Wiederaufbau der Stromversorgung zu forcieren. Die Wiederaufbaumaßnahmen wurden flankiert durch einen Rationierungsplan, der eine strikte Stromkontingentierung für die einzelnen Stromverbrauchergruppen vorsah. Die Elektrizitätswerke durften die elektrische Energie daher nur für Anwendungszwecke liefern, die von der Militärregierung als lebensnotwendig eingestuft wurden. Die Stromversorgung der alliierten Militäreinrichtungen und Krankenhäuser, der öffentlichen Gebäude und Straßen, der Bäckereien und anderer Nahrungsmittelbetriebe sowie der privaten Wohnungen hatte dabei absolute Priorität.[4]

Die Stromsperren und Liefereinschränkungen, die in den ersten Jahren der Nachkriegszeit vorgenommen werden mussten, vermittelten unter den Zeitgenossen den Eindruck, dass die materielle Infrastruktur der Stromversorgung durch die Kriegshandlungen stark beschädigt worden war. Sie lenkten die Aufmerksamkeit von den eigentlichen Ursachen der Versorgungsengpässe ab. Der Umstand, dass mit dem politischen Zusammenbruch gleichzeitig der institutionelle Rahmen der Energiewirtschaft stark beschädigt worden war, hatte wesentlich schwerwiegendere Folgen als die materiellen Schäden, die durch den Bombenkrieg entstanden waren. Es gab zum Beispiel keinen zentralen Lastverteiler, der wie in der Vergangenheit die Fahrpläne der verschiedenen Kraftwerke koordinierte und im Notfall auch die Befugnis hatte, die Stromlieferung über die Gebietsgrenzen einzelner Versorgungsgebiete hinaus anzuordnen.[5] Der überregionale Stromaustausch war fast vollständig zum Erliegen gekommen. Die betriebsfähigen Kraftanlagen wurden häufig nur als isolierte Werke für die städtische und regionale Stromversorgung betrieben. Der regionale Lastverteiler des RWE in Brauweiler hatte den Anweisungen von drei Militärregierungen, die ihre Maßnahmen in den ersten Nachkriegsjahren nicht aufeinander abstimmten, Folge zu leisten.[6] Die französische Regierung sah sich nicht verpflichtet, die Potsdamer Bestimmungen umzusetzen und beanspruchte die süddeutsche Wasserkraft als Reparationsleistung für die französische Wirtschaft.[7]

---

4 Vgl. Kontrollratgesetz Nr. 7, in: Amtsblatt der Militärregierung, britisches Kontrollgebiet, Nr. 5, S. 43–44. Der Rationierungsplan wurde im Laufe der nächsten Jahre mehrfach erneuert. Vgl. Amtsblatt der Militärregierung, britisches Kontrollgebiet, Nr. 8, S. 165–166, und Nr. 15, S. 371–374. Siehe auch die Verhandlungsprotokolle in: BA Z8/1367–1369 und 1401.

5 Vgl. Verhandlungen über Errichtung eines Hauptlastverteilers für die amerikanische, britische und französische Zone, in: BA Z8/1543.

6 Vgl. RWE an Zentralamt für Wirtschaft der britischen Zone, 13.11.1946, in: BA Z8/1544.

7 Vgl. Milward, A.S.: The Reconstruction of Western Europe 1945–51, London 1984, S. 126–141.

Hinzu kamen die Schwierigkeiten bei der Stromlieferung aus den alpinen Wasserkraftwerken. Die Schweiz hatte die Stromausfuhr nach Deutschland unterbrochen. In Österreich stand die Elektrizitätswirtschaft vor der Verstaatlichung. Das RWE sah sich daher mit der Situation konfrontiert, sein Eigentum an den Vorarlberger Illwerken und den Westtiroler Wasserkraftwerken, wo die Bauarbeiten schon während des Krieges eingestellt worden waren, verlieren zu können.[8] Die wirtschaftliche Bedeutung der Strommengen, um die es in den Auseinandersetzungen mit den westeuropäischen Nachbarländern ging, war gemessen an dem gesamtwirtschaftlichen Bedarf relativ gering. Der europäische Stromaustausch war selbst unter der Annahme, dass das Hochspannungsnetz technisch einwandfrei funktionierte, allein aufgrund der Engpassleistung der Transporteinrichtungen sehr begrenzt.[9] Die Debatten machen aber deutlich, dass die größte Herausforderung in den ersten Jahren des Wiederaufbaus darin bestand, die institutionellen Rahmenbedingungen zu rekonstruieren, damit die Stromversorgung wieder in einem geordneten Betriebsablauf stattfinden konnte und Anreizstrukturen für Investitionen in Kraftwerksneubauten geschaffen wurden. Dazu gehörte auch die Regelung der Stromeinspeisung in das öffentliche Verbundnetz, die in Deutschland traditionell von einer Vielzahl von selbständigen Kraftwerksbetreibern erfolgte.[10] Die Stromabgabe an das öffentliche Versorgungsnetz war aufgrund der ungeklärten Vertragsverhältnisse vielfach unterbrochen. Die Koordinationsschwierigkeiten, die hierdurch allein schon in den westdeutschen Besatzungszonen entstanden, waren enorm. Im Mittelpunkt stand vor allem das rheinisch-westfälische Industriegebiet, denn gut 50 Prozent der westdeutschen Kraftwerke waren in dieser Region angesiedelt. Die wirtschaftlichen Beziehungen, die sich hier zwischen den öffentlichen Netzbetreibern und den unterschiedlichen Besitzern von Stromerzeugungsanlagen – seien es Industriekraftwerke oder öffentliche Kraftwerke – herausgebildet hatten, waren empfindlich gestört. Die angekündigte Entflechtungspolitik der Alliierten sollte diese Lage sogar noch verschärfen.[11]

Die Versorgungsengpässe wurden unter Wirtschaftspolitikern und Vertretern der Energiewirtschaft allgemein als ein Hindernis für die wirtschaftliche Entwick-

8 Vgl. Weber: Österreichs Energiewirtschaft, S. 165.

9 Die maximale Engpassleistung der 220 KV-Leitung betrug 250 MW.

10 Vgl. Sitzungen des Energiebeauftragten der britischen Zone, in: BA Z8/1368; Wirtschaftsminister des Landes NRW (Nölting) an Verwaltungsamt für Wirtschaft betr. Stromversorgungslage in der britischen Zone, 11.1.1947, in: BA Z8/1545.

11 Der Anteil Nordrhein-Westfalens an der westdeutschen Stromerzeugung stieg zwischen 1948 und 1950 von 50,3 auf 53,4 Prozent. Eigene Berechnungen nach Stat. Bundesamt (Hrsg.): Die Industrielle Stromerzeugungsanlagen, 1948–1951, Stuttgart 1953, S. 19; Statistische Berichte des Zentrallastverteilers, in: EW 49f.

lung betrachtet. Sie erfuhren deshalb während der Rekonstruktion der deutschen Wirtschaft sowohl von der deutschen Seite als auch von den Besatzungsmächten große Aufmerksamkeit. Die Ursachen, welche die angespannte Lage bei der Stromversorgung bedingten und die Überwindung der Energiekrise über mehrere Jahre hinweg erschwerten, wurden allerdings selten klar erkannt. Die Behauptungen, die in den zeitgenössischen Einschätzungen kursierten, reichten von Hinweisen auf die fehlenden Stromerzeugungskapazitäten, über mangelnde Brennstoffbelieferung der Kraftwerke bis hin zu den Schwierigkeiten, die bei der Finanzierung der Kraftwerksneubauten auftauchten. Das waren die Symptome der Energiekrise, nicht aber die Ursache, die diese Situation bedingte. Auch in der historischen Forschungsliteratur sind die spezifischen Probleme, die in der Elektrizitätswirtschaft vorherrschten, bislang nur am Rande behandelt worden. Die einzige Untersuchung, die diese Schlüsselindustrie für die Nachkriegszeit näher untersucht, beschränkt sich weitgehend auf die Debatte hinsichtlich der Bedeutung des Marshallplanes für den Wiederaufbau der Stromversorgung.[12] Sie stellt die Versorgungsengpässe in einem Zusammenhang mit dem Kapitalmangel, der zu erheblichen Verzögerungen bei der Durchführung der erforderlichen Investitionen führte. Das Finanzierungsproblem, so die These, konnte erst mit Hilfe der Investitionsmittel, die im Rahmen des Marshallplanes bereitgestellt wurden, gelöst werden.

Diese Lesart lässt allerdings gleich mehrere Faktoren unberücksichtigt, die für den Wiederaufbau der westdeutschen Elektrizitätswirtschaft von entscheidender Bedeutung waren. Sie bezieht sich erstens lediglich auf die öffentlichen Versorgungsbetriebe und lässt die Industriekraftwerke vollständig außer Betracht.[13] Damit geht sie von bestimmten Prämissen aus, die in Bezug auf die Verhältnisse der westdeutschen Stromwirtschaft anachronistisch erscheinen. Die Erwartungen und das Investitionsverhalten der öffentlichen Stromanbieter wurden von der Konkurrenz der industriellen Stromerzeugung entscheidend beeinflusst. Die Tragweite des Finanzierungsproblems kann deshalb nicht ohne Berücksichtigung der Industriekraftwerke bestimmt werden, denn der Umfang der Stromversorgung, die von den öffentlichen Elektrizitätswerken bereitzustellen war, hing letztendlich von der Entwicklung der industriellen Eigenanlagen ab. Zweitens wird die Bedeutung des institutionellen Kontextes nicht systematisch in die Betrachtung einbezogen. Die Folgen, die durch die Entflechtung der Industriekonzerne für die Stromwirtschaft insgesamt entstanden, werden damit ausgeblendet. Wie noch zu zeigen sein wird, schürten die Eingriffe in das privatrechtliche Vertragsgefüge der Stromwirtschaft eine zusätzliche

12 Vgl. Borchardt, K./Buchheim, C.: Die Wirkung der Marshallplan-Hilfe in Schlüsselbranchen der Deutschen Wirtschaft, in: VfZ 35 (1987), S. 331–342.
13 Vgl. Ebd., S. 332.

Unsicherheit unter den Akteuren, was zu Verzögerungen beim Ausbau der Kraftwerkskapazitäten führte. Drittens setzte der Wiederaufbau der Stromversorgung nicht mit der Investitionsförderung im Rahmen des Marshallplans ein, der erst im zweiten Halbjahr 1948 konkrete Konturen annahm.[14] Bis zu diesem Zeitpunkt waren bereits wichtige Entscheidungen gefallen und Maßnahmen eingeleitet worden, die in ihrer Bedeutung für die Elektrizitätswirtschaft nicht zu unterschätzen sind. Wirtschaftshistoriker haben wiederholt darauf hingewiesen, dass der wirtschaftliche Aufschwung schon im Vorfeld der Währungs- und Wirtschaftsreform von 1948 und des Marshallplanes einsetzte. Sie verweisen auf das vorhandene Anlagevermögen, das während der Rüstungswirtschaft ausgebaut worden war. Die Ausgangslage war in der Tat wesentlich günstiger als es die Erinnerungen an den Bombenkrieg erscheinen ließen, so dass sich schon im Herbst 1947 erste erkennbare Anzeichen eines wirtschaftlichen Wachstums abzeichneten.[15]

Die überlieferten Angaben über den technischen Zustand der Kraftwerke und Stromnetze sind äußerst lückenhaft, weshalb es schwierig ist, aus dem verfügbaren statistischen Material quantitative Rückschlüsse über die Versorgungsengpässe herzuleiten. Die zeitgenössischen Untersuchungen, die das Ausmaß der materiellen Zerstörung in der Elektrizitätswirtschaft zu beziffern versuchten, zeichnen sich dadurch aus, dass sie hauptsächlich Ergebnisse über die öffentliche Stromversorgung präsentieren. Sie basieren in der Regel auf dem statistischen Datenmaterial, das vom ehemaligen Reichslastverteiler zusammengestellt worden war.[16] Auch die von der amerikanischen Luftwaffe eingeleitete Untersuchung über die Auswirkungen des Bombenkrieges griff überwiegend auf dieses Material zurück.[17] Im Rahmen des United States Strategic Bombing Surveys wurden zusätzlich noch Einzelberichte über die großen Verbundunternehmen erstellt und Befragungen mit Personen durchgeführt, die während des Krieges eine Schlüsselfunktion in der öffentlichen Elektrizitätsversorgung ausgeübt hatten. So entstand auch ein ausführlicher Bericht über das RWE, der durch Interviews mit dem langjährigen Vorstandsmitglied Arthur Koepchen und einzelnen Abteilungsleitern ergänzt wurde.[18] Eine zentrale Aussage des Strategic Bombing Survey war, dass die Elektrizitätswirtschaft im Unterschied

---

14 Vgl. Hardach, G.: Der Marshall-Plan. Auslandshilfe und Wiederaufbau in Westdeutschland 1948–1952, München 1994, S. 209.

15 Vgl. Abelshauser, W.: Hilfe und Selbsthilfe. Zur Funktion des Marshallplanes beim westdeutschen Wiederaufbau, in: VfZ 37 (1989), S. 88; Milward: Reconstruction of Western Europe, S. 18.

16 So auch die Aufsatzreihe, die von der AdEW – später VDEW – veröffentlicht wurde. Meyer, K./Sardemann, F.: Die deutsche Elektrizitätswirtschaft 1933 bis 1948, in: EW 48 (1949), S. 34–40, 107–112, 212–214.

17 Vgl. USSBS: The Effects of Strategic Bombing on the German War Economy, Washington 1945.

18 Vgl. USSBS: Utility Division, Report Nr. 21, Electric Power: RWE of West Germany, in: HK RWE.

zum Schienenverkehr kein strategisches Angriffsziel der Fliegerverbände gewesen sei. Die Zerstörungen an der stromwirtschaftlichen Infrastruktur wurden als „incidential to attacks on adjacent primary targets" eingestuft.[19] Die Auswertung der Untersuchungsergebnisse ergab, dass die Ausfälle, die bis Ende 1944 auf direkte Feindeinwirkungen zurückzuführen waren, auf 15,3 Prozent der Gesamtleistung der öffentlichen Kraftwerkskapazitäten zu beziffern waren.[20] Die rheinischen Braunkohlenkraftwerke des RWE und die Stromeinrichtungen, die in der Nähe von Großstädten wie Essen, Köln oder Düsseldorf lagen, waren besonders schwer beschädigt worden.[21] Die Abschaltquote war im Februar 1945 auf bis zu 28 Prozent angestiegen. Doch die Ursachen für die Ausfälle lassen sich für diesen Zeitpunkt nicht mehr eindeutig identifizieren, denn die Kraftwerke wurden in diesen Monaten nicht mehr nur abgeschaltet, weil sie während eines Bombenangriffs getroffen worden waren, sondern vielfach einfach aufgrund des Vorrückens der feindlichen Truppen.[22] Hinzu kamen die Schwierigkeiten bei der Kohlenbelieferung der Kraftwerke, die durch die Engpässe im Transportwesen entstanden.[23]

Über das Ausmaß der Kriegsschäden an den Industriekraftwerken gaben sowohl die Berichte des ehemaligen Reichslastverteilers als auch der Strategic Bombing Survey keinerlei Auskünfte. Die Amerikaner notierten in Bezug auf diese Informationslücke, dass „even Speer in his official reports cites figures on public plants alone, calling them total German generating capacity".[24] Es war offensichtlich, dass Speer die Kraftwerkskapazitäten, die für die Stromerzeugung insgesamt zur Verfügung standen, unvollständig angegeben hatte. Denn in den westdeutschen Besatzungszonen wurden 1947 insgesamt 34 Prozent der Elektrizität in industriellen Eigenanlagen erzeugt und dieser Anteil erhöhte sich in den nächsten Jahren sogar noch (siehe Tabelle 2). Es waren vor allem die Wärmekraftwerke der Großindustrie, die der westdeutschen Elektrizitätswirtschaft weiterhin ihre ganz spezifische Struktur verliehen. Es gab mit Ausnahme von Belgien, wo 1947 insgesamt 40,7 Prozent des gesamten Stromaufkommens aus industriellen Kraftwerken stammten, kein anderes westeuropäisches Land, in dem die Stromversorgung so eng mit der Wärmewirtschaft der Industrie verflochten war.

---

19 USSBS, Utilities Division Rep. 21, S. 1. Vgl. auch die Gesamtauswertung der Einzelberichte in: USSBS, Effects, S. 123.

20 Vgl. USSBS, Effects, S. 122.

21 Vgl. Roser, H. (Chief Egineer of RWE): Effect of Aerial Attacks upon the RWE System, in: USSBS, Utilities Division Rep. 21. RWE of Western Germany, Washington 1945, S. 16–23.

22 Vgl. USSBS, Effects of Strategic Bombing, S. 122.

23 Vgl. Sardemann: Elektrizitätswirtschaft 1933–1948, S. 213.

24 USSBS, Effects of Strategic Bombing, S. 116.

Tab. 2: Anteil der industriellen Stromerzeugung an der Gesamtstromerzeugung 1947–1950

	1947	1948	1949	1950
Westdeutschland	34,4	37,3	38,4	39,1
Österreich	18,8	26,1	30,3	28,6
Frankreich	26,3	27,3	31,0	30,1
Belgien	40,7	44,2	42,5	40,7
England	6,9	8,0	7,2	6,6

Quelle: Statistical Yearbook of The World Power Conference, 6 (1952), S. 140–150. Stat. Bericht der Zentrallastverteilung, in: Elektrizitätswirtschaft, Jg. 50ff.

Die Stromerzeugungsanlagen, die sich im Besitz der Großindustrie befanden, waren in vielen Fällen technisch an die Industrieproduktion gekoppelt.[25] Es gab demnach in der westdeutschen Elektrizitätswirtschaft eine große Anzahl von Kraftwerksbetreibern, die ihre Anlagen in den ersten Jahren der Nachkriegszeit nicht nutzten, weil sie die Produktion deutlich eingeschränkt und teilweise sogar vollständig eingestellt hatten. Die Industriekraftwerke konnten aber unter günstigen Bedingungen im Gleichschritt mit der Ankurbelung der Industrieproduktion wieder hochgefahren werden. In der britischen Zone waren die Kraftwerksanlagen der Eisen- und Stahlindustrie im ersten Halbjahr 1947 gerade einmal zu 25 Prozent in Betrieb, so das Ergebnis einer internen Untersuchung, die vom Stromausschuss der Vereinigten Stahlwerke erstellt wurde.[26] Die Stromerzeugungsanlagen wurden in diesem Industriezweig häufig nicht eingesetzt, weil sie von der Leistungsfähigkeit der Gasversorgung abhängig waren, die wiederum an die Produktion der Hochöfen und Kokereien gekoppelt war.[27] Bei den Vereinigten Stahlwerken, die vor dem Krieg gut die Hälfte der konzerneigenen Stromerzeugung allein auf der Basis dieser Abfallgase erzeugt hatten, betrug der Anteil des Gasstromes 1947 gerade einmal acht Prozent.[28] Auch im StEAG-Kraftwerk bei den Chemischen Werken in Hüls, das während der Rüstungswirtschaft für die Buna-Produktion errichtet worden war, waren 70 Prozent

25 Roelen, W.: Der westliche Kohlenbergbau als ökonomische Grundlage der Verbundwirtschaft, in: Bergbau-Archiv 5 (1947), S. 25–36.
26 Vgl. Bericht des Stromausschusses der VSt über die Geschäftsjahre 1943/44–1946/47, in: BBA 55/2069.
27 Vgl. Reering, W.: Entwicklung und Lage der Kokereiwirtschaft, in: Bergbau-Archiv 9 (1948), S. 85–94.
28 Vgl. Jahresberichte des Stromausschusses der VStAG, in: BBA 55/2070.

der verfügbaren Kapazitäten abgestellt.[29] In diesem speziellen Fall war die Stromerzeugung technisch gar nicht mit der Produktion des Chemiewerkes verbunden, das heißt, die frei stehenden Kapazitäten hätten durchaus für die öffentliche Stromversorgung eingesetzt werden können.

Doch die wirtschaftliche Zusammenarbeit mit den öffentlichen Netzbetreibern gestaltete sich unter den unsicheren Vertragsbedingungen, die in der Nachkriegszeit vorherrschten, äußerst schwierig, obwohl die Netzanschlüsse und Umspannungseinrichtungen vorhanden waren. Hermann Roser, der Leiter der elektrotechnischen Abteilung des RWE, behauptete in seinem Bericht, den er für den Strategic Bombing Survey angefertigte, dass die Umspannwerke bei den Rüstungsbetrieben in der Regel mit einer 100-prozentigen Reserve ausgerüstet worden seien.[30] Die regionalen Verbundnetze waren während des Krieges im Unterschied zum westeuropäischen Hochspannungsnetz großzügig ausgebaut worden. Heinrich Schöller, der nach dem Rücktritt von Arthur Koepchen in den Vorstand des RWE aufgerückt war, sprach Mitte 1946 gegenüber dem Beauftragen für die Stromversorgung in der britischen Zone sogar davon, dass die Stromnetze „außerordentlich leistungsfähig" seien.[31] Die Behauptung bezog sich allerdings hauptsächlich auf die regionalen Hochspannungsleitungen, denn in den Städten herrschten chaotische Zustände und die Niederspannungsnetze für die Belieferung der Kleinabnehmer mussten vielfach neu errichtet werden. Das Verwaltungsamt für Wirtschaft verglich die Lage der Elektrizitätswirtschaft noch im Juli 1947 „mit einem völligen Zusammenbruch aller Ordnung".[32] Die Stromlieferung über die einzelnen Gebietsgrenzen gestaltete sich äußerst schwierig, die Kohlenlager der Kraftwerke standen häufig leer und es gab nicht ausreichend Arbeitskräfte und Baumaterialien, um die Reparaturprogramme in dem gewünschten Tempo voranzutreiben.

Die Schwierigkeiten, die den Einsatz der Industriekraftwerke in den ersten Jahren der Nachkriegszeit bestimmten, waren vielschichtiger als bei den öffentlichen Elektrizitätswerken. Letztere konnten nach Beseitigung der materiellen Schäden ihre Anlagen in der Regel sofort wieder in Betrieb nehmen. Bei den industriellen Kraftwerksbetreibern warfen dagegen die fehlende Produktionserlaubnis, die drohende Demontage, die Entflechtung der Industriekonzerne und der Umstand, dass sie bei der Abgabe der überschüssigen Strommengen auf das Verteilungsnetz der öffentlichen Energieversorger angewiesen waren, eine Reihe ungeklärter Probleme

29 Vgl. BICO, Supply from Industrial Power Stations to the Grid, 16.3.1948, in: BA Z8/1546.

30 Vgl. Roser: Effect of Aerial Attacks, S. 20.

31 Vgl. Heinrich Schöller (RWE) an Wilhelm Heyden (Preußenelektra) betr. Ausbau-Programm für die RWE-Kraftwerke, 9.5.1946, in: BA Z8/1430.

32 Lagebericht über Elektrizitätswirtschaft für Juli 1947, in: BA Z8/1545.

auf. Die anfängliche Demontagepolitik stellte vor diesem Hintergrund sogar ein vergleichsweise geringes Hindernis dar, nachdem sich die amerikanische Militärregierung ab 1947 schrittweise davon distanzierte.[33] Es gab in den Westzonen einige Fälle, in denen bis zu diesem Zeitpunkt Industriekraftwerke abgerissen und abtransportiert worden waren. Die Kraftanlagen, die der Kruppkonzern Ende der 1920er Jahre für das Hüttenwerk in Essen-Borbeck errichtet hatte, ist ein konkretes Beispiel dafür. Die Produktionsanlagen, die der Sowjetunion als Reparationsgut zufielen, wurden vollständig demontiert.[34] Die Westalliierten rückten aber von der Demontagepolitik ab, zumal sie kein Interesse daran hatten, das Potenzial der deutschen Industrie zu zerschlagen. Sie befürchteten, dass derartige Maßnahmen Auswirkungen auch auf die europäische Wirtschaft haben könnten. Vor allem auf Seiten der amerikanischen Regierung setzte sich früh die Überzeugung durch, dass eine Schwächung der deutschen Wirtschaft für den Wiederaufbau der westeuropäischen Wirtschaft eher hinderlich sein würde.[35]

Es gab eine enge wirtschaftliche Verflechtung zwischen den Ländern Westeuropas, die nach dem Krieg zwar zusammengebrochen war, die aber wiederzubeleben war, wenn der wirtschaftliche Wiederaufbau der westeuropäischen Länder gelingen sollte. Die westdeutsche Industrie spielte in diesen Überlegungen eine zentrale Rolle, denn sie galt als ein wichtiger Lieferant vor allem von Investitionsgütern.[36] Der Abriss der Produktionsanlagen musste in Anbetracht dieser Tatsache kontraproduktiv erscheinen und wurde deshalb auch in vielen Fällen trotz Ankündigung nicht konsequent durchgeführt.[37] Die Stromerzeugungsanlagen der August-Thyssen-Hütte, die anfänglich ein begehrtes Demontageobjekt dargestellt hatte, wurden bereits 1947 wieder von der Liste gestrichen.[38] Auch bei den Kruppwerken waren die Anlagen für die Stromversorgung keineswegs vollständig abgerissen worden. Das Hüttenwerk Rheinhausen konnte mit der Aufnahme der Stahlproduktion auch das

---

33 Vgl. Abelshauser, W.: Deutsche Wirtschaftsgeschichte seit 1945, München 2004, S. 74–76.

34 Vgl. Abelshauser, W.: Rüstungsschmiede der Nation? Der Kruppkonzern im Dritten Reich und in der Nachkriegszeit, in: Gall, L.(Hrsg.): Krupp im 20. Jahrhundert, Berlin 2002, S. 454; Pierenkemper: Von Krise zu Krise, S. 224–226.

35 Vgl. Berghahn, V.: Unternehmer und Politik in der Bundesrepublik, Frankfurt am Main 1985, S. 77.

36 Vgl. Berger, H./Ritschl, A.: Die Rekonstruktion der Arbeitsteilung in Europa, in: VfZ 43 (1995), 473–519; Eichengreen, B.: The European Economy Since 1945. Coordinated Capitalism and Beyond, Princeton 2008, S. 52–70.

37 Vgl. Abelshauser: Hilfe zur Selbsthilfe, S. 109–110; Milward: Reconstruction of Western Europe, S. 212–231.

38 Vgl. Geschäftsbericht des Stromausschusses der VSt 1943/44 bis 1946/47, in: BBA 55/2069.

eigenen Hüttenkraftwerk wieder hochfahren.[39] Bei den Unternehmen der Chemie- und der Mineralölindustrie, die während der nationalsozialistischen Herrschaft im großen Stil Wärmekraftwerke errichtet hatten und sogar über größere und vor allem neuwertigere Kraftwerksanlagen verfügten als die Unternehmen der Eisen- und Stahlindustrie, hielten sich die Demontageschäden ebenfalls in Grenzen.[40] Es gab zwar auch hier einige Ausnahmen, wie das Beispiel der unter französischer Kontrolle stehenden BASF verdeutlicht, wo die komplette Demontage der Buna- und Triebstoffwerke nicht ohne Folgen für die Stromversorgung blieb.[41] In der britischen und der amerikanischen Kontrollzone stellten derartige Eingriffe in der Chemieindustrie dagegen eine Seltenheit dar.[42]

In der vereinten Wirtschaftszone wogen die Koordinationsschwierigkeiten, die durch die angekündigte Entflechtung der Industriekonzerne entstanden, weitaus schwerer als die Einschränkungen, die auf die Demontagepolitik zurückzuführen waren. Die Trennung der Bergbaugesellschaften von ihren bisherigen Eigentümern drohte den organisatorischen Rahmen der wärmewirtschaftlichen Verbundwirtschaft zu zerstören, der sich in der Montanindustrie und seit den 1920er Jahren verstärkt auch im Bereich der Kohlenchemie herausgebildet hatte.[43] Die Entflechtungsmaßnahmen wirkten sich unmittelbar auf die wirtschaftlichen Beziehungen aus, die zwischen den öffentlichen Netzbetreibern und der Montanindustrie bestanden. Die Ruhrzechen und die rheinischen Braunkohlengruben waren von der Militärregierung beschlagnahmt worden. Die Entscheidung, ob die ehemaligen Eigentümer ihren Besitz an den Bergbaugesellschaften würden behalten dürfen, stand noch aus. Im Mittelpunkt der Entflechtungspolitik stand vor allem der Steinkohlenbergbau, während der rheinische Braunkohlenbergbau in dieser Diskussion eher eine Nebenrolle spielte. Es ist geradezu bezeichnend, dass im Aufsichtsrat des RWE die ungeklärten Eigentumsfragen, die sich nach der Beschlagnahmung der Braunkohlengruben stellten, nur selten auf der Tagesordnung standen. Dabei kontrollierte der Stromkonzern über die diversen Kapitalbeteiligungen, die er an den Braun-

39 Vgl. Abelshauser: Rüstungsschmiede, S. 451; von Klass, G.: Aus Schutt und Asche. Krupp nach fünf Menschenaltern, Tübingen 1961, S. 125.

40 Vgl. Stat. Bundesamt: Die industriellen Stromerzeugungsanlagen 1948–1951, Stuttgart 1953, S. 18.

41 Vgl. Stokes: IG-Farbenindustrie bis zur Neugründung, S. 350.

42 Vgl. Lorentz/Erker: Chemie und Politik, S. 91; Joset: Kraftakte, S. 31–41; Rasch, M.: Ruhrchemie AG 1945–1951. Wiederaufbau, Entnazifizierung und Demontage, in: Technikgeschichte 54 (1987), S. 101–120; Bericht des Vorstandes der StEAG über Zustand der Kraftwerke Hüls und Lünen, 11.1.1950, in: RWWA 130/400–101–327/11.

43 Vgl. Abelshauser, W.: Ruhrkohlenbergbau seit 1945. Wiederaufbau, Krise, Anpassung, München 1984, S. 52.

kohlenproduzenten hielt, mittlerweile 78 Prozent der rheinischen Braunkohlenförderung.[44] Die relative Gelassenheit, mit der beim RWE die möglichen Entflechtungsmaßnahmen gesehen wurden, wird man vor allem auch im Zusammenhang mit dem Umstand sehen müssen, dass der Stromkonzern mehrheitlich von den rheinischen Kommunen kontrolliert wurde und somit im Besitz der öffentlichen Hand war. Die kommunalen Aktionäre waren „prädestiniert" dafür, im Ernstfall den politischen Widerstand zu mobilisieren und ihr Eigentum an den Braunkohlengesellschaften zu verteidigten.[45]

Im Ruhrgebiet war die Ausgangssituation dagegen wesentlich komplizierter. Die angekündigte Neuordnung der Montanindustrie verschärfte hier den Konflikt, den die öffentlichen Netzbetreiber seit Mitte der 1920er Jahren mit dem Steinkohlensyndikat ausgetragen hatten. Die unterschiedlichen Vorstellungen, die es hinsichtlich der Einschaltung des Steinkohlenbergbaus in der öffentlichen Stromversorgung gab und die 1937 zur Gründung der StEAG geführt hatten, traten nun wieder in den Vordergrund. Die Deutsche Kohlenbergbauleitung (DKBL), die im November 1947 gegründet und von Heinrich Kost geleitet wurde, griff die altbekannten Forderungen des Ruhrbergbaus wieder auf. Kost und seine Mitstreiter bei der DKBL identifizierten sich mit der Absicht der StEAG und suchten nach einer Möglichkeit, den Zechenkraftwerken endlich einen ungehinderten Zugang zu den Märkten der öffentlichen Elektrizitätsversorgung zu verschaffen. Die Versorgungszentrale des Deutschen Bergbaus hatte bereits Anfang 1947 Untersuchungen durchgeführt, aus denen hervorging, dass ein „großer Teil" der Zechenkraftwerke „veraltet" und während der Kriegswirtschaft regelrecht „abgewirtschaftet" worden war. Die Brennstoffersparnisse, die durch die Errichtung neuwertiger Hochdruckanlagen erzielt werden konnten, wurden auf nahezu 50 Prozent eingeschätzt.[46] In Kreisen des Bergbaus wirkten derartige Berechnungen vor dem Hintergrund des anhaltenden Kohlenmangels, der in den Nachkriegsjahren vorherrschte, beeindruckend. Die Umstellung der Ruhrzechen auf den Strombezug von den öffentlichen Elektrizitätswerken stand außer Frage, denn diese verfügten selber nur über begrenzte Kapazitäten und waren mittelfristig nicht in der Lage, die Stromversorgung der Ruhrzechen zu übernehmen.

44 Vgl. Sitzung der Parlamentarier des Aufsichtsrats (sic!) und Verwaltungsrats des RWE, 29.5.1948, in: HK RWE 6275. Die Beteiligungsziffer gibt den Stand von März 1948 wieder.

45 Präsidialsitzung des RWE, 21.4.1949, in: HK RWE 6275. Schöller warb auch beim Deutschen Städtetag um Unterstützung im Streit gegen den Bergbau, hatte dabei allerdings keinen Erfolg. Landesarchiv Berlin Rep. 142-09-8/10-02.

46 Versorgungszentrale des Deutschen Bergbaus: Die Bedeutung der Kraftwirtschaft des Steinkohlenbergbaus, Essen 1947, S. 7, 10.

Aus der Sicht des Ruhrbergbaus führte in dieser Situation also kein Weg daran vorbei, die Zechenkraftwerke zu erneuern und auszubauen.

Unter den gegebenen Knappheitsbedingungen erschien es sogar naheliegend, die neuen Steinkohlenkraftwerke gleich mit zusätzlichen Kapazitäten für die öffentliche Stromversorgung auszustatten.[47] Das Problem war nur, dass die Ruhrzechen kaum über die finanziellen Mittel verfügten, um die großzügigen Investitionspläne durchzuführen.[48] Doch für Kost und Schult, der nach wie vor den Vorsitz der StEAG ausübte, stellten nicht die Finanzierungsschwierigkeiten das erstrangige Problem dar, sondern das Liefermonopol der öffentlichen Netzbetreiber. Sie konzentrierten ihre Aufmerksamkeit deshalb hauptsächlich darauf, für die Zechenkraftwerke erst einmal einen Zugang zum öffentlichen Strommarkt zu erkämpfen. Denn aus ihrer Sicht stellte die mangelnde Kooperationsbereitschaft der Elektrizitätswerke nach wie vor das Haupthindernis dar. Die Kontrahenten schlugen somit wieder den Konfrontationskurs ein, bei dem die Aussichten auf eine Einigung in weite Ferne zu rücken schienen. Jede Äußerung, die über die Probleme der Stromversorgung getätigt wurde, rief nahezu zwangsläufig eine Gegenstellungnahme hervor. Heinrich Schöller warb, wie schon sein Vorgänger im Vorstand des RWE, für eine „selbständige Verbundwirtschaft“ und sprach sich entschieden gegen den Bau von „überdimensionierten Zechen- und Industriekraftwerken“ aus. Die Errichtung von Industriekraftwerken müsse sich am „eigenen Bedarf des betreffenden Industriewerkes“ orientieren und dürfe „nicht in der Hoffnung auf Absatz überdimensioniert werden“. Denn die Anlagen, die Strom für die öffentliche Versorgung erzeugten, gehörten in die Hand der öffentlichen Netzbetreiber.[49] Die DKBL reagierte prompt und meinte den Schuldigen, den sie für den schlechten Zustand der Zechenkraftwirtschaft verantwortlich machen konnte, gefunden zu haben. Die Besitzer der öffentlichen Stromnetze – allen voran das RWE mit seiner Braunkohle – hätten in den vergangenen Jahren durch „technische und finanzielle Manipulationen“ den Zechenstrom „wettbewerbsmäßig auszuschalten“ versucht.[50]

Die Stammfirmen der Ruhrzechen, die in der Vergangenheit ihre Eigenanlagen stets nach der von Schöller angedeuteten Strategie der vertikalen Integration aus-

47 Vgl. speziell die Ausführungen von Schult, H.: Sicherstellung der Stromversorgung des rheinisch-westfälischen Industriegebiets, in: Die Energiewirtschaft des Ruhrbergbaus, Essen 1947, S. 1–10; DKBL: Gibt es eine „Selbständige Verbundwirtschaft“? Beitrag zur Frage der Stromversorgung des rheinisch-westfälischen Industriegebiets, Essen 1947.

48 Vgl. Abelshauser: Ruhrkohlenbergbau seit 1945, S. 22, 64–67.

49 Schöller an Verwaltungsamt für Wirtschaft betr. Grundsätzliche Zeitfragen der Elektrizitätswirtschaft, 21.11.1947, in: HK RWE 1311/I.

50 DKBL: Gibt es eine „Selbständige Verbundwirtschaft“?

gebaut hatten, wollten diese Form der Eigenstromversorgung beibehalten. Sie beteiligten sich nicht unmittelbar an der Auseinandersetzung, die die DKBL und die StEAG mit den öffentlichen Netzbetreibern austrugen. Der Stromausschuss der Vereinigten Stahlwerke hatte bereits im September 1946 gemeinsam mit Heinrich Dinkelbach, der wenige Wochen später zum Treuhandverwalter der North German Iron and Steel Control ernannt wurde, eine konzerninterne Beratung abgehalten. Sie verständigten sich darauf, dass die Stromwirtschaft des Stahlkonzerns als ein „Modell auch für die Zukunft" zu betrachten sei und daher nicht aufgegeben werden solle.[51] Die Eigentümer der Ruhrzechen vertraten zwar in technischen Fragen der Wärmeverbundwirtschaft der Montanindustrie den gleichen Standpunkt wie die DKBL, doch diese ging mit ihren Forderungen hinsichtlich der öffentlichen Stromversorgung einen entscheiden Schritt weiter. Die Tatsache, dass es in dieser Beziehung sehr unterschiedliche Auffassungen innerhalb der deutschen Industrie gab, lässt sich auch daran verdeutlichen, dass die DKBL keineswegs allein die Interessen der industriellen Kraftwerksbetreiber vertrat.

Die Besitzer von Industriekraftwerken gründeten im Mai 1947 mit der Vereinigung Industrielle Kraftwirtschaft (VIK) eine eigene Organisation, die ihre Interessen gegenüber der Militärregierung, den deutschen Behörden und den öffentlichen Netzbetreibern vertreten sollte. Die Initiative ging von dem damals leitenden Direktor der Hibernia, Oberbergrat Walter Bälz, aus, der an die Vertreter der Eisen- und Stahlindustrie sowie der Chemieindustrie die Einladung für die konstituierende Sitzung verschickte. Die industriellen Kraftwerksbetreiber setzten damit eine Überlegung in die Tat um, die sie schon während der Ära Speer ins Auge gefasst hatten. Sie gründeten einen branchenübergreifenden Fachverband für die industrielle Energiewirtschaft und signalisierten damit gleichzeitig, dass sie die Klärung der schwebenden Fragen nicht allein dem Bergbau überlassen wollten.[52] Die Gründung der Vereinigung, die sich in den kommenden Jahren zu einem zentralen wirtschaftspolitischen Sprachrohr der industriellen Kraftwerksbesitzer entwickelte, kann auch als ein Indikator dafür betrachtet werden, dass die Berührungspunkte mit den öffentlichen Energieversorgern seit der Zwischenkriegszeit deutlich zugenommen hatten. Die Tätigkeit des Fachverbandes beschränkte sich nicht allein auf die Interessenvertretung nach außen. Die Vereinigung bildete gleichzeitig ein Fo-

51 Vgl. Niederschrift über Besprechung des Stromausschusses, 16.9.1946, in: TKA VSt 1001. Für Angaben zur Person Heinrich Dinkelbach vgl. Fear: Organizing Control, S. 690–691.

52 Vgl. Aktenvermerk über Besprechung bei der GBAG betr. Fachvereinigung industrielle Kraftwirtschaft, 28.5.1947, in: BBA 20/238. Die Eintragung ins Vereinsregister erfolgte erst am 8.12.1948. Vgl. VIK: Tätigkeitsbericht 1947/48, Essen 1948; Besprechung mit Referenten der VfW betr. Registrierung, 11.11.1947, in: RWWA 130-400-101-46/376.

rum für die Ingenieure, die in den energiewirtschaftlichen Abteilungen der Großunternehmen saßen und in den diversen branchenspezifischen Ausschüssen mitarbeiteten. Es entstand damit wieder ein reger Erfahrungsaustausch unter den deutschen Energieingenieuren, die den Wissensbestand verkörperten, der sich in der deutschen Industrie auf dem Gebiet der Energiewirtschaft angesammelt hatte. Dieser bezog sich nicht allein auf elektrotechnische Sachverhalte der Stromwirtschaft, sondern umfasste auch die wärmewirtschaftlichen und rechtlichen Fragen.[53]

Das breit gefächerte Wissen, das bei diesem Fachverband vorzufinden war, lässt sich auch am dort versammelten Personenkreis festmachen. Walter Bälz übernahm in den ersten Jahren die Leitung des Verbandes und sollte später – ab 1949 – von Hermann Reusch abgelöst werden, der gleichzeitig den Vorstandsvorsitz der Gutehoffnungshütte ausübte. Es gab neben Reusch, der die Interessen des Verbandes nach außen vertrat und insofern eine stärkere öffentliche Präsenz zeigte, eine Reihe weiterer Schlüsselfiguren, die seit der Gründung aktiv an der Verbandsarbeit mitwirkten. Dazu gehörten vor allem auch die Mitglieder des Stromausschusses der Vereinigten Stahlwerke. Unter diesen ist Georg Bremer hervorzuheben, den der Stahlkonzern 1938 ähnlich wie das RWKS im Fall von Heinrich Schult für die Leitung der StEAG von der AEG angeworben hatte. Bremer hatte bis 1945 unter der Aufsicht von Gustav Knepper den Stromausschuss geleitet, gehörte in Fragen der Entflechtung des Konzerns – sofern die Stromwirtschaft davon betroffen war – zu den wichtigen Ansprechpersonen und war federführend an den Verhandlungen der Stromverträge mit den Elektrizitätswerken beteiligt.[54] Hinzu kam Heinrich Lent, der seine Berufskarriere als Ingenieur bei den Vereinigten Stahlwerken begonnen und in den 1930er Jahren am Ausbau der Energiewirtschaft der Hibernia und der StEAG mitgewirkt hatte. Auch die Personen aus der Chemieindustrie wie Otto Einsler, der seit den frühen 1920er Jahren für die Wärmewirtschaft der Bayerwerke in Leverkusen zuständig gewesen war, nahmen beim Verband eine zentrale Funktion ein. Nach der Gründung der IG-Farbenindustrie hatte er die Ingenieursabteilung der Gruppe Niederrhein geleitet und war dort an den Verhandlungen mit dem RWE beteiligt gewesen. Einsler übte seit der Gründung der VIK den stellvertretenden Vorsitz aus und leitete gleichzeitig die Vereinigung der Großkesselbesitzer, die im Februar 1947 wiedergegründet wurde. Er stellte damit die personelle Verbindung zu einem weiteren für die deutsche Energiewirtschaft wichtigen Fachverband her.[55] Die

53 Vgl. Anlass und Ziele, in: VIK Schriftenreihe 1 (1948), S. 7.

54 Vgl. Sitzung des Bergbauausschusses der GBAG, 17.5.1938, in: BBA 55/613. Bremer verfasste im Oktober 1945 eine Denkschrift über die Entwicklung der Stromwirtschaft des Stahlkonzerns und stand im engen Kontakt mit RWE und VEW. Vgl. TKA A/5536. TKA VSt/1001.

55 Vgl. VGB, 50 Jahre VGB, S. 81–84.

Geschäftsführung der VIK lag in den Händen von Sigfrid Heesemann, der in den 1930er Jahren beim Reichswirtschaftsministerium in der energiewirtschaftlichen Abteilung tätig gewesen war.[56] Er sollte 1951 wieder in den Staatsdienst wechseln und die Geschäftsführung an Carl Körfer abgeben, der ein ausgewiesener Kenner der deutschen Energiewirtschaft war. Körfer hatte sich in den vergangenen Jahren intensiv mit der Zechenkraftwirtschaft beschäftigt und war während der nationalsozialistischen Herrschaft in der Geschäftsstelle der Wirtschaftsgruppe Elektrizitätsversorgung tätig gewesen.[57]

Die Gründung der Vereinigung Industrielle Kraftwirtschaft wurde in den Kreisen der öffentlichen Stromversorgung mit Argwohn verfolgt. Der Länderausschuss Elektrizität, in dem sich seit Anfang 1947 die Landesvertreter trafen und mit Mühe und Not einen Rahmen für den überregionalen Stromaustausch zwischen den Netzbetreibern zu vereinbaren versuchten, verfolgten den verbandsmäßigen Zusammenschluss der industriellen Kraftwerksbetreiber mit Skepsis. Es gab im Länderausschuss sogar Stimmen, die in der Vereinigung eine „Kampforganisation gegen die öffentliche Versorgung" sahen.[58] Vor allem die Vertreter der „norddeutschen Länder" äußerten sich kritisch und betrachteten die Organisation als ein „Instrument der Steinkohle". Sie hegten die Befürchtung, dass die Bestrebungen des Ruhrbergbaus zu Hindernissen führen könnten, die den Wiederaufbau der öffentlichen Stromversorgung erschweren würden. Die industriellen Kraftwerksbetreiber, so die Forderung im Länderausschuss, sollten sich dem allgemeinen Fachverband der Elektrizitätswirtschaft anschließen, sofern sie ihre Kraftwerke tatsächlich für die öffentliche Stromversorgung bereitstellen wollten.[59] Es gab mit der Arbeitsgemeinschaft der Landesverbände der Elektrizitätswerke (AdEW), die im September 1947 gegründet worden war, bereits einen Spitzenverband für die Elektrizitätswirtschaft, der die regionalen Wiederaufbaumaßnahmen zu koordinieren versuchte. Immanuel Sihler, der als Generaldirektor der Hamburger Elektrizitätswerke den Vorsitz der

56 Vgl. Lebenslauf als Anhang der Dissertation. Heesemann, S.: Die Charakteristik der Reichsammelschiene. Geschichte, Aufbau und Funktion Berlin 1959.

57 Vgl. VIK, Tätigkeitsbericht 1951, S. 12. Von Körfer stammt die erste ausführliche Untersuchung über die Einschaltung des Steinkohlenbergbaus in die öffentliche Stromversorgung. Vgl. Körfer, C.: Die Beteiligung der Zechen des niederrheinisch-westfälischen Steinkohlenbergbaues an der öffentlichen Stromversorgung Rheinland-Westfalen, Halle a.d.S. 1928. Er trug seine Ergebnisse auf Tagungen des Bergbauvereins vor. Für seine Funktion bei der Wirtschaftsgruppe Elektrizitätsversorgung vgl. Körfer, C.: Aufgaben der öffentlichen Elektrizitätswirtschaft im Jahre 1935, in: Deutsche Bergwerkszeitung 303 (1934), S. 3; Wirtschaftsvereinigung Elektrizitätsversorgung: Die Elektrizitätswirtschaft im Deutschen Reich, Berlin 1937ff.

58 Besprechung mit der VIK, 1.12.1947, in: RWWA 130-400-101-46/376.

59 Vgl. Sitzung des Länderausschusses Elektrizität, 24.9.1947, in: BA Z8/1380.

AdEW übernommen hatte, versuchte, die industriellen Kraftwerksbetreiber zu einer „korporativen Mitgliedschaft“ zu bewegen.[60] Der Wiederaufbau könne erheblich erleichtert werden, so seine Begründung, wenn Industrie und Elektrizitätswerke ihre Maßnahmen aufeinander abstimmten.[61] Die bizonale Wirtschaftsverwaltung, die nach der Fusion der amerikanischen und britischen Wirtschaftszone zusammen mit dem Länderausschuss darum bemüht war, einen einheitlichen Rahmen für die Lenkung der Elektrizitätswirtschaft zu errichten, begrüßte Sihlers Vorstoß. Die Wirtschaftsverwaltung sprach sich dafür aus, bei der AdEW wieder projektbezogene „Arbeitskreise“ einzurichten, die sich nach dem Vorbild der Speerschen Energieplanung in den Dienst der staatlichen Lenkung stellen sollten.[62] Denn die „Verselbstständigungstendenzen“, die sich seit 1947 in der westdeutschen Elektrizitätswirtschaft häuften, erschwerten die erforderlichen Koordinationsmaßnahmen.[63]

Die mangelnde Kooperationsbereitschaft war kein spezifisches Phänomen der industriellen Kraftwerksbetreiber. Auch bei den kommunalen Gebietskörperschaften, die ein eigenes Stadtwerk unterhielten, und den einzelnen Ländern war diese Verhaltensweise zu beobachten. Die Forderungen, die einige Länder hinsichtlich der Energiewirtschaft stellten, gingen so weit, dass sie die rechtliche Grundlage des überregionalen Stromaustausches in Frage stellten. Vor allem die hessische Landesregierung schien entschlossen, die Schlüsselbereiche der Wirtschaft in den Landesbesitz zu überführen. Sie wollte die „Energiehoheit“ des Landes zurückgewinnen und in diesem Zusammenhang sollten auch die Konzessionsrechte aufgekündigt werden, die das RWE und die Preußenelektra in Form von Kapitalbeteiligungen an einzelne hessische Versorgungsbetriebe hielten.[64] Auch in Nordrhein-Westfalen, wo die öffentliche Stromversorgung traditionell von den Kommunen beherrscht wurde, gestaltete sich die Zusammenarbeit zwischen den Stadtverwaltungen und den großen Stromanbietern alles andere als reibungslos. Konrad Adenauer und weitere führende Kommunalpolitiker hatten zwar im September 1945 bei einer ersten Zusammenkunft der kommunalen Aktionäre des RWE klar zu verstehen gegeben, dass keine Änderung an den Eigentumsverhältnissen des Konzerns vorgenommen wer-

---

60 Besprechung mit der VIK, 1.12.1947, in: RWWA 130-400-101-46/376.

61 Vgl. Besprechung mit der VIK, 14.2.1948, in: RWWA 130-400-101-46/377.

62 Vermerk über Besprechung betr. Registrierung der Vereinigung bei der VfW, 11.11.1947, in: RWWA 130-40010146/376.

63 Fischerhof, H.: Das Energiewirtschaftsgesetz in neuer Sicht, in: Energiewirtschaftliches Institut Köln (Hrsg.): Wirtschaftliche und rechtliche Grundfragen der Energiewirtschaft, München 1948, S. 130.

64 Preußenelektra (Heyden) an VAW, 23.6.1947, in: BA 102/35709. Siehe auch RWE (Schöller) an VAW, 17.6.1947, in: Ebd. Allgemein zu den hessischen Sozialisierungsabsichten vgl. Abelshauser: Deutsche Wirtschaftsgeschichte nach 1945, S. 104.

den sollte.[65] Das frühe Bekenntnis zu der gemischtwirtschaftlichen Eigentumsstruktur schloss allerdings nicht aus, dass im Versorgungsgebiet des RWE einzelne Kommunen danach strebten, die Stromversorgung in Eigenregie zu übernehmen. Der Stromkonzern sah sich wiederholt mit dem Problem konfrontiert, dass einzelne Kommunen den laufenden Konzessionsvertrag aufkündigten, um zumindest die Stromleitungsnetze zu übernehmen.[66] Sie erhielten dabei die Unterstützung des Deutschen Städtetages, der sich wieder gegen die Großversorger positionierte und seinen Kampf gegen die „zentralistischen Tendenzen" in der Energiewirtschaft aufnahm.[67] Der Konzernvorstand, der davon überzeugt war, dass die unmittelbare Stromlieferung bis zur letzten Lampe in jedem Fall die richtige Entscheidung war, nahm gegenüber eigenwilligen Kommunalpolitikern eine kompromisslose Haltung ein, was die Fronten eher noch verhärtete.

Vor diesem Hintergrund stellte das Verwaltungsabkommen, das im Oktober 1947 nach längeren Verhandlungen zwischen den Ländern und der Wirtschaftsverwaltung abschlossen wurde, einen wichtigen ersten Schritt für die Rekonstruktion des institutionellen Rahmens dar.[68] Das Ringen um eine Lösung, bei der die Länder ihre Hoheitsrechte auf dem Gebiet der Stromversorgung mit der Zentralverwaltung in Frankfurt teilten, war eine „Zangengeburt schwerster Klasse".[69] Die Länder erklärten sich bereit, das Energiewirtschaftsgesetz von 1935 wieder einzuführen und in Zukunft die elektrizitätspolitischen Maßnahmen mit der Wirtschaftsverwaltung abzustimmen. Es war ein Kompromiss, der zwar ein klares Bekenntnis zum Ausbau der länderübergreifenden Verbundwirtschaft enthielt, die Befugnisse der Zentral-

---

65 Vgl. Besprechung der kommunalen Aktionäre des RWE, 25.9.1945. Am Treffen nahmen teil die Oberbürgermeister der Städte Köln (Adenauer), Essen (Rosendahl), Neuss (Nagel) und jeweils ein Vertreter der Städte Düsseldorf und Mülheim a.d. Ruhr sowie des Landkreises Bonn. Vgl. StA Essen 1048/584. Das rheinisch-westfälische Wirtschaftsministerium richtete später einen beratenden Ausschuss der Elektrizitätswerke ein, in dem die Kommunalpolitiker die Mehrheit bildeten. Vgl. Schöller an Rosendahl, 3.3.1947, in: Ebd; Energiewirtschaftsbesprechung beim VAW, 21.5.1947, in: BA B102/35709.

66 Vgl. RWE an VAW betr. Netzverkäufe und deren Bezahlung, 2.5.1947, in: HK RWE 1311/I; Vermerk betr. Auflösung der Stromversorgungsgebiete durch Ablauf und Kündigung von Konzessionsverträgen, 15.8.1947, in: Ebd.

67 Ziebill: Geschichte des Deutschen Städtetages, S. 203.

68 Regelung betreffend Zusammenarbeit zwischen dem VAW und den Ländern in der Energiewirtschaft, 1.10.1947, in: VAW MBl. 1 (1947), S. 267–269. Für eine allgemeine Darstellung siehe auch Fischerhof, H.: Energieaufsicht 1946 bis 1949. Entwicklungen und Tendenzen, in: EW 49 (1950), S. 75–82.

69 So die Formulierung des Leiters (Aloys Reinauer) der Abt. für öffentliche Betriebe beim VAW. Reinauer an Oberregierungsrat Gaede, Wirtschaftsministerium des Landes Nordrhein-Westfalen, 20.6.1947, in: BA B102/35710.

verwaltung aber auf ein Mindestmaß beschränkte, so dass diese keine weitreichenden Entscheidungen ohne die Zustimmung der Landesregierungen treffen konnte. Eine erste konkrete Maßnahme, die daraufhin in die Wege geleitet wurde, war die Einrichtung eines Zentrallastverteilers durch Erlass des Energienotgesetzes. Der Lastverteiler übernahm die Aufgaben, in allen Versorgungsgebieten die Fahrpläne der Kraftwerke zu überwachen, den überregionalen Stromaustausch zwischen den Ländern zu fördern und bei mangelnden Kapazitäten Stromsperren für einzelne Verbrauchergruppen anzuordnen.[70] Dem Zentrallastverteiler wurde ein Beirat zur Seite gestellt, in dem Vertreter der Länder, der Stadtwerke und Überlandwerke, der industriellen Kraftwerksbetreiber, der Stromverbraucher und der Gewerkschaften saßen, um die Entscheidungen des Lastverteilers zu kontrollieren. Die Strombewirtschaftung war eine Notmaßnahme, die aufgrund der Versorgungsengpässe unumgänglich war, die aber nach der Überwindung der Engpässe wieder abgeschafft werden sollte.[71]

Mit dem Verwaltungsabkommen vom Oktober 1947 war eine wichtige Entscheidung hinsichtlich der öffentlichen Kontrolle der Elektrizitätswirtschaft getroffen worden. Der institutionelle Rahmen für den Stromaustausch zwischen den Versorgungsgebieten nahm damit allmählich Gestalt an. Die großen Netzbetreiber, die im Besitz der überregionalen Hochspannungsnetze waren, verstärkten daraufhin ihre Zusammenarbeit und verständigten sich im Juni 1948 darauf, den Elektrofrieden von 1927 wiederzubeleben, indem sie auf Initiative von Heinrich Schöller die Deutsche Verbundgesellschaft einrichteten.[72] Damit war die organisatorische Voraussetzung gegeben, um den Ausbau der Hochspannungsleitungen vorzubereiten und den länderübergreifenden Stromaustausch, der von dem behördlichen Zentrallastverteiler kontrolliert wurde, zu koordinieren. Doch die Probleme waren ungeachtet dieser Entwicklungen, die sich im Vorfeld der Wirtschafts- und Währungsreform abzeichneten, noch keineswegs restlos aus dem Weg geräumt. Es gab vor allem mit Blick auf die wirtschaftlichen Beziehungen zwischen den öffentlichen Netzbetreibern und den industriellen Kraftwerksbetreibern eine Reihe ungeklärter Fragen.

---

70 Zentrallastverteilergesetz, 21.11.1947, in: WiGBl. (1948), S. 1. Es gab natürlich schon vorher behördliche Lastverteiler, deren Befugnisse waren aber auf die einzelnen Besatzungszonen begrenzt gewesen. Siehe Bericht über Zentrallastverteilung für Elektrizität, 20.4.1947, in: BA Z8 / 1547.

71 Das Energienotgesetz wurde bis 1955 jeweils um ein Jahr verlängert. Im Beirat saßen anfänglich nur die Vertreter der kommunalen Stromversorgung, der Länder und der Verbundunternehmen. Die industriellen Kraftwerkbetreiber, die Energieverbraucher und die Gewerkschaften wurden erst im Laufe der nächsten Jahre Beiratssitze zugestanden. Siehe Energienotgesetz von 10.5.1949, in: WiGBl (1949), S. 87–88.

72 Vgl. Schöller an Bayernwerk, EVS, Badenwerk, Preußenelektra, VEW und HEW, 7.6.1948, in: HK RWE DVG/1/0.

Der Zentrallastverteiler bei der Verwaltung für Wirtschaft konnte nur die öffentlichen Kraftwerke steuern, sie nach Dringlichkeitsstufen einsetzen und für bestimmte Stromverbraucher Einschränkungen verordnen. Die Behörden versuchten zwar in einigen Fällen auch die Wärmekraftwerke der Industrie für die öffentliche Stromversorgung einzusetzen. Sie wandten sich in dieser Absicht an die Sachverständigen der VIK, um Informationen über die frei stehenden Kapazitäten ihrer Mitgliedswerke zu erhalten. Der Vorstoß löste aber innerhalb der Industrie massive Proteste aus. Die Industriekraftwerke, so die zurückweisende Haltung der Betreiber, seien „keine Reservekraftwerke der öffentlichen Versorgung, sondern private Kraftzentralen privater Unternehmen". Sie wollten die Elektrizität möglichst ungehindert von der staatlichen Lenkung im Rahmen der betrieblichen „Wärmeverbundwirtschaft" erzeugen. Die Eingriffe von außen würden nur Störungen im Betriebsablauf nach sich ziehen.[73] Die industriellen Kraftwerksbetreiber waren durchaus bereit, den Überschussstrom, der mit der ansteigenden Industrieproduktion ab Herbst 1947 wieder in zunehmenden Mengen anfiel, in das öffentliche Netz einzuspeisen. Sie forderten dafür aber einen kostendeckenden Strompreis. Die Elektrizitätswerke, die den Industriestrom aufkaufen und über die öffentlichen Leitungsnetze bis zum Endverbraucher weiterleiten sollten, konnten auf diese Forderung jedoch selten flexibel reagieren, denn der Strompreis unterlag nach wie vor der Preisbindung.. Die Netzbetreiber waren deshalb oftmals nicht in der Lage, den industriellen Kraftwerksbetreibern ein attraktives Preisangebot zu unterbreiten, damit diese den verfügbaren Überschussstrom freiwillig in das öffentliche Versorgungsnetz abgaben. Die Währungsreform, mit der ab Mitte 1948 in den meisten Wirtschaftszweigen der Übergang in die freie Preisbildung eingeleitet wurde, änderte diese Situation nicht, denn die Bindung der Strompreise – auch die der Sonderabnehmer – wurde weiterhin äußerst restriktiv gehandhabt.

4.1.2 Die Entflechtung der Industriekraftwirtschaft

Es war nicht allein die Preisbindung, die eine Zusammenarbeit zwischen der Industrie und den öffentlichen Netzbetreibern erschwerte. Die angekündigte Entflechtung der Industriekonzerne schürte Unsicherheit unter den Kraftwerksbetreibern, die sich auf die Vertragsverhandlungen mit den Elektrizitätswerken auswirkte. Die Unternehmen der Industrie unterhielten im Unterschied zu den Tarifabnehmern, die ihren Strom aus dem Niederspannungsnetz bezogen, keine standardisierten Liefer-

73 VIK, Tätigkeitsbericht 1947/48, S. 5.

verträge. Das Geschäftsverhältnis zwischen den öffentlichen Stromversorgern und der Großindustrie war durch Sonderverträge bestimmt, in denen für jeden Industriebetrieb der Strombezug und gegebenenfalls die Durchleitung von Industriestrom individuell geregelt waren. Diese Vertragsverhältnisse mussten im Rahmen der Entflechtungsmaßnahme neu ausgehandelt werden. Die Unternehmen, die der alliierten Kontrolle unterworfen waren und mit Eingriffen rechneten, hielten sich mit dem Abschluss langfristiger Stromverträge vorerst zurück, denn die Entscheidungen, die unter diesen Bedingungen zu treffen waren, bargen ein aus ihrer Sicht kaum kalkulierbares Risiko.[74]

Die Anreize für eine freiwillige Zusammenarbeit mit den öffentlichen Netzbetreibern waren äußerst schwach ausgeprägt, wie die anhaltende Auseinandersetzung im Ruhrgebiet verdeutlicht. Der Bergbau behauptete wiederholt, dass eine Erhöhung der industriellen Stromeinspeisung durchaus im Bereich des Möglichen lag, wenn die öffentlichen Elektrizitätswerke einen angemessenen Preis zahlen würden.[75] Damit waren keineswegs nur die Zechenkraftwerke gemeint, deren Zustand allgemein als veraltet eingestuft wurde, weshalb diese neben der Eigenversorgung der betreffenden Zechen allenfalls noch für die örtliche Stromversorgung in den einzelnen Kommunen genutzt werden konnten.[76] Im Fokus standen vielmehr die beiden Großkraftwerke der StEAG in Hüls und Lünen. Diese lieferten nur die Strommengen, die sie aufgrund ihrer Lieferverpflichtung, die sie in den 1930er Jahren mit der VEW ausgehandelt hatten, eingegangen waren, während die restlichen Kapazitäten nicht genutzt wurden, da die Buna-Produktion und die Aluminiumherstellung eingestellt worden waren. Die StEAG weigerte sich, die Kraftwerke für die öffentliche Stromversorgung hochzufahren, da die Strompreise nicht ihren Erwartungen entsprachen. Sie vertrat in dieser Hinsicht den gleichen Standpunkt wie die anderen Mitgliedsunternehmen der VIK und sah sich berechtigt, ungeachtet des vorherrschenden Strommangels, die Kraftanlagen einfach abzuschalten oder die ungenutzten Kapazitäten erst gar nicht bei den Behörden zu melden, um dadurch

---

74 Vertreter der Vereinigten Stahlwerke äußerten gegenüber der DKBL, dass sie die Verhandlungen mit den Stromversorgern deshalb nicht weiterführten, „weil die Situation im Hinblick auf das Gesetz 75 völlig ungeklärt ist“. Bremer an Oberbergrat Keyser, 25.3.1949, in: BBA 12/1042.

75 Die VIK attackierte die Elektrizitätswerke am 14. September 1948 mit einem Artikel über „Erhöhter Stromverbrauch der Industrie. Eigenerzeugung höher – Öffentliche Versorgung schwach“, der in der Zeitung Die Welt erschien. Das RWE wies die Vorwürfe zurück. Vgl. die Stellungnahme des RWE vom 14.10.1948 und die erneute Kritik der VIK vom 14.10.1948, in: BBA 12/287.

76 Vgl. Spallek, W.: Die Stromwirtschaft der Ruhrzechen, in: Versorgungszentrale des Deutschen Bergbaus (Hrsg.): Sicherstellung der Stromversorgung des Rheinisch-Westfälischen Industriegebiets, Essen 1947, S. 23–26.

eine eventuelle Anweisung des Zentrallastverteilers zu umgehen.[77] Der Fall sorgte bei der nordrhein-westfälischen Landesregierung für erheblichen Wirbel, während die öffentlichen Netzbetreiber sich einmal mehr in ihrer Auffassung bestätigt sahen, dass bei den Industriekraftwerken immer das Risiko einkalkuliert werden musste, da diese anders als die öffentlichen Werke keine Versorgungspflicht zu erfüllen hatten. Die Erfahrungen zeigten, dass die Stromlieferung der Industriekraftwerke hinsichtlich der Verlässlichkeit von minderwertiger Qualität sei und sogar die Sicherheit der öffentlichen Versorgung gefährden könne. Aus ihrer Sicht führte daher kein Weg daran vorbei, die Kraftwerkskapazitäten der öffentlichen Betreiber auszubauen, damit sie möglichst unabhängig agieren konnten.

Der Streit um die StEAG-Kraftwerke schlug hohe Wellen und wurde in der Öffentlichkeit breit diskutiert, so dass auch der Zentrallastverteiler bei der Wirtschaftsverwaltung davon Kenntnis nahm. Da sich die Kontrahenten im Ruhrgebiet auf keine einvernehmliche Lösung einigen konnten, sah sich die Zentralbehörde veranlasst, die Einschaltung der StEAG-Kraftwerke für die öffentliche Stromversorgung anzuordnen.[78] Das entschlossene Einschreiten des staatlichen Lastverteilers wirkte allerdings eher abschreckend auf die anderen Eigentümer von industriellen Wärmekraftwerken. Die VIK wandte sich entschieden gegen die staatlichen Auflagen und verlangte während der Debatte, die über die Verlängerung des Energienotgesetzes geführt wurden, eine stärkere Berücksichtigung der Interessen der Industrie.[79] Die Anordnungen des staatlichen Lastverteilers stellten einen „Eingriff in das Privateigentum des Unternehmens“ dar. Sie hätten daher zumindest ein Anrecht auf eine angemessene „Entschädigung“ für die beschlagnahmten Strommengen.[80]

Es gab einen Unterschied zwischen der Strombewirtschaftung, wie sie von der Lastverteilerbehörde in den Jahren des Wiederaufbaus gehandhabt wurde, und der Vorgehensweise des Reichslastverteilers während der Kriegswirtschaft, der die Forderungen der industriellen Kraftwerksbetreiber noch deutlicher werden lässt. Das geht aus der Stellungnahme hervor, die Heesemann als Geschäftsführer der VIK in einem Interview mit der Bipartite Control Office (BICO) zu der anhaltenden Auseinandersetzung mit der StEAG abgab. Heesemann hatte während des Krieges als Stellvertreter des Reichslastverteilers fungiert und war daher in der Lage, die Funktionsweise der beiden Behörden zu vergleichen. Der Reichslastverteiler hatte mit

77 Vgl. Bericht über Vorstandssitzung am 10.6.1948, in: RWWA 130-400-101-46/377.

78 Vgl. Zentrallastverteiler an Wirtschaftsministerium Düsseldorf, 8.6.1948, in: BA Z8/1392.

79 Vgl. Vermerk der VfW betr. VIK, 23.7.1948, in: BA Z8/1545.

80 VIK an Wirtschaftsminister des Landes Nordrhein-Westfalen, 3.1.1949, in: RWWA 130-400-101-46/378. Vgl. auch die beiden Schreiben der VIK an Mitglieder des Wirtschaftsrats, 10.1.1949, und an VfW, 29.1.1949, in: Ebd.

Hilfe eines „zentralen Ausgleichsfonds“ die Stromeinspeisung gefördert. Der Differenzbetrag zwischen dem öffentlichen Strompreis und den Forderungen der Kraftwerksbetreiber war über diesen Subventionsfonds ausgezahlt worden.[81] Der Speersche Lenkungsapparat hatte also nicht allein mit Auflagen operiert, sondern die Anordnungen stets mit finanziellen Anreizen in Form von Strompreissubventionen flankiert. Nach dem Zusammenbruch des nationalsozialistischen Regimes war die Ausgleichskasse dann jedoch nicht wieder eingerichtet worden, so dass sich die finanzielle Anreizstruktur für die Kraftwerksbetreiber grundlegend geändert hatte. Der Zentrallastverteiler hatte zwar die Möglichkeit, auf der Grundlage des Energienotgesetzes den Einsatz der Stromerzeugungsanlagen anzuordnen, doch diese Maßnahmen verfehlten in Anbetracht der großen Anzahl der Kraftwerksbetreiber und der stark dezentralen Eigentumsstruktur häufig ihre Wirkung. Die Wirtschaftsverwaltung sprach gegenüber Heinz Potthoff, der im rheinisch-westfälischen Landeswirtschaftsministerium für die Energiewirtschaft zuständig war, davon, dass es oft „widersprechende Angaben“ über die Einsatzmöglichkeiten der Kraftwerke gebe.

Die Informationsmängel erschwerten die Arbeit der Lastverteilerbehörde außerordentlich.[82] Es war kein Zufall, dass diese Informationsprobleme gerade im Zusammenhang mit den Industriekraftwerken auftauchten, deren Besitzer – abgesehen von der Hibernia – eine größere Distanz zu den staatlichen Behörden pflegten. Bei den öffentlichen Elektrizitätswerken bestand dagegen eine enge personelle Verflechtung mit den öffentlichen Aufsichtsinstanzen. Der nordrhein-westfälische Wirtschaftsminister Erik Nölting und andere Kommunal- und Landespolitiker saßen, den traditionellen Gepflogenheiten entsprechend, in den Aufsichtsräten der großen Stromversorger und waren über den technischen Zustand der öffentlichen Kraftwerke relativ gut informiert. Die Landespolitiker saßen außerdem im Länderausschuss Elektrizität und im Beirat des Zentrallastverteilers und konnten über diese Organe die Verwaltung für Wirtschaft fortlaufend über die Lage der Stromversorgung in Nordrhein-Westfalen unterrichten.[83] Die öffentlich zugänglichen Informationen über die betrieblichen Verhältnisse der industriellen Kraftwerke waren dagegen eher dünn gesät, was die Durchsetzung behördlicher Anweisungen erschwerte. Das lag natürlich auch daran, dass es sich dabei in der Regel um Eigenanlagen handelte, die unter normalen Umständen nicht dafür vorgesehen waren,

81 Interview der BICO mit Heesemann, 20.9.1948, in: RWWA 130-400-101-46/377.

82 Schalfejew (Staatssekretär bei der VfW) an Ministerialdirektor Potthoff, 6.9.1948, in: BBA 12/287.

83 Nölting war bis zum Ende seiner Amtszeit als Wirtschaftsminister Mitglied des RWE-Aufsichtsrates. Danach übernahm sein Amtsnachfolger, Artur Stäter, diesen Posten. Siehe Namensliste in den RWE-Geschäftsberichten von 1946/47 bis 1951/52.

Strom für die öffentliche Versorgung bereitzustellen.[84] Heesemann verwies genau auf diesen Umstand, als er in dem Gespräch mit der Militärregierungsbehörde behauptete, dass das staatliche Eingreifen im Fall StEAG bei der Industrie eher dazu geführt habe, dass sie die freistehenden Kapazitäten bei den Behörden nicht mehr meldeten, um mögliche Auflagen des Zentrallastverteilers zu umgehen.[85]

Im Ruhrgebiet kam noch das Problem hinzu, dass sich die Kraftwerksbetreiber anfangs nicht darauf einigen konnten, wer die neuen Stromerzeugungsanlagen errichten lassen sollte. Die Unternehmen hatten zwar eigene Kraftwerkspläne griffbereit, doch in Anbetracht von Kapitalnot und mangelnden Anlagegütern erschien es ratsam, die Ausbaumaßnahmen zu koordinieren und bestimmte Prioritäten zu setzen. Die Verwaltung für Wirtschaft richtete für diesen Zweck im Januar 1948 einen so genannten Verbundausschuss ein, in dem Sachverständige der AdEW, der VIK und der deutschen Zulieferfirmen aus der Elektroindustrie und der Dampfkesselindustrie saßen, um das Investitionsprogramm vorzubereiten und zu koordinieren.[86] Die Investitionsplanung, die von diesem Arbeitskreis aufgenommen wurde, verlief allerdings nicht in der von der Wirtschaftsverwaltung angedachten Form. Der Bergbau zeigte wenig Interesse, seine Investitionen auf dem Gebiet der Zechenkraftwirtschaft mit den öffentlichen Stromversorgern abzustimmen. In diesem Zusammenhang spielten die Erwartungen, die durch die angekündigte Investitionshilfe im Rahmen des Marshallplans geweckt wurden, eine entscheidende Rolle. Die DKBL versuchte sich nach der Ankündigung der Investitionshilfe zunehmend in die Investitionsplanung einzuschalten, wodurch die Fronten, welche die Debatte über die Steinkohlenverstromung bestimmten, nochmals verhärtet wurden. Heinrich Kost, der als Leiter der DKBL im November 1948, sechs Monate nachdem der amerikanische Kongress das Hilfsprogramm beschlossen hatte, durch das Gesetz Nr. 75 mit der Entflechtung der Montanindustrie beauftragt wurde, meinte eine neue Chance erkannt zu haben, um den Ruhrbergbau zum Erfolg zu verhelfen.[87] Er wollte die Neuordnung der Montanindustrie nutzen, um auch die Elektrizitätswirtschaft des Ruhrgebiets neu zu ordnen. Die Ruhrzechen sollten nach seinen Überlegungen 22 neue Steinkohlenkraftwerke errichten und diese gleich mit ausreichend Kapazitä-

84 Vgl. Wirtschaftsminister des Landes NRW an Generaldirektor Kost, 28.10.1948, in: BBA 12/287.
85 Vgl. Interview der BICO mit Heesemann, 20.9.1948, in: RWWA 130-400-101-46/377.
86 Vgl. Sitzung betr. Neubauprogramm 1948-1952 der öffentlichen Stromversorgung zusammen mit der Elektroindustrie am 15.1.1948, in: BA Z8/1491; Sitzung betr. Neubauprogramm 1948–1952 der öffentlichen Stromversorgung, 4.2.1948, in: Ebd.
87 Vgl. Amtsblatt der britischen Militärregierung, Nr. 27, S. 1025–35.

ten für die öffentliche Stromversorgung ausstatten.[88] Kost wirkte entschlossen und kam schon Ende 1948 mit seinem Plan aus der Deckung, indem er die Alliierten, die deutschen Behörden und die IG Bergbau offen dazu aufforderte, ihn bei der Durchsetzung der „energiewirtschaftlichen Freizügigkeit" der Zechen zu unterstützen. Er versuchte seine neue Funktion als Treuhänder des Stein- und Braunkohlenbergbaus in die Waagschale zu werfen und warb um Unterstützung, die Ruhrzechen endlich aus dem „energiewirtschaftlichen Berlin mit Blockade von außen" zu befreien. Die Zechenkraftwerke müssten in Zukunft „ohne Rücksicht auf die bestehenden Versorgungsgebiete" Steinkohlenstrom für die öffentliche Stromversorgung liefern dürfen. Das Problem an seinen Plänen bestand darin, dass es keine technische Möglichkeit gab, „Luftbrücken" zu bauen, um die „energiewirtschaftlichen Pufferstaaten" im rheinisch-westfälischen Industriegebiet zu überbrücken. Kost machte daher den Vorschlag, „Energiekorridore" in Form eines zweiten Hochspannungsnetzes zu errichten, damit die Zechenkraftwerke möglichst ungestört und unabhängig von den Interessen des RWE und der VEW Steinkohlenstrom absetzen könnten.[89]

Allein diese Forderung verdeutlichte, dass er sich mit der Frage der Investitionskosten nicht eingehend beschäftigt hatte. Das war auch einer der Gründe, weshalb sein Plan selbst in den Reihen der Ruhrindustriellen keine Unterstützung fand. Selbst Heinrich Schult, der zu seinen wichtigsten Verbündeten gehörte, distanzierte sich von diesen Vorschlägen.[90] Er empfand Kosts wenig durchdachte Vorgehensweise als kontraproduktiv und sah die Chancen, dass die StEAG das angestrebte Ziel überhaupt erreichen könnte, allmählich dahinschwinden. Schult hatte bereits im Mai 1948 zusammen mit Hermann Bücher, dem Vorstandsvorsitzenden der AEG, ein Investitionsprogramm für die Zechenkraftwirtschaft ausgearbeitet und an die Behörden verschickt. Dieser Plan sah die Errichtung von insgesamt 16 Zechenkraftwerken vor, die über eine neu zu errichtende Ruhrsammelschiene untereinander vernetzt werden sollten, damit sie geschlossen Steinkohlenstrom in das öffentliche Netz einspeisen konnten.[91] Die Stammfirmen der Ruhrzechen verhielten sich dage-

88 Vgl. Kost an UK/US CCG betr. Bericht über die Planung von zusätzlichen Bergwerks- und Energieanlagen, 18.10.1948, in: BBA 12/287; Kost an UK/US CCG betr. Einschaltung des Steinkohlenbergbaus in die Energiewirtschaft, 8.11.1948, in: Ebd.

89 Kost an VfW, Wirtschaftsministerium NRW und IG Bergbau, betr. Steinkohle und Energiewirtschaft, 30.11.1948, in: BBA 12/287.

90 Vgl. Schult an Oberbergrat Keyser (DKBL), 27.11.1948, in: Ebd.

91 Vgl. Denkschrift der DKBL: Die Einschaltung des Steinkohlenbergbaus in die allgemeine Stromversorgung, Essen 1948. Schult konnte Bücher schon im März 1948 für das Vorhaben der StEAG gewinnen, so dass sie in den darauf folgenden Monaten gemeinsam einen Plan für die Ruhrsammelschiene entwarfen, über die 16 Zechenkraftwerke vernetzt werden sollten. Vgl. auch den Schriftwechsel in: RWWA 130-400-101-327/9.

gen weiterhin zurückhaltend und beteiligten sich nicht ernsthaft an den Planspielen der DKBL und der StEAG. Sie waren vielmehr damit beschäftigt, die durch die Entflechtung drohende Zerstörung ihrer Wärmeverbundwirtschaft mit den Zechen zu verhindern.[92]

Walter Bälz hatte außerdem in Gesprächen mit der Preußenelektra, zu der er als Leiter der Hibernia einen engen Kontakt pflegte – beide Unternehmen gehörten zum Staatskonzern VEBA –, in Erfahrung gebracht, dass diese an einer unmittelbaren Stromlieferung von den Zechenkraftwerken gar nicht interessiert war.[93] Die Pläne des Bergbaus wurden im Aufsichtsrat der Preußenelektra sogar als „utopisch" bezeichnet. Die Energiekorridore, die Kost ins Gespräch brachte, hatten vor diesem Hintergrund also allenfalls die Qualität eines Gedankenspiels, da sich die anderen außerhalb des Ruhrgebiets liegenden Netzbetreiber ähnlich wie die Preußenelektra weigerten, den Steinkohlenstrom direkt von den Zechenkraftwerken zu beziehen. Sie waren nicht bereit, gegen die Spielregeln des Elektrofriedens zu handeln, die Mitte 1948 mit der Gründung der Deutschen Verbundgesellschaft untereinander wieder als verbindlich erklärt worden waren. Die in der Verbundgesellschaft zusammengeschlossenen Netzbetreiber scheuten die Kosten eines ungeregelten Konkurrenzkampfes, der wohl entstanden wäre, wenn die revierfernen Werke den Versuch unternommen hätten, ohne die Zustimmung des RWE und der VEW Steinkohlenstrom von den Ruhrzechen zu beziehen.

Die öffentlichen Netzbetreiber lehnten die Erweiterung der Industriekraftwerke und auch die Errichtung einer neuer Zechenkraftwirtschaft keineswegs grundsätzlich ab. Sie hatten allerdings eine ganz konkrete Vorstellung davon, wie der Ausbau der Kraftwerkskapazitäten erfolgen sollte. Sie dachten dabei an eine bestimmte Form der Arbeitsteilung, bei der die Industrie ihre Anlagen wie in der Vergangenheit hauptsächlich für den Eigenbedarf ausbauten. Dass sich die öffentlichen Kraftwerksbetreiber nach wie vor an dieser informellen Regel orientierten, verdeutlicht eine Aufstellung über den zu erwartenden Gesamtstrombedarf, die im zweiten Halbjahr 1947 für das vereinigte Wirtschaftsgebiet erstellt worden war. Die britische *North German Coal Control* hatte, wenige Monate bevor sie von der DKBL abgelöst wurde, Generaldirektor Wilhelm Roelen von der Gewerkschaft Walsum damit beauftragt, eine Steinkohlen- und Braunkohlenkommission zu bilden, um die erforderlichen Eckdaten für die Investitionsplanung in der Bizone zu erarbeiten.[94] Roelen delegierte diese Aufgabe an die StEAG und das RWE, die daraufhin nach einer für die Elektrizitätswirtschaft geradezu klassischen Methode einen Zehnjahresplan

92 Vgl. G. Bremer an Oberbergrat Keyser betr. Ruhrsammelschiene, 25.3.1949, in: BBA 12/1042.
93 Vgl. Bälz an Heyden, 25.11.1948, in: Ebd.
94 Aktennotiz Stieglers (VEW) betr. Besprechung über 10-Jahresplan, 23.7.1947, in: HK RWE V1/215.

aufstellten. In den Berechnungen kam man zu dem Ergebnis, dass der Gesamtstrombedarf in der Bizone in den zehn Jahren ab 1948 von 25 Milliarden KWh auf insgesamt 60 Milliarden KWh ansteigen würde. Die Kraftwerkskapazitäten mussten dementsprechend ausgebaut werden, wobei sowohl die industriellen als auch die öffentlichen Kraftwerkbetreiber einen Beitrag zu leisten hatten. Der relative Anteil, der auf die Elektrizitätswerke entfiel, wurde mit 55 Prozent beziffert und – was in diesem Kontext entscheidend ist – man rechnete nicht damit, dass die Bedeutung der öffentlichen Stromerzeugung im Laufe dieses Zeitraumes zu Lasten der industriellen Kraftwirtschaft zunehmen würde. Es waren nicht die absoluten Zahlen, die bei diesen Berechnungen eine Rolle spielten, sondern die relativen Anteilswerte. Die industrielle Kraftwirtschaft sollte sich möglichst im Gleichschritt mit der öffentlichen Stromversorgung entwickeln, damit auf diese Weise eine zusätzliche Belastung für die Versorgungsbetriebe vermieden werden konnte. Die öffentlichen Elektrizitätswerke, die mit dem wachsenden Strombedarf der deutschen Wirtschaft völlig überfordert waren, erwarteten von der Industrie, dass sie die Eigenanlagen ausbaute. Aufgeteilt nach den einzelnen Energieträgern bedeutete dies, dass bis 1958 insgesamt 65 Prozent des gesamten Strombedarfs der Bizone aus Steinkohle, 18,3 Prozent aus Braunkohle und 16,7 Prozent aus Wasserkraft erzeugt werden sollten. Der Großteil des Steinkohlenstroms entfiel auf die Wärmekraftwerke der Industrie, während die öffentlichen Netzbetreiber nur ein Drittel der mit Steinkohle befeuerten Kraftwerke bereitstellen sollten.[95]

Es ging bei diesem Zehnjahresplan weniger um die genaue Einhaltung der geschätzten Steigerungsraten, die nur grobe Schätzungen darstellten und im Verlauf der nächsten Jahren ständig modifiziert werden mussten, da die Entwicklung des Stromverbrauchs unter den unsicheren Bedingungen, die Ende der 1940er Jahre vorherrschten, kaum eindeutig zu prognostizieren war. Das Entscheidende an dem Neubauprogramm war vielmehr der darin enthaltende Grundgedanke, dass die Industrie weiterhin in den Ausbau ihrer Anlagen investieren sollte, um den Fremdstrombezug aus dem öffentlichen Netz in Grenzen zu halten. Die Investitionspläne, die ab Mitte 1948 von der StEAG und der DKBL vorgebracht wurden, lehnten die öffentlichen Netzbetreiber dagegen ab, da diese darauf ausgerichtet waren, in die Domäne der öffentlichen Stromversorgung vorzudringen. Beim RWE gab man sich aufgrund der langjährigen Erfahrungen mit den Vereinigten Stahlwerken und der Chemieindustrie sogar relativ selbstbewusst und stufte die Erwartung, „dass die

95 Vgl. Schätzung des Energiebedarfs der britischen und amerikanischen Zone bis 1958, 4.8.1947, in: HK RWE 1311/I. Der Anteil der industriellen Eigenanlagen an der Gesamtstromerzeugung war höher als in den späteren Berichten des Zentrallastverteilers, weil sich die Berechnungen des 10-Jahresplanes nur auf die Bizone bezogen.

ganze Industrie Westdeutschlands die Erweiterung ihrer bestehenden Eigenanlagen aufgeben" würde, um den Strom von unabhängigen Zechenkraftwerken zu beziehen, als eine „vergebliche Hoffnung" des Bergbaus ein.[96] Heinrich Schöller, der als Mitglied des Konzernvorstandes zusammen mit dem StEAG-Vorsitzenden Heinrich Schult an der Ausarbeitung des Zehnjahresplans beteiligt gewesen war, zeigte kein Verständnis dafür, dass dieser sich nicht an die Absprachen hielt und ständig mit neuen Plänen bei den Behörden aufwartete. Die VEW sah die Dinge ähnlich und forderte den Bergbau dazu auf, erst einmal die veralteten Zechenkraftwerke für den Eigenbedarf zu erneuern, damit die Zechen in absehbarer Zeit nicht den Strombezug aus dem öffentlichen Netz erhöhten.[97] Auch Immanuel Sihler, der als Vorsitzender der AdEW ständig auf der Suche nach Kompromissen war und Anfang Januar 1949 eine ausführliche Stellungnahme zu den Absichten des Bergbaus vorlegte, schloss sich dieser Kritik an. Doch Sihler machte im Unterschied zu den beiden nordrhein-westfälischen Netzbetreibern, die mittlerweile nur noch in eingeübter Routine altbekannte Argumente anführten, sich in Schuldzuweisungen hineinsteigerten und persönliche Animositäten pflegten, einen Lösungsvorschlag, der aus der verfahrenen Situation herausführen sollte.[98] Er sprach sich dafür aus, dass die Deutsche Verbundgesellschaft Gespräche mit dem Ruhrbergbau aufnehmen sollte, um „in diesem geschlossenen Kreis [frei] von allen Leidenschaften" die Sachargumente auszutauschen und eine Lösung auszuhandeln.[99]

Die Kraftwerkskapazitäten, die der Steinkohlenbergbau im Ruhrgebiet errichteten lassen wollte, überschritten bei weitem den Strombedarf, der von den Verbrauchern in dieser Region nachgefragt wurde. Es musste deshalb eine gesamtwirtschaftliche Lösung gefunden werden, damit der Steinkohlenstrom auch in die revierfernen Versorgungsgebiete geleitet werden konnte. Die Deutsche Verbundgesellschaft, in der das RWE, die VEW, die Preußenelektra, das Badenwerk, das Bayernwerk, die Energie-Versorgung Schwaben und die Hamburgischen Elektrizitätswerke beteiligt waren, bildete hierfür einen angemessenen organisatorischen Rahmen. Denn die beiden nordrhein-westfälischen Netzbetreiber konnten langfristig, das heißt, sobald die Strombewirtschaftung durch den Zentrallastverteiler aufgehoben wurde, den Strom der Zechenkraftwerke nur im gegenseitigen Einvernehmen mit den außerhalb des Ruhrgebiets liegenden Stromverteilern absetzen. Im Rahmen der Deutschen Verbundgesellschaft gab es also durchaus eine Möglichkeit,

---

96 Schöller an VfW betr. Marshallplan / Ruhrsammelschiene / Zechenkraftwerke / Braunkohlenkraftwerke, 11.12.1948, in: HK RWE V1/213.

97 Vg. VEW: Stellungnahme zu dem Gutachten der Herren Bücher – Schult, Dortmund 1948, S. 2, 7.

98 Sihler, Stellungnahme über Bücherplan und Ruhrsammelschiene, 10.1.1949, in: BBA 12/789.

99 Vgl. Ebd. Siehe auch Schult an Oberbergrat Keyser, 16.12.1948, in: BBA 12/287.

auf freiwilliger Vertragsbasis den geforderten Energiekorridor für die Ruhrzechen zu errichten. Der Strom würde in diesem Fall allerdings nicht – wie von Kost vorgeschlagen – über eine neu zu errichtende Ruhrsammelschiene transportiert werden, sondern über die bereits vorhandenen öffentlichen Leitungsnetze. Die nordrhein-westfälische Landesregierung begrüßte den Vorstoß ausdrücklich. Sie zeigte Verständnis für die Forderungen des Bergbaus und war nicht daran interessiert, die wirtschaftlichen Interessen der öffentlichen Stromversorger zu Lasten der Zechenkraftwerke zu verteidigen.[100] Der Vorstand des RWE, der bei der Verbundgesellschaft die leitende Funktion einnahm und sich wiederholt mit dem Verdacht konfrontiert sah, dass er das Liefermonopol des Konzerns gezielt gegen die Interessen des Ruhrbergbaus einsetzte, um den Absatzmarkt für seine Braunkohlenkraftwerke vorzuenthalten, verfügte also nur bedingt über einen politischen Rückhalt bei der Landesregierung. Der Konzernvorstand konnte diesen Umstand nicht ignorieren, weshalb er sich auch bereit erklärte, erneut Vertragsverhandlungen mit dem Bergbau aufzunehmen.

Im Januar 1949 wurde unter der Leitung der nordrhein-westfälischen Regierung der so genannte Fünfer-Ausschuss eingerichtet, in dem neben dem Referenten der Landesregierung jeweils zwei Vertreter der Deutsche Verbundgesellschaft und der DKBL beteiligt waren.[101] Sie sollten die Grundlagen für einen neuen Vertragsabschluss vorbereiten. Die Ergebnisse, die der Fünfer-Ausschuss nach nur zwei Monaten vorlegte, waren für den weiteren Verlauf der Verhandlungen von zentraler Bedeutung, da gleich mehrere strittige Fragen geklärt werden konnten. Der Ausschuss stellte erstens noch einmal grundsätzlich fest, dass der Verbundbetrieb zwischen den Industriekraftwerken und den öffentlichen Netzbetreibern von der technischen Seite aus betrachtet kein unlösbares Problem darstellte. Die wirtschaftliche Zusammenarbeit war nur eine Frage der vertraglichen Gestaltung. Der Ausschuss kam zweitens zu einer klaren Aussage bezüglich der Kosten, die bei der Stromerzeugung aus Braunkohle und Steinkohle zu berücksichtigen waren. Der Braunkohlenstrom konnte demnach billiger erzeugt werden, auch wenn der Übergang zu tieferen Tagebaufeldern bei der Braunkohlenförderung und die damit anfallenden Investitionen in schwere Abbaugeräte eine Verringerung des Preisvorteils gegenüber der Steinkohle erwarten ließen. Drittens verständigte man sich darauf, dass der Bergbau mit seinen Zechenkraftwerken Mitglied der Deutschen Verbundgesellschaft werden sollte. Die Mitgliedschaft setzte allerdings voraus, dass der Bergbau mit den öffent-

---

100 Kurzprotokoll über Sitzung des Energieausschusses des nordrhein-westfälischen Landtages, 22.6.1949, in: RWWA 130-400-101-46/379.

101 Im Fünfer-Ausschuss saßen Oberregierungsrat Gaede (Wirtschaftsministerium NRW), Herrmann Roser (RWE), Chr. Kneller (EVS), Oberbergrat Keyser (DKBL) Karl Schäff (StEAG).

lichen Netzbetreibern kooperierte, indem er sich selbst die Beschränkung auferlegte, nur die Einspeisung von konkurrenzfähigem Steinkohlenstrom in das öffentliche Netz zu fordern und den Ausbau der regionalen Netzleitungen in Abstimmung mit den Elektrizitätswerken vorzunehmen. Bei der Planung der Leitungsnetze müsse so verfahren werden, als ob „alle Leitungen in einer Hand wären", damit die Investitionen in die Netzinfrastruktur „ohne Rücksicht auf Demarkationsgrenzen" möglichst kosteneffizient gestaltet werden könnten.[102]

Die Nutzung der öffentlichen Hochspannungsleitungen, die aufgrund der Entflechtung der Industriekonzerne neu geregelt werden musste, kristallisierte sich damit wieder einmal zum zentralen Streitpunkt der Auseinandersetzung heraus. Die DKBL weigerte sich, trotz des vom Fünfer-Ausschuss vorgeschlagenen Kompromisses, für die Ruhrzechen auf den Bau der Ruhrsammelschiene zu verzichten und als Alternative die Nutzung der öffentlichen Leitungsnetze gegen Zahlung einer Netzgebühr zu akzeptieren.[103] Kost ließ im Mai 1949 bei der DKBL einen „Hauptausschuss Ruhrsammelschiene" einrichten, in dem unter der Leitung von Heinrich Roelen die Angelegenheit mit Vertretern der betroffenen Industriekonzerne weiter beraten wurde.[104] Die Ruhrindustriellen konnten die Entscheidung auch deshalb hinauszögern, weil von Seiten des Wirtschaftsministeriums, das nach den Bestimmungen des Energiewirtschaftsgesetzes die Genehmigung für die Ruhrsammelschiene und die Zechenkraftwerke erteilen musste, keine eindeutigen Signale ausgingen. Dabei hatte die BICO bereits im April die Wirtschaftsverwaltung aufgefordert, Maßnahmen in die Wege zu leiten, um den „Mangel an Koordinierung" bei der Vorbereitung der Kraftwerksneubauten zu beheben.[105]

Es vergingen allerdings noch mehrere Monate, bis Erhards Ministerium dieser Aufforderung nachkam und konkrete Schritte unternahm. In der Zwischenzeit befeuerte Franz Blücher, der im September 1949 zum Bundesminister für den Marshallplan ernannt wurde, noch einmal die Entschlossenheit der DKBL. Der Bergbau müsse die Ruhrsammelschiene, so seine Empfehlung, bei der amerikanischen Marshallplanbehörde „als monumentales Projekt von internationaler Bedeutung" vortragen, um die Aussichten auf Bewilligung von Finanzierungsmitteln zu erhö-

---

102 Vgl. Zusammenfassung über das Ergebnis der Verhandlungen des Fünfer-Ausschusses, 5.3.1949, in: BBA 12/1040.

103 Vgl. DKBL an DVG, 4.7.1949, in: BBA 12/789; RWE an DKBL, 7.7.1949, in: Ebd; Vermerk über Besprechung, 7.7.1949, in: Ebd; Vermerk über Besprechung, 31.10.1949, in: BBA 12/790.

104 Vgl. Roelen an Springorum (GBAG), von Dewall (Hibernia), Wimmelmann (Harpen), Keyser (DKBL), Schult (StEAG) und Reusch (GHH), 24.5.1949, in: BBA 12/1044.

105 Vgl. BICO an Vorsitzenden des Verwaltungsrates (Hermann Pünder), 15.4.1949, in: BBA 127/1044.

hen.[106] Erhard verhielt sich dagegen ungeachtet der Aufforderung der BICO eher unentschlossen und scheute davor zurück, überhaupt aktiv in die Verhandlungen einzugreifen. Dabei enthielt das wettbewerbspolitische Konzept, das Leonhard Miksch, der zu seinen engsten Mitarbeitern beim Wirtschaftsministerium gehörte, in den 1930er Jahren gerade auch im Hinblick auf die im Raum stehende Frage des natürlichen Leitungsmonopols ausgearbeitet hatte, eine klare Aussage, welche Maßnahmen eine ordoliberal verstandene Wirtschaftspolitik in derartigen Fällen vorzunehmen hatte.[107] Die Sachbearbeiter in der energiewirtschaftlichen Abteilung des Wirtschaftsministeriums, die die Ruhrsammelschiene mittlerweile einer ersten Prüfung unterzogen, nachdem die DKBL das Projekt zur Genehmigung vorgelegt hatte, vertraten einen ähnlichen Standpunkt. Es sei nicht notwendig, so ihre ablehnende Bemerkung, dass die Ruhrzechen neue Netzleitungen und Umspannstationen errichteten, wenn die öffentlichen Netzbetreiber mit ihren Einrichtungen einen gleichwertigen Ersatz anbieten konnten. Sie forderten die Kontrahenten auf, dass sie ihre Netzpläne untereinander abstimmten, um die Investitionen, die an bestimmten Punkten ergänzend getätigt werden mussten, möglichst kosteneffizient zu gestalten.[108] Erhard sah sich allerdings nicht in der Lage, die Entscheidung allein auf der Grundlage der Empfehlungen zu treffen, die er von den Mitarbeitern seines eigenen Hauses erhielt. Er wollte nochmals ein sachverständiges Gremium einberufen, um den gesamtwirtschaftlichen Zusammenhang eingehend untersuchen zu lassen.[109]

Für den Wirtschaftsminister, der ein gespaltenes Verhältnis zum Ruhrbergbau pflegte und den Anspruch hegte, wirtschaftspolitische Entscheidungen möglichst unabhängig von den interessenpolitischen Einflüssen der Wirtschaft zu treffen, stellte die personelle Besetzung der Untersuchungskommission eine echte Herausforderung dar. Einen Mangel an Empfehlungen aus der Wirtschaft gab es freilich nicht. Auch Heinrich Kost machte sofort nach Bekanntwerden der Pläne des Wirtschaftsministeriums, einen neuen Ausschuss zu berufen, den Vorschlag, den Bergbau in die Beratungen einzubeziehen. Erhard ließ der DKBL allerdings ausrichten, dass er die Kommission möglichst mit Personen besetzen wolle, die „nicht unmittelbar an der zur Erörterung gestellten Planung der Steinkohlenkraftwerke beteiligt"

106 Blücher äußerte sich auf der Sitzung des Hauptausschusses RUSA zu diesem Projekt. Niederschrift des Hauptausschusses RUSA, 11.11.1949, in: BBA 12/1044.

107 Vgl. Miksch: Wettbewerb als Aufgabe; Löffler, B.: Soziale Marktwirtschaft und administrative Praxis, Stuttgart 2002, S. 72–73.

108 Vgl. Besprechungsbericht über Genehmigungsverfahren der Ruhrsammelschiene, 21.11.1949, in: BBA 12/790.

109 Bundesminister für Wirtschaft an Generaldirektor Roelen, 16.12.1949, in: BBA 12/1044.

waren.[110] Er beauftragte im Dezember 1949 Robert Frank, der ein ausgewiesener Sachkenner der deutschen Elektrizitätswirtschaft war, mit der Leitung des neuen Ausschusses. Frank hatte bis 1933 dem Vorstand der Preußenelektra angehört, lebte nunmehr im Ruhestand und war somit nicht an der Auseinandersetzung beteiligt, die im Ruhrgebiet ausgetragen wurde. Die übrigen Mitglieder der Gutachterkommission kamen jedoch ausnahmslos aus der Wirtschaft und standen aufgrund ihrer Funktion in enger Beziehung zu den am Konflikt beteiligten Unternehmen. Sihler nahm als Vorsitzender der AdEW teil, Wilhelm Heyden als Vorstandsmitglied der Preußenelektra, Adolf Pirrung als Generaldirektor der Energieversorgung Schwaben AG und Hans Brille vertrat die Interessen der rheinischen Braunkohlenindustrie. Von der Seite des Ruhrbergbaus waren vertreten Otto Springorum, der den Vorstandsvorsitz der GBAG innehatte, und Wilhelm Roelen, der wie erwähnt den Hauptausschuss Ruhrsammelschiene bei der DKBL leitete, sowie Franz Grosse als Vertreter der IG Bergbau.[111] Erhard konnte mit dieser Auswahl immerhin vermeiden, dass die Namen der leitenden Persönlichkeiten der DKBL und der beiden rheinisch-westfälischen Netzbetreiber auf dem Abschlussbericht der Kommission verewigt wurden. Doch die personelle Besetzung lässt nicht darauf schließen, dass die Kommission unabhängig von interessenspolitischen Einflüssen war.

Die Empfehlungen, die der Frank-Ausschuss nach einer Beratungszeit von fast einem Jahr formulierte, machen deutlich, dass die Entscheidung über die Organisation der Stromwirtschaft im Ruhrgebiet von den beteiligten Unternehmen selbst getroffen wurde. Der Abschlussbericht, der im Oktober 1950 vorgelegt wurde, lieferte zu den strittigen Fragen keine grundsätzlich neuen Erkenntnisse. Die Untersuchungsergebnisse liefen auf die gleichen Forderungen hinaus, die bereits von dem Fünfer-Ausschuss Anfang 1949 formuliert worden waren. Die Bedeutung des Frank-Gutachtens lag hauptsächlich darin, dass die Ausschussmitglieder noch einmal die „einmütige Auffassung" zum Ausdruck brachten, dass die öffentliche Stromversorgung „nicht in den eigentlichen Aufgabenbereich der Zechenwirtschaft" gehöre.[112] Das musste nun auch Heinrich Kost zur Kenntnis nehmen. Die Ruhrzechen sollten ihre Investitionen vor allem auf die Kohlenförderung konzentrieren, die Zechenkraftwerke hauptsächlich für den Eigenbedarf ausbauen und allenfalls die überschüssigen Strommengen in das öffentliche Stromnetz einspeisen. Die Gutachter sahen auch keine wirtschaftliche Notwendigkeit, die von der DKBL vorgeschlagene

110 VfW an DKBL betr. RUSA-Kommission, 4.2.1950, in: BBA 12/1044.

111 Vgl. Bundesministerium für Wirtschaft an DKBL betr. Kraftwerksplanung des Steinkohlenbergbaus, 23.1.1950, in: BBA 12/791.

112 Frank-Ausschuss: Zechenkraftwirtschaft und öffentliche Elektrizitätsversorgung, o. O. 1950, S. 1, 17.

Ruhrsammelschiene zu errichten, da die Ruhrzechen den Strom über das öffentliche Netz durchleiten konnten. In Anbetracht der allgemeinen Kapitalnot erschien es nur vernünftig, an dieser Stelle sofort den Rotstift anzusetzen. Das bedeutete im Umkehrschluss allerdings auch, dass die öffentlichen Netzbetreiber zu kooperieren und das Liefermonopol zu öffnen hatten. Sie sollten den industriellen Kraftwerksbetreibern nicht nur die Möglichkeit einräumen, den Eigenstrom durchzuleiten, sondern darüber hinaus den Überschussstrom für die öffentliche Stromversorgung aufkaufen, denn es gab deutliche Anzeichen dafür, dass mit der steigenden Industrieproduktion noch größere Strommengen in das öffentliche Verbundnetz eingespeist werden konnten.[113]

4.1.3 Die Neuordnung der Stromwirtschaft im Ruhrgebiet

Die Unternehmen hatten die Verhandlungen in der Zwischenzeit nicht ruhen lassen und sich auf eine Neuregelung der Stromversorgung im Ruhrgebiet geeinigt, noch bevor der Frank-Ausschuss seinen Abschlussbericht beim Wirtschaftsministerium einreichte. Die Gutachter empfahlen daher auch keine weiteren Maßnahmen, sondern verwiesen lediglich auf die Übereinkunft, die die Ruhrindustrie mittlerweile mit dem RWE und der VEW ausgehandelt hatte. Diese vertragliche Regelung entsprach, so die Anmerkung, „der Linie der gutachtlichen Untersuchungen“.[114]

Erhard nahm sicherlich erleichtert zur Kenntnis, dass er in die Vertragsverhandlungen und die Planungsarbeiten, die für den anstehenden Ausbau der Kraftwerkskapazitäten durchgeführt wurden, nicht eingreifen musste. Man kann deshalb aber nicht behaupten, dass die staatliche Lenkung beim Zustandekommen der neuen Vertragsabschlüsse keine Rolle spielte, denn das Energiewirtschaftsgesetz und die darin enthaltende Investitionskontrolle wirkten sich sehr wohl auf das Entscheidungsverhalten der Wirtschaftsakteure aus. Heinrich Kost und die StEAG ließen den Plan von der Ruhrsammelschiene erst fallen, als sich während der Verhandlungen, die erst im Fünfer-Ausschuss und danach mit den zuständigen Sachbearbeitern in Erhards Ministerium geführt worden waren, immer deutlicher herauskristallisierte, dass sie keine Genehmigung für den Ausbau der Zechenkraftwirtschaft in der gewünschten Form erhalten würden. Die Kosten eines Verhandlungsmarathons wollten sie nicht tragen. Sie mussten außerdem berücksichtigen, dass die Eigentümer der Ruhrzechen auf eine Lösung drängten und nicht bereit waren, die Entscheidun-

113 Vgl. Ebd., S. 8.
114 Ebd., S. 19.

gen, die im Zusammenhang mit der Entflechtung der Stromwirtschaft zu treffen waren, noch länger vor sich her zu schieben.[115] Es waren dann auch vor allem die Unternehmen der Eisen- und Stahlindustrie und die zum Konzern der Vereinigten Stahlwerke gehörende GBAG, die sich immer stärker in den Vordergrund drängten. Sie fanden einen Ausweg aus der verfahrenen Situation und handelten mit den beiden öffentlichen Netzbetreibern ein Abkommen aus, das der Montanindustrie weiterhin die Möglichkeit einräumte, die Stromerzeugungsanlagen auszubauen, ohne eigene Hochspannungsleitungen errichten zu müssen.

Die Lösung sah vor, dass die Hüttenwerke ihre Geschäftsbeziehung mit den öffentlichen Elektrizitätswerken in Zukunft in Form eines Branchenvertrages regeln und dabei getrennt von den Bergwerksgesellschaften verhandeln sollten. Die Anregung für diese Vorgehensweise kam von Heinrich Dinkelbach, der die deutsche Treuhandverwaltung der Eisen- und Stahlindustrie leitete. Er gab dem Stromausschuss der Vereinigten Stahlwerke den entscheidenden Hinweis, bei den Verhandlungen mit dem RWE, die im Mai 1950 in einen neuen 20-Jährigen Stromvertrag mündeten, ein „Optionsrecht" auch für die anderen Eisen- und Stahlwerke durchzusetzen, die dem Gesetz Nr. 27 unterlagen.[116] Die Unternehmen erhielten damit die Möglichkeit, während der fortschreitenden Verhandlungen über die Neuordnung der Montanindustrie, die sich noch über mehrere Jahre erstrecken sollten, dem neuen Stromvertrag beizutreten. Der Branchenvertrag hatte den entscheidenden Vorteil, dass erhebliche Transaktionskosten eingespart werden konnten, da nicht jeder Betrieb sein Vertragsverhältnis mit den Elektrizitätswerken vollständig neu aushandeln musste.[117] Die anderen Unternehmen wie die GHH, Klöckner, Mannesmannröhren-Werke oder Krupp erkannten diesen Vorteil und übten in den folgenden Jahren für ihre Werke das Optionsrecht aus.[118] Der Stromausschuss der Vereinigten Stahlwerke hatte ein ähnliches Abkommen auch mit der VEW abgeschlossen, so dass die westfälische Demarkationsgrenze, die schon mit dem Essener Abkommen von 1939 für den Stahlkonzern aufgelockert worden war, nun für die gesamte Eisen- und Stahlindustrie wegfiel.

Die Hüttenwerke konnten somit die Stromdurchleitung zwischen ihren Betrieben ungehindert über das öffentliche Verbundnetz durchführen. Die Voraussetzung hierfür war allerdings, dass auch die Kommunen mitzogen und sich bei den Konzessionsverhandlungen, die sie mit dem RWE und der VEW führten, nicht querstellten

115 Vgl. Niederschrift über Vorstandssitzung der VIK, 1.6.1949, in: BBA 32/3458.

116 Vgl. VSt an Treuhandverwaltung im Auftrage der NGISC, 8.5.1950, in: TKA VSt/1001.

117 Vgl. Niederschrift über Sitzung des Stromausschusses, 25.10.1950, in: TKA VSt/998.

118 Eine Liste der Werke, die ein Optionsrecht ausüben durften, befindet sich im Geschäftsbericht des Stromausschusses der VSt 1949/50, in: BBA 55/2072.

in der Absicht, die Strombelieferung einzelner Industriebetriebe von den eigenen Stadtwerken durchführen zu lassen.[119] Die vertragliche Regelung, die Mitte 1950 für die Stromwirtschaft der Montanindustrie abgeschlossen wurde, blieb ein brüchiges Gebilde, das nur funktionieren konnte, wenn sich die Stadtverwaltungen, die öffentlichen Netzbetreiber und die industriellen Kraftwerksbetreiber kooperativ verhielten. Eigenwillige Aktionen von Seiten eines Vertragspartners konnten die Zusammenarbeit leicht erschüttern. Die Eisen- und Stahlindustrie gründete deshalb im Jahr 1953 die Gesellschaft für Stromwirtschaft m.b.H., die unter der Leitung von Georg Bremer die ordnungsgemäße Durchführung des Branchenvertrages überwachte. Sie übernahm die Funktion, die bis zu diesem Zeitpunkt vom Stromausschuss der Vereinigten Stahlwerke, der mit der Liquidation des Stahlkonzerns aufgelöst wurde, ausgeübt worden war. Die Mitarbeiter des ehemaligen Stromausschusses wechselten in die Gesellschaft für Stromwirtschaft m.b.H. und führten dort ihre Tätigkeit fort.[120] Sie unterstützten die beiden großen Netzbetreiber des Ruhrgebiets, die kommunalen Werke auszuschalten, damit die Stromdurchleitung und die Stromlieferung der Eisen- und Hüttenwerke möglichst ohne Beteiligung von Zwischenverteilern durchgeführt werden konnte.

Die Neuregelung der schwerindustriellen Stromwirtschaft knüpfte unverkennbar an die Erfahrungen an, die der Stahlkonzern seit den 1930er Jahren gemacht hatte, als er seine Pläne für die konzerneigene Ruhrsammelschiene aufgeben und sich notgedrungen auf eine stärkere Kooperation mit den öffentlichen Netzbetreibern einlassen musste. Nachdem eine Regelung für die Eisen- und Stahlindustrie gefunden war, zeichnete sich wenige Monate später auch eine Lösung für die Kohlenseite ab. Die zeitliche Abfolge war in diesem Fall von Bedeutung, denn der Stromausschuss der Vereinigten Stahlwerke leistete mit dem Abschluss des neuen Stromvertrages „Pionierarbeit" und sendete an die DKBL ein deutliches Signal, die Zechenkraftwirtschaft ohne die vorgeschlagene Ruhrsammelschiene auszubauen.[121] Der Ruhrbergbau schloss im September 1950 mit dem RWE und im Juli des darauffolgenden Jahres auch mit der VEW langfristige Branchenverträge ab, in denen die wirtschaftliche Beziehung für die nächsten 30 Jahre festgelegt wurde.[122] Die StEAG

119 Über die Vertragsschwierigkeiten mit einzelnen Städten vgl. die Geschäftsberichte des Stromausschusses der VSt 1951/52 und 1952/53, in: BBA 55/2073–2074.

120 Vgl. Bemerkungen zum Vertrag RWE/VSt., 17.5.1950, in: RWWA 130-400-101-327/9. Die Gesellschaft für Stromwirtschaft wurde 1953 offiziell gegründet. Vgl. Rundschreiben der Strombewirtschaftungsstelle der VSt betr. zukünftige Organisation, 20.10.1953, in: BBA 55/2126.

121 Bericht des Stromausschusses der VSt 1949/50, in: BBA 55/2071.

122 Vgl. Vertrag zwischen Steinkohlenbergbau und RWE, 6.9.1950, in: Bibliothek des Ruhrgebiets; Vertrag zwischen Steinkohlenbergbau und VEW, 14.7.1951, in: RWWA 130-400-101-327/1.

und die Bergwerksgesellschaften verzichteten auf die unmittelbare Stromabgabe an Dritte. Ausgenommen von dieser Regelung blieben die Stromversorgung der Werkssiedlungen und die Stromlieferung an einzelne Stadtwerke, die aufgrund bestehender Lieferverträge nicht einfach aufgekündigt werden konnte. Das RWE und die VEW verpflichteten sich im Gegenzug dazu, den Stromtransport zwischen den Ruhrzechen über das öffentliche Verbundnetz durchzuführen und den konkurrenzfähigen Strom der Zechenkraftwerke für die öffentliche Stromversorgung aufzukaufen. Die Bergwerksgesellschaften erteilten ihrerseits im Februar 1951 der StEAG den Auftrag, die „Bergbau-Elektrizitäts-Verbundgemeinschaft" einzurichten, die als Bergbaulastverteiler den Informationsfluss zwischen den einzelnen Zechenkraftwerken und den beiden Netzbetreibern organisieren sollte.[123]

Die StEAG war ab diesem Zeitpunkt nicht mehr nur Eigentümer der beiden Kraftwerke in Lünen und Hüls, das später nach der Entflechtung der IG-Farbenindustrie in den Besitz der Chemischen Werke Hüls wechselte.[124] Sie fungierte nun auch als Informationsbörse für die Zechenkraftwerke des gesamten Ruhrbergbaus. Sobald eine Bergwerksgesellschaft das öffentliche Netz für die Stromdurchleitung in Anspruch nehmen oder Steinkohlenstrom für die öffentliche Stromversorgung verkaufen wollte, meldete sie ihr Vorhaben dem Bergbaulastverteiler bei der StEAG, der diese Information an die Elektrizitätswerke weiterleitete, damit die Leitungsnetze rechtzeitig für die angeforderte Transportdienstleistung bereitgestellt wurden. Der Austausch von zuverlässigen Informationen war die Voraussetzung dafür, dass der Verbundbetrieb zwischen Zechenkraftwerken und den öffentlichen Netzbetreibern überhaupt funktionieren konnte. Denn die Netzbetreiber waren nur in der Lage, den Stromtransport zu gewährleisten, wenn sie frühzeitig über die Kraftwerksneubauten der Industrie und den zu erwartenden Stromanfall unterrichten wurden, da sie die öffentlichen Netze und Umspannwerke dementsprechend vorbereiten mussten. In der Vergangenheit waren die Versuche einer engeren Zusammenarbeit mit dem Bergbau wegen der Informationsmängel wiederholt gescheitert, weil von den Kraftwerkbesitzern der Ruhrindustrie sehr widersprüchliche Angaben ausgegangen waren. Das RWKS und die StEAG hatten zwar immer wieder behauptet, dass sie die Zechenkraftwerke gegenüber den öffentlichen Elektrizitätswerken vertreten würden, doch das war tatsächlich selten der Fall gewesen. Die Eisen- und Stahlindustrie hatte mit ihren angegliederten Hüttenzechen stets eigene Pläne verfolgt. Mit der Einrichtung des Bergbaulastverteilers Anfang 1951 änderte

123 Der Bergbaulastverteiler wird in beiden Verträgen erwähnt. Vgl. auch den zwischen den Bergwerksgesellschaften und die StEAG abgeschlossenen „Gesellschaftsvertrag der Bergbau-Elektrizitäts-Verbundgemeinschaft, 8.2.1951, in: RWWA 130-400-101-327/3.

124 Vgl. Lorentz/Erker: Chemie und Politik, S. 204.

sich die Situation. Die StEAG war nun erstmals tatsächlich befugt, die Informationen der Zechenkraftwerke zu bündeln und als Vermittler zwischen den Bergbauunternehmen und den öffentlichen Stromversorgern zu fungieren. Sie überwachte fortan die Durchführung des Branchenvertrages und stellte sicher, dass die öffentlichen Elektrizitätswerke den Zugang zu den Leitungsnetzen nicht versperrten und die Zechenkraftwerke ihrerseits die in Aussicht gestellten Strommengen lieferten. Unter diesen Bedingungen waren die Elektrizitätswerke sogar bereit, den Zechenkraftwerken einen größeren Anteil der Stromerzeugung für den öffentlichen Strommarkt zu überlassen. Die Selbstverpflichtung der Ruhrzechen, den Steinkohlenstrom zuverlässig und ohne Unterbrechung an das öffentliche Netz zu liefern, reduzierte aus ihrer Sicht das Risiko, dass die Sicherheit der öffentlichen Stromversorgung bei einem steigenden Anteil der Industriestromeinspeisung in Gefahr geraten könnte.

Die beiden Branchenverträge waren das Resultat mehrjähriger Verhandlungen. Die wirtschaftliche Bedeutung dieser Abkommen lag darin begründet, dass sich die Kontrahenten unter dem Eindruck der Versorgungsengpässe, die sich während der Korea-Krise nochmals verschärft hatten, darauf verständigten, die Herausforderung des steigenden Strombedarfs der Gesamtwirtschaft arbeitsteilig in Angriff zu nehmen. Die Abkommen steckten für jeden Vertragspartner einen bestimmten Investitionsbereich ab, in dem er den Ausbau der Kraftwerkskapazitäten vorantreiben sollte. Der Wettbewerb unter den Kraftwerksbetreibern wurde dadurch keineswegs ausgeschlossen, er lief fortan aber nach bestimmten Spielregeln ab, die sich die Akteure selbst auferlegt hatten. Die Unternehmen der Montanindustrie behielten die Möglichkeit, Eigenanlagen zu errichten und die öffentlichen Netze für die Durchleitung zu benutzen. Die Elektrizitätswerke, die in diesen Jahren mit dem wachsenden Strombedarf der deutschen Wirtschaft völlig überfordert waren, erwarteten von den industriellen Kraftwerksbetreibern, dass sie ihre Anlagen weiter ausbauten, denn dadurch konnte ein übermäßiger Anstieg des Strombezuges aus dem öffentlichen Netz vermieden und die Engpässe in der öffentlichen Stromversorgung schneller überwunden werden.

Die Chemieindustrie verständigte sich mit den öffentlichen Netzbetreibern auf eine vergleichbare Vorgehensweise. Die Bestimmungen des noch gültigen 15-Jährigen Generalstromvertrages, den die IG-Farbenindustrie mit dem RWE 1939 abgeschlossen hatte, wurden einfach auf die Nachfolgeunternehmen übertragen.[125] So konnte zum Beispiel die BASF weiterhin ihre Wärmekraftwerke für den eigenen Strombedarf nicht nur am Chemiestandort Ludwigshafen ausbauen, sondern, so-

125 Vgl. BASF an RWE, 5.1.1950, in: HK RWE 10643.

bald die strittigen Eigentumsverhältnisse mit den Chemischen Werken Hüls geklärt waren, auch das Kraftwerk bei der Gewerkschaft Auguste Victoria. Die IG-Farbenindustrie hatte in den 1930er Jahren in unmittelbarerer Nachbarschaft zum Kraftwerk der StEAG ein eigenes Zechenkraftwerk errichten lassen.[126] Die BASF hatte sogar die Option, die Anlagen in Marl mit zusätzlichen Kapazitäten für den Strombedarf am Produktionsstandort Ludwigshafen zu erweitern. Technisch stand dem nichts im Wege, denn die elektrische Energie konnte über die Hochspannungsleitungen der VEW und des RWE transportiert werden, die für diese Dienstleistung eine Transportgebühr einforderten. Das Chemieunternehmen konnte demnach bei seiner Investitionsentscheidung mehrere Optionen in Erwägung zu ziehen, die alle mit einem gewissen Risiko behaftet blieben.[127] Es konnte die Eigenanlagen auf eine Weise ausbauen, dass diese nur für den örtlichen Produktionsstandort Strom erzeugten, so dass keine Gebühren für die Nutzung der öffentlichen Leitungsnetze anfielen. Die andere Möglichkeit bestand darin, die eigenen Kraftwerke über das öffentliche Verbundnetz zu verbinden und im nationalen Rahmen einen konzerninternen Verbundbetrieb zwischen Marl und Ludwigshafen durchzuführen.[128] Das Angebot der öffentlichen Elektrizitätswerke war schließlich die dritte Option, die zusätzlich genutzt werden konnte, ohne dass die Eigenanlagen vollständig stillgelegt werden mussten oder keine Erweiterung der eigenen Kraftwerkskapazitäten vorgenommen werden konnte.

Die wirtschaftliche Zusammenarbeit zwischen den Kraftwerksbetreibern der Großindustrie und den öffentlichen Netzbetreibern beschränkte sich nicht allein auf die Stromdurchleitung, wie das nachfolgende Schaubild verdeutlicht. Darin ist die Herkunft der elektrischen Energie dargestellt, die aus dem öffentlichen Netz an inländische Endverbraucher floss. Der überwiegende Teil der aus dem deutschen Verbundnetz abgegebenen Strommengen stammte, was nicht überrascht, von den öffentlichen Kraftwerksbetreibern. Ein Blick auf die Entwicklung bis in die frühen 1960er Jahre deckt aber gleichzeitig den interessanten Sachverhalt auf, dass die relative Bedeutung der öffentlichen Kraftwerke im Vergleich zu der Einspeisung von industriellen Überschussstrom kontinuierlich zurückging, das heißt, die industrielle

126 Vgl. Abelshauser: Die BASF seit der Neugründung von 1952, S. 367–367. Das Kraftwerk der StEAG in Hüls verfügte über eine Leistung von 180 MW und das Zechenkraftwerk der Auguste Victoria 64 MW. Vgl. Steenbuck: Gewerkschaft Auguste Victoria, S. 19.

127 Grundlegend dazu Casson: Der Unternehmer, S. 524–544.

128 Die BASF gründete Anfang 1962 die BASF-Kraftwerk Marl GmbH und ließ den Strom, der in dem neuen 300 MW-Kraftwerk erzeugt wurde, nach Ludwigshafen transportieren. Steenbuck: Gewerkschaft Auguste Victoria, S. 24; Abelshauser: BASF seit der Neugründung, S. 509.

Stromabgabe an das öffentliche Verbundnetz stieg in diesen Jahren schneller an als die Einspeisung aus den Kraftanlagen, die im Besitz der Netzbetreiber waren.

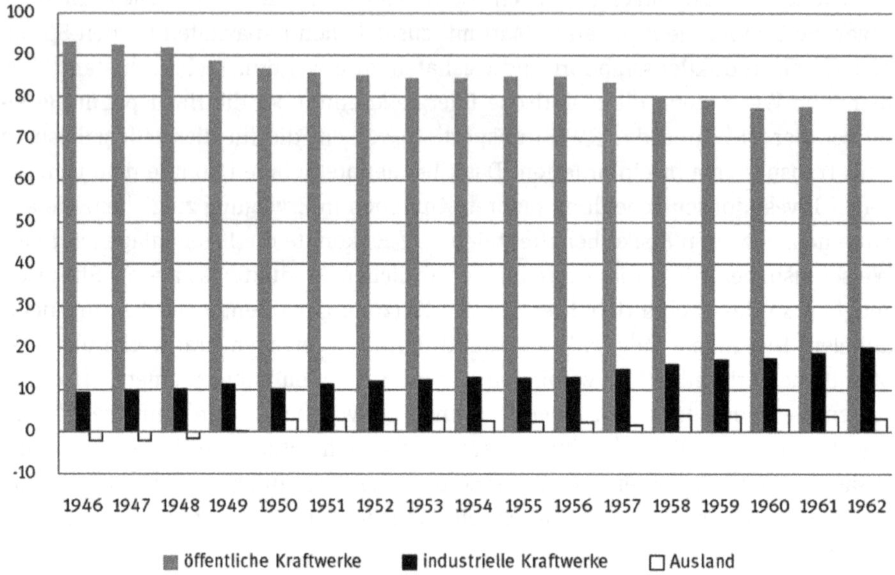

Abb. 4: Stromeinspeisung in das deutsche Verbundnetz 1946–1962

Quelle: Statistische Berichte des Zentrallastverteilers, in: EW Jg. 50ff.

Anmerkung:
Berücksichtigt wurde nur die nutzbare Abgabe an Stromabnehmer. Die Aufstellung umfasst also nicht den Selbstverbrauch der Elektrizitätswerke oder die reine Durchleitung von Industriestrom.

Die beiden Branchenverträge, die 1950 abgeschlossen wurden, und die Einzelverträge, die das RWE mit den Nachfolgeunternehmen der IG-Farbenindustrie aushandelte, öffneten für die beteiligten Industrieunternehmen den Zugang zu den Märkten der öffentlichen Elektrizitätsversorgung. Diese Behauptung trifft zumindest auf den hier untersuchten Zeitraum zu. Die industriellen Kraftwerkbetreiber, die schwerpunktmäßig im rheinisch-westfälischen Industriegebiet angesiedelt waren, machten von der Möglichkeit der Einspeisung zunehmend Gebrauch. Da das Stromangebot der Industrie in dieser Region den Bedarf der hier angesiedelten Abnehmer überschritt, traten das RWE und die VEW über ihre Mitgliedschaft an der Deutschen

Verbundgesellschaft an die außerhalb des Reviers liegenden Elektrizitätswerke heran, damit diese den Industriestrom in ihre Leitungsnetze aufnahmen und an die Stromverbraucher zwischen Hamburg und Bayern weiterverteilten.[129]

Die industriellen Kraftwerksbetreiber konnten sich auf diese Weise an dem Geschäft der öffentlichen Stromversorgung beteiligen, sofern sie tatsächlich daran interessiert waren. Beim Steinkohlenbergbau, der über 20 Jahre um dieses Recht gekämpft hatte, war das mit Sicherheit der Fall. Die Unternehmen der anderen Industriezweige scheinen dagegen weiterhin in erster Linie auf die Strategie der vertikalen Integration gesetzt zu haben. Sie hatten nur dann einen Anreiz, die eigenen Kraftwerke im Zusammenhang mit der betriebseigenen Wärmewirtschaft auszubauen, wenn sie dadurch langfristig eine im Vergleich zum Fremdbezug günstigere Stromversorgung für ihre eigenen Betriebe erzielen konnten. Die öffentliche Stromversorgung blieb für sie eher von geringem Interesse, so dass sie beim Bau neuer Kraftwerke in der Regel nur vom Eigenbedarf ihrer Betriebe ausgingen. Es war allerdings nicht ausgeschlossen, dass sich die Situation bei den Kraftwerksbetreibern einzelner Industriezweige im Laufe der Zeit verändern konnte. Die Mineralölindustrie liefert dafür ein anschauliches Beispiel. Die Hydrierwerke hatten während der nationalsozialistischen Autarkiewirtschaft ihre Stromerzeugungsanlagen primär für den Eigenbedarf ausgebaut. Als die Hydrieranlagen in der Nachkriegszeit auf die Raffination von Rohöl umgestellt wurden, verfügten sie über Kraftwerkskapazitäten, die für die eigene Produktion nicht mehr gebraucht wurden, weil die Treibstoffgewinnung aus Rohöl weniger stromintensiv war.[130] Sie zeigten deshalb seit den späten 1940er Jahren ein zunehmendes Interesse daran, die überschüssigen Strommengen abzugeben. Die Elektrizität wurde von diesen Unternehmen mit neuwertigen Hochdruckkraftwerken zu äußerst preisgünstigen Bedingungen erzeugt. Die Netzbetreiber kauften den billigen Strom begierig auf, da sie mit diesen Strommengen im Unterschied zu dem Angebot der alten Zechenkraftwerke bestimmte Gewinnmargen erzielen konnten.[131]

Die Elektrizitätswirtschaft spielte sich in der Phase des Wiederaufbaus größtenteils im nationalen Rahmen ab. Dem grenzüberschreitenden Stromaustausch mit

---

129 Vgl. DVG an DKBL betr. Neuerrichtung von Dampfkraftwerken, 19.11.1951, in: StEAG-Mitteilung Nr. 83.

130 Vgl. die Kurzdarstellung der Stromwirtschaft der Gelsenberg, in: VGB, 50 Jahre VGB, S. 22–23. Für eine allgemeine Darstellung der Mineralölindustrie in der Nachkriegszeit vgl. Karlsch, R./Stokes, R.: Faktor Öl. Die Mineralölwirtschaft in Deutschland 1859–1974, München 2003, S. 273–274; Abelshauser: BASF seit der Neugründung, S. 437–452.

131 Vgl. die statistischen Angaben über die Industrieeinspeisung im Bundesgebiet unterteilt nach verschiedenen Kraftwerkbetreibern in: VIK-Mitteilungen 1 (1952), S. 9.

den westeuropäischen Nachbarländern kam eine geringe Bedeutung zu. Der Umfang der elektrischen Energie, die über die westeuropäischen Landesgrenzen floss, fiel selbst im Vergleich zu der Stromabgabe der Industriekraftwerke kaum ins Gewicht. Der Stromimport, der nach Abzug der exportierten Mengen als überschüssige Energie aus dem internationalen Stromhandel in die deutsche Stromversorgung floss, verharrte auf einem konstant niedrigen Niveau (siehe Schaubild 4). Die Industrie speiste in das westdeutsche Verbundnetz wesentlich größere Strommengen ein als die österreichischen und schweizerischen Wasserkraftwerke zusammen. Diese Entwicklung verdeutlicht noch einmal, dass die alpine Wasserkraft, die seit Mitte der 1920er im Blickpunkt der deutschen Netzbetreiber stand und während des Zweiten Weltkrieges noch einmal in den Mittelpunkt öffentlich inszenierter Großbauprojekte gerückt war, verglichen mit den Eigenlagen der Industrie eine untergeordnete Rolle spielte.

Auch der Marshallplan trug nicht dazu bei, dass die europäische Zusammenarbeit intensiviert wurde. In der Stromwirtschat beschränkte sich die Wirkung des Marshallplanes darauf, dass die Rahmenbedingungen für den europäischen Stromaustausch in dem begrenzten Ausmaß, wie sie sich bereits vor 1945 herausgebildet hatten, wieder hergestellt wurden. Er sorgte für eine politische Stabilität unter den westeuropäischen Ländern, indem er zur Lösung der im Raum stehenden Reparationsforderungen beitrug.[132] Frankreich hatte darauf bestanden, dass das RWE ungeachtet der Versorgungsengpässe, die in den westdeutschen Besatzungszonen vorherrschten, elektrische Energie lieferte, was dazu führte, dass bis einschließlich 1948 gut 80 Prozent der gesamten westdeutschen Stromausfuhr als verdeckte Reparationsleistung in die französische Wirtschaft flossen.[133] Die französische Besatzungsbehörde beschlagnahmte im Oktober 1948 sogar die Besitzanteile, die das RWE an dem badischen Schluchseewerk und dem deutsch-schweizerischen Rheinkraftwerk Albbruck-Dogern hielt. In Essen entstand daraufhin die ernsthafte Befürchtung, dass man in der französischen Zone das Eigentum verlieren könnte. Der Vorstand protestierte zusammen mit der badischen Landesregierung, die im Besitz des Badenwerkes war, gegen die Absichten der französischen Regierung.[134] Für die Beilegung des Konfliktes war letztendlich entscheidend, dass sich die amerikani-

---

132 Vgl. Abelshauser: Hilfe zur Selbsthilfe, S. 109–113; Milward: Reconstruction of Western Europe, S. 212–231; Berger/Ritschl: Rekonstruktion der Arbeitsteilung in Europa 473–519.

133 Die 80 Prozent beziehen sich auf die Stromausfuhr der Jahre 1946 bis 1948. An zweiter Stelle stand Belgien, während das Saargebiet, Holland und Luxemburg keine nennenswerten Strommengen bezogen. Vgl. Jahresbericht des Zentrallastverteilers, in: EW 50 (1951), S. 369.

134 Vgl. Aufsichtsratssitzung des RWE, 24.2.1949, in: HK RWE 6275; Buderath: Strom im Markt, Bd. 2, S. 370.

sche Militärregierung in die Angelegenheit einschaltete, sich gegen eine Umstrukturierung der badischen Stromwirtschaft stellte und der französischen Regierung gleichzeitig im Rahmen des Marshallplanes eine Wirtschaftshilfe in Aussicht stellte.[135] Das Hilfsprogramm war hauptsächlich auf die nationalen Bedürfnisse ausgerichtet. Die Überlegungen, die dabei zum Tragen kamen, hingen mit den Investitionskosten zusammen, die beim Ausbau der Stromwirtschaft zu berücksichtigen waren. Vor dem Hintergrund der knappen Investitionsmittel ist leicht ersichtlich, wieso die Investitionen in erster Linie in den Ausbau der Stromerzeugungskapazitäten flossen und die Erweiterung des westeuropäischen Verbundnetzes vorerst zurückgestellt wurde.[136] Ab 1949 wendete sich das Blatt, nachdem Frankreich auf die Stromeinfuhr verzichtete. Westdeutschland nahm dagegen wieder den Status eines Stromimportlandes ein, indem Wasserstrom aus Österreich und der Schweiz bezogen wurde. Das RWE, das über seine Hochspannungsleitungen den größten Teil des westdeutschen Stromimportes durchführte, verlor zwar seine Besitzanteile an den österreichischen Wasserkraftwerken, doch das bedeutete noch nicht, dass die Stromlieferungen aus den Vorarlberger Illwerken eingestellt wurden. Die amerikanische Militärregierung hatte sich schon 1946 in diesem Streitfall eingeschaltete und einen Liefervertrag mit der österreichischen Regierung ausgehandelt, so dass das RWE trotz der ungeklärten Eigentumsverhältnisse weiterhin Wasserstrom aus Österreich importierte.[137] Die Verhandlungen mit der schweizerischen Regierung, die den Stromimport vom Wasserkraftwerk Klingnau untersagt hatte, zogen sich dagegen in die Länge. Erst Mitte 1952 zeichnet sich auch hier eine Lösung ab, die vorsah, dass das RWE seinen Kapitalanteil an diesem Kraftwerk behalten und den Strombezug wieder aufnehmen konnte.[138]

---

135 Vgl. Sitzung der Parlamentarier des Aufsichtsrats und Verwaltungsrats des RWE, 29.4.1949, in: HK RWE 6275; Milward: Reconstruction of Western Europe, S. 109, 165–167.

136 Vgl. Wessels, T.: Die Problematik der Energieverbundwirtschaft in der europäischen Wirtschaftsplanung, in: Energieverbundwirtschaft. Tagungsberichte des Energiewirtschaftlichen Instituts, München 1951, S. 284–285.

137 Vgl. Melchinger, E.: Die Entwicklung der österreichischen Elektrizitätswirtschaft in den letzten zehn Jahren, in: EW 48 (1949), S. 77–78. Der Streit um die Eigentumsrechte an den Vorarlberger Illwerken zog sich bis in die 1960er Jahre. Vgl. Buderath: Strom im Markt, Bd. 2, S. 607.

138 Vgl. RWE-Geschäftsbericht 1950/51, in: HK RWE.

4.2 Kapitalbildung und Investitionskontrolle

4.2.1 Der Marshallplan und das Finanzierungsproblem der Stromwirtschaft

Der institutionelle Rahmen der Elektrizitätswirtschaft war mit der erneuten Gründung der Deutschen Verbundgesellschaft, dem neuen Kooperationsabkommen der öffentlichen Netzbetreiber mit der Großindustrie und nicht zuletzt der Wiedereinführung des Energiewirtschaftsgesetzes rekonstruiert. Die Engpässe in der Stromversorgung wurden dadurch aber noch nicht schlagartig beseitigt, wie die erneute Verlängerung des Energienotgesetzes Mitte 1950 zeigt.[139] Es mussten wiederholt Einschränkungen angeordnet werden, um den wirtschaftlichen Schaden, der durch einen vollständigen Zusammenbruch der öffentlichen Stromversorgung entstehen konnte, möglichst gering zu halten. Auch im nächsten Jahr mehrten sich wieder die Anzeichen, dass die Elektrizitätswerke in den bevorstehenden Wintermonaten nicht in der Lage sein würden, den unkontrollierten Anstieg der Lastspitzen zu bewältigen. Die Schaufenster- und Reklamebeleuchtung außerhalb der Geschäftszeiten wurde untersagt, was beim Einzelhandel wiederum Sorgen um das Weihnachtsgeschäft auslöste.[140] Die Behörden hielten an dieser „optischen Maßnahme" trotz ihrer umstrittenen Wirkung fest, um die breite Bevölkerung, die über Presse und Rundfunk zum Energiesparen aufgefordert wurde, zum sparsamen Stromverbrauch zu animieren.[141] Der Kohlenbergbau und die Eisen- und Stahlindustrie, die beide ungefähr fünf Prozent bzw. 22 Prozent ihres Strombedarfs aus dem öffentlichen Stromnetz bezogen, blieben von diesen Einschränkungen weitestgehend ausgenommen. Der konjunkturelle Aufschwung, der sich vor dem Hintergrund der Korea-Krise abzeichnete und der deutschen Schwerindustrie Rüstungsaufträge aus dem Ausland einbrachte, war daher nicht unmittelbar durch die Stromkontingentierungen gefährdet. Die stromintensiven Chemiewerke und die Aluminiumhütten mussten hingegen ihren Stromverbrauch einschränken. Auch die Betriebe des Textilgewerbes, die Papierfabriken oder die Unternehmen der Genussmittelindustrie mussten Kürzungen von bis zu 25 Prozent hinnehmen.[142]

Über die Ursachen der Versorgungsengpässe wurde wieder kontrovers debattiert. Die Vertreter der öffentlichen Elektrizitätsversorgung – allen voran die Deutsche Verbundgesellschaft – richteten ihre Kritik gegen die DKBL, die es nach der

139 Vgl. Energienotgesetz, 7.6.1950, in: BGBl., S. 204.

140 Vgl. Erlaß des BWM betr. Stromeinschränkungen, 13.10.1951, in: Energiewirtschaftliche Tagesfragen 1 (1951/1951), S. 137

141 Vgl. Stellungnahme zu dieser Maßnahme, in: Industriekurier, 10.11.1951.

142 Vgl. Besprechung des Arbeitskreises Energie des BDI, 12.10.1951, in: BBA 20/238.

Aufhebung der staatlichen Rohstofflenkung im Frühjahr 1950 offenbar versäumt hatte, frühzeitig ausreichend Steinkohle zu liefern.[143] Auf die öffentlichen Elektrizitätswerke entfielen gerade einmal acht Prozent des gesamten inländischen Steinkohlenverbrauchs, weshalb die unzureichende Brennstoffbelieferung auf wenig Verständnis stieß. Selbst das RWE, das einen Großteil seiner Kraftwerke mit Braunkohle aus den konzerneigenen Gruben belieferte, sah sich gezwungen, die Stromlieferung an die süddeutschen Netzbetreiber einzuschränken. Der Stromkonzern konnte die fehlende Leistung auch nicht mit den Speicherkraftwerken kompensieren, denn die Kapazitäten der Wasserspeicher waren relativ schnell ausgeschöpft.[144] Die Verantwortung für die angespannte Versorgungslage wiesen das RWE und die übrigen Mitglieder der Deutsche Verbundgesellschaft entschieden von sich. Man habe schon im Sommer 1950 die „begründete Hoffnung“ gehabt, die Wintermonate ohne Einschränkungen meistern zu können.[145] Diese seien dann aber durch die unzureichende Brennstofflieferung von Seiten des Kohlenbergbaus zunichte gemacht worden. Ob diese Einschätzung zutreffend war und die Stromsperren tatsächlich nur deshalb verordnet werden mussten, weil die Kohlenlager leer standen, war jedoch nicht so eindeutig zu beantworten, wie von Seiten der öffentlichen Stromanbieter behauptet wurde.[146] Denn es gab darüber hinaus auch einen Mangel an Kraftwerkskapazitäten, da beim Neubau der Wärmekraftwerke nicht die erwünschten Fortschritte erzielt worden waren. Es hatte sich in den letzten Jahren ein erheblicher Investitionsbedarf aufgestaut.

Die Berechnungen, die aufgestellt wurden, um die zu erwartende Entwicklung der Stromnachfrage abzuschätzen, gingen fast ausnahmslos von der Annahme aus, dass sich der Strombedarf in zehn Jahren verdoppeln würde. In Fachkreisen der Elektrizitätswirtschaft klammerte man sich an diese Faustregel, die auf historischen Erfahrungen basierte. Der Verbundausschuss, der Anfang 1948 bei der Wirtschaftsverwaltung aus verschiedenen Vertretern der Kraftwerksbetreiber und der Zulieferindustrie eingerichtet worden war, um das Neubauprogramm vorzubereiten, ging davon aus, dass die Kraftwerksleistung nach Abzug der Reserven jährlich um etwa acht Prozent steigen müsse, um den wachsenden Strombedarf sicherstellen zu kön-

143 Vgl. AdEW an BMW betr. Kohlenversorgungskrise der Kraftwerke, 25.10.1950, in: BBA 32/3458. Grundlegend dazu siehe Abelshauser, W: Ansätze „korporativer Marktwirtschaft“ in der Korea-Krise der frühen fünfziger Jahre, in: VfZ 30 (1982), S. 717–727.

144 Vgl. Landeslastverteiler an Bayerisches Staatsministerium für Wirtschaft, 8.1.1951, in: HK RWE 1312.

145 DVG: Öffentliche Stromversorgung und Kohlenkrise, in: Energiewirtschaftliche Tagesfragen 1 (1951/52), S. 72–73.

146 Vgl. DVG: Die Stromversorgung Westdeutschlands im Jahr 1951, in: Energiewirtschaftliche Tagesfragen 1 (1951/52), S. 206–207.

nen.[147] Die Untersuchungskommission, die zwei Jahre später unter der Leitung von Robert Frank das Gutachten über die Einschaltung der Zechenkraftwerke in die öffentliche Stromversorgung erstellte, kam zu einem vergleichbaren Ergebnis.[148] Im Nachhinein erwiesen sich die Berechnungen allerdings als Fehleinschätzungen. Es war kaum möglich, den langfristigen Trend der technischen Entwicklung, die in der Wirtschaft, den öffentlichen Einrichtungen und den privaten Haushalten zu einer immer breiteren Anwendung von elektrischer Energie für die Gewinnung von Licht, Kraft, Wärme und Kälte führte, auch nur annähernd zutreffend zu prognostizieren. Die Schätzungen mussten fortlaufend revidiert werden. Im historischen Rückblick kann festgestellt werden, dass die Leistungskapazität der öffentlichen und industriellen Kraftwerke in den zehn Jahren bis 1958 jährlich sogar um 14,2 Prozent ausgebaut wurden und die Bruttostromerzeugung im selben Zeitraum durchschnittlich um 19,1 Prozent anstieg.[149]

Damit sind nicht einmal alle Anlageinvestitionen erfasst, die in diesem Zeitraum in die Elektrizitätswirtschaft flossen. Denn neben den Stromerzeugungsanlagen mussten gleichzeitig auch die Einrichtungen für die Stromübertragung und -verteilung ausgebaut werden. Die Kapitalmittel, die hierfür aufzuwenden waren, sind aufgrund der sporadischen Überlieferung, die gerade im Hinblick auf die Stromnetze große Lücken aufweist, kaum eindeutig zu bestimmen.[150] Ein Vergleich mit den Verhältnissen der Zwischenkriegszeit zeigt aber, dass sich die Investitionen verstärkt auf die Stromerzeugungsanlagen konzentrierten. Die Relation zwischen dem Kapitalbedarf, der bei jeder zusätzlich installierten Leistungseinheit (KW) jeweils für die Kraftwerksanlagen und die Netzeinrichtungen anfiel, verlagerte sich auf die Stromerzeugung. Der Enquete-Ausschuss, der Ende der 1920er Jahre eine Kostenberechnung erstellt hatte, bezifferte den Kapitalaufwand für die Errichtung der Stromnetze im Vergleich zu den Mitteln, die für den Ausbau von Wärmekraftwerken aufzubringen waren, mehr als doppelt so hoch.[151] In den 1950er Jahren näherten sich die beiden Werte dagegen immer stärker an, das heißt, die Kapitalaufwendungen für die Verteilungsanlagen waren nur noch geringfügig höher als die Mittel, die für die Kraftwerksneubauten anfielen. Der Grund für diese Entwicklung ist darin zu sehen, dass die Versorgungsgebiete inzwischen nahezu flächendeckend durch die öffentliche Stromnetze erschlossen waren und die Erweiterungen, die an

---

147 Vgl. Wirtschaftsverwaltung 2 (1949), S. 269–274.

148 Vgl. Gutachten über Zechenkraftwirtschaft und öffentliche Elektrizitätsversorgung, S. 8–10.

149 Vgl. Stat. Bericht des Zentrallastverteilers, in: Elektrizitätswirtschaft, Jg. 49ff.

150 Vgl. Biermann, S.: Die Investitionen der öffentlichen Elektrizitätsversorgung im Bundesgebiet und ihre Finanzierung seit 1948, Frankfurt am Main 1959, S. 60–62.

151 Enquete-Ausschuss: Die deutsche Elektrizitätswirtschaft, Berlin 1930, S. 70.

der bestehenden Infrastruktur vorgenommen werden mussten, weniger kapitalintensiv waren als die vollständige Neuerschließung.[152] Die Wohnungszählung, die das Statistische Bundesamt 1950 durchführte, kam zu dem Ergebnis, dass im Bundesgebiet 98 Prozent der Wohnungen an das Stromnetz angeschlossen waren. Der so genannte Elektrifizierungsgrad lag in den Ländern wie Bayern und Niedersachsen, die stärker landwirtschaftlich geprägt waren, mit 96 Prozent und 97 Prozent nur knapp unter dem bundesweiten Durchschnitt.[153]

An dieser Stelle müssen jedoch die Bevölkerungsentwicklung und die allgemeine Wohnungsnot berücksichtigt werden, die in der Phase des Wiederaufbaus vorherrschte.[154] Die öffentlichen Versorgungsbetriebe standen aufgrund der zahllosen Flüchtlinge und Vertriebenen vor neuen Herausforderungen. Eine erfolgreiche Ansiedlung der Heimatvertriebenen, die schon Anfang der 1950er Jahre 17 Prozent der Gesamtbevölkerung ausmachten, setzte voraus, dass die Einrichtungen für die Stromversorgung zielstrebig ausgebaut wurden.[155] Es gab für diese historisch einmalige Situation keine Formel, aus der eine zuverlässige Vorhersage über die Auswirkungen, die der schlagartige Bevölkerungszuwachs auf die westdeutsche Stromwirtschaft haben würde, abgeleitet werden konnte. Die außergewöhnlich stark ansteigende Zahl der Tarifabnehmer erforderte vor allem Erweiterungen im Niederspannungsnetz. Der Ausbau der bestehenden Verteilungsanlagen erwies sich zwar – wie erwähnt – weniger kapitalintensiv als die Neuerschließung unbesiedelter Regionen, doch die Auswirkungen der demografischen Entwicklung waren nicht zu unterschätzen. Es gab allerdings auch starke regionale Unterschiede bezüglich des Investitionsbedarfs im Bereich des Leitungswesens. Die Netzbetreiber in Nordrhein-Westfalen mussten weniger Kapitalmittel für den Ausbau ihrer Stromnetze aufwenden als das Bayernwerk und die Preußenelektra sowie die an diesen beiden Großversorgern angegliederten kommunalen Stromverteiler, die den Strom vor Ort bis zur letzten Lampe weiterverteilten. Die Landesregierungen verfolgten in diesen Gebieten bewusst eine dezentrale Ansiedlungspolitik und verlangten von den zuständigen Versorgungsbetrieben, dass sie ihre Stromnetze dementsprechend in den ländlichen Regionen stärker ausbauten.[156] Es war kein Zufall, dass ausgerechnet der

152 Vgl. VDEW: Der Kapitalbedarf der öffentlichen Elektrizitätsversorgung zur Sicherung der Wirtschaftsentwicklung im Bundesgebiet. Gutachten erstattet für das Bundesministerium für Wirtschaft, Frankfurt am Main 1953, S. 16–18; Biermann: Investitionen der Elektrizitätsversorgung, S. 63–64.

153 Für eine Auswertung der Wohnungsstatistik vgl. EW 55 (1956), S. 340–342.

154 Vgl. Dieffendorf, J.M.: In the Wake of War. The Reconstruction of German Cities after World War II, New York 1993, S. 125–144.

155 Vgl. Stat. Bundesamt: Statistisches Taschenbuch über die Heimatvertriebenen, Wiesbaden 1953, S. 5.

156 Vgl. Abelshauser: Deutsche Wirtschaftsgeschichte seit 1945, S. 316–318.

Deutsche Landkreistag auf die Bedeutung der Stromversorgung für die Eingliederung der Heimatvertriebenen aufmerksam machte.[157]

Im Ruhrgebiet stand dagegen der Kraftwerksneubau im Vordergrund. Der Umstand, dass die Schwerindustrie einen Großteil ihres Strombedarfs in Eigenanlagen erzeugte, trug mit dazu bei, dass die regionalen Stromnetze in diesem Versorgungsgebiet nur geringfügig erweitert werden mussten. So teilte der Vorstand des RWE in einem Ende 1949 veröffentlichten Bericht über die geplanten Bauprojekte mit, dass sich die Investitionen des Konzerns hauptsächlich auf die rheinischen Braunkohlenkraftwerke konzentrieren würden. Die Mittel- und Hochspannungsleitungen des Konzerns befanden sich in einem vergleichsweise guten Zustand und mussten vorerst nur geringfügig ausgebaut werden. Die Kraftwerkskapazitäten würden nach Fertigstellung der geplanten Bauvorhaben um insgesamt 55 Prozent ansteigen, während die Stromnetze nur um zehn Prozent erweitert werden sollten.[158] Der Stromkonzern hatte seine Investitionspläne im Rahmen der Deutschen Verbundgesellschaft mit den anderen großen Netzbetreibern abgestimmt. Diese drängten darauf, dass das RWE seine Kraftwerke im rheinischen Braunkohlengebiet ausbaute, damit sie größere Mengen des preiswerten Braunkohlenstroms für die Versorgung ihrer Gebiete beziehen konnten.

Mit der Aufnahme der Investitionstätigkeit rückte das Problem der Kapitalbeschaffung und der Strompreise verstärkt in den Mittelpunkt der Wirtschaftspolitik. Die Währungs- und Wirtschaftsreform von 1948 hatte in den meisten Wirtschaftsbereichen den geordneten Übergang in die Marktwirtschaft eingeleitet. Die staatlichen Bewirtschaftungsformen waren aufgehoben und die Preisentwicklung wieder freigegeben worden. Die Unternehmen konnten ihre Investitionen danach verstärkt aus Eigenmitteln finanzieren, die sie aus der steigenden Güternachfrage erwirtschafteten. In der Energiewirtschaft nahm die Entwicklung dagegen einen anderen Verlauf, denn die Preisbindung für Kohle, Strom und Gas wurde vorerst nicht aufgehoben. Das bedeutete nicht, dass die Strompreise unverändert auf dem bestehenden Niveau verharrten. Die Wirtschaftsverwaltung praktizierte eine Politik der elastischen Preisbindung, das heißt, sie genehmigte Preiserhöhungen, damit die Betreiber die steigenden Kosten der Stromerzeugung erwirtschaften konnten.[159]

Für die leitungsgebundenen Sektoren wie die Elektrizitätswirtschaft wurde die freie Preisbildung gar nicht erst in Erwägung gezogen. Die Abschaffung der Tarif-

157 Vgl. Treibert, H.: Ausreichende und preiswerte Energieversorgung als Voraussetzung für die Eingliederung der Heimatvertriebenen, in: Die Selbstverwaltung 5 (1951), S. 68–70.

158 Vgl. RWE: Kraftwerksprojekte, Essen 1949, S. 21.

159 Vgl. Fischerhof, H./Gentzke H.J.: Die neue Energiepreisverordnung, in: Energiewirtschaftliche Tagesfragen 2 (1952), S. 292–230.

ordnung, die 1938 für den Niederspannungsbereich eingeführt worden war, stand nicht zur Debatte. Die Preisbindung sollte allenfalls im Bereich der Sonderabnehmer wieder aufgehoben werden. Auch Ludwig Erhard und seine ordoliberalen Mitstreiter bei der Wirtschaftsverwaltung, die sich entschieden dafür einsetzten, dass der seit den 1930er Jahren aufgeblähte staatliche Kontroll- und Lenkungsapparat abgebaut wurde, hatten nicht im Sinn, die Stromversorgung den ungezügelten Kräften der freien Marktwirtschaft zu überlassen. Die öffentliche Preiskontrolle wäre bei einem derartigen Versuch nicht abgeschafft worden. Die Aufhebung der Preisbindung hätte die Bestimmung der Strompreise und die Lenkung der Investitionen lediglich in den Verantwortungsbereich der Landesregierungen und Kommunalverwaltungen verlagert. Die öffentlichen Gebietskörperschaften fungierten als Konzessionäre und häufig auch als Eigentümer der so genannten Monopolbetriebe, so dass sie trotz Freigabe der Preisbildung von Seiten der Wirtschaftsverwaltung weiterhin Einfluss auf die Preisgestaltung der Elektrizitätswerke hätten nehmen können. Die Protagonisten der ordoliberalen Wirtschaftspolitik betrachteten diese Form der Monopolkontrolle mit Skepsis, weil dies zu einer Vermengung wirtschaftlicher und politischer Macht führen würde. Auf diese Weise konnte nach ihrer Auffassung keine angemessene Kontrolle der öffentlichen Leitungsmonopole gewährleistet werden. Sie erhöhte vielmehr die Gefahr, dass die öffentlichen Betriebe ihre Monopolposition zu Lasten der Stromverbraucher ausnutzen könnten.[160]

Nach den Erfahrungen der Zwischenkriegszeit zu urteilen, hätten die etablierten Elektrizitätswerke mit hoher Wahrscheinlichkeit wieder einen Machtkampf um die Konzessionsrechte auf Kosten der Tarifabnehmer ausgetragen. Der unkontrollierte Konkurrenzkampf um die Rechte der Stromverteilung – der damals zwischen Netzbetreiber und Stadtverwaltung ausgetragen wurde – hatte eine fortwährende Anhebung der Konzessionsabgaben und Finanzzuschläge nach sich gezogen. Die Großversorger wie das RWE zahlten diese Abgaben bereitwillig an die Stadtkämmerer, solange sie damit verhindern konnten, dass sich die Stadtverwaltungen für die Errichtung eines Regiebetriebes entschieden.[161] Die Kosten, die bei dieser Auseinan-

160 Vgl. Miksch: Wettbewerb als Aufgabe, S. 216–218; Eucken, W.: Grundsätze der Wirtschaftspolitik, Tübingen 1952, S. 174. Müller-Armack betrachtete das Problem der Verstaatlichung dagegen nüchterner und stufte den Gegensatz zwischen Wirtschaft und Staat, den Miksch und Eucken stark hervorhoben, als „zweitrangig" ein. Es war nach seiner Einschätzung nicht entscheidend, ob die öffentliche Hand die Monopolbetriebe in Eigenregie ausführte oder sie mit Hilfe des Konzessionsvertrages und Gesetzesvorgaben regulierte. Die Bedingung, die Müller-Armack erfüllt sehen wollte, war, dass die Regiebetriebe streng nach marktwirtschaftlichen Spielregeln gelenkt wurden. Vgl. Müller-Armack: Wirtschaftslenkung und Marktwirtschaft, S. 124–126.

161 Das RWE-Vorstandsmitglied Heinrich Schöller sprach sich dafür aus, den Elektrizitätswerken wieder die Einführung zusätzlicher Konzessionsabgaben zu erlauben. Als Richtlinie solle der Betrag

dersetzung um die Konzessionsrechte entstanden, waren von den Elektrizitätswerken stets auf die Stromverbraucher mit der geringeren Preiselastizität abgewälzt worden. Dazu gehörten vor allem die Kleinverbraucher, die, anders als die Großabnehmer der Schwerindustrie oder der chemischen Industrie, nicht so leicht in die Eigenversorgung ausweichen oder in der Stadtverordnetenversammlung ihre Interessen durchsetzen konnten.

Für die öffentlichen Kraftwerksbetreiber hätte sich die finanzielle Lage unter diesen Bedingungen trotz steigender Strompreise nur unwesentlich verbessert. Dass es sich hierbei um keine rein hypothetische Annahme handelt, zeigen die Forderungen des Verbandes der kommunalen Aktionäre des RWE, der 1947 die Rechtsnachfolge der Kommunalen Aufnahmegruppe angetreten war.[162] Die kommunalen Aktionäre sprachen sich entschieden für eine Erhöhung der Strompreise aus. Sie hatten dabei allerdings weniger die angespannte Ertragslage ihres Stromkonzerns im Blick, der in diesen Jahren mit ernsthaften Finanzierungsschwierigkeiten zu kämpfen hatte. Die Forderungen der kommunalen Aktionäre waren vor allem fiskalpolitischer Natur. Sie wollten die Zahlungen, die der Konzern an die kommunalen Haushalte abführte, erhöht wissen, damit diese den Wiederaufbau der kommunalen Einrichtungen beschleunigen konnten. Aus ihrer Sicht gehörten dazu eben nicht nur die Niederspannungsnetze für die Stromversorgung der Kleinverbraucher. Die kommunalen Aktionäre des RWE und der Deutschen Städtetag forderten daher, die Höchstsätze für Konzessionsabgaben, die 1941 mit der Reform der Abgabenverordnung eingeführt worden waren, wieder aufzuheben. Sie sprachen sich außerdem für die Wiedereinführung der Finanzzuschläge aus, die unter dem Nationalsozialismus untersagt worden waren.[163] Karl Hahn, der auf eine langjährige Erfahrung als Kämmerer der Stadt Essen zurückblicken konnte und die Geschäftsführung des kommunalen Aktionärsverbandes wieder übernommen hatte, stellte gegenüber dem Vorstand des RWE fest, dass die Gemeinden in finanziellen Notzeiten schon immer auf die Energiepreise zurückgegriffen hätten. Den Kommunen stand deshalb das Recht zu, diese Forderung erneut zu erheben.[164] Die Einschränkungen, die ihnen die Konzessionsabgabeverordnung und die Tarifordnung auferlegten, waren aus Sicht

gelten, „den die einzelne Gemeinde für ihren Etat bei Eigenbetrieb und Preisen, wie sie bei Überlandversorgungsunternehmen üblich sind, zu erwirtschaften in der Lage wären". Schöller an Ministerialdirektor Schalfejew (VfW) betr. Bedeutung des Wegerechts und der Konzessionsabgaben, 14.4.1948, in: HK RWE 10704.

162 Vgl. VKA: Der Verband und das RWE, o. O. 1966, S. 20; Satzung des Verbandes kommunaler Aktionäre des RWE (VKA), 9.12.1947, in: StA Essen 1048/583.

163 Vgl. Sitzung des Verbandausschusses des Verbandes der kommunalen Aktionäre des RWE, 27.8.1948, in: StA Essen 1048/584.

164 Vgl. Hahn an RWE betr. Finanzzuschläge, 25.6.1948, in: HK RWE 322/III.

der Kommunalpolitiker das Resultat einer verfehlten Wirtschaftspolitik, die gegen die kommunale Selbstverwaltung gerichtet war.

Die erste Anhebung der Strompreise, die einen Tag nach der Währungsreform am 21. Juni 1948 genehmigt wurde, weckte bei den Kommunen sofort das Interesse nach zusätzlichen Konzessionsgaben.[165] Den Elektrizitätswerken war aber nur erlaubt, die Strompreise zu erhöhen, um die Mehrkosten, die durch die Preissteigerung für Kohle, Eisen und Stahl entstanden, erwirtschaften zu können. Die Stadt Essen, die innerhalb des kommunalen Aktionärskreises eine gewichtige Stimme hatte und in der Person des Oberstadtdirektors im Aufsichtsrat des RWE saß, geriet vor diesem Hintergrund in eine handfeste Auseinandersetzung mit dem Konzernvorstand, da dieser aufgrund der gesetzlichen Bestimmung die Abführung von zusätzlichen Konzessionsabgaben ablehnte. Sie strengte mit Unterstützung der anderen kommunalen Aktionäre einen Musterprozess an, der schließlich vor dem Oberlandesgericht in Hamm ausgetragen wurde, letztendlich aber zu keinen Änderungen an der Konzessionsabgabeverordnung führte. Die Essener Stadtverwaltung bekam zwar das Recht zugesprochen, vom konzessionierten Stromversorger Abgaben einfordern zu dürfen, [166] die Einführung zusätzlicher Abgaben war jedoch nur unter der Voraussetzung zulässig, dass das Elektrizitätswerk wieder Gewinne erzielte und in der Lage war, eine Dividende von mindestens vier Prozent auszuschütten.[167] Diese Bestimmung war Bestandteil der Abgabereform von 1941 und wurde durch das Urteil des Oberlandesgerichtes erneut bekräftigt.

Nach der damals vorherrschenden wirtschaftsliberalen Vorstellung sollte auf dem Gebiet der Stromversorgung die Preisbindung in einer Form gehandhabt werden, die den Elektrizitätswerken die Möglichkeit einräumte, die anfallenden Kosten zu erwirtschaften und darüber hinaus eine angemessene Rendite zu erzielen, damit sie die erforderlichen Neuinvestitionen finanzieren konnten. Die Ordoliberalen forderten auch für diesen Wirtschaftsbereich, in dem aufgrund des natürlichen Leitungsmonopols keine vollständige Konkurrenz hergestellt werden konnte, einen starken Staat, der unabhängig von den spezifischen Interessen einzelner Gruppen eine „Wirtschaftspolitik des Als-Ob“ verfolgte. Der Staat sollte als Aufsichtsinstanz sicherstellen, dass die Stromversorger ihre Preise nach dem marktwirtschaftlichen Prinzip gestalteten, so als ob sie sich tatsächlich im freien Wettbewerb mit der Kon-

---

165 Vgl. Anordnung zur Änderung der Preise für elektrischen Strom, 21.6.1948, in: VfWMBl. II, S. 94.

166 Vgl. Verband der kommunalen Aktionäre an Mitglieder des Verbandes, 13.12.1949, in: StA Essen 1048/584; RWE an VKA betr. Rechtsstreit mit der Stadt Essen, 6.1.1951, in: BA B 102/35734; VDEW an Bundesministerium für Wirtschaft betr. Konzessionsabgaben, 27.4.1951, in: Ebd.

167 Vgl. Verordnung über die Zulässigkeit von Konzessionsabgaben, 4.3.1941, in: RAnz. 1941, Nr 57.

kurrenz bewegten.[168] Die Umsetzung dieses Konzeptes erwies sich in der wirtschaftspolitischen Praxis allerdings als ein äußerst schwieriges Unterfangen. Die Preisbehörden mussten sich in regelmäßigen Abständen über die Kosten- und Ertragslage der Versorgungsunternehmen informieren und eine Entscheidung darüber treffen, ob ein bestimmtes Elektrizitätswerk angesichts seiner Kostenstruktur überhaupt noch als konkurrenzfähig einzustufen war. Das wiederum setzte voraus, dass die Behörden auf zuverlässige Informationen hinsichtlich der wirtschaftlichen Verhältnisse der einzelnen Versorgungsbetriebe zurückgreifen konnten und über qualifizierte Mitarbeiter verfügten, die diese sachgerecht einzuordnen wussten. Die Aufsichtsbehörden mussten fortlaufend über die technische Entwicklung unterrichtet sein. Der Ausbau ungenutzter Wasserkräfte spielte in diesen Jahren keine große Rolle, da die Errichtung neuer Talsperren, Laufwasserstufen und Speicherwerke im westdeutschen Bundesgebiet nur begrenzt möglich war. Bei der Errichtung von Wärmekraftwerken waren in der Vergangenheit erhebliche Kostendegressionen durch technische Innovationen und den daraus resultierenden Brennstoffersparnissen erzielt worden. Doch es wurden neuerdings immer häufiger Zweifel geäußert, ob durch leistungsfähigere Dampfkesseln und größere Maschineneinheiten noch weitere Skalenerträge erzielt werden konnten. Die Kostenersparnisse, die in den vergangen Jahrzehnten durch Senkung des Brennstoffeinsatzes für jede zusätzlich erzeugte Kilowattstunde erzielt worden waren, nahmen erkennbar ab.[169]

Es gab in den 1950er Jahren auf dem Gebiet der Wärmetechnik keine bahnbrechende Innovation, die mittelfristig eine deutliche Senkung der Stromerzeugungskosten erwarten ließ. Die Ingenieure konzentrierten sich vielmehr darauf, die veralteten Anlagen auf den neusten technischen Stand zu bringen und den Wärmeverbrauch durch inkrementelle Verbesserungen zu optimieren. Die Zechenkraftwerke, die anders als die Großkraftwerke der StEAG oder die in den Hydrierwerken integrierten Stromerzeugungsanlagen häufig mit veralteten Anlagen arbeiteten, konnten auf diese Weise noch erhebliche Kostensenkungen erwirtschaften.[170] Diese Ersparnisse wirkten sich allerdings nicht unmittelbar auf den öffentlich kontrollierten Strompreis aus, da die Zechenkraftwerke den Strom hauptsächlich für die

---

168 Vgl. Miksch: Die Wirtschaftspolitik des Als-Ob, S. 310–338; Wessels, Th.: Ordnungsprobleme der Energiewirtschaft, in: Ordnungsprobleme der Energiewirtschaft. Tagungsbericht des Energiewirtschaftlichen Instituts, München 1951, S. 22–23; Müller-Armack: Wirtschaftslenkung und Marktwirtschaft, S. 126.

169 Vgl. OEEC: The Trend of the Selling Price of Electricity and its Relation to the Financing of New Plant, Paris 1958, S. 14 und Tab. 12; Hellige: Entstehungsbedingungen und Langzeitwirkungen, S. 142–143.

170 Schult, H.: Grundlagen der zukünftigen Entwicklung der Stromwirtschaft, in: Die Kohle in der Elektrizitätswirtschaft. Vortragsveranstaltung der DKBL am 16.10.1952, Essen 1952, S. 9–10.

Eigenversorgung der Montanindustrie erzeugten. Doch es gab auch öffentliche Kraftwerksbetreiber, die Wärmekraftwerke unterhielten, die nicht den technischen Standards entsprachen. Dazu gehörte das RWE, das in den 1930er Jahren nur in Essen-Karnap ein neues Steinkohlenkraftwerk in Betrieb genommen hatte, das mit der Hochdrucktechnologie ausgerüstet war. Die Großkraftwerke im rheinischen Braunkohlengebiet arbeiteten dagegen immer noch mit den Anlagen der ersten Generation. Das galt vor allem für das Goldenbergwerk, das seit dem Ersten Weltkrieg nur unwesentliche Verbesserungen beim spezifischen Wärmeverbrauch nachweisen konnte.[171]

Für die Aufsichtsbehörden war es nicht einfach, die Auswirkungen des technischen Entwicklungsstandes, die für jede Kraftwerkanlage unterschiedlich zu bewerten waren, angemessen zu gewichten und daraus Schlussfolgerungen für die Genehmigung von Strompreiserhöhung abzuleiten. Die Beschwerdeschreiben, die sie von den Kraftwerksbetreibern erhielten, boten nur in seltenen Fällen eine zuverlässige Orientierungshilfe, denn diese beklagten allgemein, dass sie mit Finanzierungsschwierigkeiten zu kämpfen hätten und eine Erhöhung der Strompreise deshalb unausweichlich sei. Sie forderten vor allem die Aufhebung der Preiskontrolle im Bereich der Sonderabnehmer. Die Industrie wiederum stellte sich gegen diese Bestrebungen und behauptete, dass eine Freigabe der Sonderabnehmerverträge bei gleichzeitiger Beibehaltung der Preisbindung für Tarifabnehmer zu einer ungleichen Belastung der industriellen Großabnehmer führen würde.[172] Der wirtschaftspolitische Ausschuss des Bundestages sah sich vor diesem Hintergrund veranlasst, das Wirtschaftsministerium mit der Einrichtung eines Enquete-Ausschuss zu beauftragen, der die Kosten- und Ertragslage der Elektrizitätswerke untersuchen sollte. Die Arbeiten des Ausschusses wurden jedoch durch die Aufstellung der DM-Eröffnungsbilanzen verzögert, so dass das Untersuchungsergebnis erst Mitte 1952 vorlag und nicht in die preispolitischen Entscheidungen einfloss, die in der Zwischenzeit getroffen wurden.[173]

Das Gutachten gewährt aber ungeachtet dessen einen aufschlussreichen Gesamtüberblick über die durchschnittliche Ertragslage der Elektrizitätswerke. Die Stromversorger arbeiteten demnach im Jahr 1950 in der Tat mit deutlichen Verlusten, die im Durchschnitt gut 20 Prozent erreichten.[174] Ein wesentlicher Grund für die angespannte Ertragslage waren die steigenden Brennstoffpreisen, die nach der

171 Vgl. Nettesheim, H.: Das Goldenberg-Werk von 1913–1985. Eine Chronik, o. O. 1985, S. 42.

172 Vgl. VIK: Tätigkeitsbericht, Essen 1950, S. 6.

173 Vgl. Krönke, H. u.a.: Gutachten über die Kosten- und Ertragslage der Elektrizitätswirtschaft im Bundesgebiet, Frankfurt am Main 1952, S. 164, 185.

174 Vgl. Krönke: Gutachten über die Kosten- und Ertragslage, S. 164–165.

Währungsreform schneller angestiegen waren als die Strompreise.[175] Die Sachverständigen sprachen sich aber trotz dieses Befundes nicht dafür aus, die Strompreise generell für alle Elektrizitätswerke anzuheben. Die Ertragsverhältnisse, so ihre Begründung, waren bei den einzelnen Stromanbietern sehr unterschiedlich und eine allgemeine Preiserhöhung würde dazu führen, dass auch die unwirtschaftlichen Versorgungsbetriebe, die ohnehin schon die höchsten Strompreise in Rechnung stellten, weiterhin im Betrieb bleiben könnten.[176] Der Wissenschaftliche Beirat beim Bundeswirtschaftsministerium vertrat einen ähnlichen Standpunkt. Theodor Wessels, der zu den Mitgliedern dieses wissenschaftlichen Beratungsgremiums gehörte, verfasste 1951 ein Gutachten über die „aktuellen Fragen der Preisbildung in der Energiewirtschaft". Auch er forderte in seiner Stellungnahme „ein Verfahren individueller Preiserhöhung", die in der Tendenz vor allem die industriellen Großabnehmern treffen sollte und weniger die Tarifabnehmer, denn die öffentlichen Stromanbieter würden die Industriebetriebe, die Eigenanlagen unterhielten, häufig zu „reinen Kampfpreisen" beliefern, um sich im Wettbewerb gegen die industrielle Stromerzeugung durchzusetzen. Eine Lockerung der Preisbindung in diesem Abnehmerbereich barg nach Wessels Einschätzung daher keine Gefahr übermäßiger Preissteigerung. Insgesamt müsse die Preiskontrolle so gehandhabt werden, dass eine „volkswirtschaftlich sinnvolle Auslese" erzielt werde.[177] Elektrizitätswerke, die auf dem Gebiet der Stromerzeugung nicht mehr konkurrenzfähig waren, sollten vom Netz genommen und allenfalls während starker Belastungszeiten hochgefahren werden. Besonders bei den Stadtwerken sei im Einzelfall genau zu prüfen, ob sie in einer Zeit, in der die Stromnetze weiträumig koordiniert und der kostengünstigste Strom in Wärmkraftwerken ab einer bestimmte Leistungsstärke erzeugt wurde, überhaupt noch förderungswürdig seien.

Die Finanzierung stellte unabhängig von der Diskussion, ob einzelne Stadtwerke weiterhin im Betrieb bleiben sollten, ein generelles Problem der Elektrizitätswirtschaft dar. Auch die leistungsstarken Großversorger wie das RWE beschwerten sich fortwährend über die nicht kostendeckenden Strompreise. Die Finanzierungsmöglichkeiten, auf die der Konzern zurückgreifen konnte, waren begrenzt. Der Kapitalmarkt, der in der zweiten Hälfte der 1920er Jahre für die Finanzierung der Elektrizitätswirtschaft von herausragender Bedeutung gewesen war, hatte diese Funktion noch nicht wiedererlangt. Die Fremdfinanzierung durch Kapitalanleger stellte daher

175 Vgl. Index der Erzeugerpreise in: Stat. Jahrbuch für die BRD 1956, S. 428–429.

176 Vgl. Krönke: Gutachten über die Kosten- und Ertragslage, S. 185.

177 Vgl. Wessels, Th.: Aktuelle Fragen der Preisbildung in der Energiewirtschaft. Gutachterliche Äußerungen für den Wissenschaftlichen Beirat des Bundeswirtschaftsministerium, Köln 1951, in: BA B 102/12561 H. 1.

keine realistische Option dar, weshalb die Selbstfinanzierung vorerst die mit Abstand wichtigste Finanzierungsform blieb. Doch unter den Bedingungen der äußerst restriktiven Handhabung der Preisbindung drohte auch diese Quelle allmählich zu versiegen.[178] Die Gründe, die zu der zurückhaltenden Genehmigung von Preisanhebungen führten, sind indes nicht allein auf den Widerstand der Stromabnehmer zurückzuführen. Die preispolitischen Entscheidungen, die nach der Währungsreform im Bereich der Stromwirtschaft getroffen wurden, müssen im Zusammenhang mit dem Marshallplan gesehen werden. Dieser schürte anfänglich unter den deutschen Wirtschaftspolitikern und allen voran bei Wirtschaftsminister Erhard die Hoffnung, dass die Finanzierungslücke mit Krediten aus dem Gegenwertfond zu schließen sein würde.[179] Erhard sah sich deshalb nicht veranlasst, von der konsumorientierten Politik der niedrigen Strompreise abzurücken und den Versorgungsbetrieben die Möglichkeit einzuräumen, angemessene Preiserhöhungen vorzunehmen. Die Elektrizitätswerke gerieten dadurch in einen finanziellen Engpass, der durch eine frühzeitige Anhebung der Preise deutlich geringer ausgefallen wäre.

Die Angemessenheit der Strompreispolitik wurde bereits in zeitgenössischen Studien stark in Zweifel gezogen. Der Europäische Wirtschaftsrat gab zum Beispiel eine Untersuchung über die „Elektrizitätspreise und ihre Auswirkungen auf die Finanzierung von Investitionen der Elektrizitätswirtschaft" in Auftrag. Die Untersuchungskommission, an der auch Sachverständige aus Erhards Wirtschaftsministerium beteiligt waren, legte die Ergebnisse erst Mitte 1954 vor, so dass sie – ähnlich wie die Resultate des vom deutschen Bundestag eingesetzten Enquete-Ausschusses – nicht als Grundlage für die wirtschaftspolitischen Entscheidungen, die nach der Währungsreform getroffen wurden, dienen konnten. Die Studie ermöglicht aber rückblickend einen aufschlussreichen Blick auf die Zwangläufigkeiten und Alternativen der Wirtschaftspolitik.[180] Die Kernaussage der Untersuchung lautete, dass die Befürchtungen, Strompreiserhöhungen würden zu einer untragbaren Verteuerung der Industrieproduktion führen und sich negativ auf den Lebensstandard der Be-

178 Vgl. Aufsichts- und Verwaltungsratssitzung des RWE, 28.5.1951, in: HK RWE 6274.

179 Vgl. Adamsen, H.A.: Investitionshilfe für die Ruhr. Wiederaufbau, Verbände und Soziale Marktwirtschaft 1948–1952, Wuppertal 1981, S. 40–45.

180 In der Forschungsliteratur sind verschiedene Alternativen, die zu der Kreditfinanzierung aus den Gegenwertmitteln bestanden, diskutiert worden. Abelshauser führt zum Beispiel an, dass eine stärkere Kreditexpansion über das deutsche Zentralbankensystem möglich gewesen wäre. Vgl. Abelshauser: Wirtschaftsgeschichte seit 1945, S. 143. Milward betont, dass der Marshallplan zu einer Schwächung der Selbstfinanzierung führte. Vgl. Milward: Reconstruction of Western Europe, S. 111. Borchardt/Buchheim machen auf die Möglichkeit der Preisfreigabe aufmerksam. Vgl. Borchardt/Buchheim: Wirkung der Marshallplan-Hilfe, S. 341–347.

völkerung auswirken, übertrieben waren.[181] Denn die Stromkosten hatten keine große Auswirkung auf die Lebenshaltungskosten und beeinflussten nur geringfügig das Konsumverhalten der Privathaushalte. Es gab andere Faktoren, wie etwa die Anschaffungskosten für Elektrogeräte, denen in dieser Hinsicht größeres Gewicht beizumessen war. Ein Haushalt, der vor der Entscheidung stand, ob er für die Zubereitung der warmen Mahlzeiten oder für die Konservierung der Lebensmitteln elektrischen Strom verwenden sollte, schaute nicht zuerst auf die Strompreise, sondern überlegte vielmehr, ob er sich den Elektroherd oder den Kühlschrank leisten konnte. Auch in den mittelständischen Gewerbezweigen wie den Bäckereien, Lederfabriken, Textil- und Bekleidungsbetrieben oder den Unternehmen des Maschinenbaus spielte der Strompreis als Kostenfaktor der Produktion eher eine Nebenrolle. Die Stromkosten machten in diesen Betrieben nicht einmal ein Prozent des gesamten Umsatzes aus.[182]

In den stromintensiven Wirtschaftszweigen wie der Eisen- und Stahlindustrie, der chemische Industrie und vor allem der Aluminiumindustrie fielen die Stromkosten dagegen stärker ins Gewicht. Doch in Westdeutschland handelte es sich hierbei gerade um die Industriezweige, in denen die Unternehmen ihren Strombedarf größtenteils mit Eigenanlagen abdeckten. Es gab also selbst unter Berücksichtigung dieser Wirtschaftszweige – mit einigen Ausnahmen wie den Aluminiumhütten – keinen Grund, an den niedrigen Strompreisen unbedingt festzuhalten. Es stellt sich eher die Frage, ob der volkswirtschaftliche Schaden, der durch die wiederholten Stromsperren verursacht wurde, nicht sogar größer war, als die Kosten, die bei einer frühzeitigen Preiserhöhung angefallen wären. Steigende Strompreise hätten bei den industriellen Sonderabnehmern in vielen Fällen den Anreiz gestärkt, eigene Stromerzeugungsanlagen für die Verwertung der Abfallenergien zu errichten. Die Voraussetzung dafür war allerdings, dass die Unternehmen über die notwendigen finanziellen Mittel verfügten. In der Schwerindustrie und hier vor allem beim Ruhrbergbau, der eine große Anzahl der industriellen Kraftwerksbetreiber stellte, war diese Voraussetzung allerdings nicht gegeben, zumal die Ruhrzechen mit ähnlichen Finanzierungsschwierigkeiten zu kämpfen hatten wie die öffentlichen Stromversorger.[183]

181 Wolf, L.: Elektrizitätspreise und ihre Auswirkungen auf die Finanzierung von Investitionen der Elektrizitätswirtschaft, München 1955, S. 11.

182 Für eine detaillierte Übersicht der Stromkosten in den einzelnen Industriezweigen siehe das Ergebnis des Industrieberichts August 1950, in: Energiewirtschaftliche Tagesfragen 1 (1951), S. 17–18.

183 Vgl. Abelshauser: Ruhrbergbau seit 1945, S. 65–67.

Die Finanzierungslücke nahm unter der geschilderten Bedingung der restriktiven Preisbindung, die den Spielraum der Selbstfinanzierung einschränkte, ein immer größeres Ausmaß an. Vor diesem Hintergrund waren die Elektrizitätswerke auf öffentliche Finanzierungsmittel angewiesen, die bis einschließlich 1951 an Bedeutung gewannen (Tabelle 3). Eine wichtige Stütze – wenn gleich diese nicht sämtliche Probleme löste – stellten die Kredite dar, die aus dem ERP-Sondervermögen vergeben wurden. Die öffentliche Elektrizitätsversorgung war der Wirtschaftsbereich, der die mit Abstand umfangreichsten Mittel aus diesem staatlichen Finanzierungsfond erhielt. Von 1949 bis 1952 flossen über die Kreditanstalt für Wiederaufbau insgesamt 872,4 Millionen DM in den Ausbau der stromwirtschaftlichen Infrastruktur, die damit in den vier Jahren durchschnittlich 23,4 Prozent aller ERP-Kredite erhielt. Die öffentlichen Elektrizitätswerke finanzierten in diesem Zeitraum immerhin 18,4 Prozent aller Bruttoanlageinvestitionen allein mit den Mitteln, die ihnen aus dem Gegenwertfond zur Verfügung gestellt wurden.[184] Die Verwendung der Kredite war zweckgebunden und fast ausschließlich für Kraftwerksneubauten bestimmt.

Tab. 3: Die Finanzierung der öffentlichen Elektrizitätsversorgung 1949–1953

	1949	1950	1951	1952	1953
Bruttoanlageinvest. (Mio. DM)	890	1.150	1.260	1.440	1.530
davon Privatkapital:					
Eigenmittel	56,1	47,8	43,7	59,0	58,8
Kapitalmarkt	5,6	4,0	3,8	9,5	10,6
Investitionshilfe	-	-	3,4	5,9	7,2
davon öffentl. Investitionen:					
ERP-Sondervermögen	17,7	25,4	26,5	6,2	(4,9)
Sozialversicherungen	2,2	1,7	1,6	1,4	2,0
Stadtwerke & Kommunen	18,4	21,1	21,0	18,0	16,5

Quelle: Baumgart, E. R.: Investitionen und ERP-Finanzierung, Berlin 1961, S. 118–121. VDEW: Investitions- und Finanzierungsprobleme in der öffentlichen Elektrizitätsversorgung des Bundesgebietes, Frankfurt a. M. 1954, Anlage 1, Bl. 1.
Anmerkung: Die Bruttoanlageinvestitionen und der Anteil der ERP-Kredite basieren auf Baumgarts Angaben. Der ERP-Kredit von 1953 war kein Darlehn aus den originären Gegenwertmitteln, sondern stammte aus dem ERP-Zins- und Tilgungsaufkommen der KfW. Die Anteilswerte in den anderen Zeilen enthalten teilweise eigene Berechnungen.

184 Baumgart, Egon R.: Investitionen und ERP-Finanzierung, Berlin 1961, S. 118–123.

Die Entscheidung darüber, ob ein Bauprojekt im Rahmen dieses Förderprogrammes eine Kreditunterstützung erhielt, lag nicht in den Händen der deutschen Behörden oder der Kreditanstalt für Wiederaufbau, die eigens für die Verwaltung des Gegenwertfonds eingerichtet worden war. Die Kraftwerksbetreiber mussten ihre Investitionsvorhaben nach den Bestimmungen, die das Energiewirtschaftsgesetz vorschrieb, beim Wirtschaftsministerium vorlegen, damit die einzelnen Bauprojekte hier innerhalb des Verbundausschusses einer ersten Begutachtung unterzogen und mit der Produktionskapazität der deutschen Elektro- und Dampfkesselindustrie abgestimmt werden konnten.[185] Hierdurch fand eine gewisse Vorauswahl statt, noch bevor die ausgesuchten Projekte an die Economic Cooperation Administration (ECA) weitergeleitet wurden, die auf amerikanischer Seite für die Durchführung des Marshallplanes zuständig war. Die Bauvorhaben, die mit Gegenwertmitteln finanziert wurden, konnten also erst in Angriff genommen werden, nachdem die amerikanische Marshallplanbehörde die Genehmigung erteilt hatte.[186] Auch die DKBL, die für den Ausbau der Zechenkraftwerke warb, musste sich an dieses Verfahren halten. In Kreisen des Ruhrbergbaus vertrat man die Ansicht, dass die deutschen Behörden die Investitionskontrolle einsetzen würden, um die Vorhaben der öffentlichen Kraftwerksbetreiber zu Lasten der Zechenkraftwerke durchzusetzen. Sie befürchteten, dass die Ruhrzechen bei der Vergabe der staatlichen Investitionsmittel eine Benachteiligung erfahren würden.[187] Bergbaugesellschaften wie die GBAG verfügten über baureife Kraftwerksprojekte, die während der Kriegswirtschaft entwickelt worden waren und nur darauf warteten, durchgeführt zu werden. Heinrich Kost versuchte daher während der Auseinandersetzung um die Ruhrsammelschiene die deutsche Wirtschaftsverwaltung zu umgehen und auf direktem Wege mit der Marshallplanverwaltung zu verhandeln. Doch sein Vorstoß blieb ohne Erfolg.[188] Der Kohlenbergbau erhielt in den vier Jahren bis einschließlich 1952 zwar insgesamt 536,8 Millionen DM aus dem ERP-Sondervermögen, aber wie alle Kreditempfänger konnten auch die Ruhrzechen über diese Gelder nicht frei verfügen.[189] Die Bergbaugesellschaften durften die zweckgebundenen Mittel nur in seltenen Ausnahmefällen für die Erweiterung der Zechenkraftwirtschaft verwenden. Kost setzte sich zwar als Leiter der DKBL mit aller Entschlossenheit dafür ein, die Kraftanlagen des Bergbaus auf die Liste der förde-

---

185 Vgl. Sitzung des Elektrizitätsausschusses, 10.3.1950, in: BA B 102/786 H. 1.

186 Vgl. Hardach: Der Marshall-Plan, S. 95–98.

187 Vgl. DKBL an Bundeswirtschaftsministerium, 7.2.1950, in: BBA 12/791; Bundesminister für Wirtschaft – I.A. Staatssekretär E. Schalfejew – an DKBL, 22.2.1950, in: Ebd; Kellermann an Schult (StEAG), 28.4.1950, in: RWWA 130/400101327/8.

188 Vgl. Mitteilung der BICO an Vorsitzenden des Verwaltungsrates (Pünder), BBA 12/1044.

189 Baumgart: Investitionen und ERP-Finanzierung, S. 120–121..

rungswürdigen Bauvorhaben zu setzen, doch sein strategisches Kalkül, dass die Chancen des Bergbaus auf zusätzliche Investitionsmittel aus dem Gegenwertfond steigen würden, wenn sich die Ruhrzechen in die öffentliche Stromversorgung einschalteten und die etablierten Elektrizitätswerke zurückdrängen würden, ging nicht auf.

Die Industriekraftwerke wurden im Rahmen des Marshallplanes gerade einmal mit 50 Millionen DM gefördert, die der Bergbau sogar mit den Kraftwerksbetreibern anderer Industriezweige teilen musste.[190] Es gab mehrere Gründe, die dafür sprachen, dass die Industriekraftwerke keine nennenswerte Förderung aus dem Gegenwertfond erhielten. Erstens war zu dem Zeitpunkt, als die förderungswürdigen Bauprojekte ausgewählt wurden, die Neuordnung der Montanindustrie noch nicht abgeschlossen. In der unübersichtlichen Situation, die durch die Entflechtung der Industriekonzerne eintrat, erschien jede Investition in die Stromerzeugungsanlagen der betroffenen Industriebetriebe ein unkalkulierbares Risiko. Zweitens bevorzugte die Marshallplanbehörde in Anbetracht der Versorgungsengpässe aus nachvollziehbaren Gründen vor allem jene Kraftwerksprojekte, bei denen die Stromeinspeisung in das öffentliche Verbundnetz keine größeren Schwierigkeiten bereitete und die Anlagen nach ihrer Fertigstellung relativ einfach für die allgemeine Stromversorgung eingesetzt werden konnten. Die Industriekraftwerke erfüllten diese Voraussetzung in der Regel nicht. Die GBAG erhielt zum Beispiel für die Fertigstellung der ersten Maschineneinheit des Kraftwerkes in Dortmund-Mengede erst einen Kredit, nachdem im Mai 1950 die Entscheidung hinsichtlich der Organisation der nordrhein-westfälischen Stromwirtschaft gefallen war. Die VEW hatte sich bereit erklärt, die Strommengen, die in dem neuen Steinkohlenkraftwerk der GBAG erzeugt werden sollten, vollständig für die öffentliche Versorgung aufzukaufen.[191]

Die öffentlichen Kredite, die aus dem ERP-Sondervermögen für die Kraftwerksneubauten vergeben wurden, flossen in erster Linie an die großen Stromanbieter, die der Deutschen Verbundgesellschaft angehörten und in diesem Rahmen ihre Investitionen – vor allem im Bereich des Stromtransportes – aufeinander abstimmten.[192] Das RWE erhielt allein rund 267 Millionen DM, das waren immerhin über 30 Prozent sämt-

190 Borchardt/Buchheim: Wirkung der Marshallplan-Hilfe, S. 332. Die Autoren verwenden für die Berechnung des Kreditumfanges die Darlehnskontenblätter der KfW. Dieses Quellenmaterial hat den Vorteil, dass die Kreditempfänger genauer identifiziert werden können. Die Beträge, die sie auf dieser Grundlage errechnen, weichen nur geringfügig von Baumgarts Angaben ab.

191 Das Kraftwerk, das später nach Gustav Knepper benannt wurde, erhielt einen Kredit von 9.6 Millionen DM. Vgl. Ansprache von Georg Bremer, 7.11.1951, in: BBA 55/2127; Stromvertrag vom, 21.12.1950, in: Ebd.

192 Vgl. Bericht von Hermann Roser betr. Arbeiten im Planungsausschuss der DVG, 15.11.1948, in: HK RWE 5690.

licher Mittel, die im Rahmen des Marshallplanes für die Elektrizitätswirtschaft aufgewendet wurden.[193] Der Stromkonzern erhielt damit eine wichtige Unterstützung, die jedoch nicht so weit reichte, dass sämtliche finanziellen Sorgen beseitigt waren. Die Bedeutung der ERP-Kredite lag vor allem darin begründet, dass der Konzern nun endlich die ersten Bauaufträge an die Unternehmen der Zulieferindustrie vergeben konnte. Fritz Ridderbusch, der als gelernter Betriebswirt und langjähriger kaufmännischer Leiter des Goldenbergwerks in den neu besetzten Konzernvorstand aufgerückt war, legte dem Aufsichtsrat Anfang 1949 eine detaillierte Aufstellung über den Finanzbedarf des Konzerns vor.[194] Aus seinen Berechnungen ging hervor, dass der Stromkonzern für die nächsten fünf Jahre mindestens 557 Millionen DM benötigte, um die geplanten Investitionen, die vom Vorstand als besonders dringlich einstuft wurden, durchführen zu können.[195] Im Mittelpunkt des Neubauprogrammes standen die Großkraftwerke im rheinischen Braunkohlengebiet. Für die verschiedenen Steinkohlen- und Wasserkraftanlagen sowie die Transportleitung waren vorerst nur kleinere Erweiterungen geplant. Nach der Berechnung, die das RWE der Kreditanstalt für Wiederaufbau vorlegte, kostete allein die Fertigstellung der ersten Ausbaustufe des Goldenbergwerkes, die einen Leistungszuwachs von 390 MW bringen sollte, insgesamt 307 Millionen DM.[196] Der Betrag, der für die Durchführung der vorgesehenen Investitionen an diesem einen Großkraftwerk benötigt wurde, lag also deutlich höher als die Summe der zugesagten ERP-Kredite.

Das Goldenbergwerk sollte vollständig umgebaut und mit einer Hochdruck-Vorschaltanlage ausgerüstet werden. Es handelt sich um eine Konstruktionsweise, die Ähnlichkeiten mit der Kraft-Wärme-Kopplung aufwies, die bei der Errichtung von Industriekraftwerken häufig angewandt wurde. Das Bauprinzip war als Rahmen des Wärmekraft-Sofortprogrammes unter der Speerschen Energieplanung weiterentwickelt und bei einzelnen Wärmekraftwerken bereits umgesetzt worden. Bei der Vorschaltanlage konnten die bestehenden Turbinen des alten Kraftwerkes, die mit niedrigem Dampfdruck betrieben wurden, problemlos weiterverwendet werden.[197] Das war ein Gesichtspunkt, der bei den Planungsarbeiten des RWE eine entscheidende Rolle spielte, denn der Konzern hatte die alten Anlagen des Goldenbergwerks, die in den

---

193 Für eine detaillierte Aufstellung der geflossenen Kredite siehe das Schreiben der KfW an RWE betr. Finanzierung, 21.6.1952, in: HK RWE 808.

194 Für weitere Angaben über die Person Ridderbusch siehe Artikel in der Werkszeitung des RWE: RWE-Verbund, Heft 4, S. 18.

195 Vgl. Niederschrift über Aufsichtsratssitzung des RWE, 24.2.1949, in: HK RWE 6275.

196 Vgl. RWE an KfW, 22.4.1949, in: HK RWE 4571.

197 Vgl. Sardemann: Die deutsche Elektrizitätswirtschaft 1933–1948, S. 111; Leppert, W.: Die Vorschaltanlage im energiewirtschaftlichen Ausbauprogramm, in: EW 43 (1944), S. 29–34.

letzten Jahren stark beschädigt worden waren, wieder vollständig aufgebaut, noch bevor die ersten Investitionen im Rahmen des Marshallplanes in Angriff genommen wurden. Die Bauarbeiten an der Hochdruck-Vorschaltanlage begannen erst im Januar 1950 und bis zur die Fertigstellung der ersten Kraftwerkseinheit verstrichen noch einmal fast zwei Jahre, so dass die neue Anlage erst im November 1951 ans Netz gehen konnte. Der neue Hochdruckbetrieb entstand auf dem Nebengelände der alten Kraftwerksanlage. Die Kesselanlagen wurden so konstruiert, dass der darin erzeugte Dampf sowohl für die neu aufgestellten Vorschaltturbinen als auch für die alten Maschineneinheiten genutzt werden konnte. Der hoch gespannte Frischdampf floss also, nachdem er für den Antrieb der neuen Turbineneinheiten gedient hatte, als Abwärme zu den alten Anlagen, um dort die Niederdruckturbinen anzutreiben.[198] Die Vorteile der Hochdruck-Vorschaltanlage lagen offensichtlich darin begründet, dass sowohl die Baukosten als auch später die Betriebskosten im Vergleich zum Kostenaufwand für einen vollständigen Neubau deutlich geringer ausfielen. Die Stromerzeugung mit den alten Kesselanlagen hatte sich für das RWE längst zu einem Verlustgeschäft entwickelt. Nach der Inbetriebnahme der Vorschaltanlage und der Stilllegung der unwirtschaftlichen Kesselanlagen änderte sich die Ertragslage. Die Betriebsingenieure des RWE kamen in ihren Berechnungen zu dem Ergebnis, dass allein der Wärmeverbrauch durch die technische Aufrüstung insgesamt um ein Drittel reduziert wurde.[199]

Der Fall Goldenbergwerk hatte beispielhaften Charakter für die Kapitallenkung, die im Rahmen des Marshallplanes stattfand. Eine Investitionsförderung erhielten vor allem jene Bauprojekte, die in der Konstruktionsplanung weit fortgeschritten waren oder teilweise sogar schon mit den Bauarbeiten begonnen hatten. Bei der Errichtung dieser Kraftwerksneubauten kam in der Regel das akkumulierte Knowhow der deutschen Zulieferindustrie zur Anwendung.[200] Das neue Steinkohlenkraftwerk der Preußenelektra in Lahde an der Weser, das ähnlich wie das Goldenbergwerk während des Krieges als Vorschaltanlage konzipiert worden war, benötigte zum Beispiel nur noch eine Restfinanzierung, da die Anlage schon zu 50 Prozent fertig gestellt worden war.[201] Auch die VEW erhielt eine finanzielle Unterstützung, damit sie das bestehende Wärmekraftwerk in Hattingen mit einer neuen Vorschaltanlage ausrüsten konnte. Die Genehmigung hatte der westfälische Strom-

198 Nettesheim: Goldenberg-Werk, S. 31–35.

199 Vgl. Kretschmann, W.: Die Hochdruck-Vorschaltanlage Goldenberg, in: Energiewirtschaftliche Tagesfragen 2 (1952), S. 56.

200 Vgl. Gutbier, A.W.: Die Entwicklung der Dampfkessel-Industrie in Rheinland und Westfalen unter besonderer Berücksichtigung der gesamtwirtschaftlichen Verflechtung, Köln 1952, S. 220.

201 Vgl. die erste ERP-Finanzierungsliste im Anhang des Schreibens BICO an KfW, 15.2.1949, in: BA Z8/1516; Das Dampfkraftwerk Lahde, in: VDI-Nachrichten, 7.4.1951.

versorger bereits 1943 erhalten, die Bauarbeiten waren damals jedoch nicht mehr in Angriff genommen worden.[202] Selbst für Stadtwerke bestand eine realistische Chance, Fördermittel aus dem ERP-Sondervermögen zu erhalten, wenn sie nachweisen konnten, dass das zu finanzierende Bauvorhaben bereits weit fortgeschritten war und mit verhältnismäßig wenig Aufwand fertiggestellt werden konnte. Diese Voraussetzung erfüllten allerdings nur wenige städtische Elektrizitätswerke, so dass sie nur in seltenen Fällen eine Finanzierungshilfe erhielten. Die Anträge wurden von der ECA mit der Begründung abgelehnt, dass die Stromerzeugung in kleinen Anlagen mit den Kraftwerken der großen Netzbetreiber nicht konkurrieren könnte. Der Deutschen Städtetag protestierte zwar gegen diese Genehmigungspraxis, doch die amerikanische Marshallplanbehörde zeigte sich davon wenig beeindruckt. Die Stadtkämmerer sollten, so der zurückweisende Kommentar der ECA, auf die Abgaben ihrer Stadtwerke verzichten und die Geldmittel, die dadurch frei würden, in den Ausbau der kommunalen Stromversorgungsanlagen investieren.[203]

In der ablehnenden Haltung der Marshallplanverwaltung kam auch der Umstand zum Ausdruck, dass die Mittel des Gegenwertfonds begrenzt waren und hauptsächlich für den Ausbau der Kraftwerkskapazitäten und nicht für die Transport- und Verteilungsnetze eingesetzt werden sollten.[204] Bei den kommunalen Regiebetrieben handelte es sich in der Mehrzahl um reine Verteilerunternehmen – ein eigenes Kraftwerk betrieben allenfalls die Großstädte. Sie waren dafür zuständig, den Strom im Rahmen der kommunalen Gebietsgrenze an die Kleinabnehmer zu verteilen. Diese kommunalen Wiederverkäufer, die von den Vorständen der Stromkonzerne als lästige Verhandlungspartner empfunden wurden, leisteten für den Wiederaufbau der kommunalen Stromnetze einen wichtigen Beitrag. Sie sorgten buchstäblich dafür, dass die letzten Lampen nicht übersehen wurden und einen Anschluss an das öffentliche Stromnetz erhielten. Diese Investitionen waren in Regionen, die eine geringe Verbraucherdichte aufwiesen, aufgrund des geringen Ausnutzungsgrades des Netzanschlusses besonders kapitalintensiv.

Die Herkunft der Kapitalmittel, die von den Regiebetrieben für den Wiederaufbau der kommunalen Stromversorgungseinrichtungen verwendet wurden, lässt sich nicht mehr eindeutig bestimmen. Es handelte sich entweder um Gewinnerlöse, welche die Stadtwerke aus dem Stromgeschäft erzielten, oder um Zuschüsse aus den Haushalten der Gebietskörperschaften. Es ist nicht auszuschließen, dass die Geld-

202 Vgl. Gemeinschaftskraftwerk Hattingen GmbH an Wirtschaftsministerium NRW, 30.12.1947, in: BA Z8/1463; VEW baut Kraftwerksleistung aus, in: Handelsblatt, 27.9.1950, S. 2.
203 Vgl. Aktenvermerk der Abt. Elektrizität im BWM über Besprechung mit M.S. Fitzwilliam (ECA-Mission), 27.5.1949, in: BA Z8/1516.
204 Borchardt/Buchheim: Wirkung der Marshallplan-Hilfe, S. 334.

mittel auf der kommunalen Ebene sogar in die umgekehrte Richtung flossen und die Gemeinden die Einnahmen aus der Stromwirtschaft nutzten, um Investitionen für andere kommunale Einrichtungen zu finanzieren. Die Regiebetriebe veröffentlichten keine eigenen Bilanzen, so dass an dieser Stelle nur Schätzungen vorgenommen werden können. Es gab aber keine Zweifel daran, dass die Kapitalmittel, die auf kommunaler Ebene für den Wiederaufbau der Niederspannungsnetze aufgebracht wurden, ein beachtliches Ausmaß erreichten. Im Durchschnitt waren sie in den vier Jahren bis einschließlich 1952 sogar etwas umfangreicher als die ERP-Kredite, die von der Kreditanstalt für Wiederaufbau verwaltet wurden (siehe Tabelle 3). Diese Behauptung wird bestätigt durch ein Gutachten, dass der Spitzenverband der deutschen Elektrizitätswerke 1954 beim Bundesministerium für Wirtschaft einreichte. Es enthielt eine detaillierte Zusammenstellung der Investitionsmittel, die ab der Währungsreform bis einschließlich 1953 in die öffentliche Elektrizitätsversorgung flossen. Die kommunalen Regiebetriebe, so das Fazit des Spitzenverbandes, seien gerade auf dem „Gebiet des Netzausbaus" in ihrer Bedeutung nicht zu unterschätzen.[205] Die Investitionen, die sie für die Erweiterung der Niederspannungsnetze aufbrachten, konnten zwar mit Hilfe der verfügbaren Statistiken nicht präzise beziffert werden, doch es stand außer Frage, dass die Aufwendungen der Kommunen oder deren Regiebetriebe beachtlich waren.

4.2.2 Die Investitionshilfe für den Kraftwerksbau

Die Kraftwerkskapazitäten reichten trotz der öffentlichen Kreditmittel, die für die Finanzierung der Bauarbeiten bereitgestellt wurden, nicht aus, um den wachsenden Strombedarf zu decken. Die Stromsperren, die im Winter 1951/52 erneut verordnet werden mussten, waren ein deutliches Anzeichen dafür, dass beim Kraftwerksausbau bis zu diesem Zeitpunkt nicht die erhofften Fortschritte erzielt worden waren. Die Stromeinschränkungen kamen nicht unerwartet, denn die Vereinigung Deutscher Elektrizitätswerke (VDEW) hatte im Verlauf des Jahres 1951 wiederholt auf die möglichen Folgen der Kapitalnot hingewiesen.[206] Als der Spitzenverband im Oktober 1951 in München eine Mitgliederversammlung abhielt, war die Finanzierungsfrage wieder das alles beherrschende Thema.[207] Man rechnete mit einem jährlichen Kapi-

205 VDEW: Investitions- und Finanzierungsprobleme in der öffentlichen Elektrizitätsversorgung des Bundesgebietes, Frankfurt am Main 1954, S. 10.

206 Die VDEW ging aus der AdEW hervor, indem diese lediglich umbenannt wurde.

207 Vgl. Begrüßungsansprache von H. Freiberger, Leiter der VDEW, auf der Tagung der VDEW vom 8.–10.10.1951, in: EW 51 (1952), S. 7–8.

talbedarf von insgesamt einer Milliarde DM, der bei einem konstant bleibenden Anteil der industriellen Stromerzeugung allein für die erforderlichen Bauarbeiten an den öffentlichen Kraftwerken und Stromnetzen benötigt wurde.[208] Das war eine vergleichsweise moderate Einschätzung. Es herrschte eine gewisse Ratlosigkeit, wie die finanzielle Herausforderung bewältigt werden sollte. Die Investitionsförderung aus dem ERP-Sondervermögen lief aus, weshalb unbedingt andere Finanzierungsquellen gefunden werden mussten. Vor diesem Hintergrund verschärfte sich die Kritik an Erhards Wirtschaftspolitik noch einmal, denn Preiserhöhungen wurden nach wie vor nur in Ausnahmefällen genehmigt. Fritz Ridderbusch forderte die deutschen Verwaltungsstellen eindringlich dazu auf, die durch eine „falsche Wirtschaftspolitik entstandene Lücke“ endlich zu schließen und den Elektrizitätswerken die Möglichkeit einzuräumen, ihre Investitionen verstärkt über den Strompreis zu finanzieren.[209]

Auch in den Kreisen der Industrie wurden die Engpässe mit Sorge zur Kenntnis genommen. Ihre Vertreter nahmen zwar nicht an der in München stattfindenden Tagung teil, auf der vornehmlich Themen der öffentlichen Versorgungswirtschaft behandelt wurden, doch das bedeutete nicht, dass sich die deutsche Industrie nicht mit den Problemen der Stromversorgung beschäftigte. Der Bundesverband der Deutschen Industrie (BDI) richtete 1950 einen eigenen „Arbeitskreis Energie“ ein, in dem alle energiewirtschaftlich interessierten Industrieverbände vertreten waren.[210] Die geschäftsführende Leitung des verbandsinternen Energieausschusses lag in den Händen der VIK, so dass in dem Arbeitskreis den Interessen der industriellen Kraftwerkbetreiber ein besonderes Gewicht beigemessen wurde. Der BDI hob in seinen Stellungnahmen zu der anhaltenden Versorgungskrise vor allem deren Forderung hervor. Der Spitzenverband unterstrich die Notwendigkeit, dass neben den öffentlichen Werken auch die Eigenanlagen der Industrie stärker berücksichtigt werden müssten. Diese waren bei den bisherigen Fördermaßnahmen nicht gebührend beachtet worden, obwohl sie für die Stromversorgung der Industriebetriebe von zentraler Bedeutung waren. In der Industrie erlosch das Investitionsinteresse 1951 nahezu vollständig, wie ein Blick auf die angemeldeten Bauvorhaben verdeutlicht (siehe Tabelle 4). Die Investitionstätigkeit der industriellen Kraftwerksbesitzer geriet ins Stocken, obwohl es im Jahr zuvor erste Anzeichen für eine deutliche Wiederbelebung gegeben hatte.

Die öffentlichen Elektrizitätswerke konnten die Lücke, die durch den gedrosselten Ausbau der industriellen Stromerzeugung noch größer zu werden drohte, mit ihren

208 Stiegler, F.: Investitionshilfe und Strompreis, in: EW 51 (1952), S. 25.

209 Ridderbusch, F.: Einführung in die Vorträge der Gruppe III, Finanzwirtschaft, in: EW 51 (1952), S. 23.

210 Vgl. VIK, Tätigkeitsbericht, Essen 1950, S. 7.

begrenzten Kapazitäten mittelfristig nicht schließen. Der BDI forderte deshalb in dem Memorandum, das er im März 1951 zur „Wirtschaftslage der Bundesrepublik Deutschland“ vorlegte, den Kraftwerksbau nunmehr auf allen Gebieten zu forcieren. Neben den wenigen noch auszubauenden Wasserkräften müssten insbesondere die Kapazitäten der Wärmekraftwerke auf der Basis von Ballaststeinkohle und rheinischer Braunkohle gefördert werden. Die Investitionspläne der DKBL, die bis Mitte 1950 die Gemüter unter den Ruhrindustriellen erhitzt hatten, wurden in dieser Stellungnahme nicht mehr erwähnt. Im Mittelpunkt standen die Stromerzeugungsanlagen, während die Ruhrsammelschiene mittlerweile der Vergangenheit angehörte. Die Industrie forderte ähnlich wie die öffentlichen Stromanbieter eine Umorientierung der Wirtschaftspolitik, um die „übermäßig dem Konsum zugewandte Kaufkraft“ stärker in die Aufbaufinanzierung der Grundstoffindustrien – dazu gehörte die gesamte Energiewirtschaft – zu lenken. Die Entwicklung einer sicheren Stromversorgung, so die Argumentation der gewerblichen Wirtschaft, dürfe nicht durch niedrige Strompreise gefährdet werden. Sie zeigte durchaus Verständnis für die Forderung der Elektrizitätswerke nach Preiserhöhungen. Allerdings vertrat die Industrie nach wie vor den Standpunkt, dass eine Lockerung der Sonderabnehmerpreise nicht ohne eine gleichzeitige Anhebung der allgemeinen Tarifpreise vorgenommen werden dürfe. Sie stellte sich entschieden gegen die Überlegung, Preiserhöhungen hauptsächlich im Bereich der Sonderabnehmer zu ermöglichen und die Tarifabnehmer von derartigen Maßnahmen zu vorschonen.

Tab. 4: Ausbau der Wärmekraftwerke 1948–1956

	1948	1949	1950	1951	1952	1953	1954	1955	1956
Maschinen (MW)	712	608	670	811	942	1.987	1.752	1.891	1.697
davon Anteil:									
Elektrizitätswerke	78,4	71,7	51,0	98,0	89,4	79,3	61,5	59,5	63,6
Eigenanlagen	21,6	28,3	48,9	1,9	10,6	20,7	38,5	40,5	36,4
Dampfkessel (t/h)	6.346	1.772	4.341	3.276	3.638	7.267	7.770	6.730	5.540
davon Anteil:									
Elektrizitäts-werke	81,3	52,7	38,7	92,1	77,2	68,2	55,3	50,6	62,4
Eigenanlagen	18,7	47,3	61,3	7,9	22,8	31,8	44,7	49,4	37,6

Quelle: Schütz, K.: Elektrizitätswirtschaftliche Bauvorhaben in der Bundesrepublik in den Jahren 1948 bis 1954, in: EW, 54 (1955), S. 661–662. Bericht des Zentrallastverteilers, in: EW, 55 (1956) ff.
Anmerkung:
Die Tabelle umfasst nur Bauvorhaben für Wärmekraftwerke, die nach § 4 des Energiewirtschaftsgesetzes angemeldet wurden. Anlagen mit einer Leistung unter 1 MW sind nicht berücksichtigt worden. Auch der Ausbau der Wasserkraftleistung, der von 1948 bis einschließlich 1954 jährlich 82 MW umfasste, ist in dieser Aufstellung nicht enthalten.

Die Wirtschaftsverbände schalteten sich Anfang der 1950er Jahre verstärkt in die wirtschaftspolitische Entscheidungsfindung ein. Schon bei der Einigung im Streit um die Ruhrsammelschiene war deutlich geworden, dass der Einfluss der Kraftwerksbetreiber auf die drängenden Fragen der Elektrizitätswirtschaft zunahm. Sie entwickelten eigene Lösungen und schlugen Maßnahmen vor, um die Probleme, die sich als Hemmnis für die Entwicklung der Stromwirtschaft erwiesen, aus dem Weg zu räumen. Das Wirtschaftsministerium wurde dabei in seiner Funktion als oberste Energieaufsichtsbehörde nicht umgangen, jedoch häufig vor vollendete Tatsachen gestellt. Erhard verfügte mit der Investitionskontrolle, die das Energiewirtschaftsgesetz vorschrieb, über ein wirksames Regulierungsinstrument, doch er machte von seinen Befugnissen nur selten tatsächlich Gebrauch. Es war in dieser Hinsicht geradezu bezeichnend, dass der Frank-Ausschuss, den Erhard als Beratungsgremium für die schwierige Frage der Organisation der Stromwirtschaft im Ruhrgebiet einrichten ließ, seinen Abschlussbericht erst vorlegte, nachdem die Kontrahenten Mitte 1950 eine eigene Lösung ausgehandelt hatten. Die Kraftwerksbetreiber verständigten sich auf eine gemeinsame „Marschroute" – wobei die nordrhein-westfälische Landesregierung Druck auf die öffentlichen Elektrizitätswerke ausübte – und verhinderten auf diese Weise, dass sich Erhards Ministerium in die Auseinandersetzung einschaltete.[211] Für die Ruhrindustrie waren damit die institutionellen Barrieren, die im Zusammenhang mit dem Liefermonopol der Netzbetreiber leicht zu einem Hindernis für die industrielle Kraftwirtschaft hätten werden konnten, aus dem Weg geräumt worden. Sie stand seit dem vor einem „[reinen] Finanzproblem", wie Heinrich Kost gegenüber dem Wirtschaftsminister feststellte.[212] Er warb nun um eine Unterstützung bei der Finanzierung der geplanten Zechenkraftwerke, doch sein Bemühen hatte bei Erhard wenig Aussicht auf Erfolg.[213] Dieser lehnte eine aktive Investitionspolitik des Staates schon allein aufgrund seiner wirtschaftspolitischen Überzeugung kategorisch ab.

Es waren wieder die Spitzenverbände der Wirtschaft, die dieses Problem aufgriffen und Vorschläge für die Finanzierung der Elektrizitätswirtschaft entwickelten, damit aber auch einen stärkeren Einfluss auf die Investitionslenkung insgesamt erhielten. Die Investitionshilfe, die im April 1951 von der gewerblichen Wirtschaft vorgeschlagen wurde, verdeutlicht diese Entwicklung.[214] Der Vorschlag, den der

211 Schöller an Staatssekretär Westrick (BWM) betr. Industrieanleihe, 6.9.1951, in: BBA 12/397.

212 Kost an Bundeswirtschaftsminister Erhard, 6.2.1951, in: BBA 12/398.

213 Für eine detaillierte Aufschlüsselung der Investitionspläne des Bergbaus vgl. Abelshauser: Ruhrkohlenbergbau seit 1945, S. 75–76.

214 Für Bedeutung der Investitionshilfe hinsichtlich der Rückkehr der korporativen Marktwirtschaft vgl. Abelshauser: Deutsche Wirtschaftsgeschichte seit 1945, S. 162–173

Gemeinschaftsausschuss der deutschen gewerblichen Wirtschaft formulierte, hatte von Anfang an auch die Finanzierungsschwierigkeiten der Kraftwerksbetreiber berücksichtigt. Der Plan sah vor, dass die Unternehmen der Konsumgüterindustrie, die seit der Währungsreform nicht mehr der Preisbindung unterlagen und daher über einen größeren finanziellen Spielraum verfügten als die Grundstoffindustrie, einen finanziellen Beitrag für den Ausbau der Energiewirtschaft leisteten. Die Unternehmen wurden mit dem „Gesetz über die Investitionshilfe der gewerblichen Wirtschaft", das im Januar 1952 in Kraft trat, dazu verpflichtet, insgesamt eine Milliarde DM aufzubringen.[215] Das Sondervermögen, das durch diese Umlage der deutschen Wirtschaft entstand, wurde von der Industriekreditbank verwaltet. Die Investitionshilfe sollte auf die öffentlichen Versorgungsbetriebe, die Eisen- und Stahlindustrie sowie den Kohlenbergbau verteilt werden. Es war also absehbar, dass mit diesen zusätzlichen Kapitalmitteln nur ein Bruchteil der notwenigen Kraftwerksbauten finanziert werden konnte. Hermann Reusch, der mittlerweile den Vorsitz bei der VIK übernommen hatte, warnte die industriellen Kraftwerksbetreiber deshalb schon frühzeitig vor allzu hohen Erwartungen. Es käme jetzt darauf an, sich mit den öffentlichen Kraftwerksbetreibern auf ein gemeinsames „Schwerpunkt-Programm" zu einigen, um die Mittel der Investitionshilfe möglichst effektiv für die gesamte Wirtschaft einzusetzen.[216]

Die Zuteilung der Investitionshilfe wurde von einem Kuratorium bestimmt, in dem insgesamt neun stimmberichtigte Mitglieder saßen, die von der Bundesregierung auf Empfehlung der Wirtschaft berufen worden waren. Die Industrie schlug den Präsidenten des Kuratoriums und fünf weitere Personen vor, während die Gewerkschaft die restlichen Mitglieder bestimmen durfte. Das Kuratorium richtete wiederum interne Unterausschüsse ein, in denen die einzelnen Bauprojekte zusammen mit den Unternehmen, die einen Antrag auf Finanzierungshilfe stellen durften, beraten wurden, bevor das Kuratorium die Genehmigung erteilte.[217] Die internen Investitionsausschüsse hatten also hauptsächlich eine beratende Funktion. In dem Unterausschuss, der für die Auswahl der Bauprojekte der Elektrizitätswirtschaft zuständig war, saßen Vertreter aller Gruppen der Stromwirtschaft und ein Referent des Wirtschaftsministeriums. Der Elektrizitätsausschuss wurde von Friedrich Stiegler geleitet, der als gelernter Ingenieur seit den frühen 1920er Jahren für

215 Vgl. Gesetz über die Investitionshilfe der gewerblichen Wirtschaft (IHG), 7.1.1952, in: BGBl 1952 I, S. 7–14. Für eine ausführliche Darstellung der Debatte über das Investitionshilfegesetz vgl. Adamsen: Investitionshilfe für die Ruhr, S. 154–198.

216 Vgl. Ausführungen von Hermann Reusch auf der Mitgliederversammlung der VIK, in: Energiewirtschaftliche Tagesfragen 1 (1951), S. 66.

217 Vgl. Adamsen: Investitionshilfe für die Ruhr, S. 209–211.

die VEW arbeitete und 1945 in den Vorstand des westfälischen Stromversorgers aufgestiegen war. Das Gremium sprach seine Empfehlungen nicht allein auf Anraten der großen Netzbetreiber aus, während die Anträge der industriellen Kraftwerksbetreiber sowie die städtischen Elektrizitätswerke unberücksichtigt blieben.[218]

Die Kriterien, die bei der Auswahl zu berücksichtigen waren, verdeutlichen einmal mehr, wie schwierig es letztendlich war, auf der Grundlage der angemeldeten Investitionsvorhaben eine Entscheidung zu treffen. Ein erster Gesichtspunkt, der in der wirtschaftlichen Situation der frühen 1950er Jahre beachtet werden musste, war die Kohlenknappheit. Vor diesem Hintergrund erschienen nur Wasserkraftwerke und Wärmekraftwerke förderungswürdig, in denen entweder Ballastkohle, Braunkohle, Abfallgase oder Abwärme zum Einsatz kamen. Zweitens mussten aufgrund der Kapitalknappheit die Kosten des Stromtransportes berücksichtigt werden, weshalb es ratsam war, die Kraftwerke in der Nähe der Verbrauchsschwerpunkte zu errichten. Das nordrhein-westfälische Industriegebiet war zu diesem Zeitpunkt ein Stromexportgebiet und in Anbetracht dieser Tatsache erschien der Ausbau der revierfernen Kraftwerke angebracht. Die Forderung nach einer stärkeren Berücksichtigung der außerhalb des Ruhrgebiets liegenden Anlagen, wie sie etwa von den städtischen Elektrizitätswerken unter dem Stichwort der „verbrauchsorientierten Stromerzeugung“ formuliert wurden, war vor diesem Hintergrund nicht unbegründet.[219] Drittens musste schließlich noch in Erwägung gezogen werden, ob für die zu fördernde Kraftwerksanlage ein ausreichender Anschluss ans öffentliche Verbundnetz bereitstand, damit der Strom für die öffentliche Versorgung genutzt werden konnte.[220]

Für die rheinisch-westfälischen Schwerindustrie waren die Chancen, dass sie eine Investitionshilfe aus dem Sondervermögen für den Ausbau der Eigenanlagen erhalten würde, unter den drei genannten Gesichtspunkten äußerst gering. Am Ende wurden aus dem Sondervermögen gerade einmal 249,5 Millionen DM für die Elektrizitätswirtschaft bereitgestellt.[221] Davon flossen 8,7 Prozent in die Erweiterung

---

218 Vgl. Siegler: Investitionshilfe und Strompreise, S. 27. Für nähere Angaben über Stieglers beruflichen Werdegang vgl. Döring: Bewegte Jahre, 190–191.

219 Vgl. Marguerre, F.: Verbrauchsorientierte Stromerzeugung, Köln 1951. Siehe auch denn Diskussionsbeitrag von Fritz Marguerre, Generaldirektor des Großkraftwerks Mannheim, auf der 5. Arbeitstagung am 18. und 19. April 1952 in der Universität Köln. Energiewirtschaftliches Institut (Hrsg.): Entwicklungsprobleme in der Energiewirtschaft, München 1952, S. 73–79.

220 Vgl. Stiegler: Investitionshilfe und Strompreise, S. 27–28.

221 Vgl. 2. Jahresbericht des Kuratoriums für das IKB-SV Investitionshilfe, S. 12, 14. In diesem Jahresbericht sind die bewilligten Kraftwerkbauvorhaben nach dem Stand vom 30.6.1953 aufgelistet. Nach dem Gesamtbericht und 4. Jahresbericht des Kuratoriums, Anhang Tab. 6 wurden für die Elektrizitätswirtschaft 242 Millionen DM bereitgestellt. Die Mittel, die in den Ausbau der Zechender Transporteinrichtungen. Die industriellen Kraftwerksbetreiber erhielten erwartungsgemäß nur einen geringeren Betrag, der sogar niedriger ausfiel als der Anteil, der an die städtischen Elektrizitätswerke vergeben wurde. Insgesamt 30 Prozent der Investitionshilfe, die der Elektrizitätswirtschaft zugeteilt wurden, flossen in die Bauarbeiten an den Wasserkraftanlagen im süddeutschen Raum. Für die Erweiterung der Großkraftwerke im rheinischen Braunkohlengebiet wurden wiederum 35 Prozent aufgewendet. Das RWE war damit auch im Rahmen dieses Investitionsprogrammes der Kraftwerkbetreiber, der die mit Abstand umfangreichste Förderung erhielt. Der Stromkonzern nutzte die Mitteln der Investitionshilfe, um die bereits in Angriff genommenen Bauarbeiten an den Kraftwerken Weisweiler, Frimmersdorf und Zukunft weiterzufinanzieren.[222]

Das Investitionshilfegesetz verbesserte gleichzeitig die Möglichkeiten der Selbstfinanzierung, die im Vergleich zu dem Kapitaltransfer, der von der Konsumgüterindustrie in den Ausbau der Elektrizitätsversorgung floss, eine wesentlich größere Bedeutung hatte. Die Unternehmen erhielten Steuervergünstigungen und im §37 des Investitionshilfegesetzes wurde die „Wiederherstellung geordneter Preisverhältnisse" in Aussicht gestellt.[223] Damit bekam nun erstmals auch die Montanindustrie einen größeren finanziellen Spielraum, der es ihr ermöglichte, die geplanten Investitionen in Angriff zu nehmen, denn das Investitionshilfegesetz erlaubte auch Preisänderungen für Kohle, Eisen und Stahl und räumte den industriellen Kraftwerksbetreibern die Möglichkeit ein, einen beträchtlichen Teil der neuen Anlageinvestitionen von den Steuern abzusetzen. Es waren allerdings nicht allein die Montanindustrie und die öffentliche Elektrizitätsversorgung, die eine Investitionsförderung durch Steuervergünstigungen erhielten, sondern die Kraftwerksbetreiber aller Industriezweige.[224] Für die öffentlichen Stromanbieter nahm die Entwicklung einen ähnlichen Verlauf. Die Elektrizitätswerke durften ab April 1952 die Strompreise für Großabnehmer erhöhen, wodurch auch sie zusammen mit den eingeräumten

kraftwerke flossen und in dem zweiten Jahresbericht separat aufgelistet sind, wurden danach offensichtlich nicht mehr berücksichtigt bzw. in der Sparte „Kohle" mitgezählt.

222 Vgl. Industriebank an RWE betr. Investitionshilfe, 16.12.1952, in: HK RWE 4579. Das Schreiben enthält eine detaillierte Auflistung der vom Kuratorium bewilligten Kredite. Demnach erhielten das RWE und die zum Konzern gehörende Gesellschaften des Braunkohlenbergbaus zusammen sogar 101,7 Millionen DM Investitionshilfe. Davon entfielen 32,2 Millionen DM auf Rheinbraun und das Rheinische Elektrizitätswerk im Braunkohlengebiet (Kraftwerk Fortuna).

223 Vgl. Gesetz über die Investitionshilfe der gewerblichen Wirtschaft, 7.1.1952, in: BGBl 1952 I.

224 Der Bundesminister für Wirtschaft machte die Länderfinanzverwaltungen ausdrücklich darauf aufmerksam, dass § 36 IHG auf die Kraftwerkbetreiber sämtlicher Wirtschaftszweige anzuwenden war. Vgl. VIK-Mitteilungen 1 (1952), S. 30.

Sonderabschreibungen einen größeren Spielraum für die Finanzierung erhielten.[225] Die Preisbehörden der Landesministerien beschränkten sich fortan darauf, die allgemeinen Tarifpreise und die Lieferbedingungen für Kleinverbraucher, die ihren Strom aus dem Niederspannungsnetz bezogen, zu beaufsichtigen. Sie hatten zwar weiterhin die Befugnis, in die Verhandlungen einzugreifen, wenn einzelne Industriebetriebe die Preisforderungen des liefernden Elektrizitätswerkes ablehnten und die Unternehmen zu keiner Einigung fanden,[226] doch diese Situation scheint in den 1950er Jahren nur selten tatsächlich eingetreten zu sein.

Der Grund dafür, dass der Übergang zu den ungebundenen Großabnehmerpreisen erstaunlich reibungslos verlief, lag vor allem darin, dass sich die Verbände der Industrie und der Elektrizitätswirtschaft bereits im Vorfeld der Preisfreigabe auf ein Verfahren geeinigt hatten, um größere Verwerfungen bei der Aufhebung der Preisbindung zu vermeiden. Der „Energie- und Tarifausschuss" der VIK, der von Georg Bremer, dem langjährigen Mitarbeiter des Stromausschusses der Vereinigten Stahlwerke, geleitet wurde, machte den Vorschlag, die Lockerung der Strompreise von den Wirtschaftsverbänden überwachen zu lassen.[227] Der BDI und der DIHT griffen diese Anregung auf und verständigten sich mit dem Spitzenverband der Elektrizitätswerke darauf, in den einzelnen Versorgungsgebieten so genannte „Gütestellen" einzurichten, die von den Vertragspartnern während der Preisverhandlungen als Vermittler hinzugezogen werden konnten.[228] Die Gütestellen nahmen eine beratende Funktion ein und erleichterten durch ihre Vermittlerrolle die Klärung strittiger Vertragsfragen.[229] Die Einschaltung der Preisbehörden galt fortan als die zweite Option, die dann gewählt wurde, wenn die Kontrahenten ihre Streitigkeiten selbst nach Vermittlungsversuchen der verbandseigenen Gütestellen keine Einigung erzielen konnten. Georg Bremer, der ein Jahr später rückblickend einen Erfahrungsbericht über die Preisverhandlungen mit den Elektrizitätswerken vorlegte, zog ein recht positives Resümee. Die Beratung der Verbände habe sich „bewährt" und „in vielen Fällen zur Beilegung von Meinungsverschiedenheiten" beigetragen, ohne dass die Preisbehörden hätten eingeschaltet werden müssen.[230] Mit der Einrichtung der Gü-

---

225 Vgl. Verordnung PR Nr. 18/52, in: Bundesanzeiger 4 (1952), Nr. 62, 28.3.1952.

226 Vgl. § 3 der Richtlinien zur Handhabung der Preisverordnung, die das BWM am 28.4.1952 an die Preisbildungsstellen der Länder verschickte, in: VIK-Mitteilungen 1 (1952), S. 20.

227 Vgl. VIK-Mitteilungen 1 (1952), S. 2–3.

228 Vgl. BDI an BWM betr. Verordnung über Preise für elektrischen Strom, Gas und Wasser, 6.2.1952, in: BBA 55/2125.

229 Vgl. Entwurf einer Vereinbarung zwischen BDI, DIHT und VDEW über die Bildung von Gütestellen, in: 3.3.1952, in: BBA 55/2125. Die Einigung zwischen den Verbänden kam erst am 27.5.1952 zustande. Vgl. VIK-Mitteilungen 2 (1953), S. 67.

230 Bericht über das Geschäftsjahr 1952/53, in: BBA 55/2074.

testellen konnten aber nicht alle offenen Fragen hinsichtlich der Strompreise geklärt werden. Die Industrie beobachtete mit Unbehagen, dass mit der partiellen Aufhebung der Preisbindung gleichzeitig eine Entwicklung einsetzte, die zu einem ungleichmäßigen Anstieg der verschiedenen Abnehmerpreise führte. Die Strompreise für die Kleinverbraucher stiegen deutlich langsamer an als die Großabnehmerpreise.[231] Die Tarifpreise für gewerbliche und landwirtschaftliche Stromabnehmer wurden erst im März 1953 gelockert und die Strompreise für Haushaltsabnehmer blieben selbst danach noch nahezu unverändert.[232]

Die Finanzierungsspielräume, die mit dem Investitionshilfegesetz entstanden, lösten in der westdeutschen Elektrizitätswirtschaft einen Investitionsboom aus, der über mehrere Jahre anhielt. Es waren nicht ausschließlich die öffentlichen Elektrizitätswerke, die zur Überwindung der Engpässe der Stromwirtschaft beitrugen, wie ein Blick auf den Ausbau der Kraftwerkskapazitäten ab 1952 verdeutlicht (siehe Tabelle 4). Es gab in der deutschen Industrie eine Reihe von Unternehmen, die das Preisangebot der öffentlichen Stromanbieter mit den Kosten für die Unterhaltung einer Eigenanlage verglichen und den Endschluss fassten, in den Ausbau der eigenen Stromerzeugungsanlagen zu investieren. Sie gingen von der Überlegung aus, dass die Elektrizitätswerke mittelfristig nicht in der Lage sein würden, den Strom zu preisgünstigeren Konditionen anzubieten. Das Investitionsverhalten war in den Industriezweigen unterschiedlich, denn nicht alle Unternehmen fanden die gleichen Bedingungen vor, wie die chemische Industrie, die Eisen- und Stahlindustrie und der Bergbau. Diese aber nutzten die Möglichkeit der Sonderabschreibung und investierten wieder fleißig in den Ausbau der eigenen Kraftwerksanlagen. Selbst in der Textilindustrie gab es weiterhin eine nicht zu unterschätzende Anzahl von Betrieben, die das Stromangebot der öffentlichen Elektrizitätswerke als ungünstig einschätzten und deshalb die Kraft-Wärme-Kopplung weiterentwickelten.[233] So erklärt sich, dass der Anteil der Industrie an der installierten Kraftwerkskapazität, die 1948 bei 38,2 Prozent gelegen hatte, zehn Jahre später immer noch 36,1 Prozent ausmachte.[234] Diese Entwicklung, die auf den ersten Blick überraschend erscheinen

231 Vgl. Stat. Jahrbuch für die BRD 1956, S. 429.

232 Vgl. Verordnung PR Nr. 3/53, in: Bundesanzeiger 5 (1953), Nr. 21, 30.1.1953.

233 Der Anteil der Eigenstromerzeugung am gesamten Stromverbrauch der Textilindustrie blieb im Zeitraum von 1950 bis 1958 konstant bei 39 Prozent. In den darauffolgenden Jahren wechselten die Textilunternehmen aber wieder häufiger zum Fremdstrombezug. Vgl. Strothmann, H.: Der Energieverbrauch in der westdeutschen Textilindustrie und seine zukünftige Entwicklung, Münster 1972, S. 10–11, 183–186, 208. Allgemein zur Entwicklung der Textilindustrie nach 1945 vgl. Lindner, S.H.: Den Faden verloren. Die westdeutsche und die französische Textilindustrie auf dem Rückzug, München 2001, S. 83–174.

234 Vgl. Stat. Bericht des Zentrallastverteilers, in: EW, Jg. 49ff.

mag, kann als Indiz für die Konkurrenzsituation gedeutet werden, die in der westdeutschen Elektrizitätswirtschaft vorherrschte. Die öffentlichen Elektrizitätswerke, die aus dem ERP-Sondervermögen und der von der Konsumgüterindustrie gebildeten Umlage den mit Abstand größten Anteil der Fördermittel erhalten hatte, konnten sich nur mit Mühe und Not gegen die Eigenanlagen der Industrie durchsetzen.

Gleichzeitig ist festzustellen, dass sich die staatliche Investitionskontrolle entgegen aller Kritik, die von industrieller Seite wiederholt geäußert wurde, als kein grundlegendes Hindernis erwies, solange die industriellen Kraftwerksbetreiber nicht die Absicht verfolgten, parallel zu den öffentlichen Stromnetzen eigene Verbundleitungen zu errichten. Im Ruhrgebiet setzte die nordrhein-westfälische Landesregierung ihre Befugnisse als Aufsichtsbehörde sogar dafür ein, um die Kooperation zwischen den Industriekraftwerken und den öffentlichen Netzbetreibern zu fördern. Die Ruhrindustrie konnte nach der Entscheidung über die Neuordnung der rheinisch-westfälischen Stromwirtschaft relativ ungehindert von den Gebietsabsprachen der Netzbetreiber die Eigenanlagen ausbauen. Die Auflockerung der institutionellen Barriere des Liefermonopols wirkte sich unmittelbar auf das Investitionsverhalten der industriellen Kraftwerkbetreiber aus, wie anhand der Statistik über die anmeldungspflichtigen Bauvorhaben detailliert nachvollzogen werden kann. Die für 1950 zu beobachtende Wiederbelebung der Investitionstätigkeit ist auf die Tatsache zurückzuführen, dass die Ruhrzechen im großen Umfang Kraftwerksbauvorhaben anmeldeten.[235] Der Einbruch, der ein Jahr später folgte, war hauptsächlich eine Folge der geschilderten Finanzierungsprobleme, die bei den öffentlichen Kraftwerksbetreibern ein geringeres Ausmaß annahmen, weil die Förderung aus dem ERP-Sondervermögen zu diesem Zeitpunkt überhaupt erst richtig ansetzte. Den endgültigen Durchbruch brachte schließlich die von den Spitzenverbänden der gewerblichen Wirtschaft organisierte Investitionshilfe.

235 Vgl. Schütz, K.: Elektrizitätswirtschaftliche Bauvorhaben in der Bundesrepublik in den Jahren 1948 bis 1954, in: EW 54 (1955), S. 662.

4.3 Das Scheitern der reformliberalen Regulierung

4.3.1 Die Debatte über die Neuordnung der Energieaufsicht

Die Diskussion über den ordnungspolitischen Rahmen erhielt im Kontext der Karteldebatte, die von amerikanischer Seite angestoßen wurde, erneut Auftrieb.[236] Die Auseinandersetzung bezog sich im Hinblick auf die Elektrizitätswirtschaft auf zwei Gesichtspunkte, die von den Protagonisten sehr unterschiedlich beurteilt wurden. Erstens stand das Energiewirtschaftsgesetz von 1935 auf dem Prüfstand, denn es enthielt einzelne Bestimmungen, die in Kreisen der Wirtschaft höchst umstritten waren. Zweitens gab es einen anhaltenden Kompetenzstreit hinsichtlich der Befugnisse bei der Energieaufsicht. Es ging dabei nicht um ein Verbot des Liefermonopols der öffentlichen Netzbetreiber mit den dazugehörigen institutionellen Arrangements – dem Ausschließlichkeitsrecht und den Gebietsabsprachen. Die amerikanische Militärregierung, die im Februar 1947 mit Gesetz Nr. 56 ein entschlossenes Vorgehen gegen die Kartelle ankündigt hatte, erklärte bereits in der ersten Ausführungsbestimmung, dass sich diese Maßnahmen nicht gegen die Unternehmen der leitungsgebundenen Wirtschaftssektoren – im Unterschied zu den industriellen Kraftwerksbetreibern – richteten.[237] Der Ausnahmestatus der Elektrizitätsversorgung wurde auch von den Vertretern des neuen Wirtschaftsliberalismus befürwortet. Leonhard Miksch sah sich veranlasst, die Neuauflage seiner 1937 erstmals erschienenen Schrift zu nutzen, um auf die Gefahren einer „rein restriktiven Monopolbekämpfung" hinzuweisen. Es gebe in der „modernen Wirtschaft zahlreiche Monopolstellungen", so sein Plädoyer für eine zeitgemäße Wettbewerbspolitik, „die nicht auf privater Marktstrategie, nicht auf unternehmerischer Machtpolitik, sondern auf wirtschaftlichen und technischen Notwendigkeiten" beruhten. Diese Marktformen könnten nicht einfach beseitigt werden, ohne dass dadurch ein volkswirtschaftlicher Schaden angerichtet würde.[238] Miksch, der Ludwig Erhard in wirtschaftspolitischen Grundsatzfragen beriet, war nicht der Einzige aus der reformliberalen Denkschule, der seine Stimme gegen ein generelles Verbot von Marktabsprachen erhob.

Auch Theodor Wessels, der sich an der Universität zu Köln als Leiter des Energiewirtschaftlichen Instituts mit den ordnungspolitischen Problemen der Energie-

236 Vgl. Berghahn: Unternehmer und Politik in der Bundesrepublik, 1985, S. 152–179; Schröter, H.G.: Kartellierung und Dekartellierung 1890–1990, in: VSWG 81 (1994), S. 484–486.

237 Vgl. Ausführungsbestimmung Nr. 1 zu Gesetz Nr. 56, in: Amtsblatt der Militärregierung, amerikanisches Kontrollgebiet, 1947, S. 7–8. Ausführungsverordnung Nr. 1 zu Gesetz Nr. 78, in: Amtsblatt der Militärregierung, britisches Kontrollgebiet, No. 16, 416–418.

238 Miksch: Wettbewerb als Aufgabe, S. 211.

wirtschaft beschäftigte, sprach sich entschieden gegen eine Verbotsregelung aus. Das 1943 gegründete Institut wurde größtenteils von Unternehmen der Energiewirtschaft finanziert und Wessels organisierte hier ab 1948 alljährlich eine Arbeitstagung, um den Gedankenaustausch der Energiewirtschaft zu fördern.[239] Die Arbeitstagungen waren ein in diesen Jahren selten anzutreffendes Forum, auf dem sich die Vertreter der kommunalen Energiewirtschaft, der Stromkonzerne und der industriellen Kraftwirtschaft mit den wenigen Ökonomen trafen, die sich neuerdings für energiewirtschaftliche Fragen jenseits der Kohlenwirtschaft interessierten. Wessels war mit Sicherheit kein brennender Kartellbefürworter, wies aber bereits auf der ersten Veranstaltung darauf hin, dass die „Konstatierung einer Monopolsituation" für die leitungsgebundenen Wirtschaftssektoren „keinen Tadel" darstelle. Er plädierte entgegen der politischen Auseinandersetzung, die stark von einer gegen das „Monopol gerichteten Affekthaltung" geleitet war, für mehr Besonnenheit in der Debatte.[240] Wenige Jahre später nahm er nochmals ausführlich Stellung zu den „Ordnungsproblemen der Energiewirtschaft" und versuchte nun sogar, die „volkswirtschaftliche Zweckmäßigkeit der Demarkationsverträge" zu begründen. Diese würde die Errichtung von leistungsfähigen Kraftwerksanlagen für die öffentliche Elektrizitätsversorgung und von Leitungsnetzen für die Stromübertragung und -verteilung für private Investoren überhaupt erst attraktiv machen und seien daher als Anreizstruktur unverzichtbar. Er benannte aber auch schonungslos die Gefahren, die bei derartigen Marktabsprachen zu berücksichtigen wären. Die Gebietskartelle könnten zu einem „Hindernis für die Weiterentwicklung der Energiewirtschaft" werden, zumal sie die Konkurrenz in bestimmter Weise einschränkten und die Netzbetreiber ihre Monopolrechte einsetzen konnten, um das bestehende Erzeugungssystem zu „konservieren".[241]

Das vorrangige Problem in den Augen der Ordoliberalen bestand darin, dass es keine Aufsichtsbehörde gab, die sich einer wettbewerbsorientierten Elektrizitätspolitik verpflichtet sah. Die Kontrollbefugnisse des Energiewirtschaftsgesetzes lagen nach dem Verwaltungsabkommen von Oktober 1947 bei den Landesregierungen. Erhard konnte ohne deren Zustimmung keine Maßnahmen gegen die Preispolitik

239 Vgl. Vorwort zum Tagungsbericht, in: Wirtschaftliche und rechtliche Grundfragen der Energiewirtschaft. Tagungsberichte des Energiewirtschaftlichen Instituts, München 1949; Ludwig, H.: Die wirtschafts- und sozialwissenschaftliche Lehre in Köln von 1901–1989/1990, Köln 1991, S. 101–103; Henny, L.: Die Gründung des Energiewirtschaftlichen Instituts an der Universität zu Köln (=Diplomarbeit an der Universität zu Köln), Köln 2008.

240 Wessels, Th.: Offene Fragen der Energiewirtschaft, in: Wirtschaftliche und rechtliche Grundfragen der Energiewirtschaft. Tagungsberichte des Energiewirtschaftlichen Instituts, München 1949, S. 11.

241 Wessels: Ordnungsprobleme der Energiewirtschaft, S. 29.

der öffentlichen Stromanbieter ergreifen oder gar einzelne Investitionsvorhaben untersagen.[242] Die Situation war vergleichbar mit den Verhältnissen der 1920er Jahre und es ist daher wenig überraschend, dass die ordoliberale Kritik wieder genau an diesem Punkt ansetzte. Sie vermissten den starken Staat, der über dem Föderalismus und der kommunalen Selbstverwaltung stand und die Sonderinteressen zurückdrängte, sobald sich diese gegen die Wirkungen des Wettbewerbs stellten.[243] In einem demokratischen Staat, in dem politische Parteien um die Gunst der Wähler kämpften, bräuchte es unbedingt eine Behörde, die möglichst ohne Einflussnahme von Seiten der Parlamente die Liefermonopole regulierte. Der Umstand, dass die öffentlichen Gebietskörperschaften an den Versorgungsbetrieben finanziell beteiligt waren, ließ diese Forderung sogar noch dringlicher erscheinen.

Wessels sprach sich entschieden gegen die Sichtweise aus, dass der Staat die Versorgungsbetriebe über die Aufsichtsratsgremien kontrollieren könne – ein Standpunkt, der im April 1948 auf der ersten Arbeitstagung nicht zuletzt von Vertretern der gemischtwirtschaftlichen Unternehmen propagiert wurde.[244] Es führte nach seiner Auffassung kein Weg daran vorbei, ein „Monopolamt" einzurichten und diesem die Aufgabe zu übertragen, die Unternehmen „unabhängig von dem Kurs der jeweiligen Regierung" nach wettbewerbspolitischen Grundsätzen zu kontrollieren. Wessels teilte die Skepsis, mit der Miksch oder auch Walter Eucken Behauptungen begegneten, die Kommunalisierung oder die Verstaatlichung sei ein effektives Mittel der Monopolkontrolle. Die Übertragung der Unternehmen in die öffentliche Hand gewährleiste nach dem liberalen Verständnis „keineswegs den Verzicht auf Monopolgewinn und damit die wirklich gemeinwirtschaftliche Gestaltung der Energiewirtschaft".[245] Das Energiewirtschaftsgesetz war dagegen in ihren Augen ein vielversprechender Ordnungsansatz. Es fehlte im Prinzip nur eine schlagkräftige Behörde, die mit den Eingriffsbefugnissen des Gesetzes sicherstellte, dass sich der „Automatismus der Preisbildung" durchsetzen konnte.[246] Die „Wirtschaftspolitik des Als-Ob", die in diesen Überlegungen den Ausgangspunkt sämtlicher wirtschaftspoliti-

---

242 Vgl. Fischerhof, H.: Das Energiewirtschaftsgesetz in neuer Sicht, in: Wirtschaftliche und rechtliche Grundfragen der Energiewirtschaft. Tagungsberichte des Energiewirtschaftlichen Instituts, München 1949, S. 129–131; Evers, H.-U.: Das Recht der Energieversorgung, München 1974, S. 4; Bundesminister für Wirtschaft an Wirtschaftsminister der Länder und Bayerischen Minister des Inneren betr. Wahrnehmung der Befugnisse nach dem Energiewirtschaftsgesetz, in: BA B 102/35710.

243 Vgl. Wessels: Ordnungsprobleme der Energiewirtschaft, S. 19–20.

244 Vgl. Burgbacher, F.: Die gemischtwirtschaftliche Unternehmung in der Energiewirtschaft, in: Wirtschaftliche und rechtliche Grundfragen der Energiewirtschaft. Tagungsbericht des Energiewirtschaftlichen Instituts, München 1949, S. 40–56.

245 Diskussionsbeitrag von Wessels zum Problem des Versorgungsmonopols, in: Ebd., S. 57–58.

246 Wessels: Ordnungsprobleme der Energiewirtschaft, S. 23.

scher Maßnahmen bildete, implizierte kein generelles Verbot der Liefermonopole, sondern sah nur für den Fall eine staatliche Intervention vor, dass ein Netzbetreiber seine Monopolsituation nutzte, um sich gegen die Konkurrenz zu stellen.[247]

Bei der Militärregierung herrschte Unzufriedenheit über die Maßnahmen, die von Seiten der Verwaltung für Wirtschaft in die Wege geleitet wurden, um die drängenden Schwierigkeiten der Elektrizitätsversorgung zu lösen. Der Streit um die Ruhrsammelschiene und die anhaltende Debatte über die Genehmigung von Preiserhöhungen ließen den Eindruck entstehen, dass die deutschen Verwaltungsstellen nicht mit Entschlossenheit handelten, um die Probleme zu lösen. Die BICO meinte sogar feststellen zu können, dass die deutschen Behörden „no conception of the utility business" hätten. Sie wandte sich an General Clay mit der Forderung, Maßnahmen in die Wege zu leiten um diesen Zustand endlich zu ändern.[248] Es war für sie unverständlich, wie zum Beispiel die Anträge auf Preiserhöhungen einfach abgelehnt werden konnten, ohne dass die Elektrizitätswerke vorher überhaupt aufgefordert worden waren, Informationen über die Kostenstruktur vorzulegen. Diese Vorgehensweise stand im starken Kontrast zu der Energieaufsicht in den Vereinigten Staaten, wo in den einzelnen Bundesstaaten Utility Commissions dafür zuständig waren, auf der Grundlage eines stark formalisierten Berichtswesens die Preise der Stromanbieter zu kontrollieren.[249]

Die Militärregierung fasste vor diesem Hintergrund den Entschluss, eine Untersuchungskommission damit zu beauftragen, die wirtschaftliche Machtkonzentration in der Elektrizitätsversorgung zu überprüfen und gegebenenfalls Vorschläge für eine Neuordnung auszuarbeiten. Die Leitung der dreiköpfigen Delegation wurde

---

247 Vgl. Gerber, D.J.: Law and Competition in Twentieth Century Europe, Oxford 2003, S. 250–255. Gerber versucht die historischen Wurzeln der westeuropäischen Ordnungsansätze für die Entstehung der Wettbewerbsordnung in den 1950er Jahren aufzuspüren. Die Bedeutung der amerikanischen Kartellpolitik wird nach seiner Einschätzung leicht überschätzt. Er bietet einen interessanten Perspektivwechsel an, auch wenn seine Ausführungen zum Nationalsozialismus – den er hauptsächlich erwähnt, um die Mitglieder der Freiburger Schule als Widerstandskämpfer zu stilisieren – einer kritischen Überprüfung nicht standhalten. Vgl. dazu Amemiya: Liberalismus und Faschismus, S.192.

248 M.S. Fitzwilliam (Chief of Utility Section): Discussion on the Necessity for the Establishment of Public Utility Regulatory Legislation, 18.3.1949, in: HK RWE DVG 3/102; Niederschrift über Mitgliederversammlung der DVG, 13.4.1949, in: Ebd.

249 Die Aufsicht durch die Public Utility Commission ist nicht zu verwechseln mit dem Public Utility Holding Company Act von 1935. Dieses Gesetz, das die Bildung von Holdinggesellschaften unterbinden sollte, war als Reaktion auf die Weltwirtschaftskrise erlassen worden. Vgl. Neufeld, J./Hausman, W.:,Electric Energy is Essentially a Local Commodity. How State Regulation Shaped the Structure of the U.S. Electric Power Industry, in: Feldenkirchen, W. (Hrsg.): Wirtschaft, Gesellschaft, Unternehmen, Bd. 2, Stuttgart 1995, S. 939–955.

James W. Parker übertragen, der eine langjährige Berufskarriere bei der Detroit Edison Company durchlaufen hatte, bevor er in die Federal Power Commission berufen worden war.[250] Parker und seine beiden Begleiter trafen bereits am 22. März 1949 in Essen ein und nahmen sich drei Tage Zeit, um das RWE unter die Lupe zu nehmen. Sie erkundigten sich über den Verbundbetrieb der Kraftwerksanlagen und untersuchten die Kapitalbeteiligungen, die der Stromkonzern an den rheinischen Braunkohlenproduzenten und den süddeutschen Wasserkraftgesellschaften hielt. Der Vorstand um Heinrich Schöller gab sich alle Mühe, der Kommission die wirtschaftlichen und technischen Zusammenhänge zwischen den einzelnen Betriebseinheiten zu erläutern. Man unternahm sogar eine kleine Besichtigungsreise durch das RWE-Gebiet. An erster Stelle standen natürlich das Goldenbergwerk und die Roddergrube, die als Kohlenlieferant in den Augen von Schöller unerlässlich war und unbedingt im Besitz des Konzerns bleiben musste. In Brauweiler besichtigten sie die Hauptschaltzentrale für den Netzbetrieb. Hier zeigte der Vorstand den Besuch anhand von Schalttafeln und Netzplänen voller Stolz das ausgedehnte Versorgungsgebiet des Konzerns. Als dritte Station stand schließlich noch das Pumpspeicherwerk in Herdecke an der Ruhr auf dem Programm, wo die Delegation einen Eindruck von der Funktionsweise des Energiespeichers bekam, den es in ähnlicher Form auch im süddeutschen Raum gab. Der Vorstand setzte wenige Wochen später den Aufsichtsrat vom Besuch der Kommission in Kenntnis und wies darauf hin, dass dieser einen „guten Eindruck“ hinterlassen habe und keine Neuordnungspläne zu befürchten seien.[251]

Die Zuversicht der Konzernleitung schien auf den ersten Blick nicht unbegründet zu sein, denn der Abschlussbericht, den Parker im April 1949 vorlegte, enthielt tatsächlich keine Empfehlungen, die einen Rückschluss auf Entflechtungsabsichten zuließen. Es gebe in der westdeutschen Elektrizitätsversorgung „keine übermäßige Konzentration wirtschaftlicher Macht“, so lautete eine der Schlüsselformulierungen des Gutachtens, die fortan von den Managern der Elektrizitätswerke bevorzugt zitiert wurde.[252] Doch das war gar nicht der springende Punkt. Sie verschwiegen mit der verkürzten Wiedergabe des Berichts die Tatsache, dass Parker die Schlussfolgerung unter den Vorbehalt einer angemessenen staatlichen Kontrolle gestellt hatte. Es gab durchaus Zweifel daran, ob diese Voraussetzung bereits erfüllt war. Eine Entflechtung oder gar Dekonzentration der Stromkonzerne stand dagegen nicht zur

250 Vgl. Miller, R.C: Kilowatts at Work. A History of the Detriot Edison Company, Detroit 1957, S. 363, 404.

251 Vgl. Präsidialsitzung des RWE, 21.4.1949, in: HK RWE 6275; Aufsichtsratssitzung des RWE, 3.11.1949, in: Ebd.

252 Vgl. Extracts from Report of Power Consultants, 9.4.1949, in: HK RWE DVG 3/102.

Diskussion. Die Kommission sprach sich zwar dafür aus, dass die Preußenelektra aus dem Staatskonzern VEBA herausgelöst werden sollte, doch diese Empfehlung zielte nicht darauf ab, die Elektrizitätsversorgung stärker dezentral zu organisieren. Die Preußenelektra, die später als eigenständige Kapitalgesellschaft vom Bund übernommen werden sollte, behielt ihre Besitzanteile an den Kraftwerksanlagen und Leitungsnetzen für die Stromübertragung und -verteilung, die im westdeutschen Gebiet lagen.[253] Die Verantwortlichen bei der Preußenelektra konnten die Empfehlungen der Kommission daher auch als „verhältnismäßig harmlos" bezeichnen.[254]

Auch in Essen konnte der Vorstand davon ausgehen, dass der Konzern nicht von seinem Eigentum an den Braunkohlengruben und den diversen Kraftwerken getrennt werden würde. Parker hatte den Stromabsatz und die räumlichen Ausdehnung des Konzerns mit Maßstäben verglichen, wie er sie aus den Vereinigten Staaten kannte. Das RWE war so gesehen allenfalls ein mittelgroßer Stromanbieter, der nicht einmal mit der Detroit Edison Company – die nicht zu den größten amerikanischen Kraftwerksbetreibern gehörte – mithalten konnte. Auch die umfangreichen Kapitalbeteiligungen an den rheinischen Braunkohlengruben empfand die Parker-Kommission als kein grundlegendes Problem. Der Absatzmarkt für die rheinische Braunkohle war eher unbedeutend, denn dieser Brennstoff konnte wegen seines geringen Heizwertes als Rohstoff nicht zu konkurrenzfähigen Preisen über weitere Strecken transportiert werden. Die Braunkohle war nur dann wirtschaftlich wertvoll, wenn sie vor Ort in den Kraftwerken verfeuert oder zu Braunkohlenbriketts weiterverarbeitet wurde. Die Gefahr, dass das RWE über seine Beteiligungen einen beherrschenden Einfluss auf den deutschen Kohlenmarkt ausüben könnte, sah die Delegation daher nicht.[255]

Die Vorstände der großen Netzbetreiber wurden im Frühjahr 1949 von der Militärregierungsbehörde davon in Kenntnis gesetzt, dass sie die Verwaltung für Wirtschaft dazu aufgefordert hatte, einen neuen Gesetzesvorschlag vorzulegen. Der Vorstoß zielte auf eine „Verwaltungsneuordnung" ab, wie Heinrich Schöller auf der Mitgliederversammlung der Deutschen Verbundgesellschaft scharfsinnig zu Protokoll gab. Man gab sich hier im vertrauten Kreis der großen Stromanbieter überrascht darüber, dass sie zu einer Stellungnahme aufgefordert wurden, noch bevor sich die

253 Vgl. Stier: Staat und Strom, S. 494. Die Preußenelektra verlor aber ihre Beteiligung am Ostpreußenwerk, am Westpreußischen Überlandwerk und am Thüringerwerk. Auch das Kraftwerk Harbke fiel nach der Bildung der Ostzone für die westdeutsche Stromversorgung aus. Vgl. Vereinigte Elektrizitäts- und Bergwerks-Aktiengesellschaft 1929–1954, Bonn 1954, S. 49, 63.

254 Sitzung des Aufsichtsrats der Preußenelektra, 22.11.1949, in: HK RWE 704.

255 Vgl. Extracts from Report of Power Consultants, 9.4.1949, in: HK RWE DVG 3/102.

Verwaltung für Wirtschaft dazu geäußert hatte. Hans Fischerhof, der als Energierechtsexperte der Wirtschaftsverwaltung an der Beratung der Verbundgesellschaft teilnahm, sah sich daher veranlasst, diesen Eindruck zu zerstreuen. Die Wirtschaftsverwaltung sei von der BICO angesprochen worden, doch Erhard habe bislang noch nicht reagiert und keinen neuen Gesetzesentwurf in Auftrag gegeben.[256] Es bedurfte einer weiteren offiziellen Aufforderung von Seiten der Militärregierung, bevor Erhard im Oktober 1949 das Thema auf die Tagesordnung setzte und erste Vorschläge einholen ließ.[257]

In der Zwischenzeit entfaltete sich unter den Kraftwerks- und Netzbetreibern eine heftige Debatte über die Neuordnung der Energieaufsicht. Immanuel Sihler forderte im Juni auf der Vorstandssitzung der AdEW die anwesenden Mitglieder auf, Vorschläge zu unterbreiten, damit er als Vorsitzender des Spitzenverbandes der deutschen Elektrizitätswerke eine Stellungnahme abgeben könne. Es dauerte dann auch nur wenige Tage, bis Schöller mit grundsätzlichen Überlegungen aufwartete, die beim RWE wieder zu Zerwürfnissen zwischen dem Konzernvorstand und den kommunalen Aktionären führen sollten.[258] Er formulierte seine Vorschläge vor dem Hintergrund der Auseinandersetzung, die er mit einzelnen Städten hinsichtlich eines Konzessionsvertrages austrug. Der Konzernvorstand hatte nach wie vor Mühe, sich mit jenen nordrhein-westfälischen Kommunen zu arrangieren, die die Stromnetze nicht aus der Hand geben wollten. Sie forderten hartnäckig den Abschluss eines Großbezugsvertrages, um sich mit ihrem städtischen Elektrizitätswerk an der Strombelieferung der industriellen Großabnehmer beteiligen zu können. In diesem Machtkampf, den der Konzern nun schon seit über 20 Jahren mit Städten wie Gelsenkirchen, Düsseldorf, Duisburg oder auch München-Gladbach austrug, stand die Entscheidung immer noch aus.[259] Der Konzernvorstand hatte sich über all die Jahre kompromisslos gegenüber den Kommunen gezeigt, die in ihrem Gebiet die Stromlieferung bis zur letzten Lampe in Eigenregie ausführen wollten. Er war nach wie vor fest davon überzeugt, dass mit der vertikalen Integration der Stromnetze Transaktionskosten eingespart werden konnten und dies auch im Interesse der Industrie war, die einen möglichst unkomplizierten Betrieb der öffentlichen Leitungsnetze forderte. Die kommunalen Aktionäre teilten diese Argumentation allerdings nicht und

256 Niederschrift über Mitgliederversammlung der DVG, 13.4.1949, in: HK RWE DVG 3/102.

257 Die BICO wandte sich an den Vorsitzenden des Verwaltungsrates des Vereinigten Wirtschaftsgebiets (Hermann Pünder), der die Anweisung an die VfW weiterleitete. Vgl. Niederschrift über Sitzung der Juristen der DVG, 29.9.1949, in: HK RWE V1/30.

258 Vgl. Schöller an Sihler, 7.6.1949, in: StA Essen 1048/584.

259 Für eine detaillierte Darstellung dieser Auseinandersetzung am Beispiel Gelsenkirchen vgl. Kleinschmidt: Stadtwerke Gelsenkirchen, S. 116–136.

schienen dem neuen Vorstand Zugeständnisse abringen zu können. Schöller war zumindest auf Drängen der kommunalen Aktionäre damit beschäftigt, die Verhandlungsstrategie des Konzerns gegenüber den Stadtwerken zu überdenken und die Grundlinien des alten Mustervertrages von 1903, der noch aus der Feder von Hugo Stinnes stammte, zu überarbeiten.[260]

Die aufkommende Debatte über die Neuordnung der Energieaufsicht war aus Sicht des Konzernvorstandes eine Gelegenheit, die Forderung der Kommunen nach einem Großliefervertrag vielleicht doch noch verhindern zu können. Die Ursachen für die Schwierigkeiten, die im Zusammenhang mit den Konzessionsverhandlungen entstanden, lagen primär in den Bestimmungen des Wegerechts.[261] Nach Schöllers Auffassung räumte die bestehende Regelung den Kommunalpolitikern immer noch ein zu weitgehendes Mitspracherecht ein. Diese hätten keinen „elektrowirtschaftlichen Blick" und ließen sich bei den Entscheidungen häufig nur von fiskalpolitischen Motiven leiten. Die Tarifordnung und der Investitionskontrolle schränkten die Befugnisse der kommunalen Gebietskörperschaften zwar bereits ein und seien daher grundsätzlich zu begrüßen, doch das Energiewirtschaftsgesetz sei „in seiner bestehenden Form nicht durchgreifend genug".[262] Er plädierte dafür, die Vergabe von Konzessionen einer übergeordneten Behörde zu übertragen, die die Liefermonopole gleichzeitig überwachen solle. Diese Regelung habe mehrere Vorteile gegenüber dem bestehenden Zustand. Erstens könne dadurch die langfristige Planung der Stromleitungsanlagen im regionalen Maßstab wesentlich einfacher durchgeführt werden. Für Industrieregionen wie das Ruhrgebiet, wo die industriellen Kraftwerksbetreiber die öffentlichen Stromnetze für den Durchleitung nutzen wollten, ließ sich der Vorschlag leicht begründen. Schöller dachte an dieser Stelle wohl primär an die Deutsche Verbundgesellschaft, an der auch die VEW beteiligt war – aber nicht die Stadtwerke –, und die zu diesem Zeitpunkt bereits in Verhandlungen mit dem Steinkohlenbergbau stand. Die wirtschaftliche Zusammenarbeit mit der Industrie wurde durch die kommunalen Stromverteiler, die an der Belieferung der Industriebetriebe teilnehmen wollten, erheblich erschwert. Diese Schwierigkeiten konnten

---

260 Vgl. Beschreibung der drei Formen der beim RWE üblichen Konzessionsverträge (Schöller), 6.3.1950, in: HK RWE R2/135.

261 Die Ansicht vertraten alle Mitglieder der Deutschen Verbundgesellschaft. Vgl. Ergebnisprotokoll des Ausschusses der DVG-Rechtsberater, 9.11.1949, in: HK RWE DVG 3/102. Die Problematik des Wegerechts wurde auch im „Unterausschuss Konzessionsabgaben" der AdEW kurz diskutiert, der vom ehemaligen RWE-Vorstandsmitglied Ernst Henke geleitet wurde. Vgl. Sitzung des Unterausschusses Konzessionsabgaben, 10.6.1949, in: BA B 102/35733.

262 Schöller an Sihler, 7.6.1949, in. StA Essen 1048/584.

aber durch die Übertragung des Wegerechts auf eine übergeordnete Behörde in den Griff bekommen werden.

Der zweite Vorteil lag darin, dass durch diese Vorgehensweise erhebliche Transaktionskosten gespart werden konnten. Die Vertragsverhandlungen gestalteten sich gerade im Bereich der überregionalen Stromdurchleitung und -verteilung häufig schwierig und kostenaufwändig, weil eine große Anzahl eigenständiger Werke daran beteiligt werden musste und die Kommunen die Option hatten, das Liefermonopol in Eigenregie zu übernehmen. Die Mehrzahl der nordrhein-westfälischen Kommunen, das musste auch Schöller einräumen, verhielt sich kooperativ und stellte sich nicht gegen den Ausbau der großflächigen Verbundwirtschaft. Sie hatten die Stromverteilung in Eigenregie vollständig aufgegeben und gaben sich damit zufrieden, wenn der Konzern regelmäßig Konzessionsabgaben und Dividenden an den Stadtkämmerer überwies. Doch es bestand immer die Möglichkeit, dass einzelne Stadtverwaltungen bei Ablauf des bestehenden Konzessionsvertrages das neue Angebot, das sie vom RWE unterbreitet bekamen, als unzureichend erachteten und „Zollschranken des Mittelalters“ errichteten, um höhere Abgaben zu fordern. Die „Schaffung eines modernen Wegerechts“, so Schöller in seinen Ausführungen, sei deshalb eine vorrangige Aufgabe, die bei der Neuordnung des Energierechts vor alle anderen Probleme gestellt werden müsse.[263]

Die kommunalen Aktionäre des RWE reagierten auf die Äußerungen des Vorstandes mit heftiger Kritik, denn der Vorschlag stand offensichtlich im Widerspruch zu ihren Interessen. Sie vertraten beim RWE mit 59 Prozent der Stimmrechte die Mehrheit und erwarteten daher vom Konzernvorstand, dass dieser nicht gegen ihre Interessen handelte.[264] Der Vorstoß verdeutlicht aber auch, dass der Vorstand gegenüber seinen kommunalen Aktionären ein sehr widersprüchliches Verhalten zeigte. In der Diskussion über mögliche Verstaatlichungsabsichten und die Entflechtungsfrage verwies er gerne auf den kommunalen Charakter des RWE. In solchen Situationen forderte der Vorstand seine kommunalen Aktionäre dazu auf, sich stärker in die Debatte einzubringen. Doch sobald das Thema vom Tisch war, versuchte er die Forderungen der kommunalen Gebietskörperschaften zu umgehen. Die kommunalen Aktionäre wie die Stadt Essen und die Landräte versuchten dagegen, zwischen den beiden extremen Positionen zu vermitteln, die der Vorstand und die Vertreter der größeren Städte vertraten. Karl Hahn war als Geschäftsführer des Verbandes der kommunalen Aktionäre darum bemüht, die Mitglieder auf einen gemeinsamen Standpunkt einzuschwören, damit sie über den Aufsichtsrat einen stär-

263 Ebd.
264 Vgl. Buderath: Geschichte des RWE in Fakten, Zahlen und Tabellen, S. 106.

keren Einfluss auf die Konzernleitung ausüben konnten. Doch er sah sich wiederholt veranlasst, auf den beklagenswerten Zustand hinzuweisen, dass der kommunalen Aktionäre „keine klare Linie weder hinsichtlich [ihrer] Absichten innerhalb des RWE noch hinsichtlich der allgemeinen Energiepolitik" fanden.[265] In der internen Beratung, die der Aktionärsverband im Juli 1949 abhielt, war man sich nur insofern einig, dass Schöllers Äußerungen nicht hinnehmbar seien und deshalb eine „ernste Aussprache" geführt werden müsse.[266]

Der Vorstand musste dann auch in der nächsten Präsidiumssitzung Rede und Antwort stehen. Schöller relativierte bei dieser Gelegenheit seine Ausführungen und stellte klar, dass er nicht die Absicht gehabt hätte, eine Einschränkung der finanziellen Einnahmen der Städte und Gemeinden zu fordern. Sein Vorstoß sei vielmehr als eine Kritik der größeren Städte zu verstehen, die sich nicht zu den „bewährten" Vertragsgrundlagen des Konzerns bekannten und die Eigenständigkeit suchten. In dieser ungelösten Frage unterstrich er nochmals seinen Standpunkt und versuchte die kommunalen Präsidiumsmitglieder von den Folgen derartiger Bestrebungen zu überzeugen. Diese nahmen nach seiner, nicht von Übertreibungen freien Darstellung ein geradezu dramatisches Ausmaß an. Die Situation würde sich beim RWE derartig verändern, dass man sich sogar die Frage stellen müsse, ob der Aufwand für die in Gang gesetzten Bauprojekte überhaupt noch zu verantworten sei.[267] Der wiederholte Hinweis auf die Vertragspraxis der Preußenelektra oder des Bayernwerks, die sich in der Frage der vertikalen Integration der Stromnetze pragmatischer verhielten, indem sie ihren kommunalen Wiederverkäufern Großbezugsverträge zugestanden, waren in den Augen des RWE-Vorstands keine überzeugenden Argumente.[268] Er verwies auf die spezifischen Verhältnisse, die im rheinisch-westfälischen Industriegebiet zu berücksichtigen seien. Die industriellen Kraftwerksbetreiber, die in dieser Region überdurchschnittlich stark vertreten waren, legten Wert darauf, dass der Betrieb der öffentlichen Stromnetze möglichst nur von den großen Netzbetreibern ausgeführt wurde.

Eine Verständigung zwischen den kommunalen Aktionären und dem Konzernvorstand war vorerst in weite Ferne gerückt. Schöller hatte mit seinen polemischen Äußerungen und der Tatsache, dass er ohne Rücksprache mit den Präsidiumsmitgliedern Vorschläge in Umlauf brachte, wenig Verhandlungsgeschick bewiesen. Eine sachbezogene Debatte konnte auf diese Weise nicht entstehen, obwohl seine

---

265 Sitzung des Verbandspräsidium des VKA, 22.12.1949, in: StA Essen 1048/584.

266 Sitzung des Verbandausschusses des VKA, 9.7.1949, in: Ebd.

267 Vgl. Präsidialsitzung des RWE, 12.7.1949, in: HK RWE 6275.

268 Vgl. Schöller an Oberregierungsrat Gaede (Wirtschaftsministerium NRW), betr. Neuordnung des Energierechts, 25.7.1949, in: BA B 102/35733.

Anregungen durchaus diskussionswürdig waren. Die Kommunalpolitiker sahen sich als „Wegelagerer" der Stromwirtschaft etikettiert und fühlten sich in ihrer Ansicht, dass der Stromkonzern den städtischen Elektrizitätswerken die Existenzberechtigung grundsätzlich absprach, einmal mehr bestätigt.[269] Der Essener Oberstadtdirektor Hugo Rosendahl versuchte die Kontrahenten zur Räson zu bringen, um eine Einigung herbeizuführen. Denn er beobachtete mit Sorge, wie sich die rheinisch-westfälischen Städte verstärkt hinter dem Deutschen Städtetag versammelten, was für den Verband der kommunalen Aktionäre eher eine Schwächung bedeutete. Der Städtetag, der wie schon in den 1930er Jahren von Peter van Aubel und der von ihm geleiteten WIBERA in betriebswirtschaftlichen Fragen beraten wurde, war bekannt für seine kritische Haltung gegenüber den großen Netzbetreibern.[270]

Die Befürworter der kommunalen dezentralen Stromversorgung begannen sich zu organisieren, um eine Abwehrfront gegen die Großversorger zu bilden. Rosendahl wandte sich deshalb an die Vertragsparteien des RWE und forderte diese auf, den Streit endlich beizulegen, um mit Überzeugung „Widerstand" gegen die Bestrebungen des Deutschen Städtetages leisten zu können.[271] Sein Appell fand allerdings wenig Beachtung. Schon auf der Konferenz der nordrhein-westfälischen Oberstadtdirektoren, die wenige Tage vor der Präsidiumssitzung des RWE stattfand, hatte sich gezeigt, dass sich seine Amtskollegen vermehrt vom Konzern abwandten. Sie schienen die Hoffnung aufgegeben zu haben, dass sich der Vorstand überhaupt noch auf einen Kompromissvorschlag einlassen werde. Sie begrüßten deshalb den Entschluss des Städtetages, einen eigenständigen Interessensverband der kommunalen Unternehmen zu bilden. Der Zusammenschluss würde helfen, die „kommunale Stimme im Konzert der verschiedenen Gruppen" zu stärken, was nach Auffassung des Gelsenkirchener Oberbürgermeisters notwendig sei, weil beim RWE die Interessen der Kommunen nicht hinreichend Beachtung fänden.[272] Auch Oberstadtdirektor Walther Hensel, der für die Stadt Düsseldorf sowohl die Interessen als kommunaler Aktionär des RWE als auch als Eigentümer der Stadtwerke vertrat, empfand es „auf die Dauer unerträglich", wenn Schöller einen Standpunkt vertrat, der auf eine Missachtung der Mehrheitsverhältnisse hinauslief. Er stellte sich deshalb demonstrativ hinter

269 Niederschrift über 53. Zusammenkunft der Oberstadtdirektoren, 8.7.1949, in: LA Berlin Rep. 142-09-8/10-01.

270 Vgl. Laux: Anfänge betriebswirtschaftlicher Steuerung in den Kommunen und die Rolle der WIBERA, S. 223; Niederschrift über Besprechung zwischen Geschäftsführung des Deutschen Städtetages und Verband kommunaler Aktionäre, 21.6.1949, in: StA Essen 1048/584.

271 Vgl. Präsidialsitzung des RWE, 12.7.1949, in: HK RWE 6275.

272 Niederschrift über 53. Zusammenkunft der Oberstadtdirektoren, 8.7.1949, in: Landesarchiv Berlin Rep. 142-09-8/10-01; Ziebill: Geschichte des Deutschen Städtetages, S. 286–287.

den Deutschen Städtetag und übernahm ein Jahr später sogar den Vorsitz des neu gegründeten Verbandes.[273] Die Kapitalbeteiligung am Stromkonzern gaben die nordrhein-westfälischen Städte, die sich aus Protest dem Verband Kommunaler Unternehmen anschlossen, deshalb aber noch nicht auf, denn auf ihren Anteil am Gewinn, den der Konzern erwirtschaftete, wollten auch sie nicht verzichten.

Was während der aufgeregten Debatte innerhalb des RWE nicht erwähnt wurde, war die Tatsache, dass die Energieaufsicht nicht mehr in den Händen der kommunalen Gebietskörperschaften lag. Die kommunale Selbstverwaltung hatte sich in den 1930er Jahren in dieser Beziehung grundlegend gewandelt. Der Stadtverwaltung stand zwar nach wie vor das Recht zu, die unterschiedlichen Angebote zu prüfen, um das Lieferrecht an den Anbieter zu vergeben, der für die Gemeinde die größten Vorteile in Aussicht stellte. Dazu gehörte immer auch die Möglichkeit, die Stromversorgung in kommunaler Eigenregie zu übernehmen, falls die vorliegenden Angebote nicht überzeugten. Doch das bedeutete noch nicht, dass die kommunale Verwaltung diese Entscheidung nach freiem Ermessen treffen konnte. Die Höhe der Konzessionsabgaben konnte sie zum Beispiel nicht mehr eigenmächtig festlegen, wie Schöller mit seinem Hinweis auf die mittelalterlichen Zollschranken unterstellte. Die Verlängerung der Konzession an das etablierte Elektrizitätswerk war kein Selbstläufer, was der Konzernvorstand allerdings zu erwarten schien. Die Stadtverwaltung konnte spätestens beim Ablauf des alten Konzessionsvertrages eine Anpassung des Angebots an die technische und wirtschaftliche Entwicklung verlangen. Die Forderungen durften die Rahmenbedingungen, die das Energiewirtschaftsrecht und die neue Konzessionsverordnung von 1941 setzten, allerdings nicht überschreiten. Das galt auch für den Fall, wenn die Kommune den Entschluss fasste, einen Regiebetrieb aufzunehmen. Das städtische Elektrizitätswerk unterlag genauso wie die Stromkonzerne der staatlichen Tarifaufsicht und der Investitionskontrolle.

Die Landesregierungen verfügten also über wirksame Kontrollinstrumente, die sie einsetzen konnten, wenn sich das Wegerecht in bestimmten Situationen tatsächlich als ein unüberwindbares Hindernis erweisen sollte. Das nordrhein-westfälische Landwirtschaftsministerium vertrat in dieser Hinsicht einen klaren Standpunkt. Erik Nölting ließ den Deutschen Städtetag, der die Handhabung der staatlichen Energieaufsicht als gemeindefeindlich kritisierte, unmissverständlich in die Schranken weisen.[274] Die Gemeinden hätten in der Vergangenheit die erwirtschafteten Gewinne oftmals nur in die Stadtkassen fließen lassen und nicht ausreichend Rücklagen gebildet, um die kommunalen Versorgungsbetriebe zu erneuern, so dass die Anla-

---

273 Vgl. Niederschrift über Aufsichtsratssitzung des RWE, 3.11.1949, in: HK RWE 6275.

274 Vgl. Antrag des Deutschen Gemeindetages betr. Neuregelung der Energieaufsicht, 2.8.1948, in: StA Essen 1048/584.

gen „veraltet und unwirtschaftlich“ seien. In diesen Fällen lag es daher durchaus im „Interesse der gesamten Volkswirtschaft“, wenn ein konkurrierender Stromanbieter das Lieferrecht zugesprochen bekam.[275] Die Feststellung, dass einzelne Stadtwerke versucht waren, das ihnen zugesprochene Liefermonopol auszunutzen, traf auch für die großen Netzbetreiber zu. Die rheinisch-westfälische Gebietsgrenze konnte zu ähnlichen Schwierigkeiten führen wie die Grenzen einzelner Kommunen, denn die Bereitschaft der großen Stromversorger, den industriellen Kraftwerksbetreibern freiwillig den Zugang zu den öffentlichen Stromnetzen zu gewähren, war nicht sonderlich stark ausgeprägt. Diese nahmen die Verhandlungen mit dem Steinkohlenbergbau erst auf, nachdem sich die Landesregierung moderierend eingeschaltet hatte und sie zu einem Vertragsabschluss drängte.[276]

4.3.2 Ludwig Erhard und die korporative Stromwirtschaft

Inzwischen hatte die Verwaltung für Wirtschaft die Neuordnung der Energieaufsicht auf ihre Tagesordnung gesetzt. Das Bemerkenswerte daran war, dass Erhard von Anfang an die Spitzenverbände der Wirtschaft in die Beratungen einbezog. Der Wirtschaftsminister forderte die AdEW im Oktober 1949 auf, einen Gesetzesvorschlag auszuarbeiten.[277] Wieso er diese Vorgehensweise wählte und keine hauseigenen Experten mit dieser Aufgabe betraute, ist aufgrund der lückenhaften Überlieferung nicht eindeutig zu klären. Es gibt aber mehre Hinweise, die darauf schließen lassen, dass Erhard im Unterschied zu der Militärregierungsbehörde keinen konkreten Anlass sah, eine neue Wettbewerbsordnung für die Elektrizitätswirtschaft ausarbeiten zu lassen. Er stellte 1953 auf der Jahrestagung der Gas- und Wasserversorgungswirtschaft rückblickend fest, dass sich die Versorgungsbetriebe trotz ihrer Monopolstellung und der Beteiligung der öffentlichen Hand „eigentlich sehr zahm und sehr gesittet verhalten“ hätten.[278] Die noch ungeklärten Fragen bezogen sich hauptsächlich auf die Kompetenzen der Energieaufsicht, die Erhard auf eine spezi-

---

275 Wirtschaftsminister des Landes NRW an Deutscher Gemeindetag betr. Neuregelung der Energieaufsicht, 5.10.1948, in: Ebd.

276 Vgl. dazu die Ausführungen zum Fünfer-Ausschuss in Kapitel 4.1.

277 Das Schreiben vom 8.10.1949 konnte in den gesichteten Archiven nicht gefunden werden. Dass Erhard die AdEW den Auftrag erteilte, geht aus dem späteren Schriftverkehr hervor. Vgl. AdEW an Bundesminister für Wirtschaft betr. Neuordnung der Energiewirtschaft, 24.11.1949, in: BBA 32/4358; AdEW an Bundesminister für Wirtschaft, 19.1.1950, in: Ebd.

278 Erhard, L.: Die Energieversorgung und die freie Marktwirtschaft, Stuttgart 1953, S. 7.

ell dafür einzurichtende „Energieaufsichtsbehörde" übertragen lassen wollte.[279] Er widmete seine Aufmerksamkeit daher vorerst der Auseinandersetzung mit den Industrieverbänden, die sich gegen eine Kartellgesetzgebung stellten, und überließ es der AdEW, den von der BICO angeforderten Vorschlag für die Elektrizitätswirtschaft auszuarbeiten. Diese nahm die Aufforderung bereitwillig an und richtete daraufhin einen „Sonderausschuss" ein, in dem sechs, von den verschiedenen Interessengruppen der Elektrizitätswirtschaft selbst bestimmte, Sachverständige die Beratungen aufnahmen. Heinrich Schöller, der mit seinem Vorstoß bereits in die Kritik geraten war, verzichtete darauf, einen Vertreter des RWE zu schicken. Er schlug stattdessen den Rechtsexperten des Badenwerkes, Josef Ruzek, vor, der die Interessen der Deutschen Verbundgesellschaft vertreten sollte.[280]

Den Vorsitz des Ausschusses übernahm Wilhelm Heyden, der als langjähriges Vorstandsmitglied der Preußenelektra im Begriff war, sich in den Ruhestand zurückzuziehen. Der Deutsche Städtetag griff auf seine kommunalwirtschaftlichen Fachexperten der WIBERA zurück, indem er Karl Morgenthaler an den Beratungen teilnehmen ließ. Die Interessen der Landkreise vertrat Landrat Heinrich Treibert, der als Leiter des Wirtschaftsausschusses des Deutschen Landkreistages bereits Mitte 1949 eine Standortbestimmung zu den diskutierten Fragen vorgenommen hatte.[281] Heinrich Leppert von der AdEW übernahm die Vertretung der übrigen Elektrizitätswerke, die sich wie die privaten Stromanbieter eher selten zu Wort meldeten. Die AdEW forderte auch die industriellen Kraftwerksbetreiber auf, sich an den Beratungen zu beteiligen. Hermann Reusch, der inzwischen den Vorsitz der VIK übernommen hatte, nahm diese Einladung an, obwohl die Industrie mit Blick auf die personelle Zusammensetzung des Sonderausschusses nicht erwarten konnte, dass ihre Wünsche in diesem Rahmen Vorrang erhalten würden.[282] Die Beteiligung an dem Ausschuss war aber eine gute Möglichkeit, um über den Verlauf der Verhandlungen informiert zu bleiben, weswegen Reusch die Aufforderung wohl auch annahm. Die industriellen Kraftwerksbetreiber hielten sich die Option offen, selber an das Wirtschaftsministerium heranzutreten, sobald sich die Verhandlungen in eine Richtung bewegten, die nicht ihren Vorstellungen entsprach.[283]

279 Entwurf eines Schreibens des Bundesministers für Wirtschaft an AdEW, 15.12.1950, in: BA B102 17083.

280 Vgl. Sitzung der DVG-Rechtsberater, 9.11.1949, in: HK RWE DVG 3/102.

281 Vgl. Treibert, H.: Energiewirtschaft und Landkreise, in: Die Selbstverwaltung 3 (1949), S. 1–8.

282 Die Mitglieder des Sonderausschusses werden genannt in dem Schreiben der AdEW an Bundesminister für Wirtschaft betr. Neuordnung der Energiewirtschaft, 24.11.1949, in: BBA 32/4358.

283 Vgl. VIK: Tätigkeitsbericht 1949, Essen 1949, S. 5–6.

Der Sonderausschuss beschäftigte sich erst einmal mit der Funktionsweise der Aufsichtsbehörden in den Vereinigten Staaten, denn die Empfehlungen, die das Parker-Gutachten enthielt, orientierten sich an dem Modell der amerikanischen Energieaufsicht. Der Blick über den Atlantik wurde von Seiten der Amerikaner tatkräftig gefördert. Sie versuchten dem Sonderausschuss die Informationen zukommen zu lassen, die notwendig waren, damit sich die Sachverständigen ein Bild über die Verhältnisse der amerikanischen Elektrizitätswirtschaft machen konnten. Mitte 1950 erhielten die meisten Ausschussmitglieder die Gelegenheit, im Rahmen des *US Technical Assistance and Productivity Programs* eine Studienreise in die Vereinigten Staaten zu unternehmen. Das Programm wurde von der Marshallplanbehörde in der Erwartung organisiert, dass ein Aufenthalt in Amerika bei den Teilnehmern einen bleibenden Eindruck hinterlassen werde.[284] Die Mitglieder des Sonderausschusses bekamen eine zweimonatige Rundreise finanziert, so dass sie während ihres Aufenthaltes ausreichend Zeit hatten, unterschiedliche Kraftwerkseinrichtungen zu besichtigen, Erfahrungen mit einzelnen Betreibern auszutauschen und Gespräche mit den dortigen Aufsichtsbehörden zu führen. Die Berichte, die sie unmittelbar nach der Rückkehr verfassten, enthielten eine ausführliche Darstellung über die strukturellen und organisatorischen Verhältnisse der amerikanischen Stromwirtschaft. Bei der Gegenüberstellung mit der deutschen Elektrizitätswirtschaft kamen die Berichterstatter durchaus zu unterschiedlichen Folgerungen. Georg Bremer, der in Vertretung der industriellen Kraftwerksbetreiber an der Reise teilnahm, zog aus dem Vergleich andere Schlussfolgerungen als Heinrich Treibert vom Wirtschaftsausschuss des Deutschen Landkreistages oder die Mitglieder der Deutschen Verbundgesellschaft.[285]

In einem Punkt herrschte aber Einigkeit. Man hielt es für wenig ratsam, die amerikanische Energieaufsicht auf die deutschen Verhältnisse vollständig zu übertragen, denn die strukturellen Unterschiede waren einfach zu groß. Ein Gesichtspunkt, der an dieser Stelle immer wieder genannt wurde, betraf die räumlichen Gegebenheiten und die Organisation der Verbundwirtschaft, die sich vor diesem

284 Vgl. Bericht über den Stand der Arbeiten des Sonderausschusses für den Vorstand und Vorstandsrat der AdEW, 8.5.1950, in: HK RWE 1478. Allgemein zu den technischen Unterstützungsprogrammen vgl. Schröter, H.G.: Americanization of the European Economy. A Compact Survey of American Economic Influence in Europe since the 1880s, Dordrecht 2005, S. 50–53; Hardach: Marshallplan, S. 200–202.

285 Für die Ausführungen in den nächsten Abschnitten siehe vor allem die Berichte. Bremer, G.: Energieaufsicht und Energieverwaltung in den USA, Mülheim/Ruhr 1950; Treibert, H.: Die Elektrizitätswirtschaft in den V.St.A. unter besonderer Berücksichtigung des Energiewirtschaftsrechtes, in: EW 49 (1950), S. 311–314, 339–342; Leppert/Rehm: Stellungnahme zum Parkergutachten, in: HK RWE 1549.

Hintergrund entwickelt hatte. In den Vereinigten Staaten spielte sich die Stromversorgung überwiegend im Rahmen der einzelnen Bundesstaaten ab, wo die Elektrizitätswerke in ihren jeweiligen Versorgungsgebieten das Liefermonopol häufig ohne Beteiligung kommunaler Verteilerwerke bis zur letzten Lampe ausübten. Die Stromanbieter unterstanden einer eigenständigen Aufsichtsbehörde, die alle in diesem Einzelstaat angesiedelten Versorgungsbetriebe – also nicht nur die Stromversorger – kontrollierte. Die Federal Power Commission war hauptsächlich dafür zuständig, den Ausbau der Wasserkraftwirtschaft durch die Vergabe von Konzessionsrechten zu regulieren. In den 1930er Jahre hatte sie zusätzlich die Aufgabe zugewiesen bekommen, den – allerdings wenig bedeutsamen – zwischenstaatlichen Großstromhandel zu beaufsichtigen.[286] In Westdeutschland spielte dagegen der länderübergreifende Stromaustausch, der von den Netzbetreibern der Deutschen Verbundgesellschaft durchgeführt und von den Landesbehörden in Abstimmung mit dem Wirtschaftsministerium kontrolliert wurde, eine wesentlich stärkere Rolle. Eine Übertragung der amerikanischen Energieaufsicht, darin waren sich die deutschen Sachverständigen einig, würde den Stromtransport über die Grenzen der einzelnen Bundesländer hinweg eher erschweren.

In den Vereinigten Staaten bildete die Preisaufsicht das zentrale Instrument der staatlichen Kontrolle. Die Elektrizitätswerke mussten sämtliche Tarife von der Aufsichtsbehörde genehmigen lassen, während sich die Preiskontrolle in Deutschland ausschließlich auf die Stromlieferung aus dem Niederspannungsnetz beschränkte. Die Sonderverträge, die die Versorgungsbetriebe mit der Industrie aushandelten, konnten sie als Betriebsgeheimnis hüten. Die staatliche Kontrolle setzte hierzulande bereits bei den Investitionsvorhaben an und nicht erst bei der Preisbildung. Das hatte zur Folge, dass nicht nur die Stromanbieter kontrolliert wurden, sondern auch die Eigenanlagen der Industrie. Es verwundert nicht, dass ausgerechnet Georg Bremer diesen feinen Unterschied in seinem Bericht ausführlich behandelte.[287] Denn die industriellen Kraftwerksbetreiber lehnten die Investitionskontrolle kategorisch ab. Der Blick auf die amerikanische Energieaufsicht schien ihnen neue Argumente zu liefern, um die Forderung nach einer Einschränkung der staatlichen Kontrolle auf die öffentliche Elektrizitätsversorgung zu untermauern.

Die Vergleichsstudie, die Bremer vorlegte und die von den Mitgliedern der VIK aufmerksam rezipiert wurde, schilderte detailliert die unterschiedliche Bedeutung der industriellen Kraftwirtschaft in der amerikanischen und deutschen Elektrizi-

---

286 Vgl. Gilbert, R.L./Kahn, E.P.: Competition and Institutional Change in U.S. Electric Power Regulation, in: Dies (Hrsg.): International Comparison of Electricity Regulation, Cambridge 1998, S. 181.

287 Vgl. Bremer, G.: Energieaufsicht und Energieverwaltung in den USA, Mülheim/Ruhr 1950.

tätswirtschaft. In den Vereinigten Staaten erzeugte die Industrie im Jahr 1949 nur noch 15,6 Prozent des gesamten Stromaufkommens, während die westdeutsche Industrie dagegen einen Anteil von 38,4 Prozent erreichte, von dem ungefähr zehn Prozent in das öffentliche Netz eingespeist wurden. Die amerikanische Industrie zeigte sich hinsichtlich der Strombelieferung von den Elektrizitätswerken demnach nicht so zurückhaltend wie ihr deutsches Pendent. Bremer verfasste seinen Bericht vor dem Hintergrund der Diskussion über die Ruhrsammelschiene. Er war an diesen Verhandlungen beteiligt und interessierte sich daher weniger für die quantitativen Unterschiede, sondern hauptsächlich für die ordnungspolitischen Rahmenbedingungen. Die staatliche Investitionskontrolle, da war er mit anderen Ruhrindustriellen einer Meinung, stelle das größte Hindernis für die Entwicklung der industriellen Kraftwirtschaft dar. Nach seiner Darstellung war die Errichtung von Verbundleitungen zwischen den Industriebetrieben in Amerika recht unproblematisch. Was Bremer allerdings nicht erwähnte, war die Tatsache, dass die amerikanische Industrie die Transportleitungen ausschließlich für betriebseigene Zwecke errichtete und diese Investitionen häufig notwendig waren, weil öffentliche Netzbetreiber keinen gleichwertigen Ersatz anbieten konnten. In den Vereinigten Staaten verfolgte die Industrie außerdem – im Unterschied zum deutschen Steinkohlenbergbau – nicht die Absicht, in das Geschäft der öffentlichen Stromversorgung einzusteigen. Das Investitionsverhalten der deutschen und amerikanischen Industrie war insofern nicht vergleichbar.

Die Frage, ob die Investitionskontrolle Bestandteil des Energiewirtschaftsgesetzes bleiben sollte, war unter den Sachverständigen äußerst umstritten. Die Meinungen lagen so weit auseinander, dass die VIK die Mitarbeit an dem Sonderausschuss demonstrativ aufkündigte, indem sie ihren Vertreter im September 1950 aus den gemeinsamen Beratungen zurückzog.[288] Sie begründete diesen Schritt mit dem Hinweis, dass die Industrie nur über eine Einzelstimme verfügt habe und daher während den Beratungen regelmäßig von den Vertretern der öffentlichen Stromversorger überstimmt worden sei.[289] Die staatliche Investitionslenkung war in den Augen der industriellen Kraftwerksbetreiber ein Relikt der nationalsozialistischen Rüstungspolitik und mit den Grundsätzen einer marktwirtschaftlichen Wirtschaftsordnung nicht vereinbar. Die Kontrolle des Staates solle daher wieder auf die öffentlichen Versorgungsbetriebe beschränkt werden, und zwar so, dass nur noch die Strompreise genehmigungspflichtig seien. Sie forderten eine Preisaufsicht wie in den Vereinigten Staaten, damit jedermann Einblicke auch in die unter Verschluss

288 Vgl. VIK: Tätigkeitsbericht, Essen 1950, S. 4.
289 Vgl. Niederschrift über Vorstandssitzung der VIK, 6.10.1950, in: BBA 32/3458.

gehaltenen Sonderverträge bekommen konnte.[290] Die Wünsche der industriellen Kraftwerksbetreiber flossen allerdings nicht in den Gesetzesentwurf ein, den der Sonderausschuss im Dezember 1950 dem Wirtschaftsministerium vorlegte. Die Stellungnahme gab also nicht die Position der deutschen Elektrizitätswirtschaft wieder, sondern ausschließlich die Interessen der öffentlichen Stromanbieter. Die Vorschläge orientierten sich stark an den Erfahrungen, die sie bislang mit dem Energiewirtschaftsgesetz von 1935 gemacht hatten. Es wurden keine grundlegenden Änderungen vorgeschlagen. Die Investitionskontrolle sollte beibehalten werden und die Tarifaufsicht auf die Kleinverbraucher, die Strom aus dem Niederspannungsnetz bezogen, beschränkt bleiben.[291] Die Vertreter der öffentlichen Elektrizitätsversorgung lehnten die Ausweitung der Tarifaufsicht strikt ab. Sie verwiesen an dieser Stelle – wie so häufig – auf die Tatsache, dass die Industrie bei steigenden Strompreisen die Eigenanlagen ausbauen konnte. Die öffentlichen Stromanbieter seien daher gezwungen, die Preise möglichst ohne einen Monopolgewinn zu berechnen. Zu der eigentlichen Problematik des Liefermonopols, den wiederholt auftauchenden Schwierigkeiten bei der Durchleitung von Industriestrom, enthielt der Entwurf jedoch keine neuen Vorschläge. Der Spitzenverband der deutschen Elektrizitätswerke lehnte eine selbstverpflichtende Regelung für seine Mitgliedswerke weiterhin ab und setzte stattdessen darauf, dass wie in der Vergangenheit für jeden Einzelfall Lösungen ausgehandelt werden sollten.

Hermann Reusch wandte sich umgehend an Erhard mit dem Hinweis, dass der Gesetzesentwurf des Sonderausschusses nicht die Zustimmung der gewerblichen Wirtschaft gefunden habe. Er forderte den Wirtschaftsminister auf, keine Entscheidung in dieser Angelegenheit vorzunehmen, solange die Industrie keine eigene Stellungnahme zu der Neuordnung der Energieaufsicht abgegeben habe.[292] Die industriellen Kraftwerksbetreiber gingen daraufhin gezielt in die Offensive, indem sie nicht nur den BDI, sondern auch den DIHT für ihre Position zu gewinnen versuchten, um auf diese Weise einen stärkeren Einfluss auf die Gesetzgebung zu erlangen.[293] Die Beratungen der Industrieverbände zogen sich über ein Jahr hin, so dass die gemeinsame Stellungnahme der gewerblichen Wirtschaft erst Ende 1951 vorlag. Die Vertreter der VIK schafften es in dieser Zeit, dass der BDI ihren Standpunkt

290 Vgl. Sitzung des Arbeitsausschusses der VIK, 25.11.1950, in: BBA 32/3458.

291 Vgl. Entwurf eines Gesetzes über die Beaufsichtigung der Energiewirtschaft (blauer Entwurf), 28.12.1950, in: HK RWE 1525.

292 VIK (Reusch) an Bundesminister für Wirtschaft betr. Vorschläge für die Organisation der Energiewirtschaft, 15.2.1951, in: BBA 32/3459.

293 Vgl. Rundschreiben Nr. 101 der VIK, 20.3.1951, in: BBA 32/3459; Niederschrift über Sitzung betr. Energieaufsichtsgesetz,1.6.1951, in: Ebd.

übernahm, was wenig überraschend war, zumal die bedeutendsten industriellen Kraftwerksbetreiber zur Großindustrie gehörte. Dass aber auch der DIHT die Forderungen der industriellen Kraftwerksbetreiber unterstützen würde, galt dagegen nicht als selbstverständlich und löste in den Reihen der öffentlichen Elektrizitätswerke Unverständnis aus.

Die gewerbliche Wirtschaft sprach sich einvernehmlich für den Fortfall der Investitionskontrolle aus und forderte stattdessen eine Umgestaltung der Energieaufsicht zu einer umfassenden Preiskontrolle. Die Industrie stellte sich damit nicht gegen das Liefermonopol der öffentlichen Elektrizitätswerke. Die „Notwendigkeit eines gewissen Schutzes der Monopolstellung", so die Stellungnahme, werde von der gewerblichen und industriellen Wirtschaft anerkannt. Doch bei der „Aufrechterhaltung des Gebietsschutzes" sei die Gefahr zu bedenken, dass diese zu einer „Erstarrung der technisch-wirtschaftlichen und organisatorischen Entwicklung" führen könne. Die Energieaufsicht müsse deshalb unbedingt das „Zusammenwirken zwischen Eigenanlagen und öffentlicher Versorgung" fördern, damit die industriellen Kraftwerksbetreiber weiterhin eine gewisse Wettbewerbsdynamik in die Elektrizitätswirtschaft einbringen könnten. Die Aufsichtsbehörden sollten verhindern, dass die Elektrizitätswerke die Netzhoheit nutzten, um der Industrie den Ausbau der Eigenanlagen zu erschweren. Die staatliche Elektrizitätspolitik müsse danach streben, die Eigenanlagen in die öffentlichen Stromnetze einzuordnen, das heißt, die Netzbetreiber sollten sich „ihrer Aufgabe nicht versagen" dürfen, auch gegenüber den Industriekraftwerken als „Sammelschiene zu dienen".[294]

In der Stellungnahme der gewerblichen Wirtschaft spiegelten sich unübersehbar die Interessen der Ruhrindustrie wider. Die Verhandlungen, die sie mit dem RWE und der VEW führte, waren in der Zwischenzeit zu einem für sie erfolgreichen Abschluss gebracht worden, weshalb die Ruhrsammelschiene in der Stellungnahme keine Erwähnung mehr fand. Die vertragliche Übereinkunft diente nun als ein konkretes Beispiel, an dem verdeutlicht werden konnte, dass der Verbundbetrieb zwischen öffentlichen und industriellen Kraftwerksanlagen letztendlich nur eine Frage der organisatorischen Gestaltung war. Es handelte sich bislang allerdings nur um eine branchenspezifische Regelung, von der hauptsächlich die Montanindustrie profitierte. Sie hatte ihr Ziel erreicht und vertrat nunmehr den Standpunkt, dass die Mitglieder der Deutschen Verbundgesellschaft das Leitungsmonopol ausüben sollten. Selbst Heinrich Kost, der sich vor kurzem noch vehement für die Ruhrsammelschiene eingesetzt hatte, zeigte sich versöhnlich und hielt sich mit einer erneuten

294 Vgl. Stellungnahmen der gewerblichen und industriellen Wirtschaft zur Energierechtsreform, 31.12.1951, in: BBA 20/238.

Kritik in Richtung der öffentlichen Netzbetreiber zurück. Das konfliktbeladene Verhältnis zwischen Bergbau und öffentlicher Stromversorgung hatte sich merklich entspannt. Das wurde deutlich auf der Tagung, welche die DKBL im Oktober 1952 erneut zum Thema „Kohle in der Elektrizitätswirtschaft" veranstaltete. Dass gleich mehrere Vertreter des RWE, unter ihnen auch Heinrich Schöller, von der DKBL die Gelegenheit zugesprochen bekamen, hier zu den aktuellen Fragen öffentlich Stellung zu nehmen, wäre vor wenigen Jahren noch undenkbar gewesen. Nun aber konnten sie die Tagung nutzen, um sich von den Forderungen der städtischen Elektrizitätswerke abzugrenzen. Der Verband Kommunaler Unternehmen stellte nämlich den weiteren Ausbau der Hochspannungsleitungen, der von der Deutschen Verbundgesellschaft geplant wurde, in Frage. Die Stadtwerke warben für eine „verbraucherorientierte Stromerzeugung" und versuchten den Beweis zu erbringen, dass der Kohlentransport mit dem Schienenverkehr günstiger sei als mit Stromleitungen.[295]

Die großen Netzbetreiber konnten nun aber mit der Unterstützung des Ruhrbergbaus rechnen. Kost sprach sich in seinem Schlusswort unmissverständlich für die „rohstofforientierte Stromerzeugung" aus. Er verwies auf das gelungene Abkommen, das die Ruhrindustrie in Form von Branchenverträgen mit den beiden großen Netzbetreibern abgeschlossen hatte. Er stellte noch einmal klar, dass der Bergbau den Strom erzeugen wolle und von den Elektrizitätswerken erwarte, dass sie den Transport und die Verteilung übernähmen.[296] Die Industrie vertrat den Standpunkt, dass das rechtlich anerkannte Liefermonopol gewisse Pflichten implizierte, die von den Netzbetreibern zu erfüllen waren. Die Elektrizitätswerke unterlagen nach der gültigen Rechtslage bislang nur der Versorgungspflicht, das heißt, sie mussten die Stromverbraucher mit elektrischer Energie beliefern, solange dies wirtschaftlich zumutbar war. Eine allgemeine Verpflichtung der Netzbetreiber, ihre Leitungsnetze als Sammelschiene für die industriellen Kraftwerksbetreiber zur Verfügung zu stellen, gab es dagegen nicht. Das schloss freilich nicht aus, dass einzelne Stromanbieter trotzdem mit der Industrie kooperierten, wie die Entwicklungen im Ruhrgebiet verdeutlichen. Die Industrie verwies in ihren Stellungnahmen zur Energieaufsicht auf diese Regelung, die bei Verhandlungen anderer Industriezweige

---

295 Vgl. Marguerre, F: Verbrauchsorientierte Stromerzeugung. Eine Untersuchung über den kapital- und kohlensparenden Verbund von rohstoff- und absatznahen Werken, Köln 1951. Als Gegenstellungnahme des RWE siehe Roser, H.: Transportfragen in der westdeutschen Stromversorgung, in: Die Kohle in der Elektrizität. Vortragsveranstaltung der DKBL, Essen 1952, S. 49–56; Schöller, H.: Möglichkeiten und Grenzen der Zusammenarbeit Kohle – Strom, in: Ebd., S. 57–60.

296 Kost, H.: Zusammenfassung der Ergebnisse und Schlusswort, in: Die Kohle in der Elektrizität. Vortragsveranstaltung der DKBL, Essen 1952. S. 61.

als Vorbild dienen könne.[297] Der Staat solle diese Form der Kooperation fördern und regulierend eingreifen, wenn einzelne Elektrizitätswerke die Gebietsabsprachen nutzten, um konkurrierende Kraftwerksbetreiber zu schwächen.

Die Wirtschaftsverbände hatten Mitte der 1950er Jahre ihre Positionen zur Frage der Neuordnung der Energieaufsicht klar definiert und zum Ausdruck gebracht. Die Aussichten, dass das Wirtschaftsministerium die Vorschläge aufgreifen würde, um etwa die Investitionskontrolle im Sinne der Industrie abzuschaffen, waren allerdings nicht gegeben. Das lag nicht – was auf den ersten Blick vielleicht vermutet werden könnte – primär an den Empfehlungen des Spitzenverbandes der Elektrizitätswerke. Es gab in den 1950er Jahren andere Gründe, die dafür sprachen, die Investitionen vorerst noch genehmigungspflichtig zu lassen. Die Elektrizitätswirtschaft wurde in diesen Jahren massiv durch öffentliche Investitionsmittel gefördert, während der Kapitalmarkt bei der Allokation der Finanzierungsmittel kaum eine Rolle spielte. Schon allein der Umstand, dass aus dem ERP-Sondervermögen umfangreiche Kredite an einzelne Kraftwerksbetreiber vergeben wurden, lässt es äußerst zweifelhaft erscheinen, ob ein Versuch, die Investitionskontrolle zu diesem frühen Zeitpunkt aufzuheben, von den Amerikanern unterstützt worden wäre. Die Ruhrindustrie lieferte zumindest mit seinen Netzplänen eher Argumente, die für eine Aufrechterhaltung der staatlichen Kontrolle sprachen. Beim Investitionshilfegesetz kamen ähnliche Gesichtspunkte zum Tragen, auch wenn die Ruhrsammelschiene ab 1951 nicht mehr zur Debatte stand. Doch die Elektrizitätswirtschaft wurde weiterhin zu einem beträchtlichen Teil mit öffentlichen Mitteln gefördert. Das Energiewirtschaftsgesetz gab den Behörden ein Instrument in die Hand, um die bereitgestellten Geldmittel möglichst in die Bauprojekte zu lenken, die als besonders förderungswürdig eingestuft wurden. Die staatliche Investitionspolitik wurde dabei größtenteils von den Landesregierungen bestimmt, während sich das von Erhard geleitete Wirtschaftsministerium – wenn überhaupt – nur selten einschaltete.

Die Kapitalknappheit und die daraus resultierenden Herausforderungen der frühen 1950er Jahre ließen selbst einige wirtschaftsliberale Ökonomen zu der Überzeugung kommen, dass die Investitionskontrolle vorerst beibehalten werden sollte. So sprach sich Theodor Wessels ausdrücklich dafür aus, dass der Staat die Investitionsvorhaben der Stromanbieter und der industriellen Kraftwerksbetreiber weiterhin unter die Lupe nehmen sollte. Die staatliche Preiskontrolle, wie sie in den Vereinigten Staaten gehandhabt wurde, schätzte er als wenig effektiv ein, denn in der prak-

297 Vgl. Ley, A.: Forderungen der industriellen Eigenanlagen an die Energierechtsreform, in: Energiewirtschaftliche Tagesfragen 1 (1951), S. 55.

tischen Wirtschaft, so seine Bemerkung, werde in der Regel zunächst investiert, bevor die Unternehmen die Preise bildeten, um die Investitionskosten zu erwirtschaften. Der Hinweis auf die Notwendigkeit, die gegebenen Kapazitäten auszunutzen, sei dann meist ein zugkräftiges Argument, um von den Aufsichtsbehörden die gewünschten Preise genehmigt zu bekommen. Die Investitionskontrolle hatte demgegenüber gewisse Vorteile, wenn auch bei dieser Regulierungsform nicht ausgeschlossen werden konnte, dass sich bestimmte Interessengruppen durchsetzen, um die Regulierungsbehörde zu beeinflussen.[298]

Die Einrichtung einer unabhängigen Bundesaufsichtsbehörde, wie sie Erhard im Blick hatte, lehnten die Vertreter der öffentlichen Elektrizitätsversorgung und die Verbände der gewerblichen Wirtschaft einhellig ab. In dieser einen Frage vertraten sie trotz aller Differenzen immer noch den gleichen Standpunkt, auch wenn sie ihre Position unterschiedlich begründeten. Der Sonderausschuss der Elektrizitätswerke brachte verfassungsrechtliche Bedenken hervor, indem er auf Artikel 83 des Grundgesetzes verwies. Darin war festgelegt, dass die Energiewirtschaft – im Unterschied zum Schienenverkehr oder der Telekommunikation – von den Ländern als eigene Angelegenheit geregelt werden sollte.[299] Es war kein Zufall, dass ausgerechnet die Mitglieder der Deutschen Verbundgesellschaft, zu der die Landeselektrizitätswerke gehörten, auf diesen Tatbestand verwiesen. Die öffentlichen Gebietskörperschaften beharrten auf ihrem Mitspracherecht. Sie schlugen deshalb vor, anstatt einer unabhängigen Aufsichtsbehörde einen Beirat mit Sachverständigen beim Bundeswirtschaftsministerium einzurichten, der bei Angelegenheiten hinsichtlich der Preisgestaltung und der Genehmigung von Investitionen angehört werden sollte. Die Mitglieder des Beirates sollten auf Vorschlag der Wirtschaft von der Bundesregierung für die Dauer von fünf Jahren ernannt werden.[300] Der BDI, die VIK und der DIHT lehnten diesen Vorschlag in ihrer Stellungnahme nicht ab. Im Gegenteil, auch sie forderten eine „Beteiligung der Wirtschaft an der Energieaufsicht“. Sie sprachen an dieser Stelle ähnlich wie der Spitzenverband der Elektrizitätswerke von einem „Energiebeirat“, der nicht nur eine beratende Funktion ausüben, sondern auch mit einem „Initiativrecht“ ausgestattet werden sollte, damit er bei der Regulierung Anregungen grundsätzlicher Art geben konnte.[301]

---

298 Wessels: Ordnungsprobleme der Energiewirtschaft, S. 26–27.

299 Vgl. auch Artikel 73 und 74 des Grundgesetzes für die BRD, 23. 5.1949, in: BGBl. 1949, S. 1–19.

300 Vgl. Entwurf eines Gesetzes über die Beaufsichtigung der Energiewirtschaft, 28.12.1950, in: HK RWE 1525.

301 Stellungnahmen der gewerblichen und industriellen Wirtschaft zur Energierechtsreform, 31.12.1951, in: BBA 20/238.

Doch im Hinblick auf die personelle Zusammensetzung des Beirates hatte die gewerbliche Wirtschaft andere Vorstellungen als die Vertreter der öffentlichen Elektrizitätsversorgung. Diese forderten – wie bereits bei der Besetzung des Sonderausschusses der AdEW – für sich eine deutliche Übermacht. Der Vorschlag des Spitzenverbandes der Elektrizitätswerke sah insgesamt 20 Mitglieder für den Beirat vor. Die industriellen Kraftwerksbetreiber sollten nur zwei Vertreter bestimmen können und die Gewerkschaften, die Handwerkskammer, der DIHT und die Bauernverbände jeweils nur einen. Die anderen 14 Sachverständigen sollten von den verschiedenen Gruppen der öffentlichen Elektrizitätsversorgung ernannt werden. Insgesamt acht Stimmen waren für die mittlerweile kaum noch zu überblickende Anzahl kommunaler Wirtschaftsverbände vorgesehen.[302] Es überrascht daher kaum, dass die industriellen Kraftwerksbetreiber, die nahezu 40 Prozent der Stromerzeugung in ihren Händen hielten, einem derartigen Vorschlag ihre Zustimmung verweigerten und den DIHT mühelos von ihrem Standpunkt überzeugen konnten. Die gewerbliche Wirtschaft war sich darin einig, dass die Besetzung des Beirates, wie sie von Seiten der öffentlichen Stromanbieter vorgeschlagen wurde, als „völlig unzureichend" abzulehnen war.[303]

Überblickt man die anhaltende Diskussion über die Energieaufsicht, so ergibt sich für die hier betrachteten 1950er Jahre das Bild einer Baustelle, auf der die Zuständigkeiten der Beteiligten ungeklärt blieben. Der Bundeswirtschaftsminister wusste mit dem Energiebeirat, der von der Wirtschaft favorisiert wurde, wenig anzufangen. Der korporative Ansatz widersprach seinen Vorstellungen hinsichtlich der staatlichen Ordnungspolitik.[304] Erhard wandte sich Mitte 1952 mit einem Schreiben an die Wirtschaftsverbände und setzte sie davon in Kenntnis, dass er die Neuordnung der Energieaufsicht vorerst nicht weiter verfolgen würde. Es sollte erst das Gesetz gegen Wettbewerbsbeschränkungen verabschiedet werden, bevor dieses Thema wieder aufgegriffen wurde. Die Forderung, für die Energiewirtschaft eine „Ausnahmeregelung" zu treffen, lehnte der Wirtschaftsminister keineswegs grundsätzlich ab.[305] Erhard änderte seine Meinung auch im Laufe der nächsten Jahre nicht. Im Mai 1955 nahm er anlässlich der Inbetriebnahme des Braunkohlenkraft-

302 Vgl. Entwurf eines Gesetzes über die Beaufsichtigung der Energiewirtschaft, 28.12.1950, in: HK RWE 1525.

303 Niederschrift über Sitzung betr. Entwurf eines Energieaufsichtsgesetzes, 1.6.1951, in: BBA 32//3459.

304 Erhards ablehnende Haltung gegen die korporative Marktkoordination ist von Christoph Nonn am Beispiel der Ruhrbergbaukrise nochmals bestätigt worden. Nonn, C.: Die Ruhrbergbaukrise. Entindustrialisierung und Politik 1958–1969, Göttingen 2001, S. 51–62.

305 Bundesminister für Wirtschaft an VDEW, AGW, BDI, DIHT, VIK, 13.5.1952, in: BA B 102/35738.

werkes Weisweiler bei Aachen noch einmal ausführlich Stellung zu der Wettbewerbsordnung. Er versicherte den dort versammelten Spitzenvertretern der Energiewirtschaft, dass er nicht im Sinn hätte, die wettbewerbsbeschränkenden Regelungen grundsätzlich zu verbieten. „Ich würde sehr weltfremd sein", so seine Ausführungen, „wenn ich [...] diese strukturellen Gegebenheiten und Bedingungen nicht anzuerkennen bereit wäre". Der freie Wettbewerb stoße nun einmal auf seine Grenzen. Die kapitalintensiven Investitionen setzten eine „Ordnung, eine Vorausschau auf lange Sicht, eine gewisse Sicherheit und Dispositionsmöglichkeit über die Zeit" voraus.[306] Das waren die gleichen Argumente, die von den öffentlichen Stromanbietern immer wieder vorgebracht wurden, um die Notwendigkeit des Liefermonopols zu begründen. Dass der Staat eine wirksame Missbrauchsaufsicht einrichten sollte, stand außer Frage, doch die Verteilung der Kompetenzen blieb weiterhin strittig. Die Kommunalisierung oder gar Verstaatlichung gewährleisteten in seinen Augen keinen hinreichenden Schutz vor der Monopolstellung der Versorgungsbetriebe. Er war davon überzeugt, dass eine unabhängige Aufsichtsbehörde die bessere Lösung darstellte. Doch er unternahm in diesen Jahren keine großen Anstrengungen, um die Energieaufsicht neu zu ordnen, weil nur in „Ausnahmefällen [...] Klagen über einen Missbrauch laut" wurden.[307] Außerdem hatten ihm spätestens die Vorschläge der Wirtschaftsverbände vor Augen geführt, dass die Einrichtung einer neuen Bundesaufsichtsbehörde ohne eine Beteiligung der Wirtschaft in diesen Jahren kaum mehrheitsfähig war.

4.4 Zwischenfazit

Für den Wiederaufbau der westdeutschen Wirtschaft war die Wiederherstellung der sicheren Stromversorgung eine wichtige Voraussetzung. Welche Bedeutung damals den Stromsperren und Liefereinschränkungen zugeschrieben wurde, lassen die umfangreichen Kreditmittel aus dem ERP-Sondervermögen erahnen, die für den Ausbau der Kraftwerkkapazitäten bereitgestellt wurden. Einzelne Wirtschaftshistoriker haben diesen Sachverhalt in den 1980er Jahren aufgegriffen, um am Beispiel der Stromwirtschaft nachzuweisen, dass das Wirtschaftswachstum Westdeutschlands entscheidend von den Wirkungen des Marshallplans abhing. So behaupten Borchardt und Buchheim, dass die ERP-Kredite den Ausbau der Kraftwerkskapazitäten wesentlich beschleunigt und damit zu einem rascheren Wachstum der gesamt-

306 Erhard, L.: Investitionen und Rationalisierung in der Energiewirtschaft in Ausrichtung auf die Verbraucher, in: EW 54 (1955), S. 339–340.
307 Ebd.

wirtschaftlichen Produktion beigetragen hätten. Zwar deuten sie an, dass die Lockerung der Preisbindung eine Alternative zur Lösung der Lieferengpässe gewesen sei, gehen diesem Gedanken dann aber nicht weiter nach.[308] Abelshauser oder auch Milward vertreten demgegenüber den Standpunkt, dass der wirtschaftliche Aufschwung bereits im Herbst 1947 einsetzte und die Wirkung der materiellen Marshallplanhilfe für das Wirtschaftswachstum daher zu relativieren ist.[309] In jüngerer Zeit wird der Marshallplan mehr im Kontext der amerikanischen Stabilisierungspolitik für Westeuropa betrachtet. Mit Hilfe des Marshallplans, so die Argumentation, wurden die Forderungen der Reparationsgläubiger gelöst und günstige Rahmenbedingungen für die wirtschaftliche Zusammenarbeit unter den westeuropäischen Ländern geschaffen, bei der Deutschland seine Rolle als Lieferant von Investitionsgütern wieder einnehmen konnte.[310] Durch die Verlagerung des Forschungsinteresses auf die europäische Ebene ist die These, die Borchardt und Buchheim mit Blick auf die Entwicklung der Elektrizitätswirtschaft formulierten, nicht mehr diskutiert worden. Dabei basiert ihre Argumentation auf Prämissen, die kaum haltbar erscheinen.

Zur Überwindung der Engpässe in der Stromwirtschaft war es zunächst erforderlich wieder einen institutionellen Rahmen zu schaffen, der eine berechenbare und kostendeckende Stromeinspeisung in das westdeutsche Verbundnetz ermöglichte. Es gab Kraftwerkskapazitäten, die nicht genutzt wurden, weil die wirtschaftliche Zusammenarbeit zwischen den öffentlichen Elektrizitätswerken einerseits und mit den industriellen Kraftwerksbetreibern andererseits empfindlich gestört war. Durch den Zusammenbruch der Energieaufsicht, die Aufhebung der Strompreissubventionierung und die gleichzeitige Beibehaltung der Preisbindung gab es kaum einen Anreiz, Strom ins öffentliche Stromnetz einzuspeisen. Hinzu kam die Unsicherheit bezüglich der bestehenden Besitz- und Vertragsverhältnisse, die durch die amerikanische Entflechtungspolitik geschürt wurde. Das betraf vor allem das rheinisch-westfälische Industriegebiet, wo über 50 Prozent der westdeutschen Kraftwerkskapazitäten angesiedelt waren. Die Neuordnung der Montanindustrie verschärfte den seit Mitte der 1920er Jahren schwelenden Konflikt zwischen den öffentlichen Netzbetreibern und dem Ruhrbergbau, der jetzt in Gestalt der DKBL die Einschaltung der Zechenkraftwerke in die öffentliche Stromversorgung forderte. Die Stammfirmen der Zechen, die sich Mitte 1947 der neugegründeten VIK anschlossen, unterstützten das Vorhaben des Bergbaus kaum. Sie wollten die Zechenkraftwerke

308 Borchard/Buchheim: Wirkung der Marshallplan-Hilfe, S. 341.

309 Abelshauser: Hilfe und Selbsthilfe, S. 88–91; Milward: Reconstruction of Western Europe, S. 13, 111.

310 Berger/Ritschel: Rekonstruktion der Arbeitsteilung, S. 475.

weiterhin in Kombination mit der Wärmewirtschaft ihrer Betriebe nutzen. Auch die öffentlichen Stromversorger reagierten zurückweisend auf die Vorschläge der DKBL. Die Notwendigkeit, in die Zechen- und Industriekraftwirtschaft zu investieren, stellten sie keineswegs in Frage. Allerdings forderten sie, dass diese Anlagen in erster Linie für den Eigenbedarf der Unternehmen eingesetzt werden sollten. Elektrizitätswerke wie das RWE oder auch die VEW, die ihre Stromerzeugungsanlagen während des Krieges nur geringfügig hatten ausbauen können und daher überwiegend veraltete Kraftwerke betrieben, erwarteten sogar von der Industrie ein Engagement beim Kraftwerksausbau. Ihre Investitionsplanung basierte auf der Grundannahme, dass die Industriebetriebe mit dem wirtschaftlichen Aufschwung im Herbst 1947 ihre Eigenanlagen sukzessive hochfahren und auch wieder in deren Ausbau investieren würden, denn andernfalls drohte ein überproportional starker Anstieg des Fremdstrombezugs, der die Lieferengpässe im öffentlichen Netzwesen zwangsläufig verschärft hätte. In dieser wechselseitigen Bedingtheit liegt der Schlüssel zum Verständnis der Probleme, die es in der Nachkriegszeit zu lösen galt.

Der Abschluss des Verwaltungsabkommens im Oktober 1947 und wenig später die Einrichtung des Zentrallastverteilers waren die ersten Schritte, die Koordinationsschwierigkeiten zu überwinden. Die ordnungspolitische Entscheidung, die hier getroffen wurde, sollte von zentraler Bedeutung für die weitere Entwicklung der Energieaufsicht sein, denn die Ausübung der Befugnisse des Energiewirtschaftsgesetzes wurde als Ländersache deklariert. Die Wirtschaftsverwaltung unter Ludwig Erhard konnte danach kaum elektrizitätspolitische Maßnahmen durchführen, ohne die Interessen der Länder zu berücksichtigen. Die großen Netzbetreiber riefen Anfang Juni 1948 die Deutsche Verbundgesellschaft wieder ins Leben. Damit war die organisatorische Voraussetzung für den länderübergreifenden Stromaustausch geschaffen. Es wäre naheliegend gewesen, die gebundenen Strompreise im Zuge der Währungs- und Wirtschaftsreform sukzessive – entsprechende der Kostenentwicklung – zu erhöhen, um den Elektrizitätswerken die Möglichkeit zu geben, die für den anstehenden Kraftwerksausbau erforderlichen Finanzmittel zu erwirtschaften. Das hätte bei industriellen Stromerzeugern den Anreiz erhöht, wieder stärker auf die Eigenanlagen zu setzen. Damit wäre die Entwicklung, die 1952 mit Erlass des Investitionshilfegesetzes eintrat und entscheidend zum Ausbau der Kraftwerkskapazitäten beitrug, bereits zu einem deutlich früheren Zeitpunkt eingetreten. In der Forschung ist dieser Zusammenhang übersehen worden, weil man den Industriekraftwerken keine Bedeutung zugemessen hat.[311] Die Entscheidung, die restriktive Preisbindung aufrecht zu erhalten und die Finanzierungslücke mit ERP-

311 Borchardt/Buchheim: Wirkung der Marshallplan-Hilfe, S. 332.

Krediten zu überbrücken, belastete die wirtschaftliche Zusammenarbeit zwischen den öffentlichen Netzbetreibern und den Besitzern industrieller Eigenanlagen und verzögerte den Ausbau der Kraftwerkskapazitäten. Bei der DKBL weckte der Marshallplan sogar die Hoffnung, Gegenwertmittel für den Ausbau der Zechenkraftwerke zu erhalten. Sie preschte mit einem fantastischen Investitionsplan vor, der nicht nur bei den öffentlichen Elektrizitätswerken Widerspruch hervorrufen musste. Am Ende flossen die für die Elektrizitätswirtschaft vorgesehenen ERP-Mittel jedoch in erster Linie an die Mitglieder der Deutschen Verbundgesellschaft. Das RWE erhielt 30 Prozent der Mittel, um beim Goldenbergwerk die während der Kriegswirtschaft konzipierte Hochdruck-Vorschaltanlage zu errichten, die im November 1951 ans Netz ging.

Die restriktive Preispolitik hatte eine bleibende Wirkung auf die Regulierungspolitik in den 1950er Jahren. Da der Kraftwerksausbau im beachtlichen Ausmaß mit öffentlichen Mittel finanziert wurde, war es natürlich naheliegend, die in der NS-Zeit eingeführte Investitionskontrolle entgegen der Forderung der Industrie nicht aufzuheben. Ein derartiges Unterfangen wäre wohl schon am Einspruch der amerikanischen Marshallplanbehörde gescheitert, die an einer strikten Kontrolle bei der Vergabe der ERP-Kredite interessiert war. Der Ruhrbergbau lieferte außerdem mit seinen Netzplänen Argumente für die Beibehaltung der Genehmigungspflicht. Der Konflikt wurde erst Mitte 1950 im Rahmen der Entflechtungsmaßnahmen mit neuen Branchenverträgen für die Stahlindustrie und den Ruhrbergbau beigelegt. Folgenreich für die Regulierung der Stromwirtschaft war die Entscheidung, die Kompetenzen der Energieaufsicht nicht auf eine Bundesbehörde zu übertragen. Das hätte den ordnungspolitischen Erfordernissen der Stromwirtschaft entsprochen, die längst über die Ländergrenzen hinausgewachsen war. Bei der Debatte über die Neuordnung der Energieaufsicht, die im Frühjahr 1949 mit dem Parker-Gutachten wieder angestoßen wurde, ging es genau um dieses Problem. Die amerikanische Militärregierung hatte nicht die Intention, das Liefermonopol der öffentlichen Stromversorger zu zerschlagen, wie fälschlicherweise behauptet worden ist.[312] In Deutschland sahen das die Reformliberalen, die sich schon in den 1930er Jahren mit diesem Problem beschäftigt hatten und nun beim von Erhard geführten Wirtschaftsministerium wirkten, ähnlich. Sie forderten eine unabhängige Aufsichtsbehörde, die ausschließlich einer wettbewerbsorientierten Ordnungspolitik verpflichtet sein sollte. Erhard zeigte bei dieser entscheidenden Frage jedoch nur wenig Handlungsinitiative und überließ es vielmehr den Wirtschaftsverbänden Lösungsvorschläge zu formulieren.

312 Stier: Staat und Strom, S. 496–497.

Dadurch sollte die Reform der Regulierung letztendlich scheitern, denn die Verbände der Energiewirtschaft lehnten eine unabhängige Bundesaufsichtsbehörde entschieden ab.

Schlussbetrachtung

Die vorliegende Untersuchung hat die Wechselwirkung zwischen der öffentlichen Stromversorgung, der Industrie und der staatlichen Elektrizitätspolitik – den drei analytisch gezogenen Dimensionen – aufgezeigt. Es konnten auf den verschiedenen Ebenen Kontinuitätslinien herausgearbeitet werden – für einen Zeitraum, der durch tiefgreifende politische Zäsuren geprägt war. Die Ergebnisse sind hier abschließend in einem größeren Zusammenhang zu diskutieren, insbesondere im Hinblick auf die bleibende Wirkung der Weltwirtschaftskrise, der Rüstungs- und Kriegswirtschaft der NS-Zeit sowie der amerikanischen Politik auf die westdeutsche Stromwirtschaft nach 1945. Die Frage nach den Langzeitwirkungen ist nicht neu. Gröner, Hellige, Faridi und auch Stier haben in ihren Forschungen den Versuch unternommen, die Folgen der Regulierungspolitik für die Marktstruktur und die Machtverhältnisse in der Stromwirtschaft zu bestimmen.[1] Sie richten den Untersuchungsfokus hauptsächlich auf die öffentliche Stromversorgung und das Wirkungsverhältnis zwischen den am Elektrofrieden beteiligten Stromkonzernen, der staatlichen Regulierung und den kommunalen Interessen. Der gesamtwirtschaftliche Kontext wird in diesen Arbeiten allerdings kaum berücksichtigt und wichtige Akteure wie die Unternehmen der Industrie werden zu willens- und machtlosen Statisten stilisiert. Dadurch bedienen sie die populäre Vorstellung, die Regulierungspolitik sei den Interessen der großen Stromversorger gefolgt und die Kontinuität des Wettbewerbsrechts sei nach dem Zusammenbruch des Dritten Reiches auf die Einflussnahme der Stromkonzerne zurückzuführen, die mit diesem Instrument ihre Monopolstellung festigen und ausbauen konnten. Man wird diese Interpretation für den hier untersuchten Zeitraum relativieren müssen. Die These kann schon deshalb nicht überzeugen, weil der Ruhrbergbau in der Nachkriegszeit sein lange angestrebtes Ziel erreichte und sich den Zugang zur öffentlichen Stromversorgung sichern konnte.

Für ein tieferes Verständnis der Zusammenhänge in der Nachkriegszeit, muss die Entwicklung seit der Weltwirtschaftskrise in die Betrachtung einbezogen werden. Die im Zuge des konjunkturellen Aufschwungs ab 1932 durchgeführten Neuinvestitionen im Kraftwerksanlagenbau wurden in erster Linie von der wärmeverbrauchenden Industrie vorgenommen, während die Investitionstätigkeit der öffentlichen Elektrizitätswerke stagnierte und selbst nach der Machtübernahme der Nationalsozialisten vorerst keine Wiederbelebung erfuhr. Die in der Kontroverse über das nati-

1 Gröner: Ordnung der deutschen Elektrizitätswirtschaft, S. 223; Hellige: Entstehungsbedingungen und energietechnische Langzeitwirkungen, S. 138–146; Faridi: Eingriff des Energiewirtschaftsgesetzes, 189–194; Stier B.: Zwischen kodifikatorischer Innovation und materieller Kontinuität, in: Bähr J./Banken R. (Hrsg.): Wirtschaftssteuerung durch Recht im Nationalsozialismus. Studien zur Entwicklung des Rechtsstaats im Interventionsstaat des Dritten Reiches, Frankfurt am Main 2006, S. 299–301.

onalsozialistische „Wirtschaftswunder“ diskutierten keynesianischen Konjunkturprogramme spielten in der Elektrizitätswirtschaft keine nennenswerte Rolle.[2] Der Kraftwerksbau wurde während der Rüstungskonjunktur vor allem von den industriellen Kraftwerksbetreibern vorangetrieben. Die Unternehmen mit wärmeintensiven Produktionsverfahren entschieden sich in der Regel dafür, eigene Kraftwerksanlagen zu errichten, weil sie dadurch Kostenvorteile gegenüber dem Fremdstrombezug erzielen konnten. Demgegenüber blieb das primäre Betätigungsfeld der öffentlichen Stromversorger die Belieferung jener Verbraucher, die keine Eigenanlagen unterhielten. Für die Unternehmen, die ein eigenes Kraftwerk betrieben, stellten sie allenfalls Reserve- und Zusatzstrom bereit und übernahmen in einigen Fällen die Durchleitung von Industriestrom. Hier kam es wiederholt zu Konflikten mit dem Leitungsmonopol der Netzbetreiber, die häufig erst durch ein Einschreiten des Staates gelöst werden konnten. Die 1935 eingeführte Wettbewerbsordnung stellte dafür ein breites Instrumentarium bereit. Im Winter 1937 griff das Reichswirtschaftsministerium erstmals ein, um die Stromversorgung einer rüstungswirtschaftlich wichtigen Produktionsanlage sicherzustellen. In diesem Kontext wurde auch die Subventionierung der Stromeinspeisung eingeführt. Die Entschädigung der Mehrkosten durch den Staat verhinderte, dass sich die Konflikte zwischen öffentlichen Elektrizitätswerken und der Rüstungsindustrie häuften und die Leistungsfähigkeit der Kriegswirtschaft beeinträchtigt wurde. Bei den Problemen, die im Zusammenhang mit dem natürlichen Leitungsmonopol und den Demarkationsgrenzen entstanden, intervenierte der NS-Staat mehrfach. Ein Beispiel hierfür war der Streit um die Ruhrsammelschiene. Sofern öffentliche Leitungsnetze vorhanden waren, untersagte das Regime die Investitionen der Industrie in Leitungsnetze, verlangte gleichzeitig aber von den Netzbetreibern, die Stromdurchleitung für die Rüstungsbetriebe vorzunehmen und dafür notfalls bestehende Demarkationsabkommen aufzulockern.

Der NS-Staat entfaltete eine umfassende Regulierungstätigkeit, gestaltete aktiv die Rahmenbedingungen, setzte aber gleichzeitig auch auf die Wirkung finanzieller Anreize wie die erwähnte Entschädigung, um die Unternehmen in die gewünschte Richtung zu lenken. Für die Stromwirtschaft gilt die Feststellung der unternehmerhistorischen Forschung, dass das nationalsozialistische Regime die privatrechtlichen Strukturen respektierte und autonome Entscheidungen zuließ, solange die Unternehmen die politischen Vorgaben einhielten.[3] Ein gutes Beispiel dafür sind die Konzessionsverträge, die das wirtschaftliche Verhältnis der Stromversorger mit den Städten und Gemeinden regelten. Bei der Vergabe der Konzessionen spielten die Gemeindeverwaltungen weiterhin eine Rolle. Sie behielten grundsätzlich die Mög-

2 Für einen gelungenen Forschungsüberblick über diese Kontroverse siehe Spoerer: Demontage eines Mythos, S. 415–438.

3 Zusammenfassend dazu vgl. insbesondere Plumpe: Unternehmen im Nationalsozialismus, S. 251–266.

lichkeit, das Lieferrecht dem Regiebetrieb zu übertragen. Die kommunale Selbstverwaltung wurde aus der Stromwirtschaft nicht verbannt, allerdings galten für die Kommunalbetriebe fortan die zentralstaatlich vorgegebenen Rahmenbedingungen, so etwa die neuen Tarifformen und Lieferbedingungen sowie Regelungen für Konzessionsabgaben, die der Reichskommissar für Preisbildung vorantrieb und die später in der Nachkriegszeit weiterhin gültig waren. Das schränkte die Handlungsmöglichkeiten der Stromversorger gegenüber den Städten und Gemeinden deutlich ein. Sie konnten beim Aushandeln der Konzessionsrechte nicht mehr zusätzliche Abgaben anbieten, wie es in der Weimarer Zeit gängige Praxis gewesen war. Die breite Masse der Kleinabnehmer, die Strom aus dem Niederspannungsnetz bezogen, wurde durch diese Maßnahmen entlastet. Die dadurch erzielte Preissenkung war jedoch zu gering, um den Lebensstandard der Bevölkerung signifikant zu heben. Man kann bezogen auf die nationalsozialistische Diktatur daher kaum von einem Wirtschaftswunder sprechen, das den Stromkonsum durch den massenhaften Kauf von Elektrogeräten belebte und dadurch die Privathaushalte elektrifizierte. Diese Entwicklung trat erst später in den 1950er Jahren ein.[4] In der NS-Zeit war die notwendige Kaufkraft bei den Tarifkunden dafür nicht vorhanden. Im Umkehrschluss bedeutete das für einen Großteil der öffentlichen Stromanbieter, dass die Konsumnachfrage auf für sie bedeutenden Absatzmärkten bis Ende der 1940er Jahre stagnierte.

In der Kriegszeit lenkte der NS-Staat die Investitionen verstärkt in Bauvorhaben, die für die Stromversorgung der Rüstungs- und Kriegswirtschaft relevant waren. Der unternehmerische Handlungsspielraum wurde dadurch weiter verengt. Es gab unter den Unternehmen ein reges Interesse, neue Kraftwerksanlagen errichten zu lassen, doch die beantragten Bauprojekte erhielten nur noch eine Genehmigung, wenn sie kriegswirtschaftliche Relevanz besaßen. Die Entscheidung, welche Bauvorhaben zu bevorzugen waren, traf ab 1942 die von Vertretern der Rüstungsindustrie besetzte Speersche Energieplanung nach den politischen Vorgaben des Regimes. Vorrang erhielten die dezentralen Dampfkraftwerke in der Nähe der Rüstungsbetriebe. Diese erforderten im Vergleich zu den zahlreichen Wasserkraftprojekten, die für die annektierten Gebieten wie Österreich und Norwegen großzügig entworfen wurden, einen geringeren Einsatz an Arbeitskräften und Baumaterialien und konnten zudem ohne einen zusätzlichen Ausbau der Fernleitungen eingesetzt werden. Die kommu-

4 Vgl. König: Geschichte der Konsumgesellschaft, S. 234–236; Heßler: Einführung elektrischer Haushaltsgeräte, S. 307–308; Teuteberg, H.-J.: Die Rationalisierung der Küche am Beispiel des Elektroherdes, in: Gerhard, H.-J. (Hrsg.): Struktur und Dimensionen, Bd. 2, Stuttgart 1997, S. 470–472; Schröter, H.: Konsumpolitik und Soziale Marktwirtschaft. Die Koexistenz liberalisierter und regulierter Verbrauchermärkte in der Bundesrepublik der 1950er Jahre, in: Berghoff, H. (Hrsg.): Konsumpolitik. Die Regulierung des privaten Verbrauchs im 20. Jahrhundert, Göttingen 1999, S. 113–133.

nalen Stadtwerke, die hauptsächlich Haushalte und gewerbliche Kleinkonsumenten im Tarifabnehmerbereich belieferten, bekamen in diesen Jahren praktisch keine Genehmigung für den Bau neuer Kraftwerke. Selbst ein leistungsstarker Stromkonzern wie das RWE sah sich während des Krieges mit dieser Investitionsbeschränkung konfrontiert und musste seine Bauprojekte im rheinischen Braunkohlengebiet zurückstellen. In diesem Fall kamen nicht allein wehrpolitische Gesichtspunkte zum Tragen, sondern auch der Umstand, dass die Kraftwerksbetreiber der Montanindustrie an ihren eigenen Investitionsvorhaben festhielten. Die öffentlichen Elektrizitätswerke konnten den Strom langfristig nicht zu so attraktiven Preiskonditionen anbieten, dass die Unternehmen der Ruhrindustrie freiwillig auf ihre Eigenanlagen verzichtet hätten. Das hinderte sie nicht daran, ihre Betriebe an das öffentliche Netz anzuschließen, um die Sicherheit der Stromversorgung zu erhöhen. Die regionale Vernetzung zwischen Rüstungsbetrieben und öffentlichen Netzbetreibern wurde gezielt vorangetrieben, so dass es praktisch kein isoliertes Kraftwerk mehr gab. Diese Umschichtung der Investitionstätigkeit auf die rüstungsrelevante Industrie stärkte die dezentrale Struktur im Bereich der Stromerzeugung und hinterließ eine bleibende Wirkung auf die westdeutsche Stromwirtschaft der Nachkriegszeit. Die Industrie besaß nach 1945 vielfach Kraftwerkskapazitäten, die im Zuge der Ankurbelung der Produktion wieder hochgefahren werden konnten, so dass sich die Anforderung an die öffentliche Infrastruktur der Elektrizitätsversorgung in Grenzen hielt. Die wirtschaftliche Zusammenarbeit gestaltete sich in den ersten Jahren des Wiederaufbaus jedoch schwierig, weil der hierfür notwendige institutionelle Rahmen erst rekonstruiert werden musste.

Ausgehend von der wechselseitigen Bedingtheit der öffentlichen Stromversorgung und der industriellen Kraftwirtschaft ergibt sich auch eine erweiterte Perspektive für die historische Betrachtung der amerikanischen Politik und ihrer Bedeutung für den Wiederaufbau der westdeutschen Stromwirtschaft. Diese umfasste neben dem Marshallplan die Entflechtungs- und Kartellpolitik. Die Feststellung der neueren Forschung zum Marshallplan, dass es erst mit amerikanischer Hilfe gelungen sei, die deutsche Wirtschaft von den Reparationsforderungen zu entlasten und stabile handelspolitischen Beziehungen mit den westeuropäischen Ländern wiederherzustellen, trifft auch auf die Stromwirtschaft zu.[5] Frankreich verzichtete auf die verdeckte Reparationsleistung in Form von Stromlieferungen, so dass Westdeutschland seit 1949 erneut seine Rolle als Stromimportland einnehmen konnte. Gleichwohl gilt es festzustellen, dass der Stromhandel unter den europäischen Ländern quantitativ kaum ins Gewicht fiel. Die Stromeinspeisung der industriellen Kraftwerksbetreiber in das westdeutsche Verbundnetz hatte im Vergleich dazu eine wesentlich größere Bedeutung. Hier wirkte die amerikanische Politik widersprüch-

5 Berger/Ritschl: Rekonstruktion der Arbeitsteilung, S.483–488; Abelshauser: Hilfe und Selbsthilfe, S. 109–113.

lich und beeinträchtigte über mehrere Jahre die Rekonstruktion der wirtschaftlichen Zusammenarbeit unter den Marktakteuren. Der Marshallplan verzögerte die Freigabe des Strompreises für industrielle Sonderabnehmer, wodurch die Finanzierungsschwierigkeiten der öffentlichen Elektrizitätswerke verstärkt wurden, zumal der geltende Strompreis, der bis 1945 vom NS-Staat subventioniert worden war, deutlich unter dem Kostenniveau lag. Insgesamt lähmte die restriktive Strompreispolitik, die bis 1952 beibehalten wurde, die Bereitschaft der Kraftwerksbetreiber, brachliegende Kapazitäten ans Netz zu bringen. Durch die eingeleiteten Entflechtungsmaßnahmen mussten die Unternehmen außerdem ihre Vertragsverhältnisse neu ordnen. Das galt insbesondere für die Konzerne der Montan- und Chemieindustrie. Die Verhandlungen zogen sich bis Anfang der 1950er Jahre hin und begünstigten paradoxerweise die langfristige Einschaltung des Steinkohlenbergbaus in die westdeutsche Stromversorgung. In der Vergangenheit waren die Zechenkraftwerke hauptsächlich im energiewirtschaftlichen Verbund mit den Stammfirmen der Eisen- und Stahlindustrie sowie der Chemieindustrie ausgebaut worden. Sie hatten die Kraftwerkspläne des RWKS kaum aktiv unterstützt. Das Kohlensyndikat hatte zwar 1937 mit der Gründung der StEAG einen regionalen Zugang zum westfälischen Strommarkt errungen, doch den endgültigen Durchbruch erreichte der Ruhrbergbau erst in der Nachkriegszeit im Rahmen der amerikanischen Entflechtungsmaßnahmen und dem 1951 erlassenen Investitionshilfegesetz, das im Kraftanlagenbau einen regelrechten Investitionsboom auslöste.

Die Regulierung der Stromwirtschaft basierte in diesen Jahren weiterhin auf der Grundlage der Wettbewerbsordnung, die sich in der NS-Zeit etabliert hatte. Die Investitionskontrolle war aufgrund der herrschenden Kapitalknappheit für die Marshallplanbehörde und die deutschen Stellen ein praktisches Instrument, um den Einsatz der öffentlichen Investitionsmittel zu steuern. Das ist jedoch nicht die Erklärung für die Kontinuität des ordnungspolitischen Rahmens. Diese ist in der Entwicklung seit der Weltwirtschaftskrise zu sehen. Die 1935 geschaffene Wettbewerbsordnung für die leitungsgebundene Energiewirtschaft war der Versuch, die ordnungspolitischen Probleme im Zusammenhang mit dem natürlichen Leitungsmonopol und den Gebietsabsprachen, die damals in den Krisenjahren besonders stark hervorgetreten waren, in den Griff zu bekommen, ohne die privatrechtliche Struktur grundsätzlich aufzuheben. Die frühen Vordenker der Sozialen Marktwirtschaft, die sich schon in den 1930er Jahren mit dieser Frage beschäftigten, hielten das neue Energiewirtschaftsrecht durchaus für geeignet, um die Ordnung des Wettbewerbs in der Stromwirtschaft sicherzustellen. Nach dem ordoliberalen Verständnis bedurfte es dafür eines starken Staates, der sich der wettbewerbsorientierten Ordnungspolitik verpflichtet sah und auf der Grundlage der Wettbewerbsordnung Maßnahmen gegen Marktakteure ergriff, die sich gegen die Marktentwicklung stellten.[6] In der Praxis wurde dieses Konzept der gebundenen Konkurrenz in einigen Fällen erfolgreich umgesetzt, etwa bei der Reform des Tarifwesens 1938 und der Auflockerung der Gebietsabsprachen für die Stromdurchleitung im Ruhrgebiet. Insgesamt aber nutzte der NS-Staat das Regulierungsinstrumentarium in erster Linie, um die Stromwirtschaft nach seinen rüstungs- und kriegswirtschaftlichen Zielen zu lenken. Das Regelwerk blieb jedoch bestehen und musste nach dem Zusammenbruch des Regimes nicht vollständig neugestaltet werden. In der Kartelldebatte nach 1945 verwiesen insbesondere die reformliberalen Ökonomen auf das bestehende Wettbewerbsrecht, mit dem die Stromwirtschaft als Ausnahmebereich des Gesetzes gegen Wettbewerbsbeschränkung reguliert werden konnte. Sie forderten die Kontrolle nach dem Missbrauchsprinzip, anstatt die Leitungsmonopole aufzulösen und die Gebietsabsprachen grundsätzlich zu verbieten.[7]

In einem entscheidenden Punkt blieb die Wettbewerbsordnung allerdings unvollständig. Die Zuständigkeiten für die Energieaufsicht wurden nicht klar definiert und größtenteils den Ländern zugewiesen, ohne deren Zustimmung das Wirtschaftsministerium unter Ludwig Erhard keine elektrizitätspolitische Maßnahme vornehmen konnte. Für die frühen Protagonisten der Sozialen Marktwirtschaft musste diese Situation anachronistisch erscheinen. Nach 1945 plädierten sie dafür, die Wettbewerbsaufsicht einer Bundesbehörde zu übertragen, die die Stromwirtschaft politisch unabhängig auf der Grundlage des existierenden Wettbewerbsrechts kontrollieren sollte.[8] Ähnlich äußerte auch die amerikanische Besatzungsmacht 1949 in dem Parker-Gutachten Kritik an der bestehenden Energieaufsicht, die ihrer Einschätzung nach keine angemessene Kontrolle gewährleistete. Sie forderte die deutsche Seite zu einer Reform der Aufsichtsstrukturen auf. Die daraufhin einsetzende Debatte über die Neuordnung der Energieaufsicht blieb jedoch ohne Konsequenzen. Die im Raum stehende Forderung nach dem unabhängigen Kartellamt, das nach Ansicht seiner Befürworter als Platzhalter des Wettbewerbs fungieren sollte, scheiterte am Widerstand der Verbände der Energiewirtschaft. Darin kam nicht allein der wiedererstarkte Föderalismus in der Elektrizitätswirtschaft zum Ausdruck, der seine Interessen über die Landeselektrizitätswerke in den Spitzenverbänden zu verteidigen wusste. Deutlich abweisender noch reagierten die kommunalen Wirtschaftsverbände, die das reformliberale Konzept ablehnten, da es mit der von ihnen bevorzugten Kommunalisierung nur bedingt vereinbar war. Doch selbst die gewerbliche Wirtschaft konnte den liberalen Reformvorschlägen wenig abgewinnen. Die industriellen Kraftwerksbetreiber forderten eine stärkere Beteili-

6 Zu der Entstehungsgeschichte des neuen Wirtschaftsliberalismus in Deutschland vgl. Amemiya: Liberalismus und Faschismus, S. 176–181.

7 Miksch: Wettbewerb als Aufgabe, S. 211; Wessels: Ordnungsprobleme der Energiewirtschaft, S. 21–30.

8 Eucken: Wirtschaftspolitik, S. 292–295.

gung an der Regulierung und verwiesen dabei auf die nordrhein-westfälische Stromwirtschaft. Das war kein Zufall, denn hier war der langjährige Streit um die Ruhrsammelschiene inzwischen geregelt und damit auch die industrielle Stromeinspeisung in das öffentliche Verbundnetz. Die Verbände der deutschen Energiewirtschaft, so kann man zusammenfassend feststellen, fanden in der Ablehnung der Wettbewerbsaufsicht reformliberalen Zuschnitts einen gemeinsamen Nenner, ungeachtet ihrer zum Teil sehr unterschiedlichen Interessen.

Damit verlief die Entwicklung in Westdeutschland anders als in Frankreich und England, wo die Regulierung der Stromwirtschaft in der Nachkriegszeit durch die Verstaatlichung einen neuen Weg einschlug. In den Vereinigten Staaten blieb die Preisaufsicht das zentrale Instrument der staatlichen Energieaufsicht.[9] Der internationale Vergleich hebt nochmals die dezentrale Struktur der westdeutschen Stromwirtschaft hervor. Die Marktkonzentration zu Lasten der industriellen Kraftwerksbetreiber war in den anderen Ländern deutlich weiter fortgeschritten. Demgegenüber war die westdeutsche Industrie auch zehn Jahren nach 1948 immer noch mit 36,1 Prozent an der installierten Kraftwerkskapazität beteiligt. Zudem stieg die industrielle Stromeinspeisung nach der Entflechtung der montanindustriellen Stromwirtschaft bis Anfang der 1960er Jahre auf 20 Prozent der Stromabgabe der öffentlichen Netzbetreiber an. Das ist ein klarer Beleg für die begrenzte Wettbewerbsfähigkeit der öffentlichen Kraftwerke, die sich nicht nur im Konkurrenzverhältnis zu den Eigenanlagen der Montan- und Chemieindustrie zeigte. Die Situation scheint auch für andere wärmeverbrauchende Industrien zuzutreffen, die in dieser Arbeit aufgrund des dafür erforderlichen Rechercheaufwandes nicht im Detail untersucht werden konnten. Die Textilindustrie dürfte für künftige Studien besonders aufschlussreich sein. Es ist bemerkenswert, wie die Textilbetriebe in der Nachkriegszeit weiterhin in die Kraft-Wärme-Kopplung investierten und bis 1958 konstant 39 Prozent ihres Strombedarfs mit Eigenanlagen deckten.[10] Die Entwicklung war auch Ausdruck der spezifischen Bedingungen, die noch aus der NS-Zeit nachwirkten. Die öffentlichen Kraftwerke waren im Unterschied zu den Eigenanlagen der Rüstungsindustrie nur in wenigen Fällen mit der neuen Hochdrucktechnologie ausgerüstet und konnten den Strom daher nicht zu wettbewerbsfähigen Preisen anbieten. Erst in den frühen 1950er Jahren wurden sie technisch modernisiert von der deutschen Kraftwerkbau- und Zulieferindustrie, die in den 1930er Jahren ihre Erfahrung mit dem Bau moderner Hochdruckkraftwerke für die Rüstungsindustrie gesammelt hatte. Ein aufschlussreiches Beispiel hierfür ist die Hochdruck-Vorschaltanlage beim

9 Chick, M.: Electricity and Energy Policy in Britain, France and the United States since 1945, Cheltenham 2009, S. 1–6, 84–109.

10 Vgl. Strothmann: Energieverbrauch in der westdeutschen Textilindustrie, S. 10–11, 183–186, 208.

Goldenbergwerk des RWE, die Anfang 1950 mit Mitteln des Marshallplans errichtet wurde.

Abschließend sei noch ein kurzer Ausblick auf die Entwicklung gegeben, die nach dem „Ende der Nachkriegszeit“ in den frühen 1960er Jahren einsetzte.[11] Die Wende auf dem Energiemarkt, eingeläutet durch die Bergbaukrise 1958, und die wirtschaftspolitische Entscheidung, die Kohlenabsatzkrise mit den Verstromungsgesetzen abzufedern, hatten weitreichende Folgen für die Stromwirtschaft. Die Konsequenzen sind an anderer Stellte ausführlich geschildert worden und brauchen hier nicht diskutiert werden.[12] Es soll stattdessen ein Prozess hervorgehoben werden, der parallel zu der Krise des Bergbaus verlief. Im Unterschied zum Steinkohlenbergbau zogen sich Unternehmen anderer Industriezweige in den 1960er Jahren zunehmend aus der Stromerzeugung zurück und erhöhten den Strombezug von den öffentlichen Stromanbietern. Die spannende Frage, die sich an dieser Stelle stellt, ist, welche Faktoren für diese Entwicklung ausschlaggebend waren. In der Forschungsliteratur wird gerne auf die Monopolstellung der Stromversorger verwiesen.[13] Die dabei angeführten Argumente sind nicht einfach von der Hand zu weisen. Es spricht vieles dafür, dass die Stromanbieter nach der Aufholphase in den 1950er Jahren und der technischen Modernisierung ihrer Kraftwerke wieder verstärkt auf die Strategie der Preisdifferenzierung setzten, um die industriellen Stromerzeuger mit gezielten Preisnachlässen zu verdrängen. Diese Methode war äußerst wirksam, um das Investitionsinteresse der Eigenanlagenbetreiber zu lähmen. Doch andererseits kann man den Rückgang der Industrie aus der Stromerzeugung nicht auf diesen monokausalen Zusammenhang reduzieren. Für eine überzeugende Erklärung müssen weitere Einflussfaktoren in Betracht gezogen werden, die mit dem diskutierten Monopolproblem wenig zu tun hatten. Diese Faktoren können hier nur angedeutet werden, ohne dass sie näher analysiert wurden. Der Wandel der westdeutschen Industriestruktur und die Einführung neuer Produktionsverfahren mit ihren Auswirkungen auf den Energiekonsum der Betriebe dürfte eine zentrale Rolle gespielt haben. Diese Entwicklung könnte am Beispiel der Textilindustrie und der Stahlindustrie, die beide in den 1970er Jahren einen Schrumpfungsprozess durchlebten, näher untersucht werden.

11 Abelshauser: Deutsche Wirtschaftsgeschichte seit 1945, S. 288.

12 Döring, P.: Von der Konfrontation zur Kooperation, in: Ders./Horstmann, T. (Hrsg): Revier unter Strom, Essen 2010, S. 66–71; Abelshauser: Ruhrbergbau seit 1945, S. 87–148.

13 Faridi: Eingriff des Energiewirtschaftsgesetzes, S. 193–194.

Archive und Quellenbestände

Bayer-Archiv Leverkusen (BAL)

Bestände:

013 Ausschüsse und Kommissionen
053 Technik
056 Technik
059 Ingenieurverwaltung
271 Personalia
329 Direktionsabteilung

Bergbau-Archiv (BBA)

Bestände:

12 DKBL
16 Bergbau-Verein
20 Fried. Krupp Bergwerke
32 Hibernia
33 RWKS
55 GBAG

Bundesarchiv (BA)

Bestände:

B 102 Bundesministerium für Wirtschaft
N 1013 Nachlass Paul Silberberg
R 26 Vierjahresplanbehörde
R 43 Reichskanzlei
R 2301 Rechnungshof des Dt. Reiches
R 3101 Reichswirtschaftsministerium
R 3112 Reichsamt für Wirtschaftsausbau
R 4604 GIWE
Z 4 Länderrat
Z 8 Verwaltung für Wirtschaft

Historisches Konzernarchiv RWE (HK RWE)

Bestände:

RWE
VEW
DVG

Landesarchiv Berlin (LA Berlin)

Bestand:

Rep. 142 Deutscher Gemeindetag

Landesarchiv NRW Abteilung Düsseldorf (LA Düsseldorf)

Bestände:

RW 12 Städte- und Gemeindebund
RW 050-053 Rheinische Gemeindverbände

Rheinisch-Westfälisches Wirtschaftsarchiv (RWWA)
Bestände:

130-40010146	VIK
130-400101327	StEAG

Stadtarchiv Dortmund (StA Dortmund)
Bestand:

120 Zg 42	Kämmerei

Stadtarchiv Essen (StA Essen)
Bestände:

Rep. 102	Stadtverwaltung Essen
1048	Oberstadtdirektor

ThyssenKrupp Archiv (TKA)
Bestände:

A Gewerkschaft Deutscher Kaiser
FWH Friedrich Wilhelms Hütte
NROE Nachlass Wilhelm Roelen
TLi Gewerkschaft Deutscher Kaiser
TNO Hüttenwerk Oberhausen
VSt Vereinigte Stahlwerke

Westfälisches Wirtschaftsarchiv (WWA)
Bestand:

K1IHK Dortmund

Literaturverzeichnis

Abelshauser, Werner: Von der Industriellen Revolution zur Neuen Wirtschaft. Der Paradigmenwechsel im wirtschaftlichen Weltbild der Gegenwart, in: Osterhammel, Jürgen u.a. (Hrsg.): Wege der Gesellschaftsgeschichte, Göttingen 2006, S. 201–218.

Abelshauser, Werner: Deutsche Wirtschaftsgeschichte seit 1945, München 2004.

Abelshauser, Werner: Die BASF seit der Neugründung von 1952, in: Ders. (Hrsg.): Die BASF. Eine Unternehmensgeschichte, München 2002, S. 359–643.

Abelshauser, Werner: Modernisierung oder institutionelle Revolution. Koordinaten einer Ortsbestimmung des „Dritten Reichs" in der deutschen Wirtschaftsgeschichte des 20. Jahrhunderts, in: Ders. u.a. (Hrsg): Wirtschaftsordnung, Staat und Unternehmen. Neue Forschungen zur Wirtschaftsgeschichte des Nationalsozialismus, Essen 2003, S. 17–39.

Abelshauser, Werner: Rüstungsschmiede der Nation? Der Kruppkonzern im Dritten Reich und in der Nachkriegszeit, in: Gall, Lothar (Hrsg.): Krupp im 20. Jahrhundert. Die Geschichte des Unternehmens vom Ersten Weltkrieg bis zur Gründung der Stiftung, Berlin 2002, S. 267–472.

Abelshauser, Werner: Markt und Staat. Deutsche Wirtschaftspolitik im langen 20. Jahrhundert, in: Spree, Reinhard (Hrsg.): Geschichte der deutschen Wirtschaft im 20. Jahrhundert, München 2001, S. 117–140.

Abelshauser, Werner: Kriegswirtschaft und Wirtschaftswunder, in: Vierteljahrshefte für Zeitgeschichte 47 (1999), S. 503–538.

Abelshauser, Werner: Wirtschaftliche Wechsellagen, Wirtschaftsordnung und Staat. Die deutschen Erfahrungen, in: Grimm, Dieter (Hrsg.): Staatsaufgaben, Baden-Baden 1994, S. 199–232.

Abelshauser, Werner: Hilfe und Selbsthilfe. Zur Funktion des Marshallplanes beim westdeutschen Wiederaufbau, in: Vierteljahrshefte für Zeitgeschichte 37 (1989), S. 85–113.

Abelshauser, Werner: Der Ruhrkohlenbergbau seit 1945. Wiederaufbau, Krise, Anpassung, München 1984.

Abelshauser, Werner: Ansätze „korporativer Marktwirtschaft" in der Korea-Krise der frühen fünfziger Jahre, in: Vierteljahrshefte für Zeitgeschichte 30 (1982), S. 715–756.

Adamsen, Heiner A.: Investitionshilfe für die Ruhr. Wiederaufbau, Verbände und Soziale Marktwirtschaft 1948–1952, Wuppertal 1981.

Ahlen, Franz: Kommunen und Elektrizitätswirtschaft, in: Das kommunale Elektrizitätswerk 1 (1929), S. 131–135.

Allen, Robert C.: The British Industrial Revolution in Global Perspective, Cambridge 2009.

Ambrosius, Gerold: Die öffentliche Wirtschaft in der Weimarer Republik. Kommunale Versorgungsunternehmen als Instrumente der Wirtschaftspolitik, Baden-Baden 1984.

Ambrosius, Gerold: Public Private Partnership und Gemischtwirtschaftlichkeit. Neue Formen öffentlich-privater Kooperation in historischer Perspektive, in: Frese, Matthias/Zeppenfeld, Burkhard (Hrsg.); Kommunen und Unternehmen im 20. Jahrhundert. Wechselwirkungen zwischen öffentlicher und privater Wirtschaft, Essen 2000, S. 199–214.

Ambrosius, Gerold: Staat und Wirtschaftsordnung. Eine Einführung in Theorie und Geschichte, Stuttgart 2001.

Ambrosius, Gerold: Was war eigentlich „nationalsozialistisch" an den Regulierungsansätzen der dreißiger Jahre? in: Abelshauser, Werner u.a. (Hrsg.): Wirtschaftsordnung, Staat und Unternehmen. Neue Forschungen zur Wirtschaftsgeschichte des Nationalsozialismus, Essen 2003, S. 41–60.

Amemiya, Akihiko: Neuer Liberalismus und Faschismus. Liberaler Interventionismus und die Ordnung des Wettbewerbs, in: Jahrbuch für Wirtschaftsgeschichte 2008/2, S. 173–195.

Arrow, Kenneth J.: The Economics of Agency, in: Pratt, John W./Zeckhauser, Richard J.: Prinipals and Agents. The Structure of Business, Boston 1985, S. 37–51.

Asriel, Camillo J.: Das Rheinisch-Westfälische Elektrizitätswerk AG. Ein Beitrag zur Erforschung der modernen Elektrizitätswirtschaft, Zürich 1930.

Bähr, Johannes: „Recht der staatlich organisierten Wirtschaft". Ordnungsvorstellungen und Wandel der deutschen Wirtschaftsrechtslehre im „Dritten Reich", in: Ders./Banken, Ralf: Wirtschaftssteuerung durch Recht im Dritten Reich. Studien zur Entwicklung des Rechtsstaats im Interventionsstaat des Dritten Reiches Frankfurt am Main2006, S. 445–468.

Bähr, Johannes/Banken, Ralf: Wirtschaftssteuerung durch Recht im Dritten Reich, in: Dies. (Hrsg.): Wirtschaftssteuerung durch Recht im Nationalsozialismus. Studien zur Entwicklung des Rechtsstaats im Interventionsstaat des Dritten Reiches, Frankfurt am Main 2006, S. 3–32.

Barkai, Avraham: Das Wirtschaftssystem des Nationalsozialismus. Ideologie, Theorie, Politik 1933–1945, Frankfurt am Main 1988.

Baum, Fritz/Lent, Heinrich: Die Koksofengasversorgung von den Zechen des rheinisch-westfälischen Bergbaues unter besonderer Berücksichtigung der Energieversorgung der Großindustrie, in: Gesamtbericht Weltkraftkonferenz Teiltagung, Bd. 3: Gas, feste und flüssige Brennstoffe, Stockholm 1933, S. 82–98.

Baumgart, Egon R.: Investitionen und ERP-Finanzierung, (= DIW Sonderheft 56.) Berlin 1961.

Beckerath, Herbert von: Der Moderne Industrialismus, Jena 1930.

Bergbau-Verein: Statistisches Heft. Produktions- und wirtschaftliche Angaben aus der Montanindustrie, Essen 1939.

Bergbau-Verein: Die Ruhrkohle in der deutschen Elektrizitätswirtschaft, Essen 1941.

Berger, Helge/Ritschl, Albrecht: Die Rekonstruktion der Arbeitsteilung in Europa, in: Vierteljahrshefte für Zeitgeschichte 43 (1995), 473–519.

Berghahn, Volker: Unternehmer und Politik in der Bundesrepublik, Frankfurt am Main 1985.

Boberach, Heinz (Hrsg.): Meldungen aus dem Reich 138–1945. Die geheimen Lageberichte des Sicherheitsdienstes der SS, 17 Bde, Herrsching 1984.

Birkenfeld, Wolfgang: Der synthetische Treibstoff 1933–1945. Ein Beitrag zur nationalsozialistischen Wirtschafts– und Rüstungspolitik, Göttingen 1964.

Biermann, Siegfried: Die Investitionen der öffentlichen Elektrizitätsversorgung im Bundesgebiet und ihre Finanzierung seit 1948, Frankfurt am Main 1959.

Blotevogel, Hans Heinrich (Hrsg.): Kommunale Leistungsverwaltung vom Vormärz bis zur Weimarer Republik, Köln 1991.

Boelcke, Willi A.: Deutschlands Rüstung im Zweiten Weltkrieg. Hitlers Konferenzen mit Albert Speer 1942–1945, Frankfurt am Main 1969.

Böhret, Carl: Aktionen gegen die „kalte Sozialisierung! 1926–1930. Ein Beitrag zum Wirken ökonomischer Einflussverbände in der Weimarer Republik, Berlin 1966.

Böhm, Franz: Die Ordnung der Wirtschaft als geschichtliche Aufgabe und rechtsschöpferische Leistung, Berlin 1937.

Böhm, Franz/Eucken, Walter/Großmann-Doerth, Hans: Unsere Aufgabe, in: Böhm, Franz: Die Ordnung der Wirtschaft als geschichtliche Aufgabe und rechtsschöpferische Leistung, Berlin 1937, S. VII–XXI.

Böhme, Helmut/Schott, Dieter (Hrsg.) Wege regionaler Elektrifizierung in der Rhein-Main-Neckar-Region. Geschichte und Gegenwart, Darmstadt 1993.

Bohn, Robert: Reichskommissariat Norwegen. Nationalsozialistische Neuordnung und Kriegswirtschaft, München 2000.

Bohn, Thomas/Marshall, Hans-Peter: Die technische Entwicklung der Stromversorgung, in: Fischer, Wolfram (Hrsg.). Die Geschichte der Stromversorgung, Frankfurt am Main 1992, S. 38–120.

Bohnoff, H.: Stand und Entwicklung der elektrischen Kraftübertragung in der Zechenkraftwirtschaft des Ruhrbergbaus, in: Glückauf 69 (1933), S. 77–82.
Boll, Georg: Geschichte des Verbundbetriebes. Entstehung und Entwicklung des Verbundbetriebes in der deutschen Elektrizitätswirtschaft bis zum europäischen Verbund, Frankfurt am Main 1969.
Borchardt, Knut/Buchheim, Christoph: Die Wirkung der Marshallplan-Hilfe in Schlüsselbranchen der Deutschen Wirtschaft, in: Vierteljahrshefte für Zeitgeschichte 35 (1987), S. 317–347.
Bremer, Georg: Energieaufsicht und Energieverwaltung in den USA, Mülheim-Ruhr 1950.
Braun, Hans-Joachim: Die Weltenergiekonferenzen als Beispiel internationaler Kooperation, in: ICHTC (Hrsg.): Energie in der Geschichte, Düsseldorf 1984, S. 10–16.
Bracht, Franz: Entwicklung der Elektrizitätswirtschaft, in: Zeitschrift für Kommunalwirtschaft 18 (1928), Sp. 1761–1768.
Breitfeld, Artur: Zur Neuregelung der Konzessionsabgaben der Versorgungsunternehmen, in: Elektrizitätswirtschaft 40 (1941), S. 204–207, 220–224.
Brown, Frederick (Hrsg.): Statistical Yearbook of the World Power Conference, London 1936ff.
Buchheim, Christoph/Scherner, Jonas: The Role of Private Property in the Nazi Economy. The Case of Industry, in: The Journal of Economic History 66 (2006), S. 390–416.
Buchheim, Christoph: Unternehmen in Deutschland und NS-Regime 1933–1945. Versuch einer Synthese, in: Historische Zeitung 282 (2006), S. 351–390.
Buchheim, Christoph/Scherner, Jonas: Anmerkungen zum Wirtschaftssystem des „Dritten Reiches“, in: Abelshauser, Werner u.a. (Hrsg.): Wirtschaftsordnung, Staat und Unternehmen. Neue Forschungen zur Wirtschaftsgeschichte des Nationalsozialismus, Essen 2003, S. 81–97.
Buchheim, Christoph/Scherner, Jonas: Corporate Freedom of Action in Nazi Germany. A Response to Peter Hayes, in: GHI Bulletin 45 (2009), S. 43–50.
Buchheim, Christoph: Die Wirtschaftsentwicklung im Dritten Reich – Mehr Desaster als Wunder, in: Vierteljahrshefte für Zeitgeschichte 49 (2001), S. 653–664.
Buchheim, Christoph: Zur Natur des Wirtschaftsaufschwunges in der NS-Zeit, in: Ders./Hutter, Michael/James, Harold (Hrsg.): Zerrissene Zwischenkriegszeit, Baden-Baden 1994, S. 97–119.
Buderath, Josef: Die Geschichte des Rheinisch-Westfälischen Elektrizitätswerks AG 1898 – 1984 in Fakten, Zahlen und Tabellen, Essen o. J.
Buderath, Josef: Strom im Markt. Die Geschichte des Rheinisch-Westfälischen Elektrizitätswerks AG Essen 1898–1978, 4 Bde., Essen o. J.
Burgbacher, Fritz: Die gemsichtwirtschaftliche Unternehmung in der Energiewirtschaft, in: Wirtschaftliche und rechtliche Grundfragen der Energiewirtschaft. Tagungsbericht des Energiewirtschaftlichen Instituts, München 1949, S. 40–56.
Büsch, Otto: Geschichte der Berliner Kommunalwirtschaft in der Weimarer Epoche, Berlin 1960.
Burghardt, Uwe: Die Mechanisierung des Ruhrbergbaus 1890–1930, München 1995.
Buskühl, Ernst: Leistung und Aufgaben des Ruhrkohlenbergbaues im Rahmen der neuen kohlen- und energiewirtschaftlichen Entwicklung, in: Glückauf 75 (1939), S. 505–511.
Casson, Mark: Der Unternehmer. Versuch einer historisch-theoretischen Deutung, in: Geschichte und Gesellschaft 27 (2001), S. 524–544.
Chandler, Alfred D.: The Visible Hand. The Managerial Revolution in American Business, Cambridge Mass. 2002.
Chick, Martin: Electricity and Energy Policy in Britain, France and the United States since 1945, Cheltenham 2009.
Coase, Ronald H.: The Nature of the Firm, in: Ders.: The Firm the Market and the Law, Chicago 1988, S. 33–55.
Crafts, Nicolas: Steam as a General Purpose Technology. A Growth Accounting Perspective, in: The Economic Journal 114 (2004), S. 338–351.

Czimatis, Albrecht: Energiewirtschaft als Grundlage der Kriegswirtschaft, Hamburg 1936.
Darge, Hans: Energiewirtschaft und Energiewirtschaftsgesetz, in: Der Deutsche Volkswirt 10 (1935), S. 537–541.
Darge, Hans/Melchinger, Eugen/Rumpf, Fritz: Gesetz zur Förderung der Energiewirtschaft, Berlin 1936.
David, Paul A.: The Dynamo and the Computer. An Historical Perspective on the Modern Productivity Paradox, in: American Economic Review 80 (1992), S. 355–361.
Dehne, Gerhard: Deutschlands Großkraftversorgung, Berlin 1928.
Dellwig, Magnus: Kommunale Wirtschaftspolitik in Oberhausen 1928–1938, in: Frese, Matthias/Zeppenfeld, Burkhard (Hrsg.): Kommunen und Unternehmen im 20. Jahrhundert. Wechselwirkungen zwischen öffentlicher und privater Wirtschaft, Essen 2000, 177–198.
Demsetz, Harold: Why Regulate Utilities? in: The Journal of Law an Economics XI (1968), 55–65.
Department of State (Hrsg.): Germany 1947–1949. The Story in Documents, Washington 1950.
Dieffendorf, Jeffry M.: In the Wake of War. The Reconstruction of German Cities after World War II, New York 1993.
Ditt, Karl: Energiepolitik und Energiekonsum. Gas, Elektrizität und Haushaltstechnik in Großbritannien und Deutschland 1880–1939 und die Beispiele Leeds, York, Dortmund und Münster, in: Archiv für Sozialgeschichte 46 (2006), S. 107–152.
DKBL: Gibt es eine „Selbstständige Verbundwirtschaft“? Beitrag zur Frage der Stromversorgung des Rheinisch-Westfälischen Industriegebietes, Essen 1947.
DKBL: Die Einschaltung des Steinkohlenbergbaus in die allgemeine Stromwirtschaft, Essen 1948.
Döring, Peter: Bewegte Jahre. Die VEW von 1925 bis 1948, in: VEW (Hrsg.): Mehr als Energie. Die Unternehmensgeschichte der VEW 1925–2000, Essen 2000, S. 79–195.
Döring, Peter/Horstmann, Theo: Strom kennt keine Grenzen, in: Horstmann, Theo/Kleinekorte, Klaus (Hrsg.): Strom für Europa. 75 Jahre RWE-Hauptschaltleitung Brauweiler 1928–2003, Essen 2003, S. 11–115.
Döring, Peter: Steinkohlenverstromung. Die Auseinandersetzung zwischen der Elektrizitätswirtschaft und dem Ruhrbergbau in den Jahren 1933 bis 1951, in: Rasch, Manfred/Bleidick, Dieter (Hrsg.): Technikgeschichte im Ruhrgebiet, Technikgeschichte für das Ruhrgebiet, Essen 2004, S. 518–543.
Deutsche Verbundgesellschaft (Hrsg.): Der Verbundbetrieb in der deutschen Stromversorgung, Heidelberg 1953.
Ebert, Ottomar u.a.: 125 Jahre Stadtwerke Essen. Unternehmensgeschichte im Überblick, Essen 1992.
Eichengreen, Barry: The European Economy since 1945. Coordinated Capitalism and Beyond, Princeton 2008.
Eichhorn, Peter: Entstehungsgründe für gemischtwirtschaftliche Unternehmen, in: Betriebswirtschaftliche Forschung und Praxis 21 (1969), S. 346–353.
Enquete-Ausschuss: Die deutsche Elektrizitätswirtschaft. Verhandlungen und Berichte des Unterausschusses für Gewerbe: Industrie, Handel und Handwerk, Berlin 1930.
Erhard, Ludwig: Die Energieversorgung und die freie Marktwirtschaft, Stuttgart 1953.
Erhard, Ludwig: Investitionen und Rationalisierung in der Energiewirtschaft in Ausrichtung auf die Verbraucher, in: Elektrizitätswirtschaft 54 (1955), S. 339–341.
Eucken, Walter: Staatlicher Strukturwandel und die Krise des Kapitalismus, in: Weltwirtschaftliches Archiv 36 (1932), S. 297–321.
Eucken, Walter: Grundsätze der Wirtschaftspolitik, Tübingen 1952.
Evers, Hans Ulrich: Das Recht der Energieversorgung. Einführung in das Energiewirtschaftsgesetz und das ergänzende Wirtschaftsverwaltungsrecht des Bundes, München 1974.

Faridi, Alexander: Eigenstromerzeugung oder Fremdstrombezug? Stromlieferungen und Stromlieferungsverträge zwischen deutscher Großindustrie und öffentlichen Energieversorgungsunternehmen in den 20er und 30er Jahren, in: Technikgeschichte 70 (2003). S. 3–21.

Faridi, Alexander: Der regulierende Eingriff des Energiewirtschaftsgesetzes in den Wettbewerb zwischen öffentlicher und industrieller Stromerzeugung in den 30er Jahren, i Zeitschrift für Unternehmensgeschichte 49 (2003), S. 173–197.

Fear, Jeffrey R.: Organizing Control. August Thyssen and the Construction of German Corporate Management, Cambridge Mass. 2005.

Federation Professionnelle des Producteurs et Distributeurs d'Électricité de Belgique: La Production et la Consommation d'Électricité de Belgique. Statistiques, Bruxelles 1957.

Feldman, Gerald D.: Hugo Stinnes. Biographie eines Industriellen 1870–1924, München 1998.

Feldman, Gerald D.: Vom Weltkrieg zur Weltwirtschaftskrise. Studien zur deutschen Wirtschafts- und Sozialgeschichte, 1914–1932, Göttingen 1984.

Fischer, Albrecht: Die Landesbank der Rheinprovinz. Aufstieg und Fall zwischen Wirtschaft und Politik, Köln 1997.

Fischer, Richard: Einige Hauptfragen der deutschen Elektrizitätswirtschaft, in: Technik und Wirtschaft 22 (1929), S. 4–12.

Fischer, Richard: Die deutsche Stromversorgung im Kriege, in: Elektrizitätswirtschaft 43 (1944), S. 222–224.

Fischer, Wolfram: Geschichte der Stromversorgung, Frankfurt am Main 1992.

Fischerhof, Hans: Energieaufsicht 1946 bis 1949. Entwicklungen und Tendenzen, in: Elektrizitätswirtschaft 49 (1950), S. 75–82.

Fischerhof, Hans: Das Energiewirtschaftsgesetz in neuer Sicht, in: Energiewirtschaftliches Institut Köln (Hrsg.) Wirtschaftliche und rechtliche Grundfragen der Energiewirtschaft, München 1948, S. 128–138.

Fischerhof, Hans/Gentzke H. J.: Die neue Energiepreisverordnung, in: Energiewirtschaftliche Tagesfragen 2 (1952), S. 292–234.

Forndran, Erhard: Die Stadt- und Industriegründungen Wolfburg und Salzgitter. Entscheidungsprozesse im nationalsozialistischen Herrschaftssystem, Frankfurt am Main 1984.

Frank-Ausschuss: Zechenkraftwirtschaft und öffentliche Elektrizitätsversorgung, o. O. 1950.

Frese, Matthias/Zeppenfeld, Burkhard: Kommunen und Unternehmen im 20. Jahrhundert. Fragestellungen und Ergebnisse, in: Dies. (Hrsg.): Kommunen und Unternehmen im 20. Jahrhundert. Wechselwirkungen zwischen öffentlicher und privater Wirtschaft, Essen 200, S. 9–20.

Freund, Florian: Elektrizitätswirtschaft in Österreich und der Krieg, in: Rathkolb, Oliver/Freund, Florian (Hrsg.): NS-Zwangarbeit in der Elektrizitätswirtschaft der Ostmark 1938–1945, Wien 2002, S. 1–125.

Fritsch, Michael u.a. (Hrsg.): Marktversagen und Wirtschaftspolitik, Mikroökonomische Grundlagen staatlichen Handelns, München 2001.

Gehlen, Boris: Paul Silverberg (1876–1959). Ein Unternehmer, Stuttgart 2007.

Gerber, David J.: Law and Competition in Twentieth Century Europe. Protecting Prometheus, Oxford 2003.

Gilbert, Richard J./Kahn, Edward P.: Competition and Institutional Change in US Electric Power Regulation, in: Gilbert, Richard J./Kahn, Edward P. (Hrsg.): International Comparisons of Electricity Regulation, Cambridge 1998, S. 179–230.

Gilbert, Richard J. u.a.: Introduction. International Comparisons of Electricity Regulation, in: Gilbert, Richard J./Kahn, Edward P.: International Comparisons of Electricity Regulation, Cambridge 1996, S. 1–24.

Gillingham, John: Industry and Politics in the Third Reich. Ruhr Coal, Hitler and Europe, Stuttgart 1985.

Gilson, Norbert: Konzepte von Elektrizitätsversorgung und Elektrizitätswirtschaft. Die Entstehung eines neuen Fachgebietes der Technikwissenschaften zwischen 1880 und 1945, Stuttgart 1994.
Gilson, Norbert: Der Irrtum als Basis des Erfolgs. Das RWE und die Durchsetzung des ökonomischen Kalküls der Verbundwirtschaft bis in die 1930er Jahre, in: Maier, Helmut (Hrsg.): Elektrizitätswirtschaft zwischen Umwelt, Technik und Politik, Freiberg 1999, 51–88.
Glasemann, Hans Georg: Deutschlands Auslandsanleihen 1924–1945. Rückzahlungen nach der Wiedervereinigung von 1990, Wiesbaden 1993.
Grieger, Manfred: Das RWE in Wirtschaftskrise und NS-Diktatur 1930–1945, in: Schweer, Dieter/Thieme, Wolf (Hrsg.): Der gläserne Riese, Essen 1998, S. 117–140.
Grimm, Dieter: Recht und Staat der bürgerlichen Gesellschaft, Frankfurt am Main 1987.
Gröner, Helmut: Die Ordnung der deutschen Elektrizitätswirtschaft, Baden-Baden 1975.
Gutbier, Alfred Walther: Die Entwicklung der Dampfkessel-Industrie in Rheinland und Westfalen unter besonderer Berücksichtigung der gesamtwirtschaftlichen Verflechtung, Köln 1952.
Hachtmann, Rüdiger: Lebenshaltungskosten und Reallöhne während des „Dritten Reiches“, in: Vierteljahrsschrift für Sozial- und Wirtschaftsgeschichte 75 (1988), S. 32–73.
Hackenholz, Dirk: Die elektrochemischen Werke in Bitterfeld 1914–1945. Ein Standort der IG-Farbenindustrie AG, Münster 2004.
Hahn, Karl: Die Beziehungen der Stadt Essen zur Rheinisch-Westfälischen Elektrizitäts AG von 1928 bis 1938. Ein Verwaltungsbericht, Essen 1939.
Hannah, Leslie: Public Policy and the Advent of Large-Scale Technology: The Case of Electricity Supply in the USA, Germany and Britain, in: Horn, Norbert/Kocka, Jürgen (Hrsg.): Recht und Entwicklung der Großunternehmen im 19. und frühen 20. Jahrhundert, Göttingen 1979, S. 577–589.
Hannah, Leslie: Electricity before Nationalisation. A Study of the Development of the Electricity Supply Industry in Britain to 1948, London 1979.
Hardach, Gerd: Der Marshall-Plan. Auslandshilfe und Wiederaufbau in Westdeutschland 1948–1952, München 1994.
Harmssen, Wilhelm Gustav: Am Abend der Demontage, Bremen 1951.
Haselbach, Dieter: Autoritärer Liberalismus und Soziale Marktwirtschaft. Gesellschaft und Politik im Ordoliberalismus, Baden-Baden 1991.
Hausman, William J./Hertner, Peter/Wilkins, Mira: Global Electrification. Mulitnational Enterprise and International Finance in the History of Light and Power 1878–2007, Cambridge 2008.
Hausman, William J./Neufeld, John L: The Market for Capital and the Origins of State Regulation of Electric Utilities in the United States, in: The Journal of Economic History 62 (2002), S. 1050–1073.
Hausman, William J./Neufeld, John L.: Falling Water. The Origins of Direct Federal Participation in the US Electric Utility Industry, 1902–1933, in: Annals of Public and Cooperative Economics 70 (1998), S. 49–74.
Hayes, Peter: Industry and Ideology. IG Farben in the Nazi Era, Cambridge 2001.
Hayes, Peter: Corporate Freedom of Action in Nazi Germany, in: GHI Bulletin 45 (2009), S. 29–42.
Heesemann, Sigfrid: Die Charakteristik der Reichsammelschiene. Geschichte, Aufbau und Funktion Berlin 1959.
Heimann, Eduard: Stellung und Bedeutung der öffentlichen Unternehmung im Wirtschaftsleben des Kapitalismus. Grundsätzliche Bemerkungen, in: Landmann, Julius (Hrsg.): Moderne Organisationsformen der öffentlichen Unternehmung, I. Teil, (= Schriften des Vereins für Sozialpolitik, Bd. 176) Leipzig 1932, S. 1–34.
Hellige, Hans Dieter: Entstehungsbedingungen und energietechnische Langzeitwirkungen des Energiewirtschaftsgesetzes von 1935, in: Technikgeschichte 53 (1986) S. 123–155.

Hellmich, H. / Niessen, E.: Die deutschen Einheitskessel. Stand der Arbeiten, Grundlagen und Konstruktion, in: Archiv für Wärmwirtschaft und Dampfkesselwesen 20 (1939), S. 113–117.

Henke, Ernst: Die Bedeutung der herrschenden Rechtsgrundlage für die Entwicklung der heutigen deutschen „öffentlichen" Elektrizitätswirtschaft, in: Ders. u.a. (Hrsg.) Rechtsgrundlagen der öffentlichen Elektrizitätswirtschaft in Deutschland, Berlin 1930, S. 1–25.

Henke, Ernst: Die Elektrizitätsversorgung im Bezirk des RWE, in: Enquete-Ausschuss: Die deutsche Elektrizitätswirtschaft, Berlin 1930, S. 400–415.

Henke, Ernst: Das Problem der Elektrizitätsversorgung in Westdeutschland, in: Kommune und Wirtschaft. Sonderausgabe der Kölnischen Zeitung, Köln 1929, S. 58–63.

Hencky, Karl: Energieerzeugung und –verteilung vom Standpunkt der wärmeverbrauchenden Großindustrie, in: Transactions of the World Power Conference, Vol. IV, Stockholm 1934, 444–452.

Hencky, Karl: Entwicklungslinien im Bau von Kesselanlagen, in: VGB-Mitteilungen 18 (1938), S. 89–95.

Henny, Lennart: Die Gründung des Energiewirtschaftlichen Instituts an der Universität zu Köln (= Diplomarbeit an der Universität zu Köln), Köln 2008.

Heß, Johannes: Energieprobleme und chemische Industrie, in: Die Chemische Industrie 52 (1929), S. 1–7.

Heßler, Martina: Die Einführung elektrischer Haushaltsgeräte in der Zwischenkriegszeit, in: Technikgeschichte 65 (1998), S. 297–310.

Heßler, Martina: „Elektrische Helfer" für Hausfrau, Volk und Vaterland, in: Technikgeschichte 68 (2001), S. 204–229.

Heyden, Wilhelm: Entwicklung der Elektrizitätsversorgung zur Großraumverbundwirtschaft, in: Elektrizitätswirtschaft 40 (1941), S. 316–317.

Hippel, Wolfgang von: Auf dem Weg zum Weltunternehmen, in: Abelshauser, Werner (Hrsg.): Die BASF. Eine Unternehmensgeschichte, München 2002, S. 19–116.

Hoffmann, K.: Vereinheitlichung und Rationalisierung im Dampfturbinenbau, in: Archiv für Wärmewirtschaft und Dampfkesselwesen 25 (1944), 87–91.

Hold, Carl: Elektrizitätsversorgung und Gemeinden (= Schriften der Volkswirtschaftlichen Vereinigung im rheinisch-westfälischen Industriegebiet, H. 8) Jena 1931.

Horstmann, Theo: Die Vorläufergesellschaften der VEW, in: VEW AG (Hrsg.): Mehr als Energie. Die Unternehmensgeschichte der VEW 1925–2000, Essen 2000, S. 11–77.

Hughes, Thomas P.: Networks of Power. Electrification in Western Society, 1880 –1930, London 1993.

Jähne, Friedrich: Aufgaben des Ingenieurs in der chemischen Industrie, in: 74. VDI-Hauptversammlung, Berlin 1936, S. 1–4.

Janssen, Hauke: Nationalökonomie und Nationalsozialismus. Die deutsche Volkswirtschaftslehre in den dreißiger Jahren, Marburg 1998.

Joset, Hans-Josef: Kraftakte. Ein halbes Jahrhundert Union-Kraftstoff in Wesseling, Wien 1987.

Kaiser, Martin: Der Braunkohlenbergbau der Westdeutschen Bundesrepublik, das Gesetz Nr. 75 der Militärregierung und Gesetz Nr. 27 der Alliierten Hohen Kommission, in: Braunkohle, Wärme Energie 4 (1952), S. 295–304.

Kaufhold, Karl Heinrich (Hrsg.): Investitionen der Städte im 19. und 20. Jahrhundert, Köln 1997.

Karlsch, Rainer/Stokes, Raymond G.: Faktor Öl. Die Mineralölwirtschaft in Deutschland 1859–1974, München 2003.

Klass, Gert von: Aus Schutt und Asche. Krupp nach fünf Menschenaltern, Tübingen 1961.

Kleinschmidt, Christian: „Amerikanischer Plan" und Deutscher Weg", in: Dascher, Ottfried/Kleinschmidt, Christian (Hrsg.): Die Eisen- und Stahlindustrie im Dortmunder Raum, Dortmund 1992, S. 355–374.

Kleinschmidt, Christian: Rationalisierung als Unternehmensstrategie. Die Eisen- und Stahlindustrie des Ruhrgebiets zwischen Jahrhundertwende und Weltwirtschaftskrise, Essen 1993.
Kleinschmidt, Christian: Stadtwerke Gelsenkirchen. Vom Regiebetrieb zum modernen Dienstleitungsunternehmen, Essen 1998.
Klingenberg, Georg: Elektrische Großwirtschaft unter staatlicher Mitwirkung, in: Elektrotechnische Zeitschrift 37 (1916), S. 297–298, 314–317, 328–333, 343–348.
Klingenberg, Georg: Die staatliche Elektrizitätsfürsorge, in: Elektrotechnische Zeitschrift 40 (1919), S. 118–121.
Kocka, Jürgen: Writing the History of Capitalism, in: GHI Bulletin 47 (2010), S. 7–24.
Kocka, Jürgen: The Rise of the Modern Industrial Enterprise in Germany, in: Chandler, Alfred D./Deams, Herman (Hrsg.): Managerial Hierarchies. Comparative Perspective on the Rise of the Modern Industrial Enterprise, Cambridge Mass. 1980, S. 77–116.
Koepchen, Arthur: Das RWE in der deutschen Elektrizitätswirtschaft, Essen 1930.
Koepchen, Arthur: Die Aufgaben der deutschen Elektrizitätswirtschaft, Berlin 1936.
König, Wolfgang: Friedrich Engels und ‚Die elektrotechnische Revolution'. Technikutopie und Technikeuphorie im Sozialismus in den 1880er Jahren, in: Technikgeschichte 56 (1989), S. 9–37.
König, Wolfgang: Volkswagen, Volksempfänger, Volksgemeinschaft. „Volksprodukte" im Dritten Reich. Vom Scheitern der nationalsozialistischen Konsumgesellschaft, Paderborn 2004.
König, Wolfgang: Geschichte der Konsumgesellschaft, Stuttgart 2004.
König, Wolfgang/Weber, Wolfhard: Netzwerke, Stahl und Strom (= Propyläen Technikgeschichte), Berlin 1990.
Körfer, Carl: Taschenbuch für Energiewirtschaft, Berlin 1939.
Körfer, Carl: Gesichtspunkte für die Aus- und Umgestaltung der Elektrizitätswirtschaft im Ruhrgebiet, in: Glückauf 68 (1932), S. 38–43.
Körfer, Carl: Die Beteiligung der Zechen des niederrheinisch-westfälischen Steinkohlenbergbaues an der öffentlichen Stromversorgung Rheinland-Westfalen, Halle a.d.S. 1928.
Krabbe, Wolfgang R.: Die deutsche Stadt im 19. und 20. Jahrhundert, Göttingen 1989.
Krabbe, Wolfgang R.: Städtische Wirtschaftsbetriebe im Zeichen des "Munizipalsozialismus": Die Anfänge der Gas- und Elektrizitätswerke im 19. und frühen 20. Jahrhundert, in: Blotevogel, Hans Heinrich (Hrsg.): Kommunale Leistungsverwaltung vom Vormärz bis zur Weimarer Republik, Köln 1991, S. 117–135.
Krecke, Carl: Organisation und Regelung der Energieversorgung, in: Elektrizitätswirtschaft 35 (1936), S.854–862.
Krecke, Carl/Seebauer, Gustav: Organization and Regulation of the German Electricity and Gas Supply, in: Transactions Third World Power Conference, Vol. V, Washington 1938, S. 123–154.
Krecke, Carl/Seebauer, Gustav: Energieversorgung der gewerblichen Wirtschaft, in: Gesamtbericht Weltkraftkonferenz, Bd. 7, Berlin 1939, S. 112–190.
Kretschmann, Willy: Die Hochdruck-Vorschaltanlage Goldenberg, in: Energiewirtschaftliche Tagesfragen 2 (1952), S. 49–57.
Krönke, Heinrich u.a.: Gutachten über die Kosten- und Ertragslage der Elektrizitätswirtschaft im Bundesgebiet, Frankfurt am Main 1952.
Kromer, Carl Theodor: Stromversorgung der Industrie durch öffentliche Elektrizitätswerke und Eigenanlagen, in: 74. VDI-Hauptversammlung Darmstadt 1936 und 80-Jahrefeier des Vereis Deutscher Ingenieure, Berlin 1936, S. 221–230.
Kurgan-Van Hentenryk, G.: Structure and Strategy of Belgian Business Groups (1920–1990), in: Shiba, Takao (Hrsg.): Beyond the Firm. Business Groups in International and Historical Perspective, Oxford 1997, S. 88–106.
Länderrat (Hrsg.): Statistisches Handbuch von Deutschland 1928–1944, München 1949.

Landes, David: Der entfesselte Prometheus. Technologischer Wandel und industrielle Entwicklung in Westeuropa von 1750 bis zur Gegenwart, Köln 1973.
Landmann, Julius: Moderne Organisationsformen der öffentlichen Unternehmung, Bde. 1 und 2, Leipzig 1931f.
Langewiesche, Dieter: Liberalismus in Deutschland, Frankfurt am Main1988.
Laux, Eberhard: Die Anfänge betriebswirtschaftlicher Steuerung in den Kommunen und die Rolle der WIBERA, in: Frese, Matthias/Zeppenfeld, Burkhard (Hrsg.): Kommunen und Unternehmen im 20. Jahrhundert, Essen 2000, S. 215–229.
Legge, Josef: Grundsätzliches und Tatsächliches zu den Elektrizitätswirtschaften in Europa, Dortmund 1931.
Lent, Heinrich: Zusammenarbeit zwischen öffentlichen und industriellen Energiebetrieben, in: Archiv für Wärmewirtschaft und Dampfkesselwesen 16 (1935), S. 197–200.
Lent, Heinrich: Das Kraftwerk Scholven als Beispiel für ein Industriekraftwerk, in: Stahl und Eisen 58 (1938), S. 509–520.
Lenzmann, Wilhelm: Elektrizitätswirtschaft und Gesetzgebung, in: Die Weltkraftkonferenz. Sonderbeilage des Deutschen Volkswirtes, 13. Juni 1930, S. 25–28.
Leppert, Wilhelm: Die Vorschaltanlage im energiewirtschaftlichen Ausbauprogramm, in: Elektrizitätswirtschaft 43 (1944), S. 29–34.
Ley, A.: Forderungen der industriellen Eigenanlagen an die Energierechtsreform, in: Energiewirtschaftliche Tagesfragen 1 (1951), S. 53–56.
Liefmann, Robert: Die Unternehmensformen mit Einschluss der Genossenschaften und der Sozialisierung, Stuttgart 1921.
Lindemann, Carmelita: Chancen und Grenzen kommunaler Elektrizitätspolitik, Berlin 1996.
Lindner, Stephan H.: Hoechst. Ein IG-Farben Werk im Dritten Reich, München 2005.
Lindner, Stephan H.: Den Faden verloren. Die westdeutsche und die französische Textilindustrie auf dem Rückzug, München 2001.
Löwen, John-Wesley: Zwischen Selbstversorgung und öffentlicher Stromversorgung. Elektrizitätswirtschaftliche Interessen der Schwerindustrie von 1926 bis 1936, in: Döring, Peter/Horstmann, Theo (Hrsg.): Revier unter Strom, Essen 2010, S. 86–95.
Löffler, Bernhard: Soziale Marktwirtschaft und administrative Praxis. Das Bundeswirtschaftsministerium unter Ludwig Erhard, Stuttgart 2002.
Lorentz, Bernhard/Erker, Paul: Chemie und Politik. Die Geschichte der Chemischen Werke Hüls 1938 bis 1979. Eine Studie zum Problem der Corporate Governance, München 2003.
Ludwig, Hannelore: Die wirtschafts- und sozialwissenschaftliche Lehre in Köln von 1901 bis 1989/1990, Köln 1991.
Ludwig, Karl-Heinz: Technik und Ingenieure im Dritten Reich, Düsseldorf 1974.
Maier, Helmut: Erwin Marx (1893–1980). Ingenieurwissenschaftler in Braunschweig und die Forschung und Entwicklung auf dem Gebiet der elektrischen Energieübertragung auf weite Entfernungen zwischen 1918 und 1950, Stuttgart 1993.
Maier, Helmut (Hrsg.): Elektrizitätswirtschaft zwischen Umwelt, Technik und Politik, Freiberg 1999.
Maier, Helmut: „Nationalwirtschaftlicher Musterknabe“ ohne Fortune. Entwicklung der Elektrizitätspolitik und des RWE im „Dritten Reich“, in: Ders. (Hrsg.): Elektrizitätswirtschaft zwischen Umwelt, Technik und Politik, Freiberg 1999, S. 129–166.
Maier, Helmut: Arthur Koepchen 1878–1954, in: Weber, Wolfhard (Hrsg.): Ingenieure im Ruhrgebiet, Münster 1999, S. 184–223.
Martini, W.: Eigenerzeugung, Werkskupplung, Fremdbezug und Abgabe von Strom innerhalb der Energieversorgung rheinisch-westfälischer Hüttenwerke, in: Stahl und Eisen 53 (1933), S. 701–705.

Marguerre, Fritz: Verbrauchsorientierte Stromerzeugung. Eine Untersuchung über den kapital- und kohlensparenden Verbund von rohstoff- und absatznahen Werken, Köln 1951.
Matschoß, Conrad u.a. (Hrsg.): 50 Jahre Berliner Elektrizitätswerke 1884–1934, Berlin 1934.
Matzerath, Horst: Nationalsozialismus und kommunale Selbstverwaltung, Berlin 1970.
Mariaux, Franz (Hrsg.): Paul Silverberg. Reden und Schriften, Köln 1951.
McCraw, Thomas: TVA and the Power Fight 1933–1939, Philadelphia 1971.
McDonald, Forrest: Samuel Insull and the Movement for State Utility Regulatory Commissions, in: Business History Review 32 (1958), S. 241–254.
Melchinger, Eugen: Eigenanlagen und Energiewirtschaftsgesetz. Ihre Rechtsstellung nach dem Gesetz und seinen Durchführungsbestimmungen, in: Ruhr und Rhein 19 (1938), S. 284–288.
Melchinger, Eugen: Die Entwicklung der österreichischen Elektrizitätswirtschaft in den letzten zehn Jahren, in: Elektrizitätswirtschaft 48 (1949), S. 75–79.
Meyer, Herbert: Stand der energiewirtschaftlichen Arbeiten, in: Der Gemeindetag. Zeitschrift für deutsche Kommunalpolitik 29 (1935), S. 560–564.
Meyer, Konrad: Die deutsche Elektrizitätswirtschaft 1933 bis 1948, in: Elektrizitätswirtschaft 48 (1949), S. 34–40.
Miksch, Leonhard: Wettbewerb als Aufgabe. Die Grundsätze einer Wettbewerbsordnung, Berlin 1937.
Miksch, Leonhard: Wettbewerb als Aufgabe. Die Grundsätze einer Wettbewerbsordnung, 2. erw. Auflage, Godesberg 1947.
Miksch, Leonhard: Die Wirtschaftspolitik des Als-Ob, in: Zeitschrift für die gesamte Staatswissenschaften 105 (1949), S. 310–338.
Miller, Oskar von: Gutachten über die Reichselektrizitätsversorgung, Berlin 1930.
Miller, Raymond C.: Kilowatts at Work. A History of the Detriot Edison Company, Detroit 1957.
Miller, Rudolf von.: Der Stromverbrauch im Wandel der Zeiten, in: Technikgeschichte 30 (1941), S. 25–32.
Miller, Rudolf von.: Ein Halbjahrhundert deutsche Stromversorgung aus öffentlichen Elektrizitätswerken, in: Technikgeschichte 25 (1936), S. 111–125.
Mokyr, Joel: The Gifts of Athena. Historical Origins of the Knowledge Economy, Oxford 2005.
Mokyr, Joel: The Lever of Riches. Technological Creativity and Economic Progress, Oxford 1990.
Mollin, Gerhard: Montankonzerne und „Drittes Reich". Der Gegensatz zwischen Monopolindustrie und Befehlswirtschaft in der deutschen Rüstung und Expansion 1936–1944, Göttingen 1988.
Milward, Alan S.: The Reconstruction of Western Europe 1945–51, London 1984.
Milward, Alan S.: Der Zweite Weltkrieg. Krieg, Wirtschaft und Gesellschaft, 1939–1945, München 1977.
Milward, Alan S.: Die deutsche Kriegswirtschaft 1939–1945, Stuttgart 1966.
Misa, Thomas J.: A Nation of Steel. The Making of Modern America 1965–1925, Baltimore 1995.
Müller-Armack, Alfred: Wirtschaftslenkung und Marktwirtschaft, Hamburg 1947.
Mulert, Oskar: Die wirtschaftliche Betätigung der Gemeinden. Generalbericht, in: IV. Internationaler Kongress der Städte und Lokalverwaltungen, Sevilla 1928, S. I – XLV.
Mulert, Oskar: Die wirtschaftliche Betätigung der deutschen Gemeinde, in: Annalen der Gemeinwirtschaft 6 (1930), S. 1–76.
Nagel, Josef: Zur Frage des Vertragstyps für die kommunale Stromversorgung, in: Der Städtetag 3 (1950), S. 297–300.
Nedden, Franz zur: Die Wirtschaftlichkeit der deutschen Elektrizitätsversorgung unter besonderer Berücksichtigung der Tarifgestaltung, in: Enquete-Ausschuss (Hrsg.): Die deutsche Elektrizitätswirtschaft, Berlin 1930, S. 257–268.
Neebe, Reinhard: Großindustrie, Staat und NSDAP 1930–1933. Paul Silverberg und der Reichsverband der Deutschen Industrie in der Krise der Weimarer Republik, Göttingen 1981.

Nettesheim, H.: Das Goldenbergwerk von 1913–1985. Eine Chronik, o. O. 1985.
Neu, Kurt: Das Elektrizitätsmonopol, in: Lederer, Emil (Hrsg.): Das Kartellproblem. Beiträge zur Theorie und Praxis (= Schriften des Vereins für Sozialpolitik, Bd. 180), Leipzig 1930 S. 45–80.
Neubrunn, H.: The German Wartime Electricity Supply. Conditions, Developments und Trends (= BIOS Final Report No. 342) London 1945.
Neufeld, John L.: Corruption, Quasi-Rents, and the Regulation of Electric Utilities, in: The Journal of Economic History 68 (2008), S.1059–1097.
Neufeld, John L.: ‚Electric Energy is Essentially a Local Commodity'. How State Regulation Shaped the Structure of the US Electric Power Industry, in: Feldenkirchen Wilfried u. a. (Hrsg.): Wirtschaft, Gesellschaf, Unternehmen, Bd. 2, Stuttgart 1995, S. 939–955.
Nonn, Christoph: Die Ruhrbergbaukrise. Entindustrialisierung und Politik 1958–1969, Göttingen 2001.
North, Douglass C.: Institutions, Institutional Change and Economic Performance, Cambridge 2002.
North, Douglass C.: Structure and Change in Economic History, New York 1981.
Nuber, Friedrich: Vereinheitlichung im Bau von Wasserrohrkesseln, in: Archiv für Wärmewirtschaft und Dampfkesselwesen 25 (1944), S. 93–94.
Nussbaum, Helga: Versuche zur reichsgesetzlichen Regelung der deutschen Elektrizitätswirtschaft und zu ihrer Überführung in Reichseigentum 1909–1914, in: Jahrbuch für Wirtschaftsgeschichte, 1968, T. 2, S. 117–203.
Nye, David. E.: Electrifying America. Social Meanings of a New Technology, 1880–1940, Cambridge Mass. 1991.
OEEC: The Trend of the Selling Price of Electricity and its Relation to the Financing of New Plant, Paris 1958.
Oliven, Oskar: Europas Großkraftlinien. Vorschlag eines europäischen Höchstspannungsnetzes, in: Zeitschrift des Vereines deutscher Ingenieure 74 (1930), S. 875–879.
Olson, Mancur: Die Logik des kollektiven Handelns. Kollektivgüter und die Theorie der Gruppen, Tübingen 1968.
Ott, Hugo (Hrsg.): Statistik der öffentlichen Elektrizitätsversorgung Deutschlands 1890–1913 (= Historische Energiestatistik, Bd. 1), St. Katharinen 1986.
Overy, Richard J.: War and Economy in the Third Reich, Oxford 2002.
Paul, H.: Entwicklungslinien im Dampfkesselbau, VDI-Zeitschrift, 88 (1944), S. 98–99.
Petzina, Dietmar: Kommunale Handlungsspielräume und kommunale Finanzen – Erfahrungen in Deutschland zwischen Erstem Weltkrieg und Nationalsozialismus, in: Reulecke, Jürgen (Hrsg.): Die Stadt als Dienstleistungszentrum. Beiträge zur Geschichte der Sozialstadt in Deutschland im 19. und frühen 20. Jahrhundert, St. Katharinen 1995, S. 153–180.
Petzina, Dietmar: Autarkiepolitik im Dritten Reich. Der nationalsozialistische Vierjahresplan, Stuttgart 1968.
Pfilzner, Klaus: Der Weg nach Süden! Oder doch nach Norden? Von den Anfängen der Elektrizitätswirtschaft in Vorarlberg und der Gründung der „Vorarlberger Illwerke" bis ins Jahr 1930, in: Maier, Helmut (Hrsg.): Elektrizitätswirtschaft zwischen Umwelt, Technik und Politik. Aspekte aus 100 Jahre RWE-Geschichte 1898–1998, Freiberg 1999, S. 89–127.
Pierenkemper, Toni: Von Krise zu Krise. Die Fried. Krupp AG von der Währungsstabilisierung bis zum Ende der Weimarer Republik, in: Gall, Lothar (Hrsg.): Krupp im 20. Jahrhundert, Berlin 2002, S. 167–265.
Plumpe, Werner: Unternehmen im Nationalsozialismus. Eine Zwischenbilanz, in: Abelshauser, Werner u.a. (Hrsg.): Wirtschaftsordnung, Staat und Unternehmen, Essen 2003, S. 243–266.
Pohl, Hans: Vom Stadtwerke zum Elektrizitätsgroßunternehmen. Gründung, Aufbau und Ausbau der Rheinisch-Westfälischen Elektrizitätswerk AG, 1898–1918, Stuttgart 1992.

Pohl, Manfred: VIAG AG 1923–1998. Vom Staatsunternehmen zum internationalen Konzern, München 1998.

Pohl, Wolfgang: National Power an Resources Policies, in: Transactions Third World Power Conference, Vol. IX, Washington 1938, S. 119–130.

Pott, Alfred: Gasfernversorgung mit Koksofengas in Deutschland, Essen 1929.

Priest, Georg L.: The Origins of Utility Regulation and the Theories of Regulation Debate, in: The Journal of Law & Economics 36 (1993), S. 289–324.

Przigoda, Stefan: Unternehmensverbände im Ruhrbergbau. Zur Geschichte von Bergbauverein und Zechenverband 1858–1933, Bochum 2002.

Pudor, Fritz: Lebensbilder aus dem Rheinisch-Westfälischen Industriegebiet, Köln 1961.

Radkau, Joachim: Technik in Deutschland vom 18. Jahrhundert bis in die Gegenwart, Frankfurt am Main 1989.

Radkau, Joachim: Entwicklungsprozesse und gesellschaftliche Entscheidungsspielräume in der Geschichte großtechnischer Systeme, in: Albrecht, Helmuth/Schönebeck, Charlotte (Hrsg.): Technik und Gesellschaft, Düsseldorf 1993, S. 373–410.

Rasch, Manfred: Über Albert Vögler und sein Verhältnis zur Politik, in: Mitteilungsblatt des ISB, 28/2003, S. 127–147.

Rasch, Manfred: Ruhrchemie AG 1945–1951. Wiederaufbau, Entnazifizierung und Demontage,in: Technikgeschichte 54 (1987), S. 101–120.

Rathenau, Walther: Briefe, 2 Bde., Dresden 1926.

Rathenau, Walther: Nachgelassene Schriften, 2 Bde., Berlin 1928.

Rebentisch, Dieter: Städte und Monopol. Privatwirtschaftliches Ferngas oder kommunale Verbundwirtschaft in der Weimarer Republik, in: Zeitschrift für Stadtgeschichte, Stadtsoziologie und Denkmalpflege 3 (1976), S. 38–80.

Reckendrees, Alfred: Das Stahltrust-Projekt. Die Gründung der Vereinigte Stahlwerke AG und ihre Unternehmensentwicklung 1926–1934, München 2000.

Reering, Wilhelm: Entwicklung und Lage der Kokereiwirtschaft, in: Bergbau-Archiv 9 (1948), S. 85–94.

Reiter, Margit: Das Tauernkraftwerk Kaprun, in: Rathkolb, Oliver/Freund, Florian (Hrsg.): NS-Zwangsarbeit in der Elektrizitätswirtschaft der „Ostmark" 1938–1945, Wien 2002, S. 127–198.

Regul, Rudolf: Die Wettbewerbslage der Steinkohle (= Vierteljahrshefte zur Konjunkturforschung, Sonderheft 34), Berlin 1933.

Rennwagen, W.: Die Entwicklung des Strompreises für den Haushaltabnehmer, in: Elektrizitätswirtschaft 37 (1938), S. 542–546.

Reulecke, Jürgen: Geschichte der Urbanisierung in Deutschland, Frankfurt am Main 1985.

Richter, Rudolf/Furubotn, Eirik G.: Neue Institutionenökonomik. Eine Einführung und kritische Würdigung, Tübingen 2003.

Ritschl, Albrecht: Über die Höhe und die Struktur der gesamtwirtschaftlichen Investitionen in Deutschland 1935–38, in: Vierteljahrsschrift für Sozial- und Wirtschaftsgeschichte 79 (1992), S. 156–176.

Roelen, Wilhelm: Der westliche Kohlenbergbau als ökonomische Grundlage der Verbundwirtschaft, in: Bergbau-Archiv 5 (1947), S. 25–36.

Romeyk, Horst: Heinrich Haake 1892–1945, in: Heyen, Franz-Josef (Hrsg.): Rheinische Lebensbilder, Bd. 17, Köln 1997, S. 187–222.

Rosenberg, Nathan: Inside the Black Box. Technology and Economics, Cambridge 1982.

Rosenberg, Nathan: Exploring the Black Box. Technology, Economics and History, Cambridge 1994.

Rosenberg, Nathan: Historical Relations Between Energy and Economic Growth, in: Stevens, Paul (Hrsg.): The Economics of Energy, Vol. I, Cheltenham, 2000, S. 135–150.

Roser, Hermann: Transportfragen in der westdeutschen Stromversorgung, in: Die Kohle in der Elektrizität. Vortragsveranstaltung der DKBL, Essen 1952.
Rumpf, Fritz: Privatrechtliche Grundlagen der Elektrizitätswirtschaft, in: Henke, Ernst u.a. (Hrsg.): Rechtsgrundlagen der öffentlichen Elektrizitätswirtschaft in Deutschland, Berlin 1930, S. 101–237.
Rumpf, Fritz: Rechtsfragen aus der Elektrizitätswirtschaft, in: Elektrizitätswirtschaft 27 (1928), S. 613–618.
Rüstow, Alexander: Die staatspolitische Voraussetzung des wirtschaftlichen Liberalismus, in: Boese, Franz (Hrsg.): Deutschland und die Weltkrise, Dresden 1932, S. 62–69.
Saitzew, Manuel: Die öffentliche Unternehmung der Gegenwart, Tübingen 1930.
Sardemann, Fritz: Die deutsche Elektrizitätswirtschaft 1933–1948, in: Elektrizitätswirtschaft 48 (1949), S. 107–112, 212–214.
Schacht, Hjalmar: Elektrizitätswirtschaft, in: Preußische Jahrbücher 134 (1908), S. 84–114.
Schacht, Hjalmar: Eigene oder geborgte Währung, Leipzig 1928.
Schacht, Hjalmar: Grundsätze deutscher Wirtschaftspolitik, Oldenburg 1932.
Schäff, Karl: Verbund mit industriellen Kraftwerken, in: VDEW (Hrsg.). Das Zeitalter der Elektrizität. 75 Jahre Vereinigung Deutscher Elektrizitätswerke, Frankfurt am Main 1967, S. 90–98.
Scherner, Jonas: Die Logik der Industriepolitik im Dritten Reich. Die Investitionen in die Autarkie- und Rüstungsindustrie und ihre staatliche Förderung, Stuttgart 2008.
Schmelcher, Ernst: Das Rheinisch-Westfälische Elektrizitätswerk AG. Ein Beitrag zur Geschichte und Entwicklung der modernen Unternehmensformen auf dem Gebiete der Elektrizitätswirtschaft und ihrer besonderen Bedeutung für die Frage der Sozialisierung der Elektrizitätswirtschaft, Freiburg 1920.
Schmoller, Gustav: Das Verhältnis der Kartelle zum Staate, in: Verhandlungen der Generalversammlung in Mannheim (= Schriften des Vereins für Socialpolitik, Bd. 116), Leipzig 1906, S. 237–271.
Schott, Dieter: Das Zeitalter der Elektrizität. Visionen – Potentiale – Realitäten, in: Jahrbuch für Wirtschaftsgeschichte, 1999/2, S. 31–49.
Schott, Dieter: Die Vernetzung der Stadt. Kommunale Energiepolitik, öffentlicher Nachverkehr und die Produktion der modernen Stadt, Darmstadt 1995.
Schott, Dieter: Power for Industry. Electrification and Its Strategic Use for Industrial Promotion. The Case of Mannheim, in: Schott, Dieter (Hrsg.): Energie und Stadt in Europa, Stuttgart 1997, S.169–192.
Schott, Dieter: Energie und Stadt in Europa, in: Schott, Dieter (Hrsg.): Energie und Stadt in Europa. Von der vorindustriellen ‚Holznot' bis zur Ölkrise der 1970er Jahre, Stuttgart 1997, S. 7–41.
Siemens, Werner: Das naturwissenschaftliche Zeitalter. Vortrag gehalten in der 59. Versammlung deutscher Naturforscher und Ärzte, Berlin 1886.
Schraeder, Friedrich: Die Problematik des Spitzenausgleichs bei der Großkraftwirtschaft in Deutschland, in: Elektrizitätswirtschaft 30 (1931), S. 1294–1300, 1328–1333.
Schreiber, Walther: Reichselektrizitätswirtschaft, in: Der Deutsche Volkswirt 2 (1928), S. 1118–1120.
Schröter, Harm G.: Kartellierung und Dekartellierung 1890–1990, in: Vierteljahresschrift für Sozial- und Wirtschaftsgeschichte 81 (1994), S. 457–493.
Schröter, Harm: Konsumpolitik und Soziale Marktwirtschaft. Die Koexistenz liberalisierter und regulierter Verbrauchermärkte in der Bundesrepublik der 1950er Jahre, in: Berghoff, Hartmut (Hrsg.). Konsumpolitik. Die Regulierung des privaten Verbrauchs im 20. Jahrhundert, Göttingen 1999, S. 113–133.
Schröter, Harm, G.: Americanization of the European Economy. A Compact Survey of American Economic Influence in Europe since the 1880s, Dordrecht 2005.
Schulz, Emil: Ungelöste Aufgaben der öffentlichen Energiewirtschaft, in: Archiv für Wärmewirtschaft und Dampfkesselwesen 14 (1933), S. 112–116.

Schumpeter, Joseph A: Konjunkturzyklen. Eine theoretische, historische und statistische Analyse des kapitalistischen Prozesses, Bd. 1, Göttingen 1961.
Seubert, Hermann: Unternehmen Kembs. Dokumentation eines R(h)einfalls, Ludwigshafen 1990.
Sheehan, James J.: Liberalism and the City in Nineteenth-Century Germany, in: Past & Present 51 (1971), S. 116–137.
Seidler, Franz W.: Fritz Todt. Baumeister des Dritten Reiches, Frankfurt am Main 1988.
Siegel, Gustav: Der Staat und die Elektrizitätsversorgung, in: Preußische Jahrbücher 160 (1915), S. 423–451.
Siegel, Gustav: Die Preisbewegung elektrischer Arbeit seit 1898, in: Preisbildung bei industriellen Rohstoffen und Fabrikaten. Deutschland, Bd. 2. (=Schriften des Vereins für Sozialpolitik, 143), Leipzig 1914, S. 7–202.
Siegel, Gustav: Stromtarife und Preisabbau, in: Elektrizitätswirtschaft 31 (1932), S. 189–193.
Siegel, Gustav: Die Elektrizitätsgesetzgebung der Kulturländer der Erde, Bd. I: Deutschland, Berlin 1930.
Siegel, Gustav: Elektrizitätspolitik, in: Elektrotechnik und Maschinenbau 45 (1927), S. 283–284.
Spoerer, Mark: Demontage eines Mythos? Zu der Kontroverse über das nationalsozialistische „Wirtschaftswunder“, in: Geschichte und Gesellschaft 31 (2005), S. 415–438.
Spoerer, Mark: Von Scheingewinnen zum Rüstungsboom. Die Eigenkapitalrentabilität der deutschen Industrieaktiengesellschaften 1925–1941, Stuttgart 1996.
Statistisches Bundesamt (Hrsg.): Die industriellen Stromerzeugungsanlagen 1948–1951 (Die Industrie der Bundesrepublik Deutschland, Sonderheft 3) Stuttgart 1953.
Statistisches Reichsamt (Hrsg.): Die Versorgungswirtschaft im Deutschen Reich nach den Erhebungen zur Steuerpflicht der öffentlichen Betriebe, Berlin 1935.
Statistisches Reichsamt (Hrsg.): Die Einkünfte der Länder und Gemeinden aus Betrieben, Grund und Kapitalvermögen, (= Einzelschriften zur Statistik des Deutschen Reichs, Nr. 37) Berlin 1938.
Staudinger, Hans: Zusammenarbeit in der deutschen Elektrizitätswirtschaft, in: Wirtschaftsdienst 23 (1928), S. 973–975.
Steenbuck, Kurt: Die Gewerkschaft Auguste Victoria. Ihre Gründung und ihr Weg im Verbund der BASF, Marl 1982.
Steiner, André: Zur Neueinschätzung des Lebenshaltungskostenindex für die Vorkriegszeit des Nationalsozialismus, in: Jahrbuch für Wirtschaftsgeschichte, 2005/2, S. 129–152.
Stiegler, Friedrich: Investitionshilfe und Strompreis, in: Elektrizitätswirtschaft 51 (1952), S. 24–30
Stiel, Wilhelm: Elektrobetrieb in der Textilindustrie. Lehrbuch der Energieversorgung und des elektrischen Antriebes von Textilfabriken, Leipzig 1930.
Stier, Bernhard: Staat und Strom. Die politische Steuerung des Elektrizitätssystems in Deutschland 1890 – 1950, Mannheim 1999.
Stier, Bernhard: Zwischen kodifikatorischer Innovation und materieller Kontinuität, in: Bähr, Johannes/Banken Ralf (Hrsg.): Wirtschaftssteuerung durch Recht im Nationalsozialismus. Studien zur Entwicklung des Rechtsstaats im Interventionsstaat des Dritten Reiches, Frankfurt am Main 2006, S. 281–305.
Stier, Bernhard: Nationalsozialistische Sonderinstanzen in der Energiewirtschaft. Der Generalinspektor für Wasser und Energie, in: Hachtmann, Rüdiger/Süß, Winfried (Hrsg.): Hitlers Kommissare. Sondergewalten in der nationalsozialistischen Diktatur, Göttingen 2006, S. 138–158.
Stokes, Raymond G.: Von der IG Farbenindustrie AG bis zur Neugründung der BASF, in: Abelshauser, Werner (Hrsg.): Die BASF. Eine Unternehmensgeschichte, München 2002, S. 221–358.
Strothmann, Helmut: Der Energieverbrauch in der westdeutschen Textilindustrie und seine zukünftige Entwicklung, Münster 1972.

Tenfelde, Klaus: Krisenjahre im Ruhrgebiet. Ein Essay über Unternehmerschaft und Strukturwandel während zweier Krisen im 20. Jahrhundert, in: Abelshauser, Werner u.a. (Hrsg.). Wirtschaftsordnung, Staat und Unternehmen, Essen 2003, S. 305–319.

Tenfelde, Klaus: Klassenspezifische Konsummuster im Deutschen Kaiserreich, in: Siegrist, Hannes u.a. (Hrsg.): Europäische Konsumgeschichte. Zur Gesellschafts- und Kulturgeschichte des Konsums (18. bis 20. Jahrhundert), Frankfurt am Main 1997, S. 245–266.

Terhalle, Fritz: Die gemischtwirtschaftliche Unternehmung, in: Landmann, Julius (Hrsg.): Moderne Organisationsformen der öffentlichen Unternehmung, 1. Teil, Leipzig 1932, S. 323–380.

Teuteberg, Hans-Jürgen: Die Rationalisierung der Küche am Beispiel des Elektroherdes, in: Gerhard, Hans-Jürgen (Hrsg.): Struktur und Dimensionen, Bd. 2, Stuttgart 1997, S. 456–476.

Thiemeyer, Theo: Wirtschaftslehre öffentlicher Betriebe, Hamburg 1975.

Tilly, Richard H.: Investitionen der Gemeinden im deutschen Kaiserreich, in: Kaufhold, Karl Heinrich (Hrsg.): Investitionen der Städte im 19. und 20. Jahrhundert, Köln 1997, S. 39–59.

Todd, Edmund N.: Technology and Interest Group Politics. Electrification of the Ruhr, 1886–1930, Philadelphia 1984.

Toninelli, Pier Angelo (Hrsg.): The Rise und Fall of State-Owned Enterprise in the Western World, Cambridge 2000.

Tooze, Adam: Ökonomie der Zerstörung. Die Geschichte der Wirtschaft im Nationalsozialismus, Bonn 2007.

Treibert, Heinrich: Energiewirtschaft und Landkreise, in: Die Selbstverwaltung. Organ des Deutschen Landkreistages 3 (1949), S. 1–8.

Treibert, Heinrich: Die Elektrizitätswirtschaft in den V.St.A. unter besonderer Berücksichtigung des Energiewirtschaftsrechts, in: Elektrizitätswirtschaft 49 (1950), S. 311–314, 339–342.

Treibert, Heinrich: Ausreichende und preiswerte Energieversorgung als Voraussetzung für die Eingliederung der Heimatvertriebenen, in: Die Selbstverwaltung 5 (1951), S. 68–70.

Turner, Henry Ashby: Die Großunternehmer und der Aufstieg Hitlers, Berlin 1985.

Ullmann, Hans-Peter: Der deutsche Steuerstaat. Geschichte der öffentlichen Finanzen vom 18. Jahrhundert bis heute, München 2005.

U.S. Bureau of the Census, Historical Statistics of the United States, Colonial Times to 1957, Washington 1960.

USSBS: The Effects of Strategic Bombing on the German War Economy. Overall Economic Effects Division, Washington 1945.

USSBS: Utilities Division, Rep. No. 21: RWE of Western Germany, Washington 1945.

VDEW: Der Kapitalbedarf der öffentlichen Elektrizitätsversorgung zur Sicherung der Wirtschaftsentwicklung im Bundesgebiet. Gutachten erstattet für das Bundesministerium für Wirtschaft, Frankfurt am Main1953.

Vereinigte Stahlwerke (Hrsg.): Die Entwicklung der Kokerei- und Gaswirtschaft der VStAG 1926–1928, Essen 1928.

Vereinigte Stahlwerke (Hrsg.): Die Steinkohlenbergwerke der Vereinigten Stahlwerke: Friedrich Thyssen 2/5, Bd. I, Essen 1934.

Vereinigte Stahlwerke (Hrsg.): Die Steinkohlenbergwerke der Vereinigten Stahlwerker AG. Die Schachtanlage Prinz Regent in Bochum-Wiemelshausen, Bd. 1, 2. Teil, Essen 1939.

Vereinigung der Großkesselbetreiber (Hrsg.): 50 Jahre VGB 1920–1970, Essen 1970.

Versorgungszentrale des Deutschen Bergbaus (Hrsg.). Sicherstellung der Stromversorgung des Rheinisch-Westfälischen Industriegebiets, Essen 1947.

Versorgungszentrale des Deutschen Bergbaus (Hrsg.): Die Bedeutung der Kraftwirtschaft des Steinkohlenbergbaus, Essen 1947.

Vogt, Hans: Die Gerätesättigung im Haushalt. Eine erweiterte Marktanalyse für elektrische und Gasgeräte, Berlin 1940.

Voigt, Heinz: Aufgaben des Energiewirtschaftlers in der Industrie, in: 74. VDI-Hauptversammlung, Berlin 1936, S. 217–221.

Wagner, Adolf: Staat in nationalökonomischer Sicht, in: Handwörterbuch der Staatswissenschaften, 6. Bd., Jena 1901, S. 940–951.

Weber, Heinrich: Kritische Betrachtungen zur Statistik der öffentlichen Elektrizitätswirtschaft, in: Elektrizitätswirtschaft 33 (1934), S. 181–188, 208–213.

Weber, Wilhelm: Österreichs Energiewirtschaft. Eine Wirtschaftspolitische Untersuchung, Wien 1957.

Wedding, F. W.: Der Ruhrkohlenbergbau und die deutsche Elektrizitätswirtschaft, in: Glückauf 68 (1932), S. 1121–1150.

Weisbrod, Bernhard: Schwerindustrie in der Weimarer Republik. Interessenpolitik zwischen Stabilisierung und Krise, Wuppertal 1978.

Wehler, Hans-Ulrich: Deutsche Gesellschaftsgeschichte, Bd. 3: Von der „Deutschen Revolution“ bis zum Beginn des Ersten Weltkrieges, Frankfurt am Main 1995.

Wengenroth, Ulrich (Hrsg.): Prekäre Selbständigkeit. Zur Standortbestimmung von Handwerk, Hausindustrie und Kleingewerbe im Industrialisierungsprozess, Stuttgart 1989.

Wengenroth, Ulrich: Motoren für den Kleinbetrieb. Soziale Utopien, technische Entwicklung und Absatzstrategien bei der Motorisierung des Kleingewerbes im Kaiserreich, in: Ders. (Hrsg.): Prekäre Selbständigkeit. Zur Standortbestimmung von Handwerk, Hausindustrie und Kleingewerbe im Industrialisierungsprozess, Stuttgart 1989, S. 178–205.

Wengenroth, Ulrich: Die Flucht in den Käfig: Wissenschafts- und Innovationskultur in Deutschland 1900–1960, in: Vom Bruch, Rüdiger/Kaderas, Brigitte (Hrsg.): Wissenschaften und Wissenschaftspolitik. Bestandsaufnahme zu Formationen, Brüchen und Kontinuitäten im Deutschland des 20. Jahrhunderts, Stuttgart, S. 52–59.

Wessel, Horst A.: Stahl und Technologie. Die Geschichte der Salzgitter AG 1895–2008, Salzgitter 2008.

Wessels, Theodor: Offene Fragen der Energiewirtschaft, in: Wirtschaftliche und rechtliche Grundfragen der Energiewirtschaft. Tagungsberichte des Energiewirtschaftlichen Instituts, München 1949, S. 5–12.

Wessels, Theodor: Ordnungsprobleme der Energiewirtschaft, in: Ordnungsprobleme der Energiewirtschaft. Tagungsberichte des Energiewirtschaftlichen Instituts, München 1951, S. 13–30.

Wessels, Theodor: Die Problematik der Energieverbundwirtschaft in der europäischen Wirtschaftsplanung, in: Energieverbundwirtschaft. Tagungsberichte des Energiewirtschaftlichen Instituts, München 1951, S. 279–287.

Wiedenfeld, Kurt: Wesen und Bedeutung der gemischtwirtschaftlichen Unternehmung, in. Schmollers Jahrbuch 55 (1931), S. 439–456.

Wiedenfeld, Kurt: Kapitalismus und Beamtentum (= Moderne Wirtschaftsgestaltungen, 15) Berlin 1932.

Williamson, Oliver E.: Die ökonomischen Institutionen des Kapitalismus. Unternehmen, Märkte, Kooperationen, Tübingen 1990.

Williamson, Oliver E.: Franchise Bidding for Natural Monopolies – in General and with Respect to CATV, in: The Bell Journal of Economics, 7 (1976), S. 73–104.

Wirtschaftsgruppe Elektrizitätsversorgung (Hrsg.): Die Elektrizitätswirtschaft im Deutschen Reich, Berlin 1937ff.

Wixforth, Harald/Ziegler, Dieter: Die Expansion der Reichswerke „Herman Göring“ in Europa, in: Jahrbuch für Wirtschaftsgeschichte 49 (2008), S. 257–278.

Wolff, Adolf: Aufgaben und Organisationsformen der öffentlichen Unternehmung im Gebiete der Elektrizitätswirtschaft, in: Landmann, Julius (Hrsg.): Moderne Organisationsformen der öffentlichen Unternehmung, II. Teil, Leipzig 1931, S. 75–139.

Wolf, Leonhard: Elektrizitätspreise und ihre Auswirkung auf die Finanzierung von Investitionen der Elektrizitätswirtschaft, München 1955.
Ziebill, Otto: Geschichte des Deutschen Städtetages. Fünfzig Jahre deutsche Kommunalpolitik, Köln 1955.
Ziegler, Dieter: Geld, Banken und andere Institutionen. Das deutsche Modell bankenorientierter Finanzsysteme, in: Windolf, Paul (Hrsg.): Finanzmarkt-Kapitalismus. Analysen zum Wandel von Produktionsregimen, Wiesbaden 2005, S. 276–293.

Abbildungsverzeichnis

Tabellenverzeichnis

Abkürzungsverzeichnis

AdEW	Arbeitsgemeinschaft der deutschen Elektrizitätswerke
AEG	Allgemeine Elektrizitäts-Gesellschaft
AfWD	Archiv für Wärmewirtschaft und Dampfkesselwesen
Atü	Atmosphärenüberdruck
AWE	Alpen-Elektrowerke AG
BASF	Badische Anilin- und Sodafabrik
BDI	Bundesverband der Deutschen Industrie
BICO	Bipartite Control Office
BRABAG	Braunkohle-Benzin AG
Danat-Bank	Darmstädter und Nationalbank
DGT	Deutscher Gemeindetag
DIHT	Deutscher Industrie- und Handelskammertag
DKBL	Deutsche Kohlen-Bergbau-Leitung
ECA	Economic Cooperation Administration
EnWiG	Energiewirtschaftsgesetz
ERP	European Recovery Program
ETZ	Elektrotechnische Zeitschrift
EW	Elektrizitätswirtschaft
GBAG	Gelsenkirchener Bergwerks-AG
GG	Geschichte und Gesellschaft
GHH	Gutehoffnungshütte
GHI	German Historical Institut Washington
GIWE	Generalinspektor für Wasser und Energie
JWG	Jahrbuch für Wirtschaftsgeschichte
RDI	Reichsverband der Deutschen Industrie
REA	Reichsverband der Elektrizitätsabnehmer
REW	Rheinisches Elektrizitätswerk im Braunkohlenrevier AG
RWE	Rheinisch-Westfälisches Elektrizitätswerk AG
RWKS	Rheinisch-Westfälisches Kohlensyndikat
Sofina	Société Financière de Transports et d'Entreprises Inudstriélles
StEAG	Steinkohlen-Elektrizitäts-Aktiengesellschaft
VEBA	Vereinigte Elektrizitäts- und Bergwerks-Aktiengesellschaft
VEW	Vereinigte Elektrizitätswerke Westfalen AG
VDEW	Vereinigung Deutscher Elektrizitätswerke
VDI	Verband Deutscher Ingenieure

VfZ	Vierteljahrshefte für Zeitgeschichte
VGB	Vereinigung der Großkesselbetreiber
VIAG	Vereinigte Industrieunternehmungen AG
VIK	Vereinigung Industrielle Kraftwirtschaft
VKA	Verband der kommunalen Aktionäre des RWE
VKU	Verband Kommunaler Unternehmen
VStAG	Vereinigte Stahlwerke AG
VSWG	Vierteljahresschrift für Sozial- und Wirtschaftsgeschichte
WIBERA	Wirtschaftsberatung AG
ZUG	Zeitschrift für Unternehmensgeschichte

Register

www.ingramcontent.com/pod-product-compliance
Lightning Source LLC
LaVergne TN
LVHW080806011026
849160LV00015B/1546
* 9 7 8 3 1 1 0 4 3 8 5 2 9 *